U0320672

结构随机动力学

Stochastic Dynamics of Structures

李　杰　陈建兵　著
律梦泽　译
李　杰　校

上海科学技术出版社

内 容 提 要

本书是中国科学院院士李杰教授和国家杰出青年科学基金获得者陈建兵教授在随机动力学领域的重要著作。本书主要内容包括随机过程和随机场的基本概念、工程中常用的随机动力激励模型、随机结构分析和随机振动分析的经典方法、概率密度演化方法的理论基础和数值实现，以及结构动力可靠度和随机最优控制的一般理论与方法。本书最大特色是将随机结构和随机振动问题纳入了统一的物理随机系统框架之下，并在此基础上建立了刻划随机性在物理机制驱动下传播规律的概率密度演化理论，在这一理论框架下可以实现复杂非线性随机动力系统的响应分析、可靠度计算以及控制优化。

本书主要面向土木工程、机械工程、航空航天和海洋工程以及力学领域的研究生和专业人士。

图书在版编目（CIP）数据

结构随机动力学 / 李杰，陈建兵著 ; 律梦泽译. -- 上海 : 上海科学技术出版社，2023.5
ISBN 978-7-5478-6160-8

Ⅰ. ①结… Ⅱ. ①李… ②陈… ③律… Ⅲ. ①随机分析—结构动力学 Ⅳ. ①O342

中国国家版本馆CIP数据核字(2023)第076665号

结构随机动力学
李 杰 陈建兵 著
律梦泽 译
李 杰 校

上海世纪出版(集团)有限公司
上 海 科 学 技 术 出 版 社 出版、发行
(上海市闵行区号景路 159 弄 A 座 9F－10F)
邮政编码 201101 www.sstp.cn
上海颛辉印刷厂有限公司印刷
开本 787×1092 1/16 印张 23.75
字数 500 千字
2023 年 6 月第 1 版 2023 年 6 月第 1 次印刷
ISBN 978－7－5478－6160－8/TU・330
定价：198.00 元

序
PREFACE

我非常高兴为李杰和陈建兵的《结构随机动力学》作序。该书首先从爱因斯坦对布朗运动的研究开始，简要介绍了该领域的早期发现和发展及随后的经典研究工作，包括福克、普朗克和柯尔莫哥洛夫的数学框架。对于随机动力学的现有知识状态及其在结构动力学和动力学系统可靠性中的应用前景，这是一个及时且迫切需要的阐述。

本书从适当地介绍随机变量、随机向量和包括随机场在内的随机过程的基础开始，这是研究随机振动和随机结构分析必不可少的要素；随后提出概率密度演化理论及等价极值分布的必然性，后者对于评估结构和其他工程系统的动力可靠性尤为重要。

本书对随机结构动力学领域的持续发展做出了有价值的贡献，包括作者最近提出和发展的概率密度演化方法及其在评估复杂结构动力可靠性(通过等价极值分布)，以及控制方面的应用。解决此类动力可靠度问题的传统分析方法是将其表述为“边界跨越问题”，从而导出福克-普朗克方程的求解。即使对于单自由度系统，这种方法的局限性也是众所周知的。作者详细讨论了这种经典方法并阐明了其局限性，随后提出概率密度演化方法，包括复杂多自由度系统的数值求解。通过概率守恒概念，这些内容以新的见解、推证以及对经典公式(如刘维尔方程、柯尔莫哥洛夫方程和伊藤随机方程)及其解的诠释的方式给出。

除了从工程师的角度阐明随机动力学原理之外，本书最重要的贡献是对概率密度演化方法的清晰表述及其在地震激励和风浪作用下评估结构动力可靠度和控制问题的应用。在此方面，概率密度演化方法将进一步激励随机结构动力学的发展；借助概率密度演化方法，可以对包括非线性系统在内的多自由度系统的动力可靠度进行数值求解。此外，本书还提出了新的数值方法，除有限差分格式外，还建议采用球体填充格式来解决高度复杂的问题。

总之，本书包含了随机动力学领域的原创性进展，特别着重于结构动力响应与可靠度的应用。无论是一般方面还是动力可靠度方面，本书都将对推进随机结构动力学的研究起到很好的作用。

洪华生(Alfredo H. S. Ang)
美国工程院(National Academy of Engineering)院士
美国土木工程师协会(American Society of Civil Engineers)荣誉会员
加利福尼亚大学尔湾分校(University of California, Irvine)讲座教授

前言

FOREWORD

作为一门科学学科，结构随机动力学已经从20世纪40年代初的幼年期发展为如今相对成熟的动力学分支。在此过程中，基本的随机振动理论被认为是在20世纪50年代末建立的。它主要处理结构对随机激励的响应分析，如建筑物和桥梁对风荷载和地震的响应、车辆行驶的振动、大气湍流和喷气噪声引起的飞机动力学行为。20世纪60年代末，结构参数中随机性对结构响应的影响的重要性逐渐得到认识，由此引出了随机结构分析（许多学者也称之为随机有限元分析）。在过去的40年中，在此两方面已经有大量的文献发表。但是，细心的人可能会发现，随机振动理论和随机有限单元分析似乎在以两种平行的方式发展。对于大多数工程师而言，即使是那些熟悉随机分析的专家，也很难将他们对动力学两个分支的理解组织于系统的框架中。因此，本书的首要目标是为结构的随机动力学提供一个连贯、合理且自洽的理论框架，以弥补传统随机振动理论和随机有限单元分析方法之间的空白。我们希望这种处理方法能够为随机动力响应分析、可靠性评估与系统控制提供一个综合的基础。

第二个目标可能更为重要，并且可能有些雄心勃勃，即在一个统一的新理论框架中处理结构随机动力学的基本内容。我们将其称为物理随机系统的框架。大多数人都知道，在许多实际应用中，所关注的系统通常表现出非线性。但是，对于非线性动力学系统而言，经典随机动力学理论涉及相当的复杂性。经由随机振动和随机有限元分析领域的大量研究工作，尽管简单结构模型已经取得了重要进展，但是人们仍然不能合理地解决非线性随机动力系统的问题，特别是对于实际的复杂结构。缘于对非线性随机系统提供合理的描述并开发适当分析工具的动因，在过去的15年中，我们在这一困难的领域进行了系统的研究。追溯到本学科的源头，我们发现在随机动力学研究中存在两种历史传统：现象学传统和物理学传统。由于引入了维纳过程，这两种传统有了内在的联系。但是，如果我们回到物理过程本身（也就是说，从物理角度研究随机现象），那么将指引我们走向另一种可能的道路：基于物理研究随机系统。沿着这一路线，本书给出了动力学系统的物理样本轨迹与其概率描述之间的关系的合理描述，由此建立了一类动力学系统的广义概率密度演化方程，该方程可以以统一的形式处理线性与非线性系统。我们发现，基于物理随机系统的思想，传统的随机振动理论和随机有限元方法可以合理地纳入新的理论框架。显然，这为在一个综合框架中重新梳理结构随机动力学的内容提供了基础。本书试图介绍这一进展，并提出实用的方法和可行算法。

本书面向土木工程、机械工程、飞机和海洋工程以及力学领域的研究生和专业人士。读者的知识储备需达到科学或工程学士的水平，尤其对概率论与结构动力学的概念有基本了解。此外，为使本书独立完整，还介绍了随机变量、随机过程和随机场的基本概念。

首先诚挚地感谢美国莱斯大学（Rice University）的 Pol D. Spanos 教授的友好鼓励，以及美国南加利福尼亚大学（University of Southern California）Roger G. Ghanem 教授的建设性意见和富有成果的讨论。也特别感谢美国加利福尼亚理工学院（California Institute of Technology）的 Wifred D. Iwan 教授、大连理工大学的欧进萍教授和日本名古屋工业大学（Nagoya Institute of Technology）的赵衍刚教授的宝贵帮助和建议。本书第一作者希望借此机会对英国萨塞克斯大学（University of Sussex）的 John B. Roberts 教授表示由衷的感谢，1993 至 1994 年作者在萨塞克斯大学进行高级访问学者研究期间，Roberts 教授给予了作者慷慨的支持，使作者得以完成随机结构分析和建模的研究。深切怀念 John B. Roberts 教授！同时，感谢同济大学的同事吕西林教授、李国强教授、顾明教授、陈以一教授和楼梦麟教授一直以来的合作和支持。

作者的大部分研究工作是在国家自然科学基金委的支持下进行的，包括国家杰出青年科学基金（第一作者于 1998 年获得）、青年学者基金（第二作者于 2004 年获得）和创新研究群体计划。感谢所有的支持。

李杰、陈建兵
2008 年 6 月于上海

目录

CONTENTS

第1章　绪论 ························ 001

1.1　动机和历史线索 / 001

1.2　本书内容 / 005

参考文献 / 005

第2章　随机过程和随机场 ························ 008

2.1　随机变量 / 008

2.1.1　引言 / 008

2.1.2　随机变量的运算 / 009

2.1.3　随机向量 / 012

2.1.4　相关矩阵分解 / 015

2.2　随机过程 / 016

2.2.1　随机过程描述 / 016

2.2.2　随机过程的矩函数 / 018

2.2.3　随机过程的谱描述 / 021

2.2.4　期望、相关性和谱的一些运算法则 / 023

2.2.5　卡胡奈-李维分解 / 025

2.3　随机场 / 027

2.3.1　基本概念 / 027

2.3.2　随机场的相关结构 / 029

2.3.3　随机场的离散化 / 029

2.3.4　随机场分解 / 031

2.4　随机函数的正交分解 / 033

2.4.1　度量空间和赋范线性空间 / 033

2.4.2　希尔伯特空间和一般正交分解 / 034

2.4.3　随机函数的正交分解 / 036

参考文献 / 037

第 3 章 随机动力激励模型 …… 039
3.1 随机激励的一般表达 / 039
3.1.1 动力激励和建模 / 039
3.1.2 平稳和非平稳过程模型 / 040
3.1.3 随机傅里叶谱模型 / 041
3.2 地震动 / 043
3.2.1 一维模型 / 043
3.2.2 随机场模型 / 045
3.2.3 物理随机模型 / 047
3.3 边界层脉动风速 / 050
3.3.1 结构风压和风速 / 050
3.3.2 脉动风速功率谱密度 / 051
3.3.3 脉动风速随机傅里叶谱 / 053
3.3.4 随机傅里叶相干谱 / 055
3.4 风浪和海浪谱 / 057
3.4.1 风浪和波浪力 / 057
3.4.2 风浪的功率谱密度 / 060
3.4.3 方向谱 / 062
3.5 随机激励的正交分解 / 064
3.5.1 随机过程的正交分解 / 064
3.5.2 哈特利正交基函数 / 066
3.5.3 地震动的正交展开 / 067
3.5.4 脉动风速过程的正交展开 / 067
参考文献 / 069

第 4 章 随机结构分析 …… 072
4.1 引言 / 072
4.2 确定性结构分析基础 / 072
4.2.1 有限元分析的基本思想 / 073
4.2.2 单元刚度矩阵 / 074
4.2.3 坐标变换 / 076
4.2.4 静力方程 / 078
4.2.5 动力方程 / 079
4.3 随机模拟方法 / 081

4.3.1 蒙特卡罗方法 / 081
4.3.2 均匀分布随机变量的抽样 / 082
4.3.3 一般概率分布随机变量的抽样 / 083
4.3.4 随机模拟方法 / 085
4.3.5 随机模拟方法的精度 / 087
4.4 摄动方法 / 088
4.4.1 确定性摄动 / 088
4.4.2 随机摄动 / 089
4.4.3 随机矩阵 / 091
4.4.4 随机矩阵的线性表达 / 091
4.4.5 动力响应分析 / 094
4.4.6 久期项问题 / 097
4.5 正交展开理论 / 099
4.5.1 正交分解和次序正交分解 / 099
4.5.2 扩阶系统方法 / 102
4.5.3 扩阶系统方法的证明 / 105
4.5.4 动力分析 / 109
4.5.5 递归聚缩算法 / 113
参考文献 / 116

第5章 随机振动分析 …………………………………………………… 118
5.1 引言 / 118
5.2 响应的矩函数 / 118
5.2.1 时域下单自由度系统的响应 / 118
5.2.2 时域下多自由度系统的响应 / 124
5.3 功率谱密度分析 / 129
5.3.1 频响函数和功率谱密度 / 129
5.3.2 演变谱分析 / 139
5.4 虚拟激励法 / 143
5.4.1 平稳随机响应分析的虚拟激励法 / 143
5.4.2 演变随机响应分析的虚拟激励法 / 145
5.4.3 关于5.2至5.4节的注记 / 145
5.5 统计线性化 / 146
5.5.1 统计线性化近似 / 146
5.5.2 滞回结构的随机振动 / 148

5.5.3 关于争议和一些特殊问题的注记 / 151
5.6 FPK 方程 / 154
5.6.1 随机微分方程 / 154
5.6.2 FPK 方程 / 161
5.6.3 FPK 方程的解 / 164
参考文献 / 168

第 6 章 概率密度演化分析：理论 …… 172
6.1 引言 / 172
6.2 概率守恒原理 / 173
6.2.1 随机变量的函数及其概率密度函数 / 173
6.2.2 概率守恒原理 / 175
6.3 马尔可夫系统和状态空间描述:刘维尔方程和 FPK 方程 / 178
6.3.1 刘维尔方程 / 178
6.3.2 FPK 方程 / 183
6.4 多斯图波夫-普加乔夫方程 / 188
6.4.1 从运动方程到随机状态方程 / 188
6.4.2 多斯图波夫-普加乔夫方程 / 189
6.5 广义概率密度演化方程 / 192
6.5.1 广义概率密度演化方程的推导 / 192
6.5.2 线性系统：多斯图波夫-普加乔夫方程的解耦 / 196
6.5.3 初始和边界条件 / 198
6.5.4 广义概率密度演化方程的物理意义 / 198
6.6 广义概率密度演化方程的解 / 200
6.6.1 解析解 / 200
6.6.2 广义概率密度演化方程的数值求解过程 / 204
参考文献 / 207

第 7 章 概率密度演化分析：数值方法 …… 210
7.1 一阶偏微分方程的数值求解 / 210
7.1.1 有限差分法 / 210
7.1.2 耗散、色散和总变差不增格式 / 217
7.2 代表性点集和赋得概率 / 227
7.2.1 球体填充、覆盖和空间剖分 / 227

7.2.2 代表性点集和赋得概率 / 231
7.2.3 点集的一阶和二阶偏差 / 234
7.2.4 构造代表性点的两个步骤 / 236
7.3 生成基本点集的策略 / 236
7.3.1 球体填充：切球法 / 237
7.3.2 最小覆盖：格栅法 / 240
7.3.3 数论法 / 244
7.4 密度相关变换 / 246
7.4.1 仿射变换 / 246
7.4.2 密度相关变换 / 246
7.4.3 径向衰减分布：球形筛分和伸缩变换 / 247
7.5 非线性多自由度结构的随机响应分析 / 250
7.5.1 非线性随机结构响应 / 250
7.5.2 非线性结构的随机地震响应 / 253
参考文献 / 255

第 8 章 结构动力可靠度 …… 258
8.1 结构可靠度分析基础 / 258
8.1.1 结构可靠度 / 258
8.1.2 结构动力可靠度分析 / 259
8.1.3 结构整体可靠度 / 260
8.2 动力可靠度分析：基于跨越假定的首次超越概率 / 261
8.2.1 跨越率 / 261
8.2.2 跨越假定和首次超越概率 / 262
8.2.3 考虑随机阈值的首次超越概率 / 265
8.2.4 拟静力分析法 / 266
8.3 动力可靠度分析：基于广义概率密度演化方程的方法 / 267
8.3.1 吸收边界条件法 / 267
8.3.2 随机动力响应的极值分布 / 269
8.3.3 基于极值分布的结构系统动力可靠度估计 / 271
8.4 结构系统可靠度 / 272
8.4.1 等价极值事件 / 272
8.4.2 等价极值事件的内在相关性 / 276
8.4.3 等价极值事件和最不利假定之间的区别 / 277
8.4.4 结构系统可靠度估计 / 279

参考文献 / 282

第 9 章 随机系统的最优控制 …… 284
9.1 引言 / 284
9.2 确定性系统的最优控制 / 286
9.2.1 结构系统的最优控制 / 286
9.2.2 线性二次控制 / 288
9.2.3 最小值原理和哈密顿-雅可比-贝尔曼方程 / 290
9.3 随机最优控制 / 295
9.3.1 非线性系统的随机最优控制：经典理论 / 296
9.3.2 线性二次高斯控制 / 298
9.3.3 随机最优控制系统的概率密度演化分析 / 300
9.4 基于可靠性的结构系统控制 / 308
9.4.1 受控结构系统的可靠度 / 308
9.4.2 控制准则的确定 / 310
参考文献 / 311

附录 A 狄拉克 δ 函数 …… 313
A.1 定义 / 313
A.2 积分和微分 / 314
A.3 常见物理背景 / 316
A.3.1 离散随机变量的概率分布 / 316
A.3.2 集中与分布荷载 / 316
A.3.3 单位脉冲函数 / 317
A.3.4 单位谐波函数 / 317
参考文献 / 318

附录 B 正交多项式 …… 319
B.1 基本概念 / 319
B.2 常用正交多项式 / 321
B.2.1 埃尔米特多项式 $H_{en}(x)$ / 321
B.2.2 勒让德多项式 $P_n(x)$ / 323
B.2.3 盖根堡多项式 $C_n^{(\alpha)}(x)$ / 323
参考文献 / 324

附录C 功率谱密度和随机傅里叶谱之间的关系 …… 325
C.1 样本傅里叶变换下的谱 / 325
C.2 单边有限傅里叶变换下的谱 / 326
参考文献 / 328

附录D 正交基向量 …… 329
参考文献 / 344

附录E 超球体中的概率 …… 345
E.1 s是偶数的情形 / 346
E.2 s是奇数的情形 / 346
E.3 $F(r, s)$的单调性 / 348
E.3.1 $F(r, s)$关于半径r的单调性 / 348
E.3.2 $F(r, s)$关于维数s的单调性 / 349
参考文献 / 350

附录F 谱矩 …… 351

附录G 数论法中的母向量 …… 353
参考文献 / 358

全书参考文献 …… 359

译者后记 …… 364

第1章　绪论

1.1　动机和历史线索

结构动力学研究任意给定类型的结构在动力作用下的响应分析、可靠度估计和系统控制问题[①]。一方面,结构(包括建筑、桥梁、飞机和船舶等)指的是由一些材料在特定方式下组成的个体或系统,可以承受荷载和作用。另一方面,当在结构上的作用是动力时,不仅表明该作用是时变的,也表明所引起的惯性作用不可以被忽略。例如,地震、风、海浪、飞机喷气噪声和边界层中的湍流等,都是典型的动力作用。结构动力响应分析的任务是当结构受到动力作用时,获得结构的内力、变形或其他状态量。然后,需要研究结构响应是否达到了某种意义下某个给定的限值,一般被称为可靠度估计。进一步,使得受到动力作用的结构响应在预期的方式下限制在一定程度,是系统控制的内容。

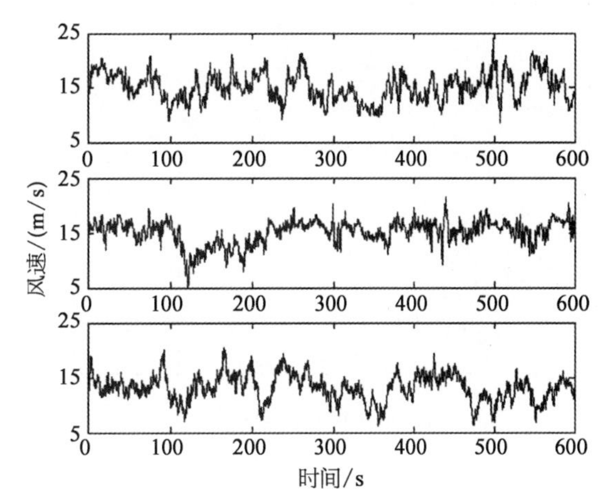

图 1.1　风速记录

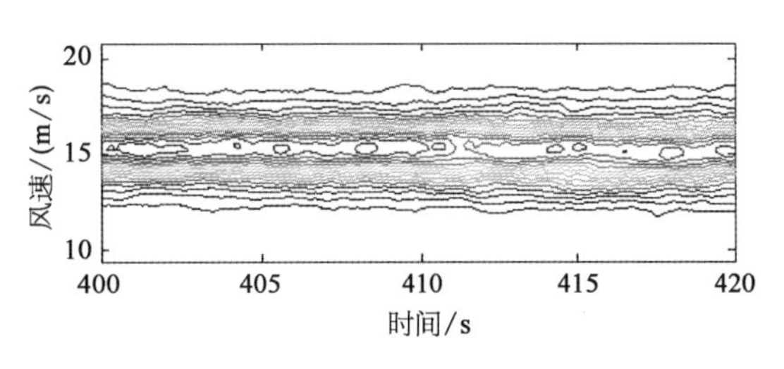

图 1.2　风速概率密度等值线图

大多数动力作用表现出显著的随机性。实际上,研究者们经常发现:在几乎相同条件下,观测结果具有明显的差异,但是同时体现出某些统计规律。随机性实质上来源于客观现象的不可控性。例如,考虑大气边界层中的湍流风。众所周知,同一位置但是不同时间间隔下的观测风速记录是相当不同的(图 1.1)。然而,如果考察大量样本的统计,就会发现风速的概率特征是相对稳定的(图 1.2)。实际

① 结构的动力特性,如频率和振型也是结构动力学的研究主题之一。但是在一般意义上,结构的动力特性可以视为结构动力分析的一部分。

上，这一系统中涉及的随机性源于来流风中复杂的物理机制，称为湍流机制。其根本原因是大气分子运动的不可控性。

此外，结构物理参数中涉及的随机性也是结构动力响应中引入随机性的来源之一。例如，在建筑结构的动力响应分析中，建立合理的结构分析模型必须考虑土的特性，而土和结构的相互作用是其基本问题之一。显然，在地基中所有位置点处全部测量土的物理特性是不可能的。因此，一个合理的建模方法是将土的物理参数，如剪切波速和阻尼比，视为随机变量或随机场。这将引出涉及随机参数的结构分析，通常称为随机结构分析。

随机动力响应分析、可靠度估计和系统控制组成了结构随机动力学的基本研究领域。

尽管随机动力系统的研究可以追溯到吉布斯(Gibbs)和玻尔兹曼(Boltzmann)在统计力学方面的研究(Gibbs, 1902; Cercignani, 1998)，但一般更为合理的考虑是将爱因斯坦(Einstein)在布朗(Brown)运动方面的研究(Einstein, 1905)视为该领域的起源。

1905年，爱因斯坦研究了悬浮在流体中的颗粒的不规则运动问题。这一现象由英国植物学家布朗在1827年首次发现(图1.3)。爱因斯坦认为颗粒的布朗运动是由流体分子的高频随机碰撞引起的。基于这一物理解释，爱因斯坦提出了如下假定：

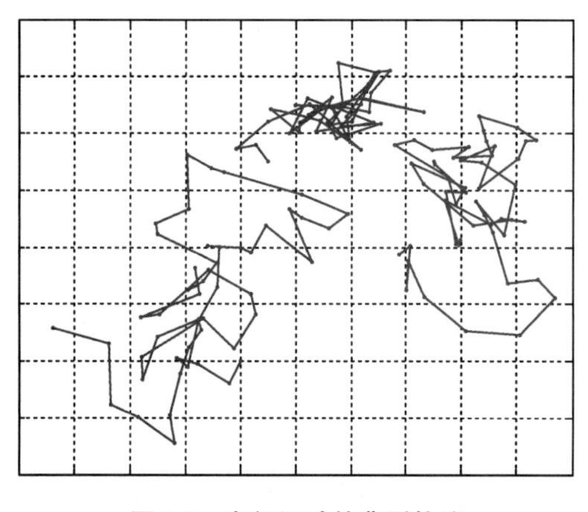

图1.3　布朗运动的典型轨迹

(1) 不同布朗颗粒的运动是相互独立的。

(2) 布朗颗粒的运动是各向同性的，并且除了流体分子的碰撞外，没有外部作用施加。

(3) 流体分子的碰撞是瞬时的，这样碰撞时间可以被忽略(刚性碰撞)。

基于上述假定，可以通过考察颗粒群的现象学演化过程，推导在两个不同时刻颗粒群的概率密度，即

$$f(x, t+\tau)=\int_{\mathbb{R}} f(x+r, t)\Phi(r)\mathrm{d}r \tag{1.1}$$

式中：$f(x, t+\tau)$ 是颗粒在 $t+\tau$ 时刻该位置处的概率密度；$f(x+r, t)$ 是时间间隔 τ 内颗粒移动距离 r 的概率密度；$\Phi(r)$是颗粒位移的概率密度①。

采用刚性碰撞假定，通过泰勒(Taylor)级数将函数展开，并且保留关于 $f(x, t+\tau)$ 的一阶项和关于 $f(x+r, t)$ 的二阶项，将导出

① 式(1.1)中的 $\Phi(r)$也可以写为 $\Phi(r, \tau)$，它是在 t 时刻位移为 $x+r$ 的条件下 $t+\tau$ 时刻位移为 x 的转移概率密度。由于布朗运动的独立增量性和马尔可夫性，转移概率密度与上一时刻的时间点 t 和空间位置 $x+r$ 均无关，仅与发生概率转移的时间间隔 τ 和该时间间隔内的位移变化 r 有关。——译者注

$$\frac{\partial f(x,t)}{\partial t}=D\frac{\partial^2 f(x,t)}{\partial x^2} \tag{1.2}$$[①]

其中

$$D=\frac{1}{2\tau}\int_{\mathbb{R}} r^2\Phi(r)\mathrm{d}r \tag{1.3}$$

显然,式(1.2)为扩散方程,D 是扩散系数。

1914 年和 1917 年,福克(Fokker)和普朗克(Planck)对相似的物理问题分别引入了漂移项,导出了所谓的福克-普朗克方程(Fokker, 1914; Planck, 1917; Gardiner, 1983),随后由柯尔莫哥洛夫(Kolmogorov)于 1931 年建立了其严格的数学基础(Kolmogoroff, 1931)[②]。

值得注意的是,布朗运动的研究最初是基于物理概念的。然而,在随后的推论中引入了统计现象学的解释。在本书中,我们称此历史线索为**爱因斯坦-福克-普朗克传统(Einstein-Fokker-Planck tradition)**或**现象学传统(phenomenological tradition)**。沿着该传统,本书在随机动力系统的概率密度演化方面开展了大量的研究(Kozin, 1961; Lin, 1967; Robert & Spanos, 1990; Lin & Cai, 1995;朱位秋,1992,2003)。然而,对于**多自由度(multi-degree-of-freedom, MDOF)**系统或多维问题,进展仍十分有限(Schuëller, 1997, 2001)。

在爱因斯坦之后不久,朗之万(Langevin)于 1908 年提出了一种完全不同的研究方法(Langevin, 1908)。在他的研究中,布朗运动的物理解释与爱因斯坦的相同,但是朗之万在以下两个基本方面做出了贡献: ① 引入了随机力的假定;② 采用牛顿(Newton)运动方程来描述布朗颗粒的运动。基于此,他建立了随机动力方程,随后被称为朗之万方程

$$m\ddot{X}(t)=-\gamma\dot{X}(t)+\xi(t) \tag{1.4}$$

式中: m 是布朗颗粒的质量; $\ddot{X}(t)$ 和 $\dot{X}(t)$ 分别是运动的加速度和速度;γ 是黏性阻尼系

---

① 式(1.2)的推导: 对式(1.1)进行泰勒展开,等号左边为

$$f(x,t+\tau)=f(x,t)+\frac{\partial f(x,t)}{\partial t}\tau+o(\tau)$$

等号右边为

$$\int_{\mathbb{R}} f(x+r,t)\Phi(r)\mathrm{d}r=\int_{\mathbb{R}}\left[f(x,t)+\frac{\partial f(x,t)}{\partial x}r+\frac{1}{2}\frac{\partial^2 f(x,t)}{\partial x^2}r^2+o(r^2)\right]\Phi(r)\mathrm{d}r$$

考虑到 $\Phi(r)$ 具有如下性质:

$$\Phi(r)=\Phi(-r)\ \text{且}\int_{\mathbb{R}}\Phi(r)\mathrm{d}r=1$$

则式(1.1)等号右边的积分可以化简为

$$\int_{\mathbb{R}} f(x+r,t)\Phi(r)\mathrm{d}r=f(x,t)+\frac{1}{2}\frac{\partial^2 f(x,t)}{\partial x^2}\int_{\mathbb{R}} r^2\Phi(r)\mathrm{d}r+o(r^2)$$

由左右两边相等即可得式(1.2)。——译者注

② 有趣的是,最初柯尔莫哥洛夫并不知道福克和普朗克的工作,而是独立地建立了该方程。

数;$\xi(t)$是流体分子碰撞产生的力,是随机波动的。

采用系综平均,朗之万得到了与爱因斯坦相同的扩散系数。

与爱因斯坦推导的扩散方程相比,朗之万方程更为直接且更具物理直观。然而,在朗之万的工作中,随机力的物理特征并不完全清楚。

1923 年,维纳(Wiener)提出了布朗运动的随机过程模型(Wiener, 1923)。大约 20 年之后,伊藤(Itô)引入了伊藤积分,并且基于维纳过程给出了更为通用的朗之万方程(Itô, 1942, 1944; Itô & McKean Jr, 1965)

$$dX(t) = a[X(t),\ t]dt + b[X(t),\ t]dW(t) \tag{1.5}$$

式中: $a(\cdot)$和$b(\cdot)$是已知确定性函数;$W(t)$是维纳过程。

式(1.5)形式的方程如今被称为伊藤随机微分方程。显然,该方程本质上是一个物理方程。一般认为伊藤方程为随机动力系统给出了样本轨道描述。本书称此历史线索为**朗之万-伊藤传统**(Langevin-Itô tradition)或**物理学传统**(physical tradition)。沿着该方法,建立了均方计算理论,基于此,经典随机振动理论中的相关性分析和谱分析得到长足的发展(Crandall, 1958; Lin, 1967;朱位秋,1992; Øksendal, 2005; Crandall, 2006)。

在随机动力学中,现象学传统和物理学传统有内在的千丝万缕的联系。事实上,在系统输入为白噪声过程的假定下,通过伊藤方程很容易获得福克-普朗克-柯尔莫哥洛夫(FPK)方程。这表明: 沿着物理的路线,可以揭示随机系统演化的内在奥秘。不幸的是,白噪声在物理上是无法实现的。换言之,尽管在数学上可以在某种意义下发挥基础性作用,但白噪声各种奇异甚至荒谬的特征(如连续却处处不可导),在真实世界中是罕见的。

对于各种真实的物理过程,白噪声过程当然是一个理想化模型。注意到这一点,我们自然地希望返回到真实的物理过程本身。对于一个特定的物理动力过程,问题通常容易求解。因此,一旦进一步引入样本轨迹与概率描述之间的内在联系,我们将走向一种基于物理研究随机系统的道路。沿着这一路线,不仅可以建立广义概率密度演化方程(Li & Chen, 2003;李杰和陈建兵,2006; Li & Chen, 2008),而且会发现如今可采用的主要研究成果,如经典随机振动理论和随机有限元法,可以被恰当地纳入新的理论框架之中(李杰,2006)。实际上,经典随机振动理论中的相关性分析和谱分析可以被视为物理方程的形式解和响应过程的矩特征估计相结合的结果。在此意义下,具有随机参数的结构分析中的摄动理论和正交展开理论也可以被合理地阐释。经典 FPK 方程,正如前面提到的,可以视为物理过程的理想化结果。此外,物理随机系统的思想也可以应用于一般随机过程的建模,如地震动、湍流风速等(李杰和艾晓秋,2006;李杰和张琳琳,2007)。

在物理随机系统的上述思想基础上,将本书称为“**结构随机动力学: 基于物理的逼近**(Stochastic Dynamics of Structures: A Physical Approach)”。

1.2　本书内容

本书在物理随机系统的理论框架下统一处理结构随机动力学的基本问题。

第 2 章概述了概率理论的必备基础，包括随机变量、随机过程、随机场和随机函数正交展开的基本概念。

第 3 章介绍结构典型动力激励的随机过程模型，包括地震动、脉动风速和海浪的现象学和物理模型。同时引入了随机过程的标准正交展开，它可以应用于结构的随机振动分析。

具有随机参数的结构分析方法主要包括随机模拟法、摄动法和正交展开法。这些方法在第 4 章中会详细讨论。

第 5 章介绍确定性结构受到随机动力激励的响应分析，包括相关性分析、谱分析、统计线性化法和 FPK 方程法。特别是在该章中对于线性系统引入了虚拟激励法。我们认为，这些内容对经典随机振动理论的深入理解很有价值。

动力系统随机响应的概率密度演化分析是本书的重要主题。本书将在第 6 章与第 7 章中介绍该问题。在第 6 章中，尝试在一定程度上详述随机动力系统概率密度演化分析的历史起源。采用概率守恒原理作为统一的基础，导出了刘维尔(Liouville)方程、FPK 方程、多斯图波夫-普加乔夫(Dostupov-Pugachev)方程和本书作者提出的广义概率密度演化方程。在第 7 章中，我们详细研究了概率密度演化分析的数值方法，包括有限差分法，通过切球、格栅和数论法的代表性点选取策略。对于所有的方法，尽可能地讨论了数值收敛性和稳定性问题。

结构动力分析的目标是实现基于可靠度的设计和结构的性能控制。第 8 章讨论了结构动力可靠度和整体可靠度问题。基于概率密度演化的随机事件描述，对首次超越问题引入了吸收边界条件。通过引入关于响应过程极值的虚拟随机过程，阐述了极值分布估计理论。进一步讨论了等价极值原理及其在结构整体可靠度估计中的应用。值得指出的是，等价极值原理具有重要意义，可以应用于一般系统的静力可靠度估计中。

第 9 章介绍了结构的动力控制问题。在经典动力控制的基础上引入了随机最优控制的概念，提出了基于概率密度演化分析的控制系统设计方法。对于动力系统的“真正的”随机最优控制的实现，所提出的方法无疑具有应用前景。

参考文献

[1] Cercignani C. Ludwig Boltzmann: The Man Who Trusted Atoms [M]. Oxford: Oxford University

Press, 1998.

[2] Crandall SH (Ed). Random Vibration [M]. Cambridge: MIT Press, 1958.

[3] Crandall SH. A half-century of stochastic equivalent linearization [J]. Structural Control & Health Monitoring, 2006, 13: 27 - 40.

[4] Einstein A. Über die von der molecular-kinetischen Theorie der Wärme geforderte Bewegung von in ruhenden Flüssigkeiten suspendierten Teilchen [J]. Annalen Der Physik, 1905, 322 (8): 549 - 560 (in German).

[5] Fokker A D. Die mittlere Energie rotierender elektrischer Dipole im Strahlungsfeld [J]. Annalen Der Physik, 1914, 348 (5): 810 - 820 (in German).

[6] Gardiner C W. Handbook of Stochastic Methods for Physics, Chemistry and the Natural Sciences [M] 2nd Edn. Berlin: Springer, 1985.

[7] Gibbs J W. Elementary Principles in Statistical Mechanics [M]. Landon: Edward Arnold, 1902.

[8] Itô K. Differential equations determining a Markoff process [J]. Zenkoku Sizyo Sugaku Danwaka-si, 1942, 1077 (in Japanese).

[9] Itô K. Stochastic integral [J]. Proceedings of the Imperial Academy of Tokyo, 1944, 20: 519 - 524.

[10] Itô K. McKean Jr H P. Diffusion Processes and Their Sample Paths [M]. Berlin: Springer, 1965.

[11] Kolmogoroff A. Über die analytischen Methoden in der Wahrscheinlichkeitsrechnung[J]. Mathematische Annalen, 1931, 104 (1): 415 - 458 (in German).

[12] Kozin F. On the probability densities of the output of some random systems [J]. Journal of Applied Mechanics, 1961, 28 (2): 161 - 164.

[13] Langevin P. Sur la théorie du mouvement Brownien [J]. Comptes Rendus de l'Academie des Sciences Paris C, 1908, 146: 530 - 533 (in Franch).

[14] Li J, Chen J B. Probability density evolution method for dynamic response analysis of stochastic structures [C]. Proceeding of the 5th International Conference on Stochastic Structural Dynamics, Hangzhou, China, 2003.

[15] Li J, Chen J B. The principle of preservation of probability and the generalized density evolution equation [J]. Structural Safety, 2008, 30: 65 - 77.

[16] Lin Y K. Probabilistic Theory of Structural Dynamics [M]. New York: McGraw-Hill Book Company, 1967.

[17] Lin Y K, Cai G Q. Probabilistic Structural Dynamics: Advanced Theory and Applications [M]. New York: McGraw-Hill, 1995.

[18] Øksendal B. Stochastic Differential Equations: An Introduction with Applications [M]. 6th Edn. Berlin: Springer Verlag, 2005.

[19] Planck M. Über einen Satz der statistischen Dynamik und seine Erweiterung in der Quantentheorie [J]. Sitzungsber, Preuß, Akad, Wiss, 1917, 24: 324 - 341 (in German).

[20] Roberts J B, Spanos P D. Random Vibration and Statistical Linearization [M]. 2nd Edn. Chichester: John Wiley & Sons, Ltd, 2003.

[21] Schuëller G I (Ed). A state-of-the-art report on computational stochastic mechanics [J]. Probabilistic Engineering Mechanics, 1997, 12 (4): 197 - 321.

[22] Schuëller G I. Computational stochastic mechanics — Recent advances [J]. Computers & Structures, 2001, 79: 2225 - 2234.

[23] Wiener N. Differential space [J]. Journal of Mathematical Physics, 1923, 58: 131 - 174.

[24] 李杰.随机动力系统的物理逼近[J].中国科技论文在线,2006,1 (2): 95 - 104.
[25] 李杰,艾晓秋.基于物理的随机地震动模型研究[J].地震工程与工程振动,2006,26 (5): 21 - 26.
[26] 李杰,陈建兵.随机动力系统中的广义概率密度演化方程[J].自然科学进展,2006,16 (6): 712 - 719.
[27] 李杰,张琳琳.实测风场的随机 Fourier 谱研究[J].振动工程学报,2007,20 (1): 66 - 72.
[28] 朱位秋.随机振动[M].北京: 科学出版社,1992.
[29] 朱位秋.非线性随机动力学与控制——Hamilton 框架体系[M]. 北京: 科学出版社,2003.

第 2 章　随机过程和随机场

2.1　随机变量

2.1.1　引言

试验是为发现某一真相或事实而设计的一系列行为或操作。对于一些试验，一旦控制好所有的基本条件并且精确观测到所有的试验现象，其结果就具有确定性现象的基本特性。换言之，这些试验的结果是可预测的。然而，由于实际情况难以完全控制或难以完备观测，尽管在某些方面基本条件保持不变，试验也可能获得不同的结果。这就是所谓的随机现象。发生在随机试验集内的结果通常称为随机事件(或简称“事件”)。随机事件的基本特性在于，当观测条件在一个小量内变化时，预测事件可以被观测到，也可能不能观测到。然而，对于一个给定的试验，总可以确立由所有可能的结果组成的集合。换言之，所有试验结果的范围可以预先确定。这一集合称为样本空间，记作 Ω。Ω 中每一个可能的结果称为样本点，记作ϖ。每一个事件 $\mathcal{A}$ 可以理解为 Ω 的一个子集。若一个事件只包含单一样本点，则称其为基本事件。另外，一个复合事件是给定样本点的集合。满足下列条件的 Ω 的子集 $\mathcal{A}$ 构成的事件簇称为σ 代数，记为 $\mathcal{F}$:

(1) $\Omega \in \mathcal{F}$;

(2) $\mathcal{A} \in \mathcal{F}$，即有 $\bar{\mathcal{A}} \in \mathcal{F}$，其中 $\bar{\mathcal{A}}$ 是 $\mathcal{A}$ 的补集；

(3) $\mathcal{A}_n \in \mathcal{F}\ (n=1, 2, \cdots)$，即有 $\bigcup_{n=1}^{\infty} \mathcal{A}_n \in \mathcal{F}$。

为测度样本空间，需要赋予数值来度量一个事件发生的可能性。这就引出了概率测度的概念，$\mathcal{F}$ 中的每一个事件均通过它映射到单位区间[0, 1]上，即每一次出现的可能性均可以表示为小于 1 的非负数。一般称这个数为 Ω 的概率测度或给定事件 $\mathcal{A}$ 的概率，记为 $P(\mathcal{A})$ 或 $\Pr\{\mathcal{A}\}$。在柯尔莫哥洛夫的《**概率论基础**》(*Foundations of the Theory of Probability*)一书中，将三要素 $(\Omega, \mathcal{F}, P)$ 定义为概率空间(Kolmogorov, 1933; Loève, 1977; Kallenberg, 2002)。

笔者已然注意到，概率测度给出了事件发生可能性的度量，但是没有对样本点给出类似的考量。在数学中，解决这一问题是通过在概率空间上定义一个可测函数 $X(\varpi)$，一

般称为随机变量,简记为 X①。它有如下两个基本特征:

(1) 随机变量是样本点的单值实函数,即每一个随机变量都对应一个由概率空间到实数域的映射。

(2) 对任意实数 x, $\{\varpi \mid X(\varpi) < x\}$ 是一个随机事件。

由随机变量的概念,可以采用数值来描述任意随机试验的结果。例如,基本事件可表达为随机变量 X 等于一个给定数的形式,即 $X = x$;而任意事件均可表达为 X 取值于某一区间的形式,即 $x_1 \leqslant X \leqslant x_2$,且记其发生的概率为 $\Pr\{x_1 \leqslant X \leqslant x_2\}$。随机变量有两种基本类型:离散随机变量和连续随机变量。前者在有限集或可列无穷集内取值,而后者可以被赋予一个或几个区间内的任意值。考虑到当引入狄拉克(Dirac)δ 函数后,离散随机变量和连续随机变量可以用统一的方式处理(参见附录 A)。本书主要讨论连续随机变量。

一般地, $F_X(x) = \Pr\{X(\varpi) < x\}$, $-\infty < x < \infty$ 称为随机变量 X 的**概率分布函数**(cumulative distribution function, CDF)。它满足下列基本性质:

(1) $\lim_{x\to-\infty} F_X(x) = 0$, $\lim_{x\to\infty} F_X(x) = 1$。

(2) 若 $x_1 < x_2$,则 $F_X(x_1) \leqslant F_X(x_2)$。

(3) $F_X(x-0) = F_X(x)$。

(4) $\Pr\{x_1 \leqslant X < x_2\} = F_X(x_2) - F_X(x_1)$。

通过引入随机变量,可以进一步处理复杂系统的概率测度问题。这可以通过对随机变量进行运算来实现。

2.1.2　随机变量的运算

随机变量函数的分布和随机变量的矩是两类最重要的运算。它们均基于**概率密度函数**(probability density function, PDF)计算。因此,首先引入概率密度函数的概念。

对于连续随机变量 X,概率密度函数定义为其概率分布函数的导数

$$p_X(x) = \frac{\mathrm{d}F_X(x)}{\mathrm{d}x} \tag{2.1}$$

其中 $p_X(x)$是非负函数,即总是存在 $p_X(x) \geqslant 0$。

式(2.1)的逆运算为

$$F_X(x) = \int_{-\infty}^{x} p_X(\xi)\mathrm{d}\xi \tag{2.2}$$

其中应用了条件 $F_X(-\infty) = 0$。

当积分上限变为∞,有

$$\int_{-\infty}^{\infty} p_X(x)\mathrm{d}x = 1 \tag{2.3}$$

---

① 随机变量通常采用大写字母或希腊字母标记,如 X 或 ξ,而随机变量的样本值通常采用相应的小写字母标记,如 x。除特别说明外,本书均采用这一规则。

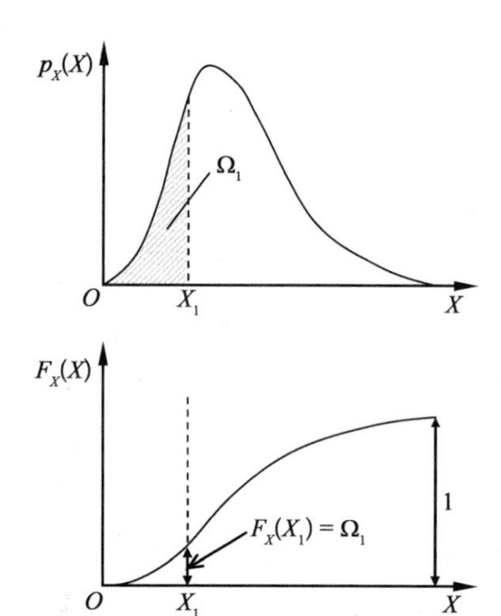

图 2.1　概率密度函数和概率分布函数

典型概率密度函数和概率分布函数如图 2.1 所示。

若随机变量 Y 是另一个随机变量 X 的函数，即 $Y=f(X)$，且 $f(\cdot)$仅包含有限个不连续点，则 Y 的概率分布函数为

$$F_Y(y)=\Pr\{f(X)<y\}=\int_{f(x)<y} p_X(x)\mathrm{d}x \tag{2.4}$$

在上式中，需在 x 轴上对满足积分号下方不等式的所有区间上计算积分。

理论上，根据式(2.1)，很容易由式(2.4)获得 Y 的概率密度函数。然而，因为有时候 $f(\cdot)$可能是非常复杂的函数，当做具体运算时，可能会遇到困难。因此，一般仅考虑下列两类情况：

(1) 假设 $f(x)$为单调函数，则存在 $f(x)$的唯一反函数 $g(y)$。由式(2.1)和式(2.4)，Y 的概率密度函数为

$$p_Y(y)=p_X[g(y)]\left|\frac{\mathrm{d}g(y)}{\mathrm{d}y}\right| \tag{2.5}$$

(2) 假设 $f(x)$非单调但为单值函数(图 2.2)。对于这类情况，可以尝试将 x 值划分为几个区间，使得 $f(x)$在每一区间上为单调函数。由此，类似于式(2.5)，有

$$p_Y(y)=\sum_k p_X[g_k(y)]\left|\frac{\mathrm{d}g_k(y)}{\mathrm{d}y}\right| \tag{2.6}$$

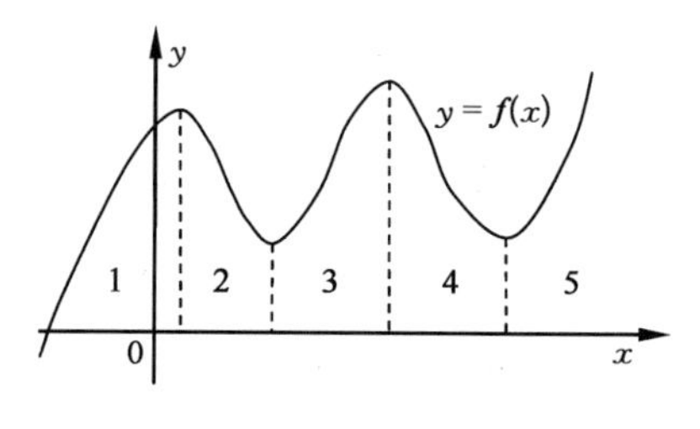

图 2.2　单值函数

其中，$g_k(y)$是 $f(x)$在第 k 个区间上的反函数。

如前所述，概率分布函数或概率密度函数精确地描述了随机变量的分布特性。另外，矩是随机变量的相对粗略描述，其中最有用的两类是期望和方差。

连续随机变量的期望定义为其密度函数的一阶原点矩，即

$$\mathrm{E}(X)=\int_{-\infty}^{\infty} x p_X(x)\mathrm{d}x \tag{2.7}$$

而其方差是其密度函数的二阶中心矩

$$\mathrm{D}(X)=\mathrm{E}\{[X-\mathrm{E}(X)]^2\}=\int_{-\infty}^{\infty}[x-\mathrm{E}(X)]^2 p_X(x)\mathrm{d}x \tag{2.8}$$

期望的基本性质是线性可加性，即

$$\mathrm{E}(aX+b)=a\mathrm{E}(X)+b \tag{2.9}$$

其中 a 和 b 是任意两个常数。

相应地，方差服从

$$D(aX+b)=a^2D(X) \tag{2.10}$$

一般地，将

$$m_n=E(X^n)=\int_{-\infty}^{\infty}x^n p_X(x)dx \tag{2.11}$$

称为 X 的 n 阶原点矩，并记期望 m_1 为 μ。

$$K_n=E[(X-\mu)^n]=\int_{-\infty}^{\infty}(x-\mu)^n p_X(x)dx \tag{2.12}$$

称为 X 的 n 阶中心矩，并记 K_2 或 $D(X)$ 为 σ^2。$\sigma=\sqrt{D(X)}$ 通常称为 X 的标准差。

中心矩可以表达为原点矩的线性组合

$$E[(X-\mu)^n]=\sum_{i=0}^{n}\begin{pmatrix}n\\i\end{pmatrix}[-E(X)]^{n-i}E(X^i) \tag{2.13}$$

其中 $\begin{pmatrix}n\\i\end{pmatrix}=n!/[i!(n-i)!]$。类似地，原点矩也可以通过中心矩计算①。

对于连续随机变量 X，特征函数是其概率密度函数的傅里叶(Fourier)变换，记为 $f_X(\vartheta)$，即

$$f_X(\vartheta)=\int_{-\infty}^{\infty}e^{i\vartheta x}p_X(x)dx \tag{2.14}$$

如前所述，特征函数和概率密度函数一样可以作为描述随机变量的一种方式。更重要的是，随机变量的矩函数可以由其特征函数的导数给出。实际上，

$$\frac{d^n f_X(\vartheta)}{d\vartheta^n}=i^n\int_{-\infty}^{\infty}e^{i\vartheta x}x^n p_X(x)dx \tag{2.15}$$

令 $\vartheta=0$，则

$$\left.\frac{d^n f_X(\vartheta)}{d\vartheta^n}\right|_{\vartheta=0}=i^n\int_{-\infty}^{\infty}x^n p_X(x)dx=i^n E(X^n) \tag{2.16}$$

式中：i 为虚数单位。

同时，可获得 $f_X(\vartheta)$ 的麦克劳林(Maclaurin)级数展开

$$f_X(\vartheta)=f_X(0)+\sum_{n=1}^{\infty}\left.\frac{d^n f_X(\vartheta)}{d\vartheta^n}\right|_{\vartheta=0}\frac{\vartheta^n}{n!}=1+\sum_{n=1}^{\infty}\frac{(i\vartheta)^n}{n!}E(X^n) \tag{2.17}$$

式(2.17)表明，低阶矩包含了关于概率分布的主要信息。对于许多实际问题，二阶统计量就足以描述它们。

---

① $E(X^n)=\sum_{i=0}^{n}\begin{pmatrix}n\\i\end{pmatrix}E^{n-i}(X)E[(X-\mu)^i]$ 与式(2.13)均可由牛顿二项式定理直接推导得到，兹不赘述。——译者注

2.1.3 随机向量

在很多情况下,需关心的随机变量不止一个。若随机变量 $X_1(\varpi)$, …, $X_n(\varpi)$ 属于同一个概率空间 $(\Omega, \mathcal{R}, P)$,则

$$\boldsymbol{X}=[X_1(\varpi), \cdots, X_n(\varpi)] \tag{2.18}$$

为 n 维随机向量。

随机向量的联合概率分布函数定义为

$$F_{\boldsymbol{X}}(x_1, \cdots, x_n)=\Pr\{X_1<x_1, \cdots, X_n<x_n\}=\int_{-\infty}^{x_1}\cdots\int_{-\infty}^{x_n} p_{\boldsymbol{X}}(\xi_1, \cdots, \xi_n)\mathrm{d}\xi_n\cdots\mathrm{d}\xi_1 \tag{2.19}$$

式中:$p_{\boldsymbol{X}}(x_1, \cdots, x_n)$ 是 $\boldsymbol{X}$ 的联合概率密度函数。联合密度函数满足如下性质

$$p_{\boldsymbol{X}}(x_1, \cdots, x_n)\geqslant 0 \tag{2.20}$$

$$\int\cdots\int_{\mathbb{R}^n} p_{\boldsymbol{X}}(x_1, \cdots, x_n)\mathrm{d}x_1\cdots\mathrm{d}x_n=1 \tag{2.21}$$

且有

$$p_{\boldsymbol{X}}(x_1, \cdots, x_n)=\frac{\partial^n F_{\boldsymbol{X}}(x_1, \cdots, x_n)}{\partial x_1\cdots\partial x_n} \tag{2.22}$$

对于某一分量 X_i,边缘分布和边缘密度函数分别定义为

$$F_{X_i}(x_i)=\Pr\{X_i<x_i\}=F_{\boldsymbol{X}}(\infty, \cdots, \infty, x_i, \infty, \cdots, \infty) \tag{2.23}$$

$$p_{X_i}(x_i)=\int\cdots\int_{\mathbb{R}^{n-1}} p_{\boldsymbol{X}}(x_1, \cdots, x_n)\mathrm{d}x_1\cdots\mathrm{d}x_{i-1}\mathrm{d}x_{i+1}\cdots\mathrm{d}x_n \tag{2.24}$$

一般来说,边缘分布可以由联合概率分布函数唯一确定,但是反之不成立。换言之,联合概率密度函数比每一边缘密度函数包含了更多的信息,因此后者可以由前者获得。这表明随机变量之间的相关性是随机向量的重要特征。

对于 n 维随机向量,关于某一分量 X_i 的条件概率分布和条件概率密度函数分别定义为

$$\begin{aligned}&F_{\boldsymbol{X}|X_i}(x_1, \cdots, x_{i-1}, x_{i+1}, \cdots, x_n \mid x_i)\\&=\Pr\{X_1<x_1, \cdots, X_{i-1}<x_{i-1}, X_{i+1}<x_{i+1}, \cdots, X_n<x_n \mid X_i=x_i\}\end{aligned} \tag{2.25}$$

$$\begin{aligned}&p_{\boldsymbol{X}|X_i}(x_1, \cdots, x_{i-1}, x_{i+1}, \cdots, x_n \mid x_i)\\&=\frac{p_{\boldsymbol{X}}(x_1, \cdots, x_n)}{\int\cdots\int_{\mathbb{R}^{n-1}} p_{\boldsymbol{X}}(x_1, \cdots, x_n)\mathrm{d}x_1\cdots\mathrm{d}x_{i-1}\mathrm{d}x_{i+1}\cdots\mathrm{d}x_n}\end{aligned} \tag{2.26}$$

若对于所有的 x_1, …, x_n,有

$$F_{\mathbf{X}}(x_1, \cdots, x_n) = F_{X_1}(x_1) \cdots F_{X_n}(x_n) \tag{2.27}$$

或

$$p_{\mathbf{X}}(x_1, \cdots, x_n) = p_{X_1}(x_1) \cdots p_{X_n}(x_n) \tag{2.28}$$

则称 $X_1, \cdots, X_n$ 为统计上的独立随机变量。在这种情况下，某一分量的边缘概率密度等于相应的条件概率密度。

令函数 $Y = f(X_1, \cdots, X_n)$，则其概率分布函数可写为

$$F_Y(y) = \Pr\{f(X_1, \cdots, X_n) < y\} = \int \cdots \int_{f(x_1, \cdots, x_n) < y} p_{\mathbf{X}}(x_1, \cdots, x_n) \mathrm{d}x_1 \cdots \mathrm{d}x_n \tag{2.29}$$

类似地，对于 m 维函数 $Y_i = f_i(X_1, \cdots, X_n)$ $(i = 1, \cdots, m)$，有

$$\begin{aligned} F_{\mathbf{Y}}(y_1, \cdots, y_m) &= \Pr\{f_i(X_1, \cdots, X_n) < y_i, i = 1, \cdots, m\} \\ &= \int \cdots \int_{\substack{f_i(x_1, \cdots, x_n) < y_i \\ 1 \leqslant i \leqslant m}} p_{\mathbf{X}}(x_1, \cdots, x_n) \mathrm{d}x_1 \cdots \mathrm{d}x_n \end{aligned} \tag{2.30}$$

类似于一维情况，式(2.29)和式(2.30)要求 $f_i(\cdot)$ 满足一些约束。特别地，考虑 $m = n$ 的情况。假设 $y_i = f_i(x_1, \cdots, x_n)$ 存在唯一反函数，记为 $x_i = x_i(y_1, \cdots, y_n)$，并存在连续偏导数 $\partial x_i / \partial y_i$。则 n 维随机向量 $\mathbf{Y}$ 的概率密度函数可以写为

$$p_{\mathbf{Y}}(y_1, \cdots, y_n) = \begin{cases} p_{\mathbf{X}}(x_1, \cdots, x_n) \mid \mathbf{J} \mid, & (y_1, \cdots, y_n) \in \Omega_{f_1, \cdots, f_n} \\ 0, & (y_1, \cdots, y_n) \notin \Omega_{f_1, \cdots, f_n} \end{cases} \tag{2.31}$$

式中：$\Omega_{f_1, \cdots, f_n}$ 是 $(f_1, \cdots, f_n)$ 的值域；$\mid \mathbf{J} \mid$ 是雅可比(Jacobi)矩阵的行列式

$$\mid \mathbf{J} \mid = \begin{vmatrix} \dfrac{\partial x_1}{\partial y_1} & \dfrac{\partial x_2}{\partial y_1} & \cdots & \dfrac{\partial x_n}{\partial y_1} \\ \dfrac{\partial x_1}{\partial y_2} & \dfrac{\partial x_2}{\partial y_2} & \cdots & \dfrac{\partial x_n}{\partial y_2} \\ \vdots & \vdots & \ddots & \vdots \\ \dfrac{\partial x_1}{\partial y_n} & \dfrac{\partial x_2}{\partial y_n} & \cdots & \dfrac{\partial x_n}{\partial y_n} \end{vmatrix} \tag{2.32}$$

当反函数不是一一对应的时候，即 $y_i = f_i(x_1, \cdots, x_n)(i = 1, \cdots, n)$ 有不止一组解，则 $\mathcal{Y}$ 空间内的一个点对应于 $\mathcal{X}$ 空间内的多个点。在这种情况下，需要将 $\mathcal{X}$ 划分为几个子域，从而得到由 $\mathcal{Y}$ 到 $\mathcal{X}$ 的每个子域的一对一的变换。由此，$\mathbf{Y}$ 的取值在 $\mathcal{Y}$ 的某一子集内的概率等于 $\mathbf{X}$ 的取值在 $\mathcal{X}$ 每个子域相应集合内的概率之和。即

$$p_{\mathbf{Y}}(y_1, \cdots, y_n) = \begin{cases} \sum_k [p_{\mathbf{X}}(x_{1k}, \cdots, x_{nk}) \mid \mathbf{J}_k \mid], & (y_1, \cdots, y_n) \in \Omega_{f_1, \cdots, f_n} \\ 0, & (y_1, \cdots, y_n) \notin \Omega_{f_1, \cdots, f_n} \end{cases} \tag{2.33}$$

式中：$\Omega_{f_1, \cdots, f_n}$ 是$(f_1, \cdots, f_n)$的值域。

为完整描述 n 维随机向量的分布，需要其 n 维联合概率密度函数。这对大多数情况可能很困难。在许多实际应用中，一种可行的途径是采用一组随机向量的期望值。

对于随机向量$(X_1, \cdots, X_n)$，其期望写为$[\mathrm{E}(X_1), \cdots, \mathrm{E}(X_n)]$，其中

$$\mathrm{E}(X_i)=\int_{-\infty}^{\infty} x_i p_{X_i}(x_i)\mathrm{d}x_i \tag{2.34}$$

且其方差为$[\mathrm{D}(X_1), \cdots, \mathrm{D}(X_n)]$，其中

$$\mathrm{D}(X_i)=\mathrm{E}\{[X_i-\mathrm{E}(X_i)]^2\}=\int_{-\infty}^{\infty}[x_i-\mathrm{E}(X_i)]^2 p_{X_i}(x_i)\mathrm{d}x_i \tag{2.35}$$

显然，上述期望和方差仅反映了每个随机变量自身的信息。在实际问题中，两个随机变量之间的相关信息同样具有价值。两个分量 X_i 和 X_j 之间的协方差定义为

$$\begin{aligned} c_{ij} &=\mathrm{cov}(X_i, X_j)=\mathrm{E}\{[X_i-\mathrm{E}(X_i)][X_j-\mathrm{E}(X_j)]\} \\ &=\int_{-\infty}^{\infty}\int_{-\infty}^{\infty}[x_i-\mathrm{E}(X_i)][x_j-\mathrm{E}(X_j)]p_{X_iX_j}(x_i, x_j)\mathrm{d}x_i\mathrm{d}x_j \end{aligned} \tag{2.36}$$

矩阵

$$\mathbf{C}=\begin{pmatrix} c_{11} & c_{12} & \cdots & c_{1n} \\ c_{21} & c_{22} & \cdots & c_{2n} \\ \vdots & \vdots & \ddots & \vdots \\ c_{n1} & c_{n2} & \cdots & c_{nn} \end{pmatrix} \tag{2.37}$$

称为$(X_1, \cdots, X_n)$的协方差矩阵。

有时，更方便的是定义参数

$$\rho_{ij}=\frac{\mathrm{cov}(X_i, X_j)}{\sqrt{\mathrm{D}(X_i)\mathrm{D}(X_j)}} \tag{2.38}$$

为 X_i 和X_j 的**相关系数(correlation coefficient)**。该参数体现了两个随机变量是否线性相关。若 $\rho_{ij}=\pm 1$，则 X_i 和X_j 称为完全相关。换言之，它们在概率意义上是等价的。若 $\rho_{ij}=0$，则 X_i 和 X_j 称为完全不相关。然而，不相关不意味着独立。后者通常是指两个随机变量之间没有函数关系。

注意，相关系数本质上是标准化随机变量$[X_i-\mathrm{E}(X_i)]/\sqrt{\mathrm{D}(X_i)}$ 和$[X_j-\mathrm{E}(X_j)]/\sqrt{\mathrm{D}(X_j)}$ 的协方差。因此，矩阵

$$\boldsymbol{\rho}=\begin{pmatrix} \rho_{11} & \rho_{12} & \cdots & \rho_{1n} \\ \rho_{21} & \rho_{22} & \cdots & \rho_{2n} \\ \vdots & \vdots & \ddots & \vdots \\ \rho_{n1} & \rho_{n2} & \cdots & \rho_{nn} \end{pmatrix} \tag{2.39}$$

称为正则化协方差矩阵或相关系数矩阵。

随机函数 $g(X_1, \cdots, X_n)$的期望定义为

$$\mathrm{E}[g(X_1, \cdots, X_n)] = \int\cdots\int_{\mathbb{R}^n} g(x_1, \cdots, x_n) p_{\mathbf{X}}(x_1, \cdots, x_n) \mathrm{d}x_1 \cdots \mathrm{d}x_n \quad (2.40)$$

比较式(2.40)和式(2.29)可发现,随机向量函数 $Y = g(X_1, \cdots, X_n)$ 的期望可以直接由式(2.40)计算,而不需要首先获得其概率密度函数 $p_Y(y)$。

对于更复杂的函数,可以将随机函数 $g(\cdot)$展开为级数形式

$$\begin{aligned} Y = & g[\mathrm{E}(X_1), \cdots, \mathrm{E}(X_n)] + \sum_{i=1}^{n} \frac{\partial g(x_1, \cdots, x_n)}{\partial x_i} \Bigg|_{\substack{x_1 = \mathrm{E}(X_1) \\ \vdots \\ x_n = \mathrm{E}(X_n)}} [X_i - \mathrm{E}(X_i)] \\ & + \frac{1}{2} \sum_{i=1}^{n} \sum_{j=1}^{n} \frac{\partial^2 g(x_1, \cdots, x_n)}{\partial x_i \partial x_j} \Bigg|_{\substack{x_1 = \mathrm{E}(X_1) \\ \vdots \\ x_n = \mathrm{E}(X_n)}} [X_i - \mathrm{E}(X_i)][X_j - \mathrm{E}(X_j)] + \cdots \end{aligned} \quad (2.41)$$

只保留线性项,可以分别得到 Y 的均值与方差,如下

$$\mathrm{E}(Y) = g[\mathrm{E}(X_1), \cdots, \mathrm{E}(X_n)] \quad (2.42)$$

$$\mathrm{D}(Y) = \sum_{i=1}^{n} \sum_{j=1}^{n} \left[\frac{\partial g(x_1, \cdots, x_n)}{\partial x_i} \frac{\partial g(x_1, \cdots, x_n)}{\partial x_j} \right] \Bigg|_{\substack{x_1 = \mathrm{E}(X_1) \\ \vdots \\ x_n = \mathrm{E}(X_n)}} \mathrm{cov}(X_i, X_j) \quad (2.43)$$

展开式(2.41)实际上是随机结构分析中摄动理论的基础(见第 4 章)。

2.1.4　相关矩阵分解

如式(2.37)所示,协方差矩阵定义为对称且非负定的。这说明,对于协方差矩阵 $\mathbf{C}$,存在对角矩阵

$$\boldsymbol{\lambda} = \begin{pmatrix} \lambda_1 & & \\ & \ddots & \\ & & \lambda_n \end{pmatrix} \quad (2.44)$$

与 n 维方阵

$$\boldsymbol{\phi} = (\boldsymbol{\psi}_1, \cdots, \boldsymbol{\psi}_n) = \begin{pmatrix} \phi_{11} & \phi_{12} & \cdots & \phi_{1n} \\ \phi_{21} & \phi_{22} & \cdots & \phi_{2n} \\ \vdots & \vdots & \ddots & \vdots \\ \phi_{n1} & \phi_{n2} & \cdots & \phi_{nn} \end{pmatrix} \quad (2.45)$$

使得

$$\mathbf{C}\boldsymbol{\phi} = \boldsymbol{\lambda}\boldsymbol{\phi} \quad (2.46)$$

式中:$\lambda_i (i = 1, \cdots, n)$ 是 $\mathbf{C}$ 的特征值;$\boldsymbol{\phi}$ 是 $\mathbf{C}$ 的特征向量矩阵。注意到 $\boldsymbol{\phi}$ 是正交矩阵,即

$\boldsymbol{\phi}^{\mathrm{T}}\boldsymbol{\phi}=\mathbf{I}$。其中,上标 T 表示向量转置。

由矩阵 $\boldsymbol{\phi}$ 可导出相似变换,通过前述非对角矩阵 $\boldsymbol{\phi}$ 变换得对角矩阵 $\boldsymbol{\lambda}$,即

$$\boldsymbol{\lambda}=\boldsymbol{\phi}^{\mathrm{T}}\mathbf{C}\boldsymbol{\phi} \tag{2.47}$$

因此,对于随机向量 $\boldsymbol{X}=(X_1, \cdots, X_n)$,通过采用矩阵的特征值理论,必定能获得关于协方差矩阵的特征值与特征向量。这一过程就是所谓的**相关矩阵分解(decomposition of the correlation matrix)**。通过这一过程,前述的相关随机向量$(X_1, \cdots, X_n)$可以由线性变换转化为一系列不相关随机变量 $\boldsymbol{Y}=(Y_1, \cdots, Y_n)$

$$\boldsymbol{X}=\boldsymbol{X}_0+\boldsymbol{\phi}\boldsymbol{Y}=\boldsymbol{X}_0+\sum_{i=1}^{n}\psi_i Y_i \tag{2.48}$$

式中:$\boldsymbol{X}_0$ 为 $\boldsymbol{X}$ 的均值向量。

实际上,令 $\boldsymbol{X}_\sigma=\boldsymbol{\phi}\boldsymbol{Y}$,由于加减常数向量不会改变相应的协方差,所以有

$$\mathbf{C}_{\boldsymbol{X}}=\mathbf{C}_{\boldsymbol{X}_\sigma}=\mathrm{E}(\boldsymbol{X}_\sigma\boldsymbol{X}_\sigma^{\mathrm{T}}) \tag{2.49}$$

联合式(2.49)和式(2.47)有

$$\boldsymbol{\lambda}=\boldsymbol{\phi}^{\mathrm{T}}\mathrm{E}(\boldsymbol{X}_\sigma\boldsymbol{X}_\sigma^{\mathrm{T}})\boldsymbol{\phi}=\boldsymbol{\phi}^{\mathrm{T}}\mathrm{E}(\boldsymbol{\phi}\boldsymbol{Y}\boldsymbol{Y}^{\mathrm{T}}\boldsymbol{\phi}^{\mathrm{T}})\boldsymbol{\phi}=\mathrm{E}(\boldsymbol{Y}\boldsymbol{Y}^{\mathrm{T}}) \tag{2.50}$$

这表明 $\boldsymbol{\lambda}$ 正是 $\boldsymbol{Y}$ 的协方差矩阵。

令 $Y_i=\sqrt{\lambda_i}\zeta_i$,则$(\zeta_1, \cdots, \zeta_n)$为标准化不相关随机变量序列,使得

$$\boldsymbol{X}=\boldsymbol{X}_0+\sum_{i=1}^{n}\psi_i\sqrt{\lambda_i}\zeta_i \tag{2.51}$$

这说明随机向量可以表示为一系列标准化不相关随机变量的形式。

2.2 随机过程

2.2.1 随机过程描述

所谓"**随机过程(stochastic process)**",是指定义在一个参数集上的一簇随机变量。集合中的每一点对应一个随机变量。从这一角度来看,一维随机过程可以理解为随机向量的扩展(图 2.3)。因此,那些对于多维随机向量成立的基本概念,对于一维随机过程依然是正确的。

假设 $\{X(t) \mid t\in\mathcal{T}\}$ 是随机过程,其中 t 是集合 $\mathcal{T}$(时间段)上的时间参数。为描述其概率特性,第一要务是考虑每个时刻随机变量[或给定时刻 $t(t\in\mathcal{T})$ 处的随机变量]的分布。记其为

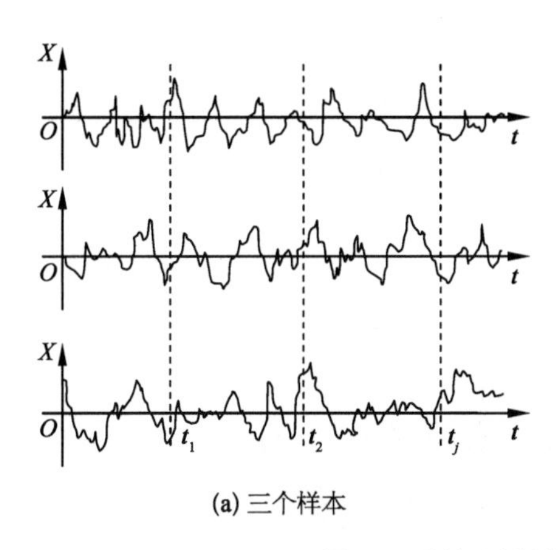

(a) 三个样本

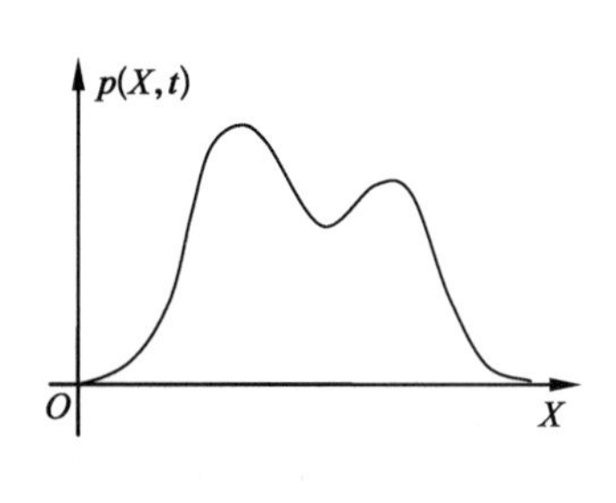

(b) 一维概率密度函数

图 2.3　随机过程和一维概率密度函数

$$F(x,\ t) = \Pr\{X(t) < x\},\ t \in \mathcal{T} \tag{2.52}$$

且称为 $\{X(t) \mid t \in \mathcal{T}\}$ 的一维分布。

显然，仅一维分布不足以描述随机过程。因此，自然会想到研究随机过程在不同时刻的随机变量是如何相关的。为此，引入

$$F(x_1,\ t_1;\ x_2,\ t_2) = \Pr\{X(t_1) < x_1,\ X(t_2) < x_2\},\ t_1,\ t_2 \in \mathcal{T} \tag{2.53}$$

称为 $\{X(t) \mid t \in \mathcal{T}\}$ 的二维分布。

随着阶数的增加，对于任意有限的 $t_1,\ \cdots,\ t_n \in \mathcal{T}$，有

$$F(x_1,\ t_1;\ \cdots;\ x_n,\ t_n) = \Pr\{X(t_1) < x_1,\ \cdots,\ X(t_n) < x_n\} \tag{2.54}$$

称为 $\{X(t) \mid t \in \mathcal{T}\}$ 的 **n 维分布**（*n*-dimensional distribution）。

对于随机过程 $\{X(t) \mid t \in \mathcal{T}\}$，其一维、二维直到 n 维分布构成了其完备的概率结构。实际上，一旦给出该有限维分布族，就可以确定随机过程在不同时刻任意有限个随机变量的相关性，即获得了 $\{X(t) \mid t \in \mathcal{T}\}$ 的概率结构。

有限维分布族满足下列三个性质：

(1) 非负性，即

$$0 \leqslant F(x_1,\ t_1;\ \cdots;\ x_n,\ t_n) \leqslant 1 \tag{2.55}$$

(2) 对称性，即对于$(1,\ \cdots,\ n)$的任意排列$(j_1,\ \cdots,\ j_n)$，有

$$F(x_{j_1},\ t_{j_1};\ \cdots;\ x_{j_n},\ t_{j_n}) = F(x_1,\ t_1;\ \cdots;\ x_n,\ t_n) \tag{2.56}$$

(3) 相容性，即当 $m < n$ 时，有

$$F(x_1,\ t_1;\ \cdots;\ x_m,\ t_m;\ \infty,\ t_{m+1};\ \cdots;\ \infty,\ t_n) = F(x_1,\ t_1;\ \cdots;\ x_m,\ t_m) \tag{2.57}$$

根据式(2.57)，可以由高维分布获得低维分布。

类似于随机变量和随机向量的情形，对于随机过程，有限维分布密度函数可通过相应分布函数的导数定义，即

$$\begin{cases} p(x,\ t)=\dfrac{\partial F(x,\ t)}{\partial x} \\ p(x_1,\ t_1;\ x_2,\ t_2)=\dfrac{\partial^2 F(x_1,\ t_1;\ x_2,\ t_2)}{\partial x_1 \partial x_2} \\ \qquad \vdots \\ p(x_1,\ t_1;\ \cdots;\ x_n,\ t_n)=\dfrac{\partial^n F(x_1,\ t_1;\ \cdots;\ x_n,\ t_n)}{\partial x_1 \cdots \partial x_n} \end{cases} \tag{2.58}$$

毋庸置疑,该组公式也可以完备地描述随机过程的概率结构。

随机过程也可以通过特征函数序列描述。实际上,对上组公式的每一式进行傅里叶变换可导出有限维特征函数族

$$\begin{cases} M(\vartheta,\ t)=\mathrm{E}[e^{\mathrm{i}\vartheta X(t)}]=\displaystyle\int_{-\infty}^{\infty} p(x,\ t)e^{\mathrm{i}\vartheta x}\mathrm{d}x \\ M(\vartheta_1,\ t_1;\ \vartheta_2,\ t_2)=\mathrm{E}[e^{\mathrm{i}\vartheta_1 X(t_1)+\mathrm{i}\vartheta_2 X(t_2)}]=\displaystyle\int_{-\infty}^{\infty}\int_{-\infty}^{\infty} p(x_1,\ t_1;\ x_2,\ t_2)e^{\mathrm{i}\vartheta_1 x_1+\mathrm{i}\vartheta_2 x_2}\mathrm{d}x_1\mathrm{d}x_2 \\ \qquad \vdots \\ M(\vartheta_1,\ t_1;\ \cdots;\ \vartheta_n,\ t_n)=\mathrm{E}\left[e^{\mathrm{i}\sum\limits_{j=1}^{n}\vartheta_j X(t_j)}\right]=\displaystyle\int_{-\infty}^{\infty}\cdots\int_{-\infty}^{\infty} p(x_1,\ t_1;\ \cdots;\ x_n,\ t_n)e^{\mathrm{i}\sum\limits_{j=1}^{n}\vartheta_j x_j}\mathrm{d}x_1\cdots\mathrm{d}x_n \end{cases} \tag{2.59}$$

其中 ϑ_j 是任意实数。

通过将一些 ϑ_j 置为零,高阶特征函数可以降为低阶特征函数

$$M(\vartheta_1,\ t_1;\ \cdots;\ \vartheta_m,\ t_m;\ 0,\ t_{m+1};\ \cdots;\ 0,\ t_{m+k})=M(\vartheta_1,\ t_1;\ \cdots;\ \vartheta_m,\ t_m) \tag{2.60}$$

一般地,特征函数是连续复函数。由于其与相应的密度函数构成了傅里叶变换对,因此它是随机过程概率结构的等价描述。

2.2.2 随机过程的矩函数

随机过程也可以通过不同阶次的矩函数描述。若其矩存在,则定义为

$$\begin{cases} \mathrm{E}[X(t_1)]=\displaystyle\int_{-\infty}^{\infty} x_1 p(x_1,\ t_1)\mathrm{d}x_1 \\ \mathrm{E}[X(t_1)X(t_2)]=\displaystyle\int_{-\infty}^{\infty}\int_{-\infty}^{\infty} x_1 x_2 p(x_1,\ t_1;\ x_2,\ t_2)\mathrm{d}x_1\mathrm{d}x_2 \\ \qquad \vdots \end{cases} \tag{2.61}$$

由特征函数的麦克劳林级数展开

$$M(\vartheta_1,\ t_1;\ \cdots;\ \vartheta_n,\ t_n)=1+\mathrm{i}\sum_{j=1}^{n}\vartheta_j \mathrm{E}[X(t_j)]+\frac{1}{2!}\sum_{j=1}^{n}\sum_{k=1}^{n}\vartheta_j\vartheta_k \mathrm{E}[X(t_j)X(t_k)]+\cdots \tag{2.62}$$

可知，由所有矩函数也可给出随机过程的完备描述。

随机过程 $X(t)$ 的一阶矩函数称为**期望**(expectation)，定义为

$$m_X(t) = \mathrm{E}[X(t)] = \int_{-\infty}^{\infty} xp(x, t)\mathrm{d}x \tag{2.63}$$

显然，对于随机样本的给定具体时间截口，上式表示随机过程在时刻 t 的随机变量的一阶原点矩。对于整个过程，则表示 $X(t)$ 的样本函数 $x_i(t)$ 在时域内的平均中心轨迹。

若 $m_X(t)$ 为常数，则称随机过程是一阶平稳的。此类随机过程可以容易地降为零均值过程。通过该变换，可以着重考察过程与其期望之间的偏差，即方差。

相关函数可作为随机过程任意两个不同状态间相关关系的度量。它量化了两个给定的不同时刻下随机变量的值在概率意义上的接近程度。根据需要刻画的相关性信息是一个还是介于两个随机过程之间的，可分为自相关函数和互相关函数。

对于同一过程 $X(t)$ 的两个随机变量，**自相关函数**(autocorrelation function)定义为

$$R_X(t_1, t_2) = \mathrm{E}[X(t_1)X(t_2)] = \int_{-\infty}^{\infty}\int_{-\infty}^{\infty} x_1x_2p(x_1, t_1; x_2, t_2)\mathrm{d}x_1\mathrm{d}x_2 \tag{2.64}$$

另一方面，**互相关函数**(cross-correlation function)定义在两个不同的过程上。假设 $X(t)$ 和 $Y(t)$ 是两个随机过程，则互相关函数定义为

$$R_{XY}(t_1, t_2) = \mathrm{E}[X(t_1)Y(t_2)] = \int_{-\infty}^{\infty}\int_{-\infty}^{\infty} x_1y_2p(x_1, t_1; y_2, t_2)\mathrm{d}x_1\mathrm{d}y_2 \tag{2.65}$$

其中 $p(x_1, t_1; y_2, t_2)$ 是 $X(t)$ 和 $Y(t)$ 的联合概率密度函数。

互相关函数描述了两个随机过程在时域内的相关关系。换言之，它体现了两个随机过程在不同时刻之间的概率相似程度。

正则化相关函数称为**相关系数**(correlation coefficient)。**自相关系数**(autocorrelation coefficient)记为

$$r_X(t_1, t_2) = \frac{R_X(t_1, t_2)}{\sigma_X(t_1)\sigma_X(t_2)} \tag{2.66}$$

相应地，互相关系数为

$$r_{XY}(t_1, t_2) = \frac{R_{XY}(t_1, t_2)}{\sigma_X(t_1)\sigma_Y(t_2)} \tag{2.67}$$

如前所述，相关性基于过程的二阶原点矩，而下述协方差则基于二阶中心矩。

对于随机过程 $X(t)$，**自协方差函数**(auto-covariance function)定义为

$$\begin{aligned} K_X(t_1, t_2) &= \mathrm{E}\{[X(t_1) - m_X(t_1)][X(t_2) - m_X(t_2)]\} \\ &= \int_{-\infty}^{\infty}\int_{-\infty}^{\infty} [x_1 - m_X(t_1)][x_2 - m_X(t_2)]p(x_1, t_1; x_2, t_2)\mathrm{d}x_1\mathrm{d}x_2 \end{aligned} \tag{2.68}$$

当 $t_1=t_2=t$ 时，上式变为

$$K_X(t,\ t)=\mathrm{E}\{[X(t)-m_X(t)]^2\}=\mathrm{D}[X(t)] \tag{2.69}$$

其中 $\mathrm{D}[X(t)]$ 称为 $X(t)$ 的**方差**(variance)，常用于衡量 $X(t)$ 在其期望周围变化的程度。

$X(t)$ 的标准差是指 $\mathrm{D}[X(t)]$ 的平方根，即

$$\sigma_X(t)=\sqrt{\mathrm{D}[X(t)]} \tag{2.70}$$

对于两个随机过程，**互协方差函数**(cross-covariance function)定义为

$$\begin{aligned}K_{XY}(t_1,\ t_2)&=\mathrm{E}\{[X(t_1)-m_X(t_1)][Y(t_2)-m_Y(t_2)]\}\\&=\int_{-\infty}^{\infty}\int_{-\infty}^{\infty}[x_1-m_X(t_1)][y_2-m_Y(t_2)]p(x_1,\ t_1;\ y_2,\ t_2)\mathrm{d}x_1\mathrm{d}y_2\end{aligned} \tag{2.71}$$

易得下述关系

$$\begin{cases}K_X(t_1,\ t_2)=R_X(t_1,\ t_2)-m_X(t_1)m_X(t_2)\\K_{XY}(t_1,\ t_2)=R_{XY}(t_1,\ t_2)-m_X(t_1)m_Y(t_2)\end{cases} \tag{2.72}$$

这两个公式表明，对于零均值随机过程，协方差函数等于相关函数。

若随机过程的期望是常数，且其自相关性仅依赖于时间差 $\tau=t_2-t_1$（与 t_1 和 t_2 无关），则称其为宽平稳过程。相反，严平稳过程是指其有限维分布是时不变的。一般地，宽平稳过程未必是严平稳的，而严平稳过程一定宽平稳。仅对于正态过程，若宽平稳，则其亦严平稳。在实际应用中更广泛采用宽平稳性。因此，下面述及的平稳过程，除特别说明外，均指宽平稳过程。

平稳过程的自相关函数表达为

$$R_X(\tau)=R_X(t_2-t_1) \tag{2.73}$$

且其互相关函数为

$$R_{XY}(\tau)=R_{XY}(t_2-t_1) \tag{2.74}$$

注意到，对于平稳过程，式(2.69)中的方差变为

$$\mathrm{D}[X(t)]=\sigma_X^2=K_X(0) \tag{2.75a}$$

且若 $X(t)$ 有零均值，则由式(2.72)，有

$$\mathrm{D}[X(t)]=\sigma_X^2=K_X(0)=R_X(0) \tag{2.75b}$$

对于自相关函数，有下列性质成立：

(1) 对称性

$$R_X(\tau)=R_X(-\tau) \tag{2.76}$$

(2) 非负性，即

$$\sum_{i=1}^{n}\sum_{j=1}^{n}[R_X(t_i-t_j)h(t_i)h*(t_j)]\geqslant 0 \tag{2.77}$$

其中，$h(t)$是任意复函数，且$h*(t)$是其复共轭。

(3) 有界性

$$|R_X(\tau)|\leqslant R_X(0) \tag{2.78}$$

(4) 若$X(t)$不包含周期成分，则

$$\lim_{\tau\to\infty}R(\tau)=0 \tag{2.79}$$

平稳过程的典型自相关函数如图 2.4 所示。

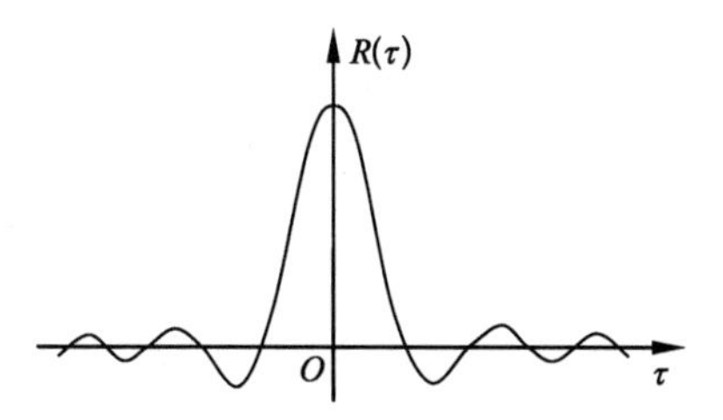

图 2.4　平稳过程的自相关函数

随机过程一阶和二阶统计特性的重要性，不仅体现在低阶矩包含了过程的主要信息[见式(2.62)]，也体现在：对于任意随机过程，事件$\{|X(t)-m_X(t)|\geqslant\epsilon\}$对任意$t$的概率的上界估计可由均值和方差函数获得。实际上，令$\sigma_X^2(t)$和$\sigma_{\dot{X}}^2(t)$分别为$X(t)$与其导数的方差函数，可证明(Lin, 1967)

$$\begin{aligned}&\Pr\{|X(t)-m_X(t)|\geqslant\epsilon,\ a\leqslant t\leqslant b\}\\&\leqslant\frac{1}{2\epsilon^2}[\sigma_X^2(a)+\sigma_X^2(b)]+\frac{1}{\epsilon^2}\int_a^b\sigma_X(t)\sigma_{\dot{X}}(t)\mathrm{d}t,\ \epsilon>0\end{aligned} \tag{2.80}$$

2.2.3　随机过程的谱描述

一般地，**功率谱密度**(power spectral density, PSD)函数是随机过程协方差函数的傅里叶变换。然而，平稳过程很容易变换为零均值过程。因此，平稳过程的功率谱密度定义为其相关函数的傅里叶变换。

考虑平稳过程$X(t)$。其**自功率谱密度函数**(auto-power spectral density function)为

$$S_X(\omega)=\int_{-\infty}^{\infty}R_X(\tau)e^{-\mathrm{i}\omega\tau}\mathrm{d}\tau \tag{2.81a}$$

而其傅里叶逆变换为

$$R_X(\tau)=\frac{1}{2\pi}\int_{-\infty}^{\infty}S_X(\omega)e^{\mathrm{i}\omega\tau}\mathrm{d}\omega \tag{2.81b}$$

上述两式就是著名的维纳-辛钦(Wiener-Khinchin)公式。

自功率谱密度$S_X(\omega)$满足下列性质：

(1) $S_X(\omega)$是非负的，即

$$S_X(\omega)\geqslant 0 \tag{2.82}$$

(2) $S_X(\omega)$是实的偶函数(或称对称的),即

$$S_X(\omega)=S_X(-\omega) \tag{2.83}$$

利用式(2.83),可得

$$\int_{-\infty}^{\infty} S_X(\omega)\mathrm{d}\omega=2\int_0^{\infty} S_X(\omega)\mathrm{d}\omega \tag{2.84}$$

由此可得**单边功率谱密度(unilateral power spectral density)**的定义

$$G_X(\omega)=\begin{cases}2S_X(\omega), & \omega\geqslant 0\\ 0, & \omega<0\end{cases} \tag{2.85}$$

相应地,$S_X(\omega)$称为**双边功率谱密度(bilateral power spectral density)**。显然,在非负实数域内,$G_X(\omega)$是$S_X(\omega)$的两倍。

两个随机过程$X(t)$和$Y(t)$的**互功率谱密度(cross-power spectral density)**$S_{XY}(\omega)$是其互相关函数$R_{XY}(\tau)$的傅里叶变换

$$S_{XY}(\omega)=\int_{-\infty}^{\infty} R_{XY}(\tau)e^{-\mathrm{i}\omega\tau}\mathrm{d}\tau \tag{2.86a}$$

而其傅里叶逆变换为

$$R_{XY}(\tau)=\frac{1}{2\pi}\int_{-\infty}^{\infty} S_{XY}(\omega)e^{\mathrm{i}\omega\tau}\mathrm{d}\omega \tag{2.86b}$$

互功率谱密度$S_{XY}(\omega)$满足下列性质:

(1) $S_{XY}(\omega)$一般为复函数。

(2) $S_{XY}(\omega)$满足下式

$$S_{XY}(\omega)=S_{YX}^{*}(\omega)=S_{XY}(-\omega) \tag{2.87}$$

(3) $S_{XY}(\omega)$满足如下不等式

$$|S_{XY}(\omega)|^2\leqslant S_X(\omega)S_Y(\omega) \tag{2.88}$$

可以建立随机过程的功率谱密度函数与其样本的傅里叶谱之间的关系。实际上,对于平稳过程$X(t)$和$Y(t)$,有(Bendat & Piersol, 2000)(证明参见附录C)

$$\begin{cases}S_X(\omega)=\lim\limits_{T\to\infty}\dfrac{1}{2T}\mathrm{E}[X_{\pm T}(\varpi,\omega)X_{\pm T}^{*}(\varpi,\omega)]\\ S_{XY}(\omega)=\lim\limits_{T\to\infty}\dfrac{1}{2T}\mathrm{E}[X_{\pm T}(\varpi,\omega)Y_{\pm T}^{*}(\varpi,\omega)]\end{cases} \tag{2.89a}$$

其中,$[-T, T]$是随机过程所属的时间段;$X_{\pm T}(\varpi,\omega)$和$Y_{\pm T}(\varpi,\omega)$分别是$X(t)$和$Y(t)$在样本意义下的有限傅里叶变换,定义为[参见附录C中的式(C.1)和式(C.2)]

$$\begin{cases}X_{\pm T}(\varpi,\omega)=\int_{-T}^{T} X(\varpi,t)e^{-\mathrm{i}\omega t}\mathrm{d}t\\ Y_{\pm T}(\varpi,\omega)=\int_{-T}^{T} Y(\varpi,t)e^{-\mathrm{i}\omega t}\mathrm{d}t\end{cases} \tag{2.89b}$$

对于非平稳随机过程，功率谱定义为协方差函数的傅里叶变换。例如，考虑一般的随机过程 $X(t)$，并令 $K_X(t_1, t_2)$ 为其协方差，则功率谱为

$$S_X(\omega_1, \omega_2)=\int_{-\infty}^{\infty}\int_{-\infty}^{\infty}K_X(t_1, t_2)e^{-\mathrm{i}(\omega_1 t_1-\omega_2 t_2)}\mathrm{d}t_1\mathrm{d}t_2 \tag{2.90a}$$

而傅里叶逆变换为

$$K_X(t_1, t_2)=\frac{1}{(2\pi)^2}\int_{-\infty}^{\infty}\int_{-\infty}^{\infty}S_X(\omega_1, \omega_2)e^{\mathrm{i}(\omega_1 t_1-\omega_2 t_2)}\mathrm{d}\omega_1\mathrm{d}\omega_2 \tag{2.90b}$$

然而，上述二式的一个问题是，非平稳随机过程的双频率谱密度函数[即式(2.90)]的物理意义并不像平稳随机过程的功率谱密度函数[见式(2.81)]那样清晰。此外，当 t_1 和 t_2 趋于无穷时，需满足 $K_X(t_1, t_2)\to 0$，式(2.90a)中的积分才存在。对于许多理想化但广泛使用的随机过程模型，这一条件太过严格。因此，许多研究更喜欢用演变功率谱密度的概念。本书 5.2.2 将详细阐述该问题。

2.2.4　期望、相关性和谱的一些运算法则

对于处理随机过程，下述运算法则或许在实际应用中很重要。

2.2.4.1　期望算子

期望是一个齐次可加的线性算子。考虑随机过程 $X_i(t)(i=1, \cdots, n)$，若 $\varphi_i(t)$、$\nu(t)$ 为确定性函数，且

$$Y(t)=\sum_{i=1}^{n}\varphi_i(t)X_i(t)+\nu(t) \tag{2.91}$$

那么

$$m_Y(t)=\sum_{i=1}^{n}\varphi_i(t)m_{X_i}(t)+\nu(t) \tag{2.92}$$

对于期望算子，微分(或积分)与期望是可以交换的(Lin, 1967)，即

$$\frac{\mathrm{d}}{\mathrm{d}t}\mathrm{E}[X(t)]=\mathrm{E}\left[\frac{\mathrm{d}X(t)}{\mathrm{d}t}\right] \tag{2.93}$$

$$\mathrm{E}\left[\int_b^a X(t)\mathrm{d}t\right]=\int_b^a \mathrm{E}[X(t)]\mathrm{d}t \tag{2.94}$$

上述式中，$X(t)$在均方微积分意义上应是可微且可积的①。

由于相关函数和方差均为期望运算，因此上述法则是关于它们的微分和积分的基础。

2.2.4.2　相关函数

假设 $\varphi(t)$是确定性函数，且

---

① 均方微积分在随机分析中是常用到的。其优势之一是，在均方微积分中运算和常微积分几乎是相同的(Gardiner, 1983)。

$$Y(t)=\varphi(t)X(t) \tag{2.95}$$

则

$$R_Y(t_1, t_2)=\varphi(t_1)\varphi(t_2)R_X(t_1, t_2) \tag{2.96}$$

注意到确定性函数[如 $\nu(t)$]的自相关函数为零,那么,若

$$Y(t)=\sum_{i=1}^{n}\varphi_i(t)X_i(t)+\nu(t) \tag{2.97}$$

利用式(2.96),将导出

$$R_Y(t_1, t_2)=\sum_{i=1}^{n}\sum_{j=1}^{n}\varphi_i(t_1)\varphi_j(t_2)R_{X_iX_j}(t_1, t_2) \tag{2.98}$$

若 $X(t)$和$Y(t)$相互独立,且令

$$Z(t)=X(t)Y(t) \tag{2.99}$$

则

$$R_Z(t_1, t_2)=R_X(t_1, t_2)R_Y(t_1, t_2) \tag{2.100}$$

根据式(2.93)可以推导出,$X(t)$的导数过程关于 t_1 和 t_2 的互相关函数等于 $X(t)$的自相关函数的偏导数,即

$$R_{X^{(n)}X^{(m)}}(t_1, t_2)=\frac{\partial^{n+m}R_X(t_1, t_2)}{\partial t_1^n\partial t_2^m} \tag{2.101a}$$

其中,$X^{(n)}(t)$表示 $X(t)$的 n 阶导数。

特别地,对于平稳过程,有

$$R_{X^{(n)}}(\tau)=(-1)^n\frac{\mathrm{d}^{2n}R_X(\tau)}{\mathrm{d}\tau^{2n}} \tag{2.101b}$$

其中,$R_{X^{(n)}}(\tau)$表示 $X^{(n)}(t)$的自相关函数。

类似地,考虑随机过程

$$Y(t)=\int_0^t X(\tau)\mathrm{d}\tau \tag{2.102}$$

并注意到式(2.94),则

$$R_Y(t_1, t_2)=\int_0^{t_1}\int_0^{t_2}R_X(t_1, t_2)\mathrm{d}\tau_2\mathrm{d}\tau_1=\int_0^{t_1}\int_0^{t_2}R_{\dot{Y}}(t_1, t_2)\mathrm{d}\tau_2\mathrm{d}\tau_1 \tag{2.103}$$

其中,$\dot{Y}(t)$ 表示 $Y(t)$的一阶导数。

2.2.4.3 功率谱密度函数

由于平稳过程的功率谱密度函数是其自相关函数的傅里叶变换,其运算法则有时也

可由此推导①。因此，这里仅列举两个常用的公式。

(1) 导数公式

$$S_{X^{(n)}}(\omega)=\omega^{2n}S_X(\omega) \tag{2.104}$$

其中，$S_{X^{(n)}}(\omega)$表示 $X(t)$的 n 阶导数的功率谱密度函数。

(2) 令 $X(t)$和 $Y(t)$是两个平稳过程，且

$$Z(t)=X(t)+Y(t) \tag{2.105}$$

则

$$S_Z(\omega)=S_X(\omega)+S_Y(\omega)+S_{XY}(\omega)+S_{YX}(\omega) \tag{2.106}$$

2.2.5　卡胡奈-李维分解

根据上面的阐述，一个随机过程可被认为是一簇关于时间参数的随机变量。然而，从另一个角度来看，它也可以被认为是一些确定性时间函数的随机组合。卡胡奈-李维(Karhunen-Loève)分解建立了这两个观点之间的内在联系。

记 $X(t)$的均值过程为 $X_0(t)$，则

$$X(t)=X_0(t)+X_\sigma(t) \tag{2.107}$$

其中，$X_\sigma(t)$是零均值随机过程。注意，当增加确定性函数后，随机过程的协方差保持不变。因此，$X_\sigma(t)$具有与 $X(t)$相同的协方差函数。

假设 $X(t)$的协方差函数是 $K_X(t_1,\ t_2)$。正如前面所述，它是一个有界对称非负函数。若

$$\int_{\mathcal{T}} K_X(t_1,\ t_2)f_n(t_1)\mathrm{d}t_1=\lambda_n f_n(t_2) \tag{2.108}$$

有非零解，则称 $\lambda_n(n=1,\ 2,\ \cdots)$ 为 $K_X(t_1,\ t_2)$的特征值；$f_n(t)(n=1,\ 2,\ \cdots)$ 是对应于特征值的特征函数。注意，$f_n(t)$是正交的，即

$$\int_{\mathcal{T}} f_n(t)f_m(t)\mathrm{d}t=\delta_{nm}=\begin{cases}1, & n=m\\ 0, & n\neq m\end{cases} \tag{2.109}$$

其中，$\mathcal{T}$是积分区域。

上述性质使得 $f_n(t)$满足条件构成一组正交基。由这样一系列正交函数，并采用广义傅里叶展开，$K_X(t_1,\ t_2)$可以被展开为

$$K_X(t_1,\ t_2)=\sum_{n=1}^{\infty}\lambda_n f_n(t_1)f_n(t_2) \tag{2.110}$$

其中

① 本书 5.3.1.1 中有更直接且物理的推导方法。

$$\lambda_n = \frac{1}{f_n(t_2)} \int_{\mathcal{T}} K_X(t_1, t_2) f_n(t_1) \mathrm{d}t_1 \tag{2.111}$$

注意,式(2.111)即式(2.108)。实际上,式(2.110)两边同乘 $f_n(t_1)$,对其积分,并注意到式(2.109),即可获得 λ_n 的表达。同时,这一推导过程表明,式(2.108)两边的 t_1 和 t_2 可以相互交换。

在上述理论的基础上,卡胡奈和李维均指出,随机过程 $X_\sigma(t)$ 可以表示为 $f_n(t)$ 的线性组合,并且组合因子是一系列不相关的随机变量(Loève, 1977),即

$$X_\sigma(t) = \sum_{n=1}^{\infty} \zeta_n \sqrt{\lambda_n} f_n(t) \tag{2.112}$$

其中 $\zeta_n (n=1, 2, \cdots)$ 为互不相关的随机变量,且

$$\mathrm{E}(\zeta_k \zeta_l) = \delta_{kl} = \begin{cases} 1, & k = l \\ 0, & k \neq l \end{cases} \tag{2.113}$$

式(2.112)的表达可证明如下。

由协方差的定义和式(2.107),有

$$K_{X_\sigma}(t_1, t_2) = \mathrm{E}[X_\sigma(t_1) X_\sigma(t_2)] = K_X(t_1, t_2) \tag{2.114}$$

将式(2.112)代入上式,得

$$K_X(t_1, t_2) = \sum_{n=1}^{\infty} \sum_{m=1}^{\infty} \mathrm{E}(\zeta_n \zeta_m) \sqrt{\lambda_n \lambda_m} f_n(t_1) f_m(t_2) \tag{2.115}$$

上式两边同乘 $f_k(t_2)$,对其在 $\mathcal{T}$ 上积分,并注意到式(2.109)的正交关系,有

$$\int_{\mathcal{T}} K_X(t_1, t_2) f_k(t_2) \mathrm{d}t_2 = \sum_{n=1}^{\infty} \mathrm{E}(\zeta_n \zeta_k) \sqrt{\lambda_n \lambda_k} f_n(t_1) \tag{2.116}$$

由式(2.108),上式右边变为

$$\sum_{n=1}^{\infty} \mathrm{E}(\zeta_n \zeta_k) \sqrt{\lambda_n \lambda_k} f_n(t_1) = \lambda_k f_k(t_1) \tag{2.117}$$

两边同乘 $f_l(t_1)$,对其在 $\mathcal{T}$ 上积分,并注意到式(2.109)的正交关系,有

$$\sum_{n=1}^{\infty} \mathrm{E}(\zeta_n \zeta_k) \sqrt{\lambda_n \lambda_k} \delta_{nl} = \lambda_k \int_{\mathcal{T}} f_k(t_1) f_l(t_1) \mathrm{d}t_1 = \lambda_k \delta_{kl} \tag{2.118}$$

注意到克罗内克(Kronecker)δ 记号的基本性质,有

$$\mathrm{E}(\zeta_l \zeta_k) \sqrt{\lambda_l \lambda_k} = \lambda_k \delta_{lk} = \begin{cases} \lambda_k, & k = l \\ 0, & k \neq l \end{cases} \tag{2.119}$$

因此,

$$\mathrm{E}(\zeta_l \zeta_k)=\begin{cases}1, & k=l \\ 0, & k \neq l\end{cases}$$

这就是式(2.113)。因此,式(2.112)得证。

将式(2.112)代入式(2.107),导出

$$X(t)=X_0(t)+\sum_{n=1}^{\infty} \zeta_n \sqrt{\lambda_n} f_n(t) \tag{2.120}$$

一般地,上式称为随机过程的**卡胡奈-李维分解**(Karhunen-Loève decomposition)。

卡胡奈-李维分解表明,一个随机过程可以以某种方式展开为一系列确定性函数 $f_n(t)$ 的随机叠加。从泛函分析的角度看,式(2.120)是一个随机过程按照其正交函数分别映射在独立变量 ζ_n 上的结果。因此,卡胡奈-李维分解的重要意义在于,它为通过一系列独立随机变量研究随机过程提供了可能。正是这一可能,使得人们可以通过简化的途径解决关于随机过程的许多实际问题。

2.3　随机场

2.3.1　基本概念

将随机过程的概念扩展至一个场域,就得到了随机场的概念。然而,两者之间的区别在于,随机过程的指标参数是时间变量 t,而随机场的是空间变量 $\boldsymbol{u}=(u, v, w)$ ①。因此,随机场是定义在场参数集上的一个随机变量族,其中每一点 $\boldsymbol{u}_i$ 对应一个随机变量。实际上,随机场的参数集可以包含时间和空间变量,而实际问题中,大多考虑空间变量作为指标参数的随机场,并记其为 $\{B(\boldsymbol{u}) \mid \boldsymbol{u} \in \mathcal{D} \subset \mathbb{R}^n\}$。其中,$\mathcal{D}$ 是 $B(\boldsymbol{u})$ 的场域,$\mathbb{R}^n$ 是 n 维 Euclid 空间。空间坐标 $\boldsymbol{u}$ 可以有一个、两个或三个分量,相应地,$B(\boldsymbol{u})$ 分别称为一维、二维或三维随机场。

可以采用有限维概率分布函数族来描述随机场的概率结构。例如,$B(\boldsymbol{u})$ 的 n 维概率分布写为

$$F(x_1, \boldsymbol{u}_1; \cdots; x_n, \boldsymbol{u}_n)=\Pr\{B(\boldsymbol{u}_1)<x_1, \cdots, B(\boldsymbol{u}_n)<x_n\} \tag{2.121}$$

有限维概率分布函数族也是非负、对称且相容的。因此,低维概率分布可以由高维导出。

有限维概率密度函数定义为其相应概率分布函数的偏导数。以三维标量随机场为

---

① 由于 x 通常作为随机场在给定点处的样本值,因此为避免混淆,此处采用 $\boldsymbol{u}=(u, v, w)$ 而非 (x, y, z) 来表示空间坐标。

例,有

$$p(x_1, \boldsymbol{u}_1; \cdots; x_n, \boldsymbol{u}_n) = \frac{\partial^n F(x_1, \boldsymbol{u}_1; \cdots; x_n, \boldsymbol{u}_n)}{\partial x_1 \cdots \partial x_n} \tag{2.122}$$

其中,$\boldsymbol{u}_i = (u_i, v_i, w_i)$。

显然,在实际应用中,用有限维概率分布函数来描述一个给定随机场的概率结构是不可行的。因此,随机场的矩函数更有应用价值。

以 $B(\boldsymbol{u})$ 表示随机场。其期望定义为

$$m(\boldsymbol{u}) = \mathrm{E}[B(\boldsymbol{u})] = \int_{-\infty}^{\infty} x p(x, \boldsymbol{u}) \mathrm{d}x \tag{2.123}$$

在几何上,$m(\boldsymbol{u})$ 表示 $B(\boldsymbol{u})$ 的样本函数在场域内的平均曲面中心。

$B(\boldsymbol{u})$ 的自相关函数定义为

$$R_B(\boldsymbol{u}_1, \boldsymbol{u}_2) = \mathrm{E}[B(\boldsymbol{u}_1)B(\boldsymbol{u}_2)] = \int_{-\infty}^{\infty}\int_{-\infty}^{\infty} x_1 x_2 p(x_1, \boldsymbol{u}_1; x_2, \boldsymbol{u}_2) \mathrm{d}x_1 \mathrm{d}x_2 \tag{2.124}$$

其中,$\boldsymbol{u}_1$ 和 $\boldsymbol{u}_2$ 分别是空间内两点。此处的自相关函数和随机过程中的自相关函数有类似的解释。

$B(\boldsymbol{u})$ 的自协方差函数定义为

$$\begin{aligned} K_B(\boldsymbol{u}_1, \boldsymbol{u}_2) &= \mathrm{E}\{[B(\boldsymbol{u}_1) - m(\boldsymbol{u}_1)][B(\boldsymbol{u}_2) - m(\boldsymbol{u}_2)]\} \\ &= \int_{-\infty}^{\infty}\int_{-\infty}^{\infty} [x_1 - m(\boldsymbol{u}_1)][x_2 - m(\boldsymbol{u}_2)] p(x_1, \boldsymbol{u}_1; x_2, \boldsymbol{u}_2) \mathrm{d}x_1 \mathrm{d}x_2 \end{aligned} \tag{2.125}$$

自相关函数和自协方差函数之间存在

$$K_B(\boldsymbol{u}_1, \boldsymbol{u}_2) = R_B(\boldsymbol{u}_1, \boldsymbol{u}_2) - m(\boldsymbol{u}_1) m(\boldsymbol{u}_2) \tag{2.126}$$

注意到

$$K_B(\boldsymbol{u}, \boldsymbol{u}) = \sigma_B^2(\boldsymbol{u}) \tag{2.127}$$

是 $B(\boldsymbol{u})$ 的方差函数。因此,正则化协方差可以定义为

$$\rho_B(\boldsymbol{u}_1, \boldsymbol{u}_2) = \frac{K_B(\boldsymbol{u}_1, \boldsymbol{u}_2)}{\sigma_B(\boldsymbol{u}_1)\sigma_B(\boldsymbol{u}_2)} \tag{2.128}$$

对应于随机过程中平稳性的概念,可以对于随机场构建类似的概念,称为**均匀性**(homogeneity)。随机场称为严均匀的条件,是其有限维概率分布不随任何空间坐标的平移而改变。随机场可以在沿直线方向,或给定平面上,或整个空间内是均匀的。在实际应用中,随机场仅需要具有二阶均匀性。若随机场满足

$$m(\boldsymbol{u}) = \mathrm{const} \tag{2.129}$$

$$R_B(\boldsymbol{u}_1, \boldsymbol{u}_2) = R_B(\boldsymbol{u}_1 - \boldsymbol{u}_2) = R_B(\boldsymbol{r}) \tag{2.130}$$

其中，$\boldsymbol{r}=\boldsymbol{u}_1-\boldsymbol{u}_2$，则称其为宽均匀随机场。除特别指出外，本书所述的均匀场即指此类场。

“**各向同性**(isotropy)”是随机场的另一重要概念。若随机场的有限维概率分布不随着点集 $\boldsymbol{u}_1, \cdots, \boldsymbol{u}_n$ 围绕过原点轴线的任意可能的旋转或过原点任意平面的镜反射而改变，则称其为各向同性的。一般而言，所谓各向同性随机场，是指各向同性均匀随机场。这意味着，其概率特性不随着所有 $\boldsymbol{u}_1, \cdots, \boldsymbol{u}_n$ 的平移、旋转和镜反射而改变。显然，在直观上理解“各向同性”是有困难的。然而，如果忽略有限维概率分布的约束条件，仅考虑随机场二阶特性的各向同性，就容易理解了。若随机场满足式(2.129)并且

$$R_B(\boldsymbol{r})=R_B(|\boldsymbol{r}|) \tag{2.131}$$

则称其为宽各向同性随机场。“各向同性”一词清晰地阐明，此类随机场的概率特性仅与距离有关，而与方向无关。

2.3.2　随机场的相关结构

均匀随机场 $\{B(\boldsymbol{u}) \mid \boldsymbol{u} \in \mathcal{D} \subset \mathbb{R}^n\}$ 可以写为

$$B(\boldsymbol{u})=B_0(\boldsymbol{u})+B_\sigma(\boldsymbol{u}) \tag{2.132}$$

的形式。其中，$B_0(\boldsymbol{u})$ 是 $B(\boldsymbol{u})$ 的均值函数；$B_\sigma(\boldsymbol{u})$ 是零均值随机场。

$B_\sigma(\boldsymbol{u})$ 的协方差函数等于其相关函数。因此，研究 $B_\sigma(\boldsymbol{u})$ 的相关结构通常指其协方差或其相关函数。对于大多数实际问题，相关结构一般是一个经验假设模型，常用形式(表示为正则化协方差)包括：

(1) 三角形式

$$\rho_B(\boldsymbol{u}_1, \boldsymbol{u}_2)=\begin{cases}1-\dfrac{|\boldsymbol{u}_1-\boldsymbol{u}_2|}{a}, & |\boldsymbol{u}_1-\boldsymbol{u}_2|<a \\ 0, & |\boldsymbol{u}_1-\boldsymbol{u}_2| \geqslant a\end{cases} \tag{2.133}$$

(2) 指数形式

$$\rho_B(\boldsymbol{u}_1, \boldsymbol{u}_2)=e^{-\frac{|\boldsymbol{u}_1-\boldsymbol{u}_2|}{a}} \tag{2.134}$$

(3) 高斯形式

$$\rho_B(\boldsymbol{u}_1, \boldsymbol{u}_2)=e^{-\frac{|\boldsymbol{u}_1-\boldsymbol{u}_2|^2}{a^2}} \tag{2.135}$$

其中，常数 a 为相关尺度参数。

对于具体的物理问题，是否存在一个可广泛应用的关于相关结构的假设，是该领域随机场研究是否发展的标志。

2.3.3　随机场的离散化

对于一个连续随机场，可以通过划分其定义域，将其转化为一系列随机变量。这种划分

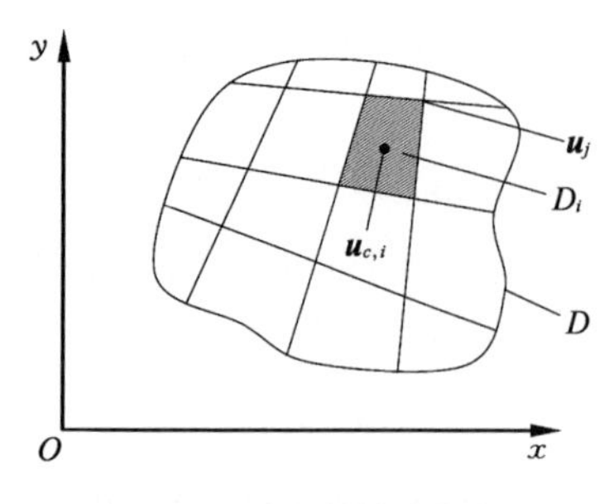

图 2.5　随机场的离散化

在某些方面类似于**有限元法**(finite element method, FEM)中的单元划分。随机场的主要离散方法包括中点法、形函数法和局部平均法(Vanmarcke, 1983)。以下通过二维随机场来阐明这三种方法的基本概念。

不失一般性,图 2.5 显示了区域 $\mathcal{D}(x, y)$ 内的一个二维随机场及其离散形式。对于一个给定的单元,D_i 表示面积,$\boldsymbol{u}_{c,i}(i=1, \cdots, n)$ 表示几何中心,$\boldsymbol{u}_j(j=1, \cdots, m)$ 是节点位置,n 和 m 分别是单元和节点数量。

2.3.3.1　中点法

中点法即以一系列几何中心 $\boldsymbol{u}_{c,i}$ 处的随机变量 $B(\boldsymbol{u}_{c,i})$ 代替单元随机场 $\{B(\boldsymbol{u}) \mid \boldsymbol{u} \in \mathcal{D}_i\}$,亦即

$$B(\boldsymbol{u})=B(\boldsymbol{u}_{c,i}), \ \boldsymbol{u} \in \mathcal{D}_i \tag{2.136}$$

由这一原则,初始随机场离散为随机变量集 $\{\xi_i=B(\boldsymbol{u}_{c,i}) \mid i=1, \cdots, n\}$。那么,每个变量的期望和变量之间的相关性依赖于相应的每个单元几何中心处随机变量 ξ_i 的值。例如,有

$$\mathrm{E}(\xi_i)=\mathrm{E}[B(\boldsymbol{u}_{c,i})] \tag{2.137}$$

$$\sigma^2(\xi_i)=\sigma^2[B(\boldsymbol{u}_{c,i})] \tag{2.138}$$

$$c_{ij}=\mathrm{cov}(\xi_i, \xi_j)=\mathrm{cov}[B(\boldsymbol{u}_{c,i}), B(\boldsymbol{u}_{c,j})] \tag{2.139}$$

显然,仅当划分单元非常小或初始场的变异性非常小时,中点法才具有较好的精度。

2.3.3.2　形函数法

为提高精度,一种合理的途径,是以节点处的一系列随机变量代替初始随机场,然后通过形函数的插值估计每个单元内部的随机场。换言之,可以由节点处的随机变量通过形函数插值获得单元随机场,即

$$B(\boldsymbol{u})=\sum_{j=1}^{q} N_j(\boldsymbol{u})B(\boldsymbol{u}_j), \ \boldsymbol{u} \in \mathcal{D}_i \tag{2.140}$$

式中: q 是给定单元的节点数量; $N_j(\boldsymbol{u})$ 是形函数。一般来说,插值函数可以采用多项式的形式(Lawrence, 1987)。

在此意义下,初始随机场离散为随机变量集 $\{\xi_j=B(\boldsymbol{u}_j) \mid j=1, \cdots, m\}$。那么,每个变量的描述属性和变量之间的相关性依赖于相应的节点处随机变量的值。依然存在与式(2.137)至式(2.139)相似的表达。

对于单元随机场与相应的节点处的变量,矩函数可以写为

$$\mathrm{E}[B(\boldsymbol{u})]=\sum_{j=1}^{q} N_j(\boldsymbol{u})\mathrm{E}[B(\boldsymbol{u}_j)], \ \boldsymbol{u} \in \mathcal{D}_i \tag{2.141}$$

$$\sigma^2[B(\boldsymbol{u})]=\sum_{k=1}^{q}\sum_{l=1}^{q}N_k(\boldsymbol{u})N_l(\boldsymbol{u})\mathrm{cov}[B(\boldsymbol{u}_k),\ B(\boldsymbol{u}_l)],\ \boldsymbol{u}\in\mathcal{D}_i \tag{2.142}$$

若适当选取形函数，则形函数法的精度远高于中点法。然而，在摄动有限单元法中，该方法对于刚度矩阵的处理却不如局部平均法简洁。

2.3.3.3　局部平均法

在局部平均法中，通过每个单元的局部平均随机变量表示单元随机场，即

$$\xi_i=\frac{1}{D_i}\int_{\mathcal{D}_i}B(\boldsymbol{u})\mathrm{d}\boldsymbol{u},\ \boldsymbol{u}\in\mathcal{D}_i \tag{2.143}$$

因此，初始随机场离散为随机变量集 $\{\xi_i \mid i=1,\ \cdots,\ n\}$，其均值定义为

$$\mathrm{E}(\xi_i)=\frac{1}{D_i}\int_{\mathcal{D}_i}\mathrm{E}[B(\boldsymbol{u})]\mathrm{d}\boldsymbol{u},\ \boldsymbol{u}\in\mathcal{D}_i \tag{2.144}$$

而方差为

$$\sigma^2(\xi_i)=\frac{1}{D_i^2}\left(\int_{\mathcal{D}_i}\{B(\boldsymbol{u})-\mathrm{E}[B(\boldsymbol{u})]\}\mathrm{d}\boldsymbol{u}\right)^2=\frac{1}{D_i^2}\int_{\mathcal{D}_i}\int_{\mathcal{D}_i}\mathrm{cov}[B(\boldsymbol{u}_1),\ B(\boldsymbol{u}_2)]\mathrm{d}\boldsymbol{u}_1\mathrm{d}\boldsymbol{u}_2 \tag{2.145}$$

且 ξ_i 与 ξ_j 之间的协方差为

$$c_{ij}=\mathrm{cov}(\xi_i,\ \xi_j)=\frac{1}{D_iD_j}\int_{\mathcal{D}_i}\int_{\mathcal{D}_j}\mathrm{cov}[B(\boldsymbol{u}_1),\ B(\boldsymbol{u}_2)]\mathrm{d}\boldsymbol{u}_2\mathrm{d}\boldsymbol{u}_1,\ \boldsymbol{u}_1\in\mathcal{D}_i,\ \boldsymbol{u}_2\in\mathcal{D}_j \tag{2.146}$$

利用相关系数的定义[参见式(2.38)]，式(2.146)变为

$$c_{ij}=\frac{1}{D_iD_j}\int_{\mathcal{D}_i}\int_{\mathcal{D}_j}\sigma(\boldsymbol{u}_1)\sigma(\boldsymbol{u}_2)\rho(\boldsymbol{u}_1,\ \boldsymbol{u}_2)\mathrm{d}\boldsymbol{u}_1\mathrm{d}\boldsymbol{u}_2,\ \boldsymbol{u}_1\in\mathcal{D}_i,\ \boldsymbol{u}_2\in\mathcal{D}_j \tag{2.147}$$

局部平均法的精度介于中点法和形函数法之间。尽管如此，由于它促进了摄动有限单元法一般格式的发展，因此该方法仍有着广泛应用。

关于随机场的离散化，还有许多其他方法，如加权积分法、最优离散法等。感兴趣的读者可以参阅相关文献(Takada，1990；Li & Der Kiureghian，1993)。

2.3.4　随机场分解

如前所述，随机场的离散化仅完成了由随机场到一系列离散随机变量的转换。然而，其中每两个变量都有可能是相关的，但有时会给应用带来不便甚至困难。由此，就出现了是否可能找到一系列独立随机变量来代替随机场的问题。

大多数情形下的答案都是肯定的。下面详细讨论两类方法。

2.3.4.1　卡胡奈-李维分解

考虑均匀随机场 $\{B(\boldsymbol{u}) \mid \boldsymbol{u}\in\mathcal{D}\subset\mathbb{R}^n\}$。引入式(2.132)，即

$$B(\boldsymbol{u})=B_0(\boldsymbol{u})+B_\sigma(\boldsymbol{u})$$

记 $K_B(\boldsymbol{u}_1,\ \boldsymbol{u}_2)$ 是 $B_\sigma(\boldsymbol{u})$ 的协方差函数。若

$$\int_{\mathcal{D}} K_B(\boldsymbol{u}_1,\ \boldsymbol{u}_2) f_n(\boldsymbol{u}_1)\mathrm{d}\boldsymbol{u}_1=\lambda_n f_n(\boldsymbol{u}_2) \tag{2.148}$$

是可解的,则根据卡胡奈-李维分解的方法,有

$$B(\boldsymbol{u})=B_0(\boldsymbol{u})+\sum_{n=0}^{\infty}\zeta_n\sqrt{\lambda_n}f_n(\boldsymbol{u}) \tag{2.149}$$

其中 $\zeta_n(n=1,\ 2,\ \cdots)$ 是多元独立随机变量,满足

$$E(\zeta_k\zeta_l)=\delta_{kl} \tag{2.150}$$

其中 δ_{kl} 为克罗内克 δ 记号(参见附录 A)。

如前所述,卡胡奈-李维分解方法不属于随机场的离散化方法,而是一种随机场的分解方法。“**离散化**(discretization)”和“**分解**(decomposition)”的区别是,前者指场域的几何划分,后者意味着关于概率空间的子空间分解。

2.3.4.2 离散随机场的分解

采用卡胡奈-李维分解,需要求解积分方程式(2.148),这在许多情况下并不容易。为此,可以采用两步变换法免去这些数学上的困难。

在两步变换法中,首先通过前述章节阐述的方法将随机场离散化,并表示为相关随机变量集 $\boldsymbol{\xi}=\{\xi_1,\ \cdots,\ \xi_n\}$。显然,$\boldsymbol{\xi}$ 可以写为

$$\boldsymbol{\xi}=\boldsymbol{\xi}_0+\boldsymbol{\xi}_\sigma \tag{2.151}$$

式中:$\boldsymbol{\xi}_0$ 是 $\boldsymbol{\xi}$ 的均值;$\boldsymbol{\xi}_\sigma$ 是零均值随机向量,具有与 $\boldsymbol{\xi}$ 相同的协方差矩阵。

然后,采用 2.1.4 中的相关矩阵分解,$\boldsymbol{\xi}$ 可以用正则化独立随机变量序列表示

$$\boldsymbol{\xi}=\boldsymbol{\xi}_0+\sum_{i=1}^{n}\boldsymbol{\psi}_i\sqrt{\lambda_i}\zeta_i \tag{2.152}$$

其中 $\zeta_i(i=1,\ \cdots,\ n)$ 是正则化独立随机变量序列,满足

$$\mathrm{E}(\zeta_i)=0 \tag{2.153}$$

$$\mathrm{Var}(\zeta_i)=1 \tag{2.154}$$

$$\mathrm{cov}(\zeta_i,\ \zeta_j)=\delta_{ij} \tag{2.155}$$

λ_i 和 $\boldsymbol{\psi}_i$ 分别是 $\boldsymbol{\xi}$ 的协方差矩阵的特征值和特征向量,可由下述特征值方程获得

$$\boldsymbol{C}_{\xi}\boldsymbol{\psi}_i=\lambda_i\boldsymbol{\psi}_i \tag{2.156}$$

2.4　随机函数的正交分解

2.4.1　度量空间和赋范线性空间

数学上,“空间”的意思是一类具有特定结构的集合。例如,实轴直线 l 构成了一维空间,“任意两点之间存在距离”即为该空间的结构性质。在给定空间里,根据泛函分析理论,通常每个点代表一个函数。因此,泛函分析的内容主要包括连续函数空间的基本性质,以及属于这些空间的点集之间的关系。

在函数空间的研究中,最基本的概念是点之间的“**度量**(metric)”。考虑集合 $\mathcal{X}$,如果对 $\mathcal{X}$ 中的任意两点 x 和 y 总存在一个确定性实数 $d(x, y)$,使得

(1) $d(x,y) \geqslant 0$, $d(x, y)=0$ 当且仅当 $x=y$;

(2) $d(x, y) \leqslant d(x, z)+d(y, z)$ 对任意 z 成立。

则称 $d(x, y)$是 x 和 y 之间的度量。

一个空间,若给定其任意两点之间的度量,则称其为度量空间,并记为 $\mathcal{X}=(\mathcal{X}, d)$。欧几里得(Euclid)空间 $\mathbb{R}^n$ 与连续函数空间 $\mathbb{C}[a, b]$ 都是典型的度量空间。

对于欧几里得空间 $\mathbb{R}^n$,两点

$$\boldsymbol{x}=(x_1, \cdots, x_n), \ \boldsymbol{y}=(y_1, \cdots, y_n) \tag{2.157}$$

之间的度量写为

$$d(\boldsymbol{x}, \boldsymbol{y})=\sqrt{\sum_{i=1}^{n}(x_i-y_i)^2} \tag{2.158}$$

对于闭区间$[a,b]$上的连续函数集合,有

$$d(x, y)=\max_{a \leqslant t \leqslant b}\{|x(t)-y(t)|\} \tag{2.159}$$

假设 $\{x_n\}_{n=1}^{\infty}$ 是度量空间 $\mathcal{X}$ 内的一系列点,若对任意的 $\epsilon>0$,总存在自然数 $N=N(\epsilon)$,使得当 $n, m>N$ 时,有

$$d(x_n, x_m)<\epsilon \tag{2.160}$$

则称 $\{x_n\}_{n=1}^{\infty}$ 是 $\mathcal{X}$ 中的柯西(Cauchy)点列或基本点列。

若度量空间内的所有柯西点列均收敛,则称其是完备的。

在泛函分析理论中,赋范线性空间具有重要价值和实用性。在赋范线性空间中,元素可以相加或与标量相乘,且两个元素之间具有测度。此外,类似于一般的向量,空间中的每个元素均被赋予一个长度标量,并称其为**范数**(norm)。

令 $\mathcal{X}$ 是实(或复)线性空间。若对任意 $x \in \mathcal{X}$, 存在确定性实数,记为 $\| x \|$,使得

(1) $\| x \| \geqslant 0$,且 $\| x \| = 0$ 等价于 $x = 0$;

(2) $\| ax \| = | a | \| x \|$,其中 a 是任意实(复)数;

(3) $\| x + y \| \leqslant \| x \| + \| y \|$ 对任意 $x, y \in \mathcal{X}$ 成立;

则称 $\| x \|$ 是 x 的范数,因此 $\mathcal{X}$ 是范数 $\| x \|$ 下的赋范线性空间。

赋范线性空间可用欧几里得空间 $\mathbb{R}^n$ 和连续函数空间 $\mathbb{C}[a, b]$ 来说明。

对于任意向量 $\boldsymbol{x} = (x_1, \cdots, x_n) \in \mathbb{R}^n$, 可以定义

$$\| x \| = \sqrt{x_1^2 + \cdots + x_n^2} \tag{2.161}$$

而对于任意函数 $f(t) \in \mathbb{C}[a, b]$, 可以定义

$$\| f \| = \max_{a \leqslant t \leqslant b} \{ | f(t) | \} \tag{2.162}$$

对比式(2.158)、式(2.159)和式(2.161)、式(2.162)可见,对于赋范线性空间 $\mathcal{X}$, 度量 $d(x, y)$可以由范数确定,即

$$d(x, y) = \| x - y \|, \quad x, y \in \mathcal{X} \tag{2.163}$$

式(2.162)和式(2.163)清楚地展示了范数和度量之间的区别:范数定义于单个元素,而度量给出了任意两个元素之间的联系。

2.4.2 希尔伯特空间和一般正交分解

定义于赋范线性空间上的度量和范数,使得考察函数空间(连续函数空间)的性质(如连续性和收敛性)成为可能。然而,相比于一般的有限维向量空间,赋范线性空间仍缺少类似于“角度”的几何性质。定义了角度的函数空间称为内积空间。

考虑复线性空间 $\mathcal{X}$。若对 $\mathcal{X}$ 中的任意两个元素① x 和 y,存在复数 $\langle x, y \rangle$,使得

(1) $\langle x, x \rangle \geqslant 0$,且 $\langle x, x \rangle = 0 \Leftrightarrow x = 0$;

(2) $\langle \alpha x + \beta y, z \rangle = \alpha \langle x, z \rangle + \beta \langle y, z \rangle$ 对任意 $z \in \mathcal{X}$ 成立,其中 α 和 β 是复数;

(3) $\langle x, y \rangle = \langle y, x \rangle^*$,其中 $\langle \cdot \rangle^*$ 是复共轭;

则 $\langle x, y \rangle$ 称为 x 和 y 的内积。

对于内积空间 $\mathcal{X}$, 若令

$$\| x \| = \sqrt{\langle x, x \rangle} \tag{2.164}$$

则 $\| x \|$ 是 $\mathcal{X}$ 上的范数。注意,这里的 $\| x \|$ 由内积确定。因此,内积空间是一类特殊的赋范线性空间。换言之,任意范数由式(2.164)给出的内积空间均为赋范空间。

一个内积空间,若其作为赋范线性空间是完备的,则称其为**希尔伯特(Hilbert)空间(Hilbert space)**。

---

① 在线性空间中,元素在概念上等价于向量。因此,本书对两者不加区别。

在希尔伯特空间中，两个函数 $f(t)$ 和 $g(t)(a \leqslant t \leqslant b)$ 的内积通常定义为

$$\langle f, g \rangle = \int_a^b f(t) g(t) \mathrm{d}t \tag{2.165}$$

注意，上式是勒贝格(Lebesgue)积分意义下的积分。

由式(2.165)，范数为

$$\| f \| = \sqrt{\int_a^b f^2(t) \mathrm{d}t} \tag{2.166}$$

该式表明，由式(2.165)定义内积的希尔伯特空间，是一类平方可积函数集合下的特殊希尔伯特空间 $\mathbb{L}^2[a, b]$。

由上述范数确定的度量的形式为

$$d(f, g) = \sqrt{\int_a^b [f(t) - g(t)]^2 \mathrm{d}t} \tag{2.167}$$

对于内积空间，施瓦茨(Schwarz)不等式

$$|\langle f, g \rangle| \leqslant \| f \| \, \| g \| \tag{2.168}$$

依然成立。

由该不等式，在希尔伯特空间中一定有

$$\frac{\left| \int_a^b f(t) g(t) \mathrm{d}t \right|}{\sqrt{\int_a^b f^2(t) \mathrm{d}t} \sqrt{\int_a^b g^2(t) \mathrm{d}t}} \leqslant 1 \tag{2.169}$$

因此，上式左边可以看作角度 ϑ 的余弦，即

$$\cos \vartheta = \frac{\int_a^b f(t) g(t) \mathrm{d}t}{\sqrt{\int_a^b f^2(t) \mathrm{d}t} \sqrt{\int_a^b g^2(t) \mathrm{d}t}} = \frac{\langle f, g \rangle}{\| f \| \, \| g \|} \tag{2.170}$$

在希尔伯特空间中，ϑ 称为 $f(t)$ 和 $g(t)$ 之间的夹角。若 $\langle f, g \rangle = 0$，则利用式(2.170)，有 $\cos \vartheta = 0$ 或 $\vartheta = 90°$。因此，f 和 g 可视作垂直的或正交的。同时有

$$\int_a^b f(t) g(t) \mathrm{d}t = 0 \tag{2.171}$$

假设 $\mathcal{A}$ 和 $\mathcal{B}$ 分别是空间 $\mathcal{X}$ 内的两个子集。若 $\mathcal{A}$ 中的任意一个向量和 $\mathcal{B}$ 中的任意一个向量均正交，则称 $\mathcal{A}$ 和 $\mathcal{B}$ 是正交的。由正交性的概念，可以在内积空间中发展正交分解的概念。

假设 Φ 表示希尔伯特空间中包含所有非零点的子集，即

$$\Phi = \{\varphi_1(t), \varphi_2(t), \cdots\} \tag{2.172}$$

若 Φ 中任意两个函数是相互正交的,即

$$\int_a^b \varphi_i(t)\varphi_j(t)\mathrm{d}t = 0,\ i \neq j \tag{2.173}$$

则集合 Φ 称为正交函数系。同时,若每个元素的范数等于 1,即

$$\int_a^b \varphi_k^2(t)\mathrm{d}t = 1,\ k = 1,\ 2,\ \cdots \tag{2.174}$$

则 Φ 是标准正交函数系,$\{\varphi_k(t) \mid k = 1,\ 2,\ \cdots\}$ 是正交基函数。若正交函数系中无法增加与其中所有函数均正交的非零函数,则称其是完备的。

在内积空间中引入标准正交函数系的目的是,根据正交函数将空间内的任意函数展开为级数。对于非零希尔伯特空间 $\mathcal{X}$,一定存在完备的标准正交函数系。假设其定义为

$$\varphi_1(t),\ \varphi_2(t),\ \cdots$$

则 $\mathcal{X}$ 中任意函数 $f(t)$可以分解为收敛级数(或广义傅里叶级数)的形式

$$f(t) = \lim_{n\to\infty}\sum_{i=1}^{n} a_i\varphi_i(t) = \sum_{i=1}^{\infty} a_i\varphi_i(t) \tag{2.175}$$

其中系数 a_i 等于 $f(t)$在 $\varphi_i(t)$上的投影,称为 $f(t)$关于 φ_i 的傅里叶系数,即

$$a_i = \langle f,\ \varphi_i\rangle = \int_a^b f(t)\varphi_i(t)\mathrm{d}t \tag{2.176}$$

式(2.175)是 $f(t)$关于标准正交函数系的正交分解。

容易验证

$$\| f \|^2 = \int_a^b f^2(t)\mathrm{d}t = \sum_{i=1}^{\infty} a_i^2 \tag{2.177}$$

注意到 a_i 是 $f(t)$在 $\varphi_i(t)$上的投影。因此,可以利用上述级数的部分和

$$\tilde{f}(t) = \sum_{i=1}^{n} a_i\varphi_i(t) \tag{2.178}$$

来近似函数 $f(t)$。这一近似的误差依赖于 $f(t)$在补集 $\{\varphi_{n+1}(t),\ \varphi_{n+2}(t),\ \cdots\}$ 上的投影的平方和。实际上,误差函数有如下形式

$$\epsilon = \| f - \tilde{f} \|^2 = \sum_{i=n+1}^{\infty} a_i^2 \tag{2.179}$$

2.4.3 随机函数的正交分解

将函数空间的概念扩展至概率空间,可以处理关于随机函数空间的正交展开问题。在该空间中,随机函数记为 $X(\xi,\ t)$,其中 $\xi \in \Omega,\ t \in \mathcal{T}$。换言之,在随机函数空间中,每个点都是给定随机变量的函数。因此,参照分离变量法,有两类关于随机函数的正交分解

方式。第一类方式类似于式(2.175)。唯一的区别是,在随机函数空间中,展开系数 a_i 应视为随机变量。本书将在 3.5 节详细讨论这一情形。另外,若选择关于随机变量的标准正交函数系作为基函数,则可以导出第二类正交展开方法。

例如,考虑具有标准正态分布随机变量的随机函数空间 $\mathcal{H}$。注意,标准正态变量的概率密度函数写为

$$p_{\xi}(u)=\frac{1}{\sqrt{2\pi}}e^{-\frac{u^2}{2}} \tag{2.180}$$

这里采用小写字母 u 表示 ξ 的样本值以避免混淆。

若定义

$$H_n(\xi)=\frac{H_{\mathrm{en}}(\xi)}{\sqrt{n!}} \tag{2.181}$$

其中 $H_{\mathrm{en}}(\xi)$是埃尔米特(Hermite)多项式(参见附录 B)。容易证明

$$\mathrm{E}[H_n(\xi)H_m(\xi)]=\int_{-\infty}^{\infty}p_{\xi}(u)H_n(u)H_m(u)\mathrm{d}u=\begin{cases}1, & n=m,\\0, & n\neq m,\end{cases}\quad n=0,\ 1,\ \cdots \tag{2.182}$$

因此,$H_n(\xi)$构成了 $\mathcal{H}$ 上的标准正交函数系。

$\mathcal{H}$的内积为

$$\langle f,\ g\rangle=\mathrm{E}[f(\xi)g(\xi)]=\int_{-\infty}^{\infty}p_{\xi}(u)f(u)g(u)\mathrm{d}u \tag{2.183}$$

同时,可以获得相应的范数和度量。最终可知,$\mathcal{H}$是一个希尔伯特空间。因此,$\mathcal{H}$内的任意随机函数 $X(\xi,\ t)$可以根据 $H_n(\xi)$展开,即

$$X(\xi,\ t)=\sum_{i=1}^{\infty}a_i(t)H_i(\xi) \tag{2.184}$$

其中系数

$$a_i(t)=\langle X,\ H_i\rangle=\mathrm{E}[X(\xi,\ t)H_i(\xi)]=\int_{-\infty}^{\infty}p_{\xi}(u)X(u,\ t)H_i(u)\mathrm{d}u \tag{2.185}$$

可视为 $X(\xi,\ t)$在基函数 $H_n(\xi)$上的投影。

式(2.184)形式下的展开称为第二类随机函数的正交展开。

参考文献

[1]　Bendat J S, Piersol A G. Random Data: Analysis and Measurement Procedures [M]. 3rd Edn. New York: John Wiley & Sons, Inc, 2000.

[2] Gardiner C W. Handbook of Stochastic Methods for Physics, Chemistry and the Natural Sciences [M] 2nd Edn. Berlin: Springer, 1985.

[3] Kallenberg O. Foundations of Modern Probability [M]. 2nd Edn. New York: Springer-Verlag, 2002.

[4] Kolmogorov A N. Foundations of the Theory of Probability [M]. New York: Chelsea Publishing Company, 1933.

[5] Lawrence M A. Basic random variables in finite element analysis [J]. International Journal for Numerical Methods in Engineering, 1987, 24: 1849 - 1863.

[6] Li C C, Der Kiureghian A. Optimal discretization of random fields [J]. Journal of Engineering Mechanics, 1993, 119 (6): 1136 - 1154.

[7] Lin Y K. Probabilistic Theory of Structural Dynamics [M]. New York: McGraw-Hill Book Company, 1967.

[8] Loève M. Probability Theory [M]. Berlin: Springer-Verlag, 1977.

[9] Takada T. Weighted integral method in stochastic finite element analysis [J]. Probabilistic Engineering Mechanics, 1990, 5 (3): 146 - 156.

[10] Vanmarcke E H. Random Fields: Analysis and Synthesis [M]. Cambridge: MIT Press, 1983.

第3章 随机动力激励模型

3.1 随机激励的一般表达

3.1.1 动力激励和建模

作用于土木工程结构的大多数动力作用表现出明显的随机特征，因此称其为随机激励。典型的随机激励包括地震动、阵风、湍流风和海浪等作用。一般来说，这些动力作用是在空间位置和时间上变化的。因此，应采用空间随机场模型作为**基本模型**(basic model)来反映它们。然而，由于在观测和建模上的困难，在建模过程中必须引入一些简化。

最常用的简化是忽略动力作用在空间上的变化，从而将空间随机场简化为一系列具有相同统计特征的随机过程。也就是采用一点的时间序列来反映随机激励对结构的影响，并且假定在可接受的范围内，不同位置处的激励是相同的。一个典型的例子是相对较小的平面尺寸的建筑结构底层的地震动输入。将地基范围内的建筑基础作为刚性板，则可以采用一点的随机过程模型来反映地震动输入。

如果动力作用在结构不同位置处的表现差异不可以被忽略，就应采用随机场模型来反映空间动力作用。在这种情况下，可以采用均匀性和各向同性假定来简化模型。在均匀性假定中，随机场中各点之间差异仅与两点间的距离有关，而与位置无关。根据各向同性假定，随机场的概率分布在各方向上是独立的。由于缺乏足够的实地观测试验，通常认为均匀性和各向同性是为了建模和分析而引入的理论假定。

建立随机激励模型常用的第三个假定是平稳性假定，即动力作用在时间尺度上的均匀性。如果一个过程引入平稳性假定，则其方差为一个常数且不随时间变化。例如，通常假定大气边界层中的湍流风具有平稳随机过程的特征。

实际上，当考虑结构中的随机激励问题时，是否考虑结构和外部环境之间的能量传递是需要关心的一个问题。当能量传递较小可被忽视时，结构中的动力作用可以仅由外部环境条件决定。如果能量传递对输入的动力作用足以施加一个显著的影响，为了确定结构影响下的激励，就需要考虑结构和外部媒介之间的相互作用。例如，大尺度工程结构的地震动确定就要考虑这个问题。

随机动力激励建模有两个基本的方法：基于现象建模和基于物理建模。由于建立有限维概率分布的困难，在基于现象建模中通常采用相关函数或功率谱密度函数。该方法本质上是基于统计矩的。相比之下，基于物理建模聚焦于给出一个考虑真实物理背景的动力激励随机函数模型。这些模型不仅可以对随机过程或随机场给出完整的数学描述，而且其物理意义使得随机过程或随机场的经验验证成为可能。

本章将概述结构分析和设计中随机动力激励常用类型的数学模型和物理模型。此外，还引入相应的数学模型进行随机激励建模。

3.1.2 平稳和非平稳过程模型

如果一个随机激励是平稳过程，特别是可视为高斯过程，那么只要其均值和相关函数或功率谱密度函数是已知的，则该激励模型的统计特征就可以被完全确定。根据第2章中的描述，平稳过程 $X(t)$ 的均值是常数，并且其相关函数仅是时间差 $\tau=t_2-t_1$ 的函数，即

$$m_X(t)=c \tag{3.1}$$

$$R_X(\tau)=R_X(t_2-t_1) \tag{3.2}$$

若 $c=0$，则 $X(t)$ 的相关函数和功率谱密度函数有下述关系[参见式(2.81a、81b)]

$$S_X(\omega)=\int_{-\infty}^{\infty}R_X(\tau)e^{-\mathrm{i}\omega\tau}\mathrm{d}\tau \tag{3.3}$$

$$R_X(\tau)=\frac{1}{2\pi}\int_{-\infty}^{\infty}S_X(\omega)e^{\mathrm{i}\omega\tau}\mathrm{d}\omega \tag{3.4}$$

这表明，$S_X(\omega)$ 和 $R_X(\tau)$ 构成傅里叶变换对。若 $c\neq0$，则协方差函数 $K_X(\tau)$ 和功率谱密度函数 $S_X(\omega)$ 之间有相同的上述关系。

为确立给定的平稳激励模型，一般引入各态历经性假定。这一假定表明，对于各态历经过程，其不同的随机特性可以在一个足够长的时间序列中体现。因此，集合平均可由其时间平均代替。对于一个各态历经过程，均值和相关函数的估计值可采用观测样本获得，即

$$\hat{m}_X=\frac{1}{N}\sum_{i=1}^{N}X_i \tag{3.5}$$

$$\hat{R}_X(\tau_k)=\frac{1}{N-k}\sum_{i=1}^{N-k}X_iX_{i+k} \tag{3.6}$$

式中：$X_i=X(t_i)$ 是样本过程在时刻 t_i 下的值；k 是间隔数；N 是样本点总数；$\hat{}$ 代表估计值。

功率谱密度函数可由 $R_X(\tau_k)$ 的离散傅里叶变换获得。然而，这种谱估计结果通常是有偏的。为了获得无偏的结果，可采用最大熵谱方法(Burg，1967)。

若可以获得大量测量样本，则应采用样本集获得功率谱密度估计。在此情况下，功率谱密度写为[参见附录C式(C.9)]

$$\hat{S}_X(\omega)=\frac{1}{M}\sum_{i=1}^{M}\frac{1}{T}\mid X_i(\omega)\mid^2 \tag{3.7}$$

式中：M 是样本集中的样本数量；T 是观测时间区间；$X_i(\omega)$是样本时程的傅里叶谱。

平稳过程是实际动力作用的科学抽象结果。多数实际随机激励不完全具有平稳特征。若平稳性假定与实际背景之间存在巨大差异，则有必要采用非平稳模型建立随机激励模型。地震动建模就是一个代表性例子。

对于非平稳随机过程，各态历经性假定将不再有效。因此，时间平均不能代替集合平均。也就是说，应基于样本集建立模型。在实际中，通常采用一类均匀调制非平稳随机过程模型来建立非平稳随机激励模型。该模型可表述为确定性时间函数和平稳过程的积，即

$$X(t)=f(t)X_s(t) \tag{3.8}$$

假定 $X(t)$的均值为零。对于那些非零均值过程 $X'(t)$，通常可令 $X(t)=X'(t)-m_{X'}(t)$ 来构造零均值过程。

当 $X_s(t)$ 的相关函数或功率谱密度函数给定时，容易计算非平稳随机激励 $X(t)$的相关函数或功率谱密度函数，即[参见式(2.96)]

$$R_X(t_1, t_2)=f(t_1)f(t_2)R_{X_s}(\tau) \tag{3.9}$$

$$S_X(t, \omega)=f^2(t)S_{X_s}(\omega) \tag{3.10}$$ ①

为了得到非平稳随机激励模型，首先需要将 $f(t)$与样本函数分离。对于时程样本 $x_i(t)$，有许多方法处理。例如，可以首先定义

$$y_i(t)=\mid x_i(t)\mid \tag{3.11}$$

然后采用经验模态分解确定筛选曲线的下界和上界包络曲线(Huang et al., 1998)来确定 $y_i(t)$ 的上界包络 $f_i(t)$。

对于样本集，可以假设 $f(t)$的函数形式，并采用最小二乘法通过 $f_i(t)(i=1, \cdots, n)$ 拟合 $f(t)$来确定 $f(t)$的具体表达。

一旦确定了 $f(t)$，根据式(3.8)就能容易地导出平稳过程 $X_s(t)$ 的样本集。然后可以采用前述的平稳随机过程建模方法完成非平稳随机激励建模。

3.1.3 随机傅里叶谱模型

基于前述的经典相关函数或功率谱密度方法进行非平稳随机激励建模是十分困难的。实际上，只有对于具有高斯正态特征的随机激励，随机激励的全部统计特征才可以通过前述的建模方法获得。不幸的是，对于大多数实际工程情况，高斯特征是不完全符合实际的。

---

① 式(3.10)是一个演变谱密度，其物理意义将在5.2.2中阐述。

随机傅里叶谱模型试图由随机函数的观点入手、结合对随机激励物理机制的理解来建立动力激励模型。对于时程样本集 $X(t)$，定义随机傅里叶谱(李杰，2006)(另参见附录 C)

$$X(\eta,\ \omega)=\frac{1}{\sqrt{T}}\int_0^T X(\eta,\ t)e^{-\mathrm{i}\omega t}\,\mathrm{d}t \tag{3.12}$$

式中：η 是影响随机过程发展且具有物理意义的随机变量或随机向量。

显然，随机傅里叶谱不仅没有局限于平稳过程，而且适用于一般的激励建模。采用第 6 章描述的概率密度演化理论，可以获得随机激励过程的有限维概率分布及其在时间上的演化，从而可以完全确定激励的概率特征。

3.1.3.1　基于样本建模

对于样本集合中的样本，基本随机变量的实际值可以在观测样本值的基础上通过最佳一致性逼近或均方逼近来确定。

最佳一致性逼近采用下式作为确定参数 η 的基本准则

$$J_1=\max\{\tilde{x}(\omega)-X(\eta,\ \omega)\}\leqslant\epsilon_1 \tag{3.13}$$

式中：$\tilde{x}$ 是样本观测值；ϵ_1 是给定容许误差。

均方逼近采用 J_2 作为确定参数 η 的基本准则

$$J_2=\mathrm{E}\{[\tilde{x}(\omega)-X(\eta,\ \omega)]^2\}\leqslant\epsilon_2 \tag{3.14}$$

式中：E(·)表示误差平方的均值；ϵ_2 是给定容许误差。

在基本随机变量的样本实际值确定之后，可以通过常用的统计方法获得随机变量的概率分布。

3.1.3.2　基于样本集统计矩建模

若随机变量 η 的概率密度函数已知，则可以得到随机傅里叶函数的均值和标准差

$$m_X(\omega)=\int_\Omega X(\eta,\ \omega)p_\eta(\eta)\mathrm{d}\eta \tag{3.15}$$

$$\sigma_X(\omega)=\sqrt{\int_\Omega[X(\eta,\ \omega)-m_X(\omega)]^2p_\eta(\eta)\mathrm{d}\eta} \tag{3.16}$$

式中：Ω 是 η 的积分域。

在通过数学统计方法获得样本集 $X_i(\omega)(i=1,\ \cdots,\ n)$ 的均值 $\hat{m}_X(\omega)$ 和标准差 $\hat{\sigma}_X(\omega)$ 后[参见式(3.5)和式(3.6)]，目标随机函数可以通过采用下述建模准则来确定

$$\min\quad J=\alpha J_m+\beta J_\sigma \tag{3.17}$$

式中：α 和 β 是权重系数。

$$J_m=\frac{1}{L}\sum_{i=1}^{L}[m_X(\omega_i)-\hat{m}_X(\omega_i)]^2 \tag{3.18}$$

$$J_{\sigma}=\frac{1}{L}\sum_{i=1}^{L}[\sigma_X(\omega_i)-\hat{\sigma}_X(\omega_i)]^2 \tag{3.19}$$

式中：L 是有效频率范围内的散点数。

通过调整基本随机变量的分布参数和概率分布类型，可以确定给定变量的概率密度函数。

3.2　地震动

3.2.1　一维模型

当地震发生时，通过震源产生的地震波是一个时间过程。通过在岩土介质中的传播，波形将经历复杂变化。对于给定位置，场地表面一定范围内所有点的地震动或场地表面下的振动过程可以通过地震动的位移、速度或加速度时程来表征。通常，对于近场强地震动记录，以加速度作为实际观测数据。因此，地震动模型通常指的是加速度模型。一点的地震动通常由三个空间坐标组成。根据彭津(Penzien)及其合作者的研究(Penzien & Watube, 1975; Kubo & Penzien, 1979)，存在主轴方向，且沿该轴方向的成分是不相关的。因此，对于三维地震动，只需要考虑沿主轴方向的一维地震动。

由于一系列不可控因素，如震源机制、地震传播路径、工程场址的岩土介质分布的影响，地震动过程是一个典型的随机过程。实际地震记录表明，地震动加速度时程通常包括三个振动阶段：初始阶段、强烈阶段和衰减阶段(图 3.1)。因此，地震动是一个典型的非平稳过程。当采用平稳过程模型来建立地震动模型时，通常认为只能反映其强烈阶段。

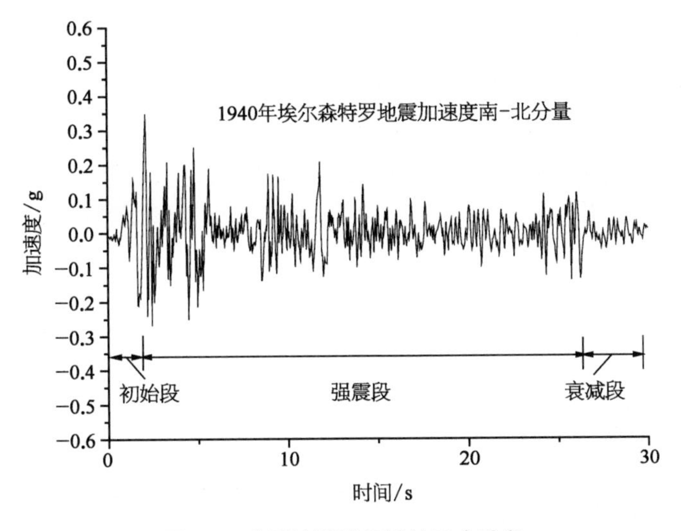

图 3.1　典型地震动记录的三个阶段

作为一种简化，地震动可视为过滤白噪声。这样考虑的话，若假设基岩地震动是谱密度为 S_0 的零均值白噪声过程，并且用单自由度线性系统模拟地表土层，则可以获得金井-田治见(Kanai-Tajimi)谱模型(Kanai，1957；Tajimi，1960)

$$S(\omega)=\frac{1+4\zeta^2\left(\frac{\omega}{\omega_0}\right)^2}{\left[1-\left(\frac{\omega}{\omega_0}\right)^2\right]^2+4\zeta^2\left(\frac{\omega}{\omega_0}\right)^2}S_0 \tag{3.20}$$

式中：$S(\omega)$ 是平稳地震动过程的功率谱密度函数；ζ 是场地岩土的阻尼比；ω_0 是场地自振频率。

上述模型的物理意义很明确，即考虑了岩土属性对地震动频谱的影响。然而，该模型不适当地放大了地震动的低频成分。与此同时，根据该模型获得的地震动速度和位移在频率为零处存在奇点，因此无法计算场地位移和速度的有限方差。为克服这些缺点，提出了下述修正模型(胡聿贤和周锡元，1962)

$$S(\omega)=\frac{1+4\zeta^2\left(\frac{\omega}{\omega_0}\right)^2}{\left[1-\left(\frac{\omega}{\omega_0}\right)^2\right]^2+4\zeta^2\left(\frac{\omega}{\omega_0}\right)^2}\frac{\omega^n}{\omega^n+\omega_c^2}S_0 \tag{3.21}$$

式中：ω_c 是低频衰减因子；$n=4\sim 6$。

有许多类似的修正模型，例如，对模型(3.20)增加一个滤波形成双白噪声滤过过程(Ruiz & Penzien，1969)

$$S(\omega)=\frac{1+4\zeta^2\left(\frac{\omega}{\omega_0}\right)^2}{\left[1-\left(\frac{\omega}{\omega_0}\right)^2\right]^2+4\zeta^2\left(\frac{\omega}{\omega_0}\right)^2}\frac{1+4\zeta_1^2\left(\frac{\omega}{\omega_1}\right)^2}{\left[1-\left(\frac{\omega}{\omega_1}\right)^2\right]^2+4\zeta_1^2\left(\frac{\omega}{\omega_1}\right)^2}S_0 \tag{3.22}$$

式中：ζ_1 和 ω_1 是假设的第二层过滤参数。

相比于模型(3.20)在 $\omega=0$ 处功率谱密度是一个有限值而非零，模型(3.21)和模型(3.22)可以确保在 $\omega=0$ 处功率谱密度为零(图 3.2)。

若需反映地震动过程的产生和衰减部分，即反映地震动的非平稳特征，则可以引入调制非平稳随机过程模型[参见式(3.8)]。例如，可以给出调制函数(Amin & Ang，1968；Jennings et al.，1968)

$$f(t)=\begin{cases}\left(\frac{t}{t_a}\right)^2, & t\leqslant t_a\\ 1, & t_a<t\leqslant t_b\\ e^{-\alpha(t-t_b)}, & t>t_b\end{cases} \tag{3.23}$$

式中：t_a 和 t_b 分别是强地震动平稳部分的开始时间和结束时间；α 是衰减部分的衰减速度控制参数(图 3.3)。

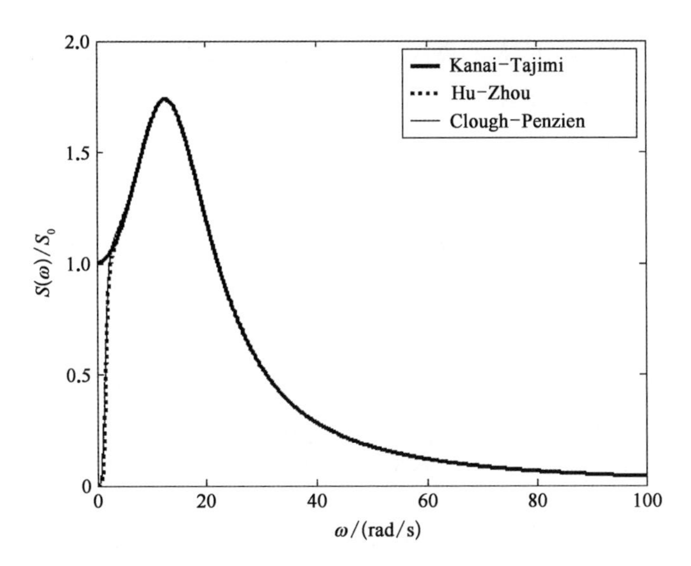

图 3.2　不同功率谱密度模型的对比

（参数：$\omega_0=15.71$，$\omega_c=0.1\omega_0$，$\zeta=0.64$，$\omega_1=0.1\omega_0$，$\zeta_1=\zeta$）

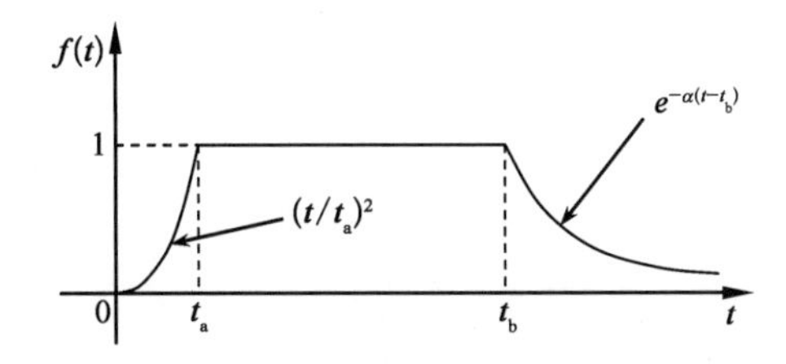

图 3.3　地震动的调制函数

3.2.2　随机场模型

当给定距离两点之间的地震动差异不能被忽略时，需要采用随机场来描述地震动。采用空间离散方法（见 2.3 节），连续随机场描述可以转化为一系列随机过程。因此，均匀各向同性随机场 B 可以采用下述功率谱密度矩阵表示

$$\mathbf{S}_B(\omega)=\begin{bmatrix} S_{11}(\omega) & S_{12}(\omega) & \cdots & S_{1m}(\omega) \\ S_{21}(\omega) & S_{22}(\omega) & \cdots & S_{2m}(\omega) \\ \vdots & \vdots & \ddots & \vdots \\ S_{m1}(\omega) & S_{m2}(\omega) & \cdots & S_{mm}(\omega) \end{bmatrix} \tag{3.24}$$

式中：m 是空间点数量。

在具体地震动的研究中，两个不同点处地震动之间的相关性通常用相干函数表示，定义为

$$\gamma_{kj}(\omega)=\begin{cases} \dfrac{S_{kj}(\omega)}{\sqrt{S_{kk}(\omega)S_{jj}(\omega)}}, & S_{kk}(\omega)S_{jj}(\omega)\neq 0 \\ 0, & S_{kk}(\omega)S_{jj}(\omega)=0 \end{cases} \tag{3.25}$$

式中：$S_{kj}(\omega)$ 是互谱密度，是表征点 k 和 j 处地震动之间相关性的复合函数[参见式(2.86a)]。若 $k=j$，则其为一点处地震动的自谱密度。显然，相干函数也是复函数。采用幅值和相位角表达，有

$$\gamma_{kj}(\omega)=|\gamma_{kj}(\omega)|e^{\mathrm{i}\vartheta_{kj}(\omega)} \tag{3.26}$$

相干函数的幅值 $|\gamma_{kj}(\omega)|$ 也称为**滞后相干函数**(**lagged coherency function**)，且通常有[参见式(2.88)]

$$|\gamma_{kj}(\omega)|\leqslant 1 \tag{3.27}$$

相位角 $\vartheta_{kj}(\omega)$ 与谐波的传播速度、ω 及两点之间的距离有关(Olivera et al., 1991)

$$\vartheta_{kj}(\omega)=\frac{\omega d_{kj}^{\mathrm{L}}}{v_{\mathrm{a}}} \tag{3.28}$$

式中：d_{kj}^{L} 是点 k 和 j 之间连线 d_{kj} 沿波传播方向的投影；v_{a} 是地震动的表观波速。给定参考点作为时间坐标的初始点，分别用 t_k 和 t_j 表示当地震波到达点 k 和 j 时的时刻，显然有

$$\frac{d_{kj}^{\mathrm{L}}}{v_{\mathrm{a}}}=t_k-t_j \tag{3.29}$$

因此，式(3.26)也可以写为

$$\gamma_{kj}(\omega)=|\gamma_{kj}(\omega)|e^{\mathrm{i}\omega(t_k-t_j)} \tag{3.30}$$

上述推论证明，$e^{\mathrm{i}\vartheta_{kj}(\omega)}$ 表示两点间地震动开始的时间差，即行波效应。因此，$e^{\mathrm{i}\vartheta_{kj}(\omega)}$ 一般称为行波效应因子，而 $\gamma_{kj}(\omega)$ 反映两点之间地震动的相干效应。

根据密集站点的地震记录分析，可以给出地震动滞后相干函数的经验表达。下面是一些典型例子。

3.2.2.1　冯-胡模型

根据1975年中国海城地震和1964年日本新潟(Niigata)地震的强震观测数据进行分析，提出了下述公式(冯启民和胡聿贤，1981)

$$|\gamma(\omega, d_{kj})|=e^{-(\rho_1\omega+\rho_2)d_{kj}} \tag{3.31}$$

式中：ρ_1 和 ρ_2 是相干参数。由海城地震和新潟地震给出的值分别为：

海城地震：$\rho_1=2\times10^{-5}$ s/m，$\rho_2=8.8\times10^{-3}$ m^{-1}；

新潟地震：$\rho_1=4\times10^{-4}$ s/m，$\rho_2=1.9\times10^{-3}$ m^{-1}。

3.2.2.2　罗-叶(Loh-Yeh)模型

根据SMART-1地震观测站的观测数据进行建模，获得了下述公式(Loh & Yeh, 1988)

$$|\gamma(\omega, d_{kj})|=e^{-\alpha\frac{\omega d_{kj}}{2\pi v_{\mathrm{a}}}} \tag{3.32}$$

式中：α 是地震动的波数。根据40条加速度纪录，可确定 $\alpha=0.125$(Loh, 1991)。

3.2.2.3　屈-王模型

根据包括SMART-1在内的4个地震观测站的观测数据进行建模，建议采用如下滞

后相干函数(屈铁军等,1996)

$$|\gamma(\omega, d_{kj})| = e^{-a(\omega) d_{kj}^{b(\omega)}} \tag{3.33}$$

其中

$$a(\omega) = (12.19 + 0.17\omega^2) \times 10^{-4} \tag{3.34}$$

$$b(\omega) = (76.74 - 0.55\omega) \times 10^{-2} \tag{3.35}$$

$\omega = 10\pi \ \mathrm{s}^{-1}$ 时,上述三个模型的对比如图 3.4 所示。

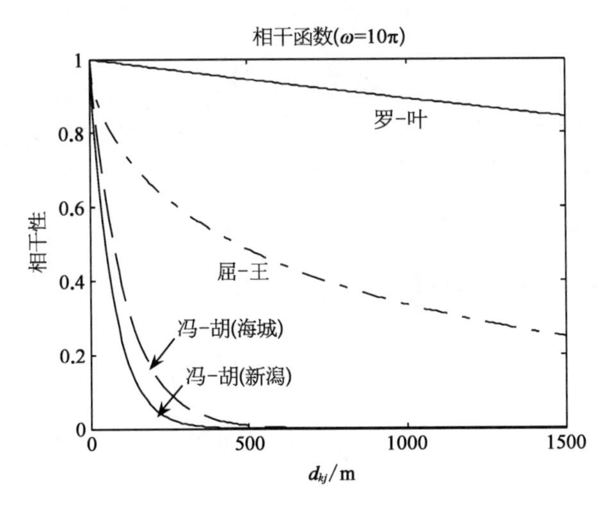

图 3.4　滞后相干函数

如果所有点的自功率谱密度相同,地震动随机场的功率谱密度矩阵可以简化为

$$\mathbf{S}_B(\omega) = \mathbf{G}^* \mathbf{R} \mathbf{G} S(\omega) \tag{3.36}$$

式中:$S(\omega)$ 是每一点处的功率谱密度;**G** 是表示相比于参考点的每一点相位角变化的对角阵

$$\mathbf{G} = \begin{pmatrix} e^{\mathrm{i}\omega t_1} & & \\ & \ddots & \\ & & e^{\mathrm{i}\omega t_m} \end{pmatrix} \tag{3.37}$$

R 是滞后相干函数矩阵

$$\mathbf{R} = \begin{pmatrix} 1 & |\gamma_{12}| & \cdots & |\gamma_{1m}| \\ |\gamma_{21}| & 1 & \ddots & \vdots \\ \vdots & \ddots & \ddots & |\gamma_{m-1,m}| \\ |\gamma_{m1}| & \cdots & |\gamma_{m,m-1}| & 1 \end{pmatrix} \tag{3.38}$$

3.2.3　物理随机模型

地震动过程主要受到震级、地震波传播距离、场地条件和其他因素的影响。由于大多

数因素不能人为控制，因此观测的地震过程体现出显著的随机特性。如果暂不考虑震级和传播因素的影响，并且以特定位置的地震动为研究目标，则可以建立地表运动和基岩输入运动之间的物理关系(李杰和艾晓秋，2006；Li & Ai，2007)。

不失一般性，实际工程场地可以用等价单自由度体系(图 3.5)运动方程模拟

$$\ddot{x}+2\zeta\omega_0\dot{x}+\omega_0^2x=2\zeta\omega_0\dot{u}_g+\omega_0^2u_g \tag{3.39}$$

式中：$\ddot{x}$、$\dot{x}$ 和 x 分别表示固定坐标系下一点的绝对加速度、绝对速度和位移；ω_0 和 ζ 分别是场地频率和阻尼比；$\dot{u}_g$ 和 u_g 分别是基岩处输入地震波的速度和位移。

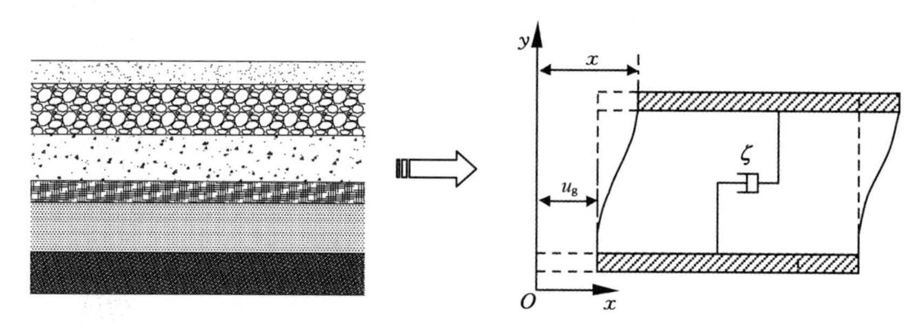

图 3.5 等价单自由度系统

对上述方程两边进行傅里叶变换并注意位移和加速度的关系，可给出绝对加速度的傅里叶变换

$$\ddot{X}(\omega)=\frac{\omega_0^2+2\mathrm{i}\zeta\omega_0\omega}{\omega_0^2-\omega^2+2\mathrm{i}\zeta\omega_0\omega}\ddot{U}_g(\omega) \tag{3.40}$$

式中：$\ddot{U}_g(\omega)$ 是输入地震波加速度的傅里叶变换。

引入随机傅里叶函数的概念，上述方程可以转化为

$$F_X(\omega)=\sqrt{\frac{1+4\zeta^2\left(\frac{\omega}{\omega_0}\right)^2}{\left[1-\left(\frac{\omega}{\omega_0}\right)^2\right]^2+4\zeta^2\left(\frac{\omega}{\omega_0}\right)^2}}F_g(\eta,\ \omega) \tag{3.41}$$

式中：η 是与输入地震波幅值有关的随机变量。

由于 η、ζ 和 ω_0 均为随机变量，因此 $F_X(\omega)$ 是随机函数。当给定基本随机变量及其概率分布时，可以获得 $\ddot{x}(t)$ 的有限维概率分布。

基岩处输入地震加速度的随机傅里叶函数 $F_g(\eta,\ \omega)$ 可以根据震源和地震衰减物理机制之间的关系确定，或者根据基岩处的地震记录统计给出。当地震输入的能量密度假定为图 3.6 中的形式时，可写为

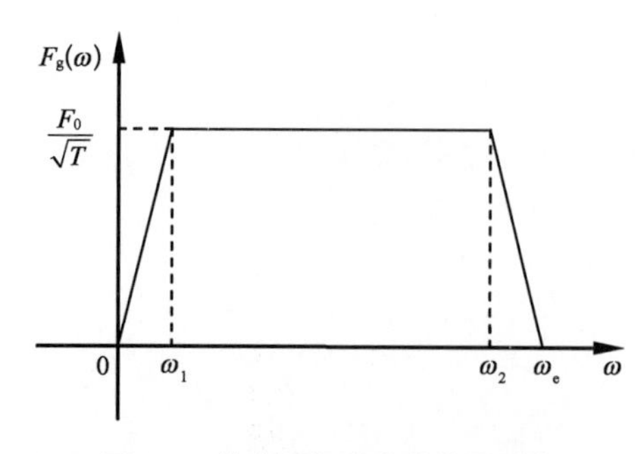

图 3.6 基岩处加速度的能量分布

$$F_g(\eta, \omega)=\begin{cases}\dfrac{F_0\omega}{\sqrt{T}\omega_1}, & 0 \leqslant \omega \leqslant \omega_1 \\ \dfrac{F_0}{\sqrt{T}}, & \omega_1 < \omega \leqslant \omega_2 \\ \dfrac{F_0(\omega_e-\omega)}{\sqrt{T}(\omega_e-\omega_2)}, & \omega_2 < \omega \leqslant \omega_e\end{cases} \tag{3.42}$$

式中：F_0 是输入傅里叶谱的幅值。

根据加速度记录统计，发现基本随机变量服从对数正态分布。ω_0 和 ζ 的识别均值和变异系数见表 3.1 和表 3.2。实际观测记录和随机傅里叶谱计算结果之间的对比如图 3.7 所示（李杰和艾晓秋，2006）①。

表 3.1 随机变量的识别均值

场地类型	Ⅰ	Ⅱ	Ⅲ	Ⅳ
ω_0/s^{-1}	15	12	11	9
ζ	0.65	0.80	0.60	0.90

表 3.2 随机变量的识别变异系数

场地类型	Ⅰ	Ⅱ	Ⅲ	Ⅳ
ω_0	0.40	0.40	0.42	0.42
ζ	0.30	0.30	0.35	0.35

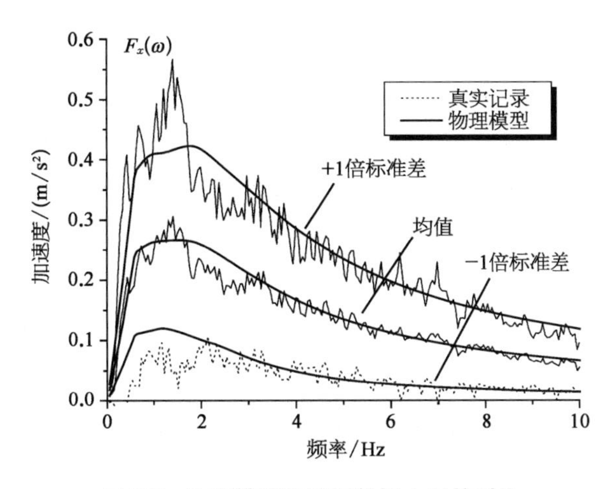

图 3.7 物理模型和观测数据之间的对比

① 地震动物理随机傅里叶谱模型的最新研究，可参见：Wang D, Li J. Science China - Technological Sciences, 2011, 54 (1): 175 - 182. Ding YQ, Peng YB, Li J. Journal of Earthquake & Tsunami, 2018: 1850006. ——译者注

3.3 边界层脉动风速

3.3.1 结构风压和风速

空气的运动形成风。在大气边界层范围内，若结构阻碍风的流动，则将会在结构上形成升力 F_Z、顺风向力 F_D 和横风向力 F_L（图 3.8）(Simu & Scanlan，1996)。

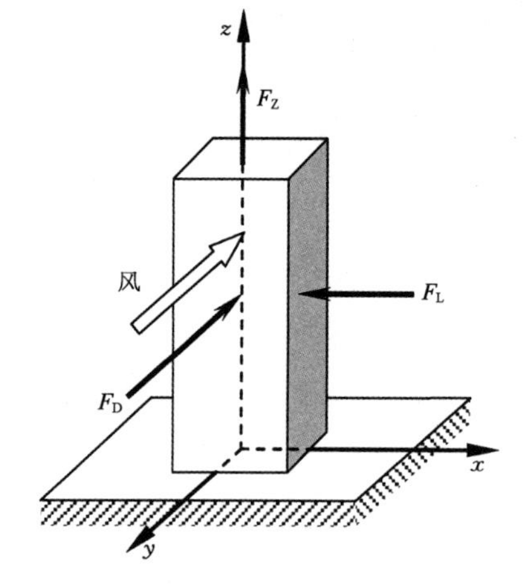

图 3.8 风力的三个分量

$$\begin{cases} F_Z = \dfrac{1}{2}\mu_Z \rho v^2 B \\ F_D = \dfrac{1}{2}\mu_D \rho v^2 B \\ F_L = \dfrac{1}{2}\mu_L \rho v^2 B \end{cases} \tag{3.43}$$

式中：μ_Z、μ_D 和 μ_L 分别是升力系数、顺风向力系数和横风向力系数，对于不同形状的结构，这些系数将会变化，一般通过风洞试验确定；ρ 是空气的质量密度；v 是风速；B 是结构的特征尺寸。

对式(3.43)两边除以 B 将得到结构的迎风风压，即

$$F_i(x, z, t) = \frac{1}{2}\rho\mu_i(z)v^2(x, z, t), \ i = 1, 2, 3 \tag{3.44}$$

式中：$F_1 = F_Z/B$，$F_2 = F_D/B$，$F_3 = F_L/B$；$\mu_1 = \mu_Z$，$\mu_2 = \mu_D$，$\mu_3 = \mu_L$；z 是地面以上高度。

大量自然风观测表明，作为一个时间过程，风速可以表达为平均风速和脉动风速的和，即

$$v(x, z, t) = v_s(z) + v_D(x, z, t) \tag{3.45}$$

将式(3.45)代入式(3.44)并忽略脉动风速的平方项，风压可以分解为平均风压和脉动风压

$$F_i(x, z, t) = F_{is}(x, z) + F_{iD}(x, z, t), \ i = 1, 2, 3 \tag{3.46}$$

其中

$$\begin{cases} F_{is}(x, z) = \dfrac{1}{2}\mu_i(z)\rho v_s^2(z) \\ F_{iD}(x, z, t) = \mu_i(z)\rho v_s(z) v_D(x, z, t) \end{cases} \tag{3.47}$$

由于存在不可控因素的变化，风速过程是典型的随机过程，其中平均风速（图 3.9）可以通过随机变量描述。通常认为其服从极值Ⅰ型分布（张相庭，1985）。

$$p_{v_s}(v)=e^{-e^{-a(v-b)}} \tag{3.48}$$

式中：a 和 b 是分布参数，可以通过标准风速（即 10 m 高风速）的均值和标准差表达。

$$\begin{cases} a=\dfrac{\pi}{\sqrt{b}\sigma_{v_s}} \\ b=\mu_{v_s}-0.45\sigma_{v_s} \end{cases} \tag{3.49}$$

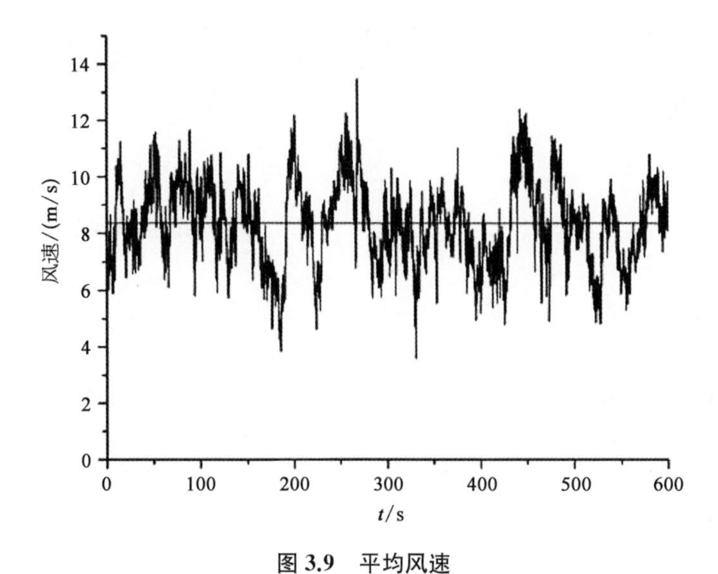

图 3.9　平均风速

在大气边界层内，沿地面高度的平均风速依对数率变化

$$v_s(z)=\frac{1}{k}\mu^*\ln\frac{z}{z_0} \tag{3.50}$$

式中：$k\approx 0.4$；z_0 是粗糙长度；μ^* 是摩擦速度。

$$\mu^*=\sqrt{\frac{\tau_0}{\rho}} \tag{3.51}$$

式中：τ_0 是表面剪力。

3.3.2　脉动风速功率谱密度

在式(3.45)中，v_D 反映风速的脉动部分。实质上，这部分是源自风中的湍流。大多数实际观测数据表明，脉动风速可以模拟为零均值平稳高斯随机场。引入这一基本假定，一点处的纵向脉动速度可以通过达文波特（Davenport）谱（Davenport，1961）或希缪（Simiu）谱（Simiu，1974）描述。

达文波特谱

$$\begin{cases} S_{v_D}(\omega) = 4Kv_{10}^2 \dfrac{f_1^2}{\omega(1+f_1^2)^{\frac{4}{3}}} \\ f_1 = \dfrac{c_1\omega}{\pi v_{10}} \end{cases} \tag{3.52}$$

式中：K 是与地面情况有关的参数(表 3.3)；v_{10} 是地面以上 10 m 高处平均风速；$c_1 = 600$ m。

表 3.3 K 的取值

位　置	高度/ft	场地描述	K
赛文桥(Severn Bridge)	100	河曲	0.003
赛尔(Sale)	503		
赛尔	201		
赛尔	40	树木稀疏的开阔草地	0.005
卡丁顿(Cardington)	50		
安阿伯(Ann Arbor)	25～200		
克兰菲尔德(Cranfield)	50	围栏广场	0.008
布鲁克海文(Brookhaven)	300	灌木丛和 30 ft 树木	0.015
伦敦安大略(London Ontario)	150	城区	0.030

希缪谱表达式为

$$\begin{cases} S_{v_D}(z, \omega) = \beta \dfrac{2\pi\mu^{*2}}{\omega} f^{-\frac{2}{3}} \\ f = \dfrac{\omega z}{2\pi v_s(z)} \end{cases} \tag{3.53}$$

式中：$\beta \approx 0.26$。

显然，希缪谱和高度有关，而达文波特谱并非如此。这是因为式(3.52)是由地面以上不同高度处实际观测风速的平均值导出的，因此无法反映谱和高度之间的关系。一般认为达文波特谱高估了高频区域风速的能量而低估了低频区域风速的能量。

另一个极类于希缪谱的实际观测谱卡曼(Kaimail)谱(Kaimail et al., 1972)是

$$S_{v_D}(z, \omega) = \frac{2\pi\mu^{*2}}{\omega} \frac{200f}{(1+50f)^{\frac{5}{3}}} \tag{3.54}$$

一般认为式(3.53)适用于 $f \leqslant 0.2$ 处的低频区域，而式(3.54)应用于 $f > 0.2$ 处的高频区域。与希缪谱相似，卡曼谱无法得到 $S(\omega) = 0$ 的值，并且当 $\omega = 0$ 时，其一阶导数为零。另外，达文波特谱可以得到 $S(\omega) = 0$ 的值。不同功率谱密度函数的对比如图 3.10 所示。

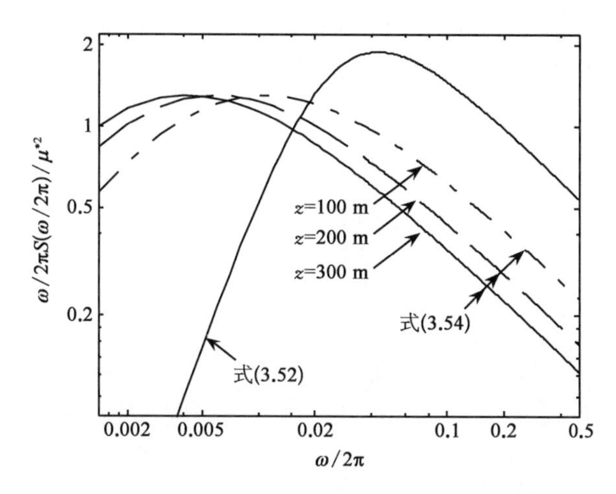

图 3.10 不同风功率谱密度之间的对比(双对数坐标)

在相同高度或不同高度处,一定距离内两点之间的脉动风速是相关的。一般采用互功率谱密度测量两个随机过程的概率相关性。注意,该谱是一个复函数,有

$$S_{\mu_1\mu_2}(d, \omega)=S^{C}_{\mu_1\mu_2}(d, \omega)+\mathrm{i}S^{\alpha}_{\mu_1\mu_2}(d, \omega) \tag{3.55}$$

式中: μ_1 和 μ_2 表示点 M_1 和 M_2 处的风速记录; d 表示两点之间的距离。

通常,虚部对相关函数的贡献比实部要小,可以忽略其影响。因此,互功率谱密度表达为(Davenport, 1967)

$$S_{\mu_1\mu_2}(d, \omega)=S^{C}_{\mu_1\mu_2}(d, \omega)=\sqrt{S(z_1, \omega)S(z_2, \omega)}\,e^{-\hat{f}} \tag{3.56}$$

$$\hat{f}=\frac{\omega\sqrt{C_Z^2(z_1-z_2)^2+C_Y^2(x_1-x_2)^2}}{\pi[v_s(z_1)+v_s(z_2)]} \tag{3.57}$$

式中: x_1、x_2 和 z_1、z_2 分别是点 M_1 和 M_2 的坐标。M_1 和 M_2 之间的连线垂直于平均风向。C_Z 和 C_Y 是由经验确定的衰减系数,一般取值为 $C_Z=10$, $C_Y=16$(Simiu & Scanlan, 1996)。

3.3.3 脉动风速随机傅里叶谱

功率谱密度模型是用于表现一个随机过程主要特性的二阶数字特征。若对于该过程,概率分布是高斯分布,则可以通过二维分布给出一系列有限维概率分布。因此,可以通过该过程前两阶矩完全确定该过程的统计特性。不幸的是,这一条件接近于一个假设,而非通过经验实际观测的结论。实际上,对于脉动风速,只有在特定的时间尺度下,平稳假定才是正确的。而且也并没有足够的实际观测来支持高斯正态分布的假定。

3.1 节引入的随机傅里叶谱模型,提示了建立随机函数模型来表征脉动风速普遍概率

特性的可能(李杰和张琳琳,2007)。前已指出,随机傅里叶谱建模是为了建立一个基于物理机制的物理模型,因此可以反映实际观测特征。一系列研究表明,在均匀流场中,产生的能量大体与消耗的能量相平衡(Lumley & Panofsky, 1964)。因此,能量耗散率可以表达为

$$\varepsilon=\frac{\tau_0}{\rho}\frac{\mathrm{d}v_s(z)}{\mathrm{d}z} \tag{3.58}$$

其中

$$v_s(z)=\frac{\mu^*}{k}\ln\frac{z}{z_0} \tag{3.59}$$

注意式(3.51),有

$$\varepsilon=\frac{\mu^{*3}}{kz} \tag{3.60}$$

根据柯尔莫哥洛夫第二假定,在惯性子区,可以假定涡旋运动和黏性是独立的,因此可以仅通过能量转化率确定。对于足够高的波数 κ,给出

$$F[E(\kappa),\ \kappa,\ \varepsilon]=0 \tag{3.61}$$

式中:$E(\kappa)$ 是单位波数的能量。

根据量纲分析,可给出下式(Simiu & Scanlan, 1996)

$$E(\kappa)=a_1\varepsilon^{\frac{2}{3}}\kappa^{-\frac{5}{3}} \tag{3.62}$$

式中:a_1 是通用常数。注意

$$\kappa=\frac{2\pi}{\lambda} \tag{3.63}$$

$$\lambda=\frac{v_n}{n} \tag{3.64}$$

式中:λ 是波长;v_n 是频率 n 下的涡旋速度。

对于由若干涡旋形成的振动过程,可以近似认为 v_n 等价于平均速度 $v_s(z)$。因此,波数可以写为

$$\kappa=\frac{\omega}{v_s(z)} \tag{3.65}$$

在同一时间,注意

$$E(\kappa)\mathrm{d}\kappa=E(\omega)\mathrm{d}\omega$$

再将式(3.60)和式(3.62)代入式(3.65),导出

$$E(\omega)=a_1\varepsilon^{\frac{2}{3}}\kappa^{-\frac{5}{3}}\frac{1}{v_s(z)}=a_1\mu^{*2}z^{-\frac{2}{3}}v_s^{\frac{2}{3}}(z)\omega^{-\frac{5}{3}} \tag{3.66}$$

由于过程的能量谱和傅里叶谱存在平方关系，即可得出下式

$$F(\omega)=a_1\mu^* z^{-\frac{1}{3}} v_s^{\frac{1}{3}}(z)\omega^{-\frac{5}{6}} \tag{3.67}$$

引入莫宁(Monin)坐标，亦即

$$f=\frac{nz}{v_s(z)} \tag{3.68}$$

式(3.67)可以化为

$$F(\omega)=\beta\frac{\mu^*}{\sqrt{\omega}}f^{-\frac{1}{3}} \tag{3.69}$$

由于 μ^* 和 $v_s(z)$ 是随机变量，上式是随机傅里叶函数。

实际上，式(3.69)的适用范围是 $f>0.2$ 的区域。对于一般情况，式(3.69)可以拓展为

$$F(\eta,\ z,\ \omega)=\frac{\mu^*}{\sqrt{\omega}}G(f) \tag{3.70}$$

在通过观测风速记录识别基本随机变量的概率分布和 $G(\cdot)$ 的特定形式之后，就可以完全确定随机函数 $F(\eta,\ z,\ \omega)$ 的概率分布。例如，假定

$$G(f)=\frac{C_1 f^{C_3C_4-1}}{(1+C_2 f^{C_3})^{C_4}} \tag{3.71}$$

且以 310 组观测风速记录作为基础，可以识别参数如下：$C_1=4.25$，$C_2=0.1$，$C_3=0.8$，$C_4=0.3$。粗糙长度 Z_0 服从对数正态分布，10 m 高平均风速服从极值Ⅰ型分布。因此，脉动风速的随机傅里叶谱可以表达为(李杰和张琳琳，2007)①

$$F(n)=\frac{7.02v_{10}^{\frac{4}{5}}n^{-\frac{1}{3}}}{\left[1+3.5\times10^4\left(\frac{n}{v_{10}}\right)^{\frac{9}{5}}\right]^{\frac{1}{3}}\ln\frac{10}{Z_0}} \tag{3.72}$$

实际观测风速记录的均值傅里叶谱和标准差谱同相应的随机傅里叶谱之间的对比如图 3.11 所示。

3.3.4　随机傅里叶相干谱

为反映空间中任意两点之间脉动风速的相干特性，可以引入随机傅里叶互相干谱，定义为

---

① 脉动风速物理随机傅里叶谱模型的最新研究，可参见：李杰，闫启.工程力学，2009，26 (S2)：175 - 183. Li J, Peng Y B, Yan Q. Probabilistic Engineering Mechanics, 2013, 32: 48 - 55. Hong X, Li J. Journal of Wind Engineering & Industrial Aerodynamics, 2018, 174: 424 - 436. ——译者注

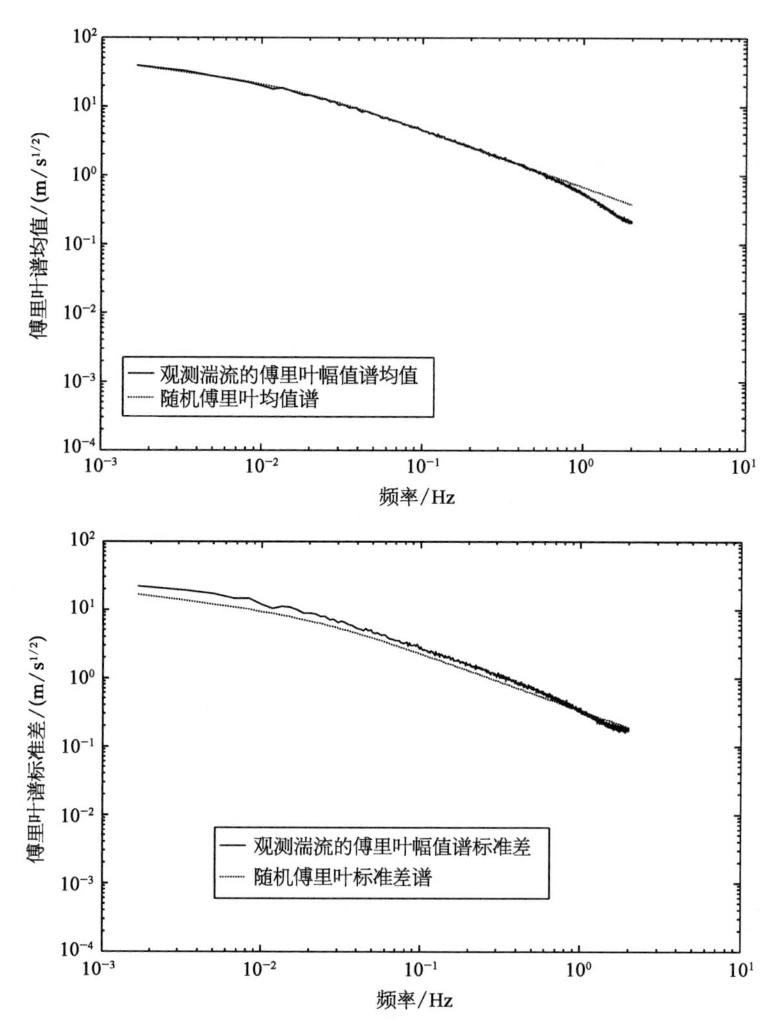

图 3.11　理论和观测傅里叶谱之间的对比

$$F_{\mu_1\mu_2}(\omega)=F_{\mu_1}(\omega)F_{\mu_2}(\omega)\gamma_{\mu_1\mu_2}(\omega) \tag{3.73}$$

式中：$F_{\mu_1}(\omega)$ 和 $F_{\mu_2}(\omega)$ 分别是点 M_1 和 M_2 处的随机傅里叶谱；$\gamma_{\mu_1\mu_2}(\omega)$ 是相干函数

$$\gamma_{\mu_1\mu_2}(\omega)=C_1 e^{-\hat{f}} \tag{3.74}$$

式中：C_1 是系数；$\hat{f}$ 由式(3.57)定义。

当仅考虑同一竖直方向不同高度处两点的相干性时，相干函数写为

$$\gamma_{\mu_1\mu_2}(\omega)=C_1 e^{-\frac{C_Z|z_1-z_2|\omega}{\pi[v_S(z_1)+v_S(z_2)]}} \tag{3.75}$$

在 C_1 和 C_Z 均是随机变量的情形下，上式表示为随机相干函数。

根据样本风速记录的实际观测数据统计分析，可证实 C_1 和 C_Z 均服从正态分布，有 $\mu_{C_1}=0.492$，$\sigma_{C_1}=0.492$，$\mu_{C_z}=0.03$，$\sigma_{C_z}=0.042$(张琳琳和李杰，2006)。

图 3.12 显示了实测风速记录与由式(3.73)计算的随机傅里叶相干谱的均值和标准差之间的对比。

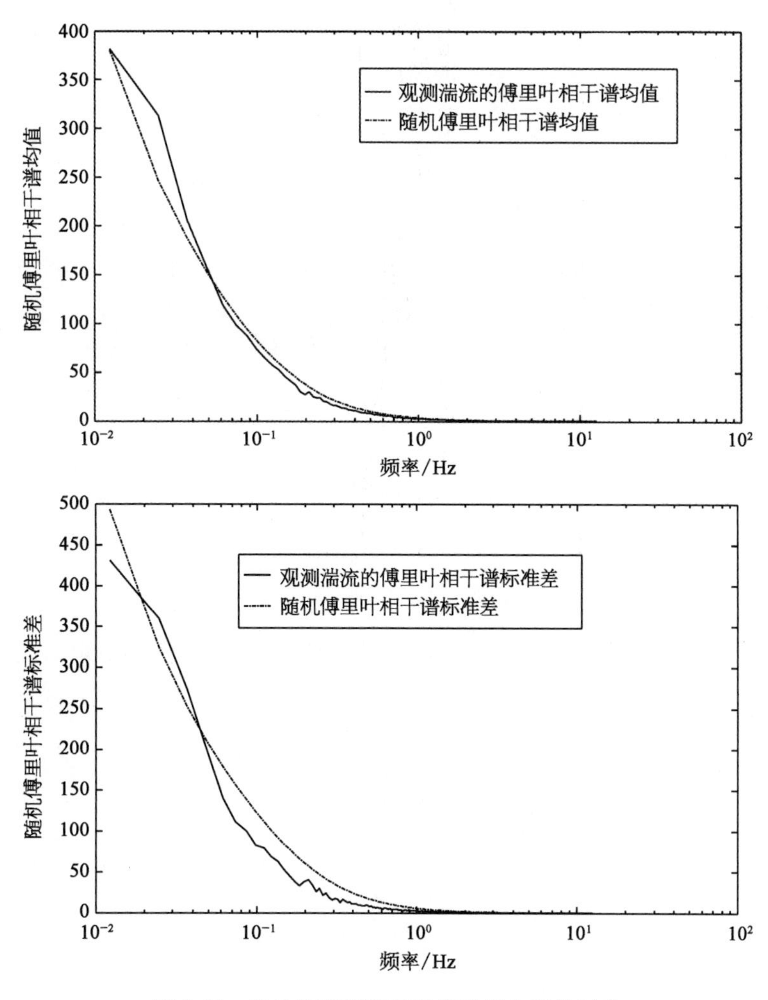

图 3.12　理论和实测傅里叶相干谱之间的对比

3.4　风浪和海浪谱

3.4.1　风浪和波浪力

在主要能量分布范围内，海浪由风能驱动产生且以重力作为恢复力，因此也称其为风浪。在波浪分析的经典理论中，若假设波浪幅值(波高) H、波长 λ 和水深 h 均很小，则可以认为波浪产生的流体质点速度 v 很小。因此，波浪势函数 φ 的方程和边界条件是线性的，即

$$\begin{cases}\dfrac{\partial^2\varphi}{\partial x^2}+\dfrac{\partial^2\varphi}{\partial z^2}=0\\ \eta=-\dfrac{1}{g}\dfrac{\partial\varphi}{\partial t}, & z=0\\ \dfrac{\partial\eta}{\partial t}-\dfrac{\partial\varphi}{\partial z}=0, & z=0\\ \dfrac{\partial\varphi}{\partial z}=0, & z=-h\end{cases} \tag{3.76}$$

根据上述方程和边界条件,可以获得风浪下自由表面水质点的水平位移为

$$\eta(x,\ t)=\frac{H}{2}\cos(\kappa x-\omega t) \tag{3.77}$$

式中:κ 和 ω 分别是波数和波浪频率,可以由波长 λ 和周期 T 表示为

$$\begin{cases}\kappa=\dfrac{2\pi}{\lambda}\\ \omega=\dfrac{2\pi}{T}\end{cases} \tag{3.78}$$

图 3.13 显示了式(3.77)中表达的波浪形式。类似地,可以获得给定深度 z 处水质点的水平速度为

$$v(x,\ z,\ t)=\frac{\omega\cosh[\kappa(z+h)]}{\sinh(\kappa h)}\eta(x,\ t) \tag{3.79}$$

水质点的水平加速度为

$$a(x,\ z,\ t)=\frac{\omega\cosh[\kappa(z+h)]}{\sinh(\kappa h)}\dot{\eta}(x,\ t) \tag{3.80}$$

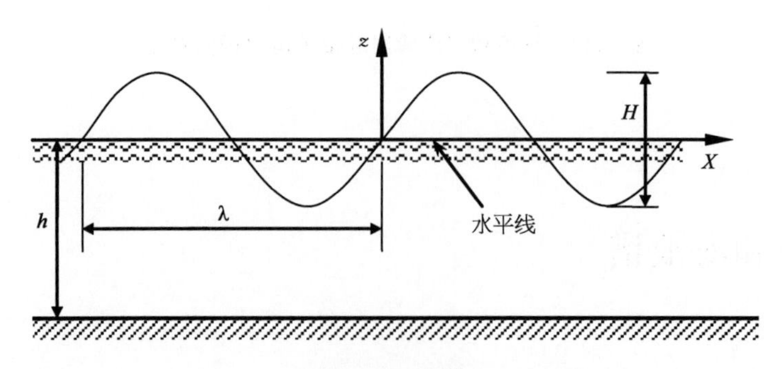

图 3.13 风浪

上述解通常称为艾里(Airy)解(文圣常和余宙文,1985)。引入

$$H(\omega,\ z)=\frac{\omega\cosh[\kappa(z+h)]}{\sinh(\kappa h)} \tag{3.81}$$

式(3.79)和式(3.80)可以简化为下式

$$v(x, z, t)=H(\omega, z)\eta(x, t) \tag{3.82}$$

$$a(x, z, t)=H(\omega, z)\dot{\eta}(x, t) \tag{3.83}$$

由风浪产生在水中作用在结构上的力称为波浪力。当结构特征尺寸 D 和波长 λ 之比相对较小时,可以忽视其对波浪场的影响。在此情况下,上述波浪解可以直接应用。

对于海浪作用下的竖直圆柱,若 $D/\lambda < 0.2$,则可以采用莫里森(Morison)公式计算波浪力(Morison et al., 1950)

$$F(x, z, t)=\frac{\rho C_{\mathrm{D}} D}{2} v(x, z, t)\mid v(x, z, t)\mid+\frac{\pi\rho C_{\mathrm{I}} D^{2}}{4} a_{x}(z, t) \tag{3.84}$$

式中: ρ 是海水密度;D 是圆柱直径;C_{D} 是阻力系数;C_{I} 是惯性力系数。

莫里森公式由阻力和惯性力组成。其中,阻力来自海水流过圆柱时的速度,惯性力来自海水质点的加速度。波浪力沿圆柱高度的分布如图 3.14 所示。

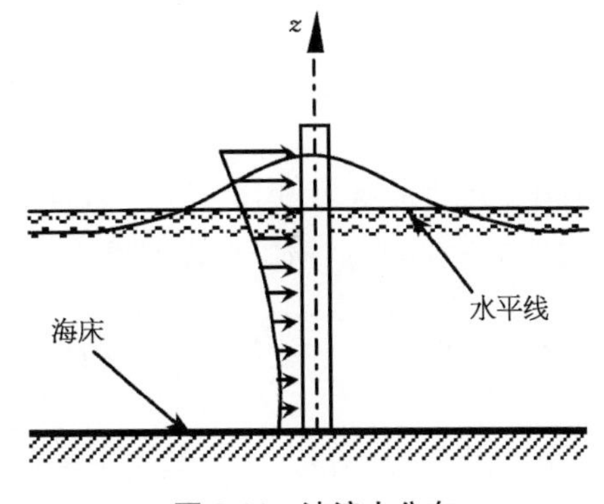

图 3.14　波浪力分布

若定义

$$\begin{cases} K_{\mathrm{D}}=\dfrac{\rho C_{\mathrm{D}} D}{2} \\ K_{\mathrm{I}}=\dfrac{\pi\rho C_{\mathrm{I}} D^{2}}{4} \end{cases} \tag{3.85}$$

则莫里森公式可以表示为

$$F(x, z, t)=K_{\mathrm{D}} v(x, z, t)\mid v(x, z, t)\mid+K_{\mathrm{I}} a_{x}(z, t) \tag{3.86}$$

风浪的形成受到许多不可控因素的影响。因此,波浪过程是一个典型的随机过程。然而,波浪过程中水质点的位移、速度和加速度的物理关系是不变的。对于随机过程,式(3.82)和式(3.83)仍成立。假设沿 x 方向不同点处的波浪是完全相关的,则可以将随机场 $\eta(x, t)$ 简化为随机过程 $\eta(t)$。

对于随机速度过程 $v(z, t)$,通过对随机阻力

$$F_{v}(z, t)=K_{\mathrm{D}} v(z, t)\mid v(z, t)\mid \tag{3.87}$$

的统计等效线性化,可以变为

$$F_{v}(z, t)=\sqrt{\frac{8}{\pi}} \sigma_{v} K_{\mathrm{D}} v(z, t) \tag{3.88}$$

式中: σ_{v} 是 $v(z, t)$ 的标准差。

将式(3.82)、式(3.83)和式(3.88)代入式(3.86),并注意到前文述及的统计关系假设,将得到

$$F(z,\ t)=\sqrt{\frac{8}{\pi}}\sigma_v K_D H(\omega,\ z)\eta(t)+K_I H(\omega,\ z)\ \dot{\eta}(t) \tag{3.89}$$

若 $\eta(t)$ 是平稳随机过程，根据平稳过程与其导数的不相关特征，由上式易得波浪力 $F(z,\ t)$ 的功率谱密度

$$S_F(z,\ \omega)=\left(\frac{8}{\pi}\sigma_v^2 K_D^2+K_I^2\omega^2\right)H^2(\omega,\ z)S_\eta(\omega) \tag{3.90}$$

式中：$S_\eta(\omega)$ 是 $\eta(t)$ 的功率谱密度。

3.4.2 风浪的功率谱密度

大量实测数据表明，海浪的自由表面质点位移 $\eta(t)$ 可以表示为零均值平稳随机过程模型。迄今，研究者提出了许多风浪功率谱模型，其中很重要的一类是基于纽曼(Newmann)(1952)提出的基本形式

$$S_\eta(\omega)=\frac{A}{\omega^p}e^{-\frac{B}{\omega^q}} \tag{3.91}$$

式中：p 通常取 5～6；q 取 2～4；系数 A 和 B 通常与风速、波高还有一些其他物理参数有关。实际上，纽曼谱中参数取值为

$$p=6,\ q=2,\ A=\frac{C\pi}{2},\ B=\frac{2g^2}{v_{7.5}^2}$$

式中：$C=3.05\ \mathrm{m^2/s^5}$；g 是重力加速度；$v_{7.5}$ 是海平面以上 7.5 m 高度处的平均风速。

皮尔逊-莫斯科维茨(Pierson-Moscowitz)谱保留了纽曼谱的基本形式，参数取为(Pierson Jr & Moscowitz, 1964)

$$p=5,\ q=4,\ A=0.008\,1\ g^2,\ B=0.74\left(\frac{g}{v_{19.5}}\right)^4$$

式中：$v_{19.5}$ 是海平面以上 19.5 m 高度处的平均风速。

若取无量纲常数 $\alpha=8.1\times10^{-3}$，$\beta=0.74$，则皮尔逊-莫斯科维茨谱可以表达为

$$S_\eta(\omega)=\frac{\alpha g^2}{\omega^5}e^{-\beta\left(\frac{g}{v_{19.5}\omega}\right)^4} \tag{3.92}$$

皮尔逊-莫斯科维茨谱来自 1955—1960 年北大西洋的 460 个实测谱记录，反映了风浪全过程的基本特征。

北海联合海浪计划(Joint North Sea Wave Project, JONSWAP)谱是更为可信的风浪功率谱函数模型(Hasselmann et al., 1973)，它由 2 500 个实测谱的整体谱分析获得。其形式为

$$S_\eta(\omega)=\frac{\alpha g^2}{\omega^5}e^{-\frac{5}{4}\left(\frac{\omega_0}{\omega}\right)^4}\gamma^{e^{-\frac{(\omega-\omega_0)^2}{2\sigma^2\omega_0^2}}} \tag{3.93}$$

式中：ω_0 是峰值频率。α 是能量尺度参数，是无量纲化风区长度 $\tilde{x}=gx/v_{10}$ 的函数（其中，x 是风区长度，v_{10} 是海平面以上 10 m 高度处的平均风速）。当 $\tilde{x}=10^{-1}\sim10^{5}$ 时，能量尺度参数写为

$$\alpha=0.07\tilde{x}^{-0.22} \tag{3.94}$$

γ 是峰值因子，定义为

$$\gamma=\frac{S_{\eta,\ \max}}{S_{\eta,\ \max}^{\mathrm{PM}}} \tag{3.95}$$

式中：$S_{\eta,\ \max}$ 是北海联合海浪计划谱的峰值；$S_{\eta,\ \max}^{\mathrm{PM}}$ 是皮尔逊-莫斯科维茨谱的峰值。γ 的观测值介于 1.5～6 之间，且均值为 3.3。

σ 是峰值形状参数，取值为

$$\sigma=\begin{cases}0.07, & \omega\leqslant\omega_0\\ 0.09, & \omega>\omega_0\end{cases} \tag{3.96}$$

北海联合海浪计划谱适用于不同发展阶段甚至飓风下的风浪。图 3.15 是北海联合海浪计划均值谱和皮尔逊-莫斯科维茨谱之间的对比（Rye，1974）。

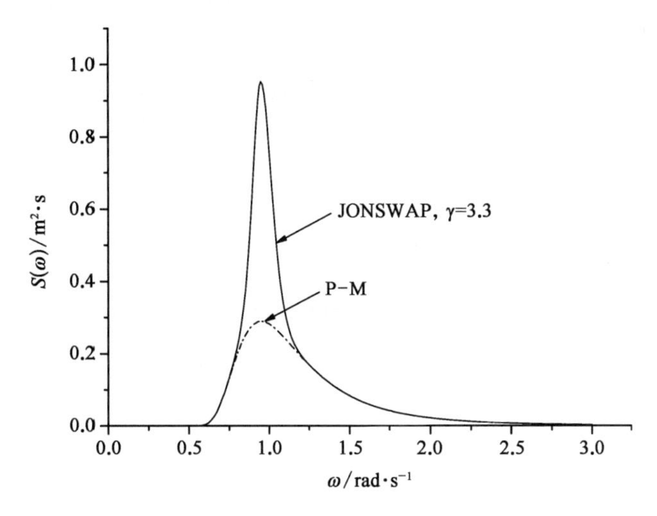

图 3.15　北海联合海浪计划均值谱和皮尔逊-莫斯科维茨谱

前述功率谱密度模型本质上是一类实测统计模型。采用不同的方法，文圣常等试图基于解析的观点推导风浪谱的理论模型（Wen et al.，1994a，b）。根据其研究，海浪谱可表达为

$$\tilde{S}_{\eta}(\tilde{\omega})=1.01\tilde{\omega}^{-4.25}e^{-0.773(\tilde{\omega}^{-5.5}-1)}+1.1e^{-41.4(\tilde{\omega}-1)^2} \tag{3.97}$$

其中

$$\tilde{S}_{\eta}(\tilde{\omega})=\frac{\omega}{m_0}S_{\eta}(\omega) \tag{3.98}$$

$$\tilde{\omega}=\frac{\omega}{\omega_0} \tag{3.99}$$

$$m_0 = \int_0^{\infty} S(\omega)\mathrm{d}\omega \tag{3.100}$$

文氏(Wen)模型由完全发展的风浪谱和初期风浪谱组成。实际上,文氏模型只是对风浪谱曲线的数学分析,并非完全的物理阐释。图 3.16 显示了文氏谱和北海联合海浪计划谱之间的对比。

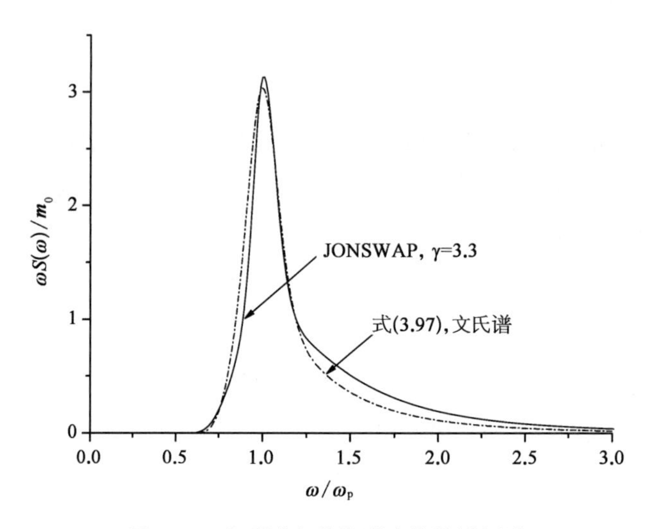

图 3.16　文氏谱和北海联合海浪计划谱

3.4.3　方向谱

当研究海浪作用下浮体的反应或靠近大尺寸物体处海浪的折射和衍射时,必须要考虑波浪的方向分布。海浪的方向谱一般定义为

$$S(f, \vartheta) = S(f)G(f, \vartheta) \tag{3.101}$$

式中:$S(f)$ 是海浪的位移频谱;f 是频率;ϑ 是斜波和主方向之间的夹角;$G(f, \vartheta)$ 为方向分布函数,满足

$$\int_{-\pi}^{\pi} G(f, \vartheta)\mathrm{d}\vartheta = 1 \tag{3.102}$$

朗格-希金斯等(Longuet-Higgins et al., 1963)将方向分布函数表达为

$$G(f, \vartheta) = G_0(s)\left|\cos\frac{\vartheta}{2}\right|^{2s} \tag{3.103}$$

其中

$$G_0(s) = \frac{1}{\int_{\vartheta_{\min}}^{\vartheta_{\max}} \cos^{2s}\frac{\vartheta}{2}\mathrm{d}\vartheta} \tag{3.104}$$

式中：s 是方向函数的集中程度，可由不同海域的实测结果适当给出（Mitsuyasu et al.，1975；俞聿修和柳淑学，1994）。

唐兰等（Donelan et al.，1985）建议的方向分布函数为

$$G(f,\ \vartheta)=\frac{\beta}{2}\sec(h^2\beta\vartheta) \tag{3.105}$$

其中

$$\beta=\begin{cases}2.61\left(\dfrac{f}{f_{\mathrm{p}}}\right)^{1.3}, & 0.56\leqslant\dfrac{f}{f_{\mathrm{p}}}\leqslant 0.95\\ 2.28\left(\dfrac{f}{f_{\mathrm{p}}}\right)^{-1.3}, & 0.95<\dfrac{f}{f_{\mathrm{p}}}<1.6\\ 1.4, & \dfrac{f}{f_{\mathrm{p}}}<0.56\ \text{或}\ \dfrac{f}{f_{\mathrm{p}}}\geqslant 1.6\end{cases} \tag{3.106}$$

式中：f_{p} 是峰值频率。

文圣常等（1995）由解析方法给出了方向分布函数

$$G(f,\ \vartheta)=C(n')\cos^{n'}\vartheta \tag{3.107}$$

其中

$$n'=\begin{cases}9.91\left(\dfrac{\omega}{\omega_0}\right)^{-2}e^{-0.0757p^{1.95}}, & \dfrac{\omega}{\omega_0}\geqslant 1\\ 9.91\left(\dfrac{\omega}{\omega_0}\right)^{4.5}e^{-0.0757p^{1.95}}, & \dfrac{\omega}{\omega_0}<1\end{cases} \tag{3.108}$$

$$p=\frac{f_{\mathrm{p}}S_{\eta}(f_{\mathrm{p}})}{m_0} \tag{3.109}$$

图 3.17 显示了光易（Mitsuyasu）方向谱、唐兰方向谱和文氏方向谱之间的对比。

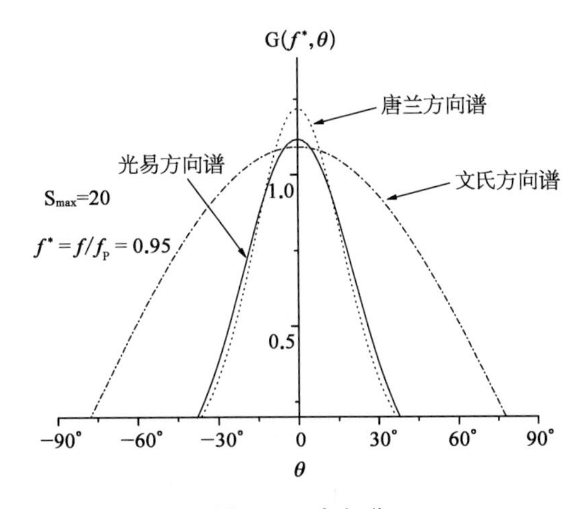

图 3.17　方向谱

3.5 随机激励的正交分解

随机激励的功率谱密度在现象学意义上描述了随机过程的数字特征。相应地，随机激励的正交分解给出随机过程的随机函数描述。该描述可以视为第 2 章中阐述的卡胡奈-李维分解的等价形式①。

3.5.1 随机过程的正交分解

在随机过程的卡胡奈-李维分解中，为获得分解过程的特征值和特征向量，需要求解弗雷德霍姆(Fredholm)积分方程。这通常很困难。为避免该困难，可以基于标准正交基给出随机过程的二重展开方法(李杰和刘章军，2006)。

对于随机函数空间中的实的零均值随机过程 $\{X(t) \mid 0 \leqslant t \leqslant T\}$，引入标准正交函数集 $\varphi_j(t)(j=1, 2, \cdots)$，且满足

$$\langle \varphi_i, \varphi_j \rangle = \int_0^T \varphi_i(t)\varphi_j(t)\mathrm{d}t = \delta_{ij} \tag{3.110}$$

则在区间 $[0, T]$ 内，$X(t)$可以展开为

$$X(\boldsymbol{\xi}, t) = \sum_{k=1}^{\infty} \xi_k \varphi_k(t) \tag{3.111}$$

展开系数 ξ_k 是随机变量，可写为

$$\xi_k = \int_0^T X(\boldsymbol{\xi}, t)\varphi_k(t)\mathrm{d}t, \ k=1, 2, \cdots \tag{3.112}$$

这一积分是在均方黎曼(Riemann)积分意义下定义的。通常可以采用有限项数 N 作为展开式(3.111)的近似，即

$$\hat{X}(\boldsymbol{\xi}, t) = \sum_{k=1}^{N} \xi_k \varphi_k(t) \tag{3.113}$$

在此情况下，均方误差为

$$\epsilon_1 = \mathrm{E}\left\{\int_0^T [X(t) - \hat{X}(t)]^2 \mathrm{d}t\right\} = \sum_{k=N+1}^{\infty} \mathrm{E}(\xi_k^2) \tag{3.114}$$

---

① 关于随机激励的随机函数描述方法，还有近年来提出并发展起来的随机谐和函数方法，具体可参见：陈建兵，李杰. 力学学报，2011，43 (3)：505－513. Chen J B, Sun W L, Li J, Xu J. Journal of Applied Mechanics, 2013, 80: 011001. Chen J B, Kong F, Peng Y B. Mechanical Systems & Signal Processing, 2017, 96: 31－44. ——译者注

一般地，随机变量 $\xi_k(k=1, \cdots, N)$ 是相关的。定义随机向量 $\boldsymbol{\xi}=(\xi_1, \cdots, \xi_N)^{\mathrm{T}}$ 的协方差矩阵为

$$\mathbf{C}=\begin{pmatrix} c_{11} & c_{12} & \cdots & c_{1N} \\ c_{21} & c_{22} & \cdots & c_{2N} \\ \vdots & \vdots & \ddots & \vdots \\ c_{N1} & c_{N2} & \cdots & c_{NN} \end{pmatrix} \tag{3.115}$$

其中[参见式(3.112)]

$$\begin{aligned} c_{ij} &= \mathrm{E}(\xi_i \xi_j)=\mathrm{E}\left[\int_0^{\mathrm{T}} X(\boldsymbol{\xi}, t_1)\varphi_i(t_1)\mathrm{d}t_1 \int_0^{\mathrm{T}} X(\boldsymbol{\xi}, t_2)\varphi_j(t_2)\mathrm{d}t_2\right] \\ &= \int_0^{\mathrm{T}}\int_0^{\mathrm{T}} K_X(t_1, t_2)\varphi_i(t_2)\varphi_j(t_2)\mathrm{d}t_1\mathrm{d}t_2 \end{aligned} \tag{3.116}$$

式中：$K_X(t_1, t_2)=\mathrm{E}[X(\boldsymbol{\xi}, t_1)X(\boldsymbol{\xi}, t_2)]$ 是随机过程的协方差函数。

根据 2.1.4 中阐述的随机向量的展开原理，随机向量 $\boldsymbol{\xi}$ 具有如下形式展开

$$\boldsymbol{\xi}=\sum_{j=1}^{N} \zeta_j \sqrt{\lambda_j}\boldsymbol{\psi}_j \tag{3.117}$$

式中：$\boldsymbol{\psi}_j$ 是矩阵 $\mathbf{C}$ 的特征向量；λ_j 是相应的特征值；ζ_j 是标准随机变量，其分布取决于过程的特征。

将式(3.117)代入式(3.113)，将导出

$$\hat{X}(\boldsymbol{\zeta}, t)=\sum_{k=1}^{N}\sum_{k=1}^{N} \zeta_j \sqrt{\lambda_j}\phi_{jk}\varphi_k(t)=\sum_{j=1}^{N} \zeta_j \sqrt{\lambda_j} f_j(t) \tag{3.118}$$

式中：ϕ_{jk} 是特征向量 $\boldsymbol{\psi}_j$ 的第 k 个分量；

$$f_j(t)=\sum_{k=1}^{N} \phi_{jk}\varphi_k(t) \tag{3.119}$$

容易证明 $\{f_j(t) \mid j=1, \cdots, N\}$ 是标准正交函数集，即

$$\langle f_i, f_j \rangle=\int_0^{\mathrm{T}} f_i(t) f_j(t)\mathrm{d}t=\delta_{ij} \tag{3.120}$$

式(3.118)称为随机过程的标准正交展开。显然，当 $N \to \infty$ 时，这一正交展开的表达等价于卡胡奈-李维分解。

对于非零均值随机过程，显然可以写为

$$X(\boldsymbol{\zeta}, t)=X_0(t)+\sum_{j=1}^{\infty} \zeta_j \sqrt{\lambda_j} f_j(t) \tag{3.121}$$

一般地，对于给出的随机激励，最大的前 r 个特征值和相应的特征向量即可反映随机

过程的主要特征,即式(3.118)可以进一步化简为

$$\widetilde{X}(\boldsymbol{\zeta}, t)=\sum_{j=1}^{r}\zeta_j\sqrt{\lambda_j}f_j(t) \tag{3.122}$$

在均方意义下,式(3.122)和式(3.118)之间的误差为

$$\epsilon_2=\mathrm{E}\left\{\int_0^{\mathrm{T}}[\hat{X}(t)-\widetilde{X}(t)]^2\mathrm{d}t\right\}=\sum_{j=r+1}^{N}\lambda_j \tag{3.123}$$

3.5.2 哈特利正交基函数

在随机过程的标准正交展开中,函数 $\varphi_j(t)(j=1, 2, \cdots)$ 可以选择所有可能的正交基函数,如三角函数、勒让德(Legendre)正交多项式等。相比之下,采用哈特利(Hartley)正交基函数通常可以获得最佳结果(李杰和刘章军,2006,2008)。

实值函数 $x(t)$ 的哈特利变换表达为(Bracewell, 1986)

$$H_x(f)=\int_{-\infty}^{\infty}x(t)\mathrm{cas}(2\pi ft)\mathrm{d}t \tag{3.124}$$

式中: f 是频率;定义

$$\mathrm{cas}\,t=\cos t+\sin t \tag{3.125}$$

哈特利变换与其逆变换具有相同形式的积分运算,亦即

$$x(t)=\int_{-\infty}^{\infty}H_x(f)\mathrm{cas}(2\pi ft)\mathrm{d}f \tag{3.126}$$

注意,实函数的哈特利变换仍是实函数。这正是哈特利变换比傅里叶变换简洁的原因。

对于有界的实时间序列 $x(n)$,离散哈特利变换为

$$H_x(k)=\sum_{n=0}^{N-1}x(n)\mathrm{cas}(2\pi k\Delta fn\Delta t),\ k=0, 1, \cdots, N-1 \tag{3.127}$$

式中: Δf 是频率步长;Δt 是时间步长。

相应的逆变换为

$$x(n)=\frac{1}{N}\sum_{k=0}^{N-1}H_x(k)\mathrm{cas}\frac{2\pi kn}{N},\ n=0, 1, \cdots, N-1 \tag{3.128}$$

在区间 $[0, T]$ 上,完整的哈特利正交基为

$$\varphi_k(t)=\frac{1}{\sqrt{T}}\mathrm{cas}\frac{2k\pi t}{T},\ k=0, 1, \cdots \tag{3.129}$$

而完整的三角函数正交基写为

$$\begin{cases}\varphi_0^{\mathrm{s}}(t)=\dfrac{1}{\sqrt{T}}\\ \varphi_{2k-1}^{\mathrm{s}}(t)=\sqrt{\dfrac{2}{T}}\cos\dfrac{2k\pi t}{T},\ k=1,\ 2,\ \cdots\\ \varphi_{2k}^{\mathrm{s}}(t)=\sqrt{\dfrac{2}{T}}\sin\dfrac{2k\pi t}{T}\end{cases}\tag{3.130}$$

易得

$$\varphi_{2k-1}^{\mathrm{s}}(t)+\varphi_{2k}^{\mathrm{s}}(t)=\sqrt{2}\varphi_k(t)\tag{3.131}$$

这表明,当采用哈特利正交基代替三角函数正交基,作为随机过程 $x(t)$ 的展开基函数时,在相同的容许误差下,哈特利基函数下的展开项可以减少一半。

3.5.3　地震动的正交展开

当采用式(3.129)表示的哈特利正交基展开地震动位移过程时,有[参见式(3.122)]

$$\tilde{X}(\boldsymbol{\zeta},\ t)=\sum_{j=1}^{r}\zeta_j\sqrt{\lambda_j}f_j(t)\tag{3.132}$$

其中

$$f_j(t)=\sum_{k=0}^{N-1}\phi_{j,\ k+1}\varphi_k(t)\tag{3.133}$$

若假定地震动是高斯过程,则 $\zeta_j\ (j=1,\ \cdots,\ r)$ 将是一系列相互独立的标准高斯随机变量。

相应地,加速度过程的正交展开公式为

$$\ddot{X}(\boldsymbol{\zeta},\ t)=\sum_{j=1}^{r}\zeta_j\sqrt{\lambda_j}F_j(t)\tag{3.134}$$

其中

$$F_j(t)=\sum_{k=0}^{N-1}\alpha_{k+1}\phi_{j,\ k+1}\ddot{\varphi}_k(t)\tag{3.135}$$

这里引入一系列系数 α_{k+1} 组成截断误差,可由能量等效原理获得(Liu & Li, 2006)。

图 3.18 显示了由前述方法得到的胡-周模型(胡聿贤和周锡元,1962)的正交展开过程的功率谱密度和初始模型功率谱密度的对比。图 3.19 显示了由展开函数给出的典型时程样本。在该过程中,强度包络函数采用式(3.23)给出。

3.5.4　脉动风速过程的正交展开

研究表明,直接采用脉动风速的功率谱密度函数正交展开,将出现很多展开项。因

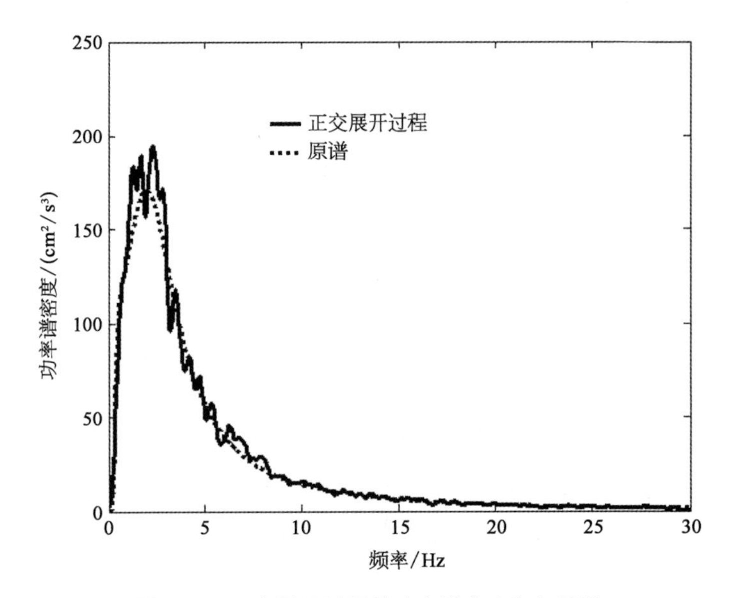

图 3.18 正交展开过程的功率谱密度和初始谱

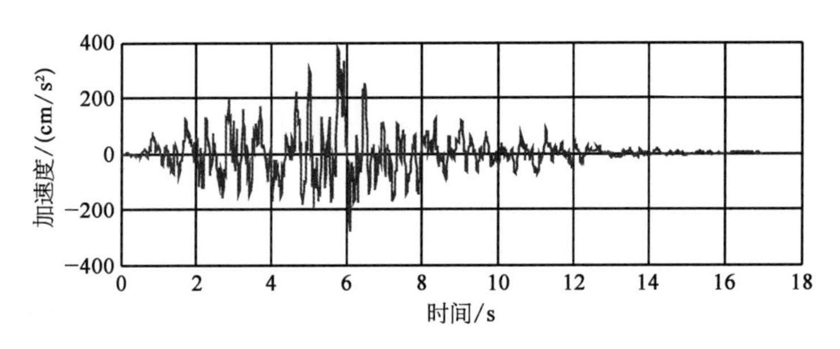

图 3.19 典型加速度样本

此,引入**虚拟风位移时程**(virtual wind-displacement time history)的概念,即风速时程的积分(刘章军和李杰,2008)。

对于虚拟风位移时程,采用式(3.122)正交展开,并采用哈特利正交基作为标准正交函数集。于是,可以由上述结果的时间微分,给出脉动风速随机过程的正交展开结果

$$V(\zeta,\ t)=\sum_{j=1}^{r}\zeta_j\sqrt{\lambda_j}G_j(t) \tag{3.136}$$

其中

$$G_j(t)=\sum_{k=0}^{N}\beta_{k+1}\phi_{j,\ k+1}\dot{\varphi}_k(t) \tag{3.137}$$

这里引入一系列修正系数 β_{k+1} 组成截断误差,可以采用能量等效原理给出(李杰和刘章军,2008)。

图 3.20 显示了达文波特谱由脉动风速过程正交展开获得的功率谱密度和初始模型的功率谱密度之间的对比。图 3.21 显示了由展开函数给出的典型随机脉动风过程样本。

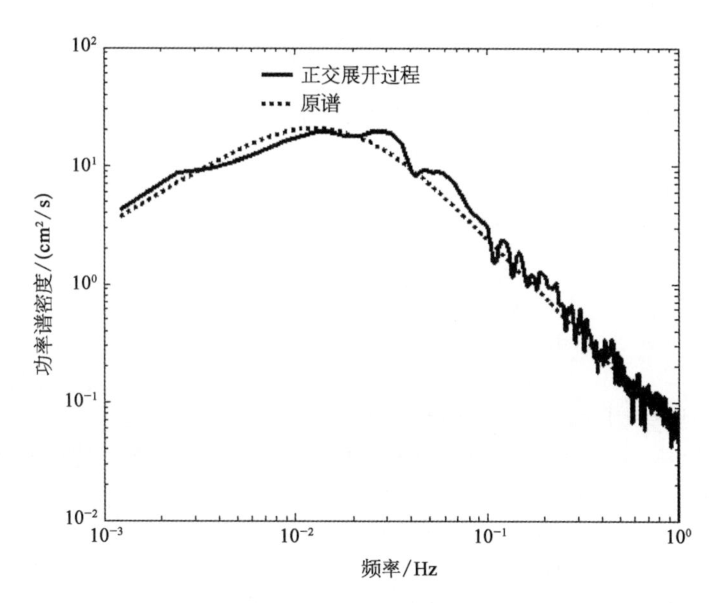

图 3.20　正交展开过程的功率谱密度和初始谱

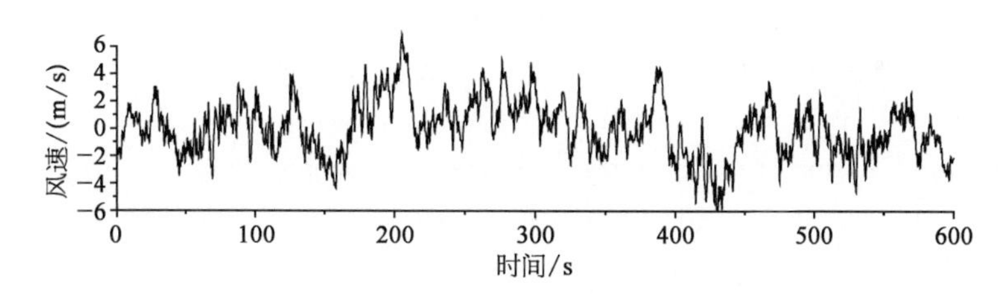

图 3.21　脉动风速的典型样本

参考文献

[1] Amin M, Ang A H S. Nonstationary stochastic models of earthquake motions [J]. Journal of the Engineering Mechanics Division, 1968, 94 (2): 559 - 584.

[2] Bracewell R N. The Hartley Transform [M]. New York: Oxford University Press, 1986.

[3] Burg J P. Maximum entropy spectral analysis [C]. New York: Proceedings of the 37th Meeting of the Society of Exploration Geophysicists, 1967.

[4] Davenport A G. The spectrum of horizontal gustiness near the ground in high winds [J]. Quarterly Journal of the Royal Meteorological Society, 1961, 87: 194 - 211.

[5] Davenport A G. The dependence of wind load on meteorological parameters [C]. Ottawa: International Research Seminar Wind Effects on Buildings & Structures, 1967.

[6] Donelan M A, Hamilton J, Hui W H. Directional spectra of wind-generated waves [J]. Philosophical Transactions of the Royal Society of London, Series A, 1985, 315: 509 - 562.

[7] Hasselmann K, Barnett T P, Bouws E, et al. Measurements of wind-wave growth and swell decay

during the Joint North Sea Wave Project (JONSWAP) [J]. Ergänzungsheft zurDeutsche Hydrographische Zeitschrift, Reihe A, 1973, 8 (12): 1 - 95.

[8] Huang N E, Shen Z, Long S R, et al. The empirical mode decomposition and the Hilbert spectrum for nonlinear and non-stationary time series analysis [J]. Proceedings of the Royal Society of London, Series A, 1998, 454: 903 - 995.

[9] Jennings P C, Housner G W, Tsai N C. Simulated earthquake motions [R]. Pasadena: Report of Earthquake Engineering Research Laboratory, California Institute of Technology, 1968.

[10] Kaimal J C, Wyngaard J C, Izumi Y, et al. Spectral characteristics of surface-layer turbulence [J]. Quarterly Journal of the Royal Meteorological Society, 1972, 98: 563 - 589.

[11] Kanai K. Semi-empirical formula for the seismic characteristics of the ground [J]. Bulletin of the Earthquake Research Institute, University of Tokyo, 1957, 35: 309 - 325.

[12] Kubo T, Penzien J. Analysis of three-dimensional strong ground motions along principal axes, San Fernando earthquake [J]. Earthquake Engineering & Structural Dynamics, 1979, 7 (3): 265 - 278.

[13] Li J, Ai X Q. A new random model of earthquake motion considering stochastic physical process [C]. Shanghai: Proceedings of the International Symposium on Innovation & Sustainability of Structures in Civil Engineering, 2007.

[14] Liu Z J, Li J. The orthogonal expansion of stochastic processes for earthquake ground motion based on the Clough-Penzien power spectrum [C]. Fuzhou: Proceedings of the 9th International Symposium on Structural Engineering for Young Experts, 2006.

[15] Loh C H, Yeh Y T. Spatial variation and stochastic modeling of seismic differential ground movement [J]. Earthquake Engineering & Structural Dynamics, 1988, 16 (5): 583 - 596.

[16] Loh C H. Spatial variability of seismic waves and its engineering application [J]. Structural Safety, 1991, 10 (1 - 3): 95 - 111.

[17] Longuet-Higgins M S, Cartwright D E, Smith N D. Observation of the directional spectrum of sea waves using the motion of a floating buoy [C]. Englewood Cliffs: Proceedings of the Conference on Ocean Wave Spectra, 1963.

[18] Lumley J L, Panofsky H A. The Structure of Atmospheric Turbulence [M]. New York: Interscience Publishers, 1964.

[19] Mitsuyasu H, Tasai F, Suhara T, et al. Observations of the directional spectrum of ocean waves using a cloverleaf buoy [J]. Journal of Physical Oceanography, 1975, 5: 750 - 760.

[20] Morison J R, O'Brien M P, Johnson J W, et al. The force exerted by surface waves on piles [J]. Transactions of the American Institute of Mining & Metallurgical, Engineering, 1950, 189: 149 - 154.

[21] Neumann G. On Wind Generated Ocean Waves with Special Reference to the Problem of Wave Forecasting [R]. New York University, College of Engineering, Department of Meteorology, 1952.

[22] Oliveira C S, Hao H, Penzien J. Ground motion modeling for multiple-input structural analysis [J]. Structural Safety, 1991, 10: 79 - 93.

[23] Penzien J, Watabe M. Characteristics of 3-dimensional earthquake ground motions [J]. Earthquake Engineering & Structural Dynamics, 1975, 3 (4): 365 - 373.

[24] Pierson Jr W J, Moskowitz L. A proposed spectral form for fully developed wind seas based on the similarity theory of S. A. Kitaigorodskii [J]. Journal of Geophysical Research, 1964, 69: 5181 - 5190.

[25] Ruiz P, Penzien J. Probabilistic study of the behavior of structures during earthquakes [R]. Berkeley: Report No. EERC 69 - 03, Earthquake Engineering Research Center, University of California, 1969.

[26] Rye H. Wave group formation among storm waves [C]. Copenhagen: Proceedings of the 14th Coastal Engineering Conference, 1974.

[27] Simiu E. Wind spectra and dynamic along wind response [J]. Journal of the Structural Division, 1974, 100 (ST9): 1897 - 1910.

[28] Simiu E, Scanlan R H. Wind Effects on Structures: Fundamentals and Applications to Design [M]. New York: John Wiley & Sons, Inc., 1996.

[29] Tajimi H. A statistical method of determining the maximum response of a building structure during an earthquake [C]. Tokyo: Proceedings of the 2nd World Conference on Earthquake Engineering, 1960.

[30] Wen S C, Zhang D C, Sun S C, et al. Form of deep-water wind-wave frequency spectrum: I. Derivation of spectrum [J]. Progress in Natural Science, 1994a, 4 (4): 407 - 427.

[31] Wen S C, Zhang D C, Sun S C, et al. Form of deep-water wind-wave frequency spectrum: II. Comparison with existing spectra and observations [J]. Progress in Natural Science, 1994, 4 (5): 586 - 596.

[32] Wen S C, Wu K J, Guan C L, et al. A proposed directional function and wind-wave directional spectrum [J]. Acta Oceanologica Sinica, 1995, 14 (2): 155 - 166.

[33] 冯启民,胡聿贤.空间相关地面运动的数学模型[J].地震工程与工程振动,1981,1 (2): 1 - 8.

[34] 胡聿贤,周锡元.弹性体系在平稳和平稳化地面运动下的反应[R]//地震工程研究报告，卷 I. 北京：科学出版社,1962.

[35] 李杰.随机动力系统的物理逼近[J].中国科技论文在线,2006,1 (2): 95 - 104.

[36] 李杰,艾晓秋.基于物理的随机地震动模型研究[J].地震工程与工程振动,2006,26 (5): 21 - 26.

[37] 李杰,刘章军.基于标准正交基的随机过程展开法[J].同济大学学报（自然科学版）,2006, 34 (10): 1279 - 1283.

[38] 李杰,张琳琳.实测风场的随机 Fourier 谱研究[J].振动工程学报,2007,20 (1): 66 - 72.

[39] 李杰,刘章军.随机脉动风场的正交展开方法[J].土木工程学报,2008,41 (2): 49 - 53.

[40] 刘章军,李杰.脉动风速随机过程的正交展开[J].振动工程学报,2008,21 (1): 96 - 101.

[41] 屈铁军,王君杰,王前信.空间变化的地震动功率谱的实用模型[J].地震学报,1996,18 (1): 55 - 62.

[42] 文圣常,余宙文.海浪理论与计算原理[M].北京：科学出版社,1985.

[43] 俞聿修,柳淑学.海浪方向谱的现场观测与分析[J].海洋工程,1994,12 (2): 1 - 11.

[44] 张琳琳,李杰.脉动风速互随机 Fourier 谱函数[J].建筑科学与工程学报,2006,23 (2): 57 - 61.

[45] 张相庭.结构风压和风振计算[M].上海：同济大学出版社,1985.

第 4 章　随机结构分析

4.1　引言

工程中分析结构系统的常见做法是，假定系统是精确确定的。例如，系统参数和系统输入为确定性参数或激励。然而，这类理想情况在工程实际中鲜能遇到。不仅系统输入（如脉动风激励和地震动）是随机过程，而且结构参数（如材料质量密度和弹性模量）在设计过程中也需要作为不确定性变量来考虑（Vanmarcke，1983；李杰，1996）。本章的基本关注点在于结构参数的不确定性。下述各节将处理带随机参数的线性微分方程。

可以采用三种基本方法来量化结构响应的不确定性。第一种方法是蒙特卡罗（Monte Carlo）模拟方法（Shinozuka，1972；Shinozuka & Jan，1972），在该模拟过程中，首先生成一组随机样本来表现结构中的统计不确定性。然后将这些随机样本代入有限元模型中获得样本结构的响应，进而分析给定响应的统计特征来量化响应的不确定性。第二种方法称为摄动技术，采用泰勒级数展开来构造随机响应的一些特征和随机结构参数之间的物理关系（Collins & Thompson，1969；Hisada & Nakagiri，1981，1982；Liu et al.，1985，1986；Kleiber & Hien，1992）。第三种方法是 20 世纪 90 年代提出的正交多项式展开方法，在本书中也称为扩阶系统方法（Spanos & Ghanem，1989；Iwan & Jensen，1993；李杰，1995a－c，1996）。在该方法中，通过适当的正交多项式在概率空间中将具有随机参数的结构响应进行展开，然后可以推导出控制随机结构响应的扩阶系统方程。本章将对上述这些方法进行介绍。

4.2　确定性结构分析基础

对任何随机结构的定量分析，采用有限元法的确定性分析都是必要的基础。在过去的 40 年间，已有许多关于有限元法的专著出版，兹不赘述。然而，考虑到本书诸多内容要涉及该方法的具体应用，所以至少需要建立有限元法的基础，以便能够阐明概率问题。

4.2.1 有限元分析的基本思想

所有实际结构本质上都是无穷自由度系统。然而,在研究应用中,采用某些离散方法,可以将无穷自由度系统转化为有限自由度系统,有限元离散方法就是其中典型的一类(Bathe & Wilson, 1976; Zienkiewicz & Taylor, 2004)。该方法假设结构划分为一系列离散单元,它们仅与有限数量的节点相关联。可以根据问题的特性和实际背景处理单元节点的联结形式,如铰接或刚接。图 4.1 是一些典型结构的有限元划分示意图。

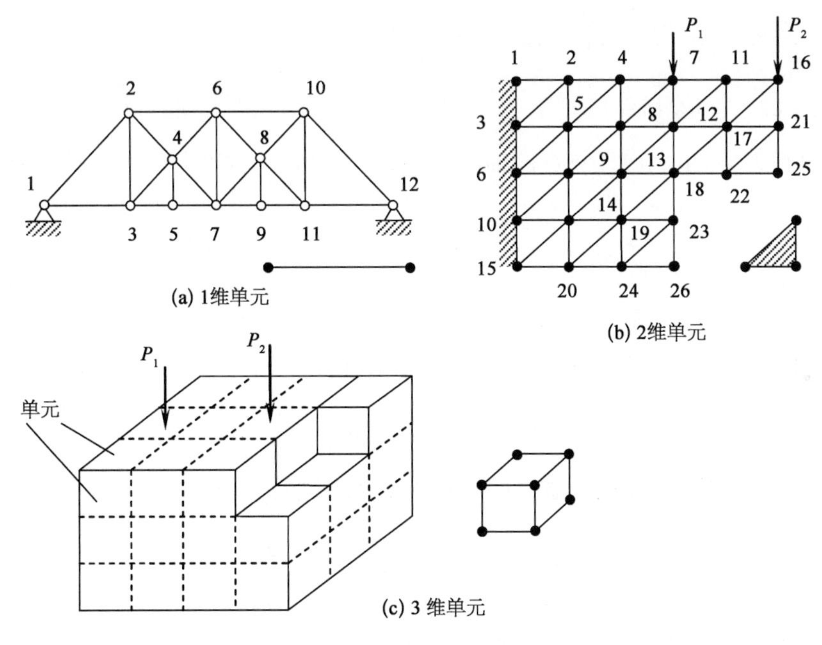

图 4.1 结构的有限元划分

结构在外部荷载下的响应,如应力、应变、内力和位移,一般都是连续函数。然而,对于那些采用有限元离散的离散化结构系统,前述连续函数将替换为每个单元内光滑的近似函数。这些函数应是在整个结构上连续且分段光滑的。此外,一般选择单元节点上的物理量作为未知变量,在单元内建立近似函数。每个单元内的近似函数由统一形式给出,一般称为形函数或插值函数。通常选择多项式作为形函数。根据选择的形函数,结合应力-应变物理关系和边界条件,可以建立单元能量表达,从而可以由变分原理获得控制方程。通过求解控制方程,可以获得单元节点响应。相应地,容易由形函数计算整体结构的响应。

根据所选择的物理量和相应力学变分原理的不同,有限元法可以分为有限元位移法、有限元力法和混合有限元法。有限元位移法基于最小势能原理,以节点位移作为基本未知量。有限元力法基于最小余能原理,以节点力作为基本未知量。混合有限元法基于赖斯纳(Reissner)变分原理,在不同区域分别以节点位移或节点力作为基本未知量(Washizu, 1975)。考虑到本书并非关于有限元法的专著,这里仅以一般桁架结构作为背景,简单介绍有限元位移法的分析过程。

4.2.2 单元刚度矩阵

考虑典型的平面桁架结构单元，记其节点序号为 i 和 j。建立关于单元 e 的坐标系，节点力和变形如图 4.2 所示。其力和位移可以分别表达为

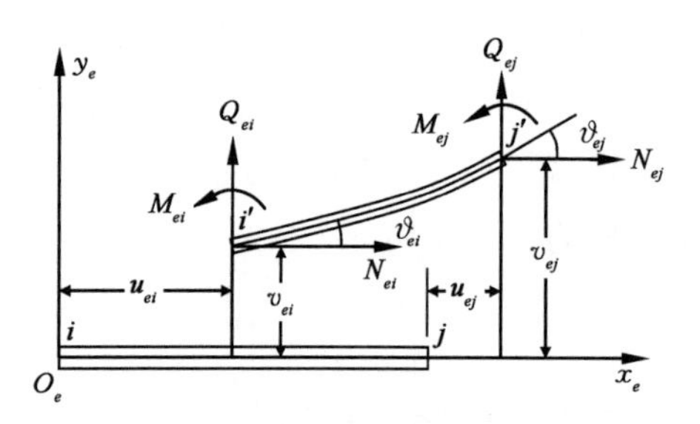

图 4.2 单元坐标系

$$\widetilde{\boldsymbol{F}}_{ei} = (N_{ei}, Q_{ei}, M_{ei})^{\mathrm{T}}, \widetilde{\boldsymbol{F}}_{ej} = (N_{ej}, Q_{ej}, M_{ej})^{\mathrm{T}} \tag{4.1}$$

$$\widetilde{\boldsymbol{\Delta}}_{ei} = (u_{ei}, v_{ei}, \vartheta_{ei})^{\mathrm{T}}, \widetilde{\boldsymbol{\Delta}}_{ej} = (u_{ej}, v_{ej}, \vartheta_{ej})^{\mathrm{T}} \tag{4.2}$$

根据材料力学，单元内任意点的轴向位移 u_e 是单元节点轴向位移的线性函数，即

$$u_e(x_e) = u_{ei}\frac{l_e - x_e}{l_e} + u_{ej}\frac{x_e}{l_e} = u_{ei}\varphi_1(x_e) + u_{ej}\varphi_2(x_e) \tag{4.3}$$

式中：x_e 是单元内点在局部坐标系下的水平坐标；l_e 是单元长度。

另外，单元内点的侧移 v_e 可以由三次曲线表达

$$v_e(x_e) = a_1 + a_2 x_e + a_3 x_e^2 + a_4 x_e^3 \tag{4.4}$$

根据小变形假定，单元内任意点的转角和变形之间存在下述关系

$$\vartheta_e(x_e) \approx \tan\vartheta_e(x_e) = \frac{\mathrm{d}v_e}{\mathrm{d}x_e} \tag{4.5}$$

在节点处利用边界条件

$$\begin{cases} v_e(0) = v_{ei} \\ \vartheta_e(0) = \vartheta_{ei} \end{cases} \tag{4.6}$$

$$\begin{cases} v_e(l_e) = v_{ej} \\ \vartheta_e(l_e) = \vartheta_{ej} \end{cases} \tag{4.7}$$

有

$$\begin{aligned} v_e(x_e) &= v_{ei}\left(1 - 3\frac{x_e^2}{l_e^2} + 2\frac{x_e^3}{l_e^3}\right) + v_{ej}\left(3\frac{x_e^2}{l_e^2} - 2\frac{x_e^3}{l_e^3}\right) \\ &\quad + \vartheta_{ei}\left(x_e - 2\frac{x_e^2}{l_e} + \frac{x_e^3}{l_e^2}\right) + \vartheta_{ej}\left(-\frac{x_e^2}{l_e} + \frac{x_e^3}{l_e^2}\right) \\ &= v_{ei}\varphi_3(x_e) + v_{ej}\varphi_4(x_e) + \vartheta_{ei}\varphi_5(x_e) + \vartheta_{ej}\varphi_6(x_e) \end{aligned} \tag{4.8}$$

令

$$\boldsymbol{f}_e(x_e) = [u_e(x_e), v_e(x_e)]^{\mathrm{T}} \tag{4.9}$$

$$\mathbf{N}_u(x_e)=[\varphi_1(x_e),\ 0,\ 0,\ \varphi_2(x_e),\ 0,\ 0] \tag{4.10}$$

$$\mathbf{N}_v(x_e)=[0,\ \varphi_3(x_e),\ \varphi_5(x_e),\ 0,\ \varphi_4(x_e),\ \varphi_6(x_e)] \tag{4.11}$$

则由式(4.3)和式(4.8)可得

$$\boldsymbol{f}_e(x_e)=\begin{pmatrix}\mathbf{N}_u(x_e)\\ \mathbf{N}_v(x_e)\end{pmatrix}\begin{pmatrix}\widetilde{\boldsymbol{\Delta}}_{ei}\\ \widetilde{\boldsymbol{\Delta}}_{ej}\end{pmatrix}=\mathbf{N}(x_e)\,\widetilde{\boldsymbol{\Delta}}_e \tag{4.12}$$

式中：$\mathbf{N}_u(x_e)$ 和 $\mathbf{N}_v(x_e)$ 是插值形函数,对每个结构单元均具有统一形式；$\widetilde{\boldsymbol{\Delta}}_e$ 是局部坐标系下的单元位移。

根据材料力学,单元应变写为

$$\boldsymbol{\varepsilon}_e=\begin{pmatrix}\dfrac{\mathrm{d}u_e}{\mathrm{d}x_e}\\ -y_e\dfrac{\mathrm{d}^2v_e}{\mathrm{d}x_e^2}\end{pmatrix} \tag{4.13}$$

式中：y_e 是截面内任意点到单元中性轴的距离。

将插值函数表达代入上式,可导得

$$\boldsymbol{\varepsilon}_e=\begin{pmatrix}\dfrac{\mathrm{d}\mathbf{N}_u}{\mathrm{d}x_e}\\ -y_e\dfrac{\mathrm{d}^2\mathbf{N}_v}{\mathrm{d}x_e^2}\end{pmatrix}\begin{pmatrix}\widetilde{\boldsymbol{\Delta}}_{ei}\\ \widetilde{\boldsymbol{\Delta}}_{ej}\end{pmatrix}=\mathbf{B}\,\widetilde{\boldsymbol{\Delta}}_e \tag{4.14}$$

其中,$\mathbf{B}$ 通常称为几何矩阵。

单元势能 Π_e 由两部分组成

$$\Pi_e=W_e+V_e \tag{4.15}$$

式中：W_e 是单元荷载势能,在此情形下仅采用节点力

$$W_e=-(\widetilde{\boldsymbol{\Delta}}_{ei}^{\mathrm{T}}\ \widetilde{\boldsymbol{\Delta}}_{ej}^{\mathrm{T}})\begin{pmatrix}\widetilde{\boldsymbol{F}}_{ei}\\ \widetilde{\boldsymbol{F}}_{ej}\end{pmatrix}=-\widetilde{\boldsymbol{\Delta}}_e^{\mathrm{T}}\,\widetilde{\boldsymbol{F}}_e \tag{4.16}$$

式中：$\widetilde{\boldsymbol{F}}_e$ 是局部坐标系下的单元节点力向量。

式(4.15)中,V_e 是应变能(变形能)。根据弹性力学

$$V_e=\frac{1}{2}\int_{\Omega_e}\boldsymbol{\varepsilon}_e^{\mathrm{T}}\mathbf{E}\boldsymbol{\varepsilon}_e\,\mathrm{d}\Omega \tag{4.17}$$

式中：$\mathbf{E}$ 是弹性模量矩阵；Ω_e 是单元积分域。

将式(4.14)代入其中可得

$$V_e=\frac{1}{2}\,\widetilde{\boldsymbol{\Delta}}_e^{\mathrm{T}}\int_{\Omega_e}\mathbf{B}^{\mathrm{T}}\mathbf{E}\mathbf{B}\mathrm{d}\Omega\,\widetilde{\boldsymbol{\Delta}}_e=\frac{1}{2}\,\widetilde{\boldsymbol{\Delta}}_e^{\mathrm{T}}\,\widetilde{\mathbf{k}}_e\,\widetilde{\boldsymbol{\Delta}}_e \tag{4.18}$$

其中

$$\widetilde{\mathbf{k}}_e=\int_{\Omega_e}\mathbf{B}^{\mathrm{T}}\mathbf{E}\mathbf{B}\mathrm{d}\Omega \tag{4.19}$$

是局部坐标系下的单元刚度矩阵。对于图 4.2 给出的坐标系，其显式表达为

$$\widetilde{\mathbf{k}}_e=\begin{bmatrix} \frac{EA_e}{l_e} & & & -\frac{EA_e}{l_e} & & \\ & \frac{12EI_e}{l_e^3} & \frac{6EI_e}{l_e^2} & & -\frac{12EI_e}{l_e^3} & \frac{6EI_e}{l_e^2} \\ & \frac{6EI_e}{l_e^2} & \frac{4EI_e}{l_e} & & -\frac{6EI_e}{l_e^2} & \frac{2EI_e}{l_e} \\ -\frac{EA_e}{l_e} & & & \frac{EA_e}{l_e} & & \\ & -\frac{12EI_e}{l_e^3} & -\frac{6EI_e}{l_e^2} & & \frac{12EI_e}{l_e^3} & -\frac{6EI_e}{l_e^2} \\ & \frac{6EI_e}{l_e^2} & \frac{2EI_e}{l_e} & & -\frac{6EI_e}{l_e^2} & \frac{4EI_e}{l_e} \end{bmatrix} \tag{4.20}$$

式中：A_e 是单元截面积；I_e 是单元截面关于截面中轴的惯性矩。

将式(4.16)和式(4.18)代入式(4.15)导得

$$\Pi_e=\frac{1}{2}\widetilde{\boldsymbol{\Delta}}_e^{\mathrm{T}}\widetilde{\mathbf{k}}_e\widetilde{\boldsymbol{\Delta}}_e-\widetilde{\boldsymbol{\Delta}}_e^{\mathrm{T}}\widetilde{\boldsymbol{F}}_e \tag{4.21}$$

4.2.3　坐标变换

上一节在图 4.2 的局部坐标系下完成了单元分析，但单元在整体结构中的位置尚未考虑。为导出整体结构的控制方程，应该将单元由局部坐标系变换为整体坐标系，并确定单元在整体坐标系下的位置。运算目标是建立整体坐标系下的单元势能表达。

整体坐标系 Oxy 和局部坐标系之间的关系如图 4.3 所示。根据几何关系，节点 i 的位移 u_{ei}、v_{ei} 和整体坐标系下的位移 u_i、v_i 满足下述关系

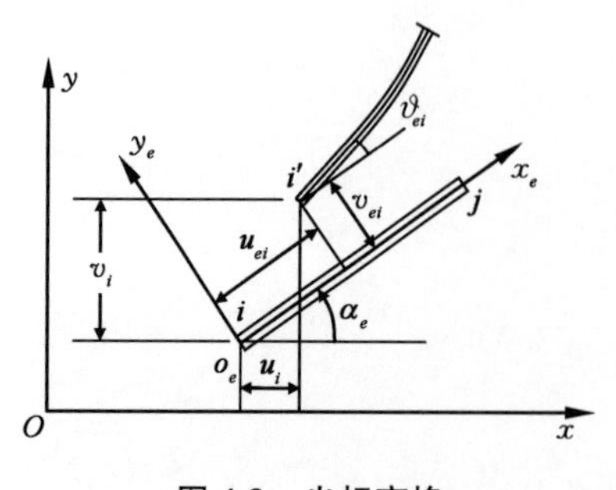

图 4.3　坐标变换

$$\begin{cases}u_{ei}=u_i\cos\alpha_e+v_i\sin\alpha_e\\ v_{ei}=-u_i\sin\alpha_e+v_i\cos\alpha_e\end{cases} \tag{4.22}$$

且两个坐标系下的转角是独立的，因此

$$\vartheta_{ei}=\vartheta_i \tag{4.23}$$

同理，为考虑单元节点位移，有

$$\widetilde{\boldsymbol{\Delta}}_e=\mathbf{T}_\alpha\boldsymbol{\Delta}_e \tag{4.24}$$

其中

$$\boldsymbol{\Delta}_e = (u_i,\ v_i,\ \vartheta_i,\ u_j,\ v_j,\ \vartheta_j)^{\mathrm{T}} \tag{4.25}$$

是整体坐标系下的单元位移向量；

$$\mathbf{T}_\alpha = \begin{pmatrix} \cos\alpha_e & \sin\alpha_e & & & & \\ -\sin\alpha_e & \cos\alpha_e & & & & \\ & & 1 & & & \\ & & & \cos\alpha_e & \sin\alpha_e & \\ & & & -\sin\alpha_e & \cos\alpha_e & \\ & & & & & 1 \end{pmatrix} \tag{4.26}$$

是单元坐标变换矩阵。它是一个正交矩阵，即

$$\mathbf{T}_\alpha^{-1} = \mathbf{T}_\alpha^{\mathrm{T}} \tag{4.27}$$

因此，式(4.24)的逆变换为

$$\boldsymbol{\Delta}_e = \mathbf{T}_\alpha^{\mathrm{T}}\,\widetilde{\boldsymbol{\Delta}}_e \tag{4.28}$$

以相同的方式，局部坐标系下单元节点力和整体坐标系的关系如下

$$\widetilde{\boldsymbol{F}}_e = \mathbf{T}_\alpha \boldsymbol{F}_e \tag{4.29}$$

$$\boldsymbol{F}_e = \mathbf{T}_\alpha^{\mathrm{T}}\,\widetilde{\boldsymbol{F}}_e \tag{4.30}$$

其中

$$\boldsymbol{F}_e = (N_i,\ Q_i,\ M_i,\ N_j,\ Q_j,\ M_j)^{\mathrm{T}} \tag{4.31}$$

是整体坐标系下的单元节点力向量。

将式(4.24)和式(4.29)代入式(4.21)，整体坐标系下的单元势能可以写为

$$\Pi_e = \frac{1}{2}\,\boldsymbol{\Delta}_e^{\mathrm{T}}\mathbf{T}_\alpha^{\mathrm{T}}\,\widetilde{\mathbf{k}}_e\mathbf{T}_\alpha\,\boldsymbol{\Delta}_e - \boldsymbol{\Delta}_e^{\mathrm{T}}\mathbf{T}_\alpha^{\mathrm{T}}\mathbf{T}_\alpha\boldsymbol{F}_e = \frac{1}{2}\,\boldsymbol{\Delta}_e^{\mathrm{T}}\mathbf{k}_e\,\boldsymbol{\Delta}_e - \boldsymbol{\Delta}_e^{\mathrm{T}}\,\boldsymbol{F}_e \tag{4.32}$$

其中

$$\mathbf{k}_e = \mathbf{T}_\alpha^{\mathrm{T}}\,\widetilde{\mathbf{k}}_e\mathbf{T}_\alpha \tag{4.33}$$

是整体坐标系下的单元刚度矩阵。

单元坐标变换只解决了整体坐标系和单元局部坐标系之间的变换，并没有解决单元在结构中位置确定的问题，这一工作，通过位置变换矩阵的概念实现。

若结构可以划分为 N 个单元，其节点位移列向量可以记作

$$\boldsymbol{x} = (x_1,\ \cdots,\ x_{3n})^{\mathrm{T}} = (\boldsymbol{u}_1^{\mathrm{T}},\ \cdots,\ \boldsymbol{u}_n^{\mathrm{T}})^{\mathrm{T}} \tag{4.34}$$

其中 $\boldsymbol{u}_l = (u_l,\ u_l,\ \vartheta_l)^{\mathrm{T}}(l = 1,\ \cdots,\ n)$；$n$ 是节点总数。

$\boldsymbol{x}$ 中第 e 个单元的位置可以由下述位置变换关系给出

$$\boldsymbol{\Delta}_e=\begin{pmatrix}\mathbf{T}_i\\ \mathbf{T}_j\end{pmatrix}\boldsymbol{x}=\mathbf{T}_e\boldsymbol{x} \tag{4.35}$$

其中

$$\mathbf{T}_i=\begin{pmatrix}\mathbf{0} & \cdots & \mathbf{0} & \mathbf{I} & \mathbf{0} & \cdots & \mathbf{0}\\ & & & i^{\text{th}} & & & \end{pmatrix} \tag{4.36}$$

$$\mathbf{T}_j=\begin{pmatrix}\mathbf{0} & \cdots & \mathbf{0} & \mathbf{I} & \mathbf{0} & \cdots & \mathbf{0}\\ & & & j^{\text{th}} & & & \end{pmatrix} \tag{4.37}$$

$$\mathbf{I}=\begin{pmatrix}1 & & \\ & 1 & \\ & & 1\end{pmatrix},\ \mathbf{0}=\begin{pmatrix}0 & 0 & 0\\ 0 & 0 & 0\\ 0 & 0 & 0\end{pmatrix} \tag{4.38}$$

因而，$\mathbf{T}_e$ 写为

$$\mathbf{T}_e=\begin{pmatrix}\mathbf{T}_i\\ \mathbf{T}_j\end{pmatrix}=\begin{pmatrix}\mathbf{0} & \cdots & \mathbf{0} & \mathbf{I} & \mathbf{0} & & \cdots & & & \mathbf{0}\\ \mathbf{0} & & & \cdots & & \mathbf{0} & \mathbf{I} & \mathbf{0} & \cdots & \mathbf{0}\end{pmatrix} \tag{4.39}$$

即单元 e 的位置变换矩阵。位置变换矩阵一般不是正交矩阵。

当位移连续时，式(4.35)是存在的。但是，由于一般节点上节点内力和外部荷载的平衡，单元节点力和结构节点荷载之间不存在这一关系。然而，通过引入位置变换矩阵，可以同时确定节点力。实际上，若令

$$\bar{\boldsymbol{F}}_e=\mathbf{T}_e^{\mathrm{T}}\boldsymbol{F}_e \tag{4.40}$$

结合式(4.35)，式(4.32)将改写为

$$\Pi_e=\frac{1}{2}\boldsymbol{x}^{\mathrm{T}}\mathbf{T}_e^{\mathrm{T}}\mathbf{k}_e\mathbf{T}_e\boldsymbol{x}-\boldsymbol{x}^{\mathrm{T}}\bar{\boldsymbol{F}}_e \tag{4.41}$$

4.2.4 静力方程

整体结构的总势能是所有单元势能的和，即

$$\Pi=\sum_e\Pi_e=\frac{1}{2}\boldsymbol{x}^{\mathrm{T}}\sum_e\mathbf{T}_e^{\mathrm{T}}\boldsymbol{k}_e\mathbf{T}_e\boldsymbol{x}-\boldsymbol{x}^{\mathrm{T}}\sum_e\bar{\boldsymbol{F}}_e \tag{4.42}$$

根据单元节点力和节点等效荷载之间的平衡关系，有

$$\sum_e\bar{\boldsymbol{F}}_e=\boldsymbol{F} \tag{4.43}$$

式中：$\boldsymbol{F}$ 是结构的节点力向量。对于非节点荷载，$\boldsymbol{F}$ 可以由等效势能原理给出。

令

$$\mathbf{K}=\sum_e\mathbf{T}_e^{\mathrm{T}}\mathbf{k}_e\mathbf{T}_e \tag{4.44}$$

称其为整体刚度矩阵。将该式和式(4.43)代入式(4.42)导得

$$\Pi=\frac{1}{2}\boldsymbol{x}^{\mathrm{T}}\mathbf{K}\boldsymbol{x}-\boldsymbol{x}^{\mathrm{T}}\boldsymbol{F} \tag{4.45}$$

根据最小势能原理,对于所有可能的位移函数,真实位移使总势能最小(Washizu, 1975),即

$$\delta\Pi=0,\ \delta^{2}\Pi\geqslant 0 \tag{4.46}$$

式中:δ 表示变分记号。

利用 $\delta\Pi=0$ 的必要条件,即

$$\frac{\partial\Pi}{\partial\boldsymbol{x}}=\mathbf{0} \tag{4.47}$$

有

$$\mathbf{K}\boldsymbol{x}=\boldsymbol{F} \tag{4.48}$$

这就是确定性结构静力分析的控制方程,其中 $\boldsymbol{x}$ 是未知的。

4.2.5　动力方程

对于动力分析问题,新的特性仅体现在结构刚度矩阵和阻尼矩阵的贡献。

仍以前述平面桁架结构为例,形函数仍采用式(4.10)和式(4.11)的表达,则单元 e 内每个节点的速度可以表达为

$$\dot{\boldsymbol{f}}_{e}=\mathbf{N}(x_{e})\dot{\tilde{\boldsymbol{\Delta}}}_{e} \tag{4.49}$$

单元 e 的动能为

$$T_{e}=\frac{1}{2}\int_{\Omega_{e}}\dot{\boldsymbol{f}}_{e}^{\mathrm{T}}\rho\dot{\boldsymbol{f}}_{e}\mathrm{d}\Omega=\frac{1}{2}\dot{\tilde{\boldsymbol{\Delta}}}_{e}^{\mathrm{T}}\int_{\Omega_{e}}\mathbf{N}^{\mathrm{T}}\rho\mathbf{N}\mathrm{d}\Omega\,\dot{\tilde{\boldsymbol{\Delta}}}_{e}=\frac{1}{2}\dot{\tilde{\boldsymbol{\Delta}}}_{e}^{\mathrm{T}}\tilde{\mathbf{m}}_{e}\dot{\tilde{\boldsymbol{\Delta}}}_{e} \tag{4.50}$$

式中:ρ 是材料的质量密度;Ω_{e} 是单元积分域;$\tilde{\mathbf{m}}_{e}$ 是局部坐标系下的单元质量矩阵,即

$$\tilde{\mathbf{m}}_{e}=\int_{\Omega_{e}}\mathbf{N}^{\mathrm{T}}\rho\mathbf{N}\mathrm{d}\Omega \tag{4.51}$$

由于阻尼的影响,在振动过程中,结构系统的能量逐渐耗散。若作用于结构上的阻尼力可以具体确定,则可以采用有限元的概念定义单元阻尼矩阵。例如,假设阻尼是黏性的,即任意质点 m_{i} 的黏滞阻尼力为 $-\eta\dot{f}_{i}$,其中 η 是黏滞阻尼系数,$\dot{f}_{i}$ 是质点 m_{i} 的速度。那么单元 e 的耗散函数 R 可以写为

$$R_{e}=\frac{1}{2}\int_{\Omega_{e}}\dot{\boldsymbol{f}}_{e}^{\mathrm{T}}\eta\dot{\boldsymbol{f}}_{e}\mathrm{d}\Omega=\frac{1}{2}\dot{\tilde{\boldsymbol{\Delta}}}_{e}^{\mathrm{T}}\tilde{\mathbf{c}}_{e}\dot{\tilde{\boldsymbol{\Delta}}}_{e} \tag{4.52}$$

其中

$$\tilde{\mathbf{c}}_{e}=\int_{\Omega_{e}}\mathbf{N}^{\mathrm{T}}\eta\mathbf{N}\mathrm{d}\Omega \tag{4.53}$$

是局部坐标系下的单元阻尼矩阵。

类似于式(4.33)，整体坐标系下的单元质量矩阵和单元阻尼矩阵分别为

$$\mathbf{m}_e = \mathbf{T}_\alpha^{\mathrm{T}} \widetilde{\mathbf{m}}_e \mathbf{T}_\alpha \tag{4.54}$$

$$\mathbf{c}_e = \mathbf{T}_\alpha^{\mathrm{T}} \widetilde{\mathbf{c}}_e \mathbf{T}_\alpha \tag{4.55}$$

位移的位置变换关系仍满足式(4.35)，对其求导将得到

$$\dot{\boldsymbol{\Delta}}_e = \mathbf{T}_e \dot{\boldsymbol{x}} \tag{4.56}$$

式中：$\dot{\boldsymbol{\Delta}}_e$ 是整体坐标系下的单元速度向量；$\dot{\boldsymbol{x}}$ 是结构的节点速度向量。

在进行坐标变换和单元位置变换后，单元 e 的动能和耗散函数分别为

$$T_e = \frac{1}{2}\dot{\boldsymbol{x}}^{\mathrm{T}}\mathbf{T}_e^{\mathrm{T}}\mathbf{m}_e\mathbf{T}_e\dot{\boldsymbol{x}} \tag{4.57}$$

$$R_e = \frac{1}{2}\dot{\boldsymbol{x}}^{\mathrm{T}}\mathbf{T}_e^{\mathrm{T}}\mathbf{c}_e\mathbf{T}_e\dot{\boldsymbol{x}} \tag{4.58}$$

通过对所有单元对应的值求和，可得到总动能和耗散函数，即

$$T = \frac{1}{2}\dot{\boldsymbol{x}}^{\mathrm{T}}\mathbf{M}\dot{\boldsymbol{x}} \tag{4.59}$$

$$R = \frac{1}{2}\dot{\boldsymbol{x}}^{\mathrm{T}}\mathbf{C}\dot{\boldsymbol{x}} \tag{4.60}$$

其中

$$\mathbf{M} = \sum_e \mathbf{T}_e^{\mathrm{T}}\mathbf{m}_e\mathbf{T}_e \tag{4.61}$$

是结构质量矩阵；

$$\mathbf{C} = \sum_e \mathbf{T}_e^{\mathrm{T}}\mathbf{c}_e\mathbf{T}_e \tag{4.62}$$

是阻尼矩阵。

结构的势能和前述小节类似[参见式(4.45)，这里根据拉格朗日(Lagrange)方程中的习惯表示记为 V]

$$V = \frac{1}{2}\boldsymbol{x}^{\mathrm{T}}\mathbf{K}\boldsymbol{x} - \boldsymbol{x}^{\mathrm{T}}\boldsymbol{F} \tag{4.63}$$

注意，V 是施加边界条件后的势能。因此，$\boldsymbol{x}$ 也是整体结构在施加边界条件后的节点位移向量。速度向量 $\dot{\boldsymbol{x}}$ 也是如此。

动力系统的一般变分原理是哈密顿(Hamilton)原理。由于该原理等价于拉格朗日方程，通常采用后者建立动力系统的控制方程。黏滞阻尼系统的拉格朗日方程为(Lanczos，1970；Clough & Penzien，1993)

$$\frac{\mathrm{d}}{\mathrm{d}t}\frac{\partial T}{\partial \dot{\boldsymbol{x}}}-\frac{\partial T}{\partial \boldsymbol{x}}+\frac{\partial V}{\partial \boldsymbol{x}}=-\frac{\partial R}{\partial \dot{\boldsymbol{x}}} \tag{4.64}$$

将式(4.59)、式(4.60)和式(4.63)代入式(4.64)，可以得到确定性结构系统的运动方程

$$\mathbf{M}\ddot{\boldsymbol{x}}+\mathbf{C}\dot{\boldsymbol{x}}+\mathbf{K}\boldsymbol{x}=\boldsymbol{F} \tag{4.65}$$

该方程可以通过多种方法求解，如时域法、频域法或模态叠加技术(Clough & Penzien, 1993)。

注意，前述质量矩阵是一致质量矩阵。在实际中，当结构系统相对简单规则时，可以采用集中质量矩阵，并且用瑞利(Rayleigh)阻尼矩阵代替前述阻尼矩阵，通常为

$$\mathbf{C}=a\mathbf{M}+b\mathbf{K} \tag{4.66}$$

其中系数 a 和 b 取决于模态阻尼比。

4.3　随机模拟方法

4.3.1　蒙特卡罗方法

蒙特卡罗方法是通过随机变量的数字模拟和统计分析来估计物理和工程问题近似解的数值方法(Robinstein, 1981)。蒙特卡罗方法的求解过程可以总结为下述三个基本步骤：

(1) 随机变量的抽样。根据基本随机变量的已知概率分布生成随机样本。

(2) 样本求解。根据问题本质通过求解确定性数学或物理方程得到每个样本的响应。

(3) 计算响应量的统计估计值。对于所有样本响应，计算均值、方差或估计输出随机变量的概率分布。

蒙特卡罗方法的理论基础是概率论中的大数定律(Loève, 1977)。在 N 次独立试验下，令 n 为事件 $\mathcal{A}$ 的发生次数，$p(\mathcal{A})$ 为事件 $\mathcal{A}$ 的发生概率，那么根据伯努利(Bernoulli)大数定律，对任意 $\epsilon>0$，当 $N\rightarrow\infty$ 时，事件 $\mathcal{A}$ 的频率 n/N 将以概率 1 收敛于事件的概率，即

$$\lim_{N\rightarrow\infty}\Pr\left\{\left|\frac{n}{N}-p(\mathcal{A})\right|<\epsilon\right\}=1 \tag{4.67}$$

若随机变量独立同分布，即随机变量族 $\xi_1, \cdots, \xi_N$ 具有相同的分布，且数学期望是 $\mathrm{E}(\xi_i)=\alpha(i=1, \cdots, N)$，则根据柯尔莫哥洛夫大数定律，对任意 $\epsilon>0$，当 $N\rightarrow\infty$ 时，变量 $\sum_{i=1}^{N}\xi_i/N$ 将以概率 1 收敛于期望值 α，即

$$\lim_{N\to\infty}\Pr\left\{\left|\frac{1}{N}\sum_{i=1}^{N}\xi_i-\alpha\right|\geqslant\epsilon\right\}=0 \tag{4.68}$$

标准蒙特卡罗方法采用简单抽样方法进行随机变量的数字模拟。因此，每个样本都是具有相同分布特征的独立随机变量。根据上述大数定律，当样本数量足够大时，样本均值将以概率 1 收敛于概率分布的均值。同时，事件 $\mathcal{A}$ 的频率 n/N 将收敛于事件 $\mathcal{A}$ 的发生概率，因此可以保证蒙特卡罗方法的收敛性。

4.3.2　均匀分布随机变量的抽样

根据要解决问题的背景和特征，一个随机系统里的随机变量可能服从不同的概率分布。为了生成不同类型概率分布下随机变量的样本，通常首先生成在[0, 1]上均匀分布的随机变量的样本值，然后根据给出的概率分布类型将样本转换为所需的变量。因此，均匀随机变量的抽样技术是实现蒙特卡罗方法的基础。

生成均匀随机变量的基础是一类数学递推公式，其一般形式为

$$x_{n+1}=f(x_n,\ x_{n-1},\ \cdots,\ x_{n-k}) \tag{4.69}$$

其中，$f(x_n,\ x_{n-1},\ \cdots,\ x_{n-k})$ 是给定函数。根据该函数，一旦给定一组初始值 x_0，x_{-1}，…，x_{-k}，则可以依次获得序列 x_1，x_2，…。

常用的递推公式是线性同余母函数，其表述为

$$\begin{cases}y_n=(ay_{n-1}+b)\bmod M\\ x_n=\dfrac{y_n}{M}\end{cases} \tag{4.70}$$

式中：系数 a、增量 b、模量 M 和初值 y_0 均为非负整数。取模记号 mod 意为

$$y_n=ay_{n-1}+b-k_nM$$

其中，$k_n=[(ay_{n-1}+b)/M]$，表示小于 $(ay_{n-1}+b)/M$ 的最大正整数。

式(4.70)表示这样一个计算过程：对于给定的 y_{n-1}，若 y_n 记为 $ay_{n-1}+b$ 除以 M 的余数，则可以通过依次增加序号并利用式(4.70)获得递推计算 y_n 的递推形式。式(4.70)表明，y_n/M 给出了区间[0, 1]上的伪随机数序列 x_n。

例 4.1：伪随机数序列

表 4.1 和表 4.2 是由式(4.70)在 a、b、M 和 y_0 不同取值下生成的两个序列。

表 4.1　式(4.70)生成的序列($a=2$, $b=3$, $M=7$, $y_0=1$)

n	1	2	3	4	5	6	7	8	9
y_n	5	6	1	5	6	1	5	6	1
x_n	0.714 3	0.857 1	0.142 9	0.714 3	0.857 1	0.142 9	0.714 3	0.857 1	0.142 9

表 4.2　式(4.70)生成的序列($a=3$, $b=2$, $M=11$, $y_0=5$)

n	1	2	3	4	5	6	7	8	9
y_n	6	9	7	1	5	6	9	7	1
x_n	0.545 5	0.818 2	0.636 4	0.090 9	0.454 5	0.545 5	0.818 2	0.636 4	0.090 9

由前述线性同余法生成的伪随机数序列具有有限的周期(见表 E4.1 和表 E4.2,周期分别为 3 和 5)。然而,对于实际问题,大多数蒙特卡罗模拟算法通常需要随机数为几千次甚至几百万次的随机抽样,所以希望模拟算法应该具有长周期和相对完好的统计特征(主要指均匀性和独立性)。为了改善线性同余法生成的随机数的特性,可以采用如下两个有效方法。

4.3.2.1　混洗法

该方法中,首先采用标准伪随机数母函数生成一组随机变量 v_1, …, v_n,然后采用另一个随机数母函数生成一个在 $[1, n]$ 上均匀分布的随机正整数 j。然后,取 v_j 作为样本值,将通过标准伪随机数母函数生成的一个新随机数填入初始属于 v_j 的空值处。继续这一过程,将给出一个随机变量序列。该过程示意如图 4.4 所示。其中,$\boldsymbol{Y}$ 为随机正整数序列。根据混洗法生成的序列较单一母函数生成的序列具有更小的序列间自相关性和更好的均匀性。

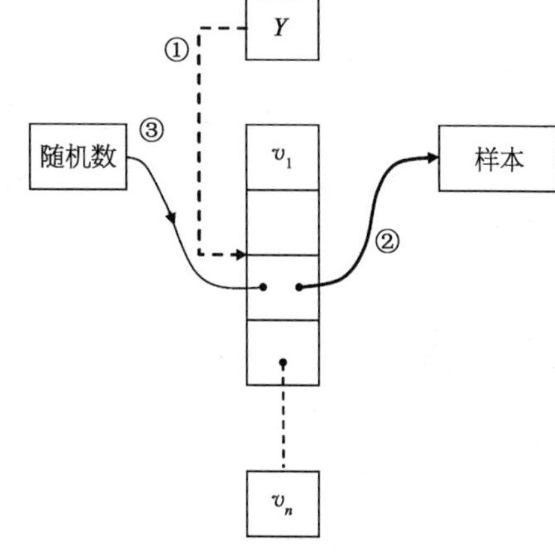

图 4.4　混洗法的过程

注:①、②、③分别表示混洗的顺序。

4.3.2.2　联合抽样法

该方法中,采用三个随机数线性同余母函数生成[0, 1]上均匀分布的随机数。第一个母函数生成随机数的最大可能值,第二个母函数生成随机数的最小可能值,然后第三个母函数控制混洗过程。由联合抽样法生成的伪随机数序列不仅比单一母函数下的结果具有更好的均匀性和独立性,而且在实际中更接近无穷周期。

4.3.3　一般概率分布随机变量的抽样

原则上,随机变量的抽样包括离散随机变量的抽样和连续随机变量的抽样。由于本书主要处理连续随机变量,这里仅讨论该情况。

连续随机变量的抽样方法主要包括两类:反变换法和舍选抽样法。

4.3.3.1　反变换法

反变换法也称为直接抽样法。假设随机变量 X 的概率分布函数是 $F_X(x)$,为获得随机变量的样本值,需要首先生成在[0, 1]上均匀分布的随机变量 Z 的样本值 z,然后由概率分布函数的反函数得到待求随机变量的样本值。即

$$x = F_X^{-1}(z) \tag{4.71}$$

反变换法的原理如图 4.5 所示。由此可知，反变换法的秘诀是利用了概率分布函数 $F_X(x)$ 在[0, 1]上取值这一事实。因此，以[0, 1]上均匀分布的独立随机变量取样，即可获得 X 的样本。

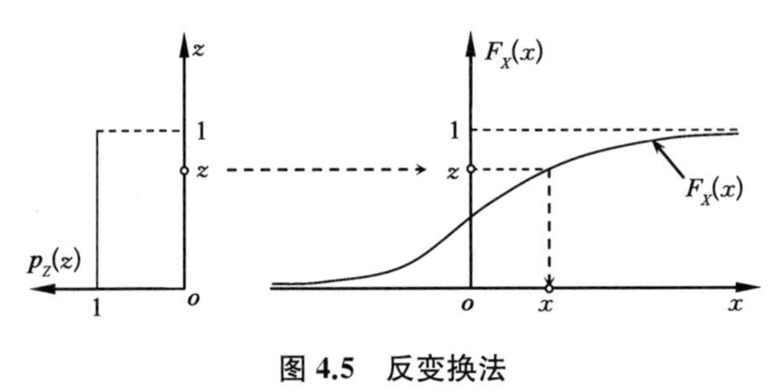

图 4.5　反变换法

4.3.3.2　舍选抽样法

应用反变换法，要求概率分布函数可以表达为解析形式，进而使其反函数可以显式表达。显然，对于实际应用，这一方法的局限性很强。对于反变换法无法适用的情况，可以使用舍选抽样法。

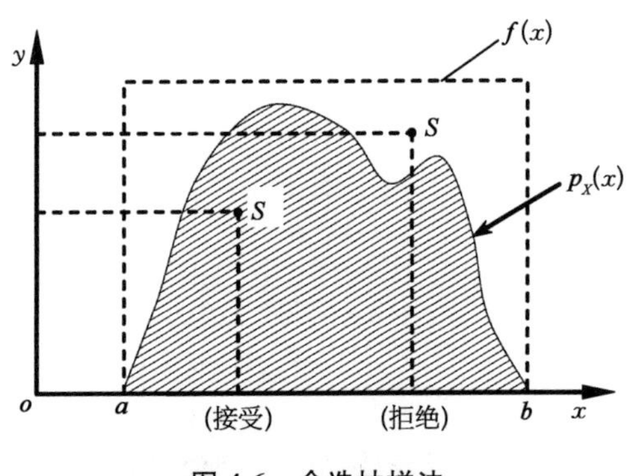

图 4.6　舍选抽样法

假设 $p_X(x)$ 是要生成随机数的概率密度函数，则 $p_X(x)$ 的图像可以画在二维坐标系内(图 4.6)。若可生成二维随机点 (x, y)，并使其散布在 $p_X(x)$ 的闭合区域内，则相应的 x 即具有想要的分布。为此，可引入比较函数 $f(x) \geqslant p_X(x)$（图 4.6 中表示为虚线围成的长方形），$f(x)$的定义域和 $p_X(x)$ 的相同，且 $f(x)$在定义域内的积分是一个有限值 A。由此，若取均匀随机数 $r \in (0, A)$，且有

$$r = \int_a^x f(x)\mathrm{d}x = F(x) \tag{4.72}$$

和

$$x = F^{-1}(r) \tag{4.73}$$

再取均匀随机数 $y \in [0, f(x)]$，则由 (x, y) 确定的点 S 必位于曲线 $f(x)$下方区域。其中，若 (x, y) 也位于 $p_X(x)$ 下方，则接受该点，否则拒绝①。继续这一过程，则可以获得给定条件 $p_X(x)$ 下的随机样本。

显然，除仿射变换外，均匀散点仍是基于[0, 1]上的伪随机数。

① 若取 $f(x) = p_X(x)$，则式(4.73)和式(4.71)相同，且生成的所有点均被接受，此时舍选抽样法和反变换法相同。——译者注

4.3.4　随机模拟方法

如 4.1 节所述,在随机结构分析中,随机模拟方法是非常直接的。这一方法大致遵循如下步骤:

(1) 建立确定性结构系统的动力分析模型,并选择求解算法。

(2) 确定基本随机变量及其概率密度函数,并根据蒙特卡罗方法生成随机样本。

(3) 采用生成的随机样本生成随机结构样本,并通过确定性分析方法计算结构响应。

(4) 计算给定响应统计特征的估计值,如结构响应的均值和协方差等。

(5) 根据规定的收敛准则终止模拟过程。

对于那些仅涉及随机参数的随机结构,采用上述算法即可。然而,对于那些要求高精度的情况(如航天工程)或那些物理背景不能仅采用随机变量加以反映的问题(如岩土工程),可能需要基于随机场的随机结构模型。在此情况下,当采用随机模拟方法时,需要生成结构材料或几何特性的随机场样本。

随机场的随机样本,可以通过基于谱分解概念的三角级数模拟生成,或通过基于随机场离散的随机变量模拟给出。

4.3.4.1　三角级数模拟

记均匀随机场的相关函数为 $R_B(\boldsymbol{r})$,其傅里叶变换可以定义如下

$$S_B(\boldsymbol{\kappa})=\frac{1}{(2\pi)^n}\int_{\mathbb{R}^n}R_B(\boldsymbol{r})e^{-\mathrm{i}\boldsymbol{\kappa}\cdot\boldsymbol{r}}\mathrm{d}\boldsymbol{r} \tag{4.74}$$

式中:$\boldsymbol{\kappa}$ 为波数向量。一维波数定义为其波长的倒数,$\boldsymbol{\kappa}\cdot\boldsymbol{r}$ 表示向量内积。应特别注意,式(4.74)中的积分符号表示 n 重积分,n 是随机场的空间维数。

在式(4.74)中,$S_B(\boldsymbol{\kappa})$ 称为波数谱密度函数(或简称为波数谱)。显然,均匀随机场波数谱的傅里叶逆变换是相关函数,即

$$R_B(\boldsymbol{r})=\int_{\mathbb{R}^n}S_B(\boldsymbol{\kappa})e^{\mathrm{i}\boldsymbol{\kappa}\cdot\boldsymbol{r}}\mathrm{d}\boldsymbol{\kappa} \tag{4.75}$$

式(4.74)通常称为随机场相关函数的谱分解。根据这一概念,可以采用下述三角级数模拟随机场样本

$$B(\boldsymbol{u})=\sum_i A(\boldsymbol{\kappa}_i)\cos(\boldsymbol{\kappa}_i\boldsymbol{u}+\varphi_i) \tag{4.76}$$

式中:φ_i 是$[0,\ 2\pi)$上均匀分布的随机相位角,且

$$A^2(\boldsymbol{\kappa}_i)=4S_B(\boldsymbol{\kappa}_i)\mid\Delta\boldsymbol{\kappa}\mid \tag{4.77}$$

$$\boldsymbol{\kappa}_i=(\kappa_{1i_1},\ \cdots,\ \kappa_{ni_n})^{\mathrm{T}} \tag{4.78}$$

$$\kappa_{ji_j}=\kappa_{j,\mathrm{L}}+\left(i_j-\frac{1}{2}\right)\Delta\kappa_j \tag{4.79}$$

$$\Delta \boldsymbol{\kappa} = (\Delta\kappa_1, \cdots, \Delta\kappa_n)^{\mathrm{T}} = \left(\frac{\kappa_{1,\mathrm{U}} - \kappa_{1,\mathrm{L}}}{N_1}, \cdots, \frac{\kappa_{n,\mathrm{U}} - \kappa_{n,\mathrm{L}}}{N_n}\right)^{\mathrm{T}} \tag{4.80}$$

$$|\Delta \boldsymbol{\kappa}| = \prod_{i=1}^{n} \Delta\kappa_i \tag{4.81}$$

$$\sum_i = \sum_{i_1=1}^{N_1} \cdots \sum_{i_n=1}^{N_n} \tag{4.82}$$

在上述公式中，N_j 是沿第 j 维波数轴的抽样数量；$\kappa_{j,\mathrm{U}}$ 是波数抽样上限；$\kappa_{j,\mathrm{L}}$ 是波数抽样下限。

为了避免模拟样本出现周期性，可以在余弦波数上增加一个小的随机波数，即将式(4.76)修改为

$$B(\boldsymbol{u}) = \sum_i A(\boldsymbol{\kappa}_i)\cos(\boldsymbol{\kappa}'_i \boldsymbol{u} + \varphi_i) \tag{4.83}$$

其中

$$\boldsymbol{\kappa}'_i = \boldsymbol{\kappa}_i + \delta\boldsymbol{\kappa}_i \tag{4.84}$$

$$\delta\boldsymbol{\kappa}_i = (\delta\kappa_{1i_1}, \cdots, \delta\kappa_{ni_n})^{\mathrm{T}} \tag{4.85}$$

$\delta\kappa_{ji_j}$ 在$(-\Delta\kappa'_j/2, \Delta\kappa'_j/2)$ 上均匀分布，且 $\Delta\kappa'_j \ll \Delta\kappa_j$。

4.3.4.2 基于随机场离散的随机变量模拟方法

一阶均匀随机场(即其均值为常数)可以方便地转化为零均值随机场。在此情况下，可以进行随机场的离散。采用 2.3 节中的中点法、形函数法或局部平均法，可以得到离散随机场的相关系数矩阵

$$\mathbf{C}_{\xi} = [c_{ij}] = [\mathrm{cov}(\xi_i, \xi_j)] \tag{4.86}$$

式中：ξ_i 和 ξ_j 是离散化基本随机变量。

若相关系数矩阵是对称且正定的，采用乔列斯基(Cholesky)分解可以将 $\mathbf{C}_{\xi}$ 分解为一个下三角矩阵乘一个上三角矩阵，即

$$\mathbf{C}_{\xi} = \mathbf{L}\mathbf{L}^{\mathrm{T}} \tag{4.87}$$

式中：$\mathbf{L}$ 是下三角分解矩阵。

因此，若令离散化随机向量

$$\boldsymbol{V} = \mathbf{L}\boldsymbol{Z} \tag{4.88}$$

式中：$\boldsymbol{Z} = (Z_1, \cdots, Z_n)^{\mathrm{T}}$，是零均值单位方差正态分布 $\mathcal{N}(0, 1)$ 的随机变量组成的向量，则可以证明

$$\mathrm{E}(\boldsymbol{V}\boldsymbol{V}^{\mathrm{T}}) = \mathrm{E}[\mathbf{L}\boldsymbol{Z}(\mathbf{L}\boldsymbol{Z})^{\mathrm{T}}] = \mathbf{L}\mathrm{E}(\boldsymbol{Z}\boldsymbol{Z}^{\mathrm{T}})\mathbf{L}^{\mathrm{T}} = \mathbf{C}_{\xi} \tag{4.89}$$

因此，只要对每个单元生成标准正态分布 $\mathcal{N}(0, 1)$ 的随机变量，就可以利用式(4.88)得到离散化随机场的随机样本。

根据上述方法生成的二维随机场样本如图 4.7 所示。

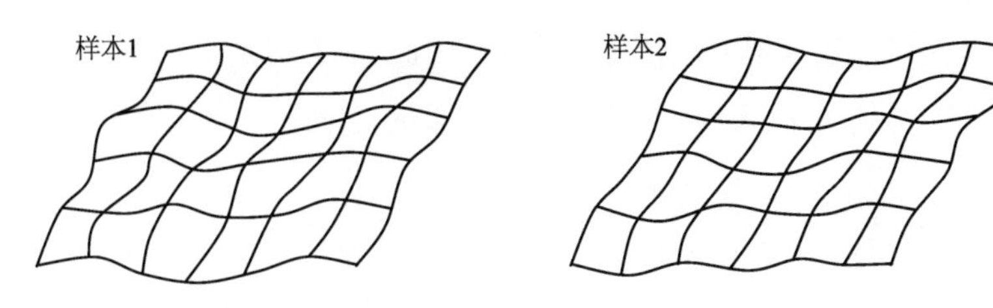

图 4.7　典型随机场样本

4.3.5　随机模拟方法的精度

通过蒙特卡罗方法选取的样本本质上属于独立同分布的随机变量。因此，通过确定性数学或物理方程估计的样本响应也是具有独立同分布特征的随机变量。根据概率论中的**中心极限定理**(central limit theorem)(Loève, 1977)，若独立同分布随机变量 ξ_1, ξ_2, … 的均值和方差均存在，且有 $\mu = \mathrm{E}(\xi)$, $\sigma^2 = \mathrm{D}(\xi)$，则随机变量

$$\eta = \frac{\widetilde{\mu} - \mu}{\left(\frac{\sigma}{\sqrt{N}}\right)} \tag{4.90}$$

将渐近服从标准正态分布，即

$$\lim_{N \to \infty} \Pr\left\{\frac{\widetilde{\mu} - \mu}{\left(\frac{\sigma}{\sqrt{N}}\right)} < x\right\} = \frac{1}{\sqrt{2\pi}} \int_{-\infty}^{x} e^{-\frac{\xi^2}{2}} \mathrm{d}\xi \tag{4.91}$$

在上式中，$\widetilde{\mu} = \sum_{i=1}^{N} \xi_i / N$，是样本的均值估计。

因此，一旦给出一个确定的置信水平 $1-\alpha$，若 N 足够大，则存在如下近似等式

$$\Pr\left\{\mid \widetilde{\mu} - \mu \mid < \frac{x_\alpha \sigma}{\sqrt{N}}\right\} \approx \frac{2}{\sqrt{2\pi}} \int_{0}^{x_\alpha} e^{-\frac{\xi^2}{2}} \mathrm{d}\xi \tag{4.92}$$

式中：x_α 是给定置信水平 $1-\alpha$ 下截断边界的坐标值(图 4.8)。几个常见的对照值见表 4.3。

表 4.3　标准正态分布下 x_α 和 $1-\alpha$ 的关系

x_α	1	2	3	4
$1-\alpha$	0.682 7	0.954 5	0.997 3	0.999 9

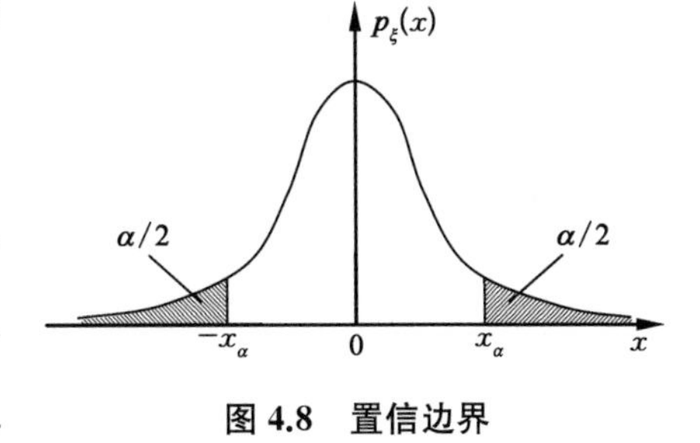

图 4.8　置信边界

根据式(4.92)，在给定置信水平下，根据蒙特卡罗方法估计的均值和真实均值之间的误差可以写为

$$\epsilon = \mid \mu - \widetilde{\mu} \mid < \frac{x_\alpha \sigma}{\sqrt{N}} \tag{4.93}$$

上式实际上是对蒙特卡罗方法精度的估计。因此,非常清楚:

(1) 在试验过程中,可以采用 $\sigma/\sqrt{N}$ 估计结果的精度。

(2) 蒙特卡罗方法的收敛速度和 $\sqrt{N}$ 成比例。

上述(2)意味着,若想要使结果精度增加一位数,则模拟的计算成本应增加一百倍,因此,当采用蒙特卡罗方法求解随机结构分析问题时,需要几千甚至几百万次的模拟计算。

4.4 摄动方法

4.4.1 确定性摄动

随机结构分析的摄动方法源于非线性分析的确定性摄动方法。在确定性摄动分析中,物理问题的控制方程一般表达为含小参数的方程,例如

$$\mathcal{L}(u,\ x,\ \epsilon)=0 \tag{4.94}$$

式中:$\mathcal{L}$ 是一般算子;u 是解;x 是独立变量;ϵ 是一个小参数,它可以是式(4.94)自然产生的,也可以是人为引入的。

上述问题通常不能精确求解。然而,根据解 u 是 x 和 ϵ 的函数这一特征,其中 ϵ 是一个小参数,u 可以展开为渐近级数。例如,有

$$u(x,\ \epsilon)=u_0(x)+\epsilon u_1(x)+\cdots+\epsilon^n u_n(x)+\cdots \tag{4.95}$$

其中系数 $u_i(x)$ 和 ϵ 无关。同时,算子 $\mathcal{L}(\cdot)$ 可以展开为

$$\mathcal{L}=\mathcal{L}_0+\epsilon\mathcal{L}_1+\cdots+\epsilon^n\mathcal{L}_n+\cdots$$

将式(4.95)代入式(4.94)并合并同类项,可以得到

$$(\mathcal{L}_0u_0-h)+(\mathcal{L}_0u_1+\mathcal{L}_1u_0)\epsilon+(\mathcal{L}_0u_2+\mathcal{L}_1u_1+\mathcal{L}_2u_0)\epsilon^2+\cdots=0 \tag{4.96}$$

式中:$\mathcal{L}_0$, $\mathcal{L}_1$, $\cdots$ 是空间 $\mathcal{U}$ 上的线性算子;h 是 x 的实函数,可以根据具体问题确定。

由于式(4.96)应该对任意 ϵ 均成立,且 ϵ 的级数是线性独立的,ϵ 的每一阶系数均要分别为零,即

$$\begin{cases}\mathcal{L}_0u_0=h\\ \mathcal{L}_0u_1=-\mathcal{L}_1u_0\\ \mathcal{L}_0u_2=-\mathcal{L}_1u_1-\mathcal{L}_2u_0\\ \quad\vdots\end{cases} \tag{4.97}$$

上式构成了 $u_i(x)$ 的一系列递推方程。根据类似的方法,可以获得问题的边界条件

和初始条件。于是,上述方程可以逐一求解,并由此可以依次得到 $u_i(x)$。将结果代入式(4.95)可导出 $u(x, \epsilon)$ 的近似结果(Nayfeh, 2004)。

上述方法通常称为参数摄动法。在该方法中,展开量可以是 ϵ 的函数,即 $\delta_i(\epsilon)$,通常称其为渐近展开序列,且满足

$$\delta_i(\epsilon)=o[\delta_{i-1}(\epsilon)] \tag{4.98}$$

式中:$o(\cdot)$ 表示高阶无穷小。

这意味着,渐近序列的后一项一定是前一项的高阶无穷小。例如,当 $\epsilon \to 0$,函数 ϵ^i、$\epsilon^{i/3}$、$\ln^{-i}\epsilon$ 和 $\sin^i\epsilon$ 均是渐近序列。

利用渐近序列,未知函数 $u(x, \epsilon)$ 可以展开为如下函数

$$u(x, \epsilon)=\sum_{i=0}^{N} a_i(x)\delta_i(\epsilon), \ \epsilon \to 0 \tag{4.99}$$

其中 a_i 是 x 的函数,且和 ϵ 无关。

对任意正整数 N,有

$$u(x, \epsilon)=\sum_{i=0}^{N} a_i(x)\delta_i(\epsilon)+R_N(x, \epsilon) \tag{4.100}$$

其中 $R_N(x, \epsilon)$ 是余项,有

$$R_N(x, \epsilon)=O[\delta_N(\epsilon)], \ \epsilon \to 0 \tag{4.101}$$

式(4.100)右边称为 $u(x, \epsilon)$ 的 N 阶渐近展开式。

假设解的值域是 Ω,边界是 $\partial\Omega$。若渐近展开式(4.100)在 $\Omega+\partial\Omega$ 上总是成立,即摄动解在 x 的定义域上有关于 x 的一致收敛极限,则展开式称为 $\Omega+\partial\Omega$ 上的一致收敛渐近展开。这类摄动问题称为正则摄动问题。由于 $\delta_i(\epsilon)$ 是渐近级数,正则摄动意味着,无论 x 取何值,$a_i(x)\delta_i(\epsilon)$ 都是对其前一项值的一个小的修正。然而,对于摄动问题,一致收敛条件并不总是满足。非一致收敛域的摄动问题称为奇异摄动问题。对于确定性摄动问题,这一问题可能源自无穷域内的久期项或奇异点的存在性等(Nayfeh, 2004)。

4.4.2　随机摄动

将上述摄动技术拓展至含有随机参数的问题,可以构造随机摄动方法(Kleiber & Hien, 1992; Skorokhod et al., 2002)。这里,所考察问题的随机微分算子为

$$\mathcal{L}(y, x, \xi)=0 \tag{4.102}$$

式中:$\mathcal{L}$ 和 x 的意义与式(4.94)类似;ξ 是给定概率分布的随机变量;$y=y(x, \xi)$ 是随机函数。

根据第 2 章,随机变量可以标准化为

$$\xi=\xi_0+\sigma_\xi\zeta=\psi(\zeta) \tag{4.103}$$

式中:ξ_0 是 ξ 的均值;σ_ξ 是 ξ 的标准差;ζ 是均值为零、方差为 1 的标准化随机变量。

将式(4.103)代入式(4.102),有

$$\mathcal{L}[y, x, \psi(\zeta)]=0 \tag{4.104}$$

利用随机函数的级数展开式(2.41), $y=y(x, \xi)$ 的解可以展开为 ζ 的级数

$$y(x, \xi)=y[x, \psi(\zeta)]=y[x, \psi(\zeta)]\big|_{\zeta=0}+\left.\frac{\mathrm{d}y}{\mathrm{d}\zeta}\right|_{\zeta=0}\zeta+\frac{1}{2}\left.\frac{\mathrm{d}^2 y}{\mathrm{d}\zeta^2}\right|_{\zeta=0}\zeta^2+\cdots \tag{4.105}$$

为简单起见且避免混淆,此后 $y[x, \psi(\zeta)]$ 写为 $y(x, \zeta)$。由于 y 是未知的, $\mathrm{d}y/\mathrm{d}\zeta\big|_{\zeta=0}$ 等系数均是未知的。然而,上式可以写为等价形式

$$y(x, \zeta)=u_0(x)+\zeta u_1(x)+\zeta^2 u_2(x)+\cdots \tag{4.106}$$

显然,系数 $u_i(x)$ 是与 ζ 无关的确定性函数。

将式(4.106)代入式(4.104),经适当的运算并合并同类项,可得

$$(\mathcal{L}_0 u_0-h)+(\mathcal{L}_0 u_1+\mathcal{L}_1 u_0)\zeta+(\mathcal{L}_0 u_2+\mathcal{L}_1 u_1+\mathcal{L}_2 u_0)\zeta^2+\cdots=0 \tag{4.107}$$

式中: $\mathcal{L}_0$, $\mathcal{L}_1$, … 是确定性算子; h 是 x 的实函数。

由于 ζ 是可以取任意值的随机变量,式(4.107)成立的充分条件是所有系数项均为零,即

$$\begin{cases}\mathcal{L}_0 u_0=h\\ \mathcal{L}_0 u_1=-\mathcal{L}_1 u_0\\ \mathcal{L}_0 u_2=-\mathcal{L}_1 u_1-\mathcal{L}_2 u_0\\ \qquad\vdots\end{cases} \tag{4.108}$$

上式由一系列确定性算子方程组成。通过引入边界条件和(或)初始条件, u_0, u_1, … 的解可以由上式逐一获得。将这些解代入式(4.106),解 $y(x, \zeta)$的均值和方差可以分别写为

$$\mathrm{E}[y(x, \zeta)]=u_0(x)+u_2(x)+3u_4(x)+\cdots \tag{4.109}$$

$$\mathrm{D}[y(x, \zeta)]=u_1^2(x)+2u_2^2(x)+6u_1(x)u_3(x)+\cdots \tag{4.110}$$ [①]

① 式(4.109)和式(4.110)的推导:对式(4.106)取期望,有

$$\mathrm{E}[y(x, \zeta)]=\mathrm{E}\Big[\sum_{k=0}^{\infty}\zeta^k u_k(x)\Big]=\sum_{k=0}^{\infty}\mathrm{E}(\zeta^k)u_k(x)$$

将上式展开即为式(4.109)。进而,对式(4.106)取二阶中心矩,有

$$\begin{aligned}D[y(x, \zeta)]&=\mathrm{E}(\{y(x, \zeta)-\mathrm{E}[y(x, \zeta)]\}^2)=\mathrm{E}\Big\{\Big[\sum_{k=0}^{\infty}\zeta^k u_k(x)-\sum_{k=0}^{\infty}\mathrm{E}(\zeta^k)u_k(x)\Big]^2\Big\}\\&=\mathrm{E}\Big\{\sum_{k=0}^{\infty}\sum_{l=0}^{\infty}[\zeta^k-\mathrm{E}(\zeta^k)][\zeta^l-\mathrm{E}(\zeta^l)]u_k(x)u_l(x)\Big\}\\&=\sum_{k=0}^{\infty}\sum_{l=0}^{\infty}[\mathrm{E}(\zeta^{k+l})-\mathrm{E}(\zeta^k)\mathrm{E}(\zeta^l)]u_k(x)u_l(x)\end{aligned}$$

将上式展开即为式(4.110)。——译者注

相应于确定性参数摄动，在随机摄动中，需考察 M 阶期望意义下解的一致收敛性。假设 $S_M[y_N(x, \zeta)]$ 是关于 ζ 展开后第 N 个解的 M 阶期望，若有

$$S_M[y(x, \zeta)] = S_M[y_N(x, \zeta)] + O_M(x) \tag{4.111}$$

则 $y_N(x, \zeta)$ 称为具有 M 阶精度的第 N 项展开。这里 $O_M(x)$ 表明余项是同阶无穷小的。

4.4.3 随机矩阵

若一个动力系统的结构参数中包含的随机性不能忽略，则相应的动力矩阵也必须视为随机矩阵。这些使动力矩阵变为随机矩阵的参数称为基本随机参数，如材料质量密度、弹性模量、泊松(Poisson)比、几何尺寸和阻尼系数等。根据具体的问题背景，这些参数可以由随机变量表示或通过随机场建模。不失一般性，假设结构随机场为 $\{B(\boldsymbol{u}) \mid \boldsymbol{u} \in \mathcal{D}\}$，则利用随机场离散的局部平均法，可以将其转化为随机变量集 $\{\xi_i \mid i=1, \cdots, n\}$。这里 n 是场单元的划分数量。随机变量 ξ_i 的均值和标准差分别由式(2.144)和式(2.145)给出。将 ξ_i 转换为标准随机变量，有

$$\xi_i = \xi_{i0} + \sigma_{\xi_i} Z_i,\ i=1, \cdots, n \tag{4.112}$$

式中：ξ_{i0} 是 ξ_i 的均值；σ_{ξ_i} 是 ξ_i 的标准差；Z_i 是均值为零、方差为 1 的标准随机变量。

另外，对于随机参数下的每个单元，根据有限元法，特性矩阵可以表达为随机矩阵的形式，即

$$\widetilde{\mathbf{m}}_i = \int_\Omega \mathbf{N}^{\mathrm{T}} \rho \mathbf{N} \mathrm{d}\Omega \tag{4.113}$$

$$\widetilde{\mathbf{c}}_i = \int_\Omega \mathbf{N}^{\mathrm{T}} \eta \mathbf{N} \mathrm{d}\Omega \tag{4.114}$$

$$\widetilde{\boldsymbol{k}}_i = \int_\Omega \mathbf{B}^{\mathrm{T}} \mathbf{E} \mathbf{B} \mathrm{d}\Omega \tag{4.115}$$

式中：ρ、η、$\mathbf{N}$ 和 $\mathbf{B}$ 均与 4.2 节中讨论的定义相一致；$\mathbf{E}$ 为弹性矩阵，即一般有限元法中常说的弹性模量的概念。例如，对于平面应力问题，有

$$\mathbf{E} = \frac{E}{1-\mu^2}\begin{pmatrix} 1 & \mu & \\ \mu & 1 & \\ & & \dfrac{1-\mu}{2} \end{pmatrix} \tag{4.116}$$

式中：E 是弹性模量；μ 是泊松比。

随机变量 ξ_i 可以表示单元特性矩阵中的任意基本变量，如 ρ、η、E、μ、I_i、A_i 等，而 $\xi_{ij}(j=1, 2, \cdots)$ 也可以用来表示多个基本变量的影响。

4.4.4 随机矩阵的线性表达

对随机变量 ξ_i 以线性因子的形式出现在动力矩阵中的情况，相应的随机矩阵可以表

达为标准随机变量的线性函数(李杰,1995c)。不失一般性,采用 **S** 表示一般随机动力矩阵,则有

$$\widetilde{\mathbf{S}}_i=\widetilde{\mathbf{S}}_{i0}+\widetilde{\mathbf{S}}_{i\sigma}Z_i \tag{4.117}$$

式中:$\widetilde{\mathbf{S}}_i$ 是单元随机矩阵;$\widetilde{\mathbf{S}}_{i0}$ 是均值参数单元矩阵;$\widetilde{\mathbf{S}}_{i\sigma}$ 是单元标准差矩阵;Z_i 是相应于单元 i 的标准随机变量。

实际上,式(4.117)可以由随机矩阵 $\widetilde{\mathbf{S}}_i$ 关于标准随机变量 Z_i 的级数展开导得

$$\widetilde{\mathbf{S}}_i=\widetilde{\mathbf{S}}_{i0}+\left.\frac{\mathrm{d}\,\widetilde{\mathbf{S}}_i}{\mathrm{d}Z_i}\right|_{Z_i=0}Z_i+\frac{1}{2}\left.\frac{\mathrm{d}^2\,\widetilde{\mathbf{S}}_i}{\mathrm{d}Z_i^2}\right|_{Z_i=0}Z_i^2+\cdots \tag{4.118}$$

由于 Z_i 是 $\widetilde{\mathbf{S}}_i$ 中的线性因子,高于二阶的导数均为零,则

$$\frac{\mathrm{d}\,\widetilde{\mathbf{S}}_i}{\mathrm{d}Z_i}=\frac{\mathrm{d}\,\widetilde{\mathbf{S}}_i}{\mathrm{d}\xi_i}\frac{\mathrm{d}\xi_i}{\mathrm{d}Z_i}=\frac{\mathrm{d}\,\widetilde{\mathbf{S}}_i}{\mathrm{d}\xi_i}\sigma_{\xi_i}=\widetilde{\mathbf{S}}_{i\sigma} \tag{4.119}$$

于是可得式(4.117)。

以线性因子的形式出现在动力矩阵中的基本变量包括质量密度 ρ、阻尼系数 η、弹性模量 E、惯性矩 I 和截面积 A [参见式(4.20)、式(4.51)和式(4.53)]。例如,对于平面梁单元,若不考虑轴向变形,且取质量密度 ρ 作为随机参数,有

$$\widetilde{\mathbf{m}}_{i0}=\frac{\rho_{i0}Al}{420}\begin{pmatrix}156 & 22l & 54 & -13l\\ 22l & 4l^2 & 13l & -3l^2\\ 54 & 13l & 12 & -6l\\ -13l & -3l^2 & -6l & 4l^2\end{pmatrix} \tag{4.120}$$

$$\widetilde{\mathbf{m}}_{i\sigma}=\frac{\sigma_{\rho_i}Al}{420}\begin{pmatrix}156 & 22l & 54 & -13l\\ 22l & 4l^2 & 13l & -3l^2\\ 54 & 13l & 12 & -6l\\ -13l & -3l^2 & -6l & 4l^2\end{pmatrix} \tag{4.121}$$

由于坐标变换和单元位置变换运算均为确定性线性变换,则整体坐标系下的单元矩阵和整体动力矩阵也有类似于式(4.117)的关系,即有

$$\mathbf{S}_i=\mathbf{S}_{i0}+\mathbf{S}_{i\sigma}Z_i \tag{4.122}$$

$$\mathbf{S}=\mathbf{S}_0+\sum_i\overline{\mathbf{S}}_{i\sigma}Z_i \tag{4.123}$$

其中

$$\mathbf{S}_{i0}=\mathbf{T}_\alpha^{\mathrm{T}}\,\widetilde{\mathbf{S}}_{i0}\,\mathbf{T}_\alpha \tag{4.124}$$

$$\mathbf{S}_{i\sigma}=\mathbf{T}_\alpha^{\mathrm{T}}\,\widetilde{\mathbf{S}}_{i\sigma}\,\mathbf{T}_\alpha \tag{4.125}$$

$$\mathbf{S}_0=\sum_i\mathbf{T}_i^{\mathrm{T}}\,\widetilde{\mathbf{S}}_{i0}\,\mathbf{T}_i \tag{4.126}$$

$$\bar{\mathbf{S}}_{i\sigma}=\mathbf{T}_i^{\mathrm{T}}\,\mathbf{S}_{i\sigma}\mathbf{T}_i \tag{4.127}$$

式中：$\mathbf{T}_\alpha$ 是单元 i 的坐标变换矩阵[参见式(4.26)]；$\mathbf{T}_i$ 是单元 i 的位置变换矩阵[参见式(4.39)]。

因此，根据式(4.123)，系统的整体动力矩阵可以由均值参数矩阵 $\mathbf{S}_0$ 和标准差矩阵 $\bar{\mathbf{S}}_{i\sigma}$ 形成。这里，均值参数矩阵可以采用直接刚度法中的均值参数形成，而标准差矩阵可以通过引入下述“虚拟结构”获得(李杰，1996a)。

对于一个虚拟结构，相应于单元给定基本变量的参数取值为

$$\boldsymbol{r}=(0,\ \cdots,\ 0,\ \sigma_{\xi_i},\ 0,\ \cdots,\ 0)^{\mathrm{T}} \tag{4.128}$$

不失一般性，假设结构中的单元随机变量可以划分为 N 个子集，而每个子集内的随机变量(假设变量数为 j_m)具有独立的概率分布，则式(4.123)可以表达为

$$\mathbf{S}=\mathbf{S}_0+\sum_{j=1}^{N}\mathbf{S}_jZ_j \tag{4.129}$$

其中

$$\mathbf{S}_j=\sum_{i=1}^{j_m}\mathbf{T}_i^{\mathrm{T}}\mathbf{S}_{i\sigma}\mathbf{T}_i \tag{4.130}$$

这里 $\mathbf{S}_j$ 可以根据下述虚拟结构由直接刚度法形成

$$\boldsymbol{r}=(0,\ \cdots,\ 0,\ \sigma_{\xi_l},\ 0,\ \cdots,\ 0,\ \sigma_{\xi_m},\ 0,\ \cdots,\ 0,\ \sigma_{\xi_p},\ 0,\ \cdots,\ 0)^{\mathrm{T}} \tag{4.131}$$

上式表明，第 j 个子集中总共有三个单元，虚拟结构由这三个单元相应的标准差和其他零单元构成。

引入随机向量的相关分解技术，动力矩阵的线性表达可以进一步简化。实际上，根据式(2.152)，可以得到

$$\xi_i=\xi_{i0}+\sum_{j=1}^{n}\phi_{ij}\sqrt{\lambda_j}\,\zeta_j \tag{4.132}$$

比较式(4.112)和式(4.132)，有

$$Z_i=\frac{1}{\sigma_{\xi_i}}\sum_{j=1}^{n}\phi_{ij}\sqrt{\lambda_j}\,\zeta_j \tag{4.133}$$

将其代入式(4.123)可导出

$$\mathbf{S}=\mathbf{S}_0+\sum_i\bar{\mathbf{S}}_{i\sigma}\frac{1}{\sigma_{\xi_i}}\sum_{j=1}^{n}\phi_{ij}\sqrt{\lambda_j}\,\zeta_j \tag{4.134}$$

由于随机变量 ξ_i 以线性因子的形式出现在动力矩阵中，式(4.134)中的 σ_{ξ_i} 和 $\bar{\mathbf{S}}_{i\sigma}$ 中的 σ_{ξ_i} 可以消去。同时，两个求和运算的顺序可以交换，因此，式(4.134)可以写为

$$\mathbf{S}=\mathbf{S}_0+\sum_{j=1}^{n}\mathbf{S}_j\zeta_j \tag{4.135}$$

其中

$$\mathbf{S}_j = \sum_i \mathbf{T}_i^{\mathrm{T}} \mathbf{S}_{ij} \mathbf{T}_i \tag{4.136}$$

这里 $\mathbf{S}_{ij}$ 是整体坐标系下单元 i 的单元动力矩阵，其中虚拟结构 j 是通过将 $\phi_{ij}\sqrt{\lambda_j}$ 看作基本变量形成的。

由于独立随机变量 $\kappa_j = \sqrt{\lambda_j}\zeta_j$ 的方差具有渐近序列的特性，初始随机变量集可以由一个 $q < n$ 的子集代替，即有

$$\mathbf{S} = \mathbf{S}_0 + \sum_{j=1}^{q} \mathbf{S}_j \zeta_j \tag{4.137}$$

标准差矩阵 $\mathbf{S}_j$ 可以根据虚拟结构 q 分别形成，$\mathbf{S}_0$ 可以采用均值参数形成。显然，上述形成途径均可以由标准有限元法完成，因此十分便捷。

值得指出的是，在进行形如式(4.132)的相关分解后，标准化随机变量集 $\boldsymbol{\zeta}$ 变为独立的随机变量集。这使得随机结构分析更为便捷。这将在下一节详细讨论。

随机变量 ξ_i 也可能以非线性因子的形式出现在动力矩阵中。例如，当式(4.116)中的 Poisson 比作为基本变量时，就会遇到这种情况。在此情况下，通常随机动力矩阵应通过引入形如式(4.118)的级数展开来表示，可以将其写为

$$\widetilde{\mathbf{S}}_i = \widetilde{\mathbf{S}}_{i0} + \widetilde{\mathbf{S}}_{1i} Z_i + \widetilde{\mathbf{S}}_{2i} Z_i^2 + \cdots \tag{4.138}$$

其中

$$\widetilde{\mathbf{S}}_{ji} = \frac{1}{j\,!} \left. \frac{d^j\, \widetilde{\mathbf{S}}_i}{\mathrm{d}Z_i^j} \right|_{Z_i=0} \tag{4.139}$$

通过坐标变换和单元位置变换运算，整体动力矩阵可以写为

$$\mathbf{S} = \mathbf{S}_0 + \sum_i \overline{\mathbf{S}}_{1i} Z_i + \sum_i \overline{\mathbf{S}}_{2i} Z_i^2 + \cdots \tag{4.140}$$

其中

$$\overline{\mathbf{S}}_{ji} = \mathbf{T}_i^{\mathrm{T}}\, \mathbf{T}_\alpha^{\mathrm{T}}\, \widetilde{\mathbf{S}}_{ji}\, \mathbf{T}_\alpha\, \mathbf{T}_i \tag{4.141}$$

对于非线性变量因子的情况，上述虚拟矩阵的思想不再适用。

4.4.5 动力响应分析

当一个或更多动力矩阵包含随机参数时，多自由度系统的运动方程可以写为[参见式(4.65)]

$$\mathbf{M}\ddot{\boldsymbol{X}} + \mathbf{C}\dot{\boldsymbol{X}} + \mathbf{K}\boldsymbol{X} = \boldsymbol{F}(t) \tag{4.142}$$

式中：$\ddot{\boldsymbol{X}}$、$\dot{\boldsymbol{X}}$ 和 $\boldsymbol{X}$ 分别是加速度、速度和位移向量。注意，由于它们均为随机过程，根据惯例这里采用大写字母。

通过引入随机矩阵的级数展开，随机结构的运动方程可以近似写为

$$
\begin{aligned}
&(\mathbf{M}_0+\sum_{i=1}^{n}\bar{\mathbf{M}}_{1i}\zeta_i+\sum_{i=1}^{n}\bar{\mathbf{M}}_{2i}\zeta_i^2)\ddot{\boldsymbol{X}}+(\mathbf{C}_0+\sum_{i=1}^{n}\bar{\mathbf{C}}_{1i}\zeta_i+\sum_{i=1}^{n}\bar{\mathbf{C}}_{2i}\zeta_i^2)\dot{\boldsymbol{X}} \\
&\quad+(\mathbf{K}_0+\sum_{i=1}^{n}\bar{\mathbf{K}}_{1i}\zeta_i+\sum_{i=1}^{n}\bar{\mathbf{K}}_{2i}\zeta_i^2)\boldsymbol{X}=\boldsymbol{F}(t)
\end{aligned} \tag{4.143}
$$

式中：$\boldsymbol{F}(t)$ 是确定性时间过程向量。矩阵 $\mathbf{M}_0$、$\bar{\mathbf{M}}_{1i}$、$\bar{\mathbf{M}}_{2i}$、$\mathbf{K}_0$、$\bar{\mathbf{K}}_{1i}$ 和 $\bar{\mathbf{K}}_{2i}$ 可以通过前述章节的方法形成。根据瑞利阻尼假设，矩阵 $\mathbf{C}_0$、$\bar{\mathbf{C}}_{1i}$ 和 $\bar{\mathbf{C}}_{2i}$ 可以取为

$$\mathbf{C}_0=a\mathbf{M}_0+b\mathbf{K}_0 \tag{4.144}$$

$$\bar{\mathbf{C}}_{1i}=a\bar{\mathbf{M}}_{1i}+b\bar{\mathbf{K}}_{1i} \tag{4.145}$$

$$\bar{\mathbf{C}}_{2i}=a\bar{\mathbf{M}}_{2i}+b\bar{\mathbf{K}}_{2i} \tag{4.146}$$

式中：a 和 b 是确定性参数。在这一方程式中，仅考虑质量和刚度具有某一随机参数类型或质量和刚度具有相同随机参数类型的情况。

根据随机摄动分析的基本思想，结构加速度、速度和位移响应可以展开为基本随机变量 ζ_i 的级数（取二阶截断）

$$\ddot{\boldsymbol{X}}=\ddot{\boldsymbol{X}}_0+\sum_{i=1}^{n}\ddot{\boldsymbol{X}}_{1i}\zeta_i+\frac{1}{2}\sum_{i=1}^{n}\sum_{j=1}^{n}\ddot{\boldsymbol{X}}_{2ij}\zeta_i\zeta_j \tag{4.147}$$

$$\dot{\boldsymbol{X}}=\dot{\boldsymbol{X}}_0+\sum_{i=1}^{n}\dot{\boldsymbol{X}}_{1i}\zeta_i+\frac{1}{2}\sum_{i=1}^{n}\sum_{j=1}^{n}\dot{\boldsymbol{X}}_{2ij}\zeta_i\zeta_j \tag{4.148}$$

$$\boldsymbol{X}=\boldsymbol{X}_0+\sum_{i=1}^{n}\boldsymbol{X}_{1i}\zeta_i+\frac{1}{2}\sum_{i=1}^{n}\sum_{j=1}^{n}\boldsymbol{X}_{2ij}\zeta_i\zeta_j \tag{4.149}$$

将其代入式(4.143)，合并同类项、并考虑所得方程的充分条件，可导出一系列递推方程

$$\mathbf{M}_0\ddot{\boldsymbol{X}}_0+\mathbf{C}_0\dot{\boldsymbol{X}}_0+\mathbf{K}_0\boldsymbol{X}_0=\boldsymbol{F}(t) \tag{4.150}$$

$$\mathbf{M}_0\ddot{\boldsymbol{X}}_{1i}+\mathbf{C}_0\dot{\boldsymbol{X}}_{1i}+\mathbf{K}_0\boldsymbol{X}_{1i}=-(\bar{\mathbf{M}}_{1i}\ddot{\boldsymbol{X}}_0+\bar{\mathbf{C}}_{1i}\dot{\boldsymbol{X}}_0+\bar{\mathbf{K}}_{1i}\boldsymbol{X}_0),\ i=1,\ \cdots,\ n \tag{4.151}$$

$$
\begin{aligned}
&\mathbf{M}_0\ddot{\boldsymbol{X}}_{2ij}+\mathbf{C}_0\dot{\boldsymbol{X}}_{2ij}+\mathbf{K}_0\boldsymbol{X}_{2ij} \\
&=-2[\bar{\mathbf{M}}_{1i}\ddot{\boldsymbol{X}}_{1j}+\bar{\mathbf{C}}_{1i}\dot{\boldsymbol{X}}_{1j}+\bar{\mathbf{K}}_{1i}\boldsymbol{X}_{1j}+\delta_{ij}(\bar{\mathbf{M}}_{2i}\ddot{\boldsymbol{X}}_0+\bar{\mathbf{C}}_{2i}\dot{\boldsymbol{X}}_0+\bar{\mathbf{K}}_{2i}\boldsymbol{X}_0)],\ i,\ j=1,\ \cdots,\ n
\end{aligned} \tag{4.152}
$$

其中 δ_{ij} 是克罗内克 δ 记号

$$\delta_{ij}=\begin{cases}1, & i=j \\ 0, & i\neq j\end{cases} \tag{4.153}$$

显然，应求解全部 n^2+n+1 个方程以获得二阶摄动解。在引入相关结构分解技术后，仅需要求解 q^2+q+1 个方程[参见式(4.137)]。这里 q 是独立随机变量子集的基数。

原则上，时域分析方法、频域分析方法或模态叠加法都可以用来求解摄动方程。然

而，当结构的自由度相当大时，采用模态叠加法求解该问题可以显著降低计算量。注意，式(4.150)至式(4.152)左边的运算是相同的，只需要求解下述确定性特征值问题

$$(\mathbf{K}_0 - \lambda \mathbf{M}_0)\boldsymbol{\psi} = \mathbf{0} \tag{4.154}$$

它本质上是一个确定性特征值问题，因此，可以采用一般的特征值算法获得特征值 λ_j 和特征向量 $\boldsymbol{\psi}_j$ (Golub & van Loan, 1996)。

在获得特征值和特征向量的具体数目(如取 m 个)后，式(4.150)至式(4.152)的响应可以分别近似为

$$\boldsymbol{X}_0 = \sum_{l=1}^{m} \boldsymbol{\psi}_l x_{0,l} \tag{4.155}$$

$$\boldsymbol{X}_{1i} = \sum_{l=1}^{m} \boldsymbol{\psi}_l x_{1i,l} \tag{4.156}$$

$$\boldsymbol{X}_{2ij} = \sum_{l=1}^{m} \boldsymbol{\psi}_l x_{2ij,l} \tag{4.157}$$

将其代入式(4.150)至式(4.152)，并考虑特征向量 $\boldsymbol{\psi}_l$ 关于 $\mathbf{M}_0$ 和 $\mathbf{K}_0$ 的正交性条件，可导得下述解耦的递推方程

$$m_l^* \ddot{x}_{0,l} + c_l^* \dot{x}_{0,l} + k_l^* x_{0,l} = f_l^*(t),\ l = 1, \cdots, m \tag{4.158}$$

$$m_l^* \ddot{x}_{1i,l} + c_l^* \dot{x}_{1i,l} + k_l^* x_{1i,l} = f_{1i,l}^*,\ l = 1, \cdots, m,\ i = 1, \cdots, n \tag{4.159}$$

$$m_l^* \ddot{x}_{2ij,l} + c_l^* \dot{x}_{2ij,l} + k_l^* x_{2ij,l} = f_{2ij,l}^*,\ l = 1, \cdots, m,\ i,\ j = 1, \cdots, n \tag{4.160}$$

其中

$$m_l^* = \boldsymbol{\psi}_l^{\mathrm{T}} \mathbf{M}_0 \boldsymbol{\psi}_l \tag{4.161}$$

$$c_l^* = \boldsymbol{\psi}_l^{\mathrm{T}} \mathbf{C}_0 \boldsymbol{\psi}_l \tag{4.162}$$

$$k_l^* = \boldsymbol{\psi}_l^{\mathrm{T}} \mathbf{K}_0 \boldsymbol{\psi}_l \tag{4.163}$$

$$f_l^*(t) = \boldsymbol{\psi}_l^{\mathrm{T}} \boldsymbol{F}(t) \tag{4.164}$$

$$f_{1i,l}^* = -\boldsymbol{\psi}_l^{\mathrm{T}} (\bar{\mathbf{M}}_{1i} \ddot{\boldsymbol{X}}_0 + \bar{\mathbf{C}}_{1i} \dot{\boldsymbol{X}}_0 + \bar{\mathbf{K}}_{1i} \boldsymbol{X}_0) \tag{4.165}$$

$$f_{2ij,l}^* = -2\boldsymbol{\psi}_l^{\mathrm{T}} [\bar{\mathbf{M}}_{1i} \ddot{\boldsymbol{X}}_{1j} + \bar{\mathbf{C}}_{1i} \dot{\boldsymbol{X}}_{1j} + \bar{\mathbf{K}}_{1i} \boldsymbol{X}_{1j} + \delta_{ij} (\bar{\mathbf{M}}_{2i} \ddot{\boldsymbol{X}}_0 + \bar{\mathbf{C}}_{2i} \dot{\boldsymbol{X}}_0 + \bar{\mathbf{K}}_{2i} \boldsymbol{X}_0)] \tag{4.166}$$

在获得上述摄动方程的所有零阶、一阶和二阶的解后，很容易算得位移响应的均值和协方差。根据式(4.149)，位移响应的均值为

$$\mathrm{E}(\boldsymbol{X}) = \boldsymbol{X}_0 + \frac{1}{2} \sum_{i=1}^{n} \sum_{j=1}^{n} \boldsymbol{X}_{2ij} \mathrm{E}(\zeta_i \zeta_j) \tag{4.167}$$

而位移响应的协方差矩阵为

$$\begin{aligned}\operatorname{cov}(\boldsymbol{X},\boldsymbol{X})=&\sum_{i=1}^{n}\sum_{j=1}^{n}\boldsymbol{X}_{1i}\boldsymbol{X}_{1j}^{\mathrm{T}}\mathrm{E}(\zeta_i\zeta_j)\\&+\frac{1}{2}\sum_{i=1}^{n}\sum_{j=1}^{n}\sum_{k=1}^{n}(\boldsymbol{X}_{1i}\boldsymbol{X}_{2jk}^{\mathrm{T}}+\boldsymbol{X}_{2ij}\boldsymbol{X}_{1k}^{\mathrm{T}})\mathrm{E}(\zeta_i\zeta_j\zeta_k)\\&+\frac{1}{4}\sum_{i=1}^{n}\sum_{j=1}^{n}\sum_{k=1}^{n}\sum_{l=1}^{n}\boldsymbol{X}_{2ij}\boldsymbol{X}_{2kl}^{\mathrm{T}}[\mathrm{E}(\zeta_i\zeta_j\zeta_k\zeta_l)-\mathrm{E}(\zeta_i\zeta_j)\mathrm{E}(\zeta_k\zeta_l)]\end{aligned}\tag{4.168}$$

其中分量 $\operatorname{cov}(X_s, X_r)$ 表示第 s 个和第 r 个自由度的位移之间的协方差。

通过引入相关分解技术,上述数字特征会进一步简化。在此情况下,式(4.149)可以转化为

$$\boldsymbol{X}=\boldsymbol{X}_0+\sum_{i=1}^{q}\boldsymbol{X}_{1i}\zeta_i+\frac{1}{2}\sum_{i=1}^{q}\sum_{j=1}^{q}\boldsymbol{X}_{2ij}\zeta_i\zeta_j+\cdots\tag{4.169}$$

由变量 ζ_i 和 ζ_j 之间的独立性,并注意到 $\mathrm{E}(\zeta_i^2)=1$,有

$$\mathrm{E}(\zeta_i\zeta_j)=\begin{cases}1, & i=j\\0, & i\neq j\end{cases}\tag{4.170}$$

$$\mathrm{E}\left(\prod_{s=1}^{n}\zeta_s\right)=\prod_{s=1}^{n}\mathrm{E}(\zeta_s)\tag{4.171}$$

因此,考虑二阶截断的位移向量的均值向量和协方差矩阵分别为

$$\mathrm{E}(\boldsymbol{X})=\boldsymbol{X}_0+\frac{1}{2}\sum_{i=1}^{q}\boldsymbol{X}_{2ii}\tag{4.172}$$

$$\operatorname{cov}(\boldsymbol{X},\boldsymbol{X})=\sum_{i=1}^{q}\boldsymbol{X}_{1i}\boldsymbol{X}_{1i}^{\mathrm{T}}\tag{4.173}$$

同理,也可以得到其他响应的数字特征过程,如速度和加速度等。

在某些情形下,可能会对时程中任意两个时刻响应之间的协方差特性感兴趣。可以采用下述协方差函数矩阵刻画该特性

$$\mathbf{R}=\begin{pmatrix}\operatorname{cov}(X_{t_1}, X_{t_1}) & \operatorname{cov}(X_{t_1}, X_{t_2}) & \cdots & \operatorname{cov}(X_{t_1}, X_{t_N})\\\operatorname{cov}(X_{t_2}, X_{t_1}) & \operatorname{cov}(X_{t_2}, X_{t_2}) & \cdots & \operatorname{cov}(X_{t_2}, X_{t_N})\\\vdots & \vdots & \ddots & \vdots\\\operatorname{cov}(X_{t_N}, X_{t_1}) & \operatorname{cov}(X_{t_N}, X_{t_2}) & \cdots & \operatorname{cov}(X_{t_N}, X_{t_N})\end{pmatrix}\tag{4.174}$$

其中 $X_{t_i}=X(t_i)$,下标 t_i 表示时刻 $(i=1, \cdots, N)$,N 是所考察时刻的数量。上述协方差矩阵的分量可以类似于式(4.168)来估计。

4.4.6　久期项问题

注意到,动力摄动方程左边的运算形式都是相同的。这为求解动力摄动方程提供了

便利，但也带来了本质上的缺陷。在实际计算中发现，相比于蒙特卡罗模拟的结果，摄动方法给出的均值和方差仅在初始时刻后的短时间段内适用。随着时间的增加，结果的精度会迅速变差(Liu et al.，1988)。图 4.9 显示了**单自由度**(single-degree-of-freedom，SDOF)随机系统的一些结果。可见，二阶摄动的结果甚至比一阶摄动的还差。这一现象称为久期项问题。经过仔细分析会发现，导致上述现象的根本原因在于引入了伪共振输入，而这在实际振动过程中是不存在的。

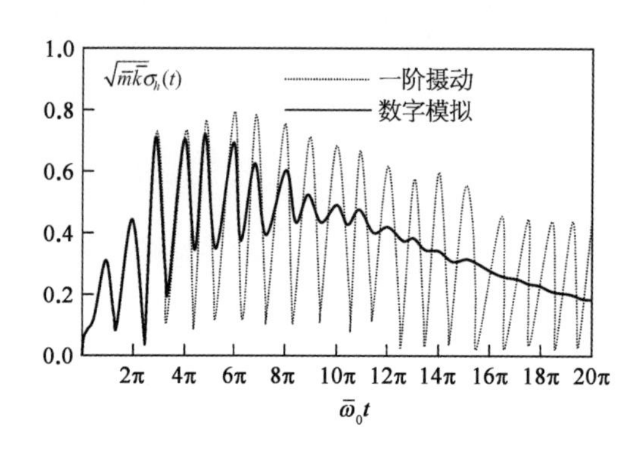

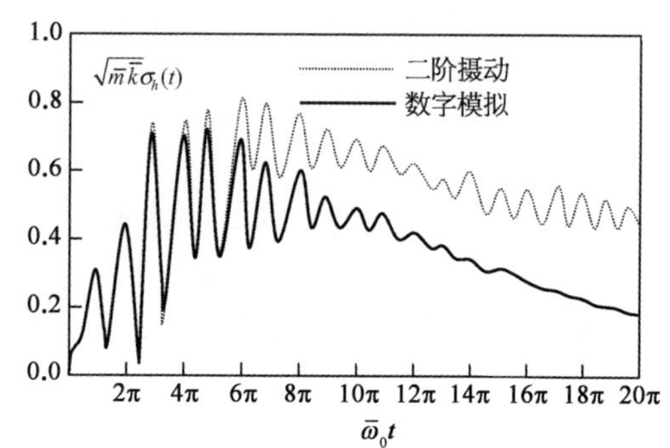

图 4.9　随机响应过程的标准差

实际上，式(4.158)至式(4.160)的系统传递函数①均为

$$H_l(\omega)=\frac{1}{\omega_{0l}^2-\omega^2+2\mathrm{i}\xi_l\omega_{0l}\omega},\ l=1,\ \cdots,\ m \tag{4.175}$$

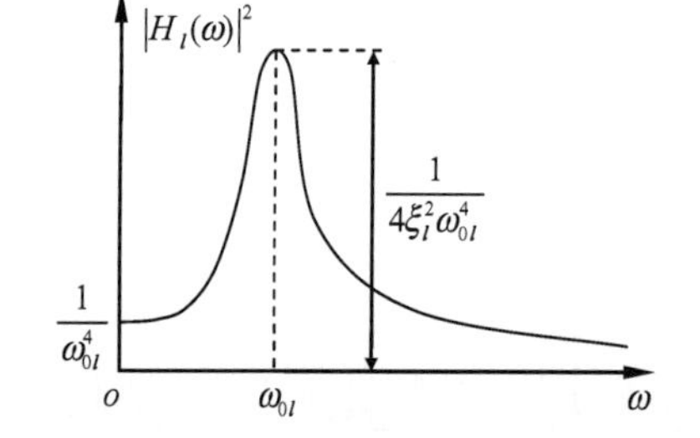

图 4.10　$|H(\omega)|^2$ 示意图

其中 i 是虚数单位；

$$\omega_{0l}^2=\frac{k_l^*}{m_l^*} \tag{4.176}$$

$$\xi_l=\frac{c_l^*}{2m_l^*\omega_{0l}} \tag{4.177}$$

传递函数的幅值如图 4.10 所示。

对式(4.158)至式(4.160)关于 t 进行傅里叶变换，有

$$x_{0,\,l}(\omega)=H_l(\omega)f_l^*(\omega),\ l=1,\ \cdots,\ m \tag{4.178}$$

$$x_{1i,\,l}(\omega)=H_l(\omega)f_{1i,\,l}^*(\omega),\ l=1,\ \cdots,\ m,\ i=1,\ \cdots,\ n \tag{4.179}$$

$$x_{2ij,\,l}(\omega)=H_l(\omega)f_{2ij,\,l}^*(\omega),\ l=1,\ \cdots,\ m,\ i,\ j=1,\ \cdots,\ n \tag{4.180}$$

由图 4.10 容易发现，当阻尼较小时，接近系统频率 ω_{0l} 的输入成分会被放大，而远离 ω_{0l} 的那些成分会被抑制。这一放大效应正是出现久期项的根本原因。

---

① 系统传递函数也称为频响函数，它反映了输入(激励)和输出(响应)的傅里叶谱之间的关系。详见 Clough 和 Penzien(1993)。随后在 5.3 节中也会进行阐述。

在这一分析的基础上，一些学者建议采用滤波限制久期项的影响(Liu et al., 1988)。这一修正方案的关键是将得到的零阶摄动解 $\boldsymbol{X}_0(t)$ 转换到频域，即

$$\boldsymbol{X}_0(\omega)=\int_{-\infty}^{\infty}\boldsymbol{X}_0(t)e^{-i\omega t}\mathrm{d}t \tag{4.181}$$

然后采用区间函数过滤出 $\boldsymbol{X}_0(\omega)$ 的每一个区间成分，即取

$$\hat{\boldsymbol{X}}_0(\omega)=\sum_{l=1}^{m}w_l(\omega)\boldsymbol{X}_0(\omega) \tag{4.182}$$

其中窗函数 $w_l(\omega)$ 可以取如下任意形式：

(1) 三角窗

$$w_l(\omega)=\frac{|\,w_{0l}-\omega\,|}{\Delta\omega} \tag{4.183}$$

(2) 余弦窗

$$w_l(\omega)=1-\cos\frac{\pi(\omega_{0l}-\omega)}{2\Delta\omega} \tag{4.184}$$

式中：$\Delta\omega$ 是区间的带宽。

取 $\hat{\boldsymbol{X}}_0(\omega)$ 的傅里叶逆变换可得

$$\hat{\boldsymbol{X}}_0(t)=\frac{1}{2\pi}\int_{-\infty}^{\infty}\hat{\boldsymbol{X}}_0(\omega)e^{i\omega t}\mathrm{d}\omega \tag{4.185}$$

在 $\hat{\boldsymbol{X}}_0(t)$ 的基础上，可以计算 $f_{1i,l}^{*}$，然后可以获得一阶摄动解。在获得一阶摄动解后，可用相似的途径过滤 $\boldsymbol{X}_1(t)$，然后求解二阶摄动。

上述修正方案仍存在一些缺点：

(1) 选择区间带宽和窗函数没有客观的标准。实际上，不同的区间带宽可能导致完全不同的结果。

(2) 输入的真实信息由于过滤而人为消除了。因此，对于多自由度系统，尤其是频谱集中的系统，将导致输入失真。

因此，这一修正方案难以作为一个通用算法。正是这一困难，促使学者们寻找随机结构动力分析的新方法。下一节将讨论的正交展开方法，正是这些努力中的一个成果。

4.5　正交展开理论

4.5.1　正交分解和次序正交分解

第 2 章指出，若在随机函数空间中存在一组正交基函数，则该空间中任意函数可以在

这组基下展开为一组广义傅里叶级数。一般地，假设随机函数空间 $\mathcal{H}$ 中的概率测度为

$$\Pr\{\zeta \in \Omega_u\} = \int_{\Omega_u} p_\varsigma(u)\mathrm{d}u \tag{4.186}$$

式中：$p_\varsigma(u)$ 是 ζ 的概率密度函数；Ω_u 是对应于 ζ 的实测变量 u 的给定集合。这里采用 u 来表示 ζ 的样本值。

假设 $\{H_i(\zeta) \mid i = 0, 1, \cdots\}$ 是空间 $\mathcal{H}$ 中的标准正交函数，即任意两个函数满足

$$\int_\Omega p_\varsigma(u)H_m(u)H_n(u)\mathrm{d}u = \delta_{mn} \tag{4.187}$$

其中 δ_{mn} 是克罗内克记号；Ω 是实测变量 u 的定义域。

若空间 $\mathcal{H}$ 中两个任意随机函数的内积定义为[参见式(2.183)]

$$\langle f, g\rangle = \int_\Omega p_\varsigma(u)f(u)g(u)\mathrm{d}u \tag{4.188}$$

则根据内积可以给出空间 $\mathcal{H}$ 的模和距离

$$\| f(u) \| = \sqrt{\int_\Omega p_\varsigma(u)f^2(u)\mathrm{d}u} \tag{4.189}$$

$$d(f, g) = \sqrt{\int_\Omega p_\varsigma(u)[f(u) - g(u)]^2\mathrm{d}u} \tag{4.190}$$

由上述定义，若空间 $\mathcal{H}$ 中的柯西点列均收敛(这意味着空间 $\mathcal{H}$ 中的随机函数满足均方收敛条件)，则空间 $\mathcal{H}$ 中的任意函数可以在 $H_i(\zeta)$ 下展开，即

$$f(\zeta) = \sum_{i=0}^{\infty} a_i H_i(\zeta) \tag{4.191}$$

其中

$$a_i = \langle f, H_i\rangle = \int_\Omega p_\zeta(u)f(u)H_i(u)\mathrm{d}u \tag{4.192}$$

式(4.191)的表达称为单随机变量函数的正交展开。

正交展开可以推广到独立随机变量集合的场合。在这方面，根据生成正交多项式作为基函数的不同方式存在两种不同方法。第一种方法采用混沌多项式作为基函数，在 Ghanem 和 Spanos(1991)的著作中有很好的阐述，故不赘述。第二种方法是下述次序正交分解。

考虑随机向量

$$\boldsymbol{\zeta} = (\zeta_1, \cdots, \zeta_n) \tag{4.193}$$

注意第 2 章中讨论的随机向量的分解原则，假定随机变量 ζ_i 和 ζ_j 相互独立是合理的。因此，随机函数空间的概率测度可以定义为

$$\Pr\{\boldsymbol{\zeta} \in \Omega_u\} = \int_{\Omega_u} p_{\zeta}(\boldsymbol{u}) \mathrm{d}\boldsymbol{u} \tag{4.194}$$

其中 Ω_u 是对于 $\boldsymbol{u}$ 的给定集合。此外，

$$p_{\zeta}(\boldsymbol{u}) = \prod_{i=1}^{n} p_{\zeta_i}(u_i) \tag{4.195}$$

$$\boldsymbol{u} = (u_1,\ \cdots,\ u_n) \tag{4.196}$$

式中：$p_{\zeta_i}(u_i)$ 表示 ζ_i 的概率密度函数。

若存在一组函数 $\{H_l(\boldsymbol{\zeta}) \mid l = 0,\ 1,\ \cdots\}$ 满足关系

$$\int_{\Omega_u} p_{\zeta}(\boldsymbol{u}) H_l(\boldsymbol{u}) H_k(\boldsymbol{u}) \mathrm{d}\boldsymbol{u} = \delta_{lk} \tag{4.197}$$

式中：Ω_u 是 $\boldsymbol{u}$ 的定义域，则可以通过引入类似于式(4.188)的内积定义，将空间 $\mathcal{H}$ 看作希尔伯特空间。因此，空间中任意函数可以展开为如下形式

$$Y(\boldsymbol{\zeta}) = \sum_{l=0}^{\infty} x_l H_l(\boldsymbol{\zeta}) \tag{4.198}$$

其中

$$x_l = \int_{\Omega_u} p_{\zeta}(\boldsymbol{u}) Y(\boldsymbol{u}) H_l(\boldsymbol{u}) \mathrm{d}\boldsymbol{u} \tag{4.199}$$

该式称为关于独立随机变量函数集合的正交展开。

有许多方式来选择式(4.198)中的函数 $H_l(\boldsymbol{\zeta})$。例如，若随机函数 $Y(\boldsymbol{\zeta})$ 已知，则由 $Y(\boldsymbol{\zeta})$ 的相关分解得出的特征向量，通常可以用来作为一组基函数。然而，若随机函数未知，显然不能进行相关分解。尽管如此，若仅需要未知系数的分解表达，则可以采用 $\boldsymbol{\zeta}$ 集合中随机变量的独立性来构造随机函数 $H_l(\boldsymbol{\zeta})$。为达此目的，首先考虑对于随机变量 ζ_1 的分解

$$Y(\boldsymbol{\zeta}) = \sum_{l_1=0}^{\infty} X_{l_1}(\zeta_2,\ \zeta_3,\ \cdots,\ \zeta_n) H_{l_1}(\zeta_1) \tag{4.200}$$

其中

$$X_{l_1}(\zeta_2,\ \zeta_3,\ \cdots,\ \zeta_n) = \langle Y,\ H_{l_1} \rangle = \int_{\Omega_{u1}} p_{\zeta_1}(u_1) Y(u_1,\ \zeta_2,\ \zeta_3,\ \cdots,\ \zeta_n) H_{l_1}(u_1) \mathrm{d}u_1 \tag{4.201}$$

是比 $Y(\boldsymbol{\zeta})$ 低一维的随机函数；$\{H_{l_1}(\zeta_1) \mid l_1 = 0,\ 1,\ \cdots\}$ 表示对应于随机变量 ζ_1 的正交函数；Ω_{u_1} 表示实测变量 u_1 的定义域。

然后，考虑 $X_{l_1}(\zeta_2,\ \zeta_3,\ \cdots,\ \zeta_n)$ 对于随机变量 ζ_2 的分解

$$X_{l_1}(\zeta_2,\ \zeta_3,\ \cdots,\ \zeta_n) = \sum_{l_2=0}^{\infty} X_{l_1 l_2}(\zeta_3,\ \zeta_4,\ \cdots,\ \zeta_n) H_{l_2}(\zeta_2) \tag{4.202}$$

其中

$$X_{l_1 l_2}(\zeta_3, \zeta_4, \cdots, \zeta_n) = \langle X_{l_1}, H_{l_2} \rangle = \int_{\Omega_{u2}} p_{\zeta_2}(u_2) X_{l_1}(u_2, \zeta_3, \zeta_4, \cdots, \zeta_n) H_{l_2}(u_2) \mathrm{d}u_2 \tag{4.203}$$

是比 $Y(\boldsymbol{\zeta})$ 低两维的随机函数；$\{H_{l_2}(\zeta_2) \mid l_2 = 0, 1, \cdots\}$ 是对应于随机变量 ζ_2 的正交函数；Ω_{u2} 是实测变量 u_2 的定义域。

显然，可以用同样的方式进行分解直到 ζ_n，然后将其回代，给出

$$Y(\boldsymbol{\zeta}) = \sum_{l_1=0}^{\infty} \cdots \sum_{l_n=0}^{\infty} x_{l_1 \cdots l_n} H_{l_1}(\zeta_1) \cdots H_{l_n}(\zeta_n) \tag{4.204}$$

式中：$x_{l_1 \cdots l_n}$ 是一组确定性未知参数；$l_1 \cdots l_n$ 是下标矢量。

式(4.204)可以近似为有限级数

$$Y(\boldsymbol{\zeta}) = \sum_{l_1=0}^{N_1} \cdots \sum_{l_n=0}^{N_n} x_{l_1 \cdots l_n} H_{l_1}(\zeta_1) \cdots H_{l_n}(\zeta_n) = \sum_{\substack{0 \leqslant l_s \leqslant N_s \\ 1 \leqslant s \leqslant n}} x_{l_1 \cdots l_n} \prod_{s=1}^{n} H_{l_s}(\zeta_s) \tag{4.205}$$

上述分解过程称为随机函数 $Y(\boldsymbol{\zeta})$ 的次序正交分解(李杰，1995a，1996)。

4.5.2 扩阶系统方法

对于随机动力分析，次序正交分解的思想提供了建立一类扩阶系统方法的可能性。为了给出清楚的理论描述，本节首先在随机结构的静力分析框架下讨论该问题。

如 4.4 节所述，随机结构的力学特性矩阵可以表示为线性形式或截断级数形式。当仅考虑一类随机参数时，静力分析中结构刚度矩阵可以表达为[参见式(4.117)]

$$\mathbf{K} = \mathbf{K}_0 + \sum_{i=1}^{n} \mathbf{K}_i Z_i \tag{4.206}$$

其中 $\mathbf{K}_i$ 取决于随机因子的特性。即当随机因子是线性形式时，$\mathbf{K}_i$ 是相应的标准差系数矩阵；当因子是非线性形式时，$\mathbf{K}_i$ 是 $\mathbf{K}$ 对于随机因子的一阶导数矩阵。

通过引入相关分解技术，式(4.206)可以转化为[参见式(4.137)]

$$\mathbf{K} = \mathbf{K}_0 + \sum_{j=1}^{N_k} \mathbf{K}_j \zeta_j \tag{4.207}$$

相应的静力分析的控制方程为[参见式(4.48)]

$$\left(\mathbf{K}_0 + \sum_{j=1}^{N_k} \mathbf{K}_j \zeta_j\right) \boldsymbol{Y} = \boldsymbol{F} \tag{4.208}$$

次序正交分解的基本思想是，利用随机变量 ζ_j 的独立性将系统响应在抽象空间内依次展开为正交函数级数，即响应可以表达为

$$\boldsymbol{Y}(\boldsymbol{\zeta}) = \sum_{\substack{0 \leqslant l_j \leqslant N_j \\ 1 \leqslant j \leqslant N_k}} \boldsymbol{x}_{l_1 \cdots l_{N_k}} \prod_{j=1}^{N_k} H_{l_j}(\zeta_j) \tag{4.209}$$

式中：N_j 表示对应于随机变量 ζ_j 的基函数数量；$H_{l_j}(\zeta_j)$ 是对应于随机变量 ζ_j 的基函数，可以根据随机变量的概率分布选择正交多项式。例如，对于正态分布的随机变量，选用加权埃尔米特正交多项式；对于均匀分布的随机变量，选用勒让德多项式；等等（见附录 B）。

将式(4.209)代入式(4.208)，并进行一系列推导，将导出下式（见下一节）

$$\sum_{p=1}^{M} \mathbf{a}_{k,\,lp} \boldsymbol{x}_p = \boldsymbol{f}_l,\ l = 1,\ \cdots,\ M \tag{4.210}$$

其中

$$\mathbf{a}_{k,\,lp} = \mathbf{K}_0 \delta_{lp} + \sum_{j=1}^{N_k} \mathbf{K}_j (\gamma_{k_j - 1} \delta_{l-\mu_j,\,p} + \beta_{k_j} \delta_{lp} + \alpha_{k_j+1} \delta_{l+\mu_j,\,p}),\ 0 \leqslant k_j \leqslant N_j \tag{4.211}$$

$$\mu_j = \begin{cases} 1, & j = N_k \\ \prod_{i=1}^{N_k - j} (N_{N_k - i} + 1), & j < N_k \end{cases} \tag{4.212}$$

$$l = 1 + \sum_{j=1}^{N_k} k_j \prod_{i=j+1}^{N_k} (N_i + 1) \tag{4.213}$$

其中 α、β 和 γ 表示正交多项式的递推系数，在附录 B 中有讨论。

$$M = \prod_{i=1}^{N_k} (N_i + 1) \tag{4.214}$$

$$\boldsymbol{f} = \boldsymbol{f}_{k_1 \cdots k_{N_k}} = \boldsymbol{F} \prod_{i=1}^{N_k} \delta_{0 k_i} \tag{4.215}$$

式(4.210)可以简写为如下形式

$$\mathbf{A}_{\mathbf{K}} \boldsymbol{X}^{\mathrm{T}} = \boldsymbol{P}^{\mathrm{T}} \tag{4.216}$$

其中

$$\mathbf{A}_{\mathbf{K}} = \begin{pmatrix} a_{\mathbf{K},\,11} & a_{\mathbf{K},\,12} & \cdots & a_{\mathbf{K},\,1M} \\ a_{\mathbf{K},\,21} & a_{\mathbf{K},\,22} & \cdots & a_{\mathbf{K},\,2M} \\ \vdots & \vdots & \ddots & \vdots \\ a_{\mathbf{K},\,M1} & a_{\mathbf{K},\,M2} & \cdots & a_{\mathbf{K},\,MM} \end{pmatrix} \tag{4.217}$$

$$\boldsymbol{X}^{\mathrm{T}} = (\boldsymbol{x}_1,\ \cdots,\ \boldsymbol{x}_M)^{\mathrm{T}} \tag{4.218}$$

$$\boldsymbol{P}^{\mathrm{T}} = (\boldsymbol{f}_1,\ \cdots,\ \boldsymbol{f}_M)^{\mathrm{T}} \tag{4.219}$$

注意，式(4.216)已经转化为确定性方程，可以用一般代数方程求解的方法求解。原

系统的自由度数为 n，而式(4.216)中未知量数量扩大为 nM。这正是式(4.216)称为原系统的扩阶方程的原因。

注意

$$\boldsymbol{x}_p = \boldsymbol{x}_{l_1 \cdots l_{N_k}} \tag{4.220}$$

则一旦由式(4.216)获得 $\boldsymbol{X}$，其可以回代入式(4.209)。由此，随机系统响应的均值与协方差可以根据正交多项式的特性容易地获得。例如，可以通过引入 $\prod_{j=1}^{N_k} H_0(\zeta_j)$ 计算系统响应的均值，注意到如下特性

$$H_0(\zeta_j) = 1,\ j = 1,\ \cdots,\ N_k \tag{4.221}$$

将式(4.209)两边乘以 $\prod_{j=1}^{N_k} H_0(\zeta_j)$，得

$$\boldsymbol{Y}(\boldsymbol{\zeta}) = \sum_{\substack{0 \leqslant l_j \leqslant N_j \\ 1 \leqslant j \leqslant N_k}} \boldsymbol{x}_{l_1 \cdots l_{N_k}} \left[\prod_{j=1}^{N_k} H_0(\zeta_j)\right]\left[\prod_{j=1}^{N_k} H_{l_j}(\zeta_j)\right] \tag{4.222}$$

通过对上式两边取期望运算，并考虑如下关系

$$\mathrm{E}[H_0(\zeta_j) H_{l_j}(\zeta_j)] = \begin{cases} 0, & l_j \neq 0 \\ 1, & l_j = 0 \end{cases} \tag{4.223}$$

则有

$$\mathrm{E}[\boldsymbol{Y}(\boldsymbol{\zeta})] = \boldsymbol{x}_{0 \cdots 0} \tag{4.224}$$

同时，随机响应的协方差矩阵为

$$\mathrm{cov}(\boldsymbol{Y},\ \boldsymbol{Y}) = \mathrm{E}(\boldsymbol{Y}\boldsymbol{Y}^{\mathrm{T}}) - \mathrm{E}(\boldsymbol{Y})\mathrm{E}(\boldsymbol{Y}^{\mathrm{T}}) \tag{4.225}$$

其中

$$\mathrm{E}(\boldsymbol{Y}\boldsymbol{Y}^{\mathrm{T}}) = \mathrm{E}\left\{\left[\sum_{\substack{0 \leqslant l_j \leqslant N_j \\ 1 \leqslant j \leqslant N_k}} \boldsymbol{x}_{l_1 \cdots l_{N_k}} \prod_{j=1}^{N_k} H_{l_j}(\zeta_j)\right]\left[\sum_{\substack{0 \leqslant K_j \leqslant N_j \\ 1 \leqslant j \leqslant N_k}} \boldsymbol{x}_{k_1 \cdots k_{N_k}}^{\mathrm{T}} \prod_{j=1}^{N_k} H_{k_j}(\zeta_j)\right]\right\} \tag{4.226}$$

由于有

$$\mathrm{E}\left\{\left[\prod_{j=1}^{N_k} H_{l_j}(\zeta_j)\right]\left[\prod_{j=1}^{N_k} H_{k_j}(\zeta_j)\right]\right\} = \begin{cases} 1, & l_j = k_j \\ 0, & l_j \neq k_j \end{cases} \tag{4.227}$$

式(4.226)变为

$$\mathrm{E}(\boldsymbol{Y}\boldsymbol{Y}^{\mathrm{T}}) = \sum_{\substack{0 \leqslant l_j \leqslant N_j \\ 1 \leqslant j \leqslant N_k}} \boldsymbol{x}_{l_1 \cdots l_{N_k}} \boldsymbol{x}_{l_1 \cdots l_{N_k}}^{\mathrm{T}} \tag{4.228}$$

考察式(4.224)，将式(4.228)代入式(4.225)，得

$$\mathrm{cov}(\boldsymbol{Y},\boldsymbol{Y})=\sum_{\substack{0\leqslant l_j\leqslant N_j\\1\leqslant j\leqslant N_k}}\boldsymbol{x}_{l_1\cdots l_{N_k}}\boldsymbol{x}^{\mathrm{T}}_{l_1\cdots l_{N_k}}-\boldsymbol{x}_{0\cdots0}\boldsymbol{x}^{\mathrm{T}}_{0\cdots0} \tag{4.229}$$

注意，上式本质上是矩阵方程。可以由矩阵的对角元给出响应方差

$$\mathrm{Var}(Y_j)=\sum_{\substack{0\leqslant l_j\leqslant N_j\\1\leqslant j\leqslant N_k}}x^2_{l_1\cdots l_{N_k},j}-x^2_{0\cdots0,j},\ j=1,\cdots,n \tag{4.230}$$

式中：$x_{l_1\cdots l_{N_k},j}(j=1,\cdots,n)$ 是 $\boldsymbol{x}_{l_1\cdots l_{N_k}}$ 的第 j 个分量。

由上述推导可知，一旦由确定性扩阶代数方程得到正交分解的待定系数，就可以通过正交函数的特性获得随机结构响应的数字特征。在本书中，该方法称为随机结构分析的**扩阶系统方法**(order-expanded system method，OEM)。

一些细心的读者可能已经发现，式(4.213)的表达与下标矢量元的排列方式有关。实际上，该表达是基于“倒序遍历”的规则排列下标矢量。这意味着，若考虑如下矩阵排列顺序

$$\begin{matrix} l_1 & & l_{N_k} \end{matrix}$$
$$\begin{pmatrix} 0 & & 0\\ 1 & & 1\\ \vdots & \cdots & \vdots\\ N_1 & & N_k \end{pmatrix}$$

则相应下标的阶数可由如下方式确定：使 N_k 依次递增而将其他变量赋为零，在遍历 l_{N_k} 后，取 $l_{N_k-1}=1$，再依次遍历 l_{N_k}。当遍历完 l_{N_k-1} 后，将 l_{N_k-2} 赋为 1。继续依次运算，可以获得扩阶系统方程(4.210)中 $\boldsymbol{x}_l$ 和 $\boldsymbol{f}_l$ 的排列序列。应特别注意，这里的 $\boldsymbol{x}_l$ 和 $\boldsymbol{f}_l$ 是 n 元向量，其中 n 是原系统的自由度数，而 $\mathbf{a_K}$ 同样是 $n\times n$ 矩阵。

4.5.3　扩阶系统方法的证明

本节通过数学归纳法给出扩阶系统方程(4.210)的证明。

首先，考虑 $N_k=1$ 的情形，即随机结构中仅包含一个随机变量。对 $\boldsymbol{Y}$ 在 ζ_1 上进行正交分解，有

$$\boldsymbol{Y}=\sum_{l_1=0}^{N_1}\boldsymbol{x}_{l_1}H_{l_1}(\zeta_1) \tag{4.231}$$

式中：N_1 是随机变量 ζ_1 上的展开阶数。

将上式代入式(4.208)，取 $N_k=1$，得

$$\boldsymbol{F}=(\mathbf{K}_0+\mathbf{K}_1\zeta_1)\sum_{l_1=0}^{N_1}\boldsymbol{x}_{l_1}H_{l_1}(\zeta_1)=\sum_{l_1=0}^{N_1}(\mathbf{K}_0+\mathbf{K}_1\zeta_1)\boldsymbol{x}_{l_1}H_{l_1}(\zeta_1) \tag{4.232}$$

将上式两边乘以 $H_{k_1}(\zeta_1)$，并利用关于 $\zeta_1 H_{l_1}(\zeta_1)$ 的递归关系[参见式(B.15)]，得到

$$\begin{aligned}\boldsymbol{F}H_{k_1}(\zeta_1) &= \sum_{l_1=0}^{N_1}\mathbf{K}_0\boldsymbol{x}_{l_1}H_{k_1}(\zeta_1)H_{l_1}(\zeta_1)\\ &\quad+\sum_{l_1=0}^{N_1}\mathbf{K}_1\boldsymbol{x}_{l_1}H_{k_1}(\zeta_1)[\alpha_{l_1}H_{l_1-1}(\zeta_1)+\beta_{l_1}H_{l_1}(\zeta_1)+\gamma_{l_1}H_{l_1+1}(\zeta_1)]\end{aligned} \tag{4.233}$$

将上式两边对 ζ_1 取期望运算[这等价于式(4.188)的内积]，利用式(4.221)与如下关系

$$\mathrm{E}(H_{k_1}H_{l_1-1})=\begin{cases}1, & l_1-1=k_1\\ 0, & l_1-1\neq k_1\end{cases} \tag{4.234}$$

$$\mathrm{E}(H_{k_1}H_{l_1})=\begin{cases}1, & l_1=k_1\\ 0, & l_1\neq k_1\end{cases} \tag{4.235}$$

$$\mathrm{E}(H_{k_1}H_{l_1+1})=\begin{cases}1, & l_1+1=k_1\\ 0, & l_1+1\neq k_1\end{cases} \tag{4.236}$$

则可以导出

$$\begin{aligned}\boldsymbol{F}\delta_{0k_1} &= \mathbf{K}_0\boldsymbol{x}_{k_1}+\mathbf{K}_1(\alpha_{k_1+1}\boldsymbol{x}_{k_1+1}+\beta_{k_1}\boldsymbol{x}_{k_1}+\gamma_{k_1-1}\boldsymbol{x}_{k_1-1})\\ &=\alpha_{k_1+1}\mathbf{K}_1\boldsymbol{x}_{k_1+1}+(\mathbf{K}_0+\beta_{k_1}\mathbf{K}_1)\boldsymbol{x}_{k_1}+\gamma_{k_1-1}\mathbf{K}_1\boldsymbol{x}_{k_1-1},\ k_1=0,\ 1,\ \cdots,\ N_1\end{aligned} \tag{4.237}$$

上式可以表达为矩阵形式

$$\sum_{p=1}^{N_1+1}\mathbf{a}_{k_1p}\boldsymbol{x}_p=\boldsymbol{f}_{k_1} \tag{4.238}$$

其中

$$\mathbf{a}_{k_1p}=\mathbf{K}_0\delta_{k_1p}+\mathbf{K}_1(\gamma_{k_1-1}\delta_{k_1-1,\ p}+\beta_{k_1}\delta_{k_1p}+\alpha_{k_1+1}\delta_{k_1+1,\ p}) \tag{4.239}$$

注意，式(4.238)的系数矩阵是三对角的。

显然，式(4.211)和式(4.239)是等价的。而当 $N_k=1$ 时，式(4.237)的左边和式(4.215)是相同的。由此证明，当仅包含单一随机变量时，扩阶系统方程成立。

现在，假设当包含 $n-1$ 个独立随机变量 $(n-1<N_k)$ 时，扩阶系统方程成立，即存在如下扩阶方程

$$\sum_{s=1}^{M_{n-1}}\mathbf{a}_{rs}\boldsymbol{x}_s=\boldsymbol{f}_{k_1\cdots k_{n-1}} \tag{4.240}$$

其中

$$M_{n-1}=\prod_{i=1}^{n-1}(N_i+1) \tag{4.241}$$

$$\mathbf{a}_{rs} = \mathbf{K}_0 \delta_{rs} + \sum_{j=1}^{n-1} \mathbf{K}_j (\gamma_{k_j-1} \delta_{r-\lambda_j, s} + \beta_{k_j} \delta_{rs} + \alpha_{k_j+1} \delta_{r+\lambda_j, s}) \tag{4.242}$$

$$\lambda_j = \begin{cases} 1, & j = n-1 \\ \prod_{i=1}^{n-j-1} (N_{n-i-1} + 1), & j < n-1 \end{cases} \tag{4.243}$$

$$r = 1 + \sum_{j=1}^{n-1} k_j \prod_{i=j+1}^{n-1} (N_j + 1) \tag{4.244}$$

$$\boldsymbol{x}_s = \boldsymbol{X}_{l_1 \cdots l_{n-1}} \tag{4.245}$$

$$\boldsymbol{f}_{k_1 \cdots k_{n-1}} = \boldsymbol{F} \prod_{j=1}^{n-1} \delta_{0k_j} \tag{4.246}$$

然后，考虑 n 个独立随机变量下扩阶系统的情况，其中 $\mathbf{Y}$ 在前 $n-1$ 个随机变量上的正交分解可以表达为

$$\mathbf{Y}(\boldsymbol{\zeta}) = \sum_{\substack{0 \leqslant l_j \leqslant N_j \\ 1 \leqslant j \leqslant n-1}} \boldsymbol{X}_{l_1 \cdots l_{n-1}} (\zeta_n) \prod_{j=1}^{n-1} H_{l_j} (\zeta_j) \tag{4.247}$$

根据式(4.240)至式(4.246)，上述展开可导出如下扩阶方程

$$\sum_{s=1}^{M_{n-1}} \tilde{\mathbf{a}}_{rs} \boldsymbol{x}_s (\zeta_n) = \boldsymbol{f}_{k_1 \cdots k_{n-1}} \tag{4.248}$$

其中

$$\tilde{\mathbf{a}}_{rs} = \mathbf{a}_{rs} + \mathbf{K}_n (\zeta_n) \delta_{rs} \tag{4.249}$$

$$\boldsymbol{x}_s (\zeta_n) = \boldsymbol{X}_{l_1 \cdots l_{n-1}} (\zeta_n) \tag{4.250}$$

通过利用前述随机函数空间中次序正交分解的思想，式(4.250)中的 $\boldsymbol{x}_s(\zeta_n)$ 可以进一步作关于第 n 个随机变量的分解，即

$$\boldsymbol{x}_s (\zeta_n) = \sum_{l_n=0}^{N_n} \boldsymbol{x}_{l_1 \cdots l_n} H_{l_n} (\zeta_n) \tag{4.251}$$

将其代入(4.248)，两边乘以 $H_{k_n}(\zeta_n)$，并利用 $\zeta_n H_{k_n}(\zeta_n)$ 的递归关系与正交基函数的特性，对两边关于 ζ_n 做类似于式(4.188)的内积运算，将得到

$$\boldsymbol{f}_{k_1 \cdots k_{n-1}} \delta_{0k_n} = \sum_{s=1}^{M_{n-1}} [\tilde{\mathbf{a}}_{rs} \boldsymbol{x}_{l_1 \cdots l_n} + \mathbf{K}_n (\alpha_{k_n+1} \boldsymbol{x}_{l_1 \cdots l_{n-1} k_n+1} + \beta_{k_n} \boldsymbol{x}_{l_1 \cdots l_{n-1} k_n} + \gamma_{k_n-1} \boldsymbol{x}_{l_1 \cdots l_{n-1} k_n-1}) \delta_{rs}] \tag{4.252}$$

注意上式中 k_n 从 0 至 N_n 变化，所以，若采用如下标记

$$\boldsymbol{x}_{l_1 \cdots l_{n-1} k_n} = \boldsymbol{z}_m$$

并引入

$$\boldsymbol{f}_{k_1\cdots k_{n-1}}\delta_{0k_n}=\boldsymbol{f}_{k_1\cdots k_n} \tag{4.253}$$

则式(4.252)可以表达为矩阵形式

$$\sum_{m=1}^{N_n+1}(\mathbf{a}_{im})_{rs}\boldsymbol{z}_m=\boldsymbol{f}_{k_1\cdots k_n} \tag{4.254}$$

其中

$$\begin{aligned}(\mathbf{a}_{im})_{rs}=\sum_{s=1}^{M_{n-1}}\Big[&\mathbf{K}_0\delta_{rs}\delta_{im}+\mathbf{K}_n(\gamma_{k_n-1}\delta_{i-1,\,m}+\beta_{k_n}\delta_{im}+\alpha_{k_n+1}\delta_{i+1,\,m})\delta_{rs}\\&+\sum_{j=1}^{n-1}\mathbf{K}_j(\gamma_{k_j-1}\delta_{r-\lambda_j,\,s}+\beta_{k_j}\delta_{rs}+\alpha_{k_j+1}\delta_{r+\lambda_j,\,s})\delta_{im}\Big]\end{aligned} \tag{4.255}$$

令

$$\mathbf{a}_{lp}=(\mathbf{a}_{im})_{rs} \tag{4.256}$$

则根据矩阵的排列形式,存在下述关系

$$l=(r-1)(N_n+1)+i \tag{4.257}$$

$$p=(s-1)(N_n+1)+m \tag{4.258}$$

可以证明

$$\delta_{rs}\delta_{im}=\delta_{lp} \tag{4.259}$$

用类似方式,令

$$\delta_{i-1,\,m}\delta_{rs}=\delta_{l-\mu_n,\,p} \tag{4.260}$$

$$\delta_{i+1,\,m}\delta_{rs}=\delta_{l+\mu_n,\,p} \tag{4.261}$$

$$\delta_{im}\delta_{r-\lambda_j,\,s}=\delta_{l-\mu_j,\,p} \tag{4.262}$$

$$\delta_{im}\delta_{r+\lambda_j,\,s}=\delta_{l+\mu_j,\,p} \tag{4.263}$$

则由上述等式及式(4.257)和式(4.258),有

$$\mu_n=1 \tag{4.264}$$

$$\mu_j=\lambda_j(N_n+1) \tag{4.265}$$

因此,式(4.254)可以重新整理为

$$\sum_{l=1}^{M_n}\mathbf{a}_{lp}\boldsymbol{x}_p=\boldsymbol{f}_l \tag{4.266}$$

其中

$$M_n=\prod_{i=1}^{n}(N_i+1) \tag{4.267}$$

$$\mathbf{a}_{lp} = \mathbf{K}_0 \delta_{lp} + \sum_{j=1}^{n} \mathbf{K}_j (\gamma_{k_j-1} \delta_{l-\mu_j, p} + \beta_{k_j} \delta_{lp} + \alpha_{k_j+1} \delta_{l+\mu_j, p}) \tag{4.268}$$

其中

$$\mu_j = \begin{cases} 1, & j = n \\ \prod_{i=1}^{n-j} (N_{n-i} + 1), & j < n \end{cases} \tag{4.269}$$

$$l = 1 + \sum_{j=1}^{n} k_j \prod_{i=j+1}^{n} (N_i + 1) \tag{4.270}$$

当 $N_k = n$ 时，式(4.267)和式(4.211)等价，而式(4.253)和式(4.215)等价。由此证明，当考虑 n 个随机变量时，扩阶矩阵和荷载向量的表达也是成立的。

由前述论证可知，不仅当 $N_k = 1$ 时，扩阶系统的结论是成立的，而且，若假设当 $N_k = n-1$ 时扩阶系统成立，则可证明当 $N_k = n$ 时，结论成立。根据数学归纳法的原理，上一节给出的扩阶系统是成立的。

4.5.4　动力分析

当随机动力矩阵可表达为关于基本随机变量的线性形式，且这一表达可以采用相关分解技术简化时，式(4.65)可以写为

$$\left(\mathbf{M}_0 + \sum_{j=1}^{N_M} \mathbf{M}_j \zeta_j\right) \ddot{\mathbf{Y}} + \left(\mathbf{C}_0 + \sum_{j=1}^{N_C} \mathbf{C}_j \zeta_j\right) \dot{\mathbf{Y}} + \left(\mathbf{K}_0 + \sum_{j=1}^{N_K} \mathbf{K}_j \zeta_j\right) \mathbf{Y} = \boldsymbol{F}(t) \tag{4.271}$$

式中：N_M、N_C 和 N_K 分别表示随机质量、阻尼和刚度矩阵中独立随机变量的数量。根据这一章的相关内容，上式中的其他符号不难理解。

为了表述的方便，引入如下符号

$$\mathbf{A}_{Ms} = \begin{cases} \mathbf{M}_j, & s \leqslant N_M, \\ \mathbf{0}, & s > N_M, \end{cases} \quad j = s \tag{4.272}$$

$$\mathbf{A}_{Cs} = \begin{cases} \mathbf{0}, & s \leqslant N_M, \\ \mathbf{C}_j, & N_M < s \leqslant N_M + N_C, \; j = s - N_M \\ \mathbf{0}, & s > N_M + N_C, \end{cases} \tag{4.273}$$

$$\mathbf{A}_{Ks} = \begin{cases} \mathbf{0}, & s \leqslant N_M + N_C, \\ \mathbf{K}_j, & s > N_M + N_C, \end{cases} \quad j = s - (N_M + N_C) \tag{4.274}$$

且有

$$\mathbf{A}_{M0} = \mathbf{M}_0, \; \mathbf{A}_{C0} = \mathbf{C}_0, \; \mathbf{A}_{K0} = \mathbf{K}_0 \tag{4.275}$$

则式(4.271)可以进一步写为

$$\left(\mathbf{A}_{\mathbf{M}0}+\sum_{s=1}^{R}\mathbf{A}_{\mathbf{M}s}\zeta_s\right)\ddot{\mathbf{Y}}+\left(\mathbf{A}_{\mathbf{C}0}+\sum_{s=1}^{R}\mathbf{A}_{\mathbf{C}s}\zeta_s\right)\dot{\mathbf{Y}}+\left(\mathbf{A}_{\mathbf{K}0}+\sum_{s=1}^{R}\mathbf{A}_{\mathbf{K}s}\zeta_s\right)\mathbf{Y}=\boldsymbol{F}(t) \tag{4.276}$$

式中：$R=N_{\mathrm{M}}+N_{\mathrm{C}}+N_{\mathrm{K}}$。

根据正交分解的思想，若将结构响应 $\boldsymbol{Y}$ 在随机函数空间中依次展开为一系列正交基函数的级数，即

$$\boldsymbol{Y}(\boldsymbol{\zeta})=\sum_{\substack{0\leqslant l_s\leqslant N_s\\1\leqslant s\leqslant R}}\boldsymbol{x}_{l_1\cdots l_R}(t)\prod_{j=1}^{R}H_{l_j}(\zeta_j) \tag{4.277}$$

则速度和加速度响应显然可以表述为

$$\dot{\boldsymbol{Y}}(\boldsymbol{\zeta})=\sum_{\substack{0\leqslant l_s\leqslant N_s\\1\leqslant s\leqslant R}}\dot{\boldsymbol{x}}_{l_1\cdots l_R}(t)\prod_{j=1}^{R}H_{l_j}(\zeta_j) \tag{4.278}$$

$$\ddot{\boldsymbol{Y}}(\boldsymbol{\zeta})=\sum_{\substack{0\leqslant l_s\leqslant N_s\\1\leqslant s\leqslant R}}\ddot{\boldsymbol{x}}_{l_1\cdots l_R}(t)\prod_{j=1}^{R}H_{l_j}(\zeta_j) \tag{4.279}$$

注意，$\boldsymbol{x}_{l_1\cdots l_R}(t)$、$\dot{\boldsymbol{x}}_{l_1\cdots l_R}(t)$ 和 $\ddot{\boldsymbol{x}}_{l_1\cdots l_R}(t)$ 均是时间的确定性待定函数。

根据静力分析的扩阶系统证明可知，通过次序正交分解，可以由式(4.276)导出如下扩阶系统方程(李杰，1995b)

$$\mathbf{A}_{\mathbf{M}}\ddot{\boldsymbol{X}}+\mathbf{A}_{\mathbf{C}}\dot{\boldsymbol{X}}+\mathbf{A}_{\mathbf{K}}\boldsymbol{X}=\boldsymbol{P}(t) \tag{4.280}$$

其分量形式为

$$\sum_{p=1}^{M_R}\left[\mathbf{a}_{\mathbf{M}lp}\ddot{\boldsymbol{x}}_p(t)+\mathbf{a}_{\mathbf{C}lp}\dot{\boldsymbol{x}}_p(t)+\mathbf{a}_{\mathbf{K}lp}\boldsymbol{x}_p(t)\right]=\boldsymbol{f}_l(t) \tag{4.281}$$

若略去上式中的下标 **M**、**C** 和 **K**，分块矩阵的一般表达为

$$\mathbf{a}_{lp}=\mathbf{A}_0\delta_{lp}+\sum_{s=1}^{R}\mathbf{A}_s(\gamma_{k_s-1}\delta_{l-\mu_s,\,p}+\beta_{k_s}\delta_{lp}+\alpha_{k_s+1}\delta_{l+\mu_s,\,p}),\ 0\leqslant k_s\leqslant N_s \tag{4.282}$$

其中

$$\mu_s=\begin{cases}1, & s=R\\ \prod_{j=1}^{R-s}(N_{R-j}+1), & s<R\end{cases} \tag{4.283}$$

且

$$M_R=\prod_{s=1}^{R}(N_s+1) \tag{4.284}$$

$$l=1+\sum_{s=1}^{R}k_s\prod_{j=s+1}^{R}(N_j+1) \tag{4.285}$$

$$\boldsymbol{f}_l(t)=\boldsymbol{f}_{k_1\cdots k_R}(t)=\boldsymbol{F}(t)\prod_{s=1}^{R}\delta_{0k_s} \tag{4.286}$$

$$\boldsymbol{x}_p(t)=\boldsymbol{x}_{l_1\cdots l_R}(t) \tag{4.287}$$

式(4.282)中的系数 α、β 和 γ 出自如下正交多项式的递推关系

$$\zeta_s H_{l_s}(\zeta_s)=\alpha_{l_s}H_{l_s-1}(\zeta_s)+\beta_{l_s}H_{l_s}(\zeta_s)+\gamma_{l_s}H_{l_s+1}(\zeta_s) \tag{4.288}$$

扩阶系统方程(4.280)和分量表达式(4.281)的矩阵之间的关系可以写为(略去下标)

$$\mathbf{A}=(\mathbf{a}_{lp}),\ l=1,\ \cdots,\ M_R,\ p=1,\ \cdots,\ M_R \tag{4.289}$$

$$\boldsymbol{X}=(\boldsymbol{x}_p)^{\mathrm{T}},\ p=1,\ \cdots,\ M_R \tag{4.290}$$

$$\boldsymbol{P}=(\boldsymbol{f}_l)^{\mathrm{T}},\ l=1,\ \cdots,\ M_R \tag{4.291}$$

由次序正交分解推导出的扩阶系统方程是确定性参数下的动力方程。采用该方程，可将原随机结构分析问题转化为确定性系统分析，并可以采用任意算法求解确定性动力方程。例如，采用线性加速度算法，可以将位移响应 $\boldsymbol{x}$ 关于时刻 t_j 展开

$$\boldsymbol{X}(t_j+\tau)=\boldsymbol{X}(t_j)+\dot{\boldsymbol{X}}(t_j)\tau+\frac{\ddot{\boldsymbol{X}}(t_j)}{2!}\tau^2+\frac{\dddot{\boldsymbol{X}}(t_j)}{3!}\tau^3+\cdots \tag{4.292}$$

上述表达关于 τ 的导数有

$$\dot{\boldsymbol{X}}(t_j+\tau)=\dot{\boldsymbol{X}}(t_j)+\ddot{\boldsymbol{X}}(t_j)\tau+\frac{1}{2}\dddot{\boldsymbol{X}}(t_j)\tau^2+\cdots \tag{4.293}$$

根据线性加速度法(Clough & Penzien, 1993)，假设在时间段 $\Delta t=t_{j+1}-t_j$ 上的加速度响应是关于时间 τ 的线性函数，即

$$\dddot{\boldsymbol{X}}(t_j)=\frac{\ddot{\boldsymbol{X}}(t_{j+1})-\ddot{\boldsymbol{X}}(t_j)}{\Delta t}=\mathrm{const} \tag{4.294}$$

记

$$\boldsymbol{X}(t_{j+1})=\boldsymbol{X}_{j+1} \tag{4.295}$$

$$\boldsymbol{X}(t_j)=\boldsymbol{X}_j \tag{4.296}$$

将 $\tau=\Delta t$ 与式(4.294)代入式(4.292)和式(4.293)，并取位移响应的三阶截断，有

$$\boldsymbol{X}_{j+1}=\boldsymbol{X}_j+\dot{\boldsymbol{X}}_j\Delta t+\frac{1}{3}\ddot{\boldsymbol{X}}_j\Delta t^2+\frac{1}{6}\ddot{\boldsymbol{X}}_{j+1}\Delta t^2 \tag{4.297}$$

$$\dot{\boldsymbol{X}}_{j+1}=\dot{\boldsymbol{X}}_j+\frac{1}{2}\ddot{\boldsymbol{X}}_j\Delta t+\frac{1}{2}\ddot{\boldsymbol{X}}_{j+1}\Delta t \tag{4.298}$$

将以上二式代入式(4.281)，可导出

$$\widetilde{\mathbf{A}}\ddot{\boldsymbol{X}}_{j+1}=\widetilde{\boldsymbol{P}}_{j+1} \tag{4.299}$$

其中

$$\widetilde{\mathbf{A}}=\mathbf{A}_{\mathbf{M}}+\frac{\Delta t}{2}\mathbf{A}_{\mathbf{C}}+\frac{\Delta t^2}{6}\mathbf{A}_{\mathbf{K}} \tag{4.300}$$

$$\widetilde{\boldsymbol{P}}_{j+1}=\boldsymbol{P}_{j+1}-\mathbf{C}\left(\boldsymbol{X}_j+\frac{\Delta t}{2}\ddot{\boldsymbol{X}}_j\right)+\mathbf{K}\left(\boldsymbol{X}_j+\Delta t\,\dot{\boldsymbol{X}}_j+\frac{\Delta t^2}{3}\ddot{\boldsymbol{X}}_j\right) \tag{4.301}$$

因此,原动力方程可转化为各离散时刻处的代数方程。结合所关心问题的初始条件,可以采用代数方程的逐步求解程序获得加速度响应。然后,可以利用式(4.297)和式(4.298)进一步获得位移和速度响应。

若原随机系统方程(4.65)的初始条件为

$$\boldsymbol{Y}(0)=\boldsymbol{Y}_0,\ \dot{\boldsymbol{Y}}(0)=\dot{\boldsymbol{Y}}_0 \tag{4.302}$$

则扩阶系统方程(4.280)的初始条件可以写为

$$\boldsymbol{x}_p(0)=\boldsymbol{x}_{l_1\cdots l_R}(0)=\boldsymbol{Y}_0\prod_{s=1}^{R}\delta_{0k_s} \tag{4.303}$$

$$\dot{\boldsymbol{x}}_p(0)=\dot{\boldsymbol{x}}_{l_1\cdots l_R}(0)=\dot{\boldsymbol{Y}}_0\prod_{s=1}^{R}\delta_{0k_s} \tag{4.304}$$

一旦获得扩阶系统的响应,可以采用与静力分析类似的方式给出原结构响应的数字特征。例如,位移响应的均值为

$$\mathrm{E}[\boldsymbol{Y}(t)]=\boldsymbol{x}_{0\cdots 0}(t) \tag{4.305}$$

且可以获得位移响应在两个任意时刻的相关函数矩阵为

$$\mathbf{R}_{\boldsymbol{Y}}(t_1,\ t_2)=\sum_{\substack{0\leqslant l_s\leqslant N_s\\1\leqslant s\leqslant R}}\boldsymbol{x}_{l_1\cdots l_R}(t_1)\boldsymbol{x}_{l_1\cdots l_R}^{\mathrm{T}}(t_2) \tag{4.306}$$

进而,可以估计位移响应在两个任意时刻的协方差矩阵为

$$\mathbf{C}_{\boldsymbol{Y}}(t_1,\ t_2)=\sum_{\substack{0\leqslant l_s\leqslant N_s\\1\leqslant s\leqslant R}}\boldsymbol{x}_{l_1\cdots l_R}(t_1)\boldsymbol{x}_{l_1\cdots l_R}^{\mathrm{T}}(t_2)-\boldsymbol{x}_{0\cdots 0}(t_1)\boldsymbol{x}_{0\cdots 0}^{\mathrm{T}}(t_2) \tag{4.307}$$

当 $t_1=t_2=t$ 时,协方差矩阵退化为方差矩阵。此外

$$\mathbf{C}_{\boldsymbol{Y}}(t)=\sum_{\substack{0\leqslant l_s\leqslant N_s\\1\leqslant s\leqslant R}}\boldsymbol{x}_{l_1\cdots l_R}(t)\boldsymbol{x}_{l_1\cdots l_R}^{\mathrm{T}}(t)-\boldsymbol{x}_{0\cdots 0}(t)\boldsymbol{x}_{0\cdots 0}^{\mathrm{T}}(t) \tag{4.308}$$

上式本质上是矩阵形式的表达,其中对角元是原系统不同自由度位移响应的方差向量

$$\mathrm{Var}(\mathrm{Y}_j)=\sum_{\substack{0\leqslant l_s\leqslant N_s\\1\leqslant s\leqslant R}}x_{l_1\cdots l_R,\,j}^2(t)-x_{0\cdots 0,\,j}^2(t),\ j=1,\ \cdots,\ n \tag{4.309}$$

式中:$x_{l_1\cdots l_R,\,j}$ 是 $\boldsymbol{x}_{l_1\cdots l_R}(t)$ 的第 j 个分量。

类似于式(4.305)至式(4.309),也可以获得随机结构在动力激励下速度和加速度响应的数字特征。

例 4.2：二自由度系统的随机响应

考察动力激励下的二自由度系统。质量和刚度视为随机变量，其均值分别为 $m_{1,0}=m_{2,0}=1$，$k_{1,0}=k_{2,0}=39.48$，变异系数分别为 $\delta_{m_1}=\delta_{m_2}=0.1$，$\delta_{k_1}=\delta_{k_2}=0.2$。阻尼比取确定性值 0.05。考虑两类激励。第一种情况(工况 1)在集中质量上施加两个正弦荷载，即 $f_1(t)=f_2(t)=\sin(\omega_s t)$，$\omega_s=3.141\,6$。第二种情况(工况 2)施加埃尔森特罗加速度记录(南北分量)。

采用扩阶系统方法进行系统的随机响应分析。图 4.11 和图 4.12 显示了采用扩阶系统方法和蒙特卡罗模拟的响应均值和方差之间的对比。从中可看出，采用一阶扩阶系统方法即可拟合均值响应，而拟合方差响应需要采用四阶扩阶系统。

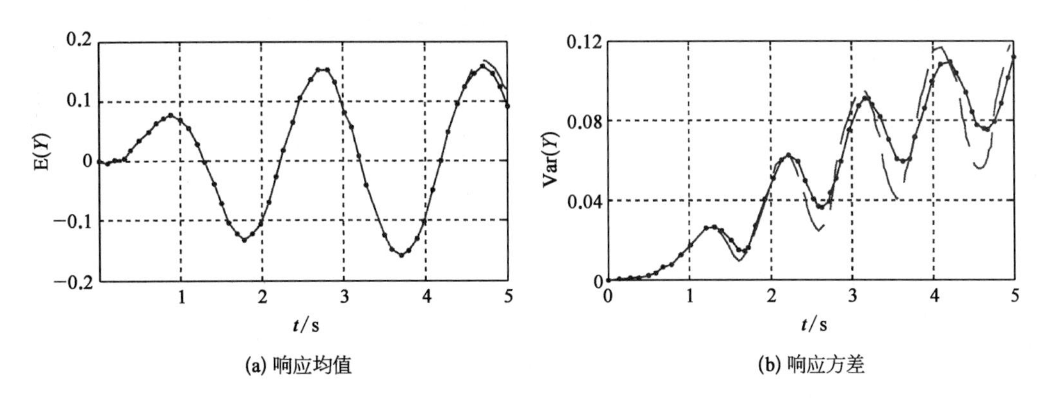

(a) 响应均值　(b) 响应方差

图 4.11　扩阶系统方法和蒙特卡罗模拟之间的对比(工况 1)

注：点，5 000 次蒙特卡罗模拟；实线，四阶扩阶系统方法；虚线，一阶扩阶系统方法。

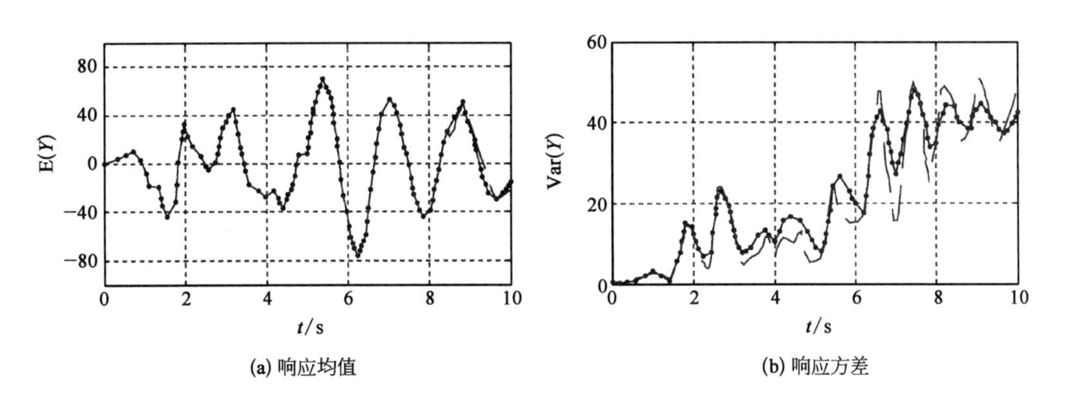

(a) 响应均值　(b) 响应方差

图 4.12　扩阶系统方法和蒙特卡罗模拟之间的对比(工况 2)

图 4.13 表明，随机结构的均值响应和均值参数下系统的响应是不同的。随着基本随机参数变异系数的增加，差异会放大。

4.5.5　递归聚缩算法

递归聚缩算法利用位移、速度和加速度之间的近似关系推导动力扩阶方程。为此，式(4.280)可以改写为

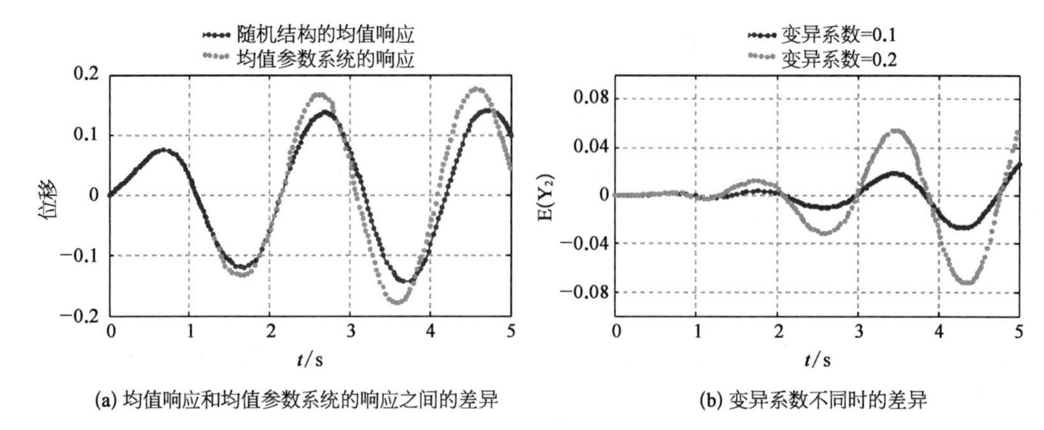

(a) 均值响应和均值参数系统的响应之间的差异

(b) 变异系数不同时的差异

图 4.13 随机响应统计量的差异

$$\begin{pmatrix} \mathbf{m}_{uu} & \mathbf{m}_{u\vartheta} \\ \mathbf{m}_{\vartheta u} & \mathbf{m}_{\vartheta\vartheta} \end{pmatrix} \begin{pmatrix} \ddot{\boldsymbol{x}}_u \\ \ddot{\boldsymbol{x}}_\vartheta \end{pmatrix} + \begin{pmatrix} \mathbf{c}_{uu} & \mathbf{c}_{u\vartheta} \\ \mathbf{c}_{\vartheta u} & \mathbf{c}_{\vartheta\vartheta} \end{pmatrix} \begin{pmatrix} \dot{\boldsymbol{x}}_u \\ \dot{\boldsymbol{x}}_\vartheta \end{pmatrix} + \begin{pmatrix} \mathbf{k}_{uu} & \mathbf{k}_{u\vartheta} \\ \mathbf{k}_{\vartheta u} & \mathbf{k}_{\vartheta\vartheta} \end{pmatrix} \begin{pmatrix} \boldsymbol{x}_u \\ \boldsymbol{x}_\vartheta \end{pmatrix} = \begin{pmatrix} \boldsymbol{P}_u \\ \boldsymbol{P}_\vartheta \end{pmatrix} \tag{4.310}$$

其中

$$\boldsymbol{P}_u = \boldsymbol{f}_{0\cdots 0}(t) \tag{4.311}$$

$$\boldsymbol{x}_u = \boldsymbol{x}_{0\cdots 0}(t) \tag{4.312}$$

是非聚缩荷载向量和位移向量。$\boldsymbol{P}_\vartheta$ 和 $\boldsymbol{x}_\vartheta$ 是聚缩荷载向量和位移向量。系数矩阵是扩阶动力矩阵的分块矩阵,与上述荷载向量的分块矩阵有关。考虑 $\boldsymbol{P}_\vartheta = \mathbf{0}$,式(4.310)的第二行为

$$\mathbf{m}_{\vartheta u}\ddot{\boldsymbol{x}}_u + \mathbf{m}_{\vartheta\vartheta}\ddot{\boldsymbol{x}}_\vartheta + \mathbf{c}_{\vartheta u}\dot{\boldsymbol{x}}_u + \mathbf{c}_{\vartheta\vartheta}\dot{\boldsymbol{x}}_\vartheta + \mathbf{k}_{\vartheta u}\boldsymbol{x}_u + \mathbf{k}_{\vartheta\vartheta}\boldsymbol{x}_\vartheta = \mathbf{0} \tag{4.313}$$

显然,上式对任意时刻均成立。因此,利用式(4.292)和式(4.293),并引入线性加速度假定,将有

$$\dot{\boldsymbol{x}}_{u,\,j+1} = \frac{3}{\Delta t}\boldsymbol{x}_{u,\,j+1} - \left(\frac{3}{\Delta t}\boldsymbol{x}_{u,\,j} + 2\dot{\boldsymbol{x}}_{u,\,j} + \frac{\Delta t}{2}\ddot{\boldsymbol{x}}_{u,\,j}\right) = \frac{3}{\Delta t}\boldsymbol{x}_{u,\,j+1} - \boldsymbol{B}_{u,\,j} \tag{4.314}$$

$$\ddot{\boldsymbol{x}}_{u,\,j+1} = \frac{6}{\Delta t^2}\boldsymbol{x}_{u,\,j+1} - \left(\frac{6}{\Delta t^2}\boldsymbol{x}_{u,\,j} + \frac{6}{\Delta t}\dot{\boldsymbol{x}}_{u,\,j} + 2\ddot{\boldsymbol{x}}_{u,\,j}\right) = \frac{6}{\Delta t^2}\boldsymbol{x}_{u,\,j+1} - \boldsymbol{A}_{u,\,j} \tag{4.315}$$

$$\dot{\boldsymbol{x}}_{\vartheta,\,j+1} = \frac{3}{\Delta t}\boldsymbol{x}_{\vartheta,\,j+1} - \left(\frac{3}{\Delta t}\boldsymbol{x}_{\vartheta,\,j} + 2\dot{\boldsymbol{x}}_{\vartheta,\,j} + \frac{\Delta t}{2}\ddot{\boldsymbol{x}}_{\vartheta,\,j}\right) = \frac{3}{\Delta t}\boldsymbol{x}_{\vartheta,\,j+1} - \boldsymbol{B}_{\vartheta,\,j} \tag{4.316}$$

$$\ddot{\boldsymbol{x}}_{\vartheta,\,j+1} = \frac{6}{\Delta t^2}\boldsymbol{x}_{\vartheta,\,j+1} - \left(\frac{6}{\Delta t^2}\boldsymbol{x}_{\vartheta,\,j} + \frac{6}{\Delta t}\dot{\boldsymbol{x}}_{\vartheta,\,j} + 2\ddot{\boldsymbol{x}}_{\vartheta,\,j}\right) = \frac{6}{\Delta t^2}\boldsymbol{x}_{\vartheta,\,j+1} - \boldsymbol{A}_{\vartheta,\,j} \tag{4.317}$$

式中:$\Delta t = t_{j+1} - t_j$,是给定时间间隔。

在将上式代入 t_{j+1} 时刻的式(4.313)后,可以获得如下关系

$$\mathbf{k}^*_{\vartheta u}\boldsymbol{x}_{u,\,j+1} + \mathbf{k}^*_{\vartheta\vartheta}\boldsymbol{x}_{\vartheta,\,j+1} - \boldsymbol{E}_j = \mathbf{0} \tag{4.318}$$

其中

$$\mathbf{k}_{\vartheta u}^{*}=\frac{6}{\Delta t^{2}}\mathbf{m}_{\vartheta u}+\frac{3}{\Delta t}\mathbf{c}_{\vartheta u}+\mathbf{k}_{\vartheta u} \tag{4.319}$$

$$\mathbf{k}_{\vartheta\vartheta}^{*}=\frac{6}{\Delta t^{2}}\mathbf{m}_{\vartheta\vartheta}+\frac{3}{\Delta t}\mathbf{c}_{\vartheta\vartheta}+\mathbf{k}_{\vartheta\vartheta} \tag{4.320}$$

$$\boldsymbol{E}_{j}=\mathbf{m}_{\vartheta u}\boldsymbol{A}_{u,j}+\mathbf{m}_{\vartheta\vartheta}\boldsymbol{A}_{\vartheta,j}+\mathbf{c}_{\vartheta u}\boldsymbol{B}_{u,j}+\mathbf{c}_{\vartheta\vartheta}\boldsymbol{B}_{\vartheta,j} \tag{4.321}$$

由式(4.318)，有

$$\boldsymbol{x}_{\vartheta,j+1}=\mathbf{k}_{\vartheta\vartheta}^{*-1}(\boldsymbol{E}_{j}-\mathbf{k}_{\vartheta u}^{*}\boldsymbol{x}_{u,j+1}) \tag{4.322}$$

另一方面，式(4.310)的第一行的离散方程可以写为

$$\mathbf{k}_{uu}^{*}\boldsymbol{x}_{u,j+1}+\mathbf{k}_{u\vartheta}^{*}\boldsymbol{x}_{\vartheta,j+1}=\boldsymbol{P}_{u,j+1}+\boldsymbol{F}_{j} \tag{4.323}$$

其中

$$\mathbf{k}_{uu}^{*}=\frac{6}{\Delta t^{2}}\mathbf{m}_{uu}+\frac{3}{\Delta t}\mathbf{c}_{uu}+\mathbf{k}_{uu} \tag{4.324}$$

$$\mathbf{k}_{u\vartheta}^{*}=\frac{6}{\Delta t^{2}}\mathbf{m}_{u\vartheta}+\frac{3}{\Delta t}\mathbf{c}_{u\vartheta}+\mathbf{k}_{u\vartheta} \tag{4.325}$$

$$\boldsymbol{F}_{j}=\mathbf{m}_{uu}\boldsymbol{A}_{u,j}+\mathbf{m}_{u\vartheta}\boldsymbol{A}_{\vartheta,j}+\mathbf{c}_{uu}\boldsymbol{B}_{u,j}+\mathbf{c}_{u\vartheta}\boldsymbol{B}_{\vartheta,j} \tag{4.326}$$

将式(4.322)代入式(4.323)将导出关于 $\boldsymbol{x}_{u,j+1}$ 的聚缩方程

$$\widetilde{\mathbf{k}}_{u}\boldsymbol{x}_{u,j+1}=\widetilde{\boldsymbol{P}}_{j+1} \tag{4.327}$$

其中

$$\widetilde{\mathbf{k}}_{u}=\mathbf{k}_{uu}^{*}-\mathbf{k}_{u\vartheta}^{*}\mathbf{k}_{\vartheta\vartheta}^{*-1}\mathbf{k}_{\vartheta u}^{*} \tag{4.328}$$

$$\widetilde{\boldsymbol{P}}_{j+1}=\boldsymbol{P}_{u,j+1}+\boldsymbol{F}_{j}-\mathbf{k}_{u\vartheta}^{*}\mathbf{k}_{\vartheta\vartheta}^{*-1}\boldsymbol{E}_{j} \tag{4.329}$$

显然，式(4.327)中的方程数等于原系统的自由度数。将式(4.327)的解逐步代入式(4.322)，将获得动力扩阶系统在整个时程上的解。注意到对于线性结构，$\widetilde{\mathbf{k}}_{u}$ 和 $\mathbf{k}_{u\vartheta}^{*}\mathbf{k}_{\vartheta\vartheta}^{*-1}$ 对于不同时刻是常数，而 $\boldsymbol{F}_{j}$ 和 $\boldsymbol{E}_{j}$ 取决于先前结构的响应。因此，在每一时间步，聚缩荷载项 $\boldsymbol{P}_{u,j+1}$ 应根据前一步的结果修正。由于聚缩方程由前一时刻的结构响应形成，该方法称为递归聚缩算法(李杰 & 魏星，1996)。一些实际计算经验表明，这类算法可以将动力扩阶系统的计算成本降低至相应的确定性系统。图4.14中显示了一个算例。从中可以看出，当直接求解扩阶系统方程时，随着展开阶数的增加，计算成本将呈指数增

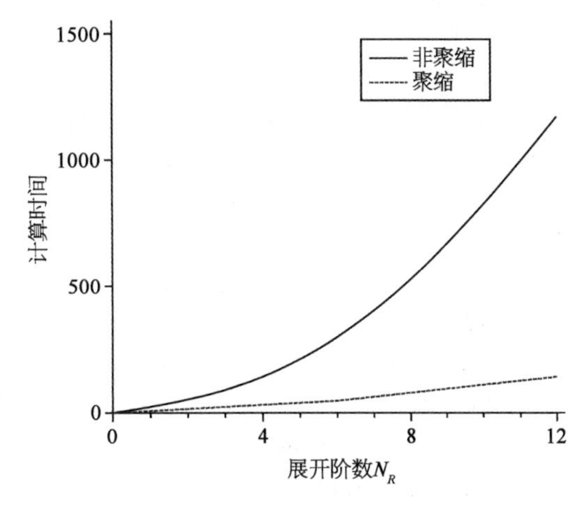

图4.14　对应不同展开阶数的计算量

长，当采用递归聚缩算法时，计算成本几乎随展开阶数线性变化。

参考文献

[1] Bathe K J, Wilson E L. Numerical Methods in Finite Element Analysis [M]. Englewood Cliffs: Printice-Hall, Inc, 1976.

[2] Clough R W, Penzien J. Dynamics of Structures [M]. 2nd Edn. Berkeley: McGraw-Hill, Inc, 1993.

[3] Collins J D, Thompson W T. The eigenvalue problem for structural systems with uncertain parameters [J]. AIAA Journal, 1969, 7 (4): 642 - 648.

[4] Ghanem R G, Spanos P D. Stochastic Finite Elements: A Spectral Approach [M]. Berlin: Springer-Verlag, 1991.

[5] Golub G H, van Loan C F. Matrix Computations [M]. 3rd Edn. Baltimore: Johns Hopkins University Press, 1996.

[6] Hisada T, Nakagiri S. Stochastic finite element method developed for structural safety and reliability [C]. Trondheim: Proceedings of the 3rd International Conference on Structural Safety & Reliability, 1981.

[7] Hisada T, Nakagiri S. Stochastic finite element analysis of uncertain structural systems [C]. Melbourne: Proceedings of the 4th International Conference in Australia on Finite Element Methods, 1982.

[8] Iwan W D, Jensen H. On the dynamic response of continuous systems including model uncertainty [J]. Journal of Applied Mechanics, 1993, 60: 484 - 490.

[9] Kleiber M, Hien T D. The Stochastic Finite Element Method: Basic Perturbation Technique and Computer Implementation [M]. Chichester: John Wiley & Sons, Ltd, 1992.

[10] Lanczos C, 1970. The Variational Principles of Mechanics [M]. 4th Edn. Toronto: University of Toronto Press, 1970.

[11] Liu W K, Belytschko T, Mani A. A computational method for the determination of the probabilistic distribution of the dynamic response of structures [J]. Computer-Aided Engineering, 1985, 98 (5): 243 - 248.

[12] Liu W K, Belytschko T, Mani A. Probabilistic finite element methods for nonlinear structural dynamics [J]. Computer Methods in Applied Mechanics & Engineering, 1986, 56: 61 - 81.

[13] Liu W K, Bestefield G, Belytschko T. Transient probabilistic systems [J]. Computer Methods in Applied Mechanics & Engineering, 1988, 67: 27 - 54.

[14] Loève M. Probability Theory [M]. Berlin: Springer-Verlag, 1977.

[15] Nayfeh A H. Perturbation Methods [M]. 2nd Edn. Weinheim: Wiley-VCH Verlag GmbH & Co. KGaA, 2004.

[16] Robinstein R Y. Simulation and the Monte Carlo Method [M]. New York: John Wiley & Sons, Inc, 1981.

[17] Shinozuka M. Monte Carlo solution of structural dynamics [J]. International Journal of Computers & Structures, 1972, 2: 855 - 874.

[18] Shinozuka M, Jan C M. Digital simulation of random processes and its applications [J]. Journal of

Sound & Vibration, 1972, 25: 111 - 128.

[19] Skorokhod A V, Hoppensteadt F C, Salehi H. Random Perturbation Methods with Applications in Science and Engineering [M]. New York: Springer-Verlag, 2002.

[20] Spanos P D, Ghanem R G. Stochastic finite element expansion for random media [J]. Journal of Engineering Mechanics, 1989, 115 (5): 1035 - 1053.

[21] Vanmarcke E H. Random Fields: Analysis and Synthesis [M]. Cambridge: MIT Press, 1983.

[22] Washizu K, 1975. Variational Method in Elasticity and Plasticity [M]. 2nd Edn. Oxford: Pergamon Press, 1975.

[23] Zienkiewicz O C, Taylor R L. The Finite Element Method [M]. 5th Edn. Singapore: Elsevier Pte Ltd, 2004.

[24] 李杰.随机结构分析的扩阶系统方法(I)扩阶系统方程[J].地震工程与工程振动,1995a,15 (3): 111 - 118.

[25] 李杰.随机结构分析的扩阶系统方法(II)结构动力分析[J].地震工程与工程振动,1995b,15 (4): 27 - 35.

[26] 李杰.随机结构动力矩阵的线性表示与线性截断[J].世界地震工程,1995c,10 (2): 8 - 12.

[27] 李杰.随机结构系统:分析与建模[M].北京: 科学出版社,1996.

[28] 李杰,魏星.随机结构动力分析的递归聚缩算法[J].固体力学学报,1996,17 (3): 263 - 267.

第 5 章　随机振动分析

5.1　引言

经典随机振动理论自 20 世纪 50 年代以来已经历了数十年的发展(Crandall, 1958)。这一理论主要考虑激励的随机性,且假定系统参数完全已知并视为确定性值。半个世纪以来,学者们广泛地提出并研究了许多方法。第 1 章中已按照两类历史线索从逻辑上对其加以阐述。这些进展可以大致分为两类:一类针对数字特征,一类针对概率密度函数。前一类方法试图通过从对响应输入的数字特征,如矩或功率谱密度函数,建立转换关系来获得随机响应的数字特征。这里,需要引入随机微分方程和随机算子的概念(例如,均方微积分就常被采用)。采用随机微分方程的形式解或直接的随机微分方程来推导矩的传递关系或矩形式的控制微分方程。与之对比,处理该问题的后一类方法是通过将随机系统方程转化为概率密度演化方程,通常为确定性多自由度偏微分方程,如刘维尔方程或 FPK 方程。本章介绍这两类广泛采用的方法,着重强调方法中蕴含的物理意义。

5.2　响应的矩函数

对于线性结构系统,可以建立矩从输入到响应的线性传递关系。通过这类关系,一旦已知输入的数字特征,如均值和协方差函数,就可以估计响应的数字特征。此类线性传递关系的物理本质在于,任意样本的激励和响应之间均具有物理的线性关系。

5.2.1　时域下单自由度系统的响应

5.2.1.1　脉冲响应函数和杜哈梅积分

考察质量为 m、阻尼为 c 且刚度为 k 的确定性单自由度系统,如图 5.1 所示。若其受到确定性激励 $f(t)$,则运动方程为

$$m\ddot{x} + c\dot{x} + kx = f(t) \tag{5.1}$$

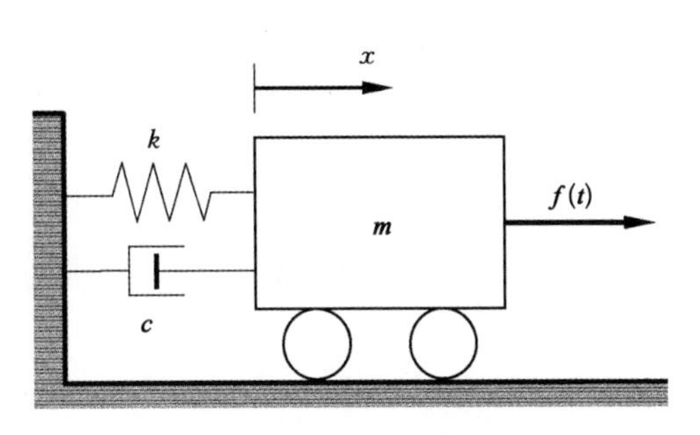

图 5.1　单自由度系统

式中：x 是位移响应，上方点标表示对时间 t 的导数。令初始条件为：$x(t_0)=x_0$，$\dot{x}(t_0)=\dot{x}_0$。

尽管实际激励通常是任意不规则的，但是线性动力系统的特性体现于一些特殊类型激励下系统的响应。一种特殊激励即单位脉冲 $\delta(t)$，即狄拉克 δ 函数；另一种特殊激励为单位谐波激励，可以表达为复函数 $e^{i\omega t}$，其中 $i=\sqrt{-1}$，是虚数单位。采用这些特殊激励作为试验激励的优点，是任意激励均可以视为一系列脉冲函数的线性叠加。实际上，有

$$f(t)=\int_{-\infty}^{\infty} f(\tau)\delta(t-\tau)\mathrm{d}\tau \tag{5.2}$$

此外，过程 $f(t)$ 也可以视为一系列单位谐波激励的线性叠加

$$f(t)=\frac{1}{2\pi}\int_{-\infty}^{\infty} F(\omega)e^{i\omega t}\mathrm{d}\omega \tag{5.3a}$$

这正是傅里叶变换，其中 $F(\omega)$ 是 $f(t)$ 的傅里叶谱。因此，尽管单位脉冲激励和单位谐波激励均为特殊类型的激励，但也是任意激励的基本单位(图 5.2)(参见附录 A)。因此，系统对其的响应特性包含了足够的信息，便于深入了解该问题，同时便于任意激励下系统响应的实际计算。本节将讨论脉冲响应，而单位谐波激励的响应将在以后讨论。

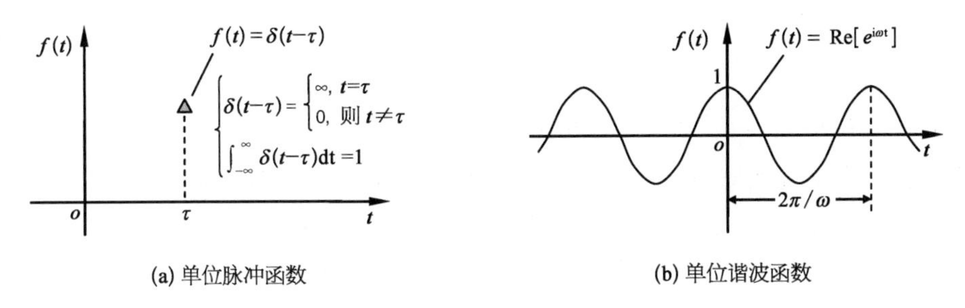

图 5.2　两类基本单位

令初始时刻单位脉冲 $\delta(t)$ 下的单自由度系统的响应为 $h(t)$，即

$$m\ddot{h}+c\dot{h}+kh=\delta(t),\ h(0)=0,\ \dot{h}(0)=0 \tag{5.4}$$

两边同除以 m，式(5.4)变为

$$\ddot{h}+2\zeta\omega\dot{h}+\omega^2 h=\frac{1}{m}\delta(t),\ h(0)=0,\ \dot{h}(0)=0 \tag{5.5}$$

式中：$\omega=\sqrt{k/m}$，是特征圆频率；$\zeta=c/(2m\omega)$，是阻尼比。

对式(5.5)两边在一个小的时间间隔 $[0,\ \tau]$ 上进行积分，并注意

$$\int_0^\tau h(t)\mathrm{d}t=\frac{\tau}{2}[h(0)+h(\tau)]+o(\tau),\ \int_0^\tau \frac{1}{m}\delta(t)\mathrm{d}t=\frac{1}{m} \tag{5.6}$$

有

$$\dot{h}(\tau)-\dot{h}(0)+2\zeta\omega[h(\tau)-h(0)]+\frac{1}{2}\omega^2\tau[h(\tau)+h(0)]+o(\tau)=\frac{1}{m} \tag{5.7}$$

令 $\tau\to 0$，并一同考虑式(5.5)中的初始条件，通过微积分中值定理

$$\lim_{\tau\to 0}h(\tau)=\lim_{\tau\to 0}\int_0^\tau \dot{h}(t)\mathrm{d}t=\lim_{\tau\to 0}\dot{h}(\tilde{\tau})\tau=0 \tag{5.8}$$

式中：$\tilde{\tau}$ 是区间 $[0,\ \tau]$ 上某一中间值，因此

$$\lim_{\tau\to 0}\dot{h}(\tau)=\frac{1}{m} \tag{5.9}$$

这实质上是速度的初始条件，其意味着脉冲的影响是突然施加一个速度有限增量。因此，脉冲下初始静止系统的响应，等价于在初始时刻受到非零初速度的系统的自由振动响应。在数学上，式(5.5)的解等价于下式的解

$$\ddot{h}+2\zeta\omega\dot{h}+\omega^2 h=0,\ h(0)=0,\ \dot{h}(0)=\frac{1}{m} \tag{5.10}$$

称其为脉冲响应函数(Clough & Penzien, 1993)

$$h(t)=\frac{1}{m\omega_\mathrm{d}}e^{-\zeta\omega t}\sin(\omega_\mathrm{d}t),\ t\geqslant 0 \tag{5.11}$$

且对于 $t<0$ 有 $h(t)=0$，其中 $\omega_\mathrm{d}=\sqrt{1-\zeta^2}\,\omega$。

线性系统满足叠加原理。对于式(5.1)，若激励 $f_1(t)$ 下系统响应为 $x_1(t)$，且激励 $f_2(t)$ 下系统响应为 $x_2(t)$，则线性组合 $c_1f_1(t)+c_2f_2(t)$ 下系统响应为 $c_1x_1(t)+c_2x_2(t)$。这对于任意数量的激励都是成立的。进而，若系统所受激励为

$$f(t)=\lim_{\max\{\Delta\tau_j\}\to 0}\sum_{j=1}^{N(t,\ \Delta\tau)} f_1(\tau_j)g(t,\ \tau_j)\Delta\tau_j=\int_0^t f_1(\tau)g(t,\ \tau)\mathrm{d}\tau \tag{5.12a}$$

式中：$g(t,\ \tau)$ 可以视为一类调制函数；$N(t,\ \Delta\tau)$ 是区间划分数，有 $[0,\ t]=\bigcup_{j=0}^N\Delta\tau_j$，$\Delta\tau_j\cap\Delta\tau_k=\varnothing$，$\forall j\neq k$，则系统的响应为

$$x(t)=\lim_{\max\{\Delta\tau_j\}\to 0}\sum_{j=1}^{N(t,\ \Delta\tau)} x_1(\tau_j)g(t,\ \tau_j)\Delta\tau_j=\int_0^t x_1(\tau)g(t,\ \tau)\mathrm{d}\tau \tag{5.12b}$$

将式(5.2)代入式(5.1)，初始静止系统的运动方程为

$$m\ddot{x}+c\dot{x}+kx=\int_{-\infty}^{\infty}\delta(t-\tau)f(\tau)\mathrm{d}\tau,\ x(0)=0,\ \dot{x}(0)=0 \tag{5.13}$$

注意，脉冲 $\delta(t-\tau)$ 下初始静止系统的响应为 $h(t-\tau)$，已由式(5.11)给出。那么根据式(5.12)所示的叠加原理，初始静止系统对 $f(t)$ 的响应可写为

$$x(t)=\int_0^t h(t-\tau)f(\tau)\mathrm{d}\tau=\int_{-\infty}^{\infty} h(t-\tau)f(\tau)\mathrm{d}\tau=\int_0^t h(\tau)f(t-\tau)\mathrm{d}\tau \tag{5.14}$$

该卷积就是人们所熟知的杜哈梅(Duhamel)积分①。

为了纳入非静止初始条件的作用，应考虑如下系统的自由振动

$$m\ddot{x}+c\dot{x}+kx=0,\ x(0)=x_0,\ \dot{x}(0)=\dot{x}_0 \tag{5.15}$$

再次采用叠加原理可知，系统(5.15)的自由振动响应等价于初始条件为 $x(0)=x_0$、$\dot{x}(0)=0$ 的系统加上初始条件为 $x(0)=0$、$\dot{x}(0)=\dot{x}_0$ 的系统的自由振动。因此，系统(5.15)的自由振动响应为

$$x(t)=x_0e^{-\zeta\omega t}\cos(\omega_\mathrm{d}t)+\frac{\dot{x}_0}{\omega_\mathrm{d}}e^{-\zeta\omega t}\sin(\omega_\mathrm{d}t)=A_0e^{-\zeta\omega t}\sin(\omega_\mathrm{d}t+\varphi_0) \tag{5.16}$$

式中：$A_0=\sqrt{x_0^2+(\dot{x}_0/\omega_\mathrm{d})^2}$，是初始振幅；$\varphi_0=\arctan[x_0/(\dot{x}_0/\omega_\mathrm{d})]$，是初始相位角。

显然，响应 $x(t)$ 按指数率衰减，且当 $t\to\infty$ 时有 $x(t)\to 0$。这表明，当持续时间足够长时，初始条件的作用可以忽略②。

再次采用叠加原理，式(5.1)中的整体响应为初始静止系统对激励的响应[由式(5.14)给出]和非静止初始条件下系统的自由振动响应[由式(5.16)给出]的和，即

$$\begin{aligned}x(t)&=A_0e^{-\zeta\omega t}\sin(\omega_\mathrm{d}t+\varphi_0)+\int_0^t h(t-\tau)f(\tau)\mathrm{d}\tau\\&=A_0e^{-\zeta\omega t}\sin(\omega_\mathrm{d}t+\varphi_0)+\frac{1}{m\omega_\mathrm{d}}\int_0^t e^{-\zeta\omega(t-\tau)}\sin[\omega_\mathrm{d}(t-\tau)]f(\tau)\mathrm{d}\tau\end{aligned} \tag{5.17}$$

上式建立了确定性激励 $f(t)$ 和确定性响应 $x(t)$ 之间的线性关系，可以由图 5.3(a)中的框图说明，并通过下述线性运算表达

$$x(t)=\mathcal{L}[f(t)] \tag{5.18a}$$

现在考虑输入为随机过程 $\xi(t)$ 的情形。在此情形下，响应毋庸置疑也是一个随机过程 $X(t)$。然而，从样本的角度来看，或从物理的角度来看，如图 5.3 (b)的上半部分所示，其中包含了表示有关随机性的变量 ϖ，式(5.18)中的关系依然成立。可以明确的是，一个随机过程可通过概率信息加以描述，如有限维概率密度函数或时域内的不同阶矩。因此，式(5.18)中样本意义下的关系将明确意味着，激励的概率信息(由 $P_{\xi(t)}$ 表示)和响应的

---

① 由于因果关系，即对于 $t<0$ 有 $h(t)=0$，式(5.14)中积分下限可以为 0 或∞，而积分上限可以为 t 或 ∞，结果是等价的。

② 实际上，在系统稳定条件下，这是许多动力/迭代系统的普遍特征。例如，在马尔可夫过程的迭代或演化过程(Lin，1967；Gardiner，1985)、贝叶斯估计的迭代过程(Ang & Tang，1984)、矩阵的迭代过程(Golub & von Loan，1996)和卡尔曼滤波(Stengel，1994)等中，都可以发现类似的特征。

概率信息(由 $P_{X(t)}$ 表示)之间存在线性关系[图 5.3 (b)的下半部分]。数学上,这意味着一定存在某种类型的确定性关系 $\mathcal{L}_P(\cdot)$,即

$$P_{X(t)}=\mathcal{L}_P(P_{\xi(t)}) \tag{5.18b}$$

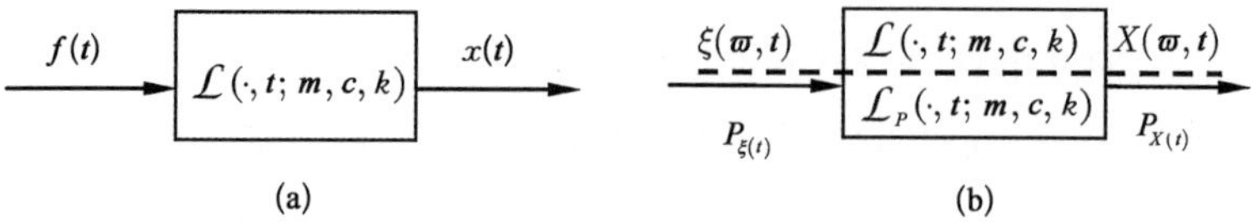

(a) (b)

图 5.3 线性系统框图

随机力学中最重要的任务之一就是寻找关系 $\mathcal{L}_P(\cdot)$,且使得对于特定概率信息的矩阵,其解析和数值实现是可行的。

5.2.1.2 时域下单自由度系统随机响应的矩函数

尽管如上述讨论,在物理或样本意义下处理随机分析问题更易于理解,但是在样本意义下,随机系统的数学处理并不容易。另外,在均方意义下处理该问题更方便,特别是由于在均方意义下,可以直接采用确定性情况中较为成熟的微积分关系而不用特别调整(Lin, 1967; Åström, 1970; Gardiner, 1983)。

用 $\mu_\xi(t)$ 表示随机过程 $\xi(t)$ 的均值,用 $R_\xi(t_1, t_2)$ 表示自相关函数,即[参见式(2.63)和式(2.64)]

$$\mu_\xi(t)=\mathrm{E}[\xi(\varpi, t)]=\int_\Omega \xi(\varpi, t)P(\mathrm{d}\varpi)=\int_{\Omega_x} xp_\xi(x, t)\mathrm{d}x \tag{5.19}$$

$$\begin{aligned}R_\xi(t_1, t_2)&=\mathrm{E}[\xi(\varpi, t_1)\xi(\varpi, t_2)]=\int_\Omega \xi(\varpi, t_1)\xi(\varpi, t_2)P(\mathrm{d}\varpi)\\&=\int_{\Omega_x} x_1x_2p_\xi(x_1, t_1; x_2, t_2)\mathrm{d}x_1\mathrm{d}x_2\end{aligned} \tag{5.20}$$

式中: $P(\mathrm{d}\varpi)=\Pr\{\mathrm{d}\varpi\}$,是概率测度; $p_\xi(x, t)$ 和 $p_\xi(x_1, t_1; x_2, t_2)$ 分别是随机过程 $\xi(t)$ 的一维和二维概率密度函数;E(·)表示集合平均。

当由于迅速衰减而可以忽略初始条件作用时,根据式(5.17),单自由度系统的响应为

$$x(t)=\int_0^t h(t-\tau)\xi(\tau)\mathrm{d}\tau \tag{5.21}$$ ①

对两边取数学期望,并注意在均方意义下期望和积分的关系是可交换的,将得到 $X(t)$ 的均值

$$\begin{aligned}\mu_X(t)&=\mathrm{E}[X(t)]=\mathrm{E}\left[\int_0^t h(t-\tau)\xi(\tau)\mathrm{d}\tau\right]=\int_0^t h(t-\tau)\mathrm{E}[\xi(\tau)]\mathrm{d}\tau\\&=\int_0^t h(t-\tau)\mu_\xi(\tau)\mathrm{d}\tau\end{aligned} \tag{5.22}$$

---

① 该积分也可以理解为一个样本积分或均方积分。前者物理意义更直接,但是后者数学处理更方便。幸而,对遇到的大多数随机过程,它们是一致的。

同样,可以计算随机响应 $X(t)$ 的自相关函数

$$\begin{aligned} R_X(t_1,\ t_2) &= \mathrm{E}[X(t_1)X(t_2)] = \mathrm{E}\left[\int_0^{t_1} h(t_1-\tau)\xi(\tau)\mathrm{d}\tau \int_0^{t_2} h(t_2-\tau)\xi(\tau)\mathrm{d}\tau\right] \\ &= \int_0^{t_1}\int_0^{t_2} h(t_1-\tau_1)h(t_2-\tau_2)\mathrm{E}[\xi(\tau_1)\xi(\tau_2)]\mathrm{d}\tau_2\mathrm{d}\tau_1 \\ &= \int_0^{t_1}\int_0^{t_2} h(t_1-\tau_1)h(t_2-\tau_2)R_\xi(\tau_1,\ \tau_2)\mathrm{d}\tau_2\mathrm{d}\tau_1 \end{aligned} \tag{5.23}$$

令 $t_1=t_2=t$,可给出响应的方差

$$\begin{aligned} \mathrm{Var}[X(t)] &= \mathrm{E}[X^2(t)] = R_X(t,\ t) \\ &= \int_0^t\int_0^t h(t-\tau_1)h(t-\tau_2)R_\xi(\tau_1,\ \tau_2)\mathrm{d}\tau_2\mathrm{d}\tau_1. \end{aligned} \tag{5.24}$$

在激励是平稳过程的情形下,稳态响应也是平稳过程。令 $t_1\to\infty$, $t_2\to\infty$,并注意 $R_\xi(\tau_1,\ \tau_2)$ 可替换为 $R_\xi(\tau_1-\tau_2)$,通过式(5.23)给出该稳态响应的自相关函数。改变积分变量后,有

$$R_X(\tau) = \int_{-\infty}^{\infty}\int_{-\infty}^{\infty} h(u_1)h(u_2)R_\xi(\tau+u_1-u_2)\mathrm{d}u_2\mathrm{d}u_1 \tag{5.25}$$

式(5.22)和式(5.25)建立了激励的均值和相关函数与响应之间的关系。易知,响应矩是激励矩的线性函数。换言之,式(5.18)和图 5.3 (b)中的关系 $\mathcal{L}_P(\cdot)$ 是线性的。它作为系统(5.1)所示的线性物理关系的数学表达,正是所期望的结果。

例 5.1: 白噪声激励下单自由度系统的响应

若激励是 $\mu_\xi(t)=0$、$R_\xi(t_1,\ t_2)=R_{\xi0}\delta(t_2-t_1)$ 的白噪声,则由式(5.22)可知,响应的均值 $\mu_X(t)$ 为零。而由式(5.23)可以推导出相关函数

$$\begin{aligned} R_X(t_1,\ t_2) &= \int_0^{t_1}\int_0^{t_2} h(t_1-\tau_1)h(t_2-\tau_2)R_{\xi0}\delta(\tau_2-\tau_1)\mathrm{d}\tau_2\mathrm{d}\tau_1 \\ &= R_{\xi0}\int_0^{t_1} h(t_1-\tau_1)h(t_2-\tau_1)\mathrm{d}\tau_1 \\ &= \frac{R_{\xi0}}{(m\omega_\mathrm{d})^2}\int_0^{t_1} e^{-\zeta\omega(t_1+t_2-2\tau_1)}\sin[\omega_\mathrm{d}(t_1-\tau_1)]\sin[\omega_\mathrm{d}(t_2-\tau_1)]\mathrm{d}\tau_1 \\ &= \frac{R_{\xi0}\cos[\omega_\mathrm{d}(t_2-t_1)]}{4\zeta\omega(m\omega_\mathrm{d})^2}[e^{-\zeta\omega(t_2-t_1)}-e^{-\zeta\omega(t_1+t_2)}] \\ &\quad -\frac{R_{\xi0}}{4\omega^2(m\omega_\mathrm{d})^2}e^{\zeta\omega\tau_1}[\omega_\mathrm{d}\sin(\omega_\mathrm{d}\tau_1)+\zeta\omega\cos(\omega_\mathrm{d}\tau_1)]\Big|_{\tau_1=-(t_1+t_2)}^{-(t_2-t_1)} \end{aligned} \tag{5.26}$$

令 $\tau=t_2-t_1$, $t=t_1$,有

$$R_X(t,\ t+\tau)=\frac{R_{\xi0}\cos(\omega_{\mathrm{d}}\tau)}{4\zeta\omega(m\omega_{\mathrm{d}})^2}\left[e^{-\zeta\omega\tau}-e^{-\zeta\omega(\tau+2t)}\right]$$
$$-\frac{R_{\xi0}}{4\omega^2(m\omega_{\mathrm{d}})^2}e^{\zeta\omega\tau_1}\left[\omega_{\mathrm{d}}\sin(\omega_{\mathrm{d}}\tau_1)+\zeta\omega\cos(\omega_{\mathrm{d}}\tau_1)\right]\Bigg|_{\tau_1=-(\tau+2t)}^{-\tau} \tag{5.27}$$

进一步地，当 $t\rightarrow\infty$ 时，可得稳态平稳过程的相关函数

$$R_X(\tau)=\lim_{t\rightarrow\infty}R_X(t,\ t+\tau)=\frac{R_{\xi0}}{4m^2\omega_{\mathrm{d}}^2\omega}e^{-\zeta\omega\tau}\left[\cos(\omega_{\mathrm{d}}\tau)+\zeta\omega\cos(\omega_{\mathrm{d}}\tau)\right]$$

由式(5.26)可以得到响应的方差 $\mathrm{Var}[X(t)]=R_X(t,\ t)$，即

$$\mathrm{Var}[X(t)]=\frac{R_{\xi0}}{4\zeta\omega(m\omega_{\mathrm{d}})^2}(1-e^{-2\zeta\omega t})$$
$$-\frac{R_{\xi0}}{4\omega^2(m\omega_{\mathrm{d}})^2}\{\zeta\omega-e^{-2\zeta\omega t}[\zeta\omega\cos(2\omega_{\mathrm{d}}t)-\omega_{\mathrm{d}}\sin(2\omega_{\mathrm{d}}t)]\} \tag{5.28a}$$

此外，令 $t\rightarrow\infty$，得到稳态平稳响应的方差

$$\lim_{t\rightarrow\infty}\mathrm{Var}[X(t)]=R_X(0)=\frac{R_{\xi0}}{4\zeta\omega^3m^2} \tag{5.28b}$$

不同阻尼比下响应的无量纲化方差如图 5.4 所示。从中可看出，阻尼比越大，方差接近稳态方差越快。另外，若 $\zeta=0$，则由于输入能量不能通过系统耗散，系统将不稳定。此外，由式(5.27)可看出响应 $X(t)$不再是白噪声，而是过滤噪声(常称之为色噪声)，之后将对其进行讨论。

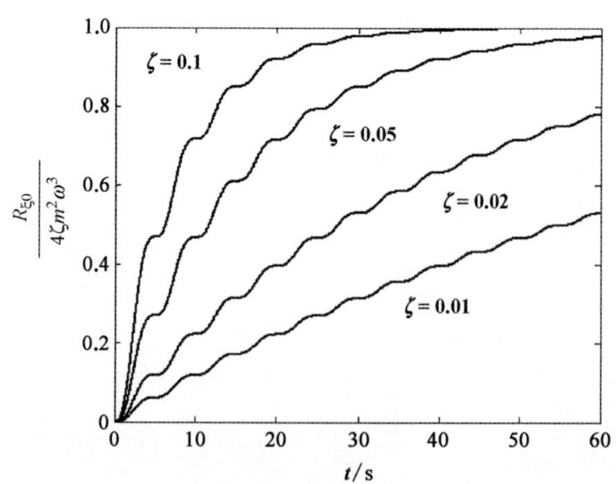

图 5.4　白噪声下响应的方差函数($\omega=0.2\pi\ \mathrm{s}^{-1}$)

5.2.2　时域下多自由度系统的响应

单自由度系统不仅由于其简单和相对容易的数学操作，可以提供对问题的深入认识，而且可作为合理的近似应用于大量工程实际案例，尤其是在分析和设计的初步阶段。然

而，许多实际系统，在更准确的意义上，应考虑为无限自由度或至少多自由度。一般地，在离散概念下，工程结构通常可以被离散或近似为多自由度系统，其运动方程在矩阵形式下为(参见 4.2 节)

$$\mathbf{M}\ddot{\boldsymbol{X}}+\mathbf{C}\dot{\boldsymbol{X}}+\mathbf{K}\boldsymbol{X}=\mathbf{B}\boldsymbol{\xi}(t) \tag{5.29}$$

式中：$\boldsymbol{X}=(X_1, \cdots, X_n)^{\mathrm{T}}$ 是 n 维位移；$\mathbf{M}=[M_{ij}]_{n\times n}$、$\mathbf{C}=[C_{ij}]_{n\times n}$ 和 $\mathbf{K}=[K_{ij}]_{n\times n}$ 分别是质量、阻尼和刚度矩阵；$\mathbf{B}=[B_{ij}]_{n\times r}$ 是输入荷载作用矩阵；$\boldsymbol{\xi}(t)=[\xi_1(t), \cdots, \xi_r(t)]^{\mathrm{T}}$ 是 r 维随机激励向量。

5.2.2.1　直接矩阵表达

随机过程向量 $\boldsymbol{\xi}(t)$ 的均值向量和相关函数矩阵分别表示为

$$\boldsymbol{\mu}_{\xi}(t)=\mathrm{E}[\boldsymbol{\xi}(t)],\ \mathbf{R}_{\xi}(t_1, t_2)=\mathrm{E}[\boldsymbol{\xi}(t_1)\boldsymbol{\xi}^{\mathrm{T}}(t_2)] \tag{5.30}$$

为获得激励 $\boldsymbol{\xi}(t)$ 下的响应 $\boldsymbol{X}(t)$ 的矩函数，除了将标量函数变为相应的向量或矩阵函数外，单自由度系统中采用的思想可以直接应用在这里。

单位脉冲响应函数矩阵表示为 $\mathbf{h}(t)=[h_{ij}(t)]_{n\times n}$，其中 $\mathbf{h}(t)$ 中的元素 $h_{ij}(t)$ 是第 i 个自由度对作用于第 j 个自由度上的激励的脉冲响应。因此，若令 $\boldsymbol{h}_j$ 为脉冲响应矩阵 $\mathbf{h}(t)$ 的第 j 列向量，则列向量 $\boldsymbol{h}_j$，$j=1, \cdots, n$ 满足

$$\mathbf{M}\ddot{\boldsymbol{h}}_j+\mathbf{C}\dot{\boldsymbol{h}}_j+\mathbf{K}\boldsymbol{h}_j=\boldsymbol{I}_j\delta(t),\ \dot{\boldsymbol{h}}_j(0)=\mathbf{0},\ \boldsymbol{h}_j(0)=\mathbf{0} \tag{5.31}$$

式中：$\boldsymbol{I}_j=(0, \cdots, 0, 1, 0, \cdots, 0)^{\mathrm{T}}$ 是除第 j 个元素为 1 外其他元素均为零的列向量。

根据杜哈梅积分[参见式(5.14)]，忽略系统初始条件的作用，可得系统(5.29)的响应为

$$\boldsymbol{X}(t)=\int_0^t \mathbf{h}(t-\tau)\mathbf{B}\boldsymbol{\xi}(\tau)\mathrm{d}\tau \tag{5.32}$$

故而可得响应均值

$$\boldsymbol{\mu}_{\boldsymbol{X}}(t)=\mathrm{E}[\boldsymbol{X}(t)]=\int_0^t \mathbf{h}(t-\tau)\mathbf{B}\mathrm{E}[\boldsymbol{\xi}(\tau)]\mathrm{d}\tau=\int_0^t \mathbf{h}(t-\tau)\mathbf{B}_{\boldsymbol{\mu}_{\xi}}(\tau)\mathrm{d}\tau \tag{5.33}$$

类似地，可以推导出相关函数矩阵

$$\begin{aligned}
\mathbf{R}_{\boldsymbol{X}}(t_1, t_2)&=\mathrm{E}[\boldsymbol{X}(t_1)\boldsymbol{X}^{\mathrm{T}}(t_2)]\\
&=\mathrm{E}\left\{\int_0^{t_1}\mathbf{h}(t_1-\tau)\mathbf{B}\boldsymbol{\xi}(\tau)\mathrm{d}\tau\int_0^{t_2}[\mathbf{h}(t_2-\tau)\mathbf{B}\boldsymbol{\xi}(\tau)]^{\mathrm{T}}\mathrm{d}\tau\right\}\\
&=\mathrm{E}\left[\int_0^{t_1}\int_0^{t_2}\mathbf{h}(t_1-\tau_1)\mathbf{B}\boldsymbol{\xi}(\tau_1)\boldsymbol{\xi}^{\mathrm{T}}(\tau_2)\mathbf{B}^{\mathrm{T}}\mathbf{h}^{\mathrm{T}}(t_2-\tau_2)\mathrm{d}\tau_2\mathrm{d}\tau_1\right]\\
&=\int_0^{t_1}\int_0^{t_2}\mathbf{h}(t_1-\tau_1)\mathbf{B}\mathrm{E}[\boldsymbol{\xi}(\tau_1)\boldsymbol{\xi}^{\mathrm{T}}(\tau_2)]\mathbf{B}^{\mathrm{T}}\mathbf{h}^{\mathrm{T}}(t_2-\tau_2)\mathrm{d}\tau_2\mathrm{d}\tau_1\\
&=\int_0^{t_1}\int_0^{t_2}\mathbf{h}(t_1-\tau_1)\mathbf{B}\mathbf{R}_{\xi}(\tau_1, \tau_2)\mathbf{B}^{\mathrm{T}}\mathbf{h}^{\mathrm{T}}(t_2-\tau_2)\mathrm{d}\tau_2\mathrm{d}\tau_1
\end{aligned} \tag{5.34}$$

在激励为平稳随机过程的情形下，稳态响应也是平稳过程。此时通过令 $t_1 \to \infty$，$t_2 \to \infty$，并注意 $\mathbf{R}_\xi(\tau_1, \tau_2)$ 变为 $\mathbf{R}_\xi(\tau_1 - \tau_2)$，可以获得响应的自相关函数矩阵。因此，类似于式(5.25)有

$$\mathbf{R}_X(\tau) = \int_{-\infty}^{\infty}\int_{-\infty}^{\infty} \mathbf{h}(u_1)\mathbf{B}\mathbf{R}_\xi(\tau - u_1 - u_2)\mathbf{B}^{\mathrm{T}}\mathbf{h}^{\mathrm{T}}(u_2)\mathrm{d}u_2\mathrm{d}u_1 \tag{5.35}$$

式(5.33)和式(5.35)建立了响应的矩函数 $\boldsymbol{\mu}_X(t)$ 和 $\mathbf{R}_X(t_1, t_2)$ 与激励的矩函数 $\boldsymbol{\mu}_\xi(t)$ 和 $\mathbf{R}_\xi(t_1, t_2)$ 之间的关系。它们只是式(5.22)和式(5.25)中单自由度系统情形下矩阵形式的对应。其包含的物理意义很清晰，即由于物理系统(5.29)中输入和输出之间存在线性，在该情形下，图 5.3 (b)所示的关系 $\mathscr{L}_P(\cdot)$ 仍然是线性的。

然而，式(5.33)和式(5.34)实际应用起来并不方便，因为：① 相比于单自由度，其脉冲响应矩阵 $\mathbf{h}(t)$ 的闭合解太难得到；② 对于实际感兴趣的结构系统，涉及式(5.34)求解的计算量过于庞大，自由度太多以至于涉及该式的计算超出了目前可接受的计算能力。

5.2.2.2 模态叠加法

对于线性系统，模态叠加法可以将初始系统解耦为一系列单自由度系统，因而大大减少计算量。若涉及的阻尼是比例阻尼，则运动方程作为二阶常微分方程，可以通过采用特征向量(也称为振型)作为基向量的变量分离法直接解耦(Clough & Penzien, 1993)。

考虑式(5.29)中系统对应的无阻尼自由振动

$$\mathbf{M}\ddot{\boldsymbol{X}} + \mathbf{K}\boldsymbol{X} = \mathbf{0} \tag{5.36}$$

假设自由振动为谐波，即 $\boldsymbol{X}(t) = \boldsymbol{\psi}e^{\mathrm{i}\omega t}$。将其代入式(5.36)，可导出

$$(\mathbf{K} - \omega^2\mathbf{M})\boldsymbol{\psi}e^{\mathrm{i}\omega t} = \mathbf{0} \tag{5.37}$$

由于 $e^{\mathrm{i}\omega t}$ 不总是为零，需要

$$(\mathbf{K} - \omega^2\mathbf{M})\boldsymbol{\psi} = \mathbf{0} \tag{5.38}$$

也称其为特征方程。确保这一方程具有非平凡非零解的条件为

$$\det(\mathbf{K} - \omega^2\mathbf{M}) = 0$$

式中：det(·)是括号内矩阵的行列式。

由于对一般结构系统，尤其是有限元系统，刚度 $\mathbf{K}$ 和质量矩阵 $\mathbf{M}$ 均是对称正定的，可以证明式(5.38)存在 n 个解 $\omega_j\,(j = 1, \cdots, n)$，且依次对应式(5.38)中每一个相应的向量 $\boldsymbol{\psi}_j\,(j = 1, \cdots, n)$ (Golub & van Loan, 1996)。换言之，存在 n 个特征对 $(\omega_j, \boldsymbol{\psi}_j)(j = 1, \cdots, n)$，其中 ω_j^2 是特征值，$\boldsymbol{\psi}_j$ 是其相应的特征向量，通常也称为结构的振型。

振型对于刚度矩阵 $\mathbf{K}$ 和质量矩阵 $\mathbf{M}$ 是加权正交的。实际上，将式(5.38)中的 $\boldsymbol{\psi}$ 替换为 $\boldsymbol{\psi}_j$，并将其乘以每一个 $\boldsymbol{\psi}_k^{\mathrm{T}}$；然后将式(5.38)中的 $\boldsymbol{\psi}$ 替换为 $\boldsymbol{\psi}_k$，并将其乘以每一个 $\boldsymbol{\psi}_j^{\mathrm{T}}$，分别可以得到

$$\begin{cases} \boldsymbol{\psi}_k^{\mathrm{T}}(\mathbf{K} - \omega^2\mathbf{M})\boldsymbol{\psi}_j = 0 \\ \boldsymbol{\psi}_j^{\mathrm{T}}(\mathbf{K} - \omega^2\mathbf{M})\boldsymbol{\psi}_k = 0 \end{cases} \tag{5.39}$$

注意 $\mathbf{K}=\mathbf{K}^{\mathrm{T}}$，$\mathbf{M}=\mathbf{M}^{\mathrm{T}}$，将后式进行转置然后用前式与其相减，考虑到对 $k\neq j$ 有 $\omega_k\neq\omega_j$，有

$$\boldsymbol{\psi}_k^{\mathrm{T}}\mathbf{M}\boldsymbol{\psi}_j=m_k\delta_{kj}\tag{5.40}$$

式中：$m_k=\boldsymbol{\psi}_k^{\mathrm{T}}\mathbf{M}\boldsymbol{\psi}_k$，是第 k 阶模态质量；δ_{kj} 是克罗内克记号。将式(5.40)代入式(5.39)，导出

$$\boldsymbol{\psi}_k^{\mathrm{T}}\mathbf{K}\boldsymbol{\psi}_j=\omega_j^2\boldsymbol{\psi}_k^{\mathrm{T}}\mathbf{M}\boldsymbol{\psi}_j=\omega_j^2m_j\delta_{kj}=k_j\delta_{kj}\tag{5.41}$$

式(5.40)和式(5.41)表明振型是加权正交的。因此，模态向量 $\boldsymbol{\psi}_j(j=1,\cdots,n)$ 组成了 n 维希尔伯特空间中的一组完备正交基，则响应 $\boldsymbol{X}(t)$ 可以分解为

$$\boldsymbol{X}(t)=\sum_{j=1}^{n}\boldsymbol{\psi}_ju_j(t)=\boldsymbol{\phi}\boldsymbol{u}(t)\tag{5.42}$$

式中：$\boldsymbol{\phi}=(\psi_1,\cdots,\psi_n)$，是模态矩阵；$\boldsymbol{u}=(u_1,\cdots,u_n)^{\mathrm{T}}$，是模态位移向量。

将式(5.42)代入式(5.29)，且令其两边乘以每一个 $\boldsymbol{\psi}_j^{\mathrm{T}}$，导出

$$\boldsymbol{\psi}_j^{\mathrm{T}}[\mathbf{M}\boldsymbol{\phi}\ddot{\boldsymbol{u}}(t)+\mathbf{C}\boldsymbol{\phi}\dot{\boldsymbol{u}}(t)+\mathbf{K}\boldsymbol{\phi}\boldsymbol{u}(t)]=\boldsymbol{\psi}_j^{\mathrm{T}}\mathbf{B}\boldsymbol{\xi}(t),\ j=1,\cdots,n\tag{5.43}$$

采用比例阻尼，即

$$\boldsymbol{\phi}^{\mathrm{T}}\mathbf{C}\boldsymbol{\phi}=\mathrm{diag}(c_1,\cdots,c_n)=\mathrm{diag}(2\zeta_1\omega_1m_1,\cdots,2\zeta_n\omega_nm_n)\tag{5.44}$$

式中：diag(・)表示对角矩阵，并且注意式(5.40)和式(5.41)，有

$$m_j\ddot{u}_j+c_j\dot{u}_j+k_ju_j=\boldsymbol{\psi}_j^{\mathrm{T}}\mathbf{B}\boldsymbol{\xi}(t)=\sum_{k=1}^{n}\sum_{l=1}^{r}[\phi_{jk}B_{kl}\xi_l(t)],\ j=1,\cdots,n\tag{5.45}$$

式中：ϕ_{jk} 是 $\boldsymbol{\psi}_j$ 的第 k 个元素；B_{kl} 是 $\mathbf{B}$ 的第 $k\times j$ 个元素。式(5.45)包括 n 个解耦的单自由度系统。

根据 5.2.1.1 节中的阐述，式(5.45)中的脉冲响应函数 h_j 由式(5.11)给出，其中 m、ζ 和 ω 分别由 m_j、ζ_j 和 ω_j 代替。因而有[参见式(5.14)]

$$u_j=\int_0^t h_j(t-\tau)\boldsymbol{\psi}_j^{\mathrm{T}}\mathbf{B}\boldsymbol{\xi}(\tau)\mathrm{d}\tau\tag{5.46}$$

其中忽略初始条件的作用。将该式代入式(5.42)，可导出式(5.29)的响应，即

$$X(t)=\sum_{j=1}^{n}\int_0^t h_j(t-\tau)\boldsymbol{\psi}_j\boldsymbol{\psi}_j^{\mathrm{T}}\mathbf{B}\boldsymbol{\xi}(\tau)\mathrm{d}\tau\tag{5.47}$$

该式可以视为表征系统对激励响应的线性关系 $\mathcal{L}(\cdot)$，如图 5.3 (a)或图 5.3 (b)上半部分所示。

通过对式(5.47)两边取数学期望可以给出响应的均值

$$\boldsymbol{\mu}_{\boldsymbol{X}}(t)=\mathrm{E}[\boldsymbol{X}(t)]=\sum_{j=1}^{n}\int_0^t h_j(t-\tau)\boldsymbol{\psi}_j\boldsymbol{\psi}_j^{\mathrm{T}}\mathbf{B}\boldsymbol{\mu}_{\xi}(\tau)\mathrm{d}\tau\tag{5.48}$$

同样,可以导出相关函数矩阵,即

$$\begin{aligned}\mathbf{R}_{\boldsymbol{X}}(t_1,\ t_2)&=\mathrm{E}[\boldsymbol{X}(t_1)\boldsymbol{X}^{\mathrm{T}}(t_2)]\\&=\mathrm{E}\Big[\sum_{j=1}^{n}\int_0^{t_1}h_j(t_1-\tau_1)\boldsymbol{\psi}_j\boldsymbol{\psi}_j^{\mathrm{T}}\mathbf{B}\boldsymbol{\xi}(\tau_1)\mathrm{d}\tau_1\sum_{k=1}^{n}\int_0^{t_2}h_k(t_2-\tau_2)\boldsymbol{\xi}^{\mathrm{T}}(\tau_2)\mathbf{B}^{\mathrm{T}}\boldsymbol{\psi}_k\boldsymbol{\psi}_k^{\mathrm{T}}\mathrm{d}\tau_2\Big]\\&=\sum_{k=1}^{n}\sum_{j=1}^{n}\int_0^{t_1}\int_0^{t_2}h_j(t_1-\tau_1)h_k(t_2-\tau_2)\boldsymbol{\psi}_j\boldsymbol{\psi}_j^{\mathrm{T}}\mathbf{B}\mathrm{E}[\boldsymbol{\xi}(\tau_1)\boldsymbol{\xi}^{\mathrm{T}}(\tau_2)]\mathbf{B}^{\mathrm{T}}\boldsymbol{\psi}_k\boldsymbol{\psi}_k^{\mathrm{T}}\mathrm{d}\tau_2\mathrm{d}\tau_1\\&=\sum_{k=1}^{n}\sum_{j=1}^{n}\int_0^{t_1}\int_0^{t_2}h_j(t_1-\tau_1)h_k(t_2-\tau_2)\boldsymbol{\psi}_j\boldsymbol{\psi}_j^{\mathrm{T}}\mathbf{B}\mathbf{R}_{\xi}(\tau_1,\ \tau_2)\mathbf{B}^{\mathrm{T}}\boldsymbol{\psi}_k\boldsymbol{\psi}_k^{\mathrm{T}}\mathrm{d}\tau_2\mathrm{d}\tau_1\end{aligned} \tag{5.49}$$

若激励是平稳过程,则稳态响应过程也将是平稳过程。在此情况下,式(5.49)变为

$$\begin{aligned}\mathbf{R}_{\boldsymbol{X}}(\tau)&=\sum_{k=1}^{n}\sum_{j=1}^{n}\int_{-\infty}^{\infty}\int_{-\infty}^{\infty}h_k(t_1)h_j(t_2)\boldsymbol{\psi}_k\boldsymbol{\psi}_k^{\mathrm{T}}\mathbf{B}\mathbf{R}_{\xi}(\tau+t_2-t_1)\mathbf{B}^{\mathrm{T}}\boldsymbol{\psi}_j\boldsymbol{\psi}_j^{\mathrm{T}}\mathrm{d}t_1\mathrm{d}t_2\\&=\int_{-\infty}^{\infty}\int_{-\infty}^{\infty}\Big[\sum_{k=1}^{n}h_k(t_1)\boldsymbol{\psi}_k\boldsymbol{\psi}_k^{\mathrm{T}}\Big]\mathbf{B}\mathbf{R}_{\xi}(\tau+t_2-t_1)\mathbf{B}^{\mathrm{T}}\Big[\sum_{j=1}^{n}h_j(t_2)\boldsymbol{\psi}_j\boldsymbol{\psi}_j^{\mathrm{T}}\Big]\mathrm{d}t_1\mathrm{d}t_2\end{aligned} \tag{5.50}$$

这里,再次得到了式(5.48)和式(5.50)中系统响应矩函数和激励矩函数之间的线性关系。然而,相比于式(5.33)和式(5.35),由于 $h_j(t)$ 的显式形式已知,该组公式计算更方便,而式(5.33)和式(5.35)相应于单自由度系统的概念更直观。

事实上,这两组公式在数学上是等价的。显然,若对式(5.31)应用模态叠加法,则得到

$$\mathbf{h}(t)=\sum_{j=1}^{n}h_j(t)\boldsymbol{\psi}_j\boldsymbol{\psi}_j^{\mathrm{T}} \tag{5.51}$$

将式(5.51)代入式(5.33)和式(5.35)将立即导出式(5.48)和式(5.50)。

当涉及非比例阻尼时,运动方程可以变为状态方程,且可以再次选择特征向量作为状态空间中的基向量。但是,在此情形下,特征值和特征向量这时通常为复数,且因此也称为复模态分析。对于随机振动的这一分析可以参见方同和王真妮(Fang & Wang, 1986)与方同等(Fang et al., 1991)的研究。

5.2.2.3　关于计算量的注记

由于式(5.49)对所有的 n^2 项进行求和,所以也称其为**完全平方组合**(complete quadratic combination, CQC)格式。实际上,对于大型结构系统,通常选择参与振型数 q 且取 $q\ll n$,因而可以大大减小计算量。然而,对于实际工程系统,通常这仍然太耗费时间。作为一种近似,在式(5.49)的求和中可忽略交叉项,因而有

$$\mathbf{R}_{\boldsymbol{X}}(t_1,\ t_2)\approx\sum_{k=1}^{n}\int_0^{t_1}\int_0^{t_2}h_k(t_1-\tau_1)h_k(t_2-\tau_2)\boldsymbol{\psi}_k\boldsymbol{\psi}_k^{\mathrm{T}}\mathbf{B}\mathbf{R}_{\xi}(\tau_1,\ \tau_2)\mathbf{B}^{\mathrm{T}}\boldsymbol{\psi}_k\boldsymbol{\psi}_k^{\mathrm{T}}\mathrm{d}\tau_2\mathrm{d}\tau_1 \tag{5.52}$$

该格式也称为**平方和平方根**(square root of the summation of the square, SRSS)。通常,当频率不集中分布时,认为该近似是合适的。然而,这并不能保证,对于许多大型复杂结构系统,这一假设事实上是不对的(Der Kiureghian, 1980)。

自约四十年前基本理论形成以来,对于经典随机振动理论在实际感兴趣问题中的应用,式(5.49)过高的计算量基本上是最难的阻碍之一。有趣的是,一个简单的进一步操作,尽管总是被忽略,却可以大大减小计算量,即当将式(5.49)变为

$$\begin{aligned}\mathbf{R}_{\boldsymbol{X}}(t_1,\ t_2)&=\sum_{k=1}^{n}\sum_{j=1}^{n}\int_0^{t_1}\int_0^{t_2}h_j(t_1-\tau_1)h_k(t_2-\tau_2)\boldsymbol{\psi}_j\boldsymbol{\psi}_j^{\mathrm{T}}\mathbf{B}\mathbf{R}_{\boldsymbol{\xi}}(\tau_1,\ \tau_2)\mathbf{B}^{\mathrm{T}}\boldsymbol{\psi}_k\boldsymbol{\psi}_k^{\mathrm{T}}\mathrm{d}\tau_2\mathrm{d}\tau_1\\&=\int_0^{t_1}\int_0^{t_2}\Big[\sum_{j=1}^{n}h_j(t_1-\tau_1)\boldsymbol{\psi}_j\boldsymbol{\psi}_j^{\mathrm{T}}\Big]\mathbf{B}\mathbf{R}_{\boldsymbol{\xi}}(\tau_1,\ \tau_2)\mathbf{B}^{\mathrm{T}}\Big[\sum_{k=1}^{n}h_k(t_2-\tau_2)\boldsymbol{\psi}_k\boldsymbol{\psi}_k^{\mathrm{T}}\Big]\mathrm{d}\tau_2\mathrm{d}\tau_1\end{aligned}\tag{5.53}$$

可见,式(5.53)在形式上与将式(5.51)代入式(5.34)得到的方程是相同的。然而,从计算的角度看,式(5.49)中的双求和,即完全平方组合,变成了两个单求和,即两个求和的乘积。可以通过一个简单的例子来考察该转换的作用

$$s=\sum_{i=1}^{q}\sum_{j=1}^{q}a_ib_j=\Big(\sum_{i=1}^{q}a_i\Big)\Big(\sum_{j=1}^{q}b_j\Big)\tag{5.54}$$

这两个等式在数学上是等价的。然而,在第一种表达 $\sum_{i=1}^{q}\sum_{j=1}^{q}a_ib_j$ 的计算中,需要进行 q^2 次乘法运算和 q^2 次加法运算;而在第二种表达 $\left(\sum_{i=1}^{q}a_i\right)\left(\sum_{j=1}^{q}b_j\right)$ 中,仅需要一次乘法运算和 $2q$ 次加法运算。注意,乘法运算比加法运算会耗费更多的时间。相比于第一种表达,第二种表达中的计算量由 $q^2w_{\mathrm{m}}+q^2w_{\mathrm{s}}$ 减少为 $w_{\mathrm{m}}+2qw_{\mathrm{s}}$。其中,$w_{\mathrm{m}}$ 和 w_{s} 分别为一次乘法运算与一次加法运算的计算量。若 q 是 10^2 量级,则这会使计算效率提高 $10^3\sim10^4$ 倍。式(5.53)中第一种表达和第二种表达的计算量之间的差异就类似于上面讨论的式(5.54)中的情况。这对式(5.50)的计算也成立。

5.3　功率谱密度分析

5.3.1　频响函数和功率谱密度

5.3.1.1　频域中单自由度系统的响应

1) 单自由度系统的频响函数

正如5.2.1.1节中所述,除了单位脉冲,另一类广泛采用的试验激励是单位谐波激励。在此情况下,记单自由度系统的响应为 $\widetilde{h}(t)$,其满足

$$m\ddot{\widetilde{h}}+c\dot{\widetilde{h}}+k\widetilde{h}=e^{i\omega t},\ x_0=0,\ \dot{x}_0=0 \tag{5.55}$$

利用式(5.14),将 $f(t)$替换为谐波激励 $e^{i\omega t}$,有

$$\widetilde{h}(t)=\int_{-\infty}^{\infty}h(t,\ \tau)e^{i\omega(t-\tau)}\mathrm{d}\tau=e^{i\omega t}\int_{-\infty}^{\infty}h(t,\ \tau)e^{-i\omega\tau}\mathrm{d}\tau=\widetilde{H}(\omega,\ t)e^{i\omega t} \tag{5.56}$$

这里

$$\widetilde{H}(\omega,\ t)=\int_{-\infty}^{\infty}h(t,\ \tau)e^{-i\omega\tau}\mathrm{d}\tau \tag{5.57a}$$

式中:$h(t,\ \tau)$ 是时变线性系统的脉冲响应函数。若系统是时不变的,函数 $h(t,\ \tau)$ 可由式(5.11)给出。在此情形下,$\widetilde{H}(\omega,\ t)$ 简化为

$$H(\omega)=\int_{-\infty}^{\infty}h(\tau)e^{-i\omega\tau}\mathrm{d}\tau \tag{5.57b}$$

函数 $H(\omega)$ 称为频响函数。显然,式(5.57b)表明,频响函数是脉冲响应函数的傅里叶变换。反之,脉冲响应函数 $h(t)$必然是频响函数的傅里叶逆变换

$$h(t)=\frac{1}{2\pi}\int_{-\infty}^{\infty}H(\omega)e^{i\omega t}\mathrm{d}\omega \tag{5.58}$$

若将式(5.56)代入式(5.55),并将其中的 $\widetilde{H}(\omega,\ t)$ 替换为 $H(\omega)$,则有

$$\begin{aligned}H(\omega)&=\frac{1}{k-m\omega^2+ic\omega}=\frac{1}{m(\omega_0^2-\omega^2+2i\zeta\omega_0\omega)}\\&=\frac{1}{m\omega_0^2\left[1-\left(\dfrac{\omega}{\omega_0}\right)^2+2i\zeta\dfrac{\omega}{\omega_0}\right]}\end{aligned} \tag{5.59}$$

式中:ζ 和 ω_0 分别是单自由度系统的阻尼比和圆频率。

进而,根据叠加原理,将承受任意激励 $f(t)$下单自由度系统的运动方程两边乘以 $e^{-i\omega t}$

$$m\ddot{x}+c\dot{x}+kx=f(t) \tag{5.60}$$

并关于 t 积分,可导出

$$m\int_{-\infty}^{\infty}\ddot{x}(t)e^{-i\omega t}\mathrm{d}t+c\int_{-\infty}^{\infty}\dot{x}(t)e^{-i\omega t}\mathrm{d}t+k\int_{-\infty}^{\infty}x(t)e^{-i\omega t}\mathrm{d}t=\int_{-\infty}^{\infty}f(t)e^{-i\omega t}\mathrm{d}t \tag{5.61a}$$

分别记 $\ddot{x}(t)$、$\dot{x}(t)$、$x(t)$ 和 $f(t)$的傅里叶变换为 $\ddot{x}(\omega)$、$\dot{x}(\omega)$、$x(\omega)$ 和 $F(\omega)$。式(5.61a)可改写为

$$m\ddot{x}(\omega)+c\dot{x}(\omega)+kx(\omega)=F(\omega) \tag{5.61b}$$

注意,$\ddot{x}(\omega)=-i\omega\dot{x}(\omega)=-\omega^2x(\omega)$。有

$$x(\omega)=\frac{1}{k-m\omega^2+ic\omega}F(\omega)=H(\omega)F(\omega) \tag{5.62}$$

上式建立了频域中输入和输出之间的线性关系。从中可以看出，频响函数 $H(\omega)$ 中包含了单自由度系统的所有特性，与激励无关，且能完全刻画系统特性。这正是选择单位谐波激励作为试验激励的原因之一。由式(5.62)可知，在频域中，系统内在的线性性质比时域中反映得更为清晰。

2）随机激励下单自由度系统响应的功率谱密度

若激励 $\xi(t)$ 是随机过程，则响应 $X(t)$ 也是随机过程。在此情况下，式(5.62)可以在符合物理意义的样本意义下解释，即

$$X(\varpi,\ \omega)=H(\omega)\xi(\varpi,\ \omega) \tag{5.63a}$$

其中，ϖ 是表征内在随机性的变量，$X(\varpi,\ \omega)$ 和 $\xi(\varpi,\ \omega)$ 应分别理解为随机过程 $X(\varpi,\ t)$ 和 $\xi(\varpi,\ t)$ 的傅里叶谱。

取式(5.63a)的复共轭

$$X^*(\varpi,\ \omega)=H^*(\omega)\xi^*(\varpi,\ \omega) \tag{5.63b}$$

此后星号上标均表示复共轭。

将式(5.63a)两边分别相乘，取数学期望，再除以区间 T 并令 $T\to\infty$，有

$$\lim_{T\to\infty}\frac{1}{2T}\mathrm{E}[X(\varpi,\ \omega)X^*(\varpi,\ \omega)]=\lim_{T\to\infty}\frac{1}{2T}\mid H(\omega)\mid^2\mathrm{E}[\xi(\varpi,\ \omega)\xi^*(\varpi,\ \omega)] \tag{5.64}$$

实际上，式(5.64)左边正是平稳随机过程 $X(t)$ 的功率谱密度[参见式(2.89a)和附录C]，即

$$S_X(\omega)=\lim_{T\to\infty}\frac{1}{2T}\mathrm{E}[X(\varpi,\ \omega)X^*(\varpi,\ \omega)] \tag{5.65a}$$

同理，式(5.64)右边的项包含了平稳随机过程 $\xi(t)$ 的功率谱密度

$$S_\xi(\omega)=\lim_{T\to\infty}\frac{1}{2T}\mathrm{E}[\xi(\varpi,\ \omega)\xi^*(\varpi,\ \omega)] \tag{5.65b}$$

那么，由式(5.64)有

$$S_X(\omega)=\mid H(\omega)\mid^2 S_\xi(\omega) \tag{5.66}$$

其中，$\mid H(\omega)\mid^2$ 由式(5.59)给出

$$\mid H(\omega)\mid^2=\frac{1}{(m\omega_0^2)^2\left\{\left[1-\left(\frac{\omega}{\omega_0}\right)^2\right]^2+4\zeta^2\left(\frac{\omega}{\omega_0}\right)^2\right\}} \tag{5.67}$$

如图 5.5 所示。

$\mid H(\omega)\mid^2$ 的特性包括：

(1) 对 $\omega/\omega_0=0$，有 $\mid H(\omega)\mid^2=1/(m\omega_0^2)^2$，或 $\mid H(\omega)\mid^2(m\omega_0^2)^2=1$。

(2) 对 $\omega/\omega_0=1$，有 $\mid H(\omega)\mid^2=1/[4\zeta^2(m\omega_0^2)^2]$，或 $\mid H(\omega)\mid^2(m\omega_0^2)^2=1/(4\zeta^2)$。

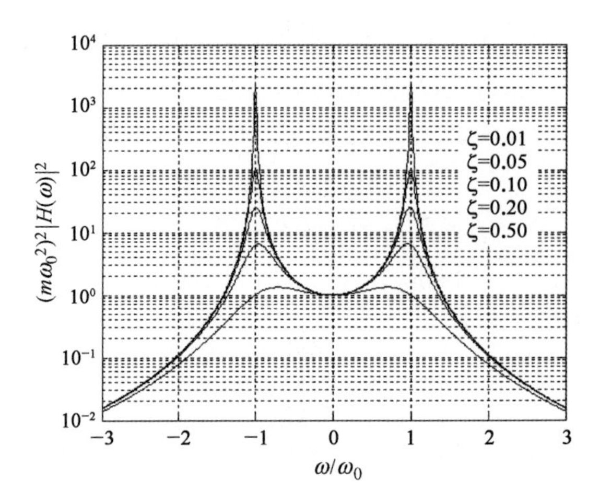

图 5.5　频响传递函数

(3) 当 $\omega/\omega_0 \to \infty$ 时，$|H(\omega)|^2 \to 0$。

(4) 当 $\omega/\omega_0 = \sqrt{1+\zeta^4} - \zeta^2$ 时，$|H(\omega)|^2$ 达到其最大值。可看出，当 ζ 由 0 至 1 变化时，ω/ω_0 由 1 至 $\sqrt{2}-1$ 单调变化。

(5) 半功率带宽：对弱阻尼，根据特性(4)，$|H(\omega)|^2$ 的最大值发生在大约 $\omega/\omega_0 = 1$ 处。在此情况下，$|H(\omega_0)|^2(m\omega_0^2)^2 = 1/(4\zeta^2)$。考察点 ω_1 使得

$$|H(\omega_1)|^2 = \frac{1}{2}|H(\omega_0)|^2 \tag{5.68a}$$

即当激励为白噪声时，ω_1 处的功率谱密度是最大功率谱密度的一半，因而称 ω_1 为半功率点。由图 5.5 可知，有两个半功率点分布于 ω_0 两边，$\omega_1 < \omega_0 < \omega_2$，且当 ζ 很小时，它们之间的差值很小，即 $\Delta\omega = \omega_2 - \omega_1 \ll \omega_0$。经运算，有

$$\zeta \approx \frac{\Delta\omega}{2\omega_0} \tag{5.68b}$$

其中，$\Delta\omega$ 称为半功率带宽。

式(5.68b)表明，若可以通过振动试验技术观测带宽和自振频率，则阻尼比可以容易地获得。这就是所谓的阻尼识别的半功率法(Clough & Penzien, 1993)。

式(5.66)建立了响应和激励的功率谱密度之间的线性关系。这也可以视为图 5.3 (b)中下半部分的线性算子 $\mathcal{L}_P(\cdot)$。显然，这里体现的线性性质比 5.2.2 节时域中体现得更为直观。

进而，通过维纳-辛钦定理，由式(5.66)容易获得相关函数

$$R_X(\tau) = \frac{1}{2\pi}\int_{-\infty}^{\infty} S_X(\omega)e^{i\omega\tau}d\omega = \frac{1}{2\pi}\int_{-\infty}^{\infty} |H(\omega)|^2 S_\xi(\omega)e^{i\omega\tau}d\omega \tag{5.69a}$$

而响应的方差可以写为

$$\mathrm{Var}[X(t)] = R_X(0) = \frac{1}{2\pi}\int_{-\infty}^{\infty} S_X(\omega)d\omega = \frac{1}{2\pi}\int_{-\infty}^{\infty} |H(\omega)|^2 S_\xi(\omega)d\omega \tag{5.69b}$$

由于当平稳随机过程随 $|t|\to\infty$ 不趋于零时，随机过程的傅里叶变换并不存在，因此式(5.63)至式(5.66)中的推导看起来更直观却并不严格。然而，通过定义有限时间段内的傅里叶变换，可以克服这一问题，即(参见附录 C)

$$X_{\pm T}(\varpi,\ \omega)=\int_{-T}^{T}X(\varpi,\ t)e^{-\mathrm{i}\omega t}\,\mathrm{d}t \tag{5.70a}$$

因此，在时间段内导数过程的傅里叶变换为

$$\begin{aligned}\dot{X}_{\pm T}(\varpi,\ \omega)&=\int_{-T}^{T}\dot{X}(\varpi,\ t)e^{-\mathrm{i}\omega t}\,\mathrm{d}t\\&=X(\varpi,\ T)e^{-\mathrm{i}\omega T}-X(\varpi,\ -T)e^{\mathrm{i}\omega T}+\mathrm{i}\omega\int_{-T}^{T}X(\varpi,\ t)e^{-\mathrm{i}\omega t}\,\mathrm{d}t\\&=X(\varpi,\ T)e^{-\mathrm{i}\omega T}-X(\varpi,\ -T)e^{\mathrm{i}\omega T}+\mathrm{i}\omega X_{\pm T}(\varpi,\ \omega)\end{aligned} \tag{5.70b}$$

将式(5.63)替换为

$$X_{\pm T}(\varpi,\ \omega)=H(\omega)\xi_{\pm T}(\varpi,\ \omega)+H(\omega)\Psi(\varpi,\ T) \tag{5.70c}$$

其中

$$\begin{aligned}&\Psi(\varpi,\ T)\\&=-c[X(\varpi,T)e^{-\mathrm{i}\omega T}-X(\varpi,\ -T)e^{\mathrm{i}\omega T}]\\&=-m\{\dot{X}(\varpi,\ T)e^{-\mathrm{i}\omega T}-\dot{X}(\varpi,\ -T)e^{\mathrm{i}\omega T}+\mathrm{i}\omega[X(\varpi,\ T)e^{-\mathrm{i}\omega T}-X(\varpi,\ -T)e^{\mathrm{i}\omega T}]\}\end{aligned}$$

将式(5.70c)两边乘以其复共轭，除以 T 并令 $T\to\infty$，可见，由于 $X(\varpi,\ T)$ 的均值和方差是有限的，$\Psi(\varpi,\ T)$ 的影响消失了，因而可得式(5.64)。因此，上述推导没有问题、且提供了一个更简单且直观的视角。为此，下一节中广泛采用此技术。

3) 导数随机过程的功率谱密度

有时，可能关心导数过程的功率谱密度，即 $X^{(k)}(t)=\mathrm{d}^kX(t)/\mathrm{d}t^k$。本书 2.2.4 节中给出了一些常用的法则，这些法则可以从定义出发给出证明。然而，也可以如上一小节一样用更直接的方式获得。

考察 $X(t)$的 n 阶导数过程，记为 $X^{(n)}(t)$。其傅里叶谱为

$$X^{(n)}(\omega)=(\mathrm{i}\omega)^nX(\omega) \tag{5.71a}$$

其复共轭为

$$X^{(n)*}(\omega)=(\mathrm{i}\omega)^{n*}X^*(\omega) \tag{5.71b}$$

如式(5.64)一样，将上述二式两边相乘，除以 T 并令 $T\to\infty$，有

$$S_{X^{(n)}}(\omega)=\omega^{2n}S_X(\omega) \tag{5.71c}$$

这正是式(2.104)。

可以将相同的思想应用于式(2.105)。

4）*互功率谱密度函数*

有时希望获得互功率谱密度，如响应与其导数过程的，或响应和激励的互功率谱密度。直接采用上一节中的基本思想，将使其更为简单。

首先以 $S_{X\dot{X}}(\omega)$ 为例。在此情况下，将式(5.63)替换为

$$\dot{X}^*(\varpi,\ \omega)=-\mathrm{i}\varpi H^*(\omega)\xi^*(\varpi,\ \omega) \tag{5.72a}$$

其中，$\dot{X}(\varpi,\ \omega)$ 是导数过程 $\dot{X}(\varpi,\ t)$ 的傅里叶变换。注意到[参见式(2.89b)和附录C]

$$S_{X\dot{X}}(\omega)=\lim_{T\to\infty}\frac{1}{2T}\mathrm{E}[X(\varpi,\ \omega)\dot{X}^*(\varpi,\ \omega)] \tag{5.72b}$$

相应地，式(5.66)变为

$$S_{X\dot{X}}(\omega)=-\mathrm{i}\omega\ |\ H(\omega)\ |^2 S_{\xi}(\omega) \tag{5.72c}$$

同时，若对比上式和式(5.66)，将有

$$S_{X\dot{X}}(\omega)=-\mathrm{i}\omega S_X(\omega) \tag{5.72d}$$

回顾谐波运动中，位移的相位角比速度的滞后 $\pi/2$，则这一关系的物理意义更为清楚。

同理，考察 $S_{X\xi}(\omega)$。在此情况下，将式(5.63)替换为等式 $\xi^*(\varpi,\ \omega)=\xi^*(\varpi,\ \omega)$，并注意到[参见式(2.89b)]

$$S_{X\xi}(\omega)=\lim_{T\to\infty}\frac{1}{2T}\mathrm{E}[X(\varpi,\ \omega)\xi^*(\varpi,\ \omega)] \tag{5.73a}$$

即可获得

$$S_{X\xi}(\omega)=H(\omega)S_{\xi}(\omega) \tag{5.73b}$$

事实上，一般地，若 $X(t)$和 $Y(t)$是由输入 $\xi(t)$通过线性变换运算定义的两个平稳随机过程，即

$$\begin{cases}X(t)=\mathcal{L}_1[\xi(t)]\\ Y(t)=\mathcal{L}_2[\xi(t)]\end{cases} \tag{5.74}$$

则其傅里叶变换为

$$\begin{cases}X(\omega)=\mathcal{L}_1(\omega)\xi(\omega)\\ Y(\omega)=\mathcal{L}_2(\omega)\xi(\omega)\end{cases} \tag{5.75}$$

因此，有

$$\lim_{T\to\infty}\frac{1}{2T}\mathrm{E}[X(\varpi,\ \omega)Y^*(\varpi,\ \omega)]=\mathcal{L}_1(\omega)\mathcal{L}_2^*(\omega)\lim_{T\to\infty}\frac{1}{2T}\mathrm{E}[\xi(\varpi,\ \omega)\xi^*(\varpi,\ \omega)] \tag{5.76a}$$

即

$$S_{XY}(\omega)=\mathcal{L}_1(\omega)\mathcal{L}_2^*(\omega)S_{\xi}(\omega) \tag{5.76b}$$

5.3.1.2　频域中多自由度系统的响应

1) 直接矩阵表达

若 $\boldsymbol{\xi}(t)=[\xi_1(t),\ \cdots,\ \xi_r(t)]^{\mathrm{T}}$ 是零均值弱平稳随机过程向量,其功率谱密度矩阵为 $\mathbf{S}_\xi(\omega)=[S_{\xi_i\xi_j}(\omega)]_{r\times r}$,则相关函数矩阵 $\mathbf{R}_\xi(\tau)=[R_{\xi_i\xi_j}(\tau)]_{r\times r}$ 可由维纳-辛钦公式定义

$$\mathbf{S}_\xi(\omega)=\int_{-\infty}^{\infty}\mathbf{R}_\xi(\tau)e^{-\mathrm{i}\omega\tau}\mathrm{d}\tau,\ \mathbf{R}_\xi(\tau)=\frac{1}{2\pi}\int_{-\infty}^{\infty}\mathbf{S}_\xi(\omega)e^{-\mathrm{i}\omega\tau}\mathrm{d}\omega \tag{5.77}$$

此外,根据式(5.65)有

$$\mathbf{S}_\xi(\omega)=\lim_{T\to\infty}\frac{1}{2T}\mathrm{E}[\boldsymbol{\xi}(\varpi,\ \omega)\boldsymbol{\xi}^*(\varpi,\ \omega)] \tag{5.78}$$

这里星号表示复共轭的转置。

将 5.3.1.1 中单自由度系统的情况扩展至多自由度系统式(5.29)

$$\mathbf{M}\ddot{\boldsymbol{X}}+\mathbf{C}\dot{\boldsymbol{X}}+\mathbf{K}\boldsymbol{X}=\mathbf{B}\boldsymbol{\xi}(\varpi,\ t) \tag{5.79}$$

可以获得频响函数矩阵

$$\mathbf{H}(\omega)=(\mathbf{K}-\omega^2\mathbf{M}+\mathrm{i}\omega\mathbf{C})^{-1} \tag{5.80}$$

则响应的傅里叶变换 $\boldsymbol{X}(\varpi,\ \omega)$ 定义为

$$\boldsymbol{X}(\varpi,\ \omega)=\mathbf{H}(\omega)\mathbf{B}\boldsymbol{\xi}(\varpi,\ \omega) \tag{5.81a}$$

式中:$\boldsymbol{\xi}(\varpi,\ \omega)$ 是激励 $\boldsymbol{\xi}(\varpi,\ t)$ 的傅里叶变换。

将式(5.81a)两边取复共轭转置,有

$$\boldsymbol{X}^*(\varpi,\ \omega)=\boldsymbol{\xi}^*(\varpi,\ \omega)\mathbf{B}^{\mathrm{T}}\mathbf{H}^*(\omega) \tag{5.81b}$$

将式(5.81a)两边和上式对应相乘,取数学期望,然后除以区间 T 并令 $T\to\infty$,有

$$\lim_{T\to\infty}\frac{1}{2T}\mathrm{E}[\boldsymbol{X}(\omega)\boldsymbol{X}^*(\omega)]=\lim_{T\to\infty}\frac{1}{2T}\mathrm{E}[\mathbf{H}(\omega)\mathbf{B}\boldsymbol{\xi}(\varpi,\ \omega)\boldsymbol{\xi}^*(\varpi,\ \omega)\mathbf{B}^{\mathrm{T}}\mathbf{H}^*(\omega)] \tag{5.82}$$

注意式(5.78)和 $\boldsymbol{X}(t)$ 的功率谱密度函数矩阵

$$\mathbf{S}_X(\omega)=\lim_{T\to\infty}\frac{1}{2T}\mathrm{E}[\boldsymbol{X}(\varpi,\ \omega)\boldsymbol{X}^*(\varpi,\ \omega)] \tag{5.83}$$

有

$$\mathbf{S}_X(\omega)=\mathbf{H}(\omega)\mathbf{B}\mathbf{S}_\xi(\omega)\mathbf{B}^{\mathrm{T}}\mathbf{H}^*(\omega) \tag{5.84}$$

式(5.84)是式(5.66)在多自由度系统情况下的对应形式。它表明,响应的功率谱密度矩阵是激励的功率谱密度矩阵的线性变换。这里蕴含的线性也是多自由度系统式(5.79)的物理上的线性的反映。

式(5.66)和式(5.84)中的关系是代数的，而由激励的矩到响应的变换关系是积分形式[参见时域中的式(5.25)和式(5.35)]。因此，频域中的变换关系更为直接、便捷、简单。

然而，直接计算式(5.84)并不容易，因为通过式(5.80)计算 $\mathbf{H}(\omega)$ 会耗时巨大，可以通过采用模态叠加法避免。

2）模态叠加法

根据5.2.2节，当采用模态分解技术时，多自由度系统可以解耦为一系列单自由度系统[参见式(5.45)]

$$m_j\ddot{u}_j+c_j\dot{u}_j+k_ju_j=\boldsymbol{\psi}_j^{\mathrm{T}}\mathbf{B}\boldsymbol{\xi}(t),\ j=1,\ \cdots,\ n \tag{5.85}$$

其中频响函数为[参见式(5.59)]

$$H_j(\omega)=\frac{1}{m_j\omega_{0j}^2\left[1-\left(\dfrac{\omega}{\omega_{0j}}\right)^2+\mathrm{i}2\zeta_j\dfrac{\omega}{\omega_{0j}}\right]},\ j=1,\ \cdots,\ n \tag{5.86}$$

式中：m_j、ζ_j 和 ω_{0j} 分别是第 j 个模态质量、模态阻尼比和模态圆频率。

采用模态分解式(5.42)，傅里叶变换为

$$\boldsymbol{X}(\varpi,\ \omega)=\sum_{j=1}^{n}\boldsymbol{\psi}_ju_j(\varpi,\ \omega) \tag{5.87a}$$

式中：$u_j(\varpi,\ \omega)$ 是模态位移 $u_j(\varpi,\ t)$ 的傅里叶变换，且有

$$u_j(\varpi,\ \omega)=H_j(\omega)\boldsymbol{\psi}_j^{\mathrm{T}}\mathbf{B}\boldsymbol{\xi}(\omega) \tag{5.87b}$$

利用式(5.83)并将式(5.87)代入，有

$$\begin{aligned}\mathbf{S}_{\boldsymbol{X}}(\omega)&=\lim_{T\to\infty}\frac{1}{2T}\mathrm{E}\left\{\left[\sum_{j=1}^{n}\boldsymbol{\psi}_ju_j(\varpi,\ \omega)\right]\left[\sum_{j=1}^{n}u_j^*(\varpi,\ \omega)\boldsymbol{\psi}_j^{\mathrm{T}}\right]\right\}\\&=\lim_{T\to\infty}\frac{1}{2T}\mathrm{E}\left\{\left[\sum_{j=1}^{n}\boldsymbol{\psi}_jH_j(\omega)\boldsymbol{\psi}_j^{\mathrm{T}}\mathbf{B}\boldsymbol{\xi}(\omega)\right]\left[\sum_{j=1}^{n}\boldsymbol{\xi}^*(\omega)\mathbf{B}^{\mathrm{T}}\boldsymbol{\psi}_jH_j^*(\omega)\boldsymbol{\psi}_j^{\mathrm{T}}\right]\right\}\\&=\sum_{j=1}^{n}\sum_{k=1}^{n}\boldsymbol{\psi}_k\boldsymbol{\psi}_k^{\mathrm{T}}H_k(\omega)\mathbf{B}\left\{\lim_{T\to\infty}\frac{1}{2T}\mathrm{E}[\boldsymbol{\xi}(\omega)\boldsymbol{\xi}^*(\omega)]\right\}\mathbf{B}^{\mathrm{T}}H_j^*(\omega)\boldsymbol{\psi}_j\boldsymbol{\psi}_j^{\mathrm{T}}\\&=\sum_{j=1}^{n}\sum_{k=1}^{n}H_k(\omega)H_j^*(\omega)\boldsymbol{\psi}_k\boldsymbol{\psi}_k^{\mathrm{T}}\mathbf{B}\mathbf{S}_{\boldsymbol{\xi}}(\omega)\mathbf{B}^{\mathrm{T}}\boldsymbol{\psi}_j\boldsymbol{\psi}_j^{\mathrm{T}}\end{aligned} \tag{5.88}$$

对比式(5.84)，式(5.88)的计算更为方便，因为这里 $H_j(\omega)$ 的闭合解，即式(5.86)是已知的。

另外，在数学上，式(5.88)和式(5.84)是等价的。实际上，作为式(5.62)对矩阵形式的扩展，频响函数矩阵 $\mathbf{H}(\omega)$ 是脉冲响应函数矩阵 $\mathbf{h}(t)$ [参见式(5.31)]的傅里叶变换，即

$$\mathbf{H}(\omega)=\int_{-\infty}^{\infty}\mathbf{h}(t)e^{-\mathrm{i}\omega t}\,\mathrm{d}t \tag{5.89}$$

将式(5.51)代入，并注意到 $H_j(\omega)$ 是 $h_j(t)$ 的傅里叶变换，有

$$\mathbf{H}(\omega)=\int_{-\infty}^{\infty}\mathbf{h}(t)e^{-\mathrm{i}\omega t}\,\mathrm{d}t=\int_{-\infty}^{\infty}\sum_{j=1}^{n}h_j(t)\boldsymbol{\Psi}_j\boldsymbol{\Psi}_j^{\mathrm{T}}e^{-\mathrm{i}\omega t}\,\mathrm{d}t=\sum_{j=1}^{n}H_j(\omega)\boldsymbol{\Psi}_j\boldsymbol{\Psi}_j^{\mathrm{T}} \tag{5.90}$$

将式(5.84)中的 $\mathbf{H}(\omega)$ 替换为式(5.90)中的表达即可得到式(5.88)。

3) 关于计算量的注记

可看出，式(5.88)是完全平方组合格式。其计算量为 n^2 量级(或当选择 q 个模态时为 q^2 量级)。对于一般的大型结构系统，计算量仍难以接受。一种替代格式是按下式计算式(5.88)

$$\begin{aligned}\mathbf{S}_{\boldsymbol{X}}(\omega)&=\sum_{j=1}^{n}\sum_{k=1}^{n}H_k(\omega)H_j^*(\omega)\boldsymbol{\Psi}_k\boldsymbol{\Psi}_k^{\mathrm{T}}\mathbf{B}\mathbf{S}_{\boldsymbol{\xi}}(\omega)\mathbf{B}^{\mathrm{T}}\boldsymbol{\Psi}_j\boldsymbol{\Psi}_j^{\mathrm{T}}\\&=\Big[\sum_{k=1}^{n}H_k(\omega)\boldsymbol{\Psi}_k\boldsymbol{\Psi}_k^{\mathrm{T}}\Big]\mathbf{B}\mathbf{S}_{\boldsymbol{\xi}}(\omega)\mathbf{B}^{\mathrm{T}}\Big[\sum_{j=1}^{n}H_j^*(\omega)\boldsymbol{\Psi}_j\boldsymbol{\Psi}_j^{\mathrm{T}}\Big]\end{aligned} \tag{5.91}$$

尽管式(5.91)中的两个等号在数学上是等价的，但第二种表达的计算量比第一种表达的小很多。原因与 5.2.2.3 中的讨论类似。

例 5.2：白噪声激励下多自由度系统的响应

考察多自由度结构系统遭受到建模为白噪声过程的地震动，其功率谱密度函数为 $S_{\xi}(\omega)=S_0$。这里 $\mathbf{B}=-\mathbf{M}\{\mathbf{1}\}$，其中 $\mathbf{M}$ 是质量矩阵，$\{1\}$ 是所有元素均为 1 的列向量。根据式(5.91)

$$\mathbf{S}_{\boldsymbol{X}}(\omega)=S_0\Big[\sum_{k=1}^{n}H_k(\omega)\boldsymbol{\Psi}_k\boldsymbol{\Psi}_k^{\mathrm{T}}\Big]\mathbf{M}\{\mathbf{1}\}\{\mathbf{1}\}^{\mathrm{T}}\mathbf{M}^{\mathrm{T}}\Big[\sum_{j=1}^{n}H_j^*(\omega)\boldsymbol{\Psi}_j\boldsymbol{\Psi}_j^{\mathrm{T}}\Big] \tag{5.92}$$

为了方便，假设对角质量矩阵 $\mathbf{M}=\mathrm{diag}(M_j)$，则式(5.92)的分量形式为

$$\begin{aligned}S_{X_rX_s}(\omega)&=S_0\Big[\sum_{k=1}^{n}\sum_{j=1}^{n}\phi_{kr}\phi_{kj}M_jH_k(\omega)\Big]\Big[\sum_{k=1}^{n}\sum_{j=1}^{n}\phi_{ks}\phi_{kj}M_jH_k^*(\omega)\Big]\\&=S_0\sum_{q=1}^{n}\sum_{p=1}^{n}\sum_{k=1}^{n}\sum_{j=1}^{n}\phi_{kr}\phi_{ps}\phi_{kj}\phi_{pq}M_jM_qH_k(\omega)H_p^*(\omega)\end{aligned} \tag{5.93}$$

其中 ϕ_{kj} 是振型向量 $\boldsymbol{\Psi}_k$ 的第 j 个分量，$\boldsymbol{\Psi}_k=(\phi_{k1},\ \cdots,\ \phi_{kn})^{\mathrm{T}}$。

在 $r=s$ 的情形下，有

$$\begin{aligned}S_{X_r}(\omega)&=S_0\Big[\sum_{k=1}^{n}H_k(\omega)\sum_{j=1}^{n}\phi_{kr}\phi_{kj}M_j\Big]\Big[\sum_{k=1}^{n}H_k^*(\omega)\sum_{j=1}^{n}\phi_{kr}\phi_{kj}M_j\Big]\\&=S_0\Big[\sum_{k=1}^{n}\beta_{kr}H_k(\omega)\Big]\Big[\sum_{k=1}^{n}\beta_{kr}H_k^*(\omega)\Big]\end{aligned} \tag{5.94}$$

其中 $\beta_{kr}=\sum_{j=1}^{n}\phi_{kr}\phi_{kj}M_j$。

式(5.94)也可以展开为

$$S_{X_r}(\omega)=S_0\left\{\sum_{k=1}^{n}\beta_{kr}^2 \mid H_k(\omega)\mid^2+\sum_{k=1,\ k\neq j}^{n}\sum_{j=1}^{n}\beta_{kr}\beta_{jr}\mathrm{Re}[H_k(\omega)H_j^*(\omega)]\right\} \tag{5.95}$$

这里 Re(•)表示括号内复数的实部。

为了更好地说明问题，考察二自由度系统，其质量、阻尼和刚度矩阵分别为

$$\mathbf{M}=\begin{pmatrix}100 & \\ & 100\end{pmatrix}\ \mathrm{kg},\ \mathbf{C}=\begin{pmatrix}5.758 & 4.081\\ 4.081 & 9.839\end{pmatrix}\ \mathrm{N\cdot s/m},\ \mathbf{K}=\begin{pmatrix}200 & -100\\ -100 & 100\end{pmatrix}\ \mathrm{N/m} \tag{5.96}$$

模态矩阵和模态质量矩阵分别为

$$\boldsymbol{\Phi}=\begin{pmatrix}1 & 1\\ 1.618 & -0.618\end{pmatrix},\ \bar{\mathbf{M}}=\begin{pmatrix}361.8 & \\ & 138.2\end{pmatrix}\ \mathrm{kg} \tag{5.97}$$

模态阻尼比 $\zeta_1=0.10$、$\zeta_2=0.01$，频率 $\omega_1=0.618\ \mathrm{s}^{-1}$、$\omega_2=1.618\ \mathrm{s}^{-1}$。因此

$$H_1(\omega)=\frac{1}{m_1\omega_1^2\left[1-\left(\frac{\omega}{\omega_1}\right)^2+2\mathrm{i}\zeta_1\frac{\omega}{\omega_1}\right]}=\frac{1}{138.2\ \mathrm{kg/s^2}\left(1-\frac{\omega^2}{0.382\ \mathrm{s}^{-2}}+0.324\ \mathrm{s}\cdot\mathrm{i}\omega\right)} \tag{5.98}$$

$$H_2(\omega)=\frac{1}{m_2\omega_2^2\left[1-\left(\frac{\omega}{\omega_2}\right)^2+2\mathrm{i}\zeta_2\frac{\omega}{\omega_2}\right]}=\frac{1}{361.8\ \mathrm{kg/s^2}\left(1-\frac{\omega^2}{2.618\ \mathrm{s}^{-2}}+0.012\,4\ \mathrm{s}\cdot\mathrm{i}\omega\right)} \tag{5.99}$$

$$\beta_{11}=\sum_{j=1}^{2}\phi_{11}\phi_{1j}M_j=200\ \mathrm{kg},\ \beta_{21}=\sum_{j=1}^{2}\phi_{21}\phi_{2j}M_j=161.8\ \mathrm{kg} \tag{5.100}$$

将这些量代入式(5.95)，有

$$\begin{aligned}S_{X_1}(\omega)=S_0\{&40\,000\ \mathrm{kg}\cdot\mid H_1(\omega)\mid^2+26\,179.2\ \mathrm{kg}\cdot\mid H_2(\omega)\mid^2\\ &+64\,720\ \mathrm{kg}\cdot\mathrm{Re}[H_1(\omega)H_2^*(\omega)]\}\end{aligned} \tag{5.101}$$

上式中的三项表示第一阶振型的影响、第二阶振型的影响和交叉项的影响。

$S_{X_r}(\omega)$ 在 $\omega\geqslant 0$ 的部分如图 5.6 所示。

由图 5.6 可看出，响应的功率谱密度受到特征频率附近相应振型影响的支配。而交叉项的影响比振型自身的影响小很多，在特征频率附近点处，交叉项效应为零，在由零交叉项效应频率隔断的不同区间内，交叉项效应的符号交替变化。因此，若结构在基础处遭受白噪声激励，特征频率可以很容易识别，而相应的阻尼比也可以通过半功率法识别。这正是振动台试验中应进行基础白噪声工况扫描的原因。

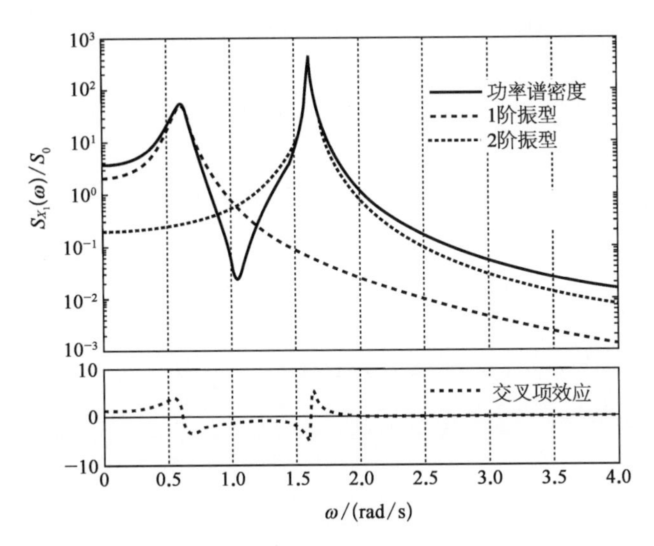

图 5.6　二自由度系统响应的功率谱密度

5.3.2　演变谱分析

5.3.2.1　演变随机过程

由维纳-辛钦公式可知,弱平稳随机过程的相关函数和功率谱密度函数是傅里叶变换对。然而,对于非平稳随机过程,传统的功率谱密度并不存在。正如 2.2.3 节所述,对于一些非平稳过程,存在双频域功率谱密度函数与一对扩展的维纳-辛钦公式[参见式(2.90)]。但是,这并非对所有随机过程均成立。尤其是对于平稳过程是不存在的。而且,这一公式的物理意义并不像传统功率谱密度函数那样清晰。

非平稳随机过程建模的一个可行方法是将其视为过滤随机过程。这一概念由普里斯特利(Priestley, 1965, 1967)首次提出,此后有许多学者进行了研究(Liu, 1970; Fan & Ahmadi, 1990; Lin & Cai, 1995; Fang & Sun, 1997; Fang et al., 2002)。令 $\bar{\xi}(t)$ 为平稳随机过程,其相关函数为

$$R_{\bar{\xi}}(t_1, t_2) = \mathrm{E}[\bar{\xi}(t_1)\bar{\xi}(t_2)] = \frac{1}{2\pi}\int_{-\infty}^{\infty} S_{\bar{\xi}}(\omega) e^{\mathrm{i}\omega(t_2 - t_1)} \mathrm{d}\omega \tag{5.102}$$

考虑以 $\bar{\xi}(t)$ 作为输入的线性时变过滤器 $\mathcal{A}$。过滤器的输出 $\xi(t)$ 将是非平稳随机过程,可以写为

$$\xi(\varpi, t) = \int_{-\infty}^{\infty} a(t, \tau)\bar{\xi}(\varpi, t-\tau)\mathrm{d}\tau \tag{5.103}$$

式中:$a(t, \tau)$ 表示过滤器的脉冲响应函数,即由于时刻 $t-\tau$ 的单位脉冲输入产生的过滤器 $\mathcal{A}$ 在时刻 t 的输出。对于时不变系统,它就是式(5.11)给出的 $h(t-\tau)$。显然,式(5.103)是式(5.14)中杜哈梅积分的扩展。

类似于 5.2.1.2 中的处理,则 $\xi(t)$ 的相关函数为

$$
\begin{aligned}
R_{\xi}(t_1, t_2) &= \mathrm{E}[\xi(t_1)\xi(t_2)] \\
&= \int_{-\infty}^{\infty}\int_{-\infty}^{\infty} a(t_1, \tau_1)a(t_2, \tau_2)\mathrm{E}[\bar{\xi}(\varpi, t_1-\tau_1)\bar{\xi}(\varpi, t_2-\tau_2)]\mathrm{d}\tau_1\mathrm{d}\tau_2 \\
&= \frac{1}{2\pi}\int_{-\infty}^{\infty}\int_{-\infty}^{\infty}\int_{-\infty}^{\infty} a(t_1, \tau_1)a(t_2, \tau_2)S_{\bar{\xi}}(\omega)e^{i\omega(t_2-\tau_2-t_1+\tau_1)}\mathrm{d}\tau_1\mathrm{d}\tau_2\mathrm{d}\omega \\
&= \frac{1}{2\pi}\int_{-\infty}^{\infty}\left[\int_{-\infty}^{\infty} a(t_1, \tau_1)e^{i\omega\tau_1}\mathrm{d}\tau_1\right]\left[\int_{-\infty}^{\infty} a(t_2, \tau_2)e^{-i\omega\tau_2}\mathrm{d}\tau_2\right]S_{\bar{\xi}}(\omega)e^{i\omega(t_2-t_1)}\mathrm{d}\omega \\
&= \frac{1}{2\pi}\int_{-\infty}^{\infty} A(\omega, t_1)A^*(\omega, t_2)S_{\bar{\xi}}(\omega)e^{i\omega(t_2-t_1)}\mathrm{d}\omega
\end{aligned}
\tag{5.104}
$$

其中

$$
A(\omega, t) = \int_{-\infty}^{\infty} a(t, \tau)e^{i\omega\tau}\mathrm{d}\tau \tag{5.105}
$$

还可以获得响应的方差

$$
\mathrm{E}[\xi^2(t)] = \frac{1}{2\pi}\int_{-\infty}^{\infty} |A(\omega, t)|^2 S_{\bar{\xi}}(\omega)\mathrm{d}\omega \tag{5.106}
$$

确切地说,式(5.105)是式(5.57)的另一种形式,其中将 $h(t, \tau)$ 和 $\widetilde{H}(\omega, t)$ 分别替换成了 $a(t, \tau)$ 和 $A^*(\omega, t)$。若过滤器 $\mathcal{A}$ 是时不变的,则式(5.105)变为式(5.57),而 $A^*(\omega, t)$ 本质上是频响函数 $H(\omega)$。在此情况下,式(5.106)反而变为式(5.69)。考虑到这一相似,定义演变功率谱密度为

$$
S_{\xi}(\omega, t) = |A(\omega, t)|^2 S_{\bar{\xi}}(\omega) \tag{5.107}
$$

因而

$$
\mathrm{E}[\xi^2(t)] = \frac{1}{2\pi}\int_{-\infty}^{\infty} S_{\xi}(\omega, t)\mathrm{d}\omega \tag{5.108}
$$

这是当过程为演变随机过程时式(5.69)的扩展。可以看到,若 $A(\omega, t)=1$,则随机过程未调制,因而 $\xi(t)$ 就是平稳随机过程 $\bar{\xi}(t)$。除了概念上的简化,在演变随机过程中,$A(\omega, t)$ 同时调制了强度和频率成分,在现象上这是许多工程中所关心的随机过程的情况,如地震动(Liu, 1970; Fan & Ahmadi, 1990)。

5.3.2.2 单自由度系统的演变谱分析

考虑单自由度系统[式(5.1)],当 $\xi(t)$ 为具有式(5.107)中演变功率谱密度的演变随机过程时

$$
m\ddot{X} + c\dot{X} + kX = \xi(t) \tag{5.109}
$$

根据式(5.14),有响应

$$
X(\varpi, t) = \int_{-\infty}^{\infty} h(t-\tau)\xi(\varpi, t)\mathrm{d}\tau \tag{5.110}
$$

因此,相关函数为

$$\begin{aligned} R_X(t_1, t_2) &= \mathrm{E}[X(t_1)X(t_2)] \\ &= \int_{-\infty}^{\infty}\int_{-\infty}^{\infty} h(t_1-\tau_1)h(t_2-\tau_2)\mathrm{E}[\xi(\varpi, \tau_1)\xi(\varpi, \tau_2)]\mathrm{d}\tau_1\mathrm{d}\tau_2 \end{aligned} \tag{5.111a}$$

将式(5.104)代入,得

$$\begin{aligned} & R_X(t_1, t_2) \\ &= \int_{-\infty}^{\infty}\int_{-\infty}^{\infty} h(t_1-\tau_1)h(t_2-\tau_2)\frac{1}{2\pi}\int_{-\infty}^{\infty} A(\omega, \tau_1)A^*(\omega, \tau_2)S_{\bar{\xi}}(\omega)e^{\mathrm{i}\omega(\tau_2-\tau_1)}\mathrm{d}\omega\mathrm{d}\tau_1\mathrm{d}\tau_2 \\ &= \frac{1}{2\pi}\int_{-\infty}^{\infty}\left[\int_{-\infty}^{\infty} A(\omega, \tau_1)h(t_1-\tau_1)e^{-\mathrm{i}\omega\tau_1}\mathrm{d}\tau_1\right]\left[\int_{-\infty}^{\infty} A^*(\omega, \tau_2)h(t_2-\tau_2)e^{\mathrm{i}\omega\tau_2}\mathrm{d}\tau_2\right]S_{\bar{\xi}}(\omega)\mathrm{d}\omega \\ &= \frac{1}{2\pi}\int_{-\infty}^{\infty} H(\omega, t_1)H^*(\omega, t_2)S_{\bar{\xi}}(\omega)\mathrm{d}\omega \end{aligned} \tag{5.111b}$$

其中定义

$$H(\omega, t) = \int_{-\infty}^{\infty} A(\omega, \tau)h(t-\tau)e^{-\mathrm{i}\omega\tau}\mathrm{d}\tau \tag{5.112}$$

为演变频响函数,从而可以获得响应的方差

$$\mathrm{E}[X^2(t)] = \frac{1}{2\pi}\int_{-\infty}^{\infty} |H(\omega, t)|^2 S_{\bar{\xi}}(\omega)\mathrm{d}\omega \tag{5.113}$$

因而,响应的演变功率谱密度为

$$S_X(\omega, t) = |H(\omega, t)|^2 S_{\bar{\xi}}(\omega) \tag{5.114}$$

这显然是式(5.66)的扩展。显然,若激励本身为平稳过程,即 $A(\omega, t)=1$,则式(5.114)变为式(5.66),因为式(5.112)变成了式(5.57)。

式(5.114)表明,当承受演变随机激励时,系统的响应也是同时具有时变强度和时变频率成分的演变随机过程。

5.3.2.3　多自由度系统的演变谱分析

上述原理可以扩展至多自由度系统的情况

$$\mathbf{M}\ddot{\boldsymbol{X}} + \mathbf{C}\dot{\boldsymbol{X}} + \mathbf{K}\boldsymbol{X} = \mathbf{B}\boldsymbol{\xi}(\varpi, t) \tag{5.115}$$

式中:$\boldsymbol{\xi}(\varpi, t)$ 是演变随机过程向量。其演变功率谱密度矩阵

$$\mathbf{S}_{\xi}(\omega, t) = \mathbf{A}(\omega, t)\mathbf{S}_{\bar{\xi}}(\omega)\mathbf{A}^*(\omega, t) \tag{5.116}$$

是式(5.107)的矩阵形式。这里 $\mathbf{A}$ 是调制矩阵,$\mathbf{A}^*$ 是 $\mathbf{A}$ 的复共轭转置。

利用式(5.32)

$$\boldsymbol{X}(t)=\int_0^t \mathbf{h}(t-\tau)\mathbf{B}\boldsymbol{\xi}(\tau)\mathrm{d}\tau=\int_{-\infty}^{\infty}\mathbf{h}(t-\tau)\mathbf{B}\boldsymbol{\xi}(\tau)\mathrm{d}\tau$$

与式(5.111)中类似,协方差函数矩阵为

$$\begin{aligned}
&\mathbf{R}_{\boldsymbol{X}}(t_1,\ t_2)\\
&=\mathrm{E}[\boldsymbol{X}(t_1)\boldsymbol{X}^{\mathrm{T}}(t_2)]=\int_{-\infty}^{\infty}\int_{-\infty}^{\infty}\mathbf{h}(t_2-\tau_1)\mathbf{B}\mathrm{E}[\boldsymbol{\xi}(\varpi,\ \tau_1)\boldsymbol{\xi}^*(\varpi,\ \tau_2)]\mathbf{B}^{\mathrm{T}}\mathbf{h}^{\mathrm{T}}(t_2-\tau_2)\mathrm{d}\tau_1\mathrm{d}\tau_2\\
&=\int_{-\infty}^{\infty}\int_{-\infty}^{\infty}\mathbf{h}(t_1-\tau_1)\mathbf{B}\left[\frac{1}{2\pi}\int_{-\infty}^{\infty}\mathbf{A}(\omega,\ \tau_1)\mathbf{S}_{\xi}(\omega)e^{\mathrm{i}\omega(\tau_2-\tau_1)}\mathbf{A}^*(\omega,\ \tau_2)\mathrm{d}\omega\right]\mathbf{B}^{\mathrm{T}}\mathbf{h}^{\mathrm{T}}(t_2-\tau_2)\mathrm{d}\tau_1\mathrm{d}\tau_2\\
&=\frac{1}{2\pi}\int_{-\infty}^{\infty}\left[\int_{-\infty}^{\infty}\mathbf{h}(t_1-\tau_1)\mathbf{B}\mathbf{A}(\omega,\ \tau_1)e^{-\mathrm{i}\omega\tau_1}\mathrm{d}\tau_1\right]\mathbf{S}_{\xi}(\omega)\left[\int_{-\infty}^{\infty}\mathbf{A}^*(\omega,\ \tau_2)\mathbf{B}^{\mathrm{T}}\mathbf{h}^{\mathrm{T}}(t_2-\tau_2)e^{\mathrm{i}\omega\tau_2}\mathrm{d}\tau_2\right]\mathrm{d}\omega\\
&=\frac{1}{2\pi}\int_{-\infty}^{\infty}\mathbf{H}(\omega,\ t_1)\mathbf{S}_{\xi}(\omega)\mathbf{H}^*(\omega,\ t_2)\mathrm{d}\omega
\end{aligned}\tag{5.117}$$

其中

$$\mathbf{H}(\omega,\ t)=\int_{-\infty}^{\infty}\mathbf{h}(t-\tau)\mathbf{B}\mathbf{A}(\omega,\ \tau)e^{-\mathrm{i}\omega\tau}\mathrm{d}\tau\tag{5.118}$$

因此,可以获得协方差函数矩阵

$$\mathrm{E}[\boldsymbol{X}(t)\boldsymbol{X}^{\mathrm{T}}(t)]=\frac{1}{2\pi}\int_{-\infty}^{\infty}\mathbf{H}(\omega,\ t)\mathbf{S}_{\xi}(\omega)\mathbf{H}^*(\omega,\ t)\mathrm{d}\omega\tag{5.119}$$

而演变功率谱密度矩阵为

$$\mathbf{S}_{\boldsymbol{X}}(\omega)=\mathbf{H}(\omega,\ t)\mathbf{S}_{\xi}(\omega)\mathbf{H}^*(\omega,\ t)\tag{5.120}$$

从而

$$\mathrm{E}[\boldsymbol{X}(t)\boldsymbol{X}^{\mathrm{T}}(t)]=\frac{1}{2\pi}\int_{-\infty}^{\infty}\mathbf{S}_{\boldsymbol{X}}(\omega)\mathrm{d}\omega\tag{5.121}$$

当 $\mathbf{A}(\omega,\ t)$ 是相应维数的单位矩阵时,式(5.120)和式(5.84)相同。

5.3.2.4 演变谱分析的物理解释

正如 5.3.1.2 节所述,频响函数 $H(\omega)$ 从物理上反映了结构系统自身的内在特性。然而,由式(5.112)定义的演变频响函数 $H(\omega,\ t)$ [或式(5.118)中的矩阵形式]并不只是刻画结构自身的特性。实际上,因为涉及调制函数 $A(\omega,\ t)$,它也包含了演变随机激励的特性。

由式(5.112)可知,若将式(5.109)中的激励替换为确定性过程 $A(\omega,\ t)e^{-\mathrm{i}\omega t}$,则演变频响函数 $H(\omega,\ t)$ 是确定性响应。从这一角度看,调制函数 $A(\omega,\ t)$ 的物理意义更为清晰,它就是激励的过滤器。换言之,$A(\omega,\ t)$ 调制了强度(振幅),因为 $A(\omega,\ t)$ 是时变的。同时,它也调制了频率成分,因为 $A(\omega,\ t)$ 是关于 ω 变化的。实际上,基于这一认

识,可以对于随机振动的功率谱密度分析建立一系列确定性算法(Fang & Sun, 1997)。这正是下一节将要阐述的虚拟激励法。

5.4 虚拟激励法

根据5.3.2.4中的物理解释,可以对于随机振动的功率谱密度分析提出一些可行算法。虚拟激励法的基本思想,由林家浩在1985年首次提出,此后由他和他的合作者系统发展起来(Lin et al., 1994a, b, 1997; Zhong, 2004)。

5.4.1 平稳随机响应分析的虚拟激励法

回顾一下5.3.1节中的推导。若单自由度系统遭受到确定性单位谐波激励 $e^{i\omega t}$,则确定性稳态响应为

$$x(\omega, t) = H(\omega)e^{i\omega t} \tag{5.122}$$

这里在 $x(\cdot)$ 中写明变量 ω 和 t,是为了表明响应取决于激励频率和时间。

一般的确定性绝对可积时程可以表达为谐波成分的叠加,如式(5.3b)中所示,由傅里叶逆变换

$$\xi(t) = \frac{1}{2\pi}\int_{-\infty}^{\infty} \xi(\omega)e^{i\omega t}\,d\omega \tag{5.3b}$$

其中 $\xi(\omega)d\omega/(2\pi)$ 是频率 ω 的谐波成分幅值。然而,当 $\xi(t)$ 为平稳随机过程时,式(5.3b)中的傅里叶逆变换不存在。尽管如此,式(5.65b)仍成立[参见式(2.89a)]

$$S_\xi(\omega) = \lim_{T\to\infty} \frac{1}{2T}\mathrm{E}[\xi(\varpi, \omega)\xi^*(\varpi, \omega)] \tag{5.65b}$$

上式表明,反映平稳随机过程频率成分的功率谱密度为样本幅值谱的平方(除以时间)量级。因此,考虑幅值为 $\hat{\xi} = \sqrt{S_\xi(\omega)}$ 的谐波激励是合理的,即 $\hat{\xi}e^{i\omega t} = \sqrt{S_\xi(\omega)}\,e^{i\omega t}$。若采用这一激励,则系统的稳态响应为

$$x(\omega, t) = H(\omega)\sqrt{S_\xi(\omega)}\,e^{i\omega t} \tag{5.123}$$

由于激励包含了关于激励频率成分的关系,即激励 $\sqrt{S_\xi(\omega)}\,e^{i\omega t}$ 含有功率谱密度的平方根,且激励乘以其复共轭 $\sqrt{S_\xi(\omega)}\,e^{-i\omega t}$ 恰好是激励的功率谱密度。我们希望式(5.123)和响应的频率成分密切相关。实际上就是这样,当将式(5.123)两边乘以其复共轭

$$x^*(\omega, t) = H^*(\omega)\sqrt{S_\xi(\omega)}\,e^{-i\omega t} \tag{5.124}$$

就会有

$$x(\omega,\ t)x^*(\omega,\ t)=|\ H(\omega)\ |^2 S_{\xi}(\omega) \tag{5.125}$$

对比式(5.66)可见

$$S_X(\omega)=x(\omega,\ t)x^*(\omega,\ t) \tag{5.126}$$

这是一个漂亮的公式。它表明，响应的功率谱密度可以通过谐波激励下系统的确定性响应乘以其复共轭获得，而此激励的幅值等于随机激励功率谱密度的平方根。注意，这里采用的确定性激励是虚拟意义下的，而非真实激励。上述方法称为**虚拟激励法**(pseudo excitation method)(林家浩，1985)。

实际上，虚拟激励法的物理意义在于，样本的频率成分和集合特性(即功率谱密度函数)中存在一种关系，如式(5.65)所示。因此，虚拟激励法从本质上揭示了样本和集合特性之间的关系。

虚拟激励法的巨大优势体现在多自由度系统的随机振动分析。实际上，当考虑多自由度系统时，上述讨论可以扩展至其矩阵形式。

平稳随机激励的功率谱密度矩阵和样本傅里叶谱的关系为

$$\mathbf{S}_{\xi}(\omega)=\lim_{T\to\infty}\frac{1}{2T}\mathrm{E}[\boldsymbol{\xi}(\varpi,\ \omega)\boldsymbol{\xi}^*(\varpi,\ \omega)] \tag{5.127}$$

因此，我们希望激励的频率成分可以由一系列激励 $\hat{\boldsymbol{\xi}}(\omega)e^{\mathrm{i}\omega t}$ 来刻画，其中 $r\times r$ 的幅值矩阵 $\hat{\boldsymbol{\xi}}(\omega)$ 满足

$$\hat{\boldsymbol{\xi}}(\omega)\hat{\boldsymbol{\xi}}^*(\omega)=\mathbf{S}_{\xi}(\omega) \tag{5.128}$$

将式(5.79)中的激励替换为 $\hat{\boldsymbol{\xi}}(\omega)e^{\mathrm{i}\omega t}$，有

$$\mathbf{M}\ddot{\boldsymbol{x}}+\mathbf{C}\dot{\boldsymbol{x}}+\mathbf{K}\boldsymbol{x}=\mathbf{B}\hat{\boldsymbol{\xi}}(\omega)e^{\mathrm{i}\omega t} \tag{5.129}$$

显然，$n\times r$ 的稳态响应矩阵为[参见式(5.81)]

$$\boldsymbol{x}(\omega,\ t)=\mathbf{H}(\omega)\mathbf{B}\hat{\boldsymbol{\xi}}(\omega)e^{\mathrm{i}\omega t} \tag{5.130}$$

将其右乘以其复共轭，有

$$\begin{aligned}\boldsymbol{x}(\omega,\ t)\boldsymbol{x}^*(\omega,\ t)&=\mathbf{H}(\omega)\mathbf{B}\hat{\boldsymbol{\xi}}(\omega)e^{\mathrm{i}\omega t}[\mathbf{H}(\omega)\mathbf{B}\hat{\boldsymbol{\xi}}(\omega)e^{\mathrm{i}\omega t}]^*\\&=\mathbf{H}(\omega)\mathbf{B}\hat{\boldsymbol{\xi}}(\omega)\hat{\boldsymbol{\xi}}^*(\omega)\mathbf{B}^{\mathrm{T}}\mathbf{H}^*(\omega)\\&=\mathbf{H}(\omega)\mathbf{B}\mathbf{S}_{\xi}(\omega)\mathbf{B}^{\mathrm{T}}\mathbf{H}^*(\omega)\end{aligned} \tag{5.131}$$

这里利用了式(5.128)。

对比式(5.84)可见

$$\mathbf{S}_{\boldsymbol{X}}(\omega)=\boldsymbol{x}(\omega,\ t)\boldsymbol{x}^*(\omega,\ t) \tag{5.132}$$

又一次发现，多自由度系统响应的功率谱密度矩阵可以由一系列确定性动力响应分析获得。

若采用模态叠加法，注意到式(5.90)，并假设采用 q 阶模态，式(5.131)变为

$$
\begin{aligned}
\mathbf{S}_{\boldsymbol{X}}(\omega) &= \boldsymbol{x}(\omega,\, t)\boldsymbol{x}^{*}(\omega,\, t) \\
&= \Big[\sum_{k=1}^{q} H_j(\omega)\boldsymbol{\psi}_j\boldsymbol{\psi}_j^{\mathrm{T}}\mathbf{B}\hat{\boldsymbol{\xi}}(\omega)e^{\mathrm{i}\omega t}\Big]\Big[\sum_{j=1}^{q} H_j(\omega)\boldsymbol{\psi}_j\boldsymbol{\psi}_j^{\mathrm{T}}\mathbf{B}\hat{\boldsymbol{\xi}}(\omega)e^{\mathrm{i}\omega t}\Big]^{*}
\end{aligned}
\tag{5.133}
$$

众所周知,功率谱密度矩阵通常由式(5.91)估计(Lutes & Sarkani, 2004)。可看出,式(5.133)本质上是完全平方组合格式,而根据5.2.2.3中的讨论,式(5.133)的计算量比式(5.91)会大大降低。因此,虚拟激励法可以极大提高功率谱密度分析的效率,使得大型复杂结构系统的随机振动分析变为可能。

此外,在式(5.129)的确定性分析中,模态叠加并不是必要的。一般的时间积分方法也可以进行。因此,在实模态方法中需要的比例阻尼矩阵对后者并非必要。

5.4.2　演变随机响应分析的虚拟激励法

在激励 $\boldsymbol{\xi}(t)$ 是演变随机过程向量的情形下,其调制函数矩阵为 $\mathbf{A}(\omega,\, t)$,原平稳随机过程为 $\bar{\boldsymbol{\xi}}(t)$,功率谱密度矩阵为 $\boldsymbol{S}_{\bar{\xi}}(\omega)$。根据上一节讨论的原理,$\bar{\boldsymbol{\xi}}(t)$ 相应的虚拟激励可类似地选取为 $\hat{\boldsymbol{\xi}}(\omega)e^{\mathrm{i}\omega t}$,其中 $r\times r$ 的幅值矩阵满足

$$
\hat{\boldsymbol{\xi}}(\omega)\hat{\boldsymbol{\xi}}^{*}(\omega) = \boldsymbol{S}_{\bar{\xi}}(\omega) \tag{5.134}
$$

那么,由 $\mathbf{A}(\omega,\, t)$ 调制后的虚拟激励可以写为 $\mathbf{A}(\omega,\, t)\hat{\boldsymbol{\xi}}e^{\mathrm{i}\omega t}$。因此,系统

$$
\mathbf{M}\ddot{\boldsymbol{x}} + \mathbf{C}\dot{\boldsymbol{x}} + \mathbf{K}\boldsymbol{x} = \mathbf{B}\mathbf{A}(\omega,\, t)\hat{\boldsymbol{\xi}}(\omega)e^{\mathrm{i}\omega t} \tag{5.135}
$$

的响应为

$$
\boldsymbol{x}(\omega,\, t) = \int_{-\infty}^{\infty}\mathbf{h}(t-\tau)\mathbf{B}\mathbf{A}(\omega,\, \tau)\hat{\boldsymbol{\xi}}(\omega)e^{\mathrm{i}\omega\tau}\mathrm{d}\tau = \mathbf{H}(\omega,\, t)\hat{\boldsymbol{\xi}}(\omega) \tag{5.136}
$$

将两边乘以其复共轭,并注意到式(5.134),有

$$
\boldsymbol{x}(\omega,\, t)\boldsymbol{x}^{*}(\omega,\, t) = \mathbf{H}(\omega,\, t)\hat{\boldsymbol{\xi}}(\omega)\hat{\boldsymbol{\xi}}^{*}(\omega)\mathbf{H}^{*}(\omega,\, t) = \mathbf{H}(\omega,\, t)\mathbf{S}_{\bar{\xi}}(\omega)\mathbf{H}^{*}(\omega,\, t) \tag{5.137}
$$

将其与式(5.120)对比,即可得

$$
\mathbf{S}_{\boldsymbol{X}}(\omega) = \boldsymbol{x}(\omega,\, t)\boldsymbol{x}^{*}(\omega,\, t) \tag{5.138}
$$

式(5.136)和式(5.137)中分别利用了式(5.118)和式(5.128)。

在这里可以看出,通过与激励的演变功率谱密度矩阵相关的确定性激励下的一系列确定性分析,也可以获得演变功率谱密度矩阵。回顾5.3.2.4中的讨论可以进一步理解,调制函数是如何同时调制激励的强度和频率成分的。在虚拟激励法中,这一调制体现在对确定性谐波激励的调制中。

5.4.3　关于5.2至5.4节的注记

注意,在5.2至5.4节中,主要结果的推导都是从激励下响应的形式解表达出发的。

换言之，从线性算子出发，建立了作为时程或傅里叶谱的激励泛函和作为时程或傅里叶谱的响应泛函之间的联系，从而建立了激励概率特性泛函和响应概率特性泛函之间的线性运算。在推导中，采用物理解答来考虑系统性能。然而，对随机过程的表述是现象学的。

前述的所有处理均是基于由二阶微分方程描述物理关系。通过将二阶微分方程转换为相应的状态方程，也可以推导出另一类相应的结果(见 Åström, 1970)。实际上，后者的描述有一些特别的优势。然而，考虑到本书的主旨，在本节中未作阐述。

除了前述章节阐述的从形式解出发的方法，也可以从直接处理随机非齐次输入下的随机微分方程出发，获得建立响应矩与激励矩之间关系的确定性微分方程(参见 Lutes 和 Sarkani, 2004)。

5.5 统计线性化

如前所述，线性系统的分析可以获得物理解答，并用来追踪从随机源到响应的矩特性的传播。然而，这并不适用于大多数非线性系统，因为除了一些特殊的简单情况外，非线性系统的形式解难以获得(Nayfeh & Mook, 1995)。在确定性非线性系统的分析中，摄动法是一种有效方法。它主要适用于弱非线性系统，由庞加莱(Poincare)首次提出并推广(Nayfeh, 2004)。与之相应的非线性系统随机分析，也有许多学者开展了研究(Lin, 1967; Skorokhod et al., 2002)，在第 4 章中已经阐述了一些基本思想。另一种可供选择的方法是统计线性化方法，在一些文献中也称为随机线性化或等效线性化(Lin, 1967; Roberts & Spanos, 1990; Crandall, 2006)。这一技术由布顿(Booton, 1954)、卡扎科夫(Kazakov, 1954)和考伊(Caughey, 1953)几乎同时首次提出。

5.5.1 统计线性化近似

5.5.1.1 非线性单自由度系统

考虑非线性单自由度系统

$$m\ddot{X}+g(X,\dot{X})=\xi(t) \tag{5.139}$$

式中：m 是质量；$g(X,\dot{X})$ 包含了非线性阻尼和恢复力；$\xi(t)$ 是随机激励。

统计线性化近似的基本思想是用等效线性系统来代替式(5.139)

$$m\ddot{Y}+c_{\mathrm{eq}}\dot{Y}+k_{\mathrm{eq}}Y=\xi(t) \tag{5.140}$$

式中：c_{eq} 和 k_{eq} 分别是等效阻尼和刚度，在均方意义上使得两个系统解之间的误差最小化。

对比式(5.139)和式(5.140)，其差为

$$\bar{e}=m\ddot{X}+g(X,\dot{X})-(m\ddot{Y}+c_{\mathrm{eq}}\dot{Y}+k_{\mathrm{eq}}Y) \tag{5.141}$$

严格来说，若用式(5.140)的解来近似式(5.139)的解，则由式(5.141)定义误差时应将 Y 替换为 X。然而，非线性系统的响应 X 是未知的。因此，这样定义的误差会很难处理。反之，获得式(5.140)中的等效响应是很容易的。因此，可求解式(5.140)以代替式(5.139)。那么由式(5.141)定义误差时可以将 X 替换为 Y，即

$$e = g(Y,\ \dot{Y}) - c_{\text{eq}}\dot{Y} - k_{\text{eq}}Y \tag{5.142}$$

为选取最优的等效阻尼 c_{eq} 和等效刚度 k_{eq}，应在统计意义上使误差最小化。实际上，式(5.142)中定义的误差是一个随机过程，自然希望有 $\mathrm{E}(e)=0$，且二阶矩，即均方误差

$$\mathrm{E}(e^2) = \mathrm{E}\{[g(Y,\ \dot{Y}) - c_{\text{eq}}\dot{Y} - k_{\text{eq}}Y]^2\} \tag{5.143}$$

最小化。这需要

$$\frac{\partial \mathrm{E}(e^2)}{\partial c_{\text{eq}}} = 0,\ \frac{\partial \mathrm{E}(e^2)}{\partial k_{\text{eq}}} = 0 \tag{5.144}$$

式(5.144)得到了两个线性方程，因而可给出 c_{eq} 和 k_{eq} 的最优解为

$$\begin{cases} c_{\text{eq}} = \dfrac{\mathrm{E}[g(Y,\ \dot{Y})\dot{Y}]\mathrm{E}(Y^2) - \mathrm{E}[g(Y,\ \dot{Y})Y]\mathrm{E}(Y\dot{Y})}{\mathrm{E}(\dot{Y}^2)\mathrm{E}(Y^2) - \mathrm{E}^2(Y\dot{Y})} \\ k_{\text{eq}} = \dfrac{\mathrm{E}[g(Y,\ \dot{Y})Y]\mathrm{E}(\dot{Y}^2) - \mathrm{E}[g(Y,\ \dot{Y})\dot{Y}]\mathrm{E}(Y\dot{Y})}{\mathrm{E}(\dot{Y}^2)\mathrm{E}(Y^2) - \mathrm{E}^2(Y\dot{Y})} \end{cases} \tag{5.145}$$

有趣的是，若将 c_{eq} 替换为 k_{eq}，并同时分别将 $\dot{Y}$ 替换为 Y，再将 Y 替换为 $\dot{Y}$，则式(5.145)的前式就变成了后式，反之亦然。实际上，这里体现的对称性在于，式(5.143)中的项 $c_{\text{eq}}\dot{Y}$ 和 $k_{\text{eq}}Y$ 是可交换的。

可见，在式(5.145)中，为获得 c_{eq} 和 k_{eq} 的最优值，需要 Y 和 $\dot{Y}$ 的联合概率密度函数；反之，为求解线性随机振动系统[式(5.140)]，则需要 c_{eq} 和 k_{eq} 的值。这就形成了一个相互依赖的闭环，因而需要一个迭代算法来打破这一循环。一般地，求解流程从 c_{eq} 和 k_{eq} 的初始估计值出发。循环可如图5.7所示，其中上标表示迭代步，$P(Y^{(j)},\ \dot{Y}^{(j)})$ 表示概率信息，例如 Y 和 $\dot{Y}$ 在第 j 步的联合统计量或概率密度函数。若误差小于容许值，则可以终止迭代，这里指 c_{eq} 和 k_{eq} 的误差

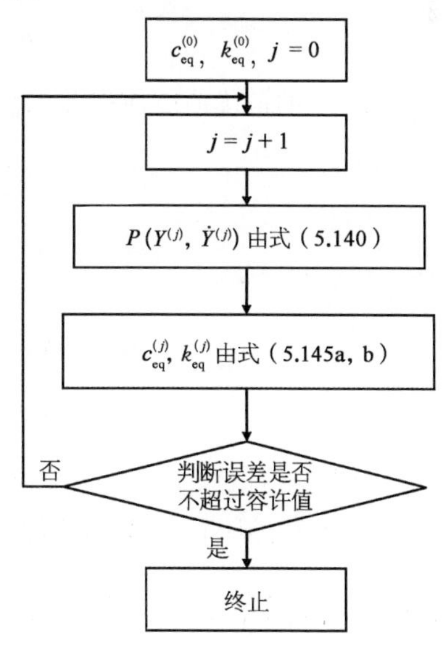

图5.7　求解流程

$$\| c_{\text{eq}}^{(j)} - c_{\text{eq}}^{(j-1)} \| \leqslant \epsilon_1,\ \| k_{\text{eq}}^{(j)} - k_{\text{eq}}^{(j-1)} \| \leqslant \epsilon_2 \tag{5.146a}$$

或 Y 和 $\dot{Y}$ 的概率特征的误差

$$\| \mathrm{E}^{(j)}(Y^2) - \mathrm{E}^{(j-1)}(Y^2) \| \leqslant \epsilon_1,\ \| \mathrm{E}^{(j)}(\dot{Y}^2) - \mathrm{E}^{(j-1)}(\dot{Y}^2) \| \leqslant \epsilon_2 \tag{5.146b}$$

式中：ϵ_1 和 ϵ_2 是相应的误差容许值。

应注意,若响应为非平稳过程,则 c_{eq} 和 k_{eq} 的这一确定性最优值是时变的,因而,等效系统式(5.140)是一个时变线性系统。在稳态平稳随机响应的情况下,考虑到 $\mathrm{E}(Y\dot{Y})=0$,式(5.145)可以化简为

$$c_{eq}=\frac{\mathrm{E}[g(Y,\ \dot{Y})\dot{Y}]\mathrm{E}(Y^2)}{\mathrm{E}(\dot{Y}^2)\mathrm{E}(Y^2)},\ k_{eq}=\frac{\mathrm{E}[g(Y,\ \dot{Y})Y]\mathrm{E}(\dot{Y}^2)}{\mathrm{E}(\dot{Y}^2)\mathrm{E}(Y^2)} \tag{5.147}$$

更特别的是,若阻尼项是线性的,非线性仅出现在恢复力上,即 $g(X,\ \dot{X})=c\dot{X}+g_1(X)$,则由式(5.147),有 $c_{eq}=c$。

5.5.1.2 多自由度系统的统计线性化方法

相同的概念可以应用于多自由度非线性系统。考虑多自由度系统的运动方程为

$$\mathbf{M}\ddot{\boldsymbol{X}}+\boldsymbol{G}(\boldsymbol{X},\ \dot{\boldsymbol{X}})=\mathbf{L}\boldsymbol{\xi}(t) \tag{5.148}$$

式中:$\mathbf{M}$ 是 $n\times n$ 的质量矩阵;$\boldsymbol{G}(\cdot)=(G_1,\ \cdots,\ G_n)^{\mathrm{T}}$,包含了阻尼和恢复力;$\mathbf{L}=[L_{ij}]_{n\times r}$,是 $n\times r$ 的输入力位置矩阵;$\boldsymbol{\xi}(t)=[\xi_1(t),\ \cdots,\ \xi_r(t)]^{\mathrm{T}}$,是 r 维随机过程向量。

假设式(5.148)可以替换为多自由度线性系统

$$\mathbf{M}\ddot{\boldsymbol{Y}}+\mathbf{C}_{eq}\dot{\boldsymbol{Y}}+\mathbf{K}_{eq}\boldsymbol{Y}=\mathbf{L}\boldsymbol{\xi}(t) \tag{5.149}$$

式中:$\mathbf{C}_{eq}$ 和 $\mathbf{K}_{eq}$ 分别是 $n\times n$ 的阻尼和刚度矩阵。类似于式(5.142),误差向量可以定义为

$$\boldsymbol{e}=\boldsymbol{G}(\boldsymbol{Y},\ \dot{\boldsymbol{Y}})-\mathbf{C}_{eq}\dot{\boldsymbol{Y}}-\mathbf{K}_{eq}\boldsymbol{Y} \tag{5.150}$$

$\mathbf{C}_{eq}$ 和 $\mathbf{K}_{eq}$ 的最优值应使误差的协方差矩阵最小化,因此

$$\frac{\partial\mathrm{E}(\boldsymbol{e}\boldsymbol{e}^{\mathrm{T}})}{\partial\mathbf{C}_{eq}}=\mathbf{0},\ \frac{\partial\mathrm{E}(\boldsymbol{e}\boldsymbol{e}^{\mathrm{T}})}{\partial\mathbf{K}_{eq}}=\mathbf{0} \tag{5.151}$$

这样就得到了方程

$$\begin{cases}\mathbf{C}_{eq}\mathrm{E}(\dot{\boldsymbol{Y}}\dot{\boldsymbol{Y}}^{\mathrm{T}})+\mathbf{K}_{eq}\mathrm{E}(\boldsymbol{Y}\dot{\boldsymbol{Y}}^{\mathrm{T}})=\mathrm{E}[\boldsymbol{G}(\boldsymbol{Y},\ \dot{\boldsymbol{Y}})\dot{\boldsymbol{Y}}^{\mathrm{T}}]\\ \mathbf{C}_{eq}\mathrm{E}(\dot{\boldsymbol{Y}}\boldsymbol{Y}^{\mathrm{T}})+\mathbf{K}_{eq}\mathrm{E}(\boldsymbol{Y}\boldsymbol{Y}^{\mathrm{T}})=\mathrm{E}[\boldsymbol{G}(\boldsymbol{Y},\ \dot{\boldsymbol{Y}})\boldsymbol{Y}^{\mathrm{T}}]\end{cases} \tag{5.152}$$

只要响应的联合概率密度函数已知,就可以求解上式以获得 $\mathbf{C}_{eq}$ 和 $\mathbf{K}_{eq}$。同样,这里出现了循环。因此,应采用迭代算法求解这一问题。也可以采用图 5.7 所示的类似程序。

5.5.2 滞回结构的随机振动

在实际工程中,结构的恢复力通常相当复杂。试验研究表明,恢复力曲线会体现出滞回、强度和刚度的退化、捏拢等特性。布克(Bouc, 1967)和文义归(Wen, 1976)首次提出了可以从现象学角度描述上述特征的微分方程模型,并随后由其他学者(Baber & Wen, 1981; Baber & Noori, 1985; 1986)进行了扩展。

考虑非线性单自由度系统[式(5.139)],其中阻尼是线性的,而非线性恢复力分为线性部分和滞回部分,即

$$g(X, \dot{X})=c\dot{X}+\alpha KX+(1-\alpha)KZ \tag{5.153}$$

式中：α 是屈服后刚度和屈服前刚度之比(图 5.8)。

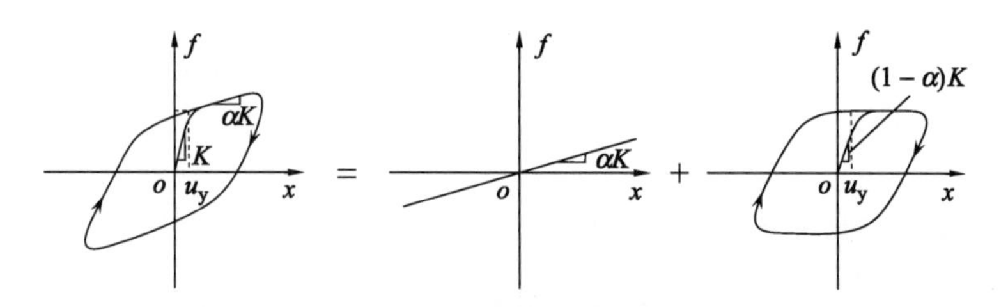

图 5.8　滞回恢复力的分解

当不考虑退化和捏拢效应时，滞回分量 $Z(t)$ 的微分方程为

$$\dot{Z}=A\dot{X}-\beta|\dot{X}||Z|^{n-1}Z-\gamma\dot{X}|Z|^{n} \tag{5.154}$$

不失一般性，可以令 $A=1$。

若考虑强度和刚度的退化(图 5.9)，这一模型可以扩展为

$$\dot{Z}=\frac{A\dot{X}-\nu(\beta|\dot{X}||Z|^{n-1}Z+\gamma\dot{X}|Z|^{n})}{\eta} \tag{5.155}$$

式中：ν 和 η 分别是刻画强度和刚度退化的因子。可看出，若 $\nu=1$、$\eta=1$，则式(5.155)退化为式(5.154)。反之，若 $\nu>1$，则 $Z(t)$ 的峰值会降低，体现了强度的退化。同样，若 $\eta>1$，则 Z 和 X 之比会减小，体现了刚度的退化。根据上述分析，考虑到强度和刚度的退化会使非线性程度单调增强，可合理地假设强度和刚度的退化与耗能成比例，即

$$\nu=1+d_{\nu}\epsilon,\ \eta=1+d_{\eta}\epsilon \tag{5.156}$$

式中：d_{ν} 和 d_{η} 是参数；ϵ 是耗能指标。

$$\epsilon(t)=\int_{0}^{t}Z\dot{X}\mathrm{d}t \tag{5.157}$$

显然，单元的滞回耗能为

$$E(t)=(1-\alpha)K\epsilon(t) \tag{5.158}$$

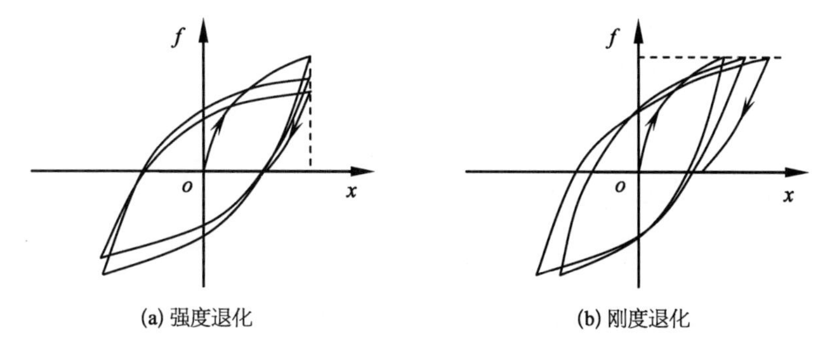

(a) 强度退化　　(b) 刚度退化

图 5.9　滞回性能退化

令 $dZ/dX=0$，由式(5.155)，可以获得最大滞回分量

$$Z_u=\left[\frac{A}{\nu(\beta+\gamma)}\right]^{\frac{1}{n}} \tag{5.159}$$

因此，最大恢复力为

$$R_u=\alpha KX+(1-\alpha)KZ_u \tag{5.160}$$

为了进一步考虑捏拢效应，式(5.155)可以通过一些类似于调制的处理修正为

$$\dot{Z}=h(Z)\frac{A\dot{X}-\nu(\beta\mid\dot{X}\mid\mid Z\mid^{n-1}Z+\gamma\dot{X}\mid Z\mid^{n})}{\eta} \tag{5.161}$$

若将 $h(Z)$ 取为适当的形式，则会出现捏拢效应。例如，可以取

$$h(Z)=1-\zeta_1 e^{-\frac{[Z\text{sgn}(\dot{X})-qZ_u]^2}{\zeta_2^2}} \tag{5.162}$$

其中

$$\zeta_1(\epsilon)=\zeta_s(1-e^{-p\epsilon}),\ \zeta_2(\epsilon)=(\psi+d_\psi\epsilon)[\lambda+\zeta_1(\epsilon)] \tag{5.163}$$

其中，ζ_s、p、q、ψ、d_ψ 和 λ 是参数。

上述模型总共包含 13 个参数。实际上，进一步研究表明，13 个参数中仅有 12 个是独立的(Ma et al., 2004)。若参数取适当值，则该模型可以从现象学上刻画滞回、刚度和强度的退化，以及捏拢效应。典型滞回曲线如图 5.10 所示。

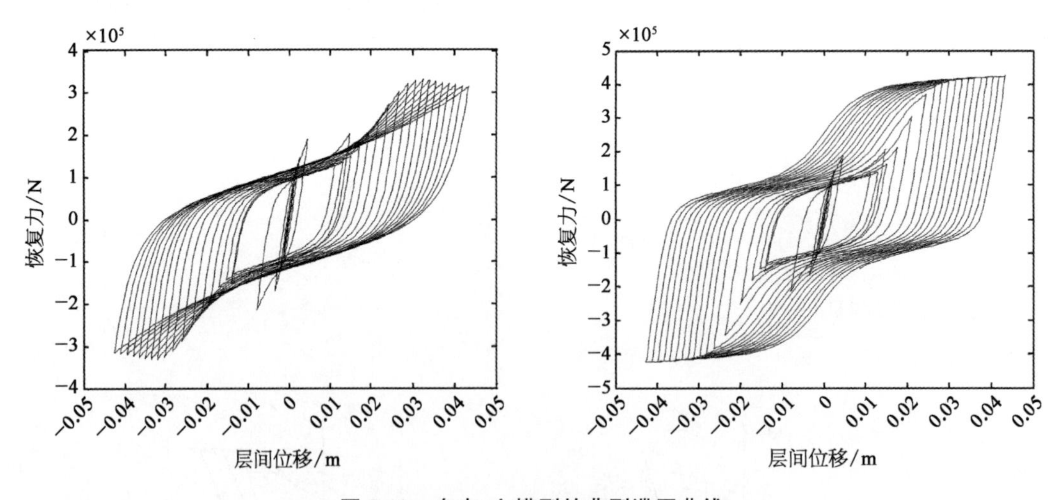

图 5.10　布克-文模型的典型滞回曲线

将式(5.153)代入式(5.139)，有

$$m\ddot{X}+c\dot{X}+\alpha KX+(1-\alpha)KZ=\xi(t) \tag{5.164}$$

引入增广状态向量 $(\dot{X},X,Z)^{\mathrm{T}}$，可以将式(5.164)和式(5.161)纳入多维状态方程，使方程变为

$$\frac{\mathrm{d}}{\mathrm{d}t}\begin{pmatrix}\dot{X}\\X\\Z\end{pmatrix}=\begin{pmatrix}-\frac{c}{m}\dot{X}-\alpha\frac{K}{m}X-(1-\alpha)\frac{K}{m}Z\\ \dot{X}\\ h(Z)\frac{A\dot{X}-\nu(\beta\mid\dot{X}\mid\mid Z\mid^{n-1}Z+\gamma\dot{X}\mid Z\mid^{n})}{\eta}\end{pmatrix}+\begin{pmatrix}\frac{1}{m}\\0\\0\end{pmatrix}\xi(t)\quad(5.165)$$

因此，令 $\boldsymbol{X}=(\dot{X},\ X,\ Z)^{\mathrm{T}}$，$\mathbf{L}=(1/m,\ 0,\ 0)^{\mathrm{T}}$，有

$$\dot{\boldsymbol{X}}=\boldsymbol{G}(\boldsymbol{X})+\boldsymbol{L}\xi(t)\quad(5.166)$$

然后，可以采用统计线性化技术（Schenk & Schuëller，2005）。实际上，通过令式(5.148)中 $\mathbf{M}=\mathbf{0}$，可以将这一方程线性化，也可以将其近似为线性方程

$$\dot{\boldsymbol{Y}}=\mathbf{A}_{\mathrm{eq}}\boldsymbol{Y}+\boldsymbol{L}\xi(t)\quad(5.167)$$

因此，误差为

$$\bar{\boldsymbol{e}}=\boldsymbol{G}(\boldsymbol{X})-\mathbf{A}_{\mathrm{eq}}\boldsymbol{Y}\quad(5.168)$$

当 $\boldsymbol{X}$ 近似为 $\boldsymbol{Y}$ 后，式(5.168)可以替换为

$$\boldsymbol{e}=\boldsymbol{G}(\boldsymbol{Y})-\mathbf{A}_{\mathrm{eq}}\boldsymbol{Y}\quad(5.169)$$

于是，令

$$\frac{\partial\mathrm{E}(\boldsymbol{e}\boldsymbol{e}^{\mathrm{T}})}{\partial\mathbf{A}_{\mathrm{eq}}}=\frac{\partial\mathrm{E}\{[\mathbf{A}_{\mathrm{eq}}\boldsymbol{Y}-\boldsymbol{G}(\boldsymbol{Y})][\mathbf{A}_{\mathrm{eq}}\boldsymbol{Y}-\boldsymbol{G}(\boldsymbol{Y})]^{\mathrm{T}}\}}{\partial\mathbf{A}_{\mathrm{eq}}}=\mathbf{0}\quad(5.170)$$

即可确定系数矩阵 $\mathbf{A}_{\mathrm{eq}}$ 的最优值。

这一问题可以通过迭代方法求解。对于非线性多自由度系统，可以采用相同的思想。

5.5.3　关于争议和一些特殊问题的注记

1）统计线性化系统响应的概率密度函数

为简单起见，考虑稳态平稳随机响应，其等效线性阻尼和刚度由式(5.147)给出。

一般来说，当激励是高斯时，线性系统[式(5.140)]的响应也是高斯的，即 $Y(t)$ 是高斯的，且可以通过均值 μ_Y 和标准差 σ_Y 刻画。引入平稳过程 $Z(t)$ 及其导数过程 $\dot{Z}(t)$ 作为辅助过程。若它们均是高斯的，且均值和标准差分别为 μ_Z、σ_Z 和 $\mu_{\dot{Z}}$、$\sigma_{\dot{Z}}$，则其概率密度函数分别为

$$\begin{cases}p_Z(z)=\dfrac{1}{\sqrt{2\pi}\sigma_Z}e^{-\frac{(z-\mu_Z)^2}{2\sigma_Z^2}}\\ p_{\dot{Z}}(\dot{z})=\dfrac{1}{\sqrt{2\pi}\sigma_{\dot{Z}}}e^{-\frac{(\dot{z}-\mu_{\dot{Z}})^2}{2\sigma_{\dot{Z}}^2}}\end{cases}\quad(5.171)$$

将 Y 和 $\dot{Y}$ 分别替换为 Z 和 $\dot{Z}$，并将概率密度函数[式(5.171)]代入式(5.147)，将获得含有 μ_Z、σ_Z、$\mu_{\dot{Z}}$ 和 $\sigma_{\dot{Z}}$ 的 c_{eq} 和 k_{eq} 的表达，为清楚起见，分别记其为 $c_{\mathrm{eq}}(\mu_Z,\ \sigma_Z,\ \mu_{\dot{Z}},\ \sigma_{\dot{Z}})$

和 $k_{\mathrm{eq}}(\mu_Z, \sigma_Z, \mu_{\dot{Z}}, \sigma_{\dot{Z}})$。将其依次代入式(5.140)，就会获得 μ_Y、σ_Y、$\mu_{\dot{Y}}$ 和 $\sigma_{\dot{Y}}$，它们是 $c_{\mathrm{eq}}(\mu_Z, \sigma_Z, \mu_{\dot{Z}}, \sigma_{\dot{Z}})$ 和 $k_{\mathrm{eq}}(\mu_Z, \sigma_Z, \mu_{\dot{Z}}, \sigma_{\dot{Z}})$ 的函数，则它们也是 μ_Z、σ_Z、$\mu_{\dot{Z}}$ 和 $\sigma_{\dot{Z}}$ 的函数。由于 Y 和 $\dot{Y}$ 已分别替换为了 Z 和 $\dot{Z}$，显然有

$$\begin{cases} \mu_Y(\mu_Z, \sigma_Z, \mu_{\dot{Z}}, \sigma_{\dot{Z}}) = \mu_Z \\ \sigma_Y(\mu_Z, \sigma_Z, \mu_{\dot{Z}}, \sigma_{\dot{Z}}) = \sigma_Z \\ \mu_{\dot{Y}}(\mu_Z, \sigma_Z, \mu_{\dot{Z}}, \sigma_{\dot{Z}}) = \mu_{\dot{Z}} \\ \sigma_{\dot{Y}}(\mu_Z, \sigma_Z, \mu_{\dot{Z}}, \sigma_{\dot{Z}}) = \sigma_{\dot{Z}} \end{cases} \tag{5.172}$$

求解上式，将获得 μ_Z、σ_Z、$\mu_{\dot{Z}}$ 和 $\sigma_{\dot{Z}}$，即 μ_Y、σ_Y、$\mu_{\dot{Y}}$ 和 $\sigma_{\dot{Y}}$。

然而，高斯激励下非线性系统[式(5.139)]的稳态平稳响应通常是非高斯的，因此，采用正态分布[式(5.171)]无疑会引入误差。实际上，这是统计线性化方法中误差的主要来源之一(Crandall，2006)。根据由考伊(Caughey，1960)提出并由克兰德尔(Crandall，2006)证明的考伊定理，若采用响应的真实分布形式代替式(5.171)，则求解式(5.172)将获得 μ_Z、σ_Z、$\mu_{\dot{Z}}$ 和 $\sigma_{\dot{Z}}$ 的精确值。为此，可给出概率密度函数的可能形式，例如

$$\begin{cases} p_Z(z) = \dfrac{e^{-\left(\frac{|z|}{a}\right)^m}}{\displaystyle\int_{-\infty}^{\infty} e^{-\left(\frac{|z|}{a}\right)^m} \mathrm{d}z} \\ p_Z(z) = \dfrac{e^{-b\frac{z^2}{a^2}-\frac{z^4}{a^4}}}{\displaystyle\int_{-\infty}^{\infty} e^{-b\frac{z^2}{a^2}-\frac{z^4}{a^4}} \mathrm{d}z} \end{cases} \tag{5.173}$$

其形状如图 5.11 所示。对于杜芬(Duffing)振子，采用式(5.173)中的形式可获得精确结果。

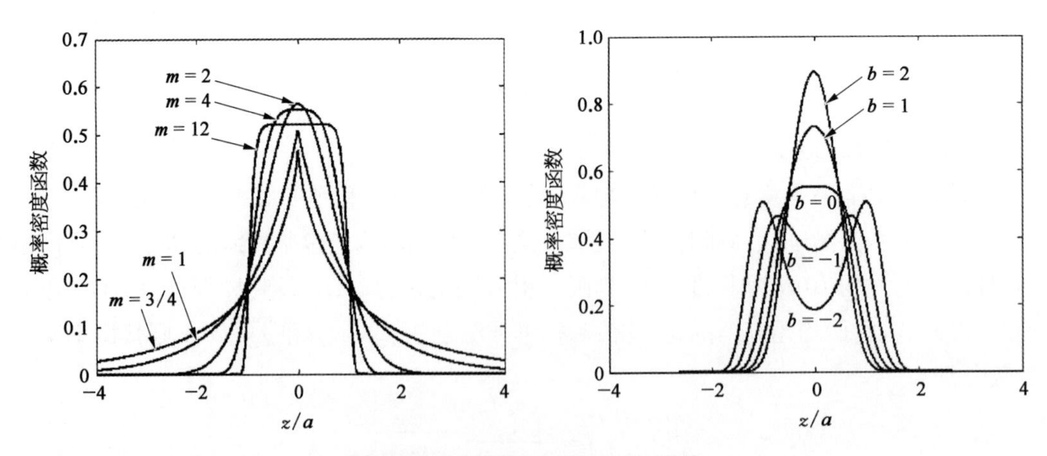

图 5.11　概率密度函数的不同形状

2) 关于无误差线性化和不同的准则

在前述讨论的标准统计线性化技术建立了近 40 年之后，伊莱沙科夫和科拉扬尼(Elishakoff & Colajanni，1997)认为存在一些错误。

其指出的问题本质上在于从式(5.144)、式(5.145)的推导，其中认为响应 Y 和 $\dot{Y}$ 与 c_{eq}

和 k_{eq} 是独立的。因此，“无误差”线性化应更仔细地考察式(5.144)。由于 Y 和 $\dot{Y}$、Y 和 $\dot{Y}$ 的概率密度函数都是 c_{eq} 和 k_{eq} 的函数，应首先计算式(5.143)以给出 $\mathrm{E}(e^2)$ 关于 c_{eq} 和 k_{eq} 的表达，然后可以计算式(5.144)中的偏导数，得到以 c_{eq} 和 k_{eq} 为未知量的非线性方程组。求解该方程组将获得 c_{eq} 和 k_{eq} 的值，然后由等效线性系统[式(5.140)]可以获得 Y 和 $\dot{Y}$ 的统计量。

尽管上述分析是合理的，但效果并不理想。首先，该推导会困难很多，对于复杂或多维问题是不可行的。其次，甚至对于简单问题也表明，有时“无误差”线性化的精度会比标准线性化的低(Elishakoff & Colajanni，1997)。

原因可能在于，在标准线性化技术中采用了某些迭代算法，而“无误差”线性化中不需要迭代。实际上，迭代算法是使循环解耦的最有效方法之一。

另一个重要问题是等效线性化中采用的准则。上述准则通常称为卡扎科夫第二准则(Kazakov，1954)。主要准则包括卡扎科夫第一准则、卡扎科夫第二准则和能量准则(Crandall，2006)。算例表明，当采用卡扎科夫第二准则时，上述考伊定理成立，而能量准则的精度通常低于卡扎科夫第二准则。

3) 等效随机阻尼和刚度

在统计线性化方法中，最合理的出发点应是将等效刚度和阻尼作为随机变量，即采用 μC_{eq}、σC_{eq}、μK_{eq} 和 σK_{eq} 作为未知量。实际上，对于非线性系统，刚度关于随机响应是变化的，因而其本质上是一个随机过程。

记式(5.139)的等效线性系统为

$$m\ddot{Y} + C_{eq}\dot{Y} + K_{eq}Y = \xi(t) \tag{5.174}$$

式中：C_{eq} 和 K_{eq} 分别是均值与标准差为 μC_{eq}、σC_{eq} 和 μK_{eq}、σK_{eq} 的随机变量。

现在误差式(5.142)变为

$$e = g(Y, \dot{Y}) - C_{eq}\dot{Y} - K_{eq}Y \tag{5.175}$$

那么，误差的方差为

$$\begin{aligned}\mathrm{E}(e^2) &= \mathrm{E}\{[g(Y, \dot{Y}) - C_{eq}\dot{Y} - K_{eq}Y]^2\} \\ &= \mathrm{E}[g^2(Y, \dot{Y}) + C_{eq}^2\dot{Y}^2 + K_{eq}^2Y^2 - 2C_{eq}g(Y, \dot{Y})\dot{Y} - 2K_{eq}g(Y, \dot{Y})Y + 2C_{eq}K_{eq}\dot{Y}Y]\end{aligned} \tag{5.176}$$

当然，它是 μC_{eq}、σC_{eq}、μK_{eq} 和 σK_{eq} 的函数。因此，μC_{eq}、σC_{eq}、μK_{eq} 和 σK_{eq} 的最优值应使 $\mathrm{E}(e^2)$ 最小化，即

$$\frac{\partial \mathrm{E}(e^2)}{\partial \mu C_{eq}} = 0,\ \frac{\partial \mathrm{E}(e^2)}{\partial \sigma C_{eq}} = 0,\ \frac{\partial \mathrm{E}(e^2)}{\partial \mu K_{eq}} = 0,\ \frac{\partial \mathrm{E}(e^2)}{\partial \sigma K_{eq}} = 0 \tag{5.177}$$

为获得 $\mathrm{E}(e^2)$ 关于 μC_{eq}、σC_{eq}、μK_{eq} 和 σK_{eq} 的表达，应求解随机结构系统[式(5.174)]，可采用第 4 章中阐述的方法。

4) 适用性

关于统计线性化方法在实际关心的问题中的应用,应注意:

(1) 原系统和线性等效系统之间的等价性是在方差意义上的,因此,相关函数和概率密度函数的误差可能会很大。例如,当激励是高斯过程时,式(5.140)中 Y 的概率密度函数是高斯的,然而,式(5.139)中 X 的概率密度函数可能与高斯分布相差很大,如图 5.11 中所示。

(2) 由于上述原因,统计线性化方法通常不适用于可靠度评估。

(3) 统计线性化方法不适用于出现本质非线性的情况,如分叉、跳跃和极限环。

5.6 FPK 方程

以矩特征为导向的方法可获得随机系统的部分概率信息。然而这是不够的,尤其是对于响应的概率分布可能与正态分布相差很远的非线性系统。正如第 1 章中所讨论的,获得概率密度的演化可追溯至爱因斯坦等研究者的构想。通过福克和普朗克的工作及柯尔莫哥洛夫的数学推导,建立了表征系统状态联合密度演化的 FPK 方程。此后随着伊藤和斯特拉托诺维奇(Stratonovich)微积分的建立,随机微分方程和 FPK 方程之间的关系得以验证。这就形成了随机系统分析中的第二类思路:以概率密度函数为导向的方法。

5.6.1 随机微分方程

5.6.1.1 伊藤积分和伊藤随机微分方程

多自由度非线性系统[式(5.148)]可以写为状态方程的形式

$$\dot{Y}=\mathbf{A}(\mathbf{Y},\ t)+\mathbf{B}(\mathbf{Y},\ t)\boldsymbol{\xi}(t) \tag{5.178}$$

其中

$$\mathbf{Y}=(Y_1,\ \cdots,\ Y_m)^{\mathrm{T}}=\begin{pmatrix}\dot{\boldsymbol{X}}\\ \boldsymbol{X}\end{pmatrix},\ \mathbf{A}=(A_1,\ \cdots,\ A_m)^{\mathrm{T}}=\begin{pmatrix}-\mathbf{M}^{-1}\boldsymbol{G}\\ \dot{\boldsymbol{X}}\end{pmatrix},\ \mathbf{B}=[B_{ij}]_{m\times r}=\begin{pmatrix}\mathbf{M}^{-1}\mathbf{L}\\ \mathbf{0}\end{pmatrix}$$

为考虑更一般的情形,将 B_{ij} 视为 $\mathbf{Y}$ 和 t 的函数。$\boldsymbol{\xi}(t)=[\xi_1(t),\ \cdots,\ \xi_r(t)]^{\mathrm{T}}$ 是 r 维随机过程向量。

现在考虑 $\boldsymbol{\xi}(t)$ 为高斯白噪声向量的情况,即

$$\mathrm{E}[\boldsymbol{\xi}(t)]=\mathbf{0},\ \mathrm{E}[\boldsymbol{\xi}(t_1)\boldsymbol{\xi}^{\mathrm{T}}(t_2)]=\mathbf{D}\delta(t_1-t_2) \tag{5.179}$$

式中:$\mathbf{D}=[D_{ij}]_{r\times r}$,是 $r\times r$ 的正定矩阵。

式(5.178)的解由下述积分给出

$$\mathbf{Y}(t)=\mathbf{Y}(t_0)+\int_{t_0}^{t}\mathbf{A}(\mathbf{Y},\ \tau)\mathrm{d}\tau+\int_{t_0}^{t}\mathbf{B}(\mathbf{Y},\ \tau)\boldsymbol{\xi}(\tau)\mathrm{d}\tau \tag{5.180}$$

或表述为微分形式

$$\mathrm{d}\boldsymbol{Y}(t)=\boldsymbol{A}(\mathbf{Y},\ t)\mathrm{d}t+\mathbf{B}(\mathbf{Y},\ t)\boldsymbol{\xi}(t)\mathrm{d}t \tag{5.181}$$

显然,可以得到均值

$$\mathrm{E}[\mathrm{d}\boldsymbol{Y}(t)]=\mathrm{E}[\boldsymbol{A}(\mathbf{Y},\ t)]\mathrm{d}t+\mathrm{E}[\boldsymbol{B}(\mathbf{Y},\ t)\boldsymbol{\xi}(t)]\mathrm{d}t=\mathrm{E}[\boldsymbol{A}(\mathbf{Y},\ t)]\mathrm{d}t \tag{5.182}$$

而协方差矩阵可以写为

$$\begin{aligned}&\mathrm{E}(\{\mathrm{d}\boldsymbol{Y}(t_1)-\mathrm{E}[\mathrm{d}\boldsymbol{Y}(t_1)]\}\{\mathrm{d}\boldsymbol{Y}(t_2)-\mathrm{E}[\mathrm{d}\boldsymbol{Y}(t_2)]\}^{\mathrm{T}})\\&=\mathrm{E}[\boldsymbol{B}(\mathbf{Y},\ t_1)\boldsymbol{\xi}(t_1)\mathrm{d}t_1\boldsymbol{\xi}^{\mathrm{T}}(t_2)\mathbf{B}^{\mathrm{T}}(\mathbf{Y},\ t_2)\mathrm{d}t_2]\\&=\mathrm{E}[\mathbf{B}(\mathbf{Y},\ t_1)]\mathrm{E}[\boldsymbol{\xi}(t_1)\boldsymbol{\xi}^{\mathrm{T}}(t_2)]\mathrm{E}[\mathbf{B}^{\mathrm{T}}(\mathbf{Y},\ t_2)]\mathrm{d}t_1\mathrm{d}t_2\\&=\mathrm{E}[\mathbf{B}(\mathbf{Y},\ t_1)]\mathbf{D}\mathrm{E}[\mathbf{B}^{\mathrm{T}}(\mathbf{Y},\ t_2)]\delta(t_1-t_2)\mathrm{d}t_1\mathrm{d}t_2\end{aligned} \tag{5.183a}$$

在另一种形式下,有

$$\mathrm{E}(\{\mathrm{d}\boldsymbol{Y}(t)-\mathrm{E}[\mathrm{d}\boldsymbol{Y}(t)]\}\{\mathrm{d}\boldsymbol{Y}(t)-\mathrm{E}[\mathrm{d}\boldsymbol{Y}(t)]\}^{\mathrm{T}})=\mathrm{E}(\mathbf{B})\mathbf{D}\mathrm{E}(\mathbf{B}^{\mathrm{T}})\mathrm{d}t \tag{5.183b}$$

为了方便表示,省略了 $\mathbf{B}$ 中的变量。这里假设 $\mathbf{B}(\mathbf{Y},\ t)$ 和 $\boldsymbol{\xi}(t)\mathrm{d}t$ 是相互独立的,其意义将在后文严格阐释。

令 $\mathbf{A}=\mathbf{0}$, $\mathbf{B}=\mathbf{I}$, 这里 $\mathbf{I}$ 为单位矩阵①。那么,由式(5.180)至式(5.183)可见,若定义积分过程

$$\boldsymbol{Z}(t)=\boldsymbol{Z}(t_0)+\int_{t_0}^{t}\boldsymbol{\xi}(\tau)\mathrm{d}\tau \tag{5.184}$$

则 $\boldsymbol{Z}(t)$ 是布朗运动过程向量,因为其均值为零,而方差和时间成比例(Gardiner, 1983)。布朗运动是连续但不可微的。

这里出现的悖论可以用黎曼-斯蒂尔杰斯(Riemann-Stielgjes)积分的数学一致形式代替式(5.184)来解释。这样一来,式(5.181)可以改写为

$$\mathrm{d}\boldsymbol{Y}(t)=\boldsymbol{A}(\mathbf{Y},\ t)\mathrm{d}t+\mathbf{B}(\mathbf{Y},\ t)\mathrm{d}\boldsymbol{W}(t) \tag{5.185}$$

式中: $\boldsymbol{Y}$、$\boldsymbol{A}$ 和 $\mathbf{B}$ 与式(5.178)中定义的相同; $\boldsymbol{W}(t)=[W_1(t),\ \cdots,\ W_r(t)]^{\mathrm{T}}$, 是 r 维布朗运动过程(后面有时也会称其为维纳过程)向量,有

$$\mathrm{E}[\mathrm{d}\boldsymbol{W}(t)]=\mathbf{0},\ \mathrm{E}[\mathrm{d}\boldsymbol{W}(t)\mathrm{d}\boldsymbol{W}^{\mathrm{T}}(t)]=\mathbf{D}\mathrm{d}t \tag{5.186}$$

式中: $\mathbf{D}=[D_{ij}]_{r\times r}$, 与式(5.179)中相同。相应地,式(5.180)改写为

$$\boldsymbol{Y}(t)=\boldsymbol{Y}(t_0)+\int_{t_0}^{t}\boldsymbol{A}(\mathbf{Y},\ \tau)\mathrm{d}\tau+\int_{t_0}^{t}\mathbf{B}(\mathbf{Y},\ \tau)\mathrm{d}\boldsymbol{W}(\tau) \tag{5.187}$$

---

① 此处讨论的是 $m=r$ 的情形。——译者注

这里的第一个积分是常见的均方积分，而由于 $\boldsymbol{W}(t)$ 轨迹的高度不规则性，第二个积分应特别引起注意。

通常，将第二个积分替换为求和的极限

$$I=\int_{t_0}^{t}\mathbf{B}(\boldsymbol{Y},\tau)\mathrm{d}\boldsymbol{W}(\tau)=\lim_{n\to\infty}\sum_{j=1}^{n}\mathbf{B}(\boldsymbol{Y},\tau_j)[\boldsymbol{W}(t_j)-\boldsymbol{W}(t_{j-1})] \tag{5.188}$$

其中 τ_j 是区间 $[t_{j-1}, t_j]$ 上的某个值。在常规积分中可知，τ_j 可以取区间 $[t_{j-1}, t_j]$ 上的任意值，而式(5.188)中的极限是不变的，可将这一不变量定义为积分的值。然而，在 $\boldsymbol{W}(t)$ 是维纳过程向量的情况下，并非如此。

为使概念更清晰，首先考虑关于维纳过程 $W(t)$ 的一个标量积分的期望，其中增量的均值和方差分别是 $\mathrm{E}[\mathrm{d}W(t)]=0$ 和 $\mathrm{E}[\mathrm{d}W^2(t)]=D\mathrm{d}t$

$$E\left[\int_{t_0}^{t}W(\tau)\mathrm{d}W(\tau)\right]=\lim_{n\to\infty}\sum_{j=1}^{n}\mathrm{E}\{W(\tau_j)[W(t_j)-W(t_{j-1})]\} \tag{5.189}$$

注意到

$$\begin{aligned}\mathrm{E}[W(\tau_j)W(t_j)]&=\mathrm{E}\{W(\tau_j)[W(t_j)-W(\tau_j)+W(\tau_j)]\}\\&=\mathrm{E}\{W(\tau_j)[W(t_j)-W(\tau_j)]\}+\mathrm{E}[W(\tau_j)W(\tau_j)]\\&=D\tau_j\end{aligned} \tag{5.190a}$$

其中，由于维纳过程增量的独立性，利用了

$$\mathrm{E}\{W(\tau_j)[W(t_j)-W(\tau_j)]\}=0 \tag{5.190b}$$

同样地，$E[W(\tau_j)W(t_{j-1})]=Dt_{j-1}$。因此可以得到

$$\mathrm{E}\left[\int_{t_0}^{t}W(\tau)\mathrm{d}W(\tau)\right]=\lim_{n\to\infty}D\sum_{j=1}^{n}(\tau_j-t_{j-1}) \tag{5.191}$$

有些意外的是，对于不同的 τ_j，这一值是变化的。例如，若对所有的 j 均取

$$\tau_j=\alpha t_j+(1-\alpha)t_{j-1},\ 0\leqslant\alpha\leqslant 1 \tag{5.192}$$

有

$$\mathrm{E}\left[\int_{t_0}^{t}W(\tau)\mathrm{d}W(\tau)\right]=(t-t_0)\alpha D \tag{5.193}$$

这显然说明，积分的期望取决于中间点的位置。

为进一步理解这一问题，假设 $\alpha=0$，式(5.189)变为

$$\mathrm{E}\left[\int_{t_0}^{t}W(\tau)\mathrm{d}W(\tau)\right]=\lim_{n\to\infty}\sum_{j=1}^{n}\mathrm{E}\{W(t_{j-1})[W(t_j)-W(t_{j-1})]\} \tag{5.194a}$$

由于增量的独立性，对所有 j 均有 $\mathrm{E}\{W(t_{j-1})[W(t_j)-W(t_{j-1})]\}=0$。式(5.194a)即可得 $\mathrm{E}\left[\int_{t_0}^{t}W(\tau)\mathrm{d}W(\tau)\right]=0$，这与式(5.193)当 $\alpha=0$ 时是一致的。

现在假设 $\alpha=1$，则式(5.189)变为

$$E\left[\int_{t_0}^{t} W(\tau)\mathrm{d}W(\tau)\right]=\lim_{n\to\infty}\sum_{j=1}^{n}E\{W(t_j)[W(t_j)-W(t_{j-1})]\} \tag{5.194b}$$

在此情况下，$W(t_j)=W(t_{j-1})+[W(t_j)-W(t_{j-1})]$，从而 $W(t_j)$ 和增量 $W(t_j)-W(t_{j-1})$ 不是独立的，这是因为

$$\begin{aligned}&E\{W(t_j)[W(t_j)-W(t_{j-1})]\}\\&=E(\{W(t_{j-1})+[W(t_j)-W(t_{j-1})]\}[W(t_j)-W(t_{j-1})])\\&=E\{[W(t_j)-W(t_{j-1})][W(t_j)-W(t_{j-1})]\}=(t_j-t_{j-1})D\end{aligned} \tag{5.194c}$$

因此，现在有 $E\left[\int_{t_0}^{t} W(\tau)\mathrm{d}W(\tau)\right]=(t-t_0)D$。这又与式(5.193)当 $\alpha=1$ 时是一致的。

同样地，若采用 $\alpha=1/2$ 和 $W[(t_j+t_{j-1})/2]=[W(t_j)+W(t_{j-1})]/2$，则式(5.189)为

$$E\left[\int_{t_0}^{t} W(\tau)\mathrm{d}W(\tau)\right]=\lim_{n\to\infty}\sum_{j=1}^{n}E\left\{\frac{W(t_j)+W(t_{j-1})}{2}[W(t_j)-W(t_{j-1})]\right\} \tag{5.194d}$$

①

这里 $W(t_{j-1})$ 与增量 $W(t_j)-W(t_{j-1})$ 是独立的，但 $W(t_j)$ 不是。结合式(5.194a)和式(5.194b)可见，$E\left[\int_{t_0}^{t} W(\tau)\mathrm{d}W(\tau)\right]=(t-t_0)D/2$，这与式(5.193)当 $\alpha=1/2$ 时是一致的。

关于式(5.194)的讨论表明，实际上，式(5.189)中求和的极限取决于中间点的原因在于，中间点的不同位置意味着增量 $\Delta W_j=W(t_j)-W(t_{j-1})$ 和被积式之间不同的相关性。这一点在被积式为其他函数形式时也成立。如 $G[Y(t),\ t]$，其中 $Y(t)$ 是由随机微分方程确定的随机过程，可证明任意时刻 t_1 的值 $G[Y(t_1),\ t_1]$ 和时刻 $t>t_1$ 的值 $W(t)$ 是独立的。这一函数 $G[Y(t),\ t]$ 属于**非可料函数(non-anticipating function)**。现已明确，由于非可料特性，将积分定义为

$$\int_{t_0}^{t} G[Y(\tau),\ \tau]\mathrm{d}W(\tau)=\lim_{n\to\infty}\sum_{j=1}^{n}G[Y(t_{j-1}),\ t_{j-1}][W(t_j)-W(t_{j-1})] \tag{5.195}$$

在数学上处理起来最简单，因为 $G[Y(t_{j-1}),\ t_{j-1}]$ 和增量 ΔW_j 是独立的，这使得其在进一

---

① 在 $\alpha=1/2$ 情形下，该式也可作如下推导

$$\begin{aligned}&E\left[\int_{t_0}^{t} W(\tau)\mathrm{d}W(\tau)\right]\\&=\lim_{n\to\infty}\sum_{j=1}^{n}E\left\{W\left(\frac{t_j+t_{j-1}}{2}\right)[W(t_j)-W(t_{j-1})]\right\}\\&=\lim_{n\to\infty}\sum_{j=1}^{n}E\left\{\left[W\left(\frac{t_j+t_{j-1}}{2}\right)-W(t_{j-1})+W(t_{j-1})\right]\left[W(t_j)-W\left(\frac{t_j+t_{j-1}}{2}\right)+W\left(\frac{t_j+t_{j-1}}{2}\right)-W(t_{j-1})\right]\right\}\\&=\lim_{n\to\infty}\sum_{j=1}^{n}E\left\{\left[W\left(\frac{t_j+t_{j-1}}{2}\right)-W(t_{j-1})\right]^2\right\}=\lim_{n\to\infty}\sum_{j=1}^{n}D\,\frac{t_j-t_{j-1}}{2}=\frac{D(t-t_0)}{2}\end{aligned}$$

——译者注

步的数学处理上比上述其他中间值更为简单。定义式(5.195)就是著名的伊藤积分。相应地,在此意义下的随机微分方程(5.185)称为伊藤随机微分方程[可以回顾式(5.183a),本质上是假设了 $B_{ij}(\mathbf{Y}, t)$ 为非可料函数]。

这里可发现,当前事件与将来的事件是独立的,这在伊藤微积分中至关重要。

在伊藤随机微分运算中一定要注意,因为二阶矩 $\mathrm{E}[\mathrm{d}W^2(t)]=D\mathrm{d}t$ 是与 $\mathrm{d}t$ 同阶的,若 λ 是均值 $\mathrm{E}(\lambda)=0$ 且方差 $\mathrm{E}(\lambda^2)=D$ 的随机变量,可以令 $\mathrm{d}W(t)=\lambda\sqrt{\mathrm{d}t}$,这表明 $\mathrm{d}W(t)$ 是与 $\sqrt{\mathrm{d}t}$ 同阶的。因此,在二阶矩的计算中,与 $\mathrm{d}W(t)$ 有关的项是非常重要的,不可忽视。于是,不同于常见的微分,在伊藤随机微分中,应保留泰勒展开中的二阶项。例如,对于函数 $f[\mathbf{Y}(t)]$,其中 $\mathbf{Y}(t)$ 是伊藤随机微分方程(5.185)的解,$f[\mathbf{Y}(t)]$ 的微分为

$$
\begin{aligned}
&\mathrm{d}f[\mathbf{Y}(t)]\\
&=f[\mathbf{Y}(t)+\mathrm{d}\mathbf{Y}(t)]-f[\mathbf{Y}(t)]\\
&=\sum_{l=1}^{m}\frac{\partial f}{\partial Y_l}\mathrm{d}Y_l(t)+\frac{1}{2}\sum_{k=1}^{m}\sum_{l=1}^{m}\frac{\partial^2 f}{\partial Y_k\partial Y_l}\mathrm{d}Y_k(t)\mathrm{d}Y_l(t)\\
&=\sum_{l=1}^{m}\frac{\partial f}{\partial Y_l}\left\{A_l[\mathbf{Y}(t),\ t]\mathrm{d}t+\sum_{s=1}^{r}B_{ls}[\mathbf{Y}(t),\ t]\mathrm{d}W_s(t)\right\}\\
&\quad+\frac{1}{2}\sum_{k=1}^{m}\sum_{l=1}^{m}\frac{\partial^2 f}{\partial Y_k\partial Y_l}\left\{\sum_{s=1}^{r}B_{ks}[\mathbf{Y}(t),\ t]\mathrm{d}W_s(t)\right\}\left\{\sum_{s=1}^{r}B_{ls}[\mathbf{Y}(t),\ t]\mathrm{d}W_s(t)\right\}\\
&=\sum_{l=1}^{m}\frac{\partial f}{\partial Y_l}\left\{A_l[\mathbf{Y}(t),\ t]\mathrm{d}t+\sum_{s=1}^{r}B_{ls}[\mathbf{Y}(t),\ t]\mathrm{d}W_s(t)\right\}\\
&\quad+\frac{1}{2}\sum_{k=1}^{m}\sum_{l=1}^{m}(\mathbf{BDB}^{\mathrm{T}})_{kl}\frac{\partial^2 f}{\partial Y_k\partial Y_l}\mathrm{d}t\\
&=\sum_{l=1}^{m}\left[A_l\frac{\partial f}{\partial Y_l}+\frac{1}{2}\sum_{k=1}^{m}(\mathbf{BDB}^{\mathrm{T}})_{kl}\frac{\partial^2 f}{\partial Y_k\partial Y_l}\right]\mathrm{d}t+\sum_{l=1}^{m}\sum_{k=1}^{r}B_{lk}[\mathbf{Y}(t),t]\frac{\partial f}{\partial Y_l}\mathrm{d}W_k(t)
\end{aligned}
\tag{5.196}
$$

其中利用了式(5.185)的分量形式

$$
\mathrm{d}Y_l(t)=A_l[\mathbf{Y}(t),\ t]\mathrm{d}t+\sum_{k=1}^{r}B_{lk}[\mathbf{Y}(t),\ t]\mathrm{d}W_k(t),\ l=1,\ \cdots,\ m \tag{5.197}
$$

在 $m=1$、$r=1$ 的情形下,式(5.196)退化为

$$
\begin{aligned}
\mathrm{d}f[Y(t)]&=f[Y(t)+\mathrm{d}Y(t)]-f[Y(t)]=\frac{\partial f}{\partial Y}\mathrm{d}Y(t)+\frac{1}{2}\frac{\partial^2 f}{\partial Y^2}\mathrm{d}Y^2(t)\\
&=\frac{\partial f}{\partial Y}\{A[Y(t),\ t]\mathrm{d}t+B[Y(t),\ t]\mathrm{d}W(t)\}+\frac{1}{2}\frac{\partial^2 f}{\partial Y^2}B^2[Y(t),\ t]\mathrm{d}W^2(t)\\
&=\left\{A[Y(t),\ t]\frac{\partial f}{\partial Y}+\frac{D}{2}B^2[Y(t),\ t]\frac{\partial^2 f}{\partial Y^2}\right\}\mathrm{d}t+B[Y(t),\ t]\frac{\partial f}{\partial Y}\mathrm{d}W(t)
\end{aligned}
\tag{5.198}
$$

式(5.196)和式(5.198)通常称为**伊藤引理(Itô lemma)**。式(5.198)和常见的微分之间的区别是,关于 $dY^2(t)$ 的二阶项(见第二个等式)不可省略,因为它是与 dt 同阶的,因而在最后一个等式关于 dt 的项中出现了附加修正项。

5.6.1.2 斯特拉托诺维奇随机微分方程

伊藤积分在处理相关时间为零的数学白噪声时是很漂亮的。然而实际上,物理噪声的相关时间虽然可能很短,却是有限的,并非为零。为此,应考虑相关性,即式(5.192)中的 α 应取 $0<\alpha<1$,而非伊藤积分中的零。斯特拉托诺维奇(Stratonovich, 1963)将被积式为 $G[Y(t), t]$ 的积分定义为

$$S\int_{t_0}^{t} G[Y(\tau), \tau]dW(\tau)=\lim_{n\to\infty}\sum_{j=1}^{n}G\left[\frac{Y(t_j)+Y(t_{j-1})}{2}, t_{j-1}\right][W(t_j)-W(t_{j-1})] \tag{5.199}$$

相应的随机微分方程称为斯特拉托诺维奇随机微分方程①。

伊藤和斯特拉托诺维奇积分之间没有固定的关系。然而,对于与随机微分方程相关的随机过程的场合,可以建立一个关系。为清楚起见,考虑斯特拉托诺维奇随机微分方程

$$d\boldsymbol{Y}(t)=\boldsymbol{\alpha}(\boldsymbol{Y}, t)dt+\boldsymbol{\beta}(\boldsymbol{Y}, t)d\boldsymbol{W}(t) \tag{5.200}$$

其中 $\boldsymbol{\alpha}=(\alpha_1, \cdots, \alpha_m)^{\mathrm{T}}$, $\boldsymbol{\beta}=[\beta_{ij}]_{m\times r}$。其解由斯特拉托诺维奇积分给出

$$\boldsymbol{Y}(t)=\boldsymbol{Y}(t_0)+\int_{t_0}^{t}\boldsymbol{\alpha}(\boldsymbol{Y}, \tau)d\tau+S\int_{t_0}^{t}\boldsymbol{\beta}(\boldsymbol{Y}, \tau)d\boldsymbol{W}(\tau) \tag{5.201}$$

假设式(5.201)和式(5.187)的解是等价的。

首先计算斯特拉托诺维奇积分项

$$S\int_{t_0}^{t}\boldsymbol{\beta}(\boldsymbol{Y}, \tau)d\boldsymbol{W}(\tau)=\lim_{n\to\infty}\sum_{j=1}^{n}\boldsymbol{\beta}\left(\frac{\boldsymbol{Y}_j+\boldsymbol{Y}_{j-1}}{2}, t_{j-1}\right)(\boldsymbol{W}_j-\boldsymbol{W}_{j-1}) \tag{5.202}$$

注意到 $\boldsymbol{Y}_j=\boldsymbol{Y}_{j-1}+\Delta\boldsymbol{Y}_j$,有

$$\boldsymbol{\beta}\left(\frac{\boldsymbol{Y}_j+\boldsymbol{Y}_{j-1}}{2}, t_{j-1}\right)=\boldsymbol{\beta}\left(\boldsymbol{Y}_{j-1}+\frac{\Delta\boldsymbol{Y}_j}{2}, t_{j-1}\right)=\boldsymbol{\beta}(\boldsymbol{Y}_{j-1}, t_{j-1})+\frac{1}{2}\sum_{l=1}^{m}\frac{\partial\boldsymbol{\beta}}{\partial Y_l}\Delta Y_{l,j} \tag{5.203a}$$

其中 $\Delta Y_{l,j}$ 可以由式(5.197)通过伊藤微分获得

$$\Delta Y_{l,j}=A_l(\boldsymbol{Y}_{j-1}, t_{j-1})(t_j-t_{j-1})+\sum_{k=1}^{r}B_{lk}(\boldsymbol{Y}_{j-1}, t_{j-1})[W_k(t_j)-W_k(t_{j-1})] \tag{5.203b}$$

---

① 乍看之下容易使人疑惑,为什么 $G(Y, t)$ 中的 t 仍取 t_{j-1},并未替换为 $(t_j+t_{j-1})/2$。可以尝试将 t_{j-1} 替换为 $(t_j+t_{j-1})/2$,然后将 $G(Y, t)$ 在 t_{j-1} 处关于 t 展开,则可发现,这会在式(5.199)中导出 $O(\Delta t^{3/2})$ 量级的项。这意味着,不论将 t 替换为 $(t_j+t_{j-1})/2$ 还是 t_{j-1},对结果都不会有本质上的影响。从这里也可以看出,$G(Y, t)$ 中 Y 和 t 的影响是不同的,因为 $Y(t)$ 与维纳过程有关。

将式(5.203)代入式(5.202)得

$$
\begin{aligned}
&\lim_{n\to\infty}\sum_{j=1}^{n}\boldsymbol{\beta}\left(\frac{\boldsymbol{Y}_j+\boldsymbol{Y}_{j-1}}{2},\ t_{j-1}\right)\Delta\boldsymbol{W}_j\\
&=\lim_{n\to\infty}\sum_{j=1}^{n}\boldsymbol{\beta}(\boldsymbol{Y}_{j-1},\ t_{j-1})\Delta\boldsymbol{W}_j\\
&\quad+\frac{1}{2}\lim_{n\to\infty}\sum_{l=1}^{m}\sum_{j=1}^{n}\frac{\partial\boldsymbol{\beta}}{\partial Y_l}\Delta\boldsymbol{W}_j\left[A_l(\boldsymbol{Y}_{j-1},\ t_{j-1})\Delta t_j+\sum_{k=1}^{r}B_{lk}(\boldsymbol{Y}_{j-1},\ t_{j-1})\Delta W_{k,j}\right]\\
&=\int_{t_0}^{t}\boldsymbol{\beta}(\boldsymbol{Y},\ \tau)\mathrm{d}\boldsymbol{W}(\tau)+\frac{1}{2}\lim_{n\to\infty}\sum_{l=1}^{m}\sum_{j=1}^{n}\frac{\partial\boldsymbol{\beta}}{\partial Y_l}\Delta\boldsymbol{W}_j\sum_{k=1}^{r}B_{lk}(\boldsymbol{Y}_{j-1},\ t_{j-1})\Delta W_{k,j}\\
&=\int_{t_0}^{t}\boldsymbol{\beta}(\boldsymbol{Y},\ \tau)\mathrm{d}\boldsymbol{W}(\tau)+\frac{1}{2}\sum_{l=1}^{m}\int_{t_0}^{t}\frac{\partial\boldsymbol{\beta}}{\partial Y_l}\mathbf{D}\boldsymbol{B}_{l,\cdot}^{\mathrm{T}}(\boldsymbol{Y},\ \tau)\mathrm{d}\tau
\end{aligned}
\tag{5.204}
$$

其中，$\boldsymbol{B}_{l,\cdot}^{\mathrm{T}}=(B_{l1},\ \cdots,\ B_{lr})^{\mathrm{T}}$，$\Delta t_j=t_j-t_{j-1}$，$\Delta\boldsymbol{W}_j=\boldsymbol{W}_j-\boldsymbol{W}_{j-1}$，$\Delta W_{k,j}=W_k(t_j)-W_k(t_{j-1})$。

结合式(5.201)、式(5.202)和式(5.204)，并对比式(5.187)，有

$$
\begin{cases}
\boldsymbol{\alpha}(\boldsymbol{Y},\ t)=\boldsymbol{A}(\boldsymbol{Y},\ t)-\dfrac{1}{2}\displaystyle\sum_{l=1}^{m}\frac{\partial\mathbf{B}}{\partial Y_l}\mathbf{D}\boldsymbol{B}_{l,\cdot}^{\mathrm{T}}(\boldsymbol{Y},\ t)\\
\boldsymbol{\beta}(\boldsymbol{Y},\ t)=\mathbf{B}(\boldsymbol{Y},\ t)
\end{cases}
\tag{5.205}
$$

其中利用式(5.205)第二式，将式(5.204)中的 $\boldsymbol{\beta}$ 替换为 $\mathbf{B}$，得到了式(5.205)第一式，称其为王-扎凯(Wong-Zakai)修正(Wong & Zakai, 1965)。注意，当 $\boldsymbol{\beta}$ 不依赖于 $\boldsymbol{Y}$ 时，不存在王-扎凯修正。反之，有

$$
\begin{cases}
\boldsymbol{A}(\boldsymbol{Y},\ t)=\boldsymbol{\alpha}(\boldsymbol{Y},\ t)+\dfrac{1}{2}\displaystyle\sum_{l=1}^{m}\frac{\partial\boldsymbol{\beta}}{\partial Y_l}\mathbf{D}\boldsymbol{\beta}_{l,\cdot}^{\mathrm{T}}(\boldsymbol{Y},\ t)\\
\mathbf{B}(\boldsymbol{Y},\ t)=\boldsymbol{\beta}(\boldsymbol{Y},\ t)
\end{cases}
\tag{5.206}
$$

由式(5.206)，当通过斯特拉托诺维奇随机微分方程对遭受物理白噪声的实际工程结构建模时，可以将其转化为数学上常用的伊藤随机微分方程。这在下一节要讨论的 FPK 方程的建立中尤其好用。

在此之前，应先注意随机微分方程的存在唯一性。对于式(5.185)可以证明(Øksendal, 2005)，记 $T>0$，可测函数 $\boldsymbol{A}(\boldsymbol{y},\ t)$ 和 $\mathbf{B}(\boldsymbol{y},\ t)$ 满足

$$
|\boldsymbol{A}(\boldsymbol{y},\ t)|+|\mathbf{B}(\boldsymbol{y},\ t)|\leqslant C(1+|\boldsymbol{y}|),\ \boldsymbol{y}\in\mathbb{R}^m,\ t\in[0,\ T]
\tag{5.207a}
$$

式中：C 是常数(其中 $|\mathbf{B}|^2=\sum|B_{ij}|^2$)，且有

$$
|\boldsymbol{A}(\boldsymbol{x},\ t)-\boldsymbol{A}(\boldsymbol{y},\ t)|+|\mathbf{B}(\boldsymbol{x},\ t)-\mathbf{B}(\boldsymbol{y},\ t)|\leqslant D|\boldsymbol{x}-\boldsymbol{y}|,\ \boldsymbol{x},\ \boldsymbol{y}\in\mathbb{R}^m,\ t\in[0,\ T]
\tag{5.207b}
$$

式中：D 是常数。

令 Z 为与 $W(s)$，$s \geqslant 0$ 张成的 σ 代数 $\mathcal{F}_{\infty}^{(m)}$ 独立的随机变量，且有

$$\mathrm{E}(|Z|^2) < \infty \tag{5.207c}$$

则随机微分方程(5.185)有唯一的 t 连续解 $\boldsymbol{Y}(t, \varpi)$，且 $\boldsymbol{Y}(t, \varpi)$ 与由 Z 和 $W(s)(s \geqslant 0)$ 张成的过滤 $\mathcal{F}_t^Z$ 是相适应的，且

$$\mathrm{E}\left[\int_0^T |\boldsymbol{Y}(t)|^2 \mathrm{d}t\right] < \infty \tag{5.207d}$$

5.6.2　FPK 方程

记 $\boldsymbol{Y}(t)$ 是由伊藤随机微分方程(5.185)确定的随机过程向量，为参考方便，将其引于此处

$$\mathrm{d}\boldsymbol{Y}(t) = \boldsymbol{A}(\boldsymbol{Y}, t)\mathrm{d}t + \mathbf{B}(\boldsymbol{Y}, t)\mathrm{d}\boldsymbol{W}(t) \tag{5.208}$$

考虑以 $\boldsymbol{Y}(t)$ 为自变量的函数，如 $f[\boldsymbol{Y}(t)]$。作为一个随机过程，首先来考察其均值的演化，即 $\mathrm{dE}\{f[\boldsymbol{Y}(t)]\}/\mathrm{d}t$。由于导数和期望运算是可交换的，有

$$\frac{\mathrm{dE}\{f[\boldsymbol{Y}(t)]\}}{\mathrm{d}t} = \mathrm{E}\left\{\frac{\mathrm{d}f[\boldsymbol{Y}(t)]}{\mathrm{d}t}\right\} \tag{5.209a}$$

因为 $\boldsymbol{Y}(t)$ 是由伊藤随机微分方程(5.208)确定的，根据式(5.196)，有

$$\begin{aligned}
&\mathrm{E}\{\mathrm{d}f[\boldsymbol{Y}(t)]\}\\
&= \mathrm{E}\left\{\sum_{l=1}^{m}\left[A_l \frac{\partial f}{\partial Y_l} + \frac{1}{2}\sum_{k=1}^{m}(\mathbf{BDB}^{\mathrm{T}})_{kl}\frac{\partial^2 f}{\partial Y_k \partial Y_l}\right]\mathrm{d}t + \sum_{l=1}^{m}\sum_{k=1}^{r} B_{lk}[\boldsymbol{Y}(t), t]\frac{\partial f}{\partial Y_l}\mathrm{d}W_k(t)\right\}\\
&= \mathrm{E}\left\{\sum_{l=1}^{m}\left[A_l \frac{\partial f}{\partial Y_l} + \frac{1}{2}\sum_{k=1}^{m}(\mathbf{BDB}^{\mathrm{T}})_{kl}\frac{\partial^2 f}{\partial Y_k \partial Y_l}\right]\mathrm{d}t\right\}
\end{aligned} \tag{5.209b}$$

这里利用了 $B_{lk}[\boldsymbol{Y}(t), t]$ 是非可料函数，从而去掉了关于 $\mathrm{d}W_k(t)$ 的第二项，$(\mathbf{BDB}^{\mathrm{T}})_{kl}$ 表示矩阵 $\mathbf{BDB}^{\mathrm{T}}$ 的第(l, k)个元素。

结合式(5.209a)和式(5.209b)，有

$$\frac{\mathrm{dE}\{f[\boldsymbol{Y}(t)]\}}{\mathrm{d}t} = \mathrm{E}\left[\sum_{l=1}^{m} A_l \frac{\partial f}{\partial Y_l} + \frac{1}{2}\sum_{l=1}^{m}\sum_{k=1}^{m}(\mathbf{BDB}^{\mathrm{T}})_{kl}\frac{\partial^2 f}{\partial Y_k \partial Y_l}\right] \tag{5.209c}$$

另外，记 $\boldsymbol{Y}(t) \mid (\boldsymbol{y}_0, t_0)$ 的条件概率密度为 $p_{\boldsymbol{Y}}(\boldsymbol{y}, t \mid \boldsymbol{y}_0, t_0)$，有

$$\frac{\mathrm{dE}\{f[\boldsymbol{Y}(t)]\}}{\mathrm{d}t} = \frac{\mathrm{d}}{\mathrm{d}t}\int_{-\infty}^{\infty} f(\boldsymbol{y})p_{\boldsymbol{Y}}(\boldsymbol{y}, t \mid \boldsymbol{y}_0, t_0)\mathrm{d}\boldsymbol{y} = \int_{-\infty}^{\infty} f(\boldsymbol{y})\frac{\partial p_{\boldsymbol{Y}}(\boldsymbol{y}, t \mid \boldsymbol{y}_0, t_0)}{\partial t}\mathrm{d}\boldsymbol{y} \tag{5.210}$$

同时,式(5.209)的右边有

$$
\begin{aligned}
&\mathrm{E}\left[\sum_{l=1}^{m} A_l \frac{\partial f}{\partial Y_l}+\frac{1}{2} \sum_{l=1}^{m} \sum_{k=1}^{m}(\mathbf{BDB}^{\mathrm{T}})_{kl} \frac{\partial^2 f}{\partial Y_k \partial Y_l}\right] \\
&=\int_{-\infty}^{\infty}\left\{\sum_{l=1}^{m} A_l(\mathbf{y}, t) \frac{\partial f(\mathbf{y})}{\partial y_l}+\frac{1}{2} \sum_{l=1}^{m} \sum_{k=1}^{m}\left[\mathbf{B}(\mathbf{y}, t) \mathbf{D B}^{\mathrm{T}}(\mathbf{y}, t)\right]_{kl} \frac{\partial^2 f(\mathbf{y})}{\partial y_k \partial y_l}\right\} p_{\mathbf{Y}}(\mathbf{y}, t \mid \mathbf{y}_0, t_0) \mathrm{d} \mathbf{y}
\end{aligned}
\tag{5.211a}
$$

进行分部积分,并注意到通常有

$$
\begin{cases}
A_l(\mathbf{y}, t) f(\mathbf{y}) p_{\mathbf{Y}}(\mathbf{y}, t \mid \mathbf{y}_0, t_0)\Big|_{y_l \to \pm\infty}=0, & l=1, \cdots, m \\
\mathbf{B}(\mathbf{y}, t) \mathbf{D B}^{\mathrm{T}}(\mathbf{y}, t) \dfrac{\partial f(\mathbf{y})}{\partial y_l} p_{\mathbf{Y}}(\mathbf{y}, t \mid \mathbf{y}_0, t_0)\Big|_{y_l \to \pm\infty}=\mathbf{0}, & l=1, \cdots, m \\
\mathbf{B}(\mathbf{y}, t) \mathbf{D B}^{\mathrm{T}}(\mathbf{y}, t) f(\mathbf{y}) p_{\mathbf{Y}}(\mathbf{y}, t \mid \mathbf{y}_0, t_0)\Big|_{y_l \to \pm\infty}=\mathbf{0}, & l=1, \cdots, m
\end{cases}
\tag{5.211b}
$$

式(5.211a)变为

$$
\begin{aligned}
&\mathrm{E}\left[\sum_{l=1}^{m} A_l \frac{\partial f}{\partial Y_l}+\frac{1}{2} \sum_{l=1}^{m} \sum_{k=1}^{m}(\mathbf{BDB}^{\mathrm{T}})_{kl} \frac{\partial^2 f}{\partial Y_k \partial Y_l}\right] \\
&=\int_{-\infty}^{\infty} f(\mathbf{y})\left(-\sum_{l=1}^{m} \frac{\partial\left[A_l(\mathbf{y}, t) p_{\mathbf{Y}}(\mathbf{y}, t \mid \mathbf{y}_0, t_0)\right]}{\partial y_l}\right. \\
&\quad\left.+\frac{1}{2} \sum_{l=1}^{m} \sum_{k=1}^{m} \frac{\partial^2\left\{\left[\mathbf{B}(\mathbf{y}, t) \mathbf{D B}^{\mathrm{T}}(\mathbf{y}, t)\right]_{kl} p_{\mathbf{Y}}(\mathbf{y}, t \mid \mathbf{y}_0, t_0)\right\}}{\partial y_k \partial y_l}\right) \mathrm{d} \mathbf{y}
\end{aligned}
\tag{5.211c}
$$

对比式(5.210)和式(5.211c),并注意到 $f(\mathbf{y})$ 是任意的,必有

$$
\frac{\partial p_{\mathbf{Y}}}{\partial t}=-\sum_{l=1}^{m} \frac{\partial\left[A_l(\mathbf{y}, t) p_{\mathbf{Y}}\right]}{\partial y_l}+\frac{1}{2} \sum_{l=1}^{m} \sum_{k=1}^{m} \frac{\partial^2\left\{\left[\mathbf{B}(\mathbf{y}, t) \mathbf{D B}^{\mathrm{T}}(\mathbf{y}, t)\right]_{kl} p_{\mathbf{Y}}\right\}}{\partial y_k \partial y_l}
\tag{5.212}
$$

式中:$p_{\mathbf{Y}}$ 表示 $p_{\mathbf{Y}}(\mathbf{y}, t \mid \mathbf{y}_0, t_0)$ 的简写。

式(5.212)就是众所周知的 FPK 方程。

若 $\mathbf{Q}(\mathbf{y}, t)=[Q_{lk}]_{r\times r}$ 是正交矩阵,即 $\mathbf{QQ}^{\mathrm{T}}=\mathbf{I}_{r\times r}$,其中 $\mathbf{I}_{r\times r}$ 是 $r\times r$ 的单位矩阵,则可以得 $\mathbf{QDQ}^{\mathrm{T}}=\mathbf{D}$,其中 $\mathbf{D}$ 是 $r\times r$ 的对角矩阵。因此,若将 $\boldsymbol{W}(t)$ 替换为 $\mathbf{Q}\boldsymbol{W}(t)$,则矩阵 $\mathbf{B}(\mathbf{y}, t)\mathbf{DB}^{\mathrm{T}}(\mathbf{y}, t)$ 变为 $\mathbf{B}(\mathbf{y}, t)\mathbf{Q}(\mathbf{y}, t)\mathbf{DQ}^{\mathrm{T}}(\mathbf{y}, t)\mathbf{B}^{\mathrm{T}}(\mathbf{y}, t)=\mathbf{B}(\mathbf{y}, t)\mathbf{DB}^{\mathrm{T}}(\mathbf{y}, t)$,本质上是不变的。这意味着,对于维纳过程向量的正交变换,FPK 方程是不变的。换言之,与 FPK 方程相应的随机微分方程是不唯一的。这对于理解 FPK 方程与相应随机微分方程之间的关系很重要。实际上,非唯一性的物理意义是,概率密度描述通常对应于轨迹的无穷集合。

此外,当 $p_{\mathbf{Y}}$ 表示瞬态概率密度 $p_{\mathbf{Y}}(\mathbf{y}, t)$ 而非转移概率密度时,式(5.212)也成立。这可以通过记 $p_{\mathbf{Y}}(\mathbf{y}, t)=\int_{-\infty}^{\infty} p_{\mathbf{Y}}(\mathbf{y}, t \mid \mathbf{y}_0, t_0) p_{\mathbf{Y}}(\mathbf{y}_0, t_0) \mathrm{d}\mathbf{y}_0$ 获得,其中 $p_{\mathbf{Y}}(\mathbf{y}_0, t_0)$ 是初始

联合概率密度函数。

现在进一步讨论 FPK 方程(5.212)中系数的意义。根据 5.6.1.1 中的式(5.182),注意到条件 $\{\boldsymbol{Y}(t)=\boldsymbol{y}\}$,有

$$\boldsymbol{A}(\boldsymbol{y},t)=\frac{\mathrm{E}[\mathrm{d}\boldsymbol{Y}(t)\mid \boldsymbol{Y}(t)=\boldsymbol{y}]}{\mathrm{d}t}=\lim_{\Delta t\to 0}\frac{\mathrm{E}[\Delta\boldsymbol{Y}(t)\mid \boldsymbol{Y}(t)=\boldsymbol{y}]}{\Delta t}\tag{5.213a}$$

其中,$\Delta\boldsymbol{Y}(t)=\boldsymbol{Y}(t+\Delta t)-\boldsymbol{Y}(t)$。同样地,由式(5.183),有

$$\mathbf{B}(\boldsymbol{y},t)\mathbf{D}\mathbf{B}^{\mathrm{T}}(\boldsymbol{y},t)=\frac{\mathrm{E}[\mathrm{d}\boldsymbol{Y}(t)\mathrm{d}\boldsymbol{Y}^{\mathrm{T}}(t)\mid \boldsymbol{Y}(t)=\boldsymbol{y}]}{\mathrm{d}t}=\lim_{\Delta t\to 0}\frac{\mathrm{E}[\Delta\boldsymbol{Y}(t)\Delta\boldsymbol{Y}^{\mathrm{T}}(t)\mid \boldsymbol{Y}(t)=\boldsymbol{y}]}{\Delta t}\tag{5.213b}$$

这些量称为**导出矩(derivate moments)**(Moyal, 1949)。式(5.213a)意味着,系数 $\boldsymbol{A}(\boldsymbol{y},t)$ 反映了平均趋势,因而称其为漂移系数,其表征了平均漂移速度。式(5.213b)意味着,矩阵 $\mathbf{B}(\boldsymbol{y},t)\mathbf{D}\mathbf{B}^{\mathrm{T}}(\boldsymbol{y},t)$ 导致了布朗运动或扩散过程效应,因此,称其为扩散系数。现在式(5.212)的物理意义就清楚了,即概率的变化是由漂移和扩散引起的。

顺便指出,若 $\boldsymbol{Y}(t)$ 是马尔可夫的,则高阶导出矩为零,例如,可以证明(Gardiner, 1983)

$$\widetilde{C}_{ijk}=\lim_{\Delta t\to 0}\frac{\mathrm{E}[\Delta Y_i(t)\Delta Y_j(t)\Delta Y_k(t)\mid \boldsymbol{Y}(t)=\boldsymbol{y}]}{\Delta t}=0\tag{5.213c}$$

这一点非常重要。事实上,马尔可夫过程的转移概率密度仅由两个时刻决定。因此,只有不超过二阶的增量矩是与时间增量同阶的。更具体地,若马尔可夫过程和布朗运动过程相关,则对于 $N>2$,有 $\mathrm{E}[\mathrm{d}W^N(t)]=0$。因此,式(5.213c)形式下的导数矩必为零。

从更一般意义上,FPK 方程可以由查普曼-柯尔莫哥洛夫(Chapman-Kolmogorov)方程推导得到

$$p_{\boldsymbol{Y}}(\boldsymbol{y},t\mid \boldsymbol{y}_0,t_0)=\int_{-\infty}^{\infty}p_{\boldsymbol{Y}}(\boldsymbol{y},t\mid \boldsymbol{z},t_1)p_{\boldsymbol{Y}}(\boldsymbol{z},t_1\mid \boldsymbol{y}_0,t_0)\mathrm{d}\boldsymbol{z}\tag{5.214}$$

即:FPK 方程是微分查普曼-柯尔莫哥洛夫方程在无跳跃时的特例(Gardiner, 1983)。FPK 方程也可以作为概率进化方程在马尔可夫过程下的特殊情况推导得到(Lin, 1967)。

当用 $p_{\boldsymbol{Y}}$ 表示转移概率密度函数 $p_{\boldsymbol{Y}}(\boldsymbol{y},t\mid \boldsymbol{y}_0,t_0)$ 时,FPK 方程(5.212)的初始条件为

$$p_{\boldsymbol{Y}}(\boldsymbol{y},t_0\mid \boldsymbol{y}_0,t_0)=\delta(\boldsymbol{y}-\boldsymbol{y}_0)\tag{5.215a}$$

在 $p_{\boldsymbol{Y}}$ 表示瞬时概率密度 $p_{\boldsymbol{Y}}(\boldsymbol{y},t)$ 的情况下,初始条件为

$$p_{\boldsymbol{Y}}(\boldsymbol{y},t_0)=p_{\boldsymbol{Y}_0}(\boldsymbol{y})\tag{5.215b}$$

根据不同的物理问题,边界条件是不同的(例如,对于一些在空间中存在吸收或反射壁的系统)。对于结构响应分析,关于转移概率密度函数和瞬时概率密度函数最简单但应用最广泛的条件分别为

$$p_{\boldsymbol{Y}}(\boldsymbol{y},t\mid \boldsymbol{y}_0,t_0)\Big|_{y_l\to\pm\infty}=0,\ p_{\boldsymbol{Y}}(\boldsymbol{y},t)\Big|_{y_l\to\pm\infty}=0\tag{5.216}$$

5.6.3 FPK方程的解

5.6.3.1 FPK方程的封闭瞬态解

1）线性系统

考虑线性随机微分方程

$$\mathrm{d}\boldsymbol{Y}(t)=\tilde{\mathbf{a}}\boldsymbol{Y}(t)\mathrm{d}t+\tilde{\mathbf{b}}\mathrm{d}\boldsymbol{W}(t) \tag{5.217}$$

式中：$\tilde{\mathbf{a}}=[\tilde{a}_{ij}]_{m\times m}$ 和 $\tilde{\mathbf{b}}=[\tilde{b}_{ij}]_{m\times r}$ 分别是系统矩阵和输入力影响矩阵。

根据复模态理论，式(5.217)可以解耦(Fang & Wang, 1986)。记 $\tilde{\mathbf{a}}$ 的特征矩阵为 $\boldsymbol{\Psi}$。令 $\boldsymbol{Y}(t)=\boldsymbol{\Psi}\boldsymbol{Z}(t)$，其中 $\boldsymbol{Z}(t)=[Z_1(t),\ \cdots,\ Z_m(t)]^{\mathrm{T}}$。将其代入式(5.217)，左边乘以 $\boldsymbol{\Psi}^{\mathrm{T}}$ 并注意正交性，有

$$\mathrm{d}\boldsymbol{Z}(t)=\mathbf{a}\boldsymbol{Z}(t)\mathrm{d}t+\mathbf{b}\mathrm{d}\boldsymbol{W}(t) \tag{5.218a}$$

其中 $\mathbf{a}=\boldsymbol{\Psi}^{\mathrm{T}}\tilde{\mathbf{a}}\boldsymbol{\Psi}=\mathrm{diag}(a_1,\ \cdots,\ a_m)$，$\mathbf{b}=[b_{jk}]_{m\times r}=\boldsymbol{\Psi}^{\mathrm{T}}\tilde{\mathbf{b}}$。分量形式为

$$\mathrm{d}Z_l(t)=a_lZ_l(t)\mathrm{d}t+\sum_{k=1}^{r}b_{lk}\mathrm{d}W_k(t),\ l=1,\ \cdots,\ m \tag{5.218b}$$

因为 $W_k(t)$ 是维纳过程，则过程 $W_l^{\Sigma}(t)=\sum_{k=1}^{r}b_{lk}\mathrm{d}W_k(t)$ 也是维纳过程，其方差为

$$\mathrm{E}\{[\mathrm{d}W_l^{\Sigma}(t)]^2\}=\sum_{k=1}^{r}\sum_{j=1}^{r}b_{lk}b_{lj}D_{kj}\mathrm{d}t=\kappa_l\mathrm{d}t \tag{5.219}$$

其中 $\kappa_l=\sum_{k=1}^{r}\sum_{j=1}^{r}b_{lk}b_{lj}D_{kj}$。与式(5.218b)相应的FPK方程为

$$\frac{\partial p_{Z_l}(z_l,\ t\mid z_{l,0},\ t_0)}{\partial t}=-\frac{\partial[a_lz_lp_{Z_l}(z_l,\ t\mid z_{l,0},\ t_0)]}{\partial z_l}+\frac{1}{2}\kappa_l\frac{\partial^2p_{Z_l}(z_l,\ t\mid z_{l,0},\ t_0)}{\partial z_l^2} \tag{5.220}$$

式中：$p_{Z_l}(z_l,\ t\mid z_{l,0},\ t_0)$ 是 $Z_l(t)$ 的转移概率密度函数。初始条件为 $p_{Z_l}(z_l,\ t_0\mid z_{l,0},\ t_0)=\delta(z_l-z_{l,0})$。

对式(5.220)的两边取傅里叶变换，记

$$\phi(\vartheta,\ t\mid z_{l,0},\ t_0)=\int_{-\infty}^{\infty}p_{Z_l}(z_l,\ t\mid z_{l,0},\ t_0)e^{-\mathrm{i}\vartheta z_l}\mathrm{d}z_l \tag{5.221}$$

由式(5.220)，有

$$\frac{\partial\phi}{\partial t}=a_l\vartheta\frac{\partial\phi}{\partial\vartheta}-\frac{1}{2}\kappa_l\vartheta^2\phi \tag{5.222}$$

上述推导中利用了

$$\vartheta\frac{\partial\phi}{\partial\vartheta}=-\int_{-\infty}^{\infty}p_{Z_l}(z_l,\ t\mid z_{l,0},\ t_0)\mathrm{i}\vartheta z_le^{-\mathrm{i}\vartheta z_l}\mathrm{d}z_l \tag{5.223}$$

由式(5.221)可知,这是显然的。

可以采用特征线方法求解式(5.222)。为此,引入如下辅助方程

$$\frac{\mathrm{d}t}{1}=\frac{\mathrm{d}\vartheta}{a_l\vartheta}=-\frac{\mathrm{d}\phi}{\frac{1}{2}\kappa_l\vartheta^2\phi} \tag{5.224}$$

第一个等式的积分为

$$\vartheta=c_l e^{-a_l(t-t_0)} \tag{5.225a}$$

将其代入第二个等式有

$$\phi=ce^{\frac{\kappa_l}{4a_l}\vartheta^2} \tag{5.225b}$$

因此,式(5.222)的通解为

$$\phi(\vartheta,\ t \mid z_{l,0},\ t_0)=g[\vartheta e^{a_l(t-t_0)}]e^{\frac{\kappa_l}{4a_l}\vartheta^2} \tag{5.225c}$$

式中:$g(\cdot)$是任意函数。

注意,由式(5.221),初始条件为

$$\phi(\vartheta,\ t_0 \mid z_{l,0},\ t_0)=\int_{-\infty}^{\infty}\delta(z_l-z_{l,0})e^{-\mathrm{i}\vartheta z_l}\,\mathrm{d}z_l=e^{-\mathrm{i}\vartheta z_{l,0}} \tag{5.226}$$

由式(5.225c)和式(5.226),有

$$g(\vartheta)=e^{-\mathrm{i}\vartheta z_{l,0}-\frac{\kappa_l}{4a_l}\vartheta^2} \tag{5.227}$$

因此有

$$\phi(\vartheta,\ t \mid z_{l,0},\ t_0)=e^{-\mathrm{i}\vartheta z_{l,0}e^{a_l(t-t_0)}+\frac{\kappa_l}{4a_l}\vartheta^2[1-e^{2a_l(t-t_0)}]} \tag{5.228}$$

对其两边取傅里叶逆变换,有

$$p_{Z_l}(z_l,\ t \mid z_{l,0},\ t_0)=\frac{1}{2\pi}\int_{-\infty}^{\infty}\phi(\vartheta,\ t \mid z_{l,0},\ t_0)e^{\mathrm{i}\vartheta z_l}\,\mathrm{d}\vartheta=\frac{1}{\sqrt{2\pi}\sigma_{Z_l}(t)}e^{-\frac{1}{2}\left[\frac{z_l-\mu_{Z_l}(t)}{\sigma_{Z_l}(t)}\right]^2} \tag{5.229}$$

其中

$$\begin{cases}\mu_{Z_l}(t)=z_{l,0}e^{a_l(t-t_0)}\\ \sigma_{Z_l}^2(t)=\dfrac{\kappa_l}{2a_l}[1-e^{2a_l(t-t_0)}]\end{cases} \tag{5.230}$$

式(5.229)表明,由线性随机微分方程(5.218b)控制的随机过程 $Z_l(t)$ 是高斯的。由于维纳过程 $\boldsymbol{W}(t)$ 是高斯的,这意味着,线性随机微分运算是将一个高斯过程转换为另一个高斯过程。实际上,直接由式(5.218b),有

$$Z_l(t)=Z_{l,0}e^{a_l(t-t_0)}+\int_{t_0}^{t}e^{a_l(t-\tau)}\,\mathrm{d}W_l^{\Sigma}(\tau) \tag{5.231}$$

注意，前面为了表示方便，将 $\sum_{k=1}^{r} b_{lk}\mathrm{d}W_k(t)$ 替换为了 $W_l^{\Sigma}(t)$。在条件 $Z_{l,0}=z_{l,0}$ 下，注意到 $e^{a_l(t-\tau)}$ 是非可料函数，利用伊藤积分(参见 5.6.1 节)即可得到

$$\begin{cases}\mathrm{E}[Z_l(t)]=z_{l,0}e^{a_l(t-t_0)}\\ \mathrm{E}(\{Z_l(t)-\mathrm{E}[Z_l(t)]\}^2)=\dfrac{\kappa_l}{2a_l}[1-e^{2a_l(t-t_0)}]\end{cases}\tag{5.232}$$

这与式(5.230)精确相等。

前述推导对于所有的 $l=1, \cdots, m$ 均成立，因此，向量过程 $\mathbf{Z}(t)$ 是高斯向量过程。对于 $l=1, \cdots, m$，其均值 $\boldsymbol{\mu}_{\mathbf{Z}}(t)$ 的分量 $\mu_{Z_l}(t)$ 由式(5.230)给出。然而，由于所有的 $Z_l(t)$ 均依赖于 $W_l(t)$，则 $Z_l(t)$ 可能是相关的，并不独立。换言之，$\mathbf{Z}(t)$ 是联合相关高斯向量。若计算

$$\begin{aligned}&E(\{Z_l(t)-\mathrm{E}[Z_l(t)]\}\{Z_k(t)-\mathrm{E}[Z_k(t)]\})\\&=\int_{t_0}^{t}\int_{t_0}^{t}e^{a_l(t-\tau_1)}e^{a_k(t-\tau_2)}\mathrm{E}\Big[\sum_{s=1}^{r}b_{ls}\mathrm{d}W_s(\tau_1)\sum_{j=1}^{r}b_{kj}\mathrm{d}W_j(\tau_2)\Big]\\&=\frac{1}{a_l+a_k}\sum_{s=1}^{r}\sum_{j=1}^{r}b_{ls}b_{kj}D_{sj}[1-e^{(a_l+a_k)(t-t_0)}]=\frac{(\mathbf{bDb}^{\mathrm{T}})_{lk}}{a_l+a_k}[1-e^{(a_l+a_k)(t-t_0)}]\end{aligned}\tag{5.233}$$

就可以说明这一点。因此，记 $\mathbf{C}_{\mathbf{Z}}(t)$ 为协方差矩阵，则其分量由式(5.233)给出，即 $C_{\mathbf{Z},lk}(t)=\mathrm{E}(\{Z_l(t)-\mathrm{E}[Z_l(t)]\}\{Z_k(t)-\mathrm{E}[Z_k(t)]\})$。

另一方面，与式(5.218)相应的 FPK 方程为

$$\frac{\partial p_{\mathbf{Z}}}{\partial t}=-\sum_{l=1}^{m}\frac{\partial(a_l z_l p_{\mathbf{Z}})}{\partial z_l}+\frac{1}{2}\sum_{k=1}^{m}\sum_{l=1}^{m}\frac{\partial^2[(\mathbf{bDb}^{\mathrm{T}})_{lk}p_{\mathbf{Z}}]}{\partial z_l\partial z_k}\tag{5.234}$$

式中：$p_{\mathbf{Z}}$ 表示转移概率密度 $p_{\mathbf{Z}}(\boldsymbol{z}, t \mid \boldsymbol{z}_0, t_0)$。

根据上述分析，联合转移概率密度为

$$p_{\mathbf{Z}}(\boldsymbol{z}, t \mid \boldsymbol{z}_0, t_0)=(2\pi)^{-\frac{m}{2}}\mid \mathbf{C}_{\mathbf{Z}}(t)\mid^{-\frac{1}{2}}e^{-\frac{1}{2}[\boldsymbol{z}-\boldsymbol{\mu}_{\mathbf{Z}}(t)]^{\mathrm{T}}\mathbf{C}_{\mathbf{Z}}^{-1}(t)[\boldsymbol{z}-\boldsymbol{\mu}_{\mathbf{Z}}(t)]}\tag{5.235}$$

式中：$\boldsymbol{\mu}_{\mathbf{Z}}(t)$ 的分量由式(5.230)给出；$\mathbf{C}_{\mathbf{Z}}(t)$ 的分量由式(5.233)给出。当然，这正是 FPK 方程(5.234)的封闭解。这也可以通过直接将式(5.235)代入式(5.234)，并根据解的唯一性进行验证。

同样地，与式(5.217)直接相关的 FPK 方程为

$$\frac{\partial p_{\mathbf{Y}}}{\partial t}=-\sum_{l=1}^{m}\frac{\partial}{\partial y_l}\sum_{k=1}^{m}\tilde{a}_{lk}y_k p_{\mathbf{Y}}+\frac{1}{2}\sum_{k=1}^{m}\sum_{l=1}^{m}\frac{\partial^2[(\tilde{\mathbf{b}}\mathbf{D}\tilde{\mathbf{b}}^{\mathrm{T}})_{lk}p_{\mathbf{Y}}]}{\partial y_l\partial y_k}\tag{5.236}$$

式中：$p_{\mathbf{Y}}$ 表示转移概率密度 $p_{\mathbf{Y}}(\boldsymbol{y}, t \mid \boldsymbol{y}_0, t_0)$；$(\tilde{\mathbf{b}}\mathbf{D}\tilde{\mathbf{b}}^{\mathrm{T}})_{lk}$ 是矩阵 $\tilde{\mathbf{b}}\mathbf{D}\tilde{\mathbf{b}}^{\mathrm{T}}$ 的分量；$\tilde{a}_{lk}$ 是 $\tilde{\mathbf{a}}$ 的分量。式(5.236)的解为

$$p_{\mathbf{Y}}(\boldsymbol{y}, t \mid \boldsymbol{y}_0, t_0)=(2\pi)^{-\frac{m}{2}}\mid \mathbf{C}_{\mathbf{Y}}(t)\mid^{-\frac{1}{2}}e^{-\frac{1}{2}[\boldsymbol{y}-\boldsymbol{\mu}_{\mathbf{Y}}(t)]^{\mathrm{T}}\mathbf{C}_{\mathbf{Y}}^{-1}(t)[\boldsymbol{y}-\boldsymbol{\mu}_{\mathbf{Y}}(t)]}\tag{5.237}$$

其中,均值向量 $\boldsymbol{\mu}_{\boldsymbol{Y}}(t)$ 和协方差矩阵 $\mathbf{C}_{\boldsymbol{Y}}(t)$ 可以通过在条件 $\boldsymbol{Y}(t_0)=\boldsymbol{y}_0$ 下对式(5.217)作随机积分求解的相应运算来获得。由于

$$\mathbf{Y}(t)=\mathbf{Y}_0 e^{\widetilde{\mathbf{a}}(t-t_0)}+\int_{t_0}^{t} e^{\widetilde{\mathbf{a}}(\tau-t_0)}\widetilde{\mathbf{b}}\mathrm{d}\boldsymbol{W}(\tau) \tag{5.238}$$

可以得到

$$\begin{cases}\boldsymbol{\mu}_{\boldsymbol{Y}}(t)=\boldsymbol{y}_0 e^{\widetilde{\mathbf{a}}(t-t_0)}\\ \mathbf{C}_{\boldsymbol{Y}}(t)=\int_{t_0}^{t} e^{\widetilde{\mathbf{a}}(\tau-t_0)}\widetilde{\mathbf{b}}\mathbf{D}\widetilde{\mathbf{b}}^{\mathrm{T}} e^{\widetilde{\mathbf{a}}^{\mathrm{T}}(\tau-t_0)}\mathrm{d}\tau\end{cases} \tag{5.239}$$

当然,解(5.237)也可以利用线性变换 $\mathbf{Y}(t)=\boldsymbol{\Psi}\mathbf{Z}(t)$ 获得。其中,$\boldsymbol{Z}(t)$ 的转移概率密度已由式(5.235)给出。

另外,也可以利用傅里叶变换、并根据与以上类似的步骤直接求解 FPK 方程(5.234)。

由式(5.217)定义的过程称为奥恩斯坦-乌伦贝克(Ornstein-Uhlenbeck)过程。这一过程在 1930 年首次被提出(Uhlenbeck & Ornstein, 1930)。

2) 非线性系统的理解

对于与非线性随机微分方程(5.185)相应的 FPK 方程(5.212),考虑初始条件 $p_{\boldsymbol{Y}}(\boldsymbol{y},t\mid\boldsymbol{z},t)=\delta(\boldsymbol{y}-\boldsymbol{z})$ 下的转移概率密度 $p_{\boldsymbol{Y}}(\boldsymbol{y},t+\Delta t\mid\boldsymbol{z},t)$。

在 Δt 足够小的情况下,式(5.212)的系数可以视为不变的,因此可近似写为

$$\frac{\partial p_{\boldsymbol{Y}}}{\partial t}=-\sum_{l=1}^{m}A_l(\boldsymbol{z},t)\frac{\partial p_{\boldsymbol{Y}}}{\partial y_l}+\frac{1}{2}\sum_{l=1}^{m}\sum_{k=1}^{m}[\mathbf{B}(\boldsymbol{z},t)\mathbf{D}\mathbf{B}^{\mathrm{T}}(\boldsymbol{z},t)]_{kl}\frac{\partial^2 p_{\boldsymbol{Y}}}{\partial y_l\partial y_k} \tag{5.240}$$

由上一节采用的类似步骤,上式的解为

$$p_{\boldsymbol{Y}}(\boldsymbol{y},t+\Delta t\mid\boldsymbol{z},t)=(2\pi)^{-\frac{m}{2}}\mid\mathbf{C}_{\boldsymbol{Y}|\boldsymbol{z}}(t,\Delta t)\mid^{-\frac{1}{2}}e^{-\frac{1}{2}[\boldsymbol{y}-\boldsymbol{\mu}_{\boldsymbol{Y}|\boldsymbol{z}}(t,\Delta t)]^{\mathrm{T}}\mathbf{C}_{\boldsymbol{Y}|\boldsymbol{z}}^{-1}(t,\Delta t)[\boldsymbol{y}-\boldsymbol{\mu}_{\boldsymbol{Y}|\boldsymbol{z}}(t,\Delta t)]} \tag{5.241}$$

其中,均值向量和协方差矩阵分别为

$$\begin{cases}\boldsymbol{\mu}_{\boldsymbol{Y}|\boldsymbol{z}}(t,\Delta t)=\boldsymbol{z}+\boldsymbol{A}(\boldsymbol{z},t)\Delta t\\ \boldsymbol{C}_{\boldsymbol{Y}|\boldsymbol{z}}(t,\Delta t)=\mathbf{B}(\boldsymbol{z},t)\mathbf{D}\mathbf{B}^{\mathrm{T}}(\boldsymbol{z},t)\Delta t\end{cases} \tag{5.242}$$

上述结果表明,短时转移概率密度是高斯的,而在足够小的时间增量 $[t,t+\Delta t]$ 内,随机过程向量可以视为均值(确定性过程)和扩散过程效应的叠加,即

$$\boldsymbol{Y}(t+\Delta t)=\boldsymbol{z}+\boldsymbol{A}(\boldsymbol{z},t)\Delta t+\mathbf{B}(\boldsymbol{z},t)\Delta\boldsymbol{W}(t) \tag{5.243}$$

当然,不求解式(5.240),而直接由式(5.243)获得式(5.242)也是很容易的。或者

$$\boldsymbol{Y}(t+\Delta t)=\boldsymbol{z}+\boldsymbol{A}(\boldsymbol{z},t)\Delta t+\boldsymbol{\eta}(\boldsymbol{z},t)\Delta t^{\frac{1}{2}} \tag{5.244}$$

式中:$\boldsymbol{\eta}(\boldsymbol{z},t)$ 是 m 维零均值高斯随机过程向量,其协方差矩阵为 $\mathrm{E}[\boldsymbol{\eta}(\boldsymbol{z},t)\boldsymbol{\eta}^{\mathrm{T}}(\boldsymbol{z},t)]=\mathbf{B}(\boldsymbol{z},t)\mathbf{D}\mathbf{B}^{\mathrm{T}}(\boldsymbol{z},t)$。显然,式(5.244)和式(5.243)是一致的。式(5.244)表明,$\boldsymbol{Y}(t)$ 的轨

迹是连续的，但由于 $\Delta t^{1/2}$ 项，轨迹很不规则。更具体地，若 $\mathbf{A}(z, t) = \mathbf{0}$，且 $\boldsymbol{\eta}(z, t)$ 不依赖于 z 和 t，则 $\mathbf{Y}(t)$ 的轨迹相当不规则，在任意时刻均不可微。

进而，由过程 $\mathbf{Y}$ 可以视为漂移过程和扩散过程效应的组合这一理解[参见式(5.243)和(5.244)]，可以利用概率守恒原理这一物理基础推导出 FPK 方程。这一问题随后会在 6.3.2 节详细讨论。

5.6.3.2 关于一般 FPK 方程解的注记

在过去二十余年里，为寻找 FPK 方程的解付出了很多努力。正如上一节所述，相应于线性多自由度系统的 FPK 方程的封闭解是已知的，进而可以获得一些特殊单自由度非线性系统的 FPK 方程的封闭解，如杜芬振子(Caughey, 1971;朱位秋,1992)。然而，对于一般多自由度非线性系统的 FPK 方程解，尽管已有数十年的研究，至今仍难以获得。

FPK 方程的稳态平稳解是一个并不困难的问题，也就是满足给定条件 $t \to \infty$，即与时间不相关的解。在此情况下，$\partial p_{\mathbf{Y}} / \partial t = 0$，FPK 方程(5.212)退化为

$$-\sum_{l=1}^{m} \frac{\partial [A_l(\mathbf{y}) p_{\mathbf{Y}}]}{\partial y_l} + \frac{1}{2} \sum_{l=1}^{m} \sum_{k=1}^{m} \frac{\partial^2}{\partial y_k \partial y_l} \{[\mathbf{B}(\mathbf{y}) \mathbf{D} \mathbf{B}^{\mathrm{T}}(\mathbf{y})]_{kl} p_{\mathbf{Y}}\} = 0 \tag{5.245}$$

在过去十年里，在哈密顿原理的框架下已经建立起了一系列新方法，这使得平稳解的可求解性获得了极大地扩展(朱位秋,2003;Zhu, 2006)。不幸的是，尽管在许多实际关心的问题中平稳解很有意义，有时也能提供足够的信息，但并不适用于很多问题(如地震工程)。在这些问题中，瞬态响应或非平稳响应是真正的关注点。

同时，已经研究了许多关于 FPK 方程解的数值方法，如路径积分法(Wehner & Wolf, 1983; Naess & Johnsen, 1993; Naess & Moe, 2000)、有限元法(Spencer Jr & Bergman, 1993)、随机行走法、胞映射法、展开求解等(Schuëller, 1997)。然而，尚无方法适用于高维 FPK 方程，如对于 $m \geqslant 6$。而在实际关心的问题中，维数通常为几百甚至几百万数量级。如此巨大的鸿沟，在可以预见的未来，鲜有方法能够在 FPK 方程的理论框架下处理这一问题。

参考文献

[1] Ang AHS, Tang WHC. Probability Concepts in Engineering Planning and Design, Vol. II: Decision, Risk, and Reliability [M]. New York: John Wiley & Sons, Inc, 1984.

[2] Åström K J. Introduction to Stochastic Control Theory [M]. New York: Academic Press, 1970.

[3] Baber T T, Wen Y K. Random vibration of hysteretic, degrading systems [J]. Journal of the Engineering Mechanics Division, 1981,107 (6): 1069 - 1087.

[4] Baber T T, Noori M N. Random vibration of degrading, pinching systems [J]. Journal of Engineering Mechanics, 1985, 111 (8): 1010 - 1026.

[5] Baber T T, Noori M N. Modeling general hysteresis behavior and random vibration application

[J]. Journal of Vibration, Acoustics, Stress, & Reliability in Design, 1986, 108: 411 - 420.

[6] Booton R C. Nonlinear control systems with random inputs [J]. IRE Transactions on Circuit Theory, 1954, CT-1: 9 - 18.

[7] Bouc R. Forced vibration of mechanical systems with hysteresis [C]. Prague: Proceedings of the 4th International Conference on Nonlinear Oscillations, 1967.

[8] Caughey T K. Equivalent linearization techniques [R]. California Institute of Technology, 1953.

[9] Caughey T K. Random excitation of a system with bilinear hysteresis [J]. Journal of Applied Mechanics, 1960, 27: 649 - 652.

[10] Caughey T K. Nonlinear theory of random vibrations [J]. Advances in Applied Mechanics, 1971, 11: 209 - 253.

[11] Clough R W, Penzien J. Dynamics of Structures [M]. 2nd Edn. Berkeley: McGraw-Hill, Inc, 1993.

[12] Crandall S H. Random Vibration [J]. Cambridge: MIT Press, 1958.

[13] Crandall S H. A half-century of stochastic equivalent linearization [J]. Structural Control & Health Monitoring, 2006, 13: 27 - 40.

[14] Der Kiureghian A. Structural response to stationary excitation [J]. Journal of the Engineering Mechanics Division, 1980, 106 (EM6): 1195 - 1213.

[15] Elishakoff I, Colajanni P. Stochastic linearization critically re-examined [J]. Chaos, Solitons & Fractals, 1997, 8 (12): 1957 - 1972.

[16] Fan F G, Ahmadi G. Nonstationary Kanai-Tajimi models for El Centro 1940 and Mexico City 1985 earthquakes [J]. Probabilistic Engineering Mechanics, 1990, 5: 171 - 181.

[17] Fang T, Wang Z N. Complex modal analysis of random vibrations [J]. AIAA Journal, 1986, 24 (2): 342 - 344.

[18] Fang T, Zhang T S, Wang Z N. Complex modal analysis of nonstationary random response [C]. Florence: Proceedings of the 9th International Modal Analysis Conference, 1991.

[19] Fang T, Sun M N. A unified approach to two types of evolutionary random response problems in engineering [J]. Archive of Applied Mechanics, 1997, 67: 496 - 506.

[20] Fang T, Li J Q, Sun M N. A universal solution for evolutionary random response problems [J]. Journal of Sound & Vibration, 2002, 253 (4): 909 - 916.

[21] Gardiner C W. Handbook of Stochastic Methods for Physics, Chemistry and the Natural Sciences [M]. 2nd Edn. Berlin: Springer, 1983.

[22] Golub G H, van Loan C F. Matrix Computations [M]. 3rd Edn. Baltimore: Johns Hopkins University Press, 1996.

[23] Kazakov I E. An approximate method for the statistical investigation of nonlinear systems [J]. Trudi Voenna-Vozdushnoi Inzheneroi Akademii imeni Professora NE, Zhukovskogo, 1954, 394: 1 - 52 (in Russian).

[24] Lin J H, Zhang W S, Li J J. Structural responses to arbitrarily coherent stationary random excitations [J]. Computers & Structures, 1994a, 50: 629 - 633.

[25] Lin J H, Zhang W S, Williams F W. Pseudo-excitation algorithm for nonstationary random seismic responses [J]. Engineering Structures, 1994b, 16: 270 - 276.

[26] Lin J H, Li J J, Zhang W S, et al. Non-stationary random seismic responses of multisupport structures in evolutionary inhomogeneous random fields [J]. Earthquake Engineering & Structural Dynamics, 1997, 26: 135 - 145.

[27] Lin Y K. Probabilistic Theory of Structural Dynamics [M]. New York: McGraw-Hill Book

Company, 1967.
[28] Lin Y K, Cai G Q. Probabilistic Structural Dynamics: Advanced Theory and Applications [M]. New York: McGraw-Hill, 1995.
[29] Liu S C. Evolutionary power spectral density of strong-motion earthquakes [J]. Bulletin of the Seismological Society of America, 1970, 60 (3): 891 - 900.
[30] Lutes L D, Sarkani S. Random Vibrations: Analysis of Structural and Mechanical Systems [M]. Amsterdam: Elsevier, 2004.
[31] Ma F, Zhang H, Bockstedte A, et al. Parameter Analysis of the Differential Model of Hysteresis [J]. Journal of Engineering Mechanics, 2004, 71: 342 - 349.
[32] Moyal J E. Stochastic processes and statistical physics [J]. Journal of the Royal Statistical Society, 1949, Series B: 11 (2): 150 - 210.
[33] Naess A, Johnsen J M. Response statistics of nonlinear, compliant offshore structures by the path integral solution method [J]. Probabilistic Engineering Mechanics, 1993, 8 (2): 91 - 106.
[34] Naess A, Moe V. Efficient path integral methods for nonlinear dynamics systems [J]. Probabilistic Engineering Mechanics, 2000, 15 (2): 221 - 231.
[35] Nayfeh A H, Mook D T. Nonlinear Oscillations [M]. New York: Wiley-Interscience, 1995.
[36] Nayfeh A H, 2004. Perturbation Methods [M]. 2nd Edn. Weinheim: Wiley-VCH Verlag GmbH & Co. KGaA, 2004.
[37] Øksendal B. Stochastic Differential Equations: An Introduction with Applications [M]. 6th Edn. Berlin: Springer Verlag, 2005.
[38] Priestley M B. Evolutionary spectra and non-stationary processes [J]. Journal of the Royal Statistical Society, 1965, Series B, 27 (2): 204 - 237.
[39] Priestley M B. Power spectral analysis of non-stationary random processes [J]. Journal of Sound & Vibration, 1967, 6 (1): 86 - 97.
[40] Roberts J B, Spanos P D. Random Vibration and Statistical Linearization [M]. Chichester: John Wiley & Sons, Ltd, 1990.
[41] Schenk C A, Schuëller G I. Uncertainty Assessment of Large Finite Element Systems [M]. Berlin: Springer, 2005.
[42] Schuëller G I (Ed). A state-of-the-art report on computational stochastic mechanics [J]. Probabilistic Engineering Mechanics, 1997, 12 (4): 197 - 321.
[43] Skorokhod A V, Hoppensteadt F C, Salehi H. Random Perturbation Methods with Applications in Science and Engineering [M]. New York: Springer-Verlag, 2002.
[44] Spencer Jr B F, Bergman L A. On the numerical solution on the Fokker-Planck equation for nonlinear stochastic systems [J]. Nonlinear Dynamics, 1993, 4: 357 - 372.
[45] Stengel R F. Optimal Control and Estimation [M]. New York: Dover Publications, Inc, 1994.
[46] Stratonovich R L. Topics in the Theory of Random Noise. Volume Ⅰ: General Theory of Random Processes Nonlinear Transformations of Signals and Noise [M]//Silverman RA (Trans). New York: Gordon & Breach, Science Publishers, Inc, 1963.
[47] Uhlenbeck G E, Ornstein L S. On the theory of Brownian motion [J]. Physical Review, 1930, 36 (5): 823 - 841.
[48] Wehner W F, Wolf W G. Numerical evaluation of path-integral solutions to the Fokker-Planck equations [J]. Physical Review A, 1983, 27 (5): 2663 - 2670.
[49] Wen Y K. Method for random vibration of hysteretic systems [J]. Journal of the Engineering

Mechanics Division，1976，102 (2)：249 - 263.
[50] Wong E，Zakai M. On the relation between ordinary and stochastic differential equations [J]. International Journal of Engineering Science，1965，3 (2)：213 - 229.
[51] Zhong W X，2004. Duality System in Applied Mechanics and Optimal Control [M]. Boston：Kluwer Academic Publishers，2004.
[52] Zhu W Q. Nonlinear stochastic dynamics and control in Hamiltonian formulation [J]. Applied Mechanics Reviews，2006，59：230 - 248.
[53] 林家浩.随机地震响应的确定性算法[J].地震工程与工程振动，1985，5 (1)：89 - 93.
[54] 朱位秋.随机振动[M].北京：科学出版社，1992.
[55] 朱位秋.非线性随机动力学与控制—Hamilton 理论体系框架[M].北京：科学出版社，2003.

第6章　概率密度演化分析：理论

6.1　引言

1838年，刘维尔(Liouville，1838)在关于微分方程的研究中证明了一个定理。这一定理在哈密顿系统下的另一种形式就是后来著名的相空间体积的刘维尔定理(参见Lützen，1990)。随后，这一定理由吉布斯(Gibbs，1902)在统计力学中详细阐述并发展，并最终形成了现在所熟知的刘维尔方程。该方程可以反映仅含初始条件随机性的系统状态量的联合概率密度的演化(Kozin，1961；Syski，1967；Soong，1973；Arnold，1978)。

另外，正如第1章所述，1905年爱因斯坦推导了关于布朗运动中粒子位置概率密度的扩散方程。福克(Fokker，1914)和普朗克(Planck，1917)对同时出现漂移和扩散效应的更一般情形进行了一系列研究，并导出了如今在物理学界以他们名字命名的著名方程。在并不知道他们的开创性工作的背景下，柯尔莫哥洛夫(Kolmogoroff，1931)在其关于马尔可夫过程的研究中独立地建立起了相同的偏微分方程。除了这一现在称为的FPK方程之外，柯尔莫哥洛夫还在同一篇文章中提出了一个后向方程。FPK方程不仅是一个十分漂亮的结果，且具有方法论意义。因为它表明了，随机系统可以由确定性方程表征。此后，随着随机过程和随机微分方程理论的迅速发展，尤其是第5章中详细讨论的伊藤和斯特拉托诺维奇随机微积分，以及随机微分方程和FPK方程之间直接关系的建立，FPK方程成了许多科学和工程领域的主要工具之一(Itô，1957；Stratonovich，1963；Itô & McKean Jr，1965；Lin，1967；Gihman & Skorohod，1975)。与柯尔莫哥洛夫对随机激励的表示不同，1957年，多斯图波夫和普加乔夫(Dostupov & Pugachev，1957)将随机激励系统转化为包含随机参数的系统，并得到了类似于参数刘维尔方程形式的偏微分方程。

显然，刘维尔方程、FPK方程和多斯图波夫-普加乔夫方程都是概率密度演化方程的不同形式。一旦这些方程可以求解，就可以获得随机系统的概率密度演化过程。不幸的是，这对于大多数实际关心的问题是不可行的。因为这些方程通常是高维偏微分方程，且参数中通常蕴含着很强的非线性。尽管有很多努力，但上述方程可以获得的解仍然十分有限(Soong，1973；Risken，1984；朱位秋，2003；Zhu，2006)。

自柯尔莫哥洛夫(Kolmogoroff，1931)的著名研究以来，已经越来越强调数学上的严格性。在取得很大进展的同时，许多研究者似乎有些忽视问题的物理基础。2003—2006

年，基于物理基础的考察，李杰和陈建兵(Li & Chen，2003，2004a)首次关于线性系统对多斯图波夫-普加乔夫方程进行了解耦，随后对于线性和非线性系统，以统一的方式建立了广义概率密度演化方程(Li & Chen，2004b，2006；李杰 & 陈建兵，2006)。这类概率密度演化方程为随机动力系统的概率密度演化分析的可行性带来了新的曙光。

本章详细阐述概率密度演化的思想。采用概率守恒原理作为统一的基础来推导不同类型的概率密度演化方程。更多地采用直接的物理处理而不是数学指向的推导，结合概率守恒原理的状态空间描述，重新建立了刘维尔方程和 FPK 方程。此外，采用概率守恒原理的随机事件描述和系统耦合物理方程相结合的方式，给出了多斯图波夫-普加乔夫方程的结果。作为逻辑自洽的结果，当问题由随机事件描述和解耦物理方程角度考察时，就得到了广义概率密度演化方程。

为简洁起见，本章有时会采用"密度"来代指"概率密度"或"**概率密度函数**(probability density function，PDF)"。

6.2　概率守恒原理

6.2.1　随机变量的函数及其概率密度函数

记 $X(\varpi)$ 为连续随机变量，其概率密度函数为 $p_X(x)$，即

$$\Pr\{X(\varpi) \in (x,\ x+\mathrm{d}x)\} = \mathrm{d}\Pr\{\varpi\} = p_X(x)\mathrm{d}x \tag{6.1}$$

式中：$\Pr\{\cdot\}$ 是概率测度；ϖ 表示随机事件。

若存在由 X 至 Y 的映射 $\mathscr{G}$，即

$$\mathscr{G}: X \to Y \text{ 或 } Y = g(X) \tag{6.2}$$

则 Y 是随机变量。

记 Y 的密度为 $p_Y(y)$，我们的任务是通过已知密度 $p_X(x)$ 获得 $p_Y(y)$。

假设 Y 的概率密度函数是可微的，有

$$p_Y(y)\mathrm{d}y = \Pr\{Y(\varpi) \in (y,\ y+\mathrm{d}y)\} \tag{6.3a}$$

或

$$p_Y(y) = \frac{\mathrm{d}}{\mathrm{d}y}\Pr\{Y(\varpi) \in (y,\ y+\mathrm{d}y)\} \tag{6.3b}$$

因为

$$\Pr\{Y(\varpi) \in (y,\ y+\mathrm{d}y)\} = \mathrm{d}\Pr\{\varpi\} \tag{6.4}$$

注意式(6.4)和式(6.1),有

$$\Pr\{Y(\varpi) \in (y,\ y+\mathrm{d}y)\} = \Pr\{X(\varpi) \in (x,\ x+\mathrm{d}x)\} = \mathrm{d}\Pr\{\varpi\} \tag{6.5}$$

即

$$p_Y(y)\mathrm{d}y = p_X(x)\mathrm{d}x \tag{6.6}$$

对于同一个 ϖ 的集合, $X(\varpi)$ 和 $Y(\varpi)$ 之间的关系由式(6.2)给出,因此,对于式(6.6)中的 x 和 y,存在如下关系

$$y = g(x) \tag{6.7}$$

从而,若 $g(\cdot)$ 是可逆的,记反函数为 $g^{-1}(\cdot)$,则由式(6.6),对于单调函数有①

$$p_Y(y) = p_X[g^{-1}(y)]\frac{\mathrm{d}x}{\mathrm{d}y} = |J|\ p_X[g^{-1}(y)] \tag{6.8a}$$

式中: J 是雅可比量

$$J = \frac{\mathrm{d}x}{\mathrm{d}y} = \frac{1}{\left[\dfrac{\mathrm{d}g(x)}{\mathrm{d}x}\right]}\Bigg|_{x=g^{-1}(y)} = \frac{\mathrm{d}g^{-1}(y)}{\mathrm{d}y} \tag{6.8b}$$

实际上,式(6.5)和式(6.6)相比于式(6.8a)是更为基础的,因为在前两式中,对 $g(\cdot)$ 的属性没有施加约束。同样地,在随机向量的情形下,也有相同的结果成立。

记随机向量 $\boldsymbol{X} = (X_1,\ \cdots,\ X_n)^{\mathrm{T}}$ 的联合密度为 $p_X(\boldsymbol{x})$,其中 $\boldsymbol{x} = (x_1,\ \cdots,\ x_n)^{\mathrm{T}}$,即

$$\Pr\{\boldsymbol{X}(\varpi) \in (\boldsymbol{x},\ \boldsymbol{x}+\mathrm{d}\boldsymbol{x})\} = \mathrm{d}\Pr\{\varpi\} = p_{\boldsymbol{X}}(\boldsymbol{x})\mathrm{d}\boldsymbol{x} \tag{6.9}$$

若存在由 $\boldsymbol{X}$ 确定向量 $\boldsymbol{Y} = (Y_1,\ \cdots,\ Y_m)^{\mathrm{T}}$ 的映射为

$$\mathscr{G}:\ \boldsymbol{X} \to \boldsymbol{Y}\ 或\ \boldsymbol{Y} = g(\boldsymbol{X}) \tag{6.10}$$

这里 n 和 m 分别是 $\boldsymbol{X}$ 和 $\boldsymbol{Y}$ 的维数。

记 $\boldsymbol{Y}$ 的联合密度为 $p_{\boldsymbol{Y}}(\boldsymbol{y})$,其中 $\boldsymbol{y} = (y_1,\ \cdots,\ y_n)^{\mathrm{T}}$,当然有

$$\Pr\{\boldsymbol{Y}(\varpi) \in (\boldsymbol{y},\ \boldsymbol{y}+\mathrm{d}\boldsymbol{y})\} = \mathrm{d}\Pr\{\varpi\} = p_{\boldsymbol{Y}}(\boldsymbol{y})\mathrm{d}\boldsymbol{y} \tag{6.11}$$

共同考虑式(6.11)和式(6.9),有②

$$p_{\boldsymbol{Y}}(\boldsymbol{y})\mathrm{d}\boldsymbol{y} = p_{\boldsymbol{X}}(\boldsymbol{x})\mathrm{d}\boldsymbol{x} \tag{6.12}$$

其中由式(6.10)

$$\boldsymbol{y} = g(\boldsymbol{x}) \tag{6.13}$$

式(6.12)和式(6.13)意味着,当存在由 $\boldsymbol{X}$ 的空间至 $\boldsymbol{Y}$ 的空间的映射时,若可以找到 $\boldsymbol{X}$

---

① 这里应该注意,由于概率密度是非负的, $\mathrm{d}x$ 和 $\mathrm{d}y$ 应该都是正的。因此,这里采用雅可比量的绝对值。

② 更严密且更一般化的处理是利用黎曼-斯蒂尔杰斯积分而非黎曼积分。这在许多关于概率论的专著中被广泛采用,因为其包含了分布函数中出现不连续的情况(Loève, 1977)。

的空间中具有给定概率的小区域 d$\boldsymbol{x}$ 内的 $\boldsymbol{x}$，则一定可以找到 $\boldsymbol{Y}$ 的空间中相应小区域 d$\boldsymbol{y}$ 内的 $\boldsymbol{y}$，其间关系通过由 $\boldsymbol{X}$ 至 $\boldsymbol{Y}$ 的映射确定，且有相同的概率。在此意义下，映射中的概率是守恒的，如图 6.1 所示。这一原理称为**概率守恒原理**(principle of preservation of probability)。

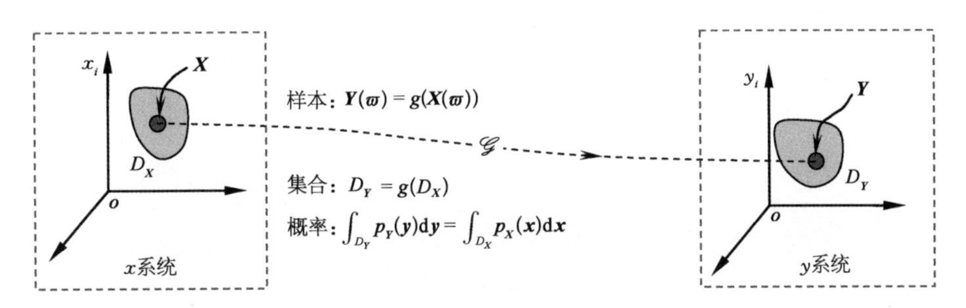

图 6.1　映射和概率的守恒

式(6.10)中的映射本质上是样本意义下的。于是，若在 $\boldsymbol{x}$ 的系统中考虑任意集合域 $\mathcal{D}_X$，则相应的 $\mathcal{D}_Y$ 可由如下映射确定

$$\mathcal{G}:\mathcal{D}_X\rightarrow\mathcal{D}_Y \text{ or } \mathcal{D}_Y=g(\mathcal{D}_X) \tag{6.14}$$

由于在任意事件的映射中概率都是守恒的，则有

$$\int_{\mathcal{D}_Y}p_Y(\boldsymbol{y})\mathrm{d}\boldsymbol{y}=\int_{\mathcal{D}_X}p_X(\boldsymbol{x})\mathrm{d}\boldsymbol{x} \tag{6.15}$$

这可以理解为概率守恒的积分形式。由式(6.15)可知，$p_Y(\boldsymbol{y})$ 可以由 $p_X(\boldsymbol{x})$ 确定。在形式上有

$$p_Y(\boldsymbol{y})=\mathcal{F}[p_X(\boldsymbol{x})] \tag{6.16}$$

这里 $\mathcal{F}$ 称为**弗罗贝尼乌斯-佩龙算子**(Frobenius-Perron operator)(Lasota & Mackey, 1994)。

考虑式(6.12)和式(6.13)，对于一一映射，且 $n=m$，有

$$p_Y(\boldsymbol{y})=|J|p_X[\boldsymbol{x}=g^{-1}(\boldsymbol{y})]$$

式中：$J=|\partial\boldsymbol{x}/\partial\boldsymbol{y}|$，是雅可比量。

上述论述表明，概率守恒原理是下述事实的结果：只要随机事件可以表示为不同的但是等价的形式、与随机变量相对应，且在映射中是保持不变的，则概率就会是守恒的。这里，随机变量自身并非独立的量，而是随机事件的函数。这一概念至关重要。这正是在式(6.5)式(6.9)和式(6.11)中显式地写出 $\mathrm{dPr}\{\varpi\}$ 的原因，它是以概率的测度论为根基的(Chung, 1974)。

6.2.2　概率守恒原理

在一般意义下，概率守恒原理可以表述为：若随机系统中所含的随机要素是保持不变的。换言之，若没有新的随机要素出现且现有的要素不会消失，则在系统的演化过程中

概率守恒。

以下将分别由随机事件描述和状态空间描述来考察这一原理。

6.2.2.1 概率守恒原理的随机事件描述

6.2.1 节中关于映射下随机变量函数的分析，在更一般的意义下也是成立的。因为任何函数、变换或算子都可以视为一个映射。特别是，动力系统也可以纳入这一框架考虑。

例如，考虑有如下状态方程的动力系统

$$\dot{\boldsymbol{Y}}=\boldsymbol{A}(\boldsymbol{Y},\ t),\ \boldsymbol{Y}(t_0)=\boldsymbol{Y}_0 \tag{6.17}$$

式中：$\boldsymbol{Y}=(Y_1,\ \cdots,\ Y_m)^{\mathrm{T}}$，是 m 维状态向量；$\boldsymbol{Y}_0=(Y_{1,0},\ \cdots,\ Y_{m,0})^{\mathrm{T}}$，是初值向量；$\boldsymbol{A}=(A_1,\ \cdots,\ A_m)^{\mathrm{T}}$，是 m 维算子向量。

该系统建立了由 $\boldsymbol{Y}(t_0)$ 至 $\boldsymbol{Y}(t)$ 的映射 $\mathscr{G}_t$，即

$$\mathscr{G}_t:[Y_1(t_0),\ \cdots,\ Y_m(t_0)]\rightarrow[Y_1(t),\ \cdots,\ Y_m(t)]\ \text{or}\ \boldsymbol{Y}(t)=g[t,\ \boldsymbol{Y}(t_0)] \tag{6.18a}$$

这里 $\boldsymbol{Y}(t)$ 是式(6.17)的解，或换言之，是式(6.17)的拉格朗日描述。

相比于式(6.10)中的映射，这里将 $\mathscr{G}$、$\boldsymbol{X}$ 和 $\boldsymbol{Y}$ 分别替换为了 $\mathscr{G}_t$、$\boldsymbol{Y}(t_0)$ 和 $\boldsymbol{Y}(t)$。相应地，图 6.1 变为图 6.2。

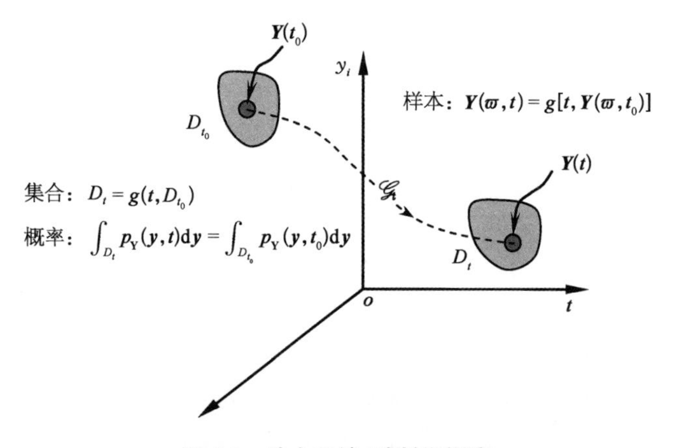

图 6.2 动力系统、映射和概率

考察状态空间中定义域内的任意集合域 $\mathcal{D}_{t_0}$。式(6.18a)中的映射同时确定了相应的域 $\mathcal{D}_t$，即

$$\mathcal{D}_t=g(t,\ \mathcal{D}_{t_0}) \tag{6.18b}$$

根据式(6.15)，有

$$\int_{\mathcal{D}_t}p_{\boldsymbol{Y}}(\boldsymbol{y},\ t)\mathrm{d}\boldsymbol{y}=\int_{g(t,\ \mathcal{D}_{t_0})}p_{\boldsymbol{Y}}(\boldsymbol{y},\ t)\mathrm{d}\boldsymbol{y}=\int_{\mathcal{D}_{t_0}}p_{\boldsymbol{Y}}(\boldsymbol{y},\ t_0)\mathrm{d}\boldsymbol{y} \tag{6.19}$$

式中：$p_{\boldsymbol{Y}}(\boldsymbol{y},\ t)$ 是 $\boldsymbol{Y}(t)$ 的联合概率密度函数。

这正是刘维尔定理中“关于相空间中体积”的阐述十分重要的原因。这一阐述随后由吉布斯在统计力学中加以扩展阐释(Gibbs，1902；Syski，1967；Arnold，1978；Lützen，

1990；Lasota & Mackey，1994）。

当然，式(6.19)等价于

$$\frac{\mathrm{D}}{\mathrm{D}t}\int_{\mathcal{D}_t} p_{\boldsymbol{Y}}(\boldsymbol{y},\ t)\mathrm{d}\boldsymbol{y} = 0 \tag{6.20}$$

式中：D/Dt 表示全导数，通常也称为物质导数或材料导数(Fung & Tong，2001)。式(6.20)应理解为

$$\frac{\mathrm{D}}{\mathrm{D}t}\int_{\mathcal{D}_t} p_{\boldsymbol{Y}}(\boldsymbol{y},\ t)\mathrm{d}\boldsymbol{y} = \lim_{\Delta t\to 0}\frac{1}{\Delta t}\left[\int_{\mathcal{D}_{t+\Delta t}} p_{\boldsymbol{Y}}(\boldsymbol{y},\ t+\Delta t)\mathrm{d}\boldsymbol{y} - \int_{\mathcal{D}_t} p_{\boldsymbol{Y}}(\boldsymbol{y},\ t)\mathrm{d}\boldsymbol{y}\right] = 0 \tag{6.21}$$

在以上讨论中，对概率守恒原理的阐释根植于从样本到集合的描述。即这一描述沿着给定随机事件 ϖ 的轨迹给出，如图6.2所示。我们称这一视角为概率守恒原理的**随机事件描述**(random event description)。联想到连续体物理中的粒子运动，这当然也可视为与**拉格朗日描述**(Lagrangian description)相对应(Fung，1994；Dafermos，2000；Li & Chen，2008；Chen & Li，2009)。

6.2.2.2　概率守恒原理的状态空间描述

除了描述轨迹，也可以通过考察任意固定域 $\mathcal{D}_{\text{fixed}}$ 中物理量的变化来考察动力系统。即：采用域 $\mathcal{D}_{\text{fixed}}$ 作为窗口，来观察里面发生了什么。

注意状态空间中的固定域 $\mathcal{D}_{\text{fixed}}$ 及其边界 $\partial\mathcal{D}_{\text{fixed}}$。由于该域在由式(6.17)确定的时变速度场中是固定的，则集合的状态将随时间变化。随着时间变化，一些状态粒子会通过边界 $\partial\mathcal{D}_{\text{fixed}}$ 进入这一窗口，而另一些状态粒子会从这一窗口出去(图6.3)。概率赋予状态粒子之上。因此，根据概率守恒原理，在任意时间段 $[t_1,\ t_2]$ 内，域 $\mathcal{D}_{\text{fixed}}$ 内的概率变化是源自边界 $\partial\mathcal{D}_{\text{fixed}}$ 上的概率转移。在数学上，这意味着

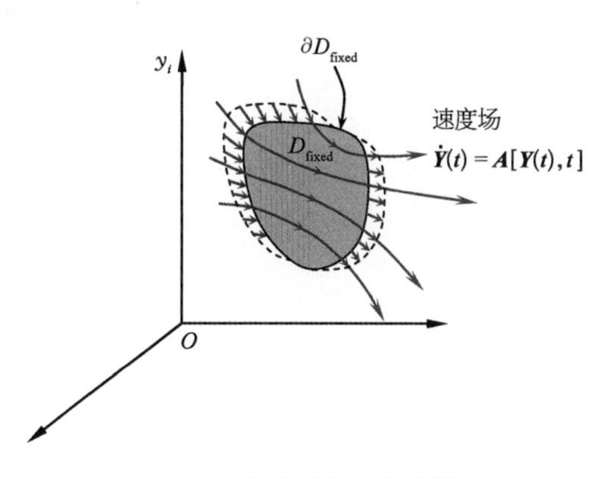

图6.3　固定域和概率的转移

$$\Delta_{[t_1,\ t_2]}P_{\mathcal{D}_{\text{fixed}}} = \Delta_{[t_1,\ t_2]}P_{\partial\mathcal{D}_{\text{fixed}}} \tag{6.22}$$

其中

$$\Delta_{[t_1,\ t_2]}\boldsymbol{P}_{\mathcal{D}_{\text{fixed}}} = \int_{\mathcal{D}_{\text{fixed}}} p_{\boldsymbol{Y}}(\boldsymbol{y},\ t_2)\mathrm{d}\boldsymbol{y} - \int_{\mathcal{D}_{\text{fixed}}} p_{\boldsymbol{Y}}(\boldsymbol{y},\ t_1)\mathrm{d}\boldsymbol{y} \tag{6.23}$$

是时间段 $[t_1,\ t_2]$ 内域 $\mathcal{D}_{\text{fixed}}$ 中概率的变化，而

$$\Delta_{[t_1,\ t_2]}P_{\partial\mathcal{D}_{\text{fixed}}} = -\int_{\partial\mathcal{D}_{\text{fixed}}}\left[\int_{t_1}^{t_2} p_{\boldsymbol{Y}}(\boldsymbol{y},\ t)\ \dot{\boldsymbol{y}}\mathrm{d}t\right]\boldsymbol{n}\mathrm{d}S = -\int_{t_1}^{t_2}\int_{\partial\mathcal{D}_{\text{fixed}}} p_{\boldsymbol{Y}}(\boldsymbol{y},\ t)\boldsymbol{A}(\boldsymbol{y},\ t)\boldsymbol{n}\mathrm{d}S\mathrm{d}t \tag{6.24}$$

是时间段 $[t_1, t_2]$ 内边界 $\partial\mathcal{D}_{\text{fixed}}$ 上的概率转移。这里 $\boldsymbol{n}$ 是边界曲面 $\partial\mathcal{D}_{\text{fixed}}$ 的单位外法向量,存在负号是因为当概率向外转移时域内的剩余概率将减小。

通过考察空间中固定位置处概率密度的变化,在状态空间中阐释了概率守恒原理。这表明,由于概率守恒,任意固定域内概率的增加等于其边界处概率的输入。

6.3 马尔可夫系统和状态空间描述:刘维尔方程和FPK方程

6.3.1 刘维尔方程

6.3.1.1 刘维尔方程的推导

在许多工程上关心的系统中,初始条件可能不是完全已知的。通常可以通过已知概率分布的随机变量来描述这种不确定性。不失一般性,系统的状态方程和初始条件为

$$\dot{\boldsymbol{Y}} = \boldsymbol{A}(\boldsymbol{Y},\ t),\ \boldsymbol{Y}(t_0) = \boldsymbol{Y}_0 \tag{6.25}$$

式中:$\boldsymbol{Y} = (Y_1,\ \cdots,\ Y_m)^{\mathrm{T}}$,是 m 维状态向量;$\boldsymbol{A} = (A_1,\ \cdots,\ A_m)^{\mathrm{T}}$,是 m 维确定性算子向量;$\boldsymbol{Y}_0 = (Y_{1,0},\ \cdots,\ Y_{m,0})^{\mathrm{T}}$,为初值向量,它是随机的且已知联合密度为 $p_{\boldsymbol{Y}_0}(\boldsymbol{y}_0)$,其中 $\boldsymbol{y}_0$ 表示 $(y_{1,0},\ \cdots,\ y_{m,0})$。

作为一阶常微分方程,若 $\boldsymbol{A}$ 性态良好,则一旦初始向量已知,解过程 $\boldsymbol{Y}(t)$ 可完全确定。进而,在任意时刻 $t_1 \geqslant t_0$,$\boldsymbol{Y}(t_1)$ 可完全确定。因而,若将 t_1 视为新的初始时刻,则可以将其视为对于 $t \geqslant t_1$ 的新的初始条件。因此,一旦 $\boldsymbol{Y}(t_1)$ 已知,即便没有时刻 $t < t_1$ 处的信息,对于 $t \geqslant t_1$,解过程 $\boldsymbol{Y}(t)$ 也可完全确定,即

$$\{\boldsymbol{Y}(t),\ t > t_1 \mid \boldsymbol{Y}(\tau),\ \tau \leqslant t_1\} = \{\boldsymbol{Y}(t),\ t > t_1 \mid \boldsymbol{Y}(t_1)\} \tag{6.26}$$

无论 $\boldsymbol{Y}_0$ 是确定性还是随机向量,上述讨论均是成立的。因此,通过式(6.25)确定的随机过程 $\boldsymbol{Y}(t)$ 是一个马尔可夫过程。

由于所有的随机性均来自初始条件,没有涉及其他随机因素,式(6.25)是一个概率保守系统。根据 6.2.2.2 中阐述的概率守恒原理的状态空间描述,当考察任意时间段 $[t_1, t_2]$ 内任意固定域 $\mathcal{D}_{\text{fixed}}$ 中粒子的行为时,式(6.22)至式(6.24)成立。

进而,由式(6.23)给出的在时间间隔 $[t_1, t_2]$ 内 $\mathcal{D}_{\text{fixed}}$ 中概率的增量变化可以改写为

$$\Delta_{[t_1,\ t_2]} P_{\mathcal{D}_{\text{fixed}}} = \int_{\mathcal{D}_{\text{fixed}}} p_{\boldsymbol{Y}}(\boldsymbol{y},\ t_2)\mathrm{d}\boldsymbol{y} - \int_{\mathcal{D}_{\text{fixed}}} p_{\boldsymbol{Y}}(\boldsymbol{y},\ t_1)\mathrm{d}\boldsymbol{y} = \int_{\mathcal{D}_{\text{fixed}}}\int_{t_1}^{t_2} \frac{\partial p_{\boldsymbol{Y}}(\boldsymbol{y},\ t)}{\partial t}\mathrm{d}t\,\mathrm{d}\boldsymbol{y} \tag{6.27}$$

同时,由式(6.24)给出的在时间间隔 $[t_1, t_2]$ 内通过边界 $\partial\mathcal{D}_{\text{fixed}}$ 的概率通量可以改写为

$$\Delta_{[t_1,\,t_2]}P_{\partial\mathcal{D}_{\text{fixed}}}=-\int_{\partial\mathcal{D}_{\text{fixed}}}\left[\int_{t_1}^{t_2}p_{\boldsymbol{Y}}(\boldsymbol{y},\,t)\,\dot{\boldsymbol{y}}\mathrm{d}t\right]\boldsymbol{n}\mathrm{d}S=-\int_{t_1}^{t_2}\int_{\partial\mathcal{D}_{\text{fixed}}}p_{\boldsymbol{Y}}(\boldsymbol{y},\,t)\boldsymbol{A}(\boldsymbol{y},\,t)\boldsymbol{n}\mathrm{d}S\mathrm{d}t$$
$$=-\int_{t_1}^{t_2}\int_{\mathcal{D}_{\text{fixed}}}\sum_{l=1}^{m}\frac{\partial[p_{\boldsymbol{Y}}(\boldsymbol{y},\,t)A_l(\boldsymbol{y},\,t)]}{\partial y_l}\mathrm{d}\boldsymbol{y}\mathrm{d}t \tag{6.28}$$

其中利用了**散度定理**(divergence theorem)(Korn & Korn, 1968)。

概率守恒要求 $\Delta_{[t_1,\,t_2]}\boldsymbol{P}_{\mathcal{D}_{\text{fixed}}}=\Delta_{[t_1,\,t_2]}\boldsymbol{P}_{\partial\mathcal{D}_{\text{fixed}}}$ [参见式(6.22)]。将式(6.27)和式(6.28)代入其中,并注意到 $\mathcal{D}_{\text{fixed}}$ 和 $[t_1,\,t_2]$ 的任意性,被积函数必须相等,因而有

$$\frac{\partial p_{\boldsymbol{Y}}(\boldsymbol{y},\,t)}{\partial t}+\sum_{l=1}^{m}\frac{\partial[p_{\boldsymbol{Y}}(\boldsymbol{y},\,t)A_l(\boldsymbol{y},\,t)]}{\partial y_l}=0 \tag{6.29}$$

这就是**刘维尔方程**(Liouville equation)。

为进一步认识这一方程,也可以由**全概率公式**(total probability formula)考虑这一问题。对于一般随机过程,考虑转移概率密度 $p_{\boldsymbol{Y}}(\boldsymbol{y},\,t\mid\boldsymbol{y}_0,\,t_0)$,有

$$p_{\boldsymbol{Y}}(\boldsymbol{y}_3,\,t_3\mid\boldsymbol{y}_1,\,t_1)=\int p_{\boldsymbol{Y}}(\boldsymbol{y}_3,\,t_3\mid\boldsymbol{y}_2,\,t_2;\,\boldsymbol{y}_1,\,t_1)p_{\boldsymbol{Y}}(\boldsymbol{y}_2,\,t_2\mid\boldsymbol{y}_1,\,t_1)\mathrm{d}\boldsymbol{y}_2 \tag{6.30}$$

注意到 $p_{\boldsymbol{Y}}(\boldsymbol{y}_3,\,t_3\mid\boldsymbol{y}_1,\,t_1)=p_{\boldsymbol{Y}}(\boldsymbol{y}_3,\,t_3;\,\boldsymbol{y}_1,\,t_1)/p_{\boldsymbol{Y}}(\boldsymbol{y}_1,\,t_1)$ 及类似关系,就可以验证上式。显然,式(6.30)本质上就是全概率公式。这里应强调,式(6.30)也是一个概率守恒形式。

对于马尔可夫过程,在时刻 $t_3>t_2>t_1$,式(6.30)简化为

$$p_{\boldsymbol{Y}}(\boldsymbol{y}_3,\,t_3\mid\boldsymbol{y}_1,\,t_1)=\int p_{\boldsymbol{Y}}(\boldsymbol{y}_3,\,t_3\mid\boldsymbol{y}_2,\,t_2)p_{\boldsymbol{Y}}(\boldsymbol{y}_2,\,t_2\mid\boldsymbol{y}_1,\,t_1)\mathrm{d}\boldsymbol{y}_2 \tag{6.31a}$$

这正是马尔可夫过程的**查普曼-柯尔莫哥洛夫方程**(Chapman-Kolmogorov equation)。显然,由马尔可夫过程情况下的状态空间描述,它是一个概率守恒形式。

当考虑时刻 t_0、t 和 $t+\Delta t$ 时,式(6.31a)变为

$$p_{\boldsymbol{Y}}(\boldsymbol{y},\,t+\Delta t\mid\boldsymbol{y}_0,\,t_0)=\int p_{\boldsymbol{Y}}(\boldsymbol{y},\,t+\Delta t\mid\boldsymbol{z},\,t)p_{\boldsymbol{Y}}(\boldsymbol{z},\,t\mid\boldsymbol{y}_0,\,t_0)\mathrm{d}\boldsymbol{z} \tag{6.31b}$$

引入增量 $\boldsymbol{k}=\boldsymbol{y}-\boldsymbol{z}$ 后,有

$$p_{\boldsymbol{Y}}(\boldsymbol{y},\,t+\Delta t\mid\boldsymbol{y}_0,\,t_0)=\int p_{\boldsymbol{Y}}(\boldsymbol{y},\,t+\Delta t\mid\boldsymbol{y}-\boldsymbol{\kappa},\,t)p_{\boldsymbol{Y}}(\boldsymbol{y}-\boldsymbol{\kappa},\,t\mid\boldsymbol{y}_0,\,t_0)\mathrm{d}\boldsymbol{\kappa} \tag{6.31c}$$

在时间段 $[t,\,t+\Delta t]$ 内,由式(6.25)可知,状态量 $\boldsymbol{Y}$ 的变化量为

$$\Delta\boldsymbol{Y}=\boldsymbol{Y}(t+\Delta t)-\boldsymbol{Y}(t)=\boldsymbol{A}(\boldsymbol{Y},\,t)\Delta t+o(\Delta t) \tag{6.32}$$

这显然是一个随机向量,因为 $\boldsymbol{Y}(t)$ 是随机的。为表示方便,记 $\Delta\boldsymbol{Y}$ 为 $\boldsymbol{\eta}=(\eta_1,\,\cdots,\,\eta_m)^{\mathrm{T}}$,并记 $\boldsymbol{Y}(t)=\boldsymbol{y}$ 下 $\boldsymbol{\eta}$ 的条件概率密度为 $\phi_{\boldsymbol{\eta}|\boldsymbol{Y}}(\boldsymbol{\eta};\,\boldsymbol{y},\,t,\,\Delta t)$。由式(6.32)可知

$$\boldsymbol{\eta} \mid [\mathbf{Y}(t)=\mathbf{y}]=\mathbf{A}(\mathbf{y}, t)\Delta t+o(\Delta t) \tag{6.33}$$

这意味着条件随机向量 $\boldsymbol{\eta} \mid [\mathbf{Y}(t)=\mathbf{y}]$ 本质上是确定性向量，因而有

$$\begin{cases}\int \phi_{\boldsymbol{\eta}|\mathbf{Y}}(\boldsymbol{\eta};\ \mathbf{y}, t, \Delta t)\mathrm{d}\boldsymbol{\eta}=1 \\ \int \eta_l \phi_{\boldsymbol{\eta}|\mathbf{Y}}(\boldsymbol{\eta};\ \mathbf{y}, t, \Delta t)\mathrm{d}\boldsymbol{\eta}=A_l(\mathbf{y}, t)\Delta t+o(\Delta t), & l=1, \cdots, m \\ \int \eta_l \eta_k \phi_{\boldsymbol{\eta}|\mathbf{Y}}(\boldsymbol{\eta};\ \mathbf{y}, t, \Delta t)\mathrm{d}\boldsymbol{\eta}=o(\Delta t), & l, k=1, \cdots, m\end{cases} \tag{6.34}$$

显然，由式(6.32)和式(6.33)可知

$$p_{\mathbf{Y}}(\mathbf{y}+\boldsymbol{\eta}, t+\Delta t \mid \mathbf{y}, t)=\phi_{\boldsymbol{\eta}|\mathbf{Y}}(\boldsymbol{\eta};\ \mathbf{y}, t, \Delta t) \tag{6.35}$$

将转移概率密度代入式(6.31)，并替换相应的记号，有

$$p_{\mathbf{Y}}(\mathbf{y}, t+\Delta t \mid \mathbf{y}_0, t_0)=\int \phi_{\boldsymbol{\eta}|\mathbf{Y}}(\boldsymbol{\eta};\ \mathbf{y}-\boldsymbol{\eta}, t, \Delta t)p_{\mathbf{Y}}(\mathbf{y}-\boldsymbol{\eta}, t \mid \mathbf{y}_0, t_0)\mathrm{d}\boldsymbol{\eta} \tag{6.36}$$

通过泰勒级数将被积式展开至二阶

$$\begin{aligned}&\phi_{\boldsymbol{\eta}|\mathbf{Y}}(\boldsymbol{\eta};\ \mathbf{y}-\boldsymbol{\eta}, t, \Delta t)p_{\mathbf{Y}}(\mathbf{y}-\boldsymbol{\eta}, t \mid \mathbf{y}_0, t_0)\\ &=\phi_{\boldsymbol{\eta}|\mathbf{Y}}(\boldsymbol{\eta};\ \mathbf{y}, t, \Delta t)p_{\mathbf{Y}}(\mathbf{y}, t \mid \mathbf{y}_0, t_0)-\sum_{l=1}^{m}\frac{\partial(\phi_{\boldsymbol{\eta}|\mathbf{Y}}p_{\mathbf{Y}})}{\partial y_l}\eta_l\\ &\quad+\frac{1}{2}\sum_{l=1}^{m}\sum_{k=1}^{m}\frac{\partial^2(\phi_{\boldsymbol{\eta}|\mathbf{Y}}p_{\mathbf{Y}})}{\partial y_l \partial y_k}\eta_l\eta_k+\cdots\end{aligned} \tag{6.37}$$

其中为表示简单，在后两项中用 $\phi_{\boldsymbol{\eta}|\mathbf{Y}}p_{\mathbf{Y}}$ 表示 $\phi_{\boldsymbol{\eta}|\mathbf{Y}}(\boldsymbol{\eta};\ \mathbf{y}, t, \Delta t)p_{\mathbf{Y}}(\mathbf{y}, t \mid \mathbf{y}_0, t_0)$。将其代入式(6.36)，并注意到式(6.34)，有

$$\begin{aligned}&p_{\mathbf{Y}}(\mathbf{y}, t+\Delta t \mid \mathbf{y}_0, t_0)\\ &=p_{\mathbf{Y}}(\mathbf{y}, t \mid \mathbf{y}_0, t_0)-\sum_{l=1}^{m}\frac{\partial}{\partial y_l}[A_l(\mathbf{y}, t)p_{\mathbf{Y}}(\mathbf{y}, t \mid \mathbf{y}_0, t_0)]\Delta t+o(\Delta t)\end{aligned} \tag{6.38}$$

将式(6.38)的两边减去 $p_{\mathbf{Y}}(\mathbf{y}, t \mid \mathbf{y}_0, t_0)$，并除以 Δt，然后令 $\Delta t \to 0$，有

$$\frac{\partial p_{\mathbf{Y}}(\mathbf{y}, t \mid \mathbf{y}_0, t_0)}{\partial t}+\sum_{l=1}^{m}\frac{\partial}{\partial y_l}[A_l(\mathbf{y}, t)p_{\mathbf{Y}}(\mathbf{y}, t \mid \mathbf{y}_0, t_0)]=0 \tag{6.39a}$$

将其乘以 $p_{\mathbf{Y}}(\mathbf{y}_0, t_0)$，并将式(6.39)两边对 $\mathbf{y}_0$ 积分，有

$$\frac{\partial p_{\mathbf{Y}}(\mathbf{y}, t)}{\partial t}+\sum_{l=1}^{m}\frac{\partial}{\partial y_l}[A_l(\mathbf{y}, t)p_{\mathbf{Y}}(\mathbf{y}, t)]=0 \tag{6.39b}$$

这显然是与式(6.29)相同的刘维尔方程。

在前述推导中，尤其是由式(6.33)和式(6.34)可看出，概率密度演化方程(即这里的刘

维尔方程)是与动力系统紧密相关的。也就是说，概率的演化一定是与物理机制相关的。

应指出，当仅初始条件中包含随机性时，刘维尔方程控制着系统概率密度的演化。若系统参数也包含有随机性，则刘维尔方程不再成立。但是可以采用一些技术(如在数学上将随机系统参数视为随机初始条件的一部分)，从而仍可导出修正的刘维尔方程(Soong，1973)。

6.3.1.2　刘维尔方程的解

刘维尔方程是一阶准线性偏微分方程。对于这一方程，可以采用5.6.3.1中阐述过的特征线法(Soong，1973；Sarra，2003)。这里将采用该方法给出其闭式解。该方法的理论基础与物理意义随后会在6.6.1中详细讨论。

首先，将刘维尔方程(6.39)重写为

$$\frac{\partial p_{\boldsymbol{Y}}(\boldsymbol{y}, t)}{\partial t}+\sum_{l=1}^{m} A_{l}(\boldsymbol{y}, t) \frac{\partial p_{\boldsymbol{Y}}(\boldsymbol{y}, t)}{\partial y_{l}}+\sum_{l=1}^{m} p_{\boldsymbol{Y}}(\boldsymbol{y}, t) \frac{\partial A_{l}(\boldsymbol{y}, t)}{\partial y_{l}}=0 \tag{6.40}$$

则辅助方程为

$$\frac{\mathrm{d} t}{1}=-\frac{\mathrm{d} p_{\boldsymbol{Y}}(\boldsymbol{y}, t)}{p_{\boldsymbol{Y}}(\boldsymbol{y}, t) \sum_{l=1}^{m} \frac{\partial A_{l}(\boldsymbol{y}, t)}{\partial y_{l}}}=\frac{\mathrm{d} y_{1}}{A_{1}(\boldsymbol{y}, t)}=\cdots=\frac{\mathrm{d} y_{m}}{A_{m}(\boldsymbol{y}, t)} \tag{6.41}$$

后 m 个等式实质上就是状态方程。第一个等式将给出解

$$p_{\boldsymbol{Y}}(\boldsymbol{y}, t)=p_{\boldsymbol{Y}_{0}}(\boldsymbol{y}_{0}) e^{-\int_{t_{0}}^{t} \sum_{l=1}^{m} \frac{\partial A_{l}[\boldsymbol{y}=\boldsymbol{H}(\boldsymbol{y}_{0}, \tau), \tau]}{\partial y_{l}} \mathrm{d} \tau}\bigg|_{\boldsymbol{y}_{0}=\boldsymbol{H}^{-1}(\boldsymbol{y}, t)} \tag{6.42}$$

式中：$\boldsymbol{y}=\boldsymbol{H}(\boldsymbol{y}_0, t)$，是由式(6.41)中后 m 个等式给出的状态方程的闭式解；$\boldsymbol{H}^{-1}(\cdot)$ 是 $\boldsymbol{H}$ 的反函数。

上述解建立了 $\boldsymbol{Y}(t)$ 和 $\boldsymbol{Y}(t_0)$ 的密度之间的关系，其中包含了相应状态方程的闭式解。顺便指出，刘维尔方程的特征曲线本质上是一条概率测度不变的轨迹。

另外，根据式(6.18)，其中的映射 $\mathscr{G}_t$ 实质上正是这里的函数 $\boldsymbol{H}$，即

$$p_{\boldsymbol{Y}}(\boldsymbol{y}, t) \mathrm{d} \boldsymbol{y}=p_{\boldsymbol{Y}_{0}}(\boldsymbol{y}_{0}) \mathrm{d} \boldsymbol{y}_{0} \tag{6.43}$$

因此，可给出概率密度函数的另一种形式

$$p_{\boldsymbol{Y}}(\boldsymbol{y}, t)=\left|\frac{\partial \boldsymbol{y}_{0}}{\partial \boldsymbol{y}}\right| p_{\boldsymbol{Y}_{0}}(\boldsymbol{y}_{0})\bigg|_{\boldsymbol{y}_{0}=\boldsymbol{H}^{-1}(\boldsymbol{y}, t)}=|\mathbf{J}| p_{\boldsymbol{Y}_{0}}[\boldsymbol{y}_{0}=\boldsymbol{H}^{-1}(\boldsymbol{y}, t)] \tag{6.44}$$

式中：$|\mathbf{J}|=|\partial \boldsymbol{y}_0/\partial \boldsymbol{y}|$，是雅可比量。

结合式(6.44)和式(6.42)，可得等式

$$|\mathbf{J}|=\exp\left\{-\int_{t_{0}}^{t} \sum_{l=1}^{m} \frac{\partial A_{l}[\boldsymbol{y}=\boldsymbol{H}(\boldsymbol{y}_{0}, \tau), \tau]}{\partial y_{l}} \mathrm{d} \tau\right\}\bigg|_{\boldsymbol{y}_{0}=\boldsymbol{H}^{-1}(\boldsymbol{y}, t)} \tag{6.45}$$

此式可以计算雅可比量。

注意到对于给定的 $\boldsymbol{y}_0$，状态量由 $\boldsymbol{Y}=\boldsymbol{H}(\boldsymbol{y}_0,\ t)$ 确定。因此，它是一个确定性向量。亦即：转移概率密度为

$$p_{\boldsymbol{Y}}(\boldsymbol{y},\ t \mid \boldsymbol{y}_0,\ t_0)=\delta[\boldsymbol{y}-\boldsymbol{H}(\boldsymbol{y}_0,\ t)] \tag{6.46}$$

其中 $\delta(\cdot)$ 是狄拉克 δ 函数(参见附录 A)。因此，由全概率公式，$\boldsymbol{Y}(t)$ 的密度为

$$p_{\boldsymbol{Y}}(\boldsymbol{y},\ t)=\int p_{\boldsymbol{Y}}(\boldsymbol{y},\ t \mid \boldsymbol{y}_0,\ t_0)p_{\boldsymbol{Y}_0}(\boldsymbol{y}_0)\mathrm{d}\boldsymbol{y}_0=\int \delta[\boldsymbol{y}-\boldsymbol{H}(\boldsymbol{y}_0,\ t)]p_{\boldsymbol{Y}_0}(\boldsymbol{y}_0)\mathrm{d}\boldsymbol{y}_0 \tag{6.47}$$

很容易验证，由式(6.46)给出的转移概率密度满足式(6.39)，而由式(6.47)给出的概率密度也满足式(6.39)。实际上，进一步通过换元对式(6.47)中的狄拉克 δ 函数积分，即可导出式(6.44)。

上述讨论表明，式(6.42)、式(6.44)和式(6.47)是等价的，尽管式(6.42)是由刘维尔方程的解获得，式(6.44)是通过考察状态空间中任意集合域的概率守恒得到，而式(6.47)本质上是直接由样本的观点得到。

现在讨论刘维尔方程解的渐近性。

对于整体渐近稳态系统，如遭受确定性外加激励的线性阻尼系统，随着时间推移，初始条件的影响将会消失，亦即

$$\lim_{t\to\infty}\boldsymbol{Y}(t)=\lim_{t\to\infty}\boldsymbol{H}(\boldsymbol{Y}_0,\ t)=\boldsymbol{H}_{\infty}(t) \tag{6.48}$$

式中：$\boldsymbol{H}_{\infty}(t)$ 是系统的渐近响应。由式(6.47)，有

$$\begin{aligned}\lim_{t\to\infty} p_{\boldsymbol{Y}}(\boldsymbol{y},\ t)&=\lim_{t\to\infty}\int p_{\boldsymbol{Y}}(\boldsymbol{y},\ t \mid \boldsymbol{y}_0,\ t_0)p_{\boldsymbol{Y}_0}(\boldsymbol{y}_0)\mathrm{d}\boldsymbol{y}_0\\&=\int \delta[\boldsymbol{y}-\boldsymbol{H}_{\infty}(t)]p_{\boldsymbol{Y}_0}(\boldsymbol{y}_0)\mathrm{d}\boldsymbol{y}_0=\delta[\boldsymbol{y}-\boldsymbol{H}_{\infty}(t)]\end{aligned} \tag{6.49}$$

这表明，随着时间推移，系统的随机响应趋于一个确定性过程。

另外，若存在某些吸收域 $\Omega_l(l=1,\ \cdots,\ n_{\mathrm{attractor}})$ 下的吸引子，其中 $n_{\mathrm{attractor}}$ 是吸引子的数量，则有 $n_{\mathrm{attractor}}$ 个可能的渐近响应 $\boldsymbol{H}_{\infty,\ l}(t)$ $(l=1,\ \cdots,\ n_{\mathrm{attractor}})$ (Strogatz, 1994)，且有

$$\lim_{t\to\infty} p_{\boldsymbol{Y}}(\boldsymbol{y},\ t)=\lim_{t\to\infty}\int \delta[\boldsymbol{y}-\boldsymbol{H}(\boldsymbol{y}_0,\ t)]p_{\boldsymbol{Y}_0}(\boldsymbol{y}_0)\mathrm{d}\boldsymbol{y}_0=\sum_{l=1}^{n_{\mathrm{attractor}}}P_l\delta[\boldsymbol{y}-\boldsymbol{H}_{\infty,\ l}(t)] \tag{6.50}$$

式中：$P_l=\int_{\Omega_l}p_{\boldsymbol{Y}_0}(\boldsymbol{y}_0)\mathrm{d}\boldsymbol{y}_0$。

例 6.1：刘维尔系统的解

为获得直观印象，考虑线性系统①

① 该系统的物理意义如下：
考虑单自由度系统 $\ddot{X}+2\zeta\omega\dot{X}+\omega^2X=0$，其初始条件为 $X(0)=X_0$。根据位移与速度的解析解，可知：在除一些奇点 $t_k=(k+1/2)\pi/(\sqrt{1-\zeta^2}\omega)$，$k=0,\ 1,\ \cdots$ 外，都有状态方程(6.51)。

$$\dot{X}=-[\zeta\omega+\sqrt{1-\zeta^2}\tan(\sqrt{1-\zeta^2}\,\omega t)]X,\ X(0)=X_0 \tag{6.51}$$

式中：X_0 是已知密度为 $p_{X_0}(x_0)$ 的随机变量。状态量的形式解为

$$X=H(X_0,\ t)=X_0e^{-\zeta\omega t}\cos(\sqrt{1-\zeta^2}\,\omega t)$$

因此，由式(6.42)，$X(t)$ 的密度为

$$p_X(x,\ t)=\frac{e^{\zeta\omega t}}{\cos(\sqrt{1-\zeta^2}\,\omega t)}p_{X_0}(x_0)\Bigg|_{x_0=\frac{xe^{\zeta\omega t}}{\cos(\sqrt{1-\zeta^2}\,\omega t)}}$$

若对于 $t=(k+1/2)\pi/(\sqrt{1-\zeta^2}\,\omega)$，$k=0,\ 1,\ \cdots$，记 $p_X(x,\ t)=\delta(x)$，则上式也成立。

当 $\omega=1\ \mathrm{s}^{-1}$，$X_0$ 是均值为 3 mm 且标准差为 1 mm 的正态分布随机变量时，式(6.51)中的概率密度函数等值线图如图 6.4 所示。可见，在 $t=(k+1/2)\pi/(\sqrt{1-\zeta^2}\,\omega)$ $(k=0,\ 1,\ \cdots)$ 时刻出现奇点，由于此时所有样本集中在同一点处，其概率密度是无穷大。这里要注意，在这些时刻处，式(6.51)是不成立的。

这里也提供了一个式(6.18)中的映射 $\mathscr{G}_t$ 不可逆的示例，这表明，$\mathscr{G}_t$ 可逆并非必要条件。同时，式(6.44)中的雅可比量是不存在的。然而，若引入狄拉克 δ 型的分布函数，则概率密度函数仍是合理的。这与连续力学中的质量守恒是截然不同的。

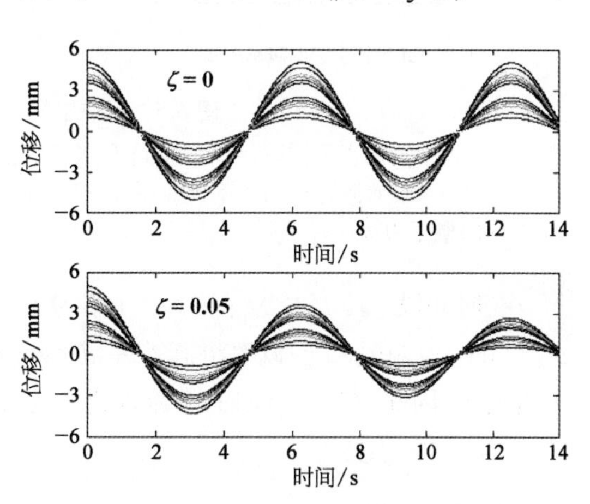

图 6.4　概率密度函数等值线图

6.3.2　FPK 方程

当动力系统的非齐次项中包含随机性时，尤其是激励为白噪声过程，状态方程可以表示为 5.5.1 中讨论的伊藤随机微分方程。即

$$\mathrm{d}\boldsymbol{Y}(t)=\mathbf{A}(\boldsymbol{Y},\ t)\mathrm{d}t+\mathbf{B}(\boldsymbol{Y},\ t)\mathrm{d}\boldsymbol{W}(t) \tag{6.52}$$

式中：$\boldsymbol{Y}$ 和 $\mathbf{A}$ 与式(6.25)中定义的相同；$\mathbf{B}(\boldsymbol{y},\ t)=[B_{lk}(\boldsymbol{y},\ t)]_{m\times r}$，是输入力作用矩阵，$B_{lk}(\boldsymbol{y},\ t)$ 是非可料函数；$\boldsymbol{W}(t)=(W_1(t),\ \cdots,\ W_r(t))^{\mathrm{T}}$，是 r 维维纳过程向量，其增量的均值和协方差矩阵为

$$\mathrm{E}[\mathrm{d}\boldsymbol{W}(t)]=\mathbf{0},\ \mathrm{E}[\mathrm{d}\boldsymbol{W}(t)\mathrm{d}\boldsymbol{W}^{\mathrm{T}}(t)]=\mathbf{D}\mathrm{d}t \tag{6.53}$$

式中：$\mathbf{D}=[D_{ij}]_{r\times r}$，与式(5.179)中的相同。

式(6.52)可以改写为增量形式

$$\Delta\boldsymbol{Y}(t)=\mathbf{A}(\boldsymbol{Y},\ t)\Delta t+\mathbf{B}(\boldsymbol{Y},\ t)\Delta\boldsymbol{W}(t)+o(\Delta t^{\frac{1}{2}}) \tag{6.54}$$

正如5.5节所述，$\boldsymbol{Y}(t)$的转移概率密度满足FPK方程。现在详细考察该方程的物理意义。为此，要研究状态空间中的概率流动。为方便起见，在图6.5中采用$m=2$的情况。考察区域$\mathrm{d}\boldsymbol{y}=\mathrm{d}y_1\cdots\mathrm{d}y_m$，该区域内的概率增量为

$$\Delta P=\frac{\partial p_{\boldsymbol{Y}}}{\partial t}\mathrm{d}y_1\cdots\mathrm{d}y_m\Delta t+o(\Delta t) \tag{6.55}$$

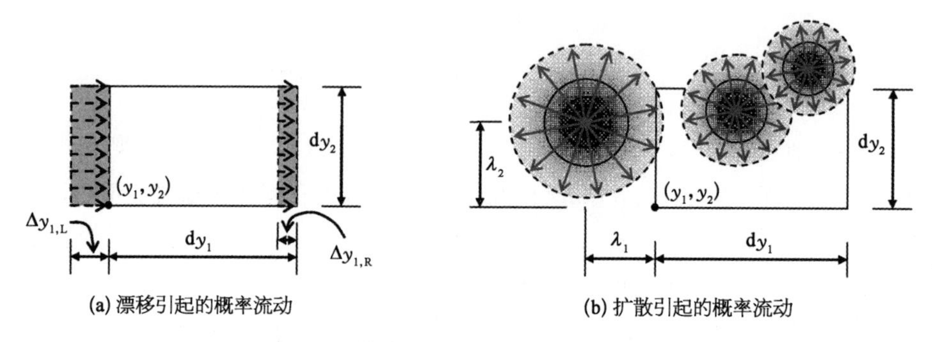

图6.5 状态空间中的概率流动示意图

注：箭头表示扩散，而箭头的不同长度表示与位置有关的扩散系数。在t时刻$(y_1+\lambda_1, y_2+\lambda_2)$位置附近处的概率为$p_{\boldsymbol{Y}}(y_1+\lambda_1, y_2+\lambda_2, t)\mathrm{d}\lambda_1\mathrm{d}\lambda_2$，而由此处转移至区域$\mathrm{d}y_1\mathrm{d}y_2$内的概率为$p_{\boldsymbol{Y}}(y_1+\lambda_1, y_2+\lambda_2, t)\phi_{\boldsymbol{\lambda}}(\lambda_1, \lambda_2; y_1+\lambda_1, y_2+\lambda_2, t, \Delta t)\mathrm{d}\lambda_1\mathrm{d}\lambda_2\mathrm{d}y_1\mathrm{d}y_2$。

在时间段$[t, t+\Delta t]$内，由于漂移效应(一阶微分效应)，在y_1方向，区域左侧$\Delta y_{1,\mathrm{L}}\mathrm{d}y_2\mathrm{d}y_3\cdots\mathrm{d}y_m$的概率将流入区域$\mathrm{d}y_1\cdots\mathrm{d}y_m$，而区域右侧$\Delta y_{1,\mathrm{R}}\mathrm{d}y_2\mathrm{d}y_3\cdots\mathrm{d}y_m$的概率将流出，因此，在$y_1$方向的净流入概率为[图6.5(a)]

$$\begin{aligned}\Delta P_{y_1}=&p_{\boldsymbol{Y}}(y_1, y_2, t)\Delta y_{1,\mathrm{L}}\mathrm{d}y_2\mathrm{d}y_3\cdots\mathrm{d}y_m\\&-p_{\boldsymbol{Y}}(y_1+\mathrm{d}y_1, y_2, t)\Delta y_{1,\mathrm{R}}\mathrm{d}y_2\mathrm{d}y_3\cdots\mathrm{d}y_m+o(\Delta t)\end{aligned} \tag{6.56a}$$

注意到$\Delta y_{1,\mathrm{L}}=A_1(\boldsymbol{y}, t)\Delta t+o(\Delta t)$，$\Delta y_{1,\mathrm{R}}=A_1(y_1+\mathrm{d}y_1, y_2, y_3, \cdots, y_m, t)\Delta t+o(\Delta t)$，有

$$\Delta P_{y_1}=-\frac{\partial}{\partial y_1}[A_1(\boldsymbol{y}, t)p_{\boldsymbol{Y}}(\boldsymbol{y}, t\mid \boldsymbol{y}_0, t_0)]\mathrm{d}\boldsymbol{y}\Delta t+o(\Delta t) \tag{6.56b}$$

同时，在$y_j(j=2, 3, \cdots, m)$方向有类似的情形，因而，由漂移效应引起的区域$\mathrm{d}y_1\cdots\mathrm{d}y_m$内的净流入概率为

$$\Delta P_1=\sum_{l=1}^{m}\Delta P_{y_l}=-\sum_{l=1}^{m}\frac{\partial[A_l(\boldsymbol{y}, t)p_{\boldsymbol{Y}}]}{\partial y_l}\mathrm{d}\boldsymbol{y}\Delta t+o(\Delta t) \tag{6.56c}$$

现在考虑(由布朗运动项引起的)扩散效应。记$\boldsymbol{\lambda}=\mathbf{B}(\boldsymbol{y}, t)\Delta\boldsymbol{W}(t)=\boldsymbol{\eta}(\boldsymbol{y}, t)\Delta t^{1/2}$的瞬时概率密度为$\phi_{\boldsymbol{\lambda}}(\boldsymbol{\lambda}; \boldsymbol{y}, t, \Delta t)$，其中$\boldsymbol{\eta}(\boldsymbol{y}, t)$是$m$维零均值随机过程向量，其协方差矩阵为$\mathrm{E}[\boldsymbol{\eta}(\boldsymbol{y}, t)\boldsymbol{\eta}^{\mathrm{T}}(\boldsymbol{y}, t)]=\mathbf{B}(\boldsymbol{y}, t)\mathbf{D}\mathbf{B}^{\mathrm{T}}(\boldsymbol{y}, t)$①。显然有

① 详见式(5.244)。

$$\begin{cases}\int \phi_{\boldsymbol{\lambda}}(\boldsymbol{\lambda};\ \boldsymbol{y},\ t,\ \Delta t)\mathrm{d}\boldsymbol{\lambda}=1 \\ \int \lambda_l \phi_{\boldsymbol{\lambda}}(\boldsymbol{\lambda};\ \boldsymbol{y},\ t,\ \Delta t)\mathrm{d}\boldsymbol{\lambda}=0, & l=1,\ \cdots,\ m \\ \int \lambda_l \lambda_k \phi_{\boldsymbol{\lambda}}(\boldsymbol{\lambda};\ \boldsymbol{y},\ t,\ \Delta t)\mathrm{d}\boldsymbol{\lambda}=[\mathbf{B}(\boldsymbol{y},\ t)\mathbf{D}\mathbf{B}^{\mathrm{T}}(\boldsymbol{y},\ t)]_{lk}\Delta t, & l,\ k=1,\ \cdots,\ m\end{cases} \tag{6.57}$$

在 t 时刻 $\boldsymbol{y}+\boldsymbol{\lambda}$ 位置附近处的概率为 $p_{\boldsymbol{Y}}(\boldsymbol{y}+\boldsymbol{\lambda},\ t\mid \boldsymbol{y}_0,\ t_0)\mathrm{d}\boldsymbol{\lambda}$，而在时间段 $[t,\ t+\Delta t]$ 内由此处转移至区域 $\mathrm{d}\boldsymbol{y}$ 的概率为 $p_{\boldsymbol{Y}}(\boldsymbol{y},\ t+\Delta t\mid \boldsymbol{y}+\boldsymbol{\lambda},\ t)p_{\boldsymbol{Y}}(\boldsymbol{y}+\boldsymbol{\lambda},\ t\mid \boldsymbol{y}_0,\ t_0)\mathrm{d}\boldsymbol{\lambda}$，其中 $p_{\boldsymbol{Y}}(\boldsymbol{y},\ t+\Delta t\mid \boldsymbol{y}+\boldsymbol{\lambda},\ t)$ 是由时刻 t 至 $t+\Delta t$ 的转移概率密度。因此，$t+\Delta t$ 时刻区域 $\mathrm{d}\boldsymbol{y}$ 内的概率为[图 6.5 (b)]

$$p_{\boldsymbol{Y}}(\boldsymbol{y},\ t+\Delta t\mid \boldsymbol{y}_0,\ t_0)\mathrm{d}\boldsymbol{y}=\mathrm{d}\boldsymbol{y}\int p_{\boldsymbol{Y}}(\boldsymbol{y},\ t+\Delta t\mid \boldsymbol{y}+\boldsymbol{\lambda},\ t)p_{\boldsymbol{Y}}(\boldsymbol{y}+\boldsymbol{\lambda},\ t\mid \boldsymbol{y}_0,\ t_0)\mathrm{d}\boldsymbol{\lambda} \tag{6.58a}$$

注意到由 t 至 $t+\Delta t$ 的转移概率密度正是

$$p_{\boldsymbol{Y}}(\boldsymbol{y},\ t+\Delta t\mid \boldsymbol{y}+\boldsymbol{\lambda},\ t)=\phi_{\boldsymbol{\lambda}}(\boldsymbol{\lambda};\ \boldsymbol{y}+\boldsymbol{\lambda},\ t,\ \Delta t) \tag{6.58b}$$

因此有

$$p_{\boldsymbol{Y}}(\boldsymbol{y},\ t+\Delta t\mid \boldsymbol{y}_0,\ t_0)\mathrm{d}\boldsymbol{y}=\mathrm{d}\boldsymbol{y}\int p_{\boldsymbol{Y}}(\boldsymbol{y}+\boldsymbol{\lambda},\ t\mid \boldsymbol{y}_0,\ t_0)\phi_{\boldsymbol{\lambda}}(\boldsymbol{\lambda};\ \boldsymbol{y}+\boldsymbol{\lambda},\ t,\ \Delta t)\mathrm{d}\boldsymbol{\lambda} \tag{6.58c}$$

那么，扩散引起的概率增量为

$$\Delta P_2=p_{\boldsymbol{Y}}(\boldsymbol{y},\ t+\Delta t\mid \boldsymbol{y}_0,\ t_0)\mathrm{d}\boldsymbol{y}-p_{\boldsymbol{Y}}(\boldsymbol{y},\ t\mid \boldsymbol{y}_0,\ t_0)\mathrm{d}\boldsymbol{y} \tag{6.59}$$

将式(6.58)中的被积式在 $\boldsymbol{y}$ 附近展开至二阶，将 $\boldsymbol{\lambda}$ 视为增量向量，有

$$\begin{aligned}&p_{\boldsymbol{Y}}(\boldsymbol{y}+\boldsymbol{\lambda},\ t\mid \boldsymbol{y}_0,\ t_0)\phi_{\boldsymbol{\lambda}}(\boldsymbol{\lambda};\ \boldsymbol{y}+\boldsymbol{\lambda},\ t,\ \Delta t)\\&=p_{\boldsymbol{Y}}(\boldsymbol{y},\ t\mid \boldsymbol{y}_0,\ t_0)\phi_{\boldsymbol{\lambda}}(\boldsymbol{\lambda};\ \boldsymbol{y},\ t,\ \Delta t)+\sum_{l=1}^{m}\frac{\partial(p_{\boldsymbol{Y}}\phi_{\boldsymbol{\lambda}})}{\partial y_l}\lambda_l\\&\quad+\frac{1}{2}\sum_{l=1}^{m}\sum_{k=1}^{m}\frac{\partial^2(p_{\boldsymbol{Y}}\phi_{\boldsymbol{\lambda}})}{\partial y_l\partial y_k}\lambda_l\lambda_k+\cdots\end{aligned} \tag{6.60}$$

将上式代入式(6.58)，并注意到式(6.57)，从而可得

$$\Delta P_2=\frac{1}{2}\sum_{l=1}^{m}\sum_{k=1}^{m}\frac{\partial^2}{\partial y_l\partial y_k}\{[\mathbf{B}(\boldsymbol{y},\ t)\mathbf{D}\mathbf{B}^{\mathrm{T}}(\boldsymbol{y},\ t)]_{lk}p_{\boldsymbol{Y}}\}\Delta t+o(\Delta t) \tag{6.61}$$

由概率守恒，有

$$\Delta P=\Delta P_1+\Delta P_2 \tag{6.62}$$

根据式(6.55)、式(6.56c)和式(6.61)，将两边除以 Δt，并取极限 $\Delta t\rightarrow 0$，有

$$\frac{\partial p_{\boldsymbol{Y}}}{\partial t}=-\sum_{l=1}^{m}\frac{\partial[A_l(\boldsymbol{y},t)p_{\boldsymbol{Y}}]}{\partial y_l}+\frac{1}{2}\sum_{l=1}^{m}\sum_{k=1}^{m}\frac{\partial^2}{\partial y_k\partial y_l}\{[\mathbf{B}(\boldsymbol{y},t)\mathbf{D}\mathbf{B}^{\mathrm{T}}(\boldsymbol{y},t)]_{kl}p_{\boldsymbol{Y}}\}\tag{6.63}$$

这正是与式(5.212)相同的 FPK 方程。

式(6.62)的意义是说，在一段时间内，区域中概率的增量等于通过边界进入此区域的净流入概率。这显然是状态空间描述下的概率守恒原理。上述分析表明，由这一原理可导出 FPK 方程。同时，由于 FPK 方程的系数和相应随机微分方程的系数相关，其蕴含了物理机制。根据上述分析可以发现，概率的转移过程(或者概率的流动)必定源自某一物理系统，其样本路径通常可由随机微分方程物理地表示。换言之，概率的转移必定有物理机制存在。

式(6.62)的处理是一种直观方式，将漂移和扩散效应叠加起来。由查普曼-柯尔莫哥洛夫方程出发采用更严格的处理，可以用不同的方式推导出 FPK 方程，并为其物理意义提供一些新的洞见。

记

$$\boldsymbol{\eta}=\mathbf{A}(\boldsymbol{Y},t)\Delta t+o(\Delta t),\ \boldsymbol{\lambda}=\mathbf{B}(\boldsymbol{Y},t)\Delta\boldsymbol{W}(t),\ \boldsymbol{\kappa}=\Delta\boldsymbol{Y}(t)=\boldsymbol{\eta}+\boldsymbol{\lambda}\tag{6.64}$$

可见，$\boldsymbol{\eta}$ 表示漂移效应的贡献，而 $\boldsymbol{\lambda}$ 表示扩散效应的贡献。由于 $\mathbf{A}$ 和 $\mathbf{B}$ 均为非可料函数[①]，$\{\boldsymbol{Y}(t)=\boldsymbol{y}\}$ 下 $\boldsymbol{\eta}$ 和 $\boldsymbol{\lambda}$ 的条件期望为

$$\begin{cases}\mathrm{E}[\boldsymbol{\eta}\mid\boldsymbol{Y}(t)=\boldsymbol{y}]=\mathbf{A}(\boldsymbol{y},t)\Delta t+o(\Delta t)\\ \mathrm{E}[\boldsymbol{\eta}\boldsymbol{\eta}^{\mathrm{T}}\mid\boldsymbol{Y}(t)=\boldsymbol{y}]=o(\Delta t)\\ \mathrm{E}[\boldsymbol{\lambda}\mid\boldsymbol{Y}(t)=\boldsymbol{y}]=\mathbf{0}\\ \mathrm{E}[\boldsymbol{\lambda}\boldsymbol{\lambda}^{\mathrm{T}}\mid\boldsymbol{Y}(t)=\boldsymbol{y}]=\mathbf{B}\mathbf{D}\mathbf{B}^{\mathrm{T}}\Delta t+o(\Delta t)=\boldsymbol{\sigma}\Delta t+o(\Delta t)\end{cases}\tag{6.65}$$

式中：$\boldsymbol{\sigma}=[\sigma_{lk}]_{m\times m}\triangleq\mathbf{B}\mathbf{D}\mathbf{B}^{\mathrm{T}}$。

若将 $\{\boldsymbol{Y}(t)=\boldsymbol{y}\}$ 下 $\boldsymbol{\eta}$ 的条件密度记为 $\phi_{\boldsymbol{\eta}|\boldsymbol{Y}}(\boldsymbol{\eta};\boldsymbol{y},t,\Delta t)$，同样地将 $\boldsymbol{\lambda}$ 记为 $\phi_{\boldsymbol{\lambda}|\boldsymbol{Y}}(\boldsymbol{\lambda};\boldsymbol{y},t,\Delta t)$，则由式(6.65)前两式可分别导出式(6.34)后两式，而由式(6.65)后两式可导出

$$\begin{cases}\int\lambda_l\phi_{\boldsymbol{\lambda}|\boldsymbol{Y}}(\boldsymbol{\lambda};\boldsymbol{y},t,\Delta t)\mathrm{d}\boldsymbol{\lambda}=0, & l=1,\cdots,m\\ \int\lambda_l\lambda_k\phi_{\boldsymbol{\lambda}|\boldsymbol{Y}}(\boldsymbol{\lambda};\boldsymbol{y},t,\Delta t)\mathrm{d}\boldsymbol{\lambda}=\sigma_{lk}\Delta t+o(\Delta t), & l,k=1,\cdots,m\end{cases}\tag{6.66a}$$

此外，一致性条件要求

$$\int\phi_{\boldsymbol{\lambda}|\boldsymbol{Y}}(\boldsymbol{\lambda};\boldsymbol{y},t,\Delta t)\mathrm{d}\boldsymbol{\lambda}=1\tag{6.66b}$$

注意由式(6.64)有 $\boldsymbol{\kappa}=\boldsymbol{\eta}+\boldsymbol{\lambda}$，其中 $\boldsymbol{\eta}$ 和 $\boldsymbol{\lambda}$ 在条件 $\{\boldsymbol{Y}(t)=\boldsymbol{y}\}$ 下是独立的，因为 $\mathbf{A}$ 和 $\mathbf{B}$ 均为非可料函数。因此，利用式(6.65)，可得 $\boldsymbol{\kappa}$ 的条件期望

---

① 5.6.1.1 中阐述了非可料函数的重要意义。

$$\begin{cases}\mathrm{E}[\boldsymbol{\kappa} \mid \boldsymbol{Y}(t)=\boldsymbol{y}]=\mathrm{E}[\boldsymbol{\eta} \mid \boldsymbol{Y}(t)=\boldsymbol{y}]+\mathrm{E}[\boldsymbol{\lambda} \mid \boldsymbol{Y}(t)=\boldsymbol{y}]=\boldsymbol{A}(\boldsymbol{y}, t)\Delta t+o(\Delta t) \\ \mathrm{E}[\boldsymbol{\kappa}\boldsymbol{\kappa}^{\mathrm{T}} \mid \boldsymbol{Y}(t)=\boldsymbol{y}]=\mathrm{E}[\boldsymbol{\eta}\boldsymbol{\eta}^{\mathrm{T}} \mid \boldsymbol{Y}(t)=\boldsymbol{y}]+\mathrm{E}[\boldsymbol{\lambda}\boldsymbol{\lambda}^{\mathrm{T}} \mid \boldsymbol{Y}(t)=\boldsymbol{y}]=\boldsymbol{\sigma}\Delta t+o(\Delta t)\end{cases} \tag{6.67}$$

其中 $\boldsymbol{\sigma}$ 与式(6.65)中的相同。

因此，若将 $\{\boldsymbol{Y}(t)=\boldsymbol{y}\}$ 下 $\boldsymbol{\kappa}$ 的条件密度记为 $\phi_{\boldsymbol{\kappa}|\boldsymbol{Y}}(\boldsymbol{\kappa};\ \boldsymbol{y},\ t,\ \Delta t)$，则有

$$\begin{cases}\int \kappa_l \phi_{\boldsymbol{\kappa}|\boldsymbol{Y}}(\boldsymbol{\kappa};\ \boldsymbol{y},\ t,\ \Delta t)\mathrm{d}\boldsymbol{\kappa}=A_l(\boldsymbol{y},\ t)\Delta t+o(\Delta t), \quad l=1,\ \cdots,\ m \\ \int \kappa_l \kappa_k \phi_{\boldsymbol{\kappa}|\boldsymbol{Y}}(\boldsymbol{\kappa};\ \boldsymbol{y},\ t,\ \Delta t)\mathrm{d}\boldsymbol{\kappa}=\sigma_{lk}(\boldsymbol{y},\ t)\Delta t+o(\Delta t), \quad l,\ k=1,\ \cdots,\ m\end{cases} \tag{6.68a}$$

当然，一致性条件要求

$$\int \phi_{\boldsymbol{\kappa}|\boldsymbol{Y}}(\boldsymbol{\kappa};\ \boldsymbol{y},\ t,\ \Delta t)\mathrm{d}\boldsymbol{\kappa}=1 \tag{6.68b}$$

由于 $\mathrm{d}\boldsymbol{W}(t)$ 的独立性与 $\mathbf{A}$ 和 $\mathbf{B}$ 的非可料性，由式(6.52)确定的 $\boldsymbol{Y}(t)$ 是马尔可夫过程向量。由查普曼-柯尔莫哥洛夫方程(6.31c)

$$p_{\boldsymbol{Y}}(\boldsymbol{y},\ t+\Delta t \mid \boldsymbol{y}_0,\ t_0)=\int p_{\boldsymbol{Y}}(\boldsymbol{y},\ t+\Delta t \mid \boldsymbol{y}-\boldsymbol{\kappa},\ t)p_{\boldsymbol{Y}}(\boldsymbol{y}-\boldsymbol{\kappa},\ t \mid \boldsymbol{y}_0,\ t_0)\mathrm{d}\boldsymbol{\kappa} \tag{6.69a}$$

其中将由时刻 t 至 $t+\Delta t$ 的转移概率密度函数式(6.35)替换为

$$p_{\boldsymbol{Y}}(\boldsymbol{y}+\boldsymbol{\kappa},\ t+\Delta t \mid \boldsymbol{y},\ t)=\phi_{\boldsymbol{\kappa}|\boldsymbol{Y}}(\boldsymbol{\kappa};\ \boldsymbol{y},\ t,\ \Delta t) \tag{6.69b}$$

则有

$$p_{\boldsymbol{Y}}(\boldsymbol{y},\ t+\Delta t \mid \boldsymbol{y}_0,\ t_0)=\int \phi_{\boldsymbol{\kappa}|\boldsymbol{Y}}(\boldsymbol{\kappa};\ \boldsymbol{y}-\boldsymbol{\kappa},\ t,\ \Delta t)p_{\boldsymbol{Y}}(\boldsymbol{y}-\boldsymbol{\kappa},\ t \mid \boldsymbol{y}_0,\ t_0)\mathrm{d}\boldsymbol{\kappa} \tag{6.70}$$

通过泰勒级数将被积式展开至二阶

$$\begin{aligned}&\phi_{\boldsymbol{\kappa}|\boldsymbol{Y}}(\boldsymbol{k};\ \boldsymbol{y}-\boldsymbol{\kappa},\ t,\ \Delta t)p_{\boldsymbol{Y}}(\boldsymbol{y}-\boldsymbol{\kappa},\ t \mid \boldsymbol{y}_0,\ t_0) \\ &=\phi_{\boldsymbol{\kappa}|\boldsymbol{Y}}(\boldsymbol{\kappa};\ \boldsymbol{y},\ t,\ \Delta t)p_{\boldsymbol{Y}}(\boldsymbol{y},\ t \mid \boldsymbol{y}_0,\ t_0)-\sum_{l=1}^{m}\frac{\partial(\phi_{\boldsymbol{\kappa}|\boldsymbol{Y}}p_{\boldsymbol{Y}})}{\partial y_l}\kappa_l \\ &\quad+\frac{1}{2}\sum_{l=1}^{m}\sum_{k=1}^{m}\frac{\partial^2(\phi_{\boldsymbol{\kappa}|\boldsymbol{Y}}p_{\boldsymbol{Y}})}{\partial y_l \partial y_k}\kappa_l\kappa_k+\cdots\end{aligned} \tag{6.71}$$

其中为简洁起见，在后两项中省略了 $\phi_{\boldsymbol{\kappa}|\boldsymbol{Y}}(\cdot)$ 和 $p_{\boldsymbol{Y}}(\cdot)$ 的自变量。

将上式代入式(6.70)，并注意到式(6.68)，有

$$\begin{aligned}&p_{\boldsymbol{Y}}(\boldsymbol{y},\ t+\Delta t \mid \boldsymbol{y}_0,\ t_0) \\ &=p_{\boldsymbol{Y}}(\boldsymbol{y},\ t \mid \boldsymbol{y}_0,\ t_0)-\sum_{l=1}^{m}\frac{\partial(A_l p_{\boldsymbol{Y}})}{\partial y_l}\Delta t+\frac{1}{2}\sum_{l=1}^{m}\sum_{k=1}^{m}\frac{\partial^2(\sigma_{lk}p_{\boldsymbol{Y}})}{\partial y_l \partial y_k}\Delta t+o(\Delta t)\end{aligned} \tag{6.72}$$

进而,将式(6.72)两边减去 $p_{\boldsymbol{Y}}(\boldsymbol{y}, t \mid \boldsymbol{y}_0, t_0)$,除以 Δt,并令 $\Delta t \to 0$,有

$$\frac{\partial p_{\boldsymbol{Y}}}{\partial t} = -\sum_{l=1}^{m} \frac{\partial (A_l p_{\boldsymbol{Y}})}{\partial y_l} + \frac{1}{2}\sum_{l=1}^{m}\sum_{k=1}^{m} \frac{\partial^2 (\sigma_{lk} p_{\boldsymbol{Y}})}{\partial y_l \partial y_k} \tag{6.73}$$

其中 $p_{\boldsymbol{Y}}$ 即可以理解为转移概率密度 $p_{\boldsymbol{Y}}(\boldsymbol{y}, t \mid \boldsymbol{y}_0, t_0)$,也可以取为瞬时概率密度函数 $p_{\boldsymbol{Y}}(\boldsymbol{y}, t)$。

式(6.73)正是与 5.5.2 推导结果相同的 FPK 方程。这里再次强调概率密度演化和动力系统物理机制之间的紧密联系。本质上,查普曼-柯尔莫哥洛夫方程(6.31)蕴含了马尔可夫系统在状态空间描述下的概率守恒。上述推导表明,FPK 方程是状态空间描述下概率守恒的自然结果。

6.4 多斯图波夫-普加乔夫方程

6.4.1 从运动方程到随机状态方程

不失一般性,一般 n_{d} 自由度结构或力学系统的运动方程可以写为

$$\mathbf{M}\ddot{\boldsymbol{X}} + \boldsymbol{f}(\dot{\boldsymbol{X}}, \boldsymbol{X}) = \underset{\sim}{\mathbf{B}}(\boldsymbol{X}, t)\boldsymbol{\xi}(t), \ \dot{\boldsymbol{X}}(t_0) = \dot{\boldsymbol{X}}_0, \ \boldsymbol{X}(t_0) = \boldsymbol{X}_0 \tag{6.74}$$

式中:$\boldsymbol{X}$、$\dot{\boldsymbol{X}}$ 和 $\ddot{\boldsymbol{X}}$ 分别是 n_{d} 维位移、速度和加速度向量;$\mathbf{M} = [M_{lk}]_{n_{\mathrm{d}} \times n_{\mathrm{d}}}$,是质量矩阵;$\boldsymbol{f}(\cdot)$ 是 n_{d} 维内力向量,包括阻尼和恢复力;$\underset{\sim}{\mathbf{B}}(\boldsymbol{X}, t) = [\underset{\sim}{B}_{lk}(\boldsymbol{X}, t)]_{n_{\mathrm{d}} \times r}$,是输入力作用矩阵;$\boldsymbol{\xi}(t)$ 是 r 维外加激励向量;$\dot{\boldsymbol{X}}_0$ 和 $\boldsymbol{X}_0$ 分别是初始速度和位移向量。

当引入状态向量 $\boldsymbol{Y} = (\dot{\boldsymbol{X}}^{\mathrm{T}}, \boldsymbol{X}^{\mathrm{T}})^{\mathrm{T}}$ 后,式(6.74)可以改写为

$$\dot{\boldsymbol{Y}} = \boldsymbol{A}(\boldsymbol{Y}, t) + \mathbf{B}(\boldsymbol{Y}, t)\boldsymbol{\xi}(t), \ \boldsymbol{Y}(t_0) = \boldsymbol{Y}_0 \tag{6.75a}$$

其中

$$\boldsymbol{A}(\boldsymbol{Y}, t) = \begin{pmatrix} -\mathbf{M}^{-1}\boldsymbol{f}(\boldsymbol{Y}) \\ \dot{\boldsymbol{X}} \end{pmatrix}, \ \mathbf{B}(\boldsymbol{Y}, t) = \begin{pmatrix} \mathbf{M}^{-1}\underset{\sim}{\mathbf{B}}(\boldsymbol{X}, t) \\ \mathbf{0} \end{pmatrix} \tag{6.75b}$$

若激励中含有随机性,则式(6.75a)可以改写为

$$\dot{\boldsymbol{Y}} = \boldsymbol{A}(\boldsymbol{Y}, t) + \mathbf{B}(\boldsymbol{Y}, t)\boldsymbol{\xi}(\varpi, t), \ \boldsymbol{Y}(t_0) = \boldsymbol{Y}_0 \tag{6.76}$$

处理这一问题的一个方法是将随机激励建模为维纳过程,从而导出 5.6 节和 6.3.2 节所述的伊藤随机微分方程和 FPK 方程。另一个方法是将激励分解,如采用卡胡奈-李维分解[参见式(2.120)]

$$\xi_j(\varpi, t) \doteq \xi_{j0}(t) + \sum_{n=1}^{N_j} \zeta_{j,n}(\varpi)\sqrt{\lambda_{j,n}}\, f_{j,n}(t) \tag{6.77a}$$

式中：$\xi_j(\varpi, t)$ 是 $\boldsymbol{\xi}(\varpi, t)$ 的第 j 个分量；$\xi_{j0}(t)$ 是均值；$\lambda_{j,n}$ 和 $f_{j,n}(t)$ 是特征值和特征函数；$\zeta_{j,n}(\varpi)$ 是互不相关的标准随机变量；N_j 是截断项数。

这一处理对于实际遇到的非平稳过程尤为有用。若记 $\boldsymbol{\Theta}=[\zeta_{1,1}(\varpi), \cdots, \zeta_{1,N_1}(\varpi), \zeta_{2,1}(\varpi), \cdots, \zeta_{2,N_2}(\varpi), \cdots, \zeta_{r,1}(\varpi), \cdots, \zeta_{r,N_r}(\varpi)]$，则根据式(6.77a)，激励向量可以显式表示为

$$\boldsymbol{\xi}(\varpi, t)=\boldsymbol{F}(\boldsymbol{\Theta}, t) \tag{6.77b}$$

将其代入式(6.76)，则该式可以改写为

$$\dot{\boldsymbol{Y}}=\boldsymbol{G}(\boldsymbol{Y}, \boldsymbol{\Theta}, t),\ \boldsymbol{Y}(t_0)=\boldsymbol{Y}_0 \tag{6.78}$$

其中 $\boldsymbol{G}=(G_1, \cdots, G_m)^{\mathrm{T}}$ 为

$$\boldsymbol{G}(\boldsymbol{Y}, \boldsymbol{\Theta}, t)=\boldsymbol{A}(\boldsymbol{Y}, t)+\mathbf{B}(\boldsymbol{Y}, t)\boldsymbol{F}(\boldsymbol{\Theta}, t)$$

式(6.78)是含有显式随机变量的随机状态方程。

6.4.2 多斯图波夫-普加乔夫方程

为获得系统(6.78)的概率密度演化，首先沿着多斯图波夫-普加乔夫(Dostupov & Pagachev, 1957)的路径出发。然后，在概率守恒的统一观点下考察这一问题。

若考虑给定的 $\boldsymbol{\theta}$，则随机变量 $\boldsymbol{Y}(t+\Delta t)$ 可以视为 $\boldsymbol{Y}(t)$ 的线性变换，即

$$\boldsymbol{Y}(t+\Delta t)=\boldsymbol{Y}(t)+\boldsymbol{G}(\boldsymbol{Y}, \boldsymbol{\theta}, t)\Delta t+o(\Delta t) \tag{6.79}$$

记参数 $\boldsymbol{\theta}$ 下 $\boldsymbol{Y}(t)$ 的密度为 $p_{\boldsymbol{Y\Theta}}(\boldsymbol{y}, \boldsymbol{\theta}, t)$，则由式(6.12)有

$$p_{\boldsymbol{Y\Theta}}(\tilde{\boldsymbol{y}}, \boldsymbol{\theta}, t+\Delta t)\mathrm{d}\tilde{\boldsymbol{y}}=p_{\boldsymbol{Y\Theta}}(\boldsymbol{y}, \boldsymbol{\theta}, t)\mathrm{d}\boldsymbol{y} \tag{6.80}$$

其中根据式(6.79)

$$\tilde{\boldsymbol{y}}=\boldsymbol{y}+\boldsymbol{G}(\boldsymbol{y}, \boldsymbol{\theta}, t)\Delta t+o(\Delta t) \tag{6.81}$$

对式(6.81)取微分，有①

$$\mathrm{d}\tilde{\boldsymbol{y}}=\left[1+\sum_{l=1}^{m}\frac{\partial G_l(\boldsymbol{y}, \boldsymbol{\theta}, t)}{\partial y_l}\Delta t\right]\mathrm{d}\boldsymbol{y}=|\mathbf{J}|\,\mathrm{d}\boldsymbol{y} \tag{6.82}$$

---

① 这可以通过其分量的微分的乘积获得。由式(6.81)，有

$$\begin{aligned}\mathrm{d}\tilde{y}_k&=\mathrm{d}y_k+\sum_{l=1}^{m}\frac{\partial G_k(\boldsymbol{y}, \boldsymbol{\theta}, t)}{\partial y_l}\mathrm{d}y_l\Delta t\\&=\left[1+\frac{\partial G_k(\boldsymbol{y}, \boldsymbol{\theta}, t)}{\partial y_k}\Delta t\right]\mathrm{d}y_k+\sum_{l=1,\,l\neq k}^{m}\frac{\partial G_k(\boldsymbol{y}, \boldsymbol{\theta}, t)}{\partial y_l}\mathrm{d}y_l\Delta t,\ k=1, \cdots, m\end{aligned}$$

将 $\tilde{y}_k$ 相乘，并省略 Δt 的高阶项，有

$$\mathrm{d}\tilde{\boldsymbol{y}}=\mathrm{d}\tilde{y}_1\cdots\mathrm{d}\tilde{y}_m=\left[1+\sum_{k=1}^{m}\frac{\partial G_k(\boldsymbol{y}, \boldsymbol{\theta}, t)}{\partial y_k}\Delta t\right]\mathrm{d}y_1\cdots\mathrm{d}y_m=|\mathbf{J}|\,\mathrm{d}\boldsymbol{y}$$

其中 $\mathbf{J}$ 是雅可比量。

将式(6.81)和式(6.82)代入式(6.80)左边，有

$$
\begin{aligned}
& p_{\boldsymbol{Y\Theta}}[\boldsymbol{y}+\boldsymbol{G}(\boldsymbol{y},\ \boldsymbol{\theta},\ t)\Delta t+o(\Delta t),\ \boldsymbol{\theta},\ t+\Delta t]\ |\ \mathbf{J}\ |\ \mathrm{d}\boldsymbol{y} \\
={} & \left[p_{\boldsymbol{Y\Theta}}(\boldsymbol{y},\ \boldsymbol{\theta},\ t+\Delta t)+\sum_{l=1}^{m}\frac{\partial p_{\boldsymbol{Y\Theta}}}{\partial y_l}G_l(\boldsymbol{y},\ \boldsymbol{\theta},\ t)\Delta t\right] \\
& \left[1+\sum_{l=1}^{m}\frac{\partial G_l(\boldsymbol{y},\ \boldsymbol{\theta},\ t)}{\partial y_l}\Delta t\right]\mathrm{d}\boldsymbol{y}+o(\Delta t) \\
={} & \left\{p_{\boldsymbol{Y\Theta}}(\boldsymbol{y},\ \boldsymbol{\theta},\ t+\Delta t)+\left[\sum_{l=1}^{m}\frac{\partial p_{\boldsymbol{Y\Theta}}}{\partial y_l}G_l(\boldsymbol{y},\ \boldsymbol{\theta},\ t)\right.\right. \\
& \left.\left.+p_{\boldsymbol{Y\Theta}}(\boldsymbol{y},\ \boldsymbol{\theta},\ t+\Delta t)\sum_{l=1}^{m}\frac{\partial G_l(\boldsymbol{y},\ \boldsymbol{\theta},\ t)}{\partial y_l}\right]\Delta t\right\}\mathrm{d}\boldsymbol{y}+o(\Delta t)
\end{aligned}
\tag{6.83}
$$

其中保留了泰勒展开中的一阶项。

将式(6.80)左边项替换为式(6.83)，两边减去 $p_{\boldsymbol{Y\Theta}}(\boldsymbol{y},\ \boldsymbol{\theta},\ t)\mathrm{d}\boldsymbol{y}$，然后除以 Δt，并令 $\Delta t \to 0$，有

$$
\frac{\partial p_{\boldsymbol{Y\Theta}}(\boldsymbol{y},\ \boldsymbol{\theta},\ t)}{\partial t}+\sum_{l=1}^{m}\frac{\partial[p_{\boldsymbol{Y\Theta}}(\boldsymbol{y},\ \boldsymbol{\theta},\ t)G_l(\boldsymbol{y},\ \boldsymbol{\theta},\ t)]}{\partial y_l}=0 \tag{6.84}
$$

其中消去了两边的 $\mathrm{d}\boldsymbol{y}$。称上式为多斯图波夫-普加乔夫方程，它由多斯图波夫和普加乔夫(Dostupov & Pugachev，1957)首次导出。对比式(6.84)和式(6.39)可发现，式(6.84)可以视为参数刘维尔方程，其中明确给出了 $\boldsymbol{\theta}$。这一改变是至关重要的，因为刘维尔方程对系统(6.78)是不成立的。

注意到式(6.84)的推导对 $\boldsymbol{\theta}$ 的每个可能值(即对任意给定的随机事件)都是成立的。在此意义下，式(6.84)源自**概率守恒(preservation of probability)**的随机事件描述。因此，相比于刘维尔方程，多斯图波夫-普加乔夫方程的方法已由结合状态空间描述与耦合物理方程转化为结合随机事件描述与耦合物理方程。为进一步理解这一点，以下将以概率守恒为基础推导多斯图波夫-普加乔夫方程(Chen & Li，2009)。

相比于式(6.25)，在直观形式上式(6.78)的区别是算子中包含了 $\boldsymbol{\Theta}$。这一区别导致的特征是：由于 $\boldsymbol{\Theta}$ 的影响，$\boldsymbol{Y}(t)$ 自身的演化过程可能不是概率保守的。换言之，为了形成概率保守系统，应将 $\boldsymbol{Y}(t)$ 和 $\boldsymbol{\Theta}$ 结合起来考虑，这里 $\boldsymbol{\Theta}$ 是时不变的，即

$$
\dot{\boldsymbol{\Theta}}=\mathbf{0} \tag{6.85}
$$

实际上，$\boldsymbol{\Theta}$ 的时不变性意味着随机事件是一直没有湮灭的，这确保了概率的守恒(参见 6.2.2.1)。

根据式(6.20)，由概率守恒，有

$$
\frac{\mathrm{D}}{\mathrm{D}t}\int_{\mathcal{D}_t\times\mathcal{D}_{\boldsymbol{\Theta}}}p_{\boldsymbol{Y\Theta}}(\boldsymbol{y},\ \boldsymbol{\theta},\ t)\mathrm{d}\boldsymbol{y}\mathrm{d}\boldsymbol{\theta}=0 \tag{6.86}
$$

注意到由 t_0 时刻至 t 时刻的映射，式(6.86)可以改写为

$$\begin{aligned}
&\frac{\mathrm{D}}{\mathrm{D}t}\int_{\mathcal{D}_t\times\mathcal{D}_{\boldsymbol{\Theta}}} p_{\boldsymbol{Y\Theta}}(\boldsymbol{y},\boldsymbol{\theta},t)\mathrm{d}\boldsymbol{y}\mathrm{d}\boldsymbol{\theta}\\
&=\frac{\mathrm{D}}{\mathrm{D}t}\int_{\mathcal{D}_{t_0}\times\mathcal{D}_{\boldsymbol{\Theta}}} p_{\boldsymbol{Y\Theta}}(\boldsymbol{y},\boldsymbol{\theta},t)\mid\mathbf{J}\mid\mathrm{d}\boldsymbol{y}\mathrm{d}\boldsymbol{\theta}\\
&=\int_{\mathcal{D}_{t_0}\times\mathcal{D}_{\boldsymbol{\Theta}}}\left[\mid\mathbf{J}\mid\frac{\mathrm{D}p_{\boldsymbol{Y\Theta}}(\boldsymbol{y},\boldsymbol{\theta},t)}{\mathrm{D}t}+p_{\boldsymbol{Y\Theta}}(\boldsymbol{y},\boldsymbol{\theta},t)\frac{\mathrm{D}\mid\mathbf{J}\mid}{\mathrm{D}t}\right]\mathrm{d}\boldsymbol{y}\mathrm{d}\boldsymbol{\theta}\\
&=\int_{\mathcal{D}_{t_0}\times\mathcal{D}_{\boldsymbol{\Theta}}}\left\{\mid\mathbf{J}\mid\left[\frac{\partial p_{\boldsymbol{Y\Theta}}(\boldsymbol{y},\boldsymbol{\theta},t)}{\partial t}+\sum_{l=1}^{m}G_l(\boldsymbol{y},\boldsymbol{\theta},t)\frac{\partial p_{\boldsymbol{Y\Theta}}(\boldsymbol{y},\boldsymbol{\theta},t)}{\partial y_l}\right]\right.\\
&\quad\left.+\mid\mathbf{J}\mid p_{\boldsymbol{Y\Theta}}(\boldsymbol{y},\boldsymbol{\theta},t)\sum_{l=1}^{m}\frac{\partial G_l(\boldsymbol{y},\boldsymbol{\theta},t)}{\partial y_l}\right\}\mathrm{d}\boldsymbol{y}\mathrm{d}\boldsymbol{\theta}\\
&=\int_{\mathcal{D}_{t_0}\times\mathcal{D}_{\boldsymbol{\Theta}}}\left\{\frac{\partial p_{\boldsymbol{Y\Theta}}(\boldsymbol{y},\boldsymbol{\theta},t)}{\partial t}+\sum_{l=1}^{m}\frac{\partial[p_{\boldsymbol{Y\Theta}}(\boldsymbol{y},\boldsymbol{\theta},t)G_l(\boldsymbol{y},\boldsymbol{\theta},t)]}{\partial y_l}\right\}\mid\mathbf{J}\mid\mathrm{d}\boldsymbol{y}\mathrm{d}\boldsymbol{\theta}\\
&=\int_{\mathcal{D}_t\times\mathcal{D}_{\boldsymbol{\Theta}}}\left\{\frac{\partial p_{\boldsymbol{Y\Theta}}(\boldsymbol{y},\boldsymbol{\theta},t)}{\partial t}+\sum_{l=1}^{m}\frac{\partial[p_{\boldsymbol{Y\Theta}}(\boldsymbol{y},\boldsymbol{\theta},t)G_l(\boldsymbol{y},\boldsymbol{\theta},t)]}{\partial y_l}\right\}\mathrm{d}\boldsymbol{y}\mathrm{d}\boldsymbol{\theta}
\end{aligned}\tag{6.87}$$

其中全导数为

$$\frac{\mathrm{D}p_{\boldsymbol{Y\Theta}}(\boldsymbol{y},\boldsymbol{\theta},t)}{\mathrm{D}t}=\frac{\partial p_{\boldsymbol{Y\Theta}}(\boldsymbol{y},\boldsymbol{\theta},t)}{\partial t}+\sum_{l=1}^{m}G_l(\boldsymbol{y},\boldsymbol{\theta},t)\frac{\partial p_{\boldsymbol{Y\Theta}}(\boldsymbol{y},\boldsymbol{\theta},t)}{\partial y_l}\tag{6.88}$$

其中利用了式(6.85)，而雅可比量的全导数为(Belytschko et al.，2000)

$$\frac{\mathrm{D}\mid\mathbf{J}\mid}{\mathrm{D}t}=\mid\mathbf{J}\mid\sum_{l=1}^{m}\frac{\partial\dot{y}_l}{\partial y_l}=\mid\mathbf{J}\mid\sum_{l=1}^{m}\frac{\partial G_l(\boldsymbol{y},\boldsymbol{\theta},t)}{\partial y_l}\tag{6.89}$$

此外应注意，当积分域为 $\mathcal{D}_t\times\mathcal{D}_{\boldsymbol{\Theta}}$ 时，被积式中相应的变量 $\boldsymbol{y}$ 和 $\boldsymbol{\theta}$ 是欧拉(Euler)坐标下的，而当积分域为 $\mathcal{D}_{t_0}\times\mathcal{D}_{\boldsymbol{\Theta}}$ 时，被积式中的变量 $\boldsymbol{y}$ 和 $\boldsymbol{\theta}$ 应理解为拉格朗日坐标 $\boldsymbol{y}_{\mathrm{L}}$ 和 $\boldsymbol{\theta}_{\mathrm{L}}$，其中 $(\boldsymbol{y},\boldsymbol{\theta})=\boldsymbol{H}(\boldsymbol{y}_{\mathrm{L}},\boldsymbol{\theta}_{\mathrm{L}},t)$ 是系统(6.78)和系统(6.85)的解，而雅可比量为

$$\mid\mathbf{J}\mid=\left|\frac{\partial(\boldsymbol{y},\boldsymbol{\theta})}{\partial(\boldsymbol{y}_{\mathrm{L}},\boldsymbol{\theta}_{\mathrm{L}})}\right|=\left|\frac{\partial\boldsymbol{H}(\boldsymbol{y}_{\mathrm{L}},\boldsymbol{\theta}_{\mathrm{L}},t)}{\partial(\boldsymbol{y}_{\mathrm{L}},\boldsymbol{\theta}_{\mathrm{L}})}\right|\tag{6.90}$$

然而，为简洁起见，在不引起混淆的情况下，对式(6.87)中的欧拉和拉格朗日坐标采用了相同的记号。

结合式(6.86)和式(6.87)，并注意到 $\mathcal{D}_t\times\mathcal{D}_{\boldsymbol{\Theta}}$ 的任意性，有

$$\frac{\partial p_{\boldsymbol{Y\Theta}}(\boldsymbol{y},\boldsymbol{\theta},t)}{\partial t}+\sum_{l=1}^{m}\frac{\partial[p_{\boldsymbol{Y\Theta}}(\boldsymbol{y},\boldsymbol{\theta},t)G_l(\boldsymbol{y},\boldsymbol{\theta},t)]}{\partial y_l}=0\tag{6.91}$$

这正是与式(6.84)相同的多斯图波夫-普加乔夫方程。

有趣的是,尽管如6.2.1节和6.2.2.1节所述的概率守恒原理的随机事件描述似乎在逻辑上比状态空间描述更为直接,但在概率密度演化方程的发展历程中更喜欢采用后者,如刘维尔方程和FPK方程。在上述式(6.91)的推导中,采用了这一原理的随机事件描述和耦合物理方程相结合。换言之,多斯图波夫-普加乔夫方程可以视为视角由完全的状态空间描述转变为部分考虑随机事件描述所给出的概率密度演化方程。

6.5 广义概率密度演化方程[①]

6.5.1 广义概率密度演化方程的推导

6.5.1.1 从随机事件描述到广义概率密度演化方程

如前所述,多斯图波夫-普加乔夫方程是状态空间中概率守恒原理的随机事件描述和耦合物理方程相结合的导出结果。其实,进一步可打开通往广义概率密度演化方程的道路。实际上,由概率守恒原理的随机事件描述,可以获得一个完全解耦的、任意维的概率密度演化方程(李杰 & 陈建兵,2006; Li & Chen, 2008)。

考察一般的随机动力系统

$$\dot{\boldsymbol{Y}}=\boldsymbol{G}(\boldsymbol{\Theta}, \boldsymbol{Y}, t), \boldsymbol{Y}(t_0)=\boldsymbol{Y}_0 \tag{6.92}$$

式中:$\boldsymbol{Y}=(Y_1, \cdots, Y_m)$,是状态向量;$\boldsymbol{Y}_0$是初值向量;$m$是系统维数;$\boldsymbol{\Theta}=(\Theta_1, \cdots, \Theta_s)$,是刻画所含随机性的$s$维随机向量,已知其联合概率密度函数为$p_{\boldsymbol{\Theta}}(\boldsymbol{\theta})$。随机性不仅可以源自激励,还可以源自系统性质。一般地,随机激励可建模为随机过程,并可以进一步表示为标准基本随机变量的某类随机函数(如通过2.2.5节、6.4.1节和第3章所述的分解或物理随机建模)。系统性质中包含的随机性可以表示为随机场或直接表示为一些随机参数。而随机场也可以离散或分解为一系列标准随机变量,如采用2.3节中的方法。随机向量$\boldsymbol{\Theta}$由这两个标准基本随机变量集组成,它们分别源自随机激励与系统性质。这与式(6.78)不同,其随机参数仅源自随机激励。

作为随机状态方程,式(6.92)可以理解为动力系统的欧拉描述,其速度场是给定的。然而,该系统也可以由拉格朗日描述给出。不失一般性,假设拉格朗日描述为

$$\boldsymbol{Y}=\boldsymbol{H}(\boldsymbol{\Theta}, \boldsymbol{Y}_0, t) \text{ 或 } Y_l=H_l(\boldsymbol{\Theta}, \boldsymbol{Y}_0, t), \ l=1, \cdots, m \tag{6.93}$$

这显然是式(6.92)的形式解,且满足$\boldsymbol{Y}_0=\boldsymbol{H}(\boldsymbol{\Theta}, \boldsymbol{Y}_0, t_0)$。相应地,可以假设速度取如下形式

① 根据本书作者的建议,本节和下节中的"density"均译为"概率密度"。——译者注

$$\dot{\boldsymbol{Y}}=\boldsymbol{h}(\boldsymbol{\Theta}, \boldsymbol{Y}_0, t) \text{ or } \dot{Y}_l=h_l(\boldsymbol{\Theta}, \boldsymbol{Y}_0, t), \ l=1, \cdots, m \tag{6.94}$$

其中 $\boldsymbol{h}=\partial \boldsymbol{H}/\partial t$。在目前情况下，$H_l(\cdot)$ 和 $h_l(\cdot)$ 不需要给出显式表达，只需要知道它们存在就足够了。

在一般意义下，若有一系列与系统(6.92)相关的物理量 $\boldsymbol{Z}(t)=(Z_1(t), \cdots, Z_{n_Z}(t))^{\mathrm{T}}$，则 $\boldsymbol{Z}$ 通常可以通过其与状态向量的关系确定，例如由下式

$$\dot{\boldsymbol{Z}}(t)=\psi[\dot{\boldsymbol{Y}}(t)], \ \boldsymbol{Z}(t_0)=\boldsymbol{z}_0 \tag{6.95}$$

其中 $\psi(\cdot)$ 是转换算子。例如，对于不考虑几何非线性的结构系统，若 $Z_l(t)$ 是某些点处的应变，则 $\psi(\cdot)$ 就是联结位移和应变的线性算子(Fung & Tong, 2001)。而若 $\boldsymbol{Z}$ 表示 $\boldsymbol{Y}$ 本身，则 $\psi(\cdot)$ 是单位算子。

将式(6.94)代入式(6.95)，有

$$\dot{\boldsymbol{Z}}(t)=\psi[\dot{\boldsymbol{Y}}(t)]=\psi[\boldsymbol{h}(\boldsymbol{\Theta}, \boldsymbol{Y}_0, t)]=\boldsymbol{h}_{\boldsymbol{Z}}(\boldsymbol{\Theta}, t) \tag{6.96a}$$

或分量形式下

$$\dot{Z}_l(t)=h_{Z,l}(\boldsymbol{\Theta}, t), \ l=1, \cdots, n_Z \tag{6.96b}$$

这里 $\boldsymbol{h}_{\boldsymbol{Z}}=(h_{Z,1}, \cdots, h_{Z,n_Z})^{\mathrm{T}}$，其中 n_Z 是 $\boldsymbol{Z}$ 中所考虑物理量的数量。

为简洁起见，现在考虑确定性 $\boldsymbol{Y}_0$ 的情况，并将其在上式中省去。

由式(6.96a)，注意到 $\boldsymbol{Z}(t)$ 中包含的随机性完全源自 $\boldsymbol{\Theta}$，因此系统 $[\boldsymbol{Z}(t), \boldsymbol{\Theta}]$ 是概率保守系统。由式(6.20)，若将 $[\boldsymbol{Z}(t), \boldsymbol{\Theta}]$ 的联合密度记为 $p_{\boldsymbol{Z}\boldsymbol{\Theta}}(\boldsymbol{z}, \boldsymbol{\theta}, t)$，其中 $\boldsymbol{z}=(z_1, \cdots, z_{n_Z})$，则有

$$\frac{\mathrm{D}}{\mathrm{D}t}\int_{\mathcal{D}_t \times \mathcal{D}_{\boldsymbol{\Theta}}} p_{\boldsymbol{Z}\boldsymbol{\Theta}}(\boldsymbol{z}, \boldsymbol{\theta}, t)\mathrm{d}\boldsymbol{z}\mathrm{d}\boldsymbol{\theta}=0 \tag{6.97}$$

沿着与式(6.87)类似的过程，有

$$\begin{aligned}
&\frac{\mathrm{D}}{\mathrm{D}t}\int_{\mathcal{D}_t \times \mathcal{D}_{\boldsymbol{\Theta}}} p_{\boldsymbol{Z}\boldsymbol{\Theta}}(\boldsymbol{z}, \boldsymbol{\theta}, t)\mathrm{d}\boldsymbol{z}\mathrm{d}\boldsymbol{\theta} \\
&=\frac{\mathrm{D}}{\mathrm{D}t}\int_{\mathcal{D}_{t_0} \times \mathcal{D}_{\boldsymbol{\Theta}}} p_{\boldsymbol{Z}\boldsymbol{\Theta}}(\boldsymbol{z}, \boldsymbol{\theta}, t)\,|\,\mathbf{J}\,|\,\mathrm{d}\boldsymbol{z}\mathrm{d}\boldsymbol{\theta}=\int_{\mathcal{D}_{t_0} \times \mathcal{D}_{\boldsymbol{\Theta}}}\left(|\,\mathbf{J}\,|\frac{\mathrm{D}p_{\boldsymbol{Z}\boldsymbol{\Theta}}}{\mathrm{D}t}+p_{\boldsymbol{Z}\boldsymbol{\Theta}}\frac{\mathrm{D}\,|\,\mathbf{J}\,|}{\mathrm{D}t}\right)\mathrm{d}\boldsymbol{z}\mathrm{d}\boldsymbol{\theta} \\
&=\int_{\mathcal{D}_{t_0} \times \mathcal{D}_{\boldsymbol{\Theta}}}\left[|\,\mathbf{J}\,|\left(\frac{\partial p_{\boldsymbol{Z}\boldsymbol{\Theta}}}{\partial t}+\sum_{l=1}^{n_Z} h_{Z,l}\frac{\partial p_{\boldsymbol{Z}\boldsymbol{\Theta}}}{\partial z_l}\right)+|\,\mathbf{J}\,|\,p_{\boldsymbol{Z}\boldsymbol{\Theta}}\sum_{l=1}^{n_Z}\frac{\partial h_{Z,l}}{\partial z_l}\right]\mathrm{d}\boldsymbol{z}\mathrm{d}\boldsymbol{\theta} \\
&=\int_{\mathcal{D}_{t_0} \times \mathcal{D}_{\boldsymbol{\Theta}}}\left(\frac{\partial p_{\boldsymbol{Z}\boldsymbol{\Theta}}}{\partial t}+\sum_{l=1}^{n_Z} h_{Z,l}\frac{\partial p_{\boldsymbol{Z}\boldsymbol{\Theta}}}{\partial z_l}\right)|\,\mathbf{J}\,|\,\mathrm{d}\boldsymbol{z}\mathrm{d}\boldsymbol{\theta} \\
&=\int_{\mathcal{D}_t \times \mathcal{D}_{\boldsymbol{\Theta}}}\left(\frac{\partial p_{\boldsymbol{Z}\boldsymbol{\Theta}}}{\partial t}+\sum_{l=1}^{n_Z} h_{Z,l}\frac{\partial p_{\boldsymbol{Z}\boldsymbol{\Theta}}}{\partial z_l}\right)\mathrm{d}\boldsymbol{z}\mathrm{d}\boldsymbol{\theta}
\end{aligned} \tag{6.98}$$

为简洁起见，省略了函数 $p_{\boldsymbol{Z}\boldsymbol{\Theta}}(\cdot)$ 和 $h_{Z,l}(\cdot)$ 中的变量。正如式(6.87)中指出的，根据积

分域，式(6.98)每一步中的变量也应仔细考察，它们有的是欧拉坐标，有的是拉格朗日坐标。

将式(6.98)代入式(6.97)，并注意到 $\mathcal{D}_t \times \mathcal{D}_{\boldsymbol{\Theta}}$ 的任意性，有

$$\frac{\partial p_{Z\boldsymbol{\Theta}}(\boldsymbol{z}, \boldsymbol{\theta}, t)}{\partial t} + \sum_{l=1}^{n_Z} h_{Z,l}(\boldsymbol{\theta}, t) \frac{\partial p_{Z\boldsymbol{\Theta}}(\boldsymbol{z}, \boldsymbol{\theta}, t)}{\partial z_l} = 0 \tag{6.99a}$$

或者当考虑式(6.96b)时，另一种形式为

$$\frac{\partial p_{Z\boldsymbol{\Theta}}(\boldsymbol{z}, \boldsymbol{\theta}, t)}{\partial t} + \sum_{l=1}^{n_Z} \dot{Z}_l(\boldsymbol{\theta}, t) \frac{\partial p_{Z\boldsymbol{\Theta}}(\boldsymbol{z}, \boldsymbol{\theta}, t)}{\partial z_l} = 0 \tag{6.99b}$$

则 $\boldsymbol{Z}(t)$ 的联合概率密度可以写为

$$p_Z(\boldsymbol{z}, t) = \int_{\Omega_{\boldsymbol{\Theta}}} p_{Z\boldsymbol{\Theta}}(\boldsymbol{z}, \boldsymbol{\theta}, t)\mathrm{d}\boldsymbol{\theta} \tag{6.100}$$

式中：$\Omega_{\boldsymbol{\Theta}}$ 是 $\boldsymbol{\Theta}$ 的分布域。

注意，式(6.95)的维数 n_Z 仅取决于研究需要，而与系统(6.92)的维数 m 是独立的。这是将式(6.96)视为任意维拉格朗日描述的结果。这一灵活性使得式(6.99)的维数是灵活的，而并非像刘维尔方程、FPK 方程和多斯图波夫-普加乔夫方程那样，需要与状态向量维数相同。

6.5.1.2　从多维到一维：形式处理

若采用响应概率密度的形式表达直接操作，也可以获得一维解耦的概率密度演化方程(Chen & Li, 2005; Li & Chen, 2005, 2006)。

显然，由式(6.93)，$\boldsymbol{Y}(t)$ 的概率密度为(见附录 A)

$$p_Y(\boldsymbol{y}, t) = \int \delta[\boldsymbol{y} - \boldsymbol{H}(\boldsymbol{\theta}, \boldsymbol{y}_0, t)] p_{\boldsymbol{\Theta}}(\boldsymbol{\theta})\mathrm{d}\boldsymbol{\theta} \tag{6.101}$$

式中：$\delta(\cdot)$ 是狄拉克 δ 函数；

$$p_{Y\boldsymbol{\Theta}}(\boldsymbol{y}, \boldsymbol{\theta}, t) = \delta[\boldsymbol{y} - \boldsymbol{H}(\boldsymbol{\theta}, \boldsymbol{y}_0, t)] p_{\boldsymbol{\Theta}}(\boldsymbol{\theta}) = \prod_{l=1}^{m} \delta[y_l - H_l(\boldsymbol{\theta}, \boldsymbol{y}_0, t)] p_{\boldsymbol{\Theta}}(\boldsymbol{\theta}) \tag{6.102}$$

是 $[\boldsymbol{Y}(t), \boldsymbol{\Theta}]$ 的联合密度。不失一般性且为简洁起见，在这里将 $\boldsymbol{Y}_0 = \boldsymbol{y}_0$ 视为确定性向量。

将式(6.102)两边关于 t 求导，有

$$\frac{\partial p_{Y\boldsymbol{\Theta}}(\boldsymbol{y}, \boldsymbol{\theta}, t)}{\partial t}$$

$$= \frac{\partial}{\partial t} \prod_{l=1}^{m} \delta[y_l - H_l(\boldsymbol{\theta}, \boldsymbol{y}_0, t)] p_{\boldsymbol{\Theta}}(\boldsymbol{\theta})$$

$$
\begin{aligned}
&= \sum_{l=1}^{m} \prod_{k=1,\, k\neq l}^{m} \delta[y_k - H_k(\boldsymbol{\theta},\, \boldsymbol{y}_0,\, t)] \frac{\partial \delta[y_l - H_l(\boldsymbol{\theta},\, \boldsymbol{y}_0,\, t)]}{\partial t} p_{\boldsymbol{\Theta}}(\boldsymbol{\theta}) \\
&= \sum_{l=1}^{m} \left[-\frac{\partial H_l(\boldsymbol{\theta},\, \boldsymbol{y}_0,\, t)}{\partial t}\right] \prod_{k=1,\, k\neq l}^{m} \delta[y_k - H_k(\boldsymbol{\theta},\, \boldsymbol{y}_0,\, t)] \frac{\partial \delta[y_l - H_l(\boldsymbol{\theta},\, \boldsymbol{y}_0,\, t)]}{\partial y_l} p_{\boldsymbol{\Theta}}(\boldsymbol{\theta}) \\
&= \sum_{l=1}^{m} \left[-\frac{\partial H_l(\boldsymbol{\theta},\, \boldsymbol{y}_0,\, t)}{\partial t}\right] \frac{\partial}{\partial y_l} \prod_{k=1}^{m} \delta[y_k - H_k(\boldsymbol{\theta},\, \boldsymbol{y}_0,\, t)] p_{\boldsymbol{\Theta}}(\boldsymbol{\theta}) \\
&= -\sum_{l=1}^{m} h_l(\boldsymbol{\theta},\, \boldsymbol{y}_0,\, t) \frac{\partial p_{\boldsymbol{Y\Theta}}(\boldsymbol{y},\, \boldsymbol{\theta},\, t)}{\partial y_l}
\end{aligned}
\tag{6.103}
$$

或以另一种形式表述为

$$
\frac{\partial p_{\boldsymbol{Y\Theta}}(\boldsymbol{y},\, \boldsymbol{\theta},\, t)}{\partial t} + \sum_{l=1}^{m} h_l(\boldsymbol{\theta},\, \boldsymbol{y}_0,\, t) \frac{\partial p_{\boldsymbol{Y\Theta}}(\boldsymbol{y},\, \boldsymbol{\theta},\, t)}{\partial y_l} = 0 \tag{6.104}
$$

对比上式和多斯图波夫-普加乔夫方程(6.91)可知，这里偏微分运算中的系数和概率密度不再耦合。在数学形式上，这是因为将式(6.92)替换为了式(6.94)，因而，系数 $G_l(\cdot)$ 替换为 $h_l(\cdot)$。值得指出，这里已经由欧拉系统转换成了拉格朗日系统，即由状态空间描述变为随机事件描述。

对 $y_1,\, \cdots,\, y_{l-1},\, y_{l+1},\, \cdots,\, y_m$ 作多重积分，并记边缘密度为

$$
p_{Y_l\boldsymbol{\Theta}}(y_l,\, \boldsymbol{\theta},\, t) = \int p_{\boldsymbol{Y\Theta}}(\boldsymbol{y},\, \boldsymbol{\theta},\, t) \mathrm{d}y_1 \cdots \mathrm{d}y_{l-1} \mathrm{d}y_{l+1} \cdots \mathrm{d}y_m \tag{6.105}
$$

有

$$
\frac{\partial p_{Y_l\boldsymbol{\Theta}}(y_l,\, \boldsymbol{\theta},\, t)}{\partial t} + h_l(\boldsymbol{\theta},\, \boldsymbol{y}_0,\, t) \frac{\partial p_{Y_l\boldsymbol{\Theta}}(y_l,\, \boldsymbol{\theta},\, t)}{\partial y_l} = 0 \tag{6.106a}
$$

考虑到式(6.94)，有另一形式

$$
\frac{\partial p_{Y_l\boldsymbol{\Theta}}(y_l,\, \boldsymbol{\theta},\, t)}{\partial t} + \dot{Y}_l(\boldsymbol{\theta},\, t) \frac{\partial p_{Y_l\boldsymbol{\Theta}}(y_l,\, \boldsymbol{\theta},\, t)}{\partial y_l} = 0 \tag{6.106b}
$$

其中采用了

$$
p_{Y_l\boldsymbol{\Theta}}(y_l,\, \boldsymbol{\theta},\, t) \big|_{y_l\to\infty} = 0,\quad y_l p_{Y_l\boldsymbol{\Theta}}(y_l,\, \boldsymbol{\theta},\, t) \big|_{y_l\to\infty} = 0 \tag{6.107}
$$

显然，若 $n_Z = 1$，并将 $\boldsymbol{Z}$ 替换为 $\boldsymbol{Y}$，则式(6.106)和式(6.99)是等价的。

上述方程也可以由更直接的方式获得。由式(6.93)可知，$Y_l(t)$ 的密度为(参见附录 A)

$$
p_{Y_l}(y_l,\, t) = \int \delta[y_l - H_l(\boldsymbol{\theta},\, \boldsymbol{y}_0,\, t)] p_{\boldsymbol{\Theta}}(\boldsymbol{\theta}) \mathrm{d}\boldsymbol{\theta} \tag{6.108}
$$

因而，$[Y_l(t),\, \boldsymbol{\Theta}]$ 的联合密度为

$$p_{Y_l\boldsymbol{\Theta}}(y_l, \boldsymbol{\theta}, t) = \delta[y_l - H_l(\boldsymbol{\theta}, \boldsymbol{y}_0, t)]p_{\boldsymbol{\Theta}}(\boldsymbol{\theta}) \tag{6.109}$$

对上式两边关于 t 求导，有

$$\begin{aligned}
\frac{\partial p_{Y_l\boldsymbol{\Theta}}(y_l, \boldsymbol{\theta}, t)}{\partial t} &= \frac{\partial}{\partial t}\{\delta[y_l - H_l(\boldsymbol{\theta}, \boldsymbol{y}_0, t)]p_{\boldsymbol{\Theta}}(\boldsymbol{\theta})\} \\
&= \frac{\partial \delta[y_l - H_l(\boldsymbol{\theta}, \boldsymbol{y}_0, t)]p_{\boldsymbol{\Theta}}(\boldsymbol{\theta})}{\partial y_l} \frac{\partial [y_l - H_l(\boldsymbol{\theta}, \boldsymbol{y}_0, t)]}{\partial t} \\
&= -\frac{\partial H_l(\boldsymbol{\theta}, \boldsymbol{y}_0, t)}{\partial t} \frac{\partial p_{Y_l\boldsymbol{\Theta}}(y_l, \boldsymbol{\theta}, t)}{\partial y_l} \\
&= -h_l(\boldsymbol{\theta}, \boldsymbol{y}_0, t) \frac{\partial p_{Y_l\boldsymbol{\Theta}}(y_l, \boldsymbol{\theta}, t)}{\partial y_l}
\end{aligned} \tag{6.110}$$

这显然与式(6.106)相同。

显然，若将 $\boldsymbol{Y}$ 和 $\boldsymbol{h}$ 分别替换为 $\boldsymbol{Z}$ 和 $\boldsymbol{h}_{\boldsymbol{Z}}$，由上述推导也可以得到式(6.99)。

在上述推导中可注意到，当利用狄拉克 δ 函数时，开始从样本的角度处理问题。换言之，可以通过建立样本与概率密度之间的关系来获得概率密度演化方程。

6.5.2 线性系统：多斯图波夫-普加乔夫方程的解耦

对于线性系统，广义概率密度演化方程也可以通过多斯图波夫-普加乔夫方程的解耦获得，尽管它是一个高维偏微分方程。实际上，这正是对高维问题首次获得完全解耦的广义概率密度演化方程的途径(Li & Chen, 2004a)。

假设式(6.78)取如下形式

$$\dot{\boldsymbol{Y}} = \mathbf{a}(\boldsymbol{\Theta})\boldsymbol{Y} + \boldsymbol{F}(\boldsymbol{\Theta}, t),\ \boldsymbol{Y}(t_0) = \boldsymbol{Y}_0 \tag{6.111}$$

其中，$\mathbf{a} = [a_{lk}]_{m\times m}$，$\boldsymbol{F} = (F_1, \cdots, F_m)^{\mathrm{T}}$，可由运动方程确定，即采用式(6.74)至式(6.76)的变换。

在此情况下，式(6.78)中的分量 G_l 为

$$\dot{Y}_l(\boldsymbol{\Theta}, t) = G_l(\boldsymbol{Y}, \boldsymbol{\Theta}, t) = \sum_{k=1}^{m} a_{lk}(\boldsymbol{\Theta})Y_k + F_l(\boldsymbol{\Theta}, t) \tag{6.112}$$

将其代入多斯图波夫-普加乔夫方程(6.91)，有

$$\frac{\partial p_{\boldsymbol{Y\Theta}}}{\partial t} + \sum_{l=1}^{m} \frac{\partial}{\partial y_l}\left[\left(\sum_{k=1}^{m} a_{lk}y_k + F_l\right)p_{\boldsymbol{Y\Theta}}\right] = 0 \tag{6.113}$$

此处为表示方便，省略了 $a_{lk}(\cdot)$、$F_l(\cdot)$ 和 $p_{\boldsymbol{Y\Theta}}(\cdot)$ 里的变量。

式(6.113)可以进一步改写为

$$\frac{\partial p_{\mathbf{Y\Theta}}}{\partial t}+\sum_{l=1}^{m}\left(\sum_{k=1}^{m}a_{lk}y_k+F_l\right)\frac{\partial p_{\mathbf{Y\Theta}}}{\partial y_l}+p_{\mathbf{Y\Theta}}\mathrm{Tr}(\mathbf{a})=0 \tag{6.114}$$

式中：$\mathrm{Tr}(\mathbf{a})=\sum_{j=1}^{m}a_{jj}$，是矩阵 $\mathbf{a}$ 的迹。

将式(6.114)两边对 y_1，…，y_{l-1}，y_{l+1}，…，y_m 作积分，对式(6.114)左边的第一项和第三项，只需要将 $p_{\mathbf{Y\Theta}}$ 替换为 $p_{Y_l\mathbf{\Theta}}$［参见式(6.105)］，而对第二项，有

$$\begin{aligned}
&\int\sum_{j=1}^{m}\left(\sum_{k=1}^{m}a_{jk}y_k+F_j\right)\frac{\partial p_{\mathbf{Y\Theta}}}{\partial y_j}\mathrm{d}y_1\cdots\mathrm{d}y_{l-1}\mathrm{d}y_{l+1}\cdots\mathrm{d}y_m\\
=&\int\sum_{j=1}^{m}\sum_{k=1}^{m}a_{jk}y_k\frac{\partial p_{\mathbf{Y\Theta}}}{\partial y_j}\mathrm{d}y_1\cdots\mathrm{d}y_{l-1}\mathrm{d}y_{l+1}\cdots\mathrm{d}y_m+F_l\frac{\partial p_{Y_l\mathbf{\Theta}}}{\partial y_l}\\
=&\int\sum_{k=1}^{m}a_{lk}y_k\frac{\partial p_{\mathbf{Y\Theta}}}{\partial y_l}\mathrm{d}y_1\cdots\mathrm{d}y_{l-1}\mathrm{d}y_{l+1}\cdots\mathrm{d}y_m-\sum_{j=1,\,j\neq l}^{m}a_{jj}p_{Y_l\mathbf{\Theta}}+F_l\frac{\partial p_{Y_l\mathbf{\Theta}}}{\partial y_l}\\
=&\sum_{k=1,\,k\neq l}^{m}\int a_{lk}y_k\frac{\partial p_{Y_kY_l\mathbf{\Theta}}}{\partial y_l}\mathrm{d}y_k+a_{ll}y_l\frac{\partial p_{Y_l\mathbf{\Theta}}}{\partial y_l}-\sum_{j=1,\,j\neq l}^{m}a_{jj}p_{Y_l\mathbf{\Theta}}+F_l\frac{\partial p_{Y_l\mathbf{\Theta}}}{\partial y_l}
\end{aligned} \tag{6.115}$$

其中

$$p_{Y_kY_l\mathbf{\Theta}}(y_k,\ y_l,\ \boldsymbol{\theta},\ t)=\int p_{\mathbf{Y\Theta}}(\mathbf{y},\ \boldsymbol{\theta},\ t)\mathrm{d}y_1\cdots\mathrm{d}y_{k-1}\mathrm{d}y_{k+1}\cdots\mathrm{d}y_{l-1}\mathrm{d}y_{l+1}\cdots\mathrm{d}y_m \tag{6.116}$$

由于对给定的 $\boldsymbol{\theta}$，y_k 实质上只可以取唯一的值 $Y_k(\boldsymbol{\theta})$，从而式(6.115)变为

$$\begin{aligned}
&\int\sum_{j=1}^{m}\left(\sum_{k=1}^{m}a_{jk}y_k+F_j\right)\frac{\partial p_{\mathbf{Y\Theta}}}{\partial y_j}\mathrm{d}y_1\cdots\mathrm{d}y_{l-1}\mathrm{d}y_{l+1}\cdots\mathrm{d}y_m\\
=&\left[\sum_{k=1}^{m}a_{lk}Y_k(\boldsymbol{\theta})+F_l\right]\frac{\partial p_{Y_l\mathbf{\Theta}}}{\partial y_l}-\sum_{j=1,\,j\neq l}^{m}a_{jj}p_{Y_l\mathbf{\Theta}}
\end{aligned} \tag{6.117}$$

将其代入式(6.114)，有

$$\frac{\partial p_{Y_l\mathbf{\Theta}}}{\partial t}+\left[\sum_{k=1}^{m}a_{lk}Y_k(\boldsymbol{\theta})+F_l\right]\frac{\partial p_{Y_l\mathbf{\Theta}}}{\partial y_l}+a_{ll}p_{Y_l\mathbf{\Theta}}=0 \tag{6.118}$$

根据状态向量的定义，当这里的 Y_l 是位移，即 $l=n_{\mathrm{d}}+1$，$n_{\mathrm{d}}+2$，…，m 时，可知 $a_{ll}=0$，上式变为

$$\frac{\partial p_{Y_l\mathbf{\Theta}}}{\partial t}+\left[\sum_{k=1}^{m}a_{lk}Y_k(\boldsymbol{\theta})+F_l\right]\frac{\partial p_{Y_l\mathbf{\Theta}}}{\partial y_l}=0 \tag{6.119a}$$

与原多斯图波夫-普加乔夫方程那样的 m 维偏微分方程不同，式(6.119a)是一个一维方程。进一步地，注意到式(6.112)，可发现系数实质上就是速度，因而上式也可以写为

$$\frac{\partial p_{Y_l\mathbf{\Theta}}}{\partial t}+\dot{Y}_l(\boldsymbol{\theta},\ t)\frac{\partial p_{Y_l\mathbf{\Theta}}}{\partial y_l}=0 \tag{6.119b}$$

这正是式(6.106)。

上述推证使得高维概率密度演化方程解耦为一维方程,并使得线性系统情形下的问题得以大大简化。尽管它不适用于非线性系统,但已经采用了从随机事件描述的视角考虑概率密度演化的思想,特别是在式(6.117)的推导中。

6.5.3 初始和边界条件

若式(6.95)中的初值向量

$$\boldsymbol{Z}(t_0)=\boldsymbol{z}_0 \tag{6.120}$$

是确定性向量,其中 $\boldsymbol{z}_0=(z_{0,1}, \cdots, z_{0,n_Z})^{\mathrm{T}}$, 则式(6.99)的初始条件可写为

$$p_{\boldsymbol{Z\Theta}}(\boldsymbol{z}, \boldsymbol{\theta}, t_0)=\delta(\boldsymbol{z}-\boldsymbol{z}_0)p_{\boldsymbol{\Theta}}(\boldsymbol{\theta})=\prod_{l=1}^{n_Z}\delta(z_l-z_{0,l})p_{\boldsymbol{\Theta}}(\boldsymbol{\theta}) \tag{6.121a}$$

在初始条件也包含随机性的情形下,相应的随机变量可以被视为 $\boldsymbol{\Theta}$ 的一部分。对于这一情形,有

$$p_{\boldsymbol{Z\Theta}}(\boldsymbol{z}, \boldsymbol{\theta}, t_0)=p_{\boldsymbol{Z}_0}(\boldsymbol{z})p_{\boldsymbol{\Theta}}(\boldsymbol{\theta}) \tag{6.121b}$$

式中: $p_{\boldsymbol{Z}_0}(\boldsymbol{z})$ 是 $\boldsymbol{Z}_0$ 的联合密度。

对于 $\boldsymbol{Z}(t)$ 无外界约束的系统,式(6.99)的边界条件可以取

$$p_{\boldsymbol{Z\Theta}}(\boldsymbol{z}, \boldsymbol{\theta}, t)\,|_{z_l\to\infty}=0,\ l=1, \cdots, n_Z \tag{6.122}$$

而对于一些特殊情形(例如:在首次超越可靠度评估中),一些其他条件(如吸收边界条件)可以施加于方程(6.99)(Li & Chen, 2005; Chen & Li, 2005)。这将在第 8 章中讨论。

6.5.4 广义概率密度演化方程的物理意义

式(6.99)对物理系统中包含的任意物理量均成立。对于随机结构系统,式(6.96)中确定的 $\boldsymbol{Z}$ 可以是应力、应变、内力、位移、速度、加速度等的向量。特别地,若 $\boldsymbol{Z}$ 代表 $\boldsymbol{Y}$, 则式(6.99)实质上变为式(6.104);若 $\boldsymbol{Z}$ 代表 $\boldsymbol{Y}$ 的一个分量,如 $Y_l(t)$, 则式(6.99)等价于式(6.106)。在 $n_Z=1$ 的情形下,式(6.99)简化为一维偏微分方程,为清晰起见,重写为

$$\frac{\partial p_{Z\boldsymbol{\Theta}}(z, \boldsymbol{\theta}, t)}{\partial t}+h_Z(\boldsymbol{\theta}, t)\frac{\partial p_{Z\boldsymbol{\Theta}}(z, \boldsymbol{\theta}, t)}{\partial z}=0 \tag{6.123a}$$

或另一种形式

$$\frac{\partial p_{Z\boldsymbol{\Theta}}(z, \boldsymbol{\theta}, t)}{\partial t}+\dot{Z}(\boldsymbol{\theta}, t)\frac{\partial p_{Z\boldsymbol{\Theta}}(z, \boldsymbol{\theta}, t)}{\partial z}=0 \tag{6.123b}$$

式中: $\dot{Z}(\boldsymbol{\theta}, t)$ 是 $\boldsymbol{\Theta}=\boldsymbol{\theta}$ 情形下的速度。

若包含两个物理量,则式(6.99)变为

$$\frac{\partial p_{Z_1 Z_2 \boldsymbol{\Theta}}(z_1, z_2, \boldsymbol{\theta}, t)}{\partial t} + h_{Z,1}(\boldsymbol{\theta}, t) \frac{\partial p_{Z_1 Z_2 \boldsymbol{\Theta}}(z_1, z_2, \boldsymbol{\theta}, t)}{\partial z_1} + h_{Z,2}(\boldsymbol{\theta}, t) \frac{\partial p_{Z_1 Z_2 \boldsymbol{\Theta}}(z_1, z_2, \boldsymbol{\theta}, t)}{\partial z_2} = 0 \tag{6.124a}$$

或另一种形式

$$\frac{\partial p_{Z_1 Z_2 \boldsymbol{\Theta}}(z_1, z_2, \boldsymbol{\theta}, t)}{\partial t} + \dot{Z}_1(\boldsymbol{\theta}, t) \frac{\partial p_{Z_1 Z_2 \boldsymbol{\Theta}}(z_1, z_2, \boldsymbol{\theta}, t)}{\partial z_1} + \dot{Z}_2(\boldsymbol{\theta}, t) \frac{\partial p_{Z_1 Z_2 \boldsymbol{\Theta}}(z_1, z_2, \boldsymbol{\theta}, t)}{\partial z_2} = 0 \tag{6.124b}$$

式中：$\dot{Z}_1(\boldsymbol{\theta}, t)$ 和 $\dot{Z}_2(\boldsymbol{\theta}, t)$ 是 $\boldsymbol{\Theta} = \boldsymbol{\theta}$ 情形下相应的速度。

式(6.123b)揭示了广义概率密度演化方程的物理意义，即概率密度的变化是由于位置的变化。因此，概率密度变化的速率与位置变化的速率相关。该式清晰地展示了物理系统和概率演化之间密不可分的联系。有趣的是，回顾 6.5.2 节就会发现，式(6.119)用与本节不同的途径获得了同样的结果。

进一步地，区别于经典刘维尔方程和 FPK 方程的最重要一点是，无论物理量是否耦合，每个物理量的概率密度都是由于自身状态的变化，而非由其他分量。因此，广义概率密度演化方程可以是任意维度，而不受 n_Z 的约束。因此，可以在数值可行的前提下，提取任意一个、两个或多个物理量的概率信息，这将在下一章阐述。解耦的关键，是由随机事件描述结合(方程的)物理解答而非状态空间描述结合耦合物理方程来应用概率守恒原理。

上述两类不同描述的差异的内在原因，本质上源于不同的方法论。在 6.3 节阐述的状态空间描述中，研究者根据其不同的现象学来源、以不同的方式考察固定区域内的概率转移，如漂移和扩散效应。这要求对状态向量进行整体考虑，因为在所考察的固定区域所在的状态空间中，向量的每个分量都是必不可少的一维。另外，在随机事件描述中，强调概率的转移依附于随机事件及其概率测度，即：在本质上，概率的转移并非源自状态变化的现象学表征，而是源自其所蕴含的随机事件。换言之，概率密度的转移依附于物理演化过程。因此，可通过其与随机事件的联系，以统一的方式处理概率的转移。事实上，这一原理适用于所有的物理随机系统。

在上述意义下，称式(6.99)为**广义概率密度演化方程**(generalized density evolution equation, GDEE)①。通过求解广义概率密度演化方程来处理随机动力问题的方法称为**概率密度演化理论**(probability density evolution theory)(李杰 & 陈建兵，2006；Li & Chen，2008)。

---

① 在一些文献中，也将广义概率密度演化方程称为李-陈方程，例如：Nielsen SRK. Optimal Control of Power Outtake of Wave Energy Point Absorbers. Lecture Note，Aalberg University，2012. Nielsen SRK，Peng YB，Sichani MT. International Journal of Dynamic & Control，2016，4 (2)：221 - 232.——译者注

6.6 广义概率密度演化方程的解

6.6.1 解析解

6.6.1.1 特征线法

已经几次遇到了特征线法。这里讨论其基本思想和蕴含的物理意义。为简单起见，首先考虑一维一阶偏微分方程

$$\frac{\partial p(x, t)}{\partial t}+a(x, t)\frac{\partial p(x, t)}{\partial x}+b(x, t)p(x, t)=0 \tag{6.125}$$

式中：$p(x, t)$ 是 x 和 t 的未知函数；$a(x, t)$ 和 $b(x, t)$ 是 x 和 t 的已知函数。注意到，若 $b(x, t)=\partial a(x, t)/\partial x$，则式(6.125)变为

$$\frac{\partial p(x, t)}{\partial t}+\frac{\partial}{\partial x}[p(x, t)a(x, t)]=0 \tag{6.126}$$

这就是 6.3.1 节中阐述的刘维尔方程。

若引入参数 τ，并利用参数方程

$$\begin{cases}x=x(\tau)\\ t=t(\tau)\end{cases} \tag{6.127}$$

则有

$$\frac{\mathrm{d}p[x(\tau), t(\tau)]}{\mathrm{d}\tau}=\frac{\partial p(x, t)}{\partial t}\frac{\mathrm{d}t}{\mathrm{d}\tau}+\frac{\partial p(x, t)}{\partial x}\frac{\mathrm{d}x}{\mathrm{d}\tau} \tag{6.128}$$

对比上式与式(6.125)会发现，当取

$$\frac{\mathrm{d}t}{\mathrm{d}\tau}=1,\ \frac{\mathrm{d}x}{\mathrm{d}\tau}=a(x, t) \tag{6.129}$$

式(6.125)变为

$$\frac{\mathrm{d}p[x(\tau), t(\tau)]}{\mathrm{d}\tau}+b[x(\tau), t(\tau)]p[x(\tau), t(\tau)]=0 \tag{6.130}$$

这里可见，式(6.129)确定了 $x-t$ 平面中参数方程(6.127)表示的曲线族。沿着这族曲线，偏微分方程(6.125)变为常微分方程(6.130)。这类曲线称为**特征曲线**(characteristic curves)或**特征线**(characteristics)。

注意到：式(6.129)的初始条件可以取为

$$t(0)=0,\ x(0)=\chi \tag{6.131}$$

因此，通过

$$\begin{cases}x=x(\chi,\ \tau)\\ t=t(\chi,\ \tau)=\tau\end{cases} \tag{6.132}$$

可将坐标系 $(x,\ t)$ 变换为坐标系 $(\chi,\ \tau)$。这表明，对于给定的初值 χ，式(6.132)[通过对式(6.129)积分]确定了 x-t 平面中的一条曲线，这是一条特定的特征曲线。图 6.6 展示了不同初值 χ_1 和 χ_2 下两条典型的特征曲线。式(6.132)中的变换是非奇异的，从而存在逆变换

$$\begin{cases}\chi=\chi(x,\ t)\\ \tau=\tau(x,\ t)=t\end{cases} \tag{6.133}$$

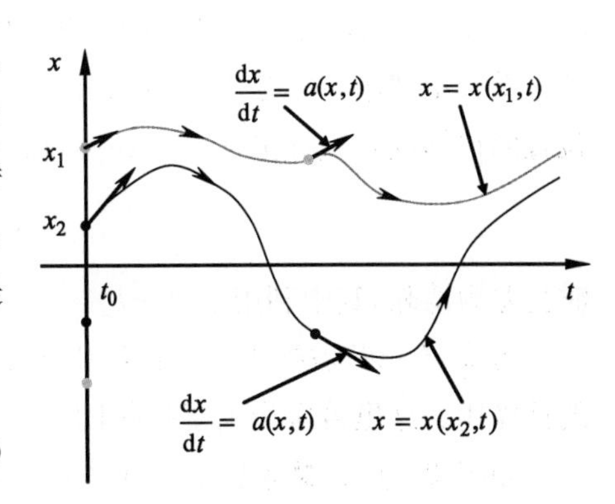

图 6.6　一阶偏微分方程的特征线

众所周知，式(6.130)的解可写为

$$\begin{aligned}f(\chi,\ \tau)&\triangleq p[x(\chi,\ \tau),\ t(\chi,\ \tau)]\\ &=p[x(\chi,\ \tau_0),\ t(\chi,\ \tau_0)]\exp\left\{-\int_{\tau_0}^{\tau}b[x(\chi,\ \tau),\ t(\chi,\ \tau)]\mathrm{d}\tau\right\}\end{aligned} \tag{6.134a}$$

这里将式(6.130)中的 $x(\tau)$ 和 $t(\tau)$ 分别替换为 $x(\chi,\ \tau)$ 和 $t(\chi,\ \tau)$。

注意到式(6.131)和式(6.132)，式(6.134a)变为

$$f(\chi,\ \tau)=p[x(\chi,\ \tau),\ t(\chi,\ \tau)]=p_0(\chi)\exp\left\{-\int_0^{\tau}b[x(\chi,\ \tau),\ t(\chi,\ \tau)]\mathrm{d}\tau\right\} \tag{6.134b}$$

式中：$p_0(\chi)$ 是 $p(x,\ t)$ 的初始函数，即 $p(x,\ 0)=p_0(\chi)$。

引入式(6.133)中的逆变换，就会得到原方程(6.125)的解

$$p(x,\ t)=f(\chi,\ \tau)\Big|_{\substack{\chi=\chi(x,\ t)\\ \tau=\tau(x,\ t)}}=p_0[\chi(x,\ t)]\exp\left\{-\int_0^{\tau}b[x(\chi,\ \tau),\ t(\chi,\ \tau)]\mathrm{d}\tau\right\}\Big|_{\substack{\chi=\chi(x,\ t)\\ \tau=\tau(x,\ t)}} \tag{6.135}$$

上述求解一阶偏微分方程的方法称为**特征线法**(method of characteristics)(Hodge Jr, 1950; Petrovsky, 1954; Farlow, 1993; Sarra, 2003)。

特征线法的物理意义是十分有趣的。由式(6.129)和式(6.131)可看出，特征曲线由下式确定

$$\frac{\mathrm{d}x}{\mathrm{d}t}=a(x,\ t),\ x(0)=\chi \tag{6.136}$$

若 $b(x,\ t)=0$，则由式(6.130)，有

$$\frac{\mathrm{d}p[x(\chi,\tau),\ t(\chi,\tau)]}{\mathrm{d}\tau}=0 \tag{6.137}$$

这里注意到，χ 是不随 τ 变化的。这表明，沿着给定 χ 下由式(6.132)确定的特征曲线，$p(x,t)$ 是不变的，且等于 $p(\chi,0)$。对 $p(x,t)$ 是概率密度函数的情形，这意味着沿着特征曲线概率密度守恒。这其中蕴含了概率守恒原理的随机事件描述。这一点结合6.2.2.1节来看会更清晰。实际上，若只有初始条件中包含随机性，则易知特征曲线是所研究粒子位置的拉格朗日坐标描述。这在回顾式(6.132)并将其写为

$$x=x(\chi,t) \tag{6.138}$$

时会尤为清晰，其中利用了 $\tau=t$。

当式(6.136)被视为欧拉系统中的状态空间方程时，它的解式(6.138)正是相应的拉格朗日描述。这里再次指出了拉格朗日描述与概率守恒之间的本质关系。

6.6.1.2 广义概率密度演化方程的解析解

现在考虑一类特殊情形。将式(6.125)变为

$$\frac{\partial p(x,t)}{\partial t}+a(t)\frac{\partial p(x,t)}{\partial x}=0 \tag{6.139}$$

它实质上与给定 $\boldsymbol{\theta}$ 下一维广义密度方程(6.123)是同一形式。在此情形下，由式(6.129)及初始条件(6.131)，特征曲线可写为

$$x=\chi+\int_0^t a(\tau)\mathrm{d}\tau=\chi+\psi(t) \tag{6.140}$$

这里 $\psi(t)=\int_0^t a(\tau)\mathrm{d}\tau$。

由式(6.135)可知，式(6.139)的解为

$$p(x,t)=p_0[x-\psi(t)] \tag{6.141}$$

其中 $p_0(x)$ 是 $p(x,t)$ 的初始函数。这实际上是以速度 $a(t)$ 传播的单项波(Graff, 1975)。

现在考虑式(6.123)

$$\frac{\partial p_{Z\Theta}(z,\boldsymbol{\theta},t)}{\partial t}+h_Z(\boldsymbol{\theta},t)\frac{\partial p_{Z\Theta}(z,\boldsymbol{\theta},t)}{\partial z}=0$$

根据式(6.141)，其解为

$$p_{Z\Theta}(z,\boldsymbol{\theta},t)=p_0[z-H(\boldsymbol{\theta},t)] \tag{6.142}$$

其中

$$H(\boldsymbol{\theta},t)=\int_0^t h_Z(\boldsymbol{\theta},\tau)\mathrm{d}\tau \tag{6.143}$$

注意到

$$p_0(z)=\delta(z-z_0)p_{\boldsymbol{\Theta}}(\boldsymbol{\theta}) \tag{6.144}$$

结合式(6.142)和式(6.144)，有

$$p_Z(z,t)=\int_{\Omega_{\boldsymbol{\Theta}}}p_{Z\boldsymbol{\Theta}}(z,\boldsymbol{\theta},t)\mathrm{d}\boldsymbol{\theta}=\int_{\Omega_{\Theta}}\delta[z-H(\boldsymbol{\theta},t)]p_{\boldsymbol{\Theta}}(\boldsymbol{\theta})\mathrm{d}\boldsymbol{\theta} \tag{6.145}$$

若仅包含一个随机参数 Θ，有

$$p_Z(z,t)=\int_{\Omega_{\Theta}}\delta[z-H(\theta,t)]p_{\Theta}(\theta)\mathrm{d}\theta \tag{6.146}$$

考虑狄拉克 δ 函数的积分法则(参见附录 A)，上式可以进一步写为

$$p_Z(z,t)=|J|p_{\Theta}(\theta)|_{\theta=H^{-1}(z,t)} \tag{6.147}$$

式中：$|J|=|\partial H^{-1}/\partial z|$。

这一封闭形式的解与 6.5.1.2 节中采用的是一致的。根据式(6.146)，式(6.106)的解即为式(6.109)。

例 6.2：不确定性单自由度系统的响应

考虑单自由度系统

$$\ddot{X}+\omega^2X=0,\ \dot{X}(0)=0,\ X(0)=x_0 \tag{6.148}$$

式中：ω 是在 $[\omega_1,\omega_2]$ 上均匀分布的随机变量。

由于 ω 是随机变量，则响应 $X(t)$ 是随机过程。系统(6.148)的位移和速度的形式解可写为

$$\begin{cases}X=x_0\cos(\omega t)\\ \dot{X}=-x_0\omega\sin(\omega t)\end{cases} \tag{6.149}$$

为清楚起见，将 ω 记为 Θ。过程 (X,Θ) 的广义概率密度演化方程可写为

$$\frac{\partial p_{X\Theta}(x,\theta,t)}{\partial t}-x_0\theta\sin(\theta t)\frac{\partial p_{X\Theta}(x,\theta,t)}{\partial x}=0 \tag{6.150}$$

根据式(6.142)，在初始条件

$$p_{X\Theta}(x,\theta,t_0)=\delta(x-x_0)p_{\Theta}(\theta) \tag{6.151}$$

下，式(6.150)的解为

$$p_{X\Theta}(x,\theta,t)=\delta[x-x_0\cos(\theta t)]p_{\Theta}(\theta) \tag{6.152}$$

因而根据式(6.146)，有

$$p_X(x,t)=\int\delta[x-x_0\cos(\theta t)]p_{\Theta}(\theta)\mathrm{d}\theta \tag{6.153}$$

进而[参见式(6.147)]

$$p_X(x, t)=\begin{cases}\dfrac{1}{\sqrt{x_0^2-x^2}}\sum_{l=0}^{\infty}\left[p_\eta\left(2l\pi+2\pi-\arccos\dfrac{x}{x_0}, t\right)\right. & |x|\leqslant|x_0| \\ \quad\left.+p_\eta\left(2l\pi+\arccos\dfrac{x}{x_0}, t\right)\right], & \\ 0, & |x|>|x_0|\end{cases} \tag{6.154}$$

其中 $\eta=\Theta t$，且

$$p_\eta(x)=\frac{1}{t}p_\Theta\left(\frac{x}{t}\right)$$

$$p_\Theta(\theta)=\begin{cases}\dfrac{1}{\omega_2-\omega_1}, & \omega_1\leqslant\theta\leqslant\omega_2 \\ 0, & \theta<\omega_1 \text{ or } \theta>\omega_2\end{cases} \tag{6.155}$$

图 6.7 显示了式(6.154)给出的不同时刻的典型概率密度函数(Li & Chen，2004a)。

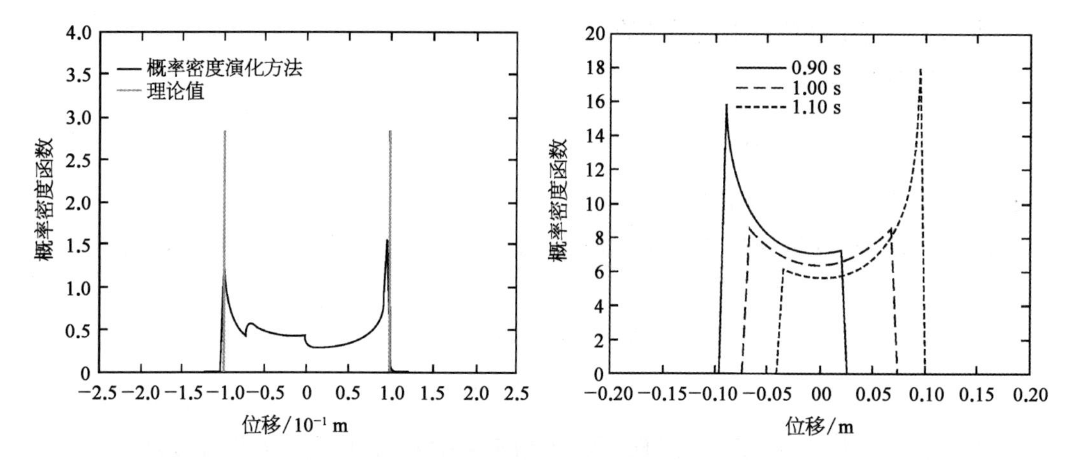

图 6.7　典型不同时刻的概率密度函数

6.6.2　广义概率密度演化方程的数值求解过程

6.6.2.1　数值求解流程

通过广义概率密度演化方程求解随机动力系统，必须建立一些特殊方法。这里仅做简单概述。下一章再进行更多的详细讨论。

可见，式(6.99)是线性偏微分方程，其中不包含关于 $\boldsymbol{\theta}$ 的偏导数。即对给定的 $\boldsymbol{\theta}$，式(6.99)变为关于仅含变量 z 和 t 的未知函数的偏微分方程。一旦获得了时变系数 $\dot{Z}_l(\boldsymbol{\theta}, t)$，该方程自然可以通过数值方法求解。

因此，为求解广义概率密度演化方程，首先需要在随机参数空间 $\Omega_{\boldsymbol{\Theta}}$ 中选择一系列代表性点，然后对每一个选择的代表性点进行确定性动力分析以获得 $\dot{Z}_l(\boldsymbol{\theta}, t)$。然后，可以将这些结果代入广义概率密度演化方程，并通过某一类数值方法求解。最后综合关于

所有代表性点的结果，以获得感兴趣响应的瞬时概率密度。为简单起见，考虑一维广义概率密度演化方程(6.123)的求解。对式(6.99)可以采用相同的思想。

显然，上述流程通常包含以下四个步骤：

步骤 1：在随机参数空间 $\Omega_{\boldsymbol{\Theta}}$ 中选择代表性点。

记该点集为 $\mathcal{P}=\{\boldsymbol{\theta}_q=(\theta_{1,q}, \cdots, \theta_{s,q}) \mid q=1, \cdots, n_{\text{sel}}\}$，其中 s 为 6.4.1 节中涉及的随机变量的总数，n_{sel} 为点集的维数。对于每一个代表性点 $\boldsymbol{\theta}_q$，存在一个代表性体积(区域)，即沃罗诺伊(Voronoi)区域 $\mathcal{V}_q$ (Barndorff-Nielsen et al., 1999; Conway & Sloane, 1999)。这些区域是 $\Omega_{\boldsymbol{\Theta}}$ 的一种划分形式。将该区域上的概率测度赋予该点，并记为 P_q，亦即①

$$P_q=\int_{\mathcal{V}_q} p_{\boldsymbol{\Theta}}(\boldsymbol{\theta})\mathrm{d}\boldsymbol{\theta} \tag{6.156}$$

显然，$\sum_{q=1}^{n_{\text{sel}}} P_q=1$。相应的初始条件(6.121)可离散为

$$\begin{cases} p_{Z\boldsymbol{\Theta}}(z, \boldsymbol{\theta}_q, t_0)=\delta(z-z_0)P_q, & q=1, \cdots, n_{\text{sel}} \\ p_{Z\boldsymbol{\Theta}}(z, \boldsymbol{\theta}_q, t_0)=p_{Z_0}(z)P_q, & q=1, \cdots, n_{\text{sel}} \end{cases} \tag{6.157}$$

步骤 2：对每一个代表性点 $\boldsymbol{\theta}_q$，对动力系统(6.92)取 $\boldsymbol{\Theta}=\boldsymbol{\theta}_q$ 进行确定性分析，从而由式(6.95)获得速度 $\dot{Z}(\boldsymbol{\theta}_q, t)$。

步骤 3：对每一个代表性点 $\boldsymbol{\theta}_q$，将步骤 2 中获得的 $\dot{Z}(\boldsymbol{\theta}_q, t)$ 代入式(6.123)的离散格式

$$\frac{\partial p_{Z\boldsymbol{\Theta}}(z, \boldsymbol{\theta}_q, t)}{\partial t}+\dot{Z}(\boldsymbol{\theta}_q, t)\frac{\partial p_{Z\boldsymbol{\Theta}}(z, \boldsymbol{\theta}_q, t)}{\partial z}=0, \ q=1, \cdots, n_{\text{sel}} \tag{6.158}$$

然后在初始条件(6.157)下由有限差分法求解上式。在该步中，应对空间 (z, t) 划分网格。记网格节点为 (z_i, t_k)，$i=0, \pm 1, \pm 2, \cdots$，$k=0, 1, 2, \cdots$，其中 $z_i=i\Delta z$，$t_k=k\Delta t$，$k=0, 1, 2, \cdots$，Δz 是 z 方向的空间步长，Δt 是时间步长，从而将式(6.158)转化为代数方程组，并可以求解以给出节点处的概率密度值，记为 $p_{Z\boldsymbol{\Theta}}(z_i, \boldsymbol{\theta}_q, t_k)$。

步骤 4：综合步骤 3 的结果，通过式(6.100)的离散格式获得瞬时概率密度

$$p_Z(z_i, t_k)=\sum_{q=1}^{n_{\text{sel}}} p_{Z\boldsymbol{\Theta}}(z_i, \boldsymbol{\theta}_q, t_k) \tag{6.159}$$

6.6.2.2　一维刘维尔系统的求解过程示意

为进一步阐明广义概率密度演化方程的意义及其与刘维尔方程的区别，考虑仅包含初始条件随机性的一维系统的求解过程

$$\dot{\boldsymbol{X}}=A(X, t), \ X(t_0)=X_0 \tag{6.160}$$

式中：X_0 是密度为 $p_{X_0}(x_0)$ 的随机变量。

---

① 这随后将在 7.2.2 节中阐述。

记 $X(t)$ 的密度为 $p_X(x, t)$。根据式(6.29)，刘维尔方程及其初始条件分别为

$$\begin{cases}\dfrac{\partial p_X(x, t)}{\partial t}+\dfrac{\partial}{\partial x}[A(x, t)p_X(x, t)]=0 \\ p_X(x, t_0)=p_{X_0}(x)\end{cases} \tag{6.161}$$

另外，假设系统(6.160)及其速度的拉格朗日描述分别写为[参见式(6.123)]

$$X=H(X_0, t),\ \dot{X}=h(X_0, t) \tag{6.162}$$

考察 $[X(t), X_0]$，它是一个概率守恒系统，广义概率密度演化方程为

$$\frac{\partial p_{XX_0}(x, x_0, t)}{\partial t}+h(x_0, t)\frac{\partial p_{XX_0}(x, x_0, t)}{\partial x}=0 \tag{6.163a}$$

初始条件为

$$p_{XX_0}(x, x_0, t_0)=\delta(x-x_0)p_{X_0}(x_0) \tag{6.163b}$$

式中：$p_{XX_0}(x, x_0, t)$ 是 $[X(t), X_0]$ 的联合密度。

从而可以获得 $X(t)$ 的密度为

$$p_X(x, t)=\int p_{XX_0}(x, x_0, t)\mathrm{d}x_0 \tag{6.163c}$$

如果通过差分法数值求解上述方程组，对于系统(6.161)，求解过程是在 $x-t$ 平面的网格内进行的。首先将初始条件(6.161)离散化，然后通过差分格式求解式(6.161)，其中离散网格节点 (x_j, t_k) 处的速度场 $A(x, t)$ 可以逐时间步计算[图 6.8 (a)]。然而，对于系统(6.163)，首先要做的是选取随机参数 X_0 的一些代表点，可以将其记为 $x_{0,1}$，…，$x_{0,n_{\text{sel}}}$，然后在每个给定的 $x_{0,q}$ 下，对式(6.160)取时间积分，获得式(6.162)中的速度时程。然后利用速度时程由有限差分法求解式(6.163a)和(6.163b)。最后综合所有结果，获得式(6.163c)中所示的联合密度[图 6.8 (b)]。

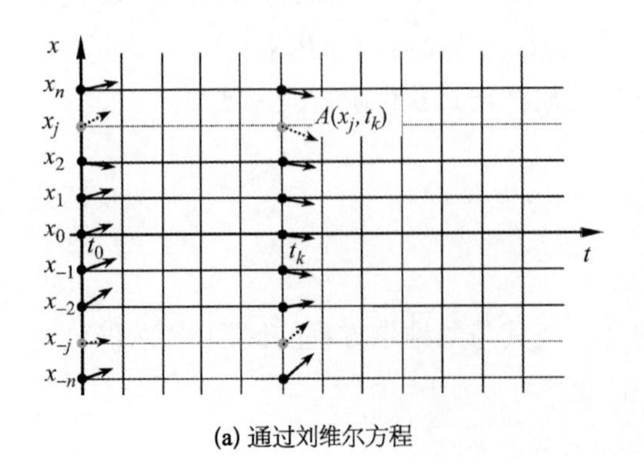

(a) 通过刘维尔方程

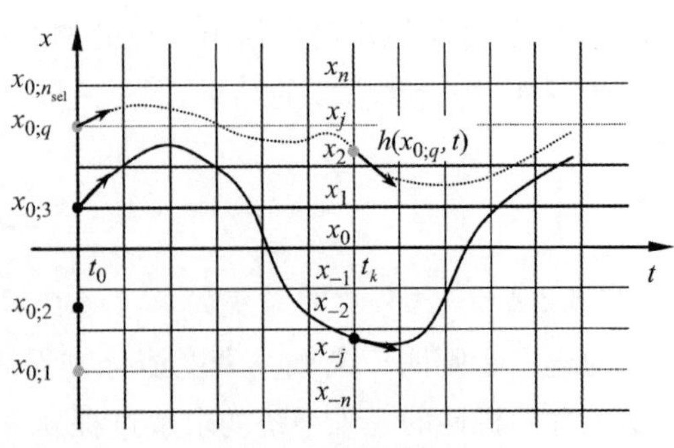

(b) 通过广义概率密度演化方程

图 6.8　求解过程示意

这里显而易见，刘维尔方程的求解过程采用了状态空间中的速度场，并逐时间步计算，而广义概率密度演化方程的求解过程则需要沿着一些代表轨迹，而非计算速度场。这

正是状态空间(欧拉)描述和随机事件(拉格朗日)描述之间的区别。

在该算例中，概率密度演化方法的实现过程似乎比刘维尔方程更复杂。然而，在大型系统的分析中，刘维尔方程是不可用的，因为需要处理多维偏微分方程，这对于高维通常是不可行的。相反，在概率密度演化方法中，多维问题相比于一维问题，并没有增加本质性困难。①

参考文献

[1] Arnold V I. Mathematical Methods of Classical Mechanics[M]. 2nd Edn. New York: Springer-Verlag, 1978.

[2] Barndorff-Nielsen O E, Kendall W S, Van Lieshout MNM (Eds). Stochastic Geometry: Likelihood and Computation[M]. Boca Raton: Chapman & Hall/CRC, 1999.

[3] Belytschko T, Liu W K, Moran B. Nonlinear Finite Elements for Continua and Structures[M]. New York: John Wiley & Sons, 2000.

[4] Chen J B, Li J. Dynamic response and reliability analysis of nonlinear stochastic structures[J]. Probabilistic Engineering Mechanics, 2005, 20(1): 33 - 44.

[5] Chen J B, Li J. A note on the principle of preservation of probability and probability density evolution equation[J]. Probabilistic Engineering Mechanics, 2009, 24(1): 51 - 59.

[6] Chung K L. A Course in Probability Theory[M]. 2nd Edn. New York: Academic Press, 1974.

[7] Conway J H, Sloane N J A. Sphere Packings, Lattices and Groups[M]. 3rd Edn. New York: Springer-Verlag, 1999.

[8] Dafermos C M. Hyperbolic Conservation Laws in Continuum Physics[M]. Berlin: Springer-Verlag, 2000.

[9] Dostupov B G, Pugachev V S. The equation for the integral of a system of ordinary differential equations containing random parameters[J]. Automatika i Telemekhanika, 1957, 18: 620 - 630.

[10] Einstein A. Über die von der molecular-kinetischen Theorie der Wärme geforderte Bewegung von in ruhenden Flüssigkeiten suspendierten Teilchen[J]. Annalen Der Physik, 1905, 322(8): 549 - 560.

[11] Farlow S J. Partial Differential Equations for Scientists and Engineers[M]. New York: Dover Publications Inc, 1993.

[12] Fokker A D. Die mittlere Energie rotierender elektrischer Dipole im Strahlungsfeld[J]. Annalen Der Physik, 1914, 348(5): 810 - 820.

[13] Fung Y C. A First Course in Continuum Mechanics: For Physical and Biological Engineers and Scientists[M]. Englewood Cliffs: Prentice-Hall, Inc, 1994.

[14] Fung Y C, Tong P. Classical and Computational Solid Mechanics[M]. Singapore: World Scientific,

① 在后来的文献中，本节及第 7 章阐述的数值方法一般被称为概率密度演化理论的点演化途径。概率密度演化理论的群演化途径可参见：Li J, Chen JB, Sun WL, Peng YB. Probabilistic Engineering Mechanics, 2012, 28 (4): 132 - 142. Tao WF, Li J. Probabilistic Engineering Mechanics, 2017, 48: 1 - 11.——译者注

2001.
[15] Gibbs J W. Elementary Principles in Statistical Mechanics[M]. Woodbrid: Ox Bow Press, 1981.
[16] Gihman I I, Skorohod A V. The Theory of Stochastic Processes Ⅲ[M]. Moscow: Nauka, 1975.
[17] Graff K F. Wave Motion in Elastic Solids[M]. London: Oxford University Press, 1975.
[18] Hodge Jr P G. On the method of characteristics[J]. The American Mathematical Monthly, 1950, 57(9): 621 - 623.
[19] Itô K. Essentials of Stochastic Processes[M]. Tokyo: Iwanami Shoten, 1957.
[20] Itô K, McKean Jr H P. Diffusion Processes and Their Sample Paths[M]. Berlin: Springer, 1965.
[21] Kolmogoroff A. Über die analytischen Methoden in der Wahrscheinlichkeitsrechnung[J]. Mathematische Annalen, 1931, 104(1): 415 - 458.
[22] Korn G A, Korn T M. Mathematical Handbook for Scientists and Engineers[M]. New York: McGraw-Hill, 1968.
[23] Kozin F. On the probability densities of the output of some random systems[J]. Journal of Applied Mechanics, 1961, 28(2): 161 - 164.
[24] Lasota A, Mackey M C. Chaos, Fractals, and Noise: Stochastic Aspects of Dynamics[M]. 2nd Edn. New York: Springer-Verlag, 1994.
[25] Li J, Chen J B. Probability density evolution method for dynamic response analysis of stochastic structures[C]. Hangzhou: Proceeding of the 5th International Conference on Stochastic Structural Dynamics, 2003.
[26] Li J, Chen J B. Probability density evolution method for dynamic response analysis of structures with uncertain parameters[J]. Computational Mechanics, 2004a, 34: 400 - 409.
[27] Li J, Chen J B. Seismic dynamics response analysis of stochastic structures exhibiting nonlinearity [C]. Nanjing: Proceedings of the 3rd International Conference on Earthquake Engineering, 2004b.
[28] Li J, Chen J B. Dynamic response and reliability analysis of structures with uncertain parameters [J]. International Journal for Numerical Methods in Engineering, 2005, 62(2): 289 - 315.
[29] Li J, Chen J B. The probability density evolution method for dynamic response analysis of nonlinear stochastic structures[J]. International Journal for Numerical Methods in Engineering, 2006, 65: 882 - 903.
[30] Li J, Chen J B. The principle of preservation of probability and the generalized density evolution equation[J]. Structural Safety, 2008, 30(1): 65 - 77.
[31] Lin Y K. Probabilistic Theory of Structural Dynamics[M]. New York: McGraw-Hill Book Company, 1967.
[32] Liouville J. Sur la Theorie de la Variation des constantes arbitraries[J]. Journal de Mathématiques Pures et Appliquées, 1838, 3: 342 - 349.
[33] Loève M. Probability Theory[M]. Berlin: Springer-Verlag, 1977.
[34] Lützen J. Joseph Liouville 1809 - 1882: Master of Pure and Applied Mathematics[M]. New York: Springer-Verlag, 1990.
[35] Petrovsky I G. Lectures on Partial Differential Equations[M]. New York: Interscience Publishers, Inc, 1954.
[36] Planck M. Über einen Satz der statistischen Dynamik und seine Erweiterung in der Quantentheorie [J]. Sitzungsber, Preuß, Akad, Wiss, 1917, 24: 324 - 341.
[37] Risken H. The Fokker-Planck Equation: Methods of Solution and Applications[M]. Berlin: Springer-Verlag, 1984.

[38] Sarra S A. The method of characteristics with applications to conservation laws[J]. Journal of Online Mathematics & its Applications，2003，3：1－16.

[39] Soong T T. Random Differential Equations in Science and Engineering[M]. New York：Academic Press，1973.

[40] Stratonovich R L. Topics in the Theory of Random Noise. Volume Ⅰ：General Theory of Random Processes Nonlinear Transformations of Signals and Noise[M]//Silverman R A (Trans). Gordon & Breach，New York：Science Publishers，Inc，1963.

[41] Strogatz S H. Nonlinear Dynamics and Chaos with Applications to Physics，Biology，Chemistry and Engineering[M]. Boca Raton：Westview Press，1994.

[42] Syski R. Stochastic differential equations[C]//Saaty TL (Ed). Modern Nonlinear Equations. New York：McGrawHill，1967.

[43] Zhu W Q. Nonlinear stochastic dynamics and control in Hamiltonian formulation[J]. Applied Mechanics Reviews，2006，59：230－248.

[44] 李杰，陈建兵. 随机动力系统中的广义概率密度演化方程[J]. 自然科学进展，2006，16(6)：712－719.

[45] 朱位秋. 非线性随机动力学与控制—Hamilton 理论体系框架[M]. 北京：科学出版社，2003.

第 7 章　概率密度演化分析：数值方法

7.1　一阶偏微分方程的数值求解

7.1.1　有限差分法

尽管已有许多关于一阶偏微分方程解析解的探索，但对更多实际关心的问题，更可行的途径是寻求数值解。由于广义概率密度演化方程作为一阶偏微分方程，在形式上类似于流体力学中的守恒方程，因此，在那里所发展的方法可以应用于概率密度演化方法之中。事实上，一阶偏微分方程的数值方法，如有限差分法、有限体积法、胞映射法等，尤其是因计算流体动力学的需要而产生的一些特殊方法或格式(Anderson Jr，1995；Wesseling，2001)已经有了完善的发展。有限差分法在一般教材中已有完备的阐述(Mitchell & Griffiths，1980；Smith，1985；Stricwerda，1989)，特别是处理物理系统中守恒律的问题时(Godlewski & Raviart，1996)。当采用适当的差分格式时，它在概率密度演化分析中也有着很好的表现(Li & Chen，2004)。

不失一般性，首先处理式(6.139)形式的方程。为方便参照，将它重写在这里

$$\frac{\partial p(x,t)}{\partial t}+a(t)\frac{\partial p(x,t)}{\partial x}=0 \tag{7.1}$$

这是双曲型偏微分方程。

有限差分法的基本思想是将偏微分方程(7.1)离散为代数方程，称为差分方程。

为采用有限差分法，要用两组直线

$$x=x_j,\ t=t_k,\ j=0,\ \pm 1,\ \pm 2,\ \cdots,\ k=0,\ 1,\ 2,\ \cdots \tag{7.2}$$

对 $x-t$ 平面划分网格，以获得时间步长为 Δt、空间网格尺寸为 Δx 的均匀网格。为表述方便，将点 $(x_j=j\Delta x,\ t_k=k\Delta t)$ 处的值 $p(x_j,t_k)$ 记为 $p_j^{(k)}$。将偏微分表示为节点处值的差分，将给出一组代数方程，求解代数方程就给出了 $p(x_j,t_k)$ 的近似值。显然，不同的差分格式会得到偏微分的不同近似表达。

7.1.1.1　单边差分格式

采用关于 t 的一阶泰勒展开

$$p_j^{(k+1)} = p_j^{(k)} + \left(\frac{\partial p}{\partial t}\right)_j^{(k)} \Delta t + o(\Delta t) \tag{7.3}$$

可以将关于 t 的偏导数近似为

$$\left(\frac{\partial p}{\partial t}\right)_j^{(k)} \doteq \frac{p_j^{(k+1)} - p_j^{(k)}}{\Delta t} \tag{7.4}$$

同样，关于 x 的一阶泰勒展开

$$p_j^{(k)} = p_{j-1}^{(k)} + \left(\frac{\partial p}{\partial x}\right)_{j-1}^{(k)} \Delta x + o(\Delta x) \tag{7.5}$$

因而，关于 x 的偏导数可以近似为

$$\left(\frac{\partial p}{\partial x}\right)_{j-1}^{(k)} \doteq \frac{p_j^{(k)} - p_{j-1}^{(k)}}{\Delta x} \tag{7.6}$$

将式(7.4)和式(7.6)代入式(7.1)，将 $a(t)$ 替换为 $a^{(k)}$ 并重写该式，有

$$p_j^{(k+1)} = p_j^{(k)} - \lambda a^{(k)}(p_j^{(k)} - p_{j-1}^{(k)}) \tag{7.7a}$$

或另一种形式为

$$p_j^{(k+1)} = (1 - \lambda a^{(k)}) p_j^{(k)} + \lambda a^{(k)} p_{j-1}^{(k)} \tag{7.7b}$$

式中：$\lambda = \Delta t / \Delta x$，是时间步长和空间网格尺寸的比值。

该差分格式的示意图如图 7.1 所示。

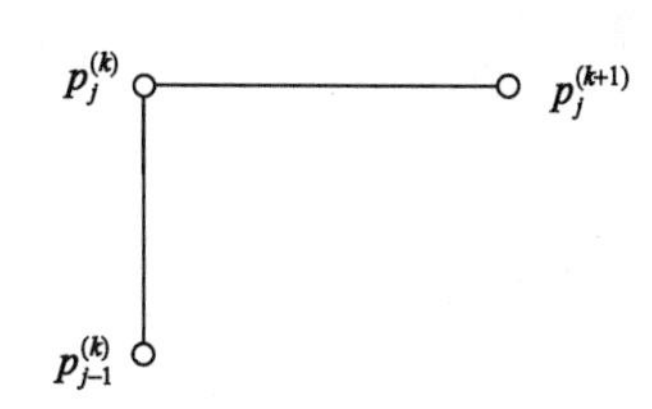

图 7.1　单边格式(7.7)

对于双曲型偏微分方程，一个差分格式最重要的特性是相容性、收敛性和稳定性。若当 $\Delta x \to 0$ 且 $\Delta t \to 0$ 时，差分方程趋近于原偏微分方程，则差分格式是**相容的**(consistent)。若 $\Delta x \to 0$ 且 $\Delta t \to 0$ 时，网格点处差分方程的解趋近于原偏微分方程的解，则差分格式是**收敛的**(convergent)。相容格式一般不能保证收敛性。**稳定性**(stability)在这里指数值稳定性，它要求差分方程解的计算值的增长是有界的。**拉克斯-里克特迈耶等价定理**(Lax-Richtmyer equivalent theorem)表明，**对于初值问题适定的偏微分方程，当且仅当它是稳定的，其相容的有限差分格式是收敛的**(Stricwerda，1989)。因此，应强调差分格式的稳定性。否则将不实用。

式(7.7)显然是相容的，因为式(7.4)和式(7.6)是相容的。

为理解式(7.7)的其他特性，考虑 $a^{(k)} \equiv a$ 的特殊情形。在此情形下，特征线是一组斜率为 a 的平行线，对于 $a > 0$ 和 $a < 0$，其过原点的线分别如图 7.2 (a)和(b)所示。

为简单起见，考虑初始条件①

---

① 应指出，采用这一初始条件也是不失一般性的，因为任意离散初始条件 $p_j^{(0)} = p_{j,0}$ $(j = 0, \pm 1, \pm 2, \cdots)$ 都可以表示为一种线性组合。此外，式(7.8)也是许多实际问题的离散初始条件，如式(6.121)在非常数因子下的离散。

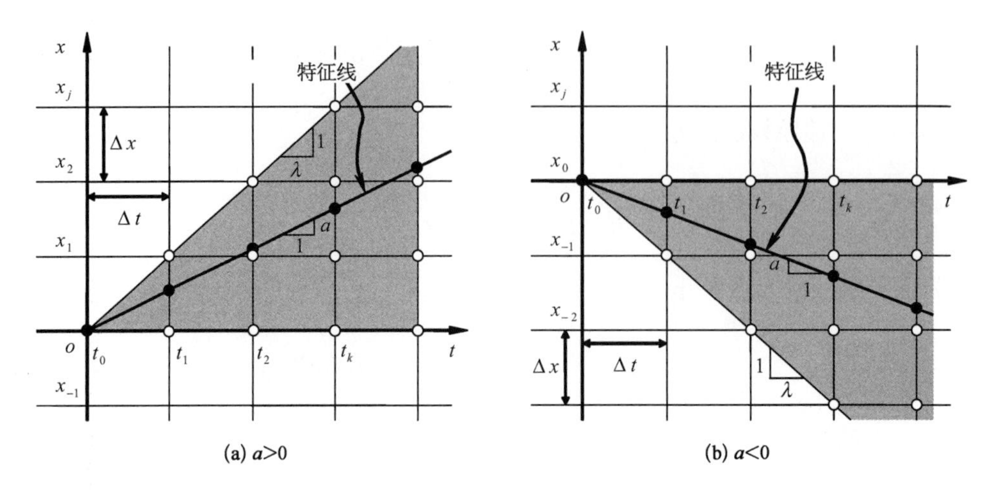

图 7.2 特征线和概率的传播

$$p_j^{(0)}=\delta_{0j}=\begin{cases}1, & j=0\\0, & j\neq 0\end{cases}\tag{7.8}$$

这意味着 $p_j^{(0)}$ 仅在原点处是非零的。这里 δ 是克罗内克 δ 记号。由式(7.7)可注意到,在 t_1, t_2, … 时刻的非零点会限制在图 7.2 (a)的阴影区域,用小空心圆点表示。在 $a>0$ 的情形下,概率实际上沿着过原点的特征线传播,在 t_1, t_2, … 时的点用黑色点表示。此外,注意到

$$x_0p_0^{(1)}+x_1p_1^{(1)}=a\Delta t\tag{7.9a}$$

且容易验证

$$\sum_j x_jp_j^{(k)}=ka\Delta t\tag{7.9b}$$

这意味着在给定时刻,(特征线上的)实际传播点是数值解中非零点的均值点。特别指出,应满足概率①$1\geqslant p_0^{(1)}\geqslant 0$, $1\geqslant p_1^{(1)}\geqslant 0$, 且 $x_0=0$, $x_1=\Delta x$, 由式(7.9a),有

$$0\leqslant p_1^{(1)}=\frac{a\Delta t}{\Delta x}\leqslant 1 \text{ 或 } 0\leqslant \lambda a\leqslant 1\tag{7.10}$$

若不满足式(7.10)会发生什么呢? 由式(7.7b)可知,若 $\lambda a>1$, 则

$$p_0^{(1)}=(1-\lambda a)p_0^{(0)}<0,\ p_1^{(1)}=\lambda a p_0^{(0)}>1\tag{7.11a}$$

进而

$$p_0^{(2)}=(1-\lambda a)^2p_0^{(0)},\ p_1^{(2)}=2(\lambda a-\lambda^2a^2)p_0^{(0)},\ p_2^{(2)}=\lambda^2a^2p_0^{(0)}\tag{7.11b}$$

实际上,通常有

---

① $p(x, t)$的量是概率密度函数。然而,将离散值理解为概率的值通常更方便。将离散初始条件 $p_j^{(0)}=\delta_{0j}/\Delta x$ 替换为 $p_j^{(0)}=\delta_{0j}$ 就可以了,如式(7.8)。当获得数值解后,再将 $p(x, t)$ 替换为 $p(x, t)/\Delta x$。

$$p_j^{(k)} = \binom{k}{j}(1-\lambda a)^{k-j}\lambda^j a^j p_0^{(0)} \tag{7.11c}$$

其中

$$\binom{k}{j} = \frac{k!}{j!\,(k-j)!}$$

是组合数。这会有

$$p_k^{(k)} = \lambda a p_{k-1}^{(k-1)} = \lambda^k a^k p_0^{(0)} = \lambda^k a^k \tag{7.11d}$$

若 $\lambda a > 1$，则这是一个随着 k 增长迅速的无界量。因此，若不满足式(7.10)，则格式(7.7)是不稳定的。

若 $a < 0$，则概率实际上沿着图 7.2 (b)所示的特征线传播。然而，格式(7.7)中的数值概率在图 7.2 (a)中的阴影区域内传播。在此情形下，由式(7.7b)或式(7.11c)，有

$$p_0^{(k)} = (1-\lambda a)p_0^{(k-1)} = (1-\lambda a)^k p_0^{(0)} = (1-\lambda a)^k \tag{7.12}$$

由于此时 $a < 0$，因此 $1-\lambda a > 0$，因而 $(1-\lambda a)^k$ 是一个随着 k 增长迅速的无界量，这意味着格式(7.7)是不稳定的。因此，在此情形下应修正该格式，使得传播方向在图 7.2 (b)中的阴影区域内。

将式(7.6)修正为

$$\frac{\partial p(x,\,t)}{\partial x} \doteq \frac{p_{j+1}^{(k)} - p_j^{(k)}}{\Delta x} \tag{7.13}$$

将式(7.13)和式(7.4)代入式(7.1)，有

$$p_j^{(k+1)} = p_j^{(k)} - \lambda a^{(k)}[p_{j+1}^{(k)} - p_j^{(k)}] \tag{7.14a}$$

或另一种形式为

$$p_j^{(k+1)} = (1+\lambda a^{(k)})p_j^{(k)} - \lambda a^{(k)} p_{j+1}^{(k)} \tag{7.14b}$$

类似地，为保证格式(7.14)的稳定性，要求有

$$1+\lambda a^{(k)} \geqslant 0 \text{ or } -1 \leqslant \lambda a^{(k)} \leqslant 0 \tag{7.15}$$

格式(7.14)的示意图如图 7.3 所示。

式(7.7)有时称为时间向前、空间向后格式，而式(7.14)称为时间向前、空间向前格式。应指出，根据上述分析，应根据 $a(t)$ 的符号选择合适的格式，使得数值解的传播方向与由特征曲线确定的真实解的传播相一致。

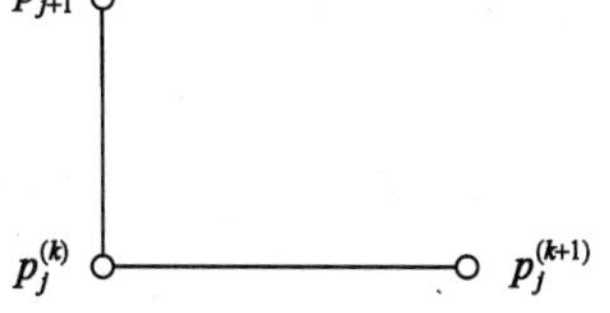

$p_{j+1}^{(k)}$　$p_j^{(k)}$　$p_j^{(k+1)}$

图 7.3　单边格式(7.14)

$a > 0$[式(7.7)]和 $a < 0$[式(7.14)]的格式也可以统一写为

$$p_j^{(k+1)} = (1-|\lambda a|)p_j^{(k)} + \frac{1}{2}(|\lambda a| - \lambda a)p_{j+1}^{(k)} + \frac{1}{2}(|\lambda a| + \lambda a)p_{j-1}^{(k)} \tag{7.16a}$$

或

$$p_j^{(k+1)} = -\lambda a p_{j+1}^{(k)} u(-a) + (1 - |\lambda a|) p_j^{(k)} + \lambda a p_{j-1}^{(k)} u(a) \tag{7.16b}$$

式中：$u(\cdot)$ 是赫维赛德(Heaviside)单位阶跃函数，当变量非负时值为 1，否则为零(参见附录 A)，这里将 $a^{(k)}$ 简记为 a。

条件(7.10)和条件(7.15)现在变为

$$|\lambda a^{(k)}| \leqslant 1 \tag{7.17}$$

实际上，这正是著名的柯朗-弗里德里希-列维(Courant-Friedrichs-Lewy，CFL)条件(Courant et al.，1928)。

单边格式(7.16)的一个优点是可以保证概率的非负性。而且，总概率是守恒的，即

$$\sum_j p_j^{(k)} = \sum_j p_j^{(0)} = 1 \tag{7.18}$$

这可以通过代入统一格式(7.16)加以验证。

然而，单边格式只有一阶精度，因为在式(7.3)、式(7.5)和式(7.13)中仅采用了泰勒级数的一阶展开近似。高精度的格式应保留高阶项，这将在后续章节阐述。

在结束本节之前，再来看统一格式(7.16)。可知式(7.16)是单步线性格式，即

$$p_j^{(k+1)} = \sum_{l=-\nu}^{\nu} c_l p_{j+l}^{(k)} \tag{7.19}$$

在此情形下，$\nu = 1$，$c_{-1} = (|\lambda a| + \lambda a)/2$，$c_0 = 1 - |\lambda a|$，$c_1 = (|\lambda a| - \lambda a)/2$。这表明，$t_{k+1}$ 时刻网格点处的值是 t_k 时刻网格点处值的线性组合。

然而，式(7.19)的物理意义并不十分清楚，特别是不能直接得到概率守恒。若记 $F(p) = ap(x, t)$ 为概率通量，则式(7.1)此时变为

$$\frac{\partial p}{\partial t} + \frac{\partial F(p)}{\partial x} = 0 \tag{7.20}$$

上式通常称为守恒型偏微分方程。当将 p 替换为 F，并采用式(7.4)和式(7.6)进行离散，有

$$p_j^{(k+1)} = p_j^{(k)} - \lambda(F_j^{(k)} - F_{j-1}^{(k)}) = p_j^{(k)} - \lambda \Delta F_{j-\frac{1}{2}}^{(k)} \tag{7.21a}$$

式中：$F_j^{(k)}$ 和 $F_{j-1}^{(k)}$ 是数值通量；$\Delta F_{j-1/2}^{(k)} = F_j^{(k)} - F_{j-1}^{(k)}$，是数值通量的差分①。

显然，式(7.21a)的物理意义比式(7.19)更为清晰。

现在，可以采用数值通量

$$F_j^{(k),\ \text{one-sided}} \triangleq F_j^{(k)} = \frac{1}{2}(a - |a|) p_{j+1}^{(k)} + \frac{1}{2}(a + |a|) p_j^{(k)} \tag{7.22}$$

① 这一惯用记法在数值分析和计算流体动力学中广泛使用，在后续章节中也会大量采用。对任意量 p_j，记 $\Delta p_{j+(2m-1)/2} = p_{j+m} - p_{j+m-1}$，$m = 0, \pm 1, \pm 2, \cdots$。例如，$\Delta p_{j+3/2} = p_{j+2} - p_{j+1}$，$\Delta p_{j-3/2} = p_{j-1} - p_{j-2}$。

将式(7.16)改写为式(7.21a)的形式。采用类似的记法，式(7.21a)也可以改写为

$$p_j^{(k+1)}=p_j^{(k)}-\frac{1}{2}(\lambda a-|\lambda a|)\Delta p_{j+\frac{1}{2}}^{(k)}-\frac{1}{2}(\lambda a+|\lambda a|)\Delta p_{j-\frac{1}{2}}^{(k)} \tag{7.21b}$$

式中：$\Delta p_{j+1/2}^{(k)}=p_{j+1}^{(k)}-p_j^{(k)}$，$\Delta p_{j-1/2}^{(k)}=p_j^{(k)}-p_{j-1}^{(k)}$。

7.1.1.2　双边差分格式

现在构造二阶精度的差分格式。若将关于 t 的泰勒展开项保留至二阶，则式(7.3)变为

$$p_j^{(k+1)}=p_j^{(k)}+\left(\frac{\partial p}{\partial t}\right)_j^{(k)}\Delta t+\frac{1}{2}\left(\frac{\partial^2 p}{\partial t^2}\right)_j^{(k)}\Delta t^2+o(\Delta t^2) \tag{7.23}$$

对式(7.1)两边关于 t 求导，有

$$\begin{aligned}\frac{\partial^2 p}{\partial t^2}&=\frac{\partial}{\partial t}\frac{\partial p}{\partial t}=\frac{\partial}{\partial t}\left[-a(t)\frac{\partial p}{\partial x}\right]=-\dot{a}(t)\frac{\partial p}{\partial x}-a(t)\frac{\partial}{\partial t}\frac{\partial p}{\partial x}\\&=-\dot{a}(t)\frac{\partial p}{\partial x}-a(t)\frac{\partial}{\partial x}\frac{\partial p}{\partial t}=-\dot{a}(t)\frac{\partial p}{\partial x}+a^2(t)\frac{\partial^2 p}{\partial x^2}\end{aligned} \tag{7.24a}$$

若 $a(t)$ 在时间段 $[t,\ t+\Delta t]$ 内是慢变的，则 $\dot{a}(t)\approx 0$，且有

$$\frac{\partial^2 p}{\partial t^2}=a^2(t)\frac{\partial^2 p}{\partial x^2} \tag{7.24b}$$

将式(7.1)和式(7.24b)代入式(7.23)，有

$$p_j^{(k+1)}=p_j^{(k)}-a(t)\left(\frac{\partial p}{\partial x}\right)_j^{(k)}\Delta t+\frac{a^2(t)}{2}\left(\frac{\partial^2 p}{\partial x^2}\right)_j^{(k)}\Delta t^2+o(\Delta t^2) \tag{7.25}$$

采用二阶精度的差分近似偏微分，$(\partial p/\partial x)_j^{(k)}$ 应表示为中心差分，即

$$\left(\frac{\partial p}{\partial x}\right)_j^{(k)}=\frac{p_{j+1}^{(k)}-p_{j-1}^{(k)}}{2\Delta x}+o(\Delta x^2) \tag{7.26a}$$

同时，二阶偏微分可以近似为二阶差分

$$\left(\frac{\partial^2 p}{\partial x^2}\right)_j^{(k)}=\frac{p_{j+1}^{(k)}+p_{j-1}^{(k)}-2p_j^{(k)}}{\Delta x^2}+o(\Delta x^2) \tag{7.26b}$$

将式(7.26)代入式(7.25)，并忽略 $o(\Delta t^2)$ 和 $o(\Delta x^2)$ 的影响，有

$$p_j^{(k+1)}=p_j^{(k)}-\frac{\lambda a}{2}[p_{j+1}^{(k)}-p_{j-1}^{(k)}]+\frac{\lambda^2 a^2}{2}[p_{j+1}^{(k)}+p_{j-1}^{(k)}-2p_j^{(k)}] \tag{7.27a}$$

为方便起见，$a^{(k)}$ 简记为 a①。该格式也可以改写为

---

① 这里指出，若考虑式(7.24a)中 $-\dot{a}(t)\partial p/\partial x$ 项的影响，则拉克斯-温德洛夫格式中 a 的值应取为 $a^{(k+1/2)}=(a^{(k)}+a^{(k+1)})/2$。证明留待读者。

$$p_j^{(k+1)}=(1-\lambda^2a^2)p_j^{(k)}+\frac{1}{2}(\lambda^2a^2-\lambda a)p_{j+1}^{(k)}+\frac{1}{2}(\lambda^2a^2+\lambda a)p_{j-1}^{(k)} \tag{7.27b}$$

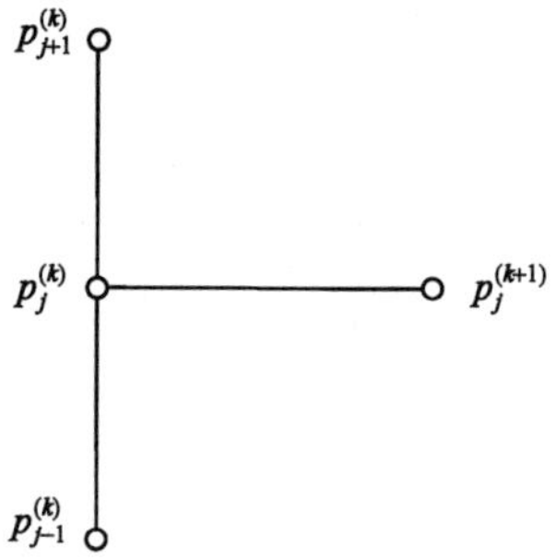

这就是广为使用的拉克斯-温德洛夫(Lax-Wendroff)格式(LeVeque, 1992),其示意图如图 7.4 所示。

图 7.4　双边格式(7.27)

将式(7.27b)改写为类似数值通量形式(7.21),此时数值通量为

$$F_j^{(k),\mathrm{LW}}\triangleq F_j^{(k)}=\frac{1}{2}(a-\lambda a^2)p_{j+1}^{(k)}+\frac{1}{2}(a+\lambda a^2)p_j^{(k)} \tag{7.27c}$$

将其与式(7.22)对比,发现

$$F_j^{(k),\mathrm{LW}}=F_j^{(k),\text{one-sided}}+\frac{1}{2}(|a|-\lambda a^2)\Delta p_{j+\frac{1}{2}}^{(k)} \tag{7.27d}$$

这表明拉克斯-温德洛夫格式的数值通量可以视为单边格式的数值通量加上一个二阶修正项。

为理解拉克斯-温德洛夫格式(7.27b)的特性,再次考虑如下情形的初始条件

$$p_j^{(0)}=\delta_{0j} \tag{7.8}$$

其中在初始时刻仅原点是非零点。

非零点在时刻 t_1, t_2, … 的传播如图 7.5 中的阴影区域所示,其中还标出了当 a 为常数时的特征线。显然可见,与单边格式相反,格式(7.27a)和格式(7.27b)对 $a>0$ 和 $a<0$ 皆可。

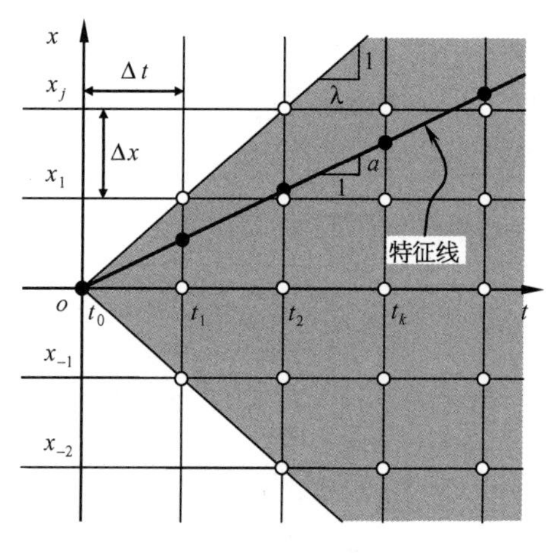

图 7.5　拉克斯-温德洛夫格式

结合式(7.8)和式(7.27b),有

$$p_{-1}^{(1)}=\frac{1}{2}(\lambda^2a^2-\lambda a)p_0^{(0)},\ p_0^{(1)}=(1-\lambda^2a^2)p_0^{(0)},\ p_1^{(1)}=\frac{1}{2}(\lambda^2a^2+\lambda a)p_0^{(0)} \tag{7.28a}$$

进而

$$p_{-k}^{(k)}=\left(\frac{\lambda^2a^2-\lambda a}{2}\right)^k p_0^{(0)},\ p_k^{(k)}=\left(\frac{\lambda^2a^2+\lambda a}{2}\right)^k p_0^{(0)} \tag{7.28b}$$

为保证 $p_{-k}^{(k)}$ 与 $p_k^{(k)}$ 随着 k 的增加是有界的,必须满足

$$\left|\frac{\lambda^2a^2-\lambda a}{2}\right|\leqslant 1,\ \left|\frac{\lambda^2a^2+\lambda a}{2}\right|\leqslant 1 \tag{7.28c}$$

从而

$$|\lambda a|\leqslant 1 \text{ or } |\lambda a^{(k)}|\leqslant 1 \tag{7.29}$$

这是拉克斯-温德洛夫格式的 CFL 条件。

重新考察图 7.2 和图 7.5，以及单边格式和拉克斯-温德洛夫格式的 CFL 条件，可知，无论单边或双边格式，CFL 条件都要求网格对角线的倾角覆盖特征线的倾角。

拉克斯-温德洛夫格式是二阶精度的，因为式(7.23)和式(7.26)中关于 Δt 和 Δx 的二阶项都保留了。采用拉克斯-温德洛夫格式，总概率仍是守恒的，即

$$\sum_j p_j^{(k)} = \sum_j p_j^{(0)} = 1 \tag{7.30a}$$

且均值点仍与由特征线确定的点重合。例如，在第一个时间步，可以改写为

$$x_{-1} p_{-1}^{(1)} + x_0 p_0^{(1)} + x_1 p_1^{(1)} = a\Delta t \tag{7.30b}$$

这可在式(7.28a)中验证。然而，不同于单边格式，其不能保证概率的非负性。

7.1.2　耗散、色散和总变差不增格式

差分格式的特征在判别数值解在物理上是否合理中起着关键作用。为理解这一点，首先考察精确解是分段连续函数的数值算例，如图 7.6 所示。可见，若采用单边差分格式，则数值解在左侧不连续点附近非常光滑，而在右侧不连续点附近出现小的高频振荡。另外，若采用拉克斯-温德洛夫格式，则数值解在左侧不连续点附近更接近精确解。然而，在两个不连续点左侧都出现了严重的高频振荡。

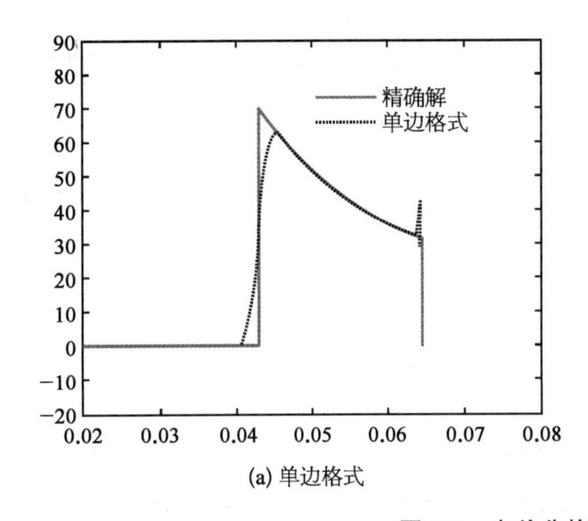

(a) 单边格式

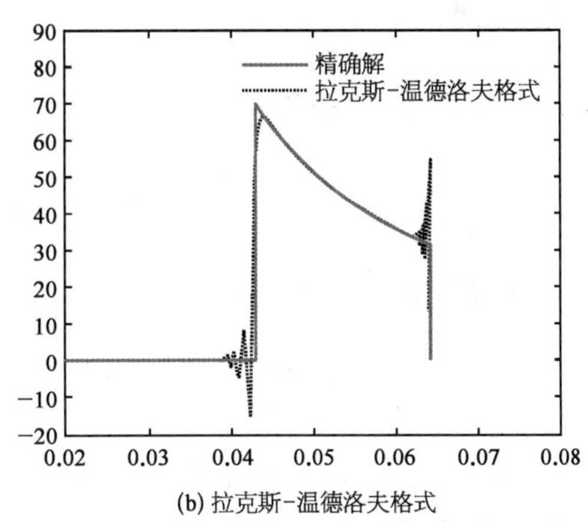

(b) 拉克斯-温德洛夫格式

图 7.6　由差分格式计算的数值解

光滑效应与**耗散**(dissipation)有关，而高频震荡是由**色散**(dispersion)引起的。直观地，当进行格式的稳定性分析时，由式(7.11)和式(7.12)可知，若满足 CFL 条件，则数值解的幅值是不增的。这意味着格式在发生耗散，而结果会比真实解更光滑。由修正方程(Warming & Hyett, 1974; Hedstrom, 1975; LeVeque, 1992)或冯·诺依曼(von Neumann)分析(Stricwerda, 1989)可给出更严格的基础。

7.1.2.1　差分格式的修正偏微分方程

在前述各节中，通过泰勒级数截断，将原偏微分方程在统一的网格上离散。由差分格式

获得的值 $p_j^{(k)}$ 是节点 (x_j, t_k) 处解的近似值。现在研究，若将 $p_j^{(k)}$ 视为精确值 $p(x_j, t_k)$，并将其代入差分方程，会发生什么。显然，由于差分方程是原微分方程的近似而非精确代替，自然希望 $p(x_j, t_k)$ 的值会满足某一类与原偏微分方程近似的偏微分方程。

首先考虑单边格式。为方便起见，这里采用式(7.7a)，并将 $a^{(k)}$ 替换为 a，$a>0$

$$p_j^{(k+1)}=p_j^{(k)}-\lambda a(p_j^{(k)}-p_{j-1}^{(k)}) \tag{7.31}$$

将 $p_j^{(k)}$ 替换为精确值 $p(x_j, t_k)$，式(7.31)变为

$$p(x_j, t_k+\Delta t)=p(x_j, t_k)-\lambda a[p(x_j, t_k)-p(x_j-\Delta x, t_k)] \tag{7.32a}$$

在 (x_j, t_k) 附近进行泰勒展开

$$\begin{aligned} & p(x_j, t_k+\Delta t) \\ & =p(x_j, t_k)+\frac{\partial p(x_j, t_k)}{\partial t}\Delta t+\frac{1}{2}\frac{\partial^2 p(x_j, t_k)}{\partial t^2}\Delta t^2+\frac{1}{6}\frac{\partial^3 p(x_j, t_k)}{\partial t^3}\Delta t^3+\cdots \end{aligned} \tag{7.32b}$$

$$\begin{aligned} & p(x_j-\Delta x, t_k) \\ & =p(x_j, t_k)-\frac{\partial p(x_j, t_k)}{\partial x}\Delta x+\frac{1}{2}\frac{\partial^2 p(x_j, t_k)}{\partial x^2}\Delta x^2-\frac{1}{6}\frac{\partial^3 p(x_j, t_k)}{\partial x^3}\Delta x^3+\cdots \end{aligned} \tag{7.32c}$$

采用式(7.24a)中类似的操作，有

$$\frac{\partial^2 p}{\partial t^2}=a^2\frac{\partial^2 p}{\partial x^2},\ \frac{\partial^3 p}{\partial t^3}=-a^3\frac{\partial^3 p}{\partial x^3} \tag{7.32d}$$

将式(7.32b)至式(7.32d)代入式(7.32a)，有①

$$\frac{\partial p}{\partial t}+a\frac{\partial p}{\partial x}=\frac{a(1-\lambda a)\Delta x}{2}\frac{\partial^2 p}{\partial x^2}+\frac{a(\lambda^2 a^2-1)\Delta x^2}{6}\frac{\partial^3 p}{\partial x^3} \tag{7.33}$$

可见，当 $\Delta x\rightarrow 0$，该偏微分方程趋近于原偏微分方程(7.1)。式(7.33)是差分格式(7.31)的**修正方程**(modified equation)。方程的右边是差分格式的**局部截断误差**(local truncation error)。

从物理上讲，式(7.33)右边第一项是耗散项，第二项是色散项。这意味着，在单边差分格式中，人为引入了耗散和色散。显然，扩散项是一类人为造成的耗散阻尼。特别是，由于色散项系数是 Δx 的高阶量，其影响通常小于耗散项。略去此项后，式(7.33)变为

$$\frac{\partial p}{\partial t}+a\frac{\partial p}{\partial x}=\frac{a(1-\lambda a)\Delta x}{2}\frac{\partial^2 p}{\partial x^2} \tag{7.34a}$$

---

① 该式与 LeVeque(1992)中不同，后者略去了方程右边的第二项，而这里的处理更为完整。

这正是热力学中的对流扩散方程。实际上，这也是扩散系数为 $a(1-\lambda a)\Delta x/2$ 的一维 FPK 方程。正如在 5.6.3.1 中的理解，该方程会使得解随时间越来越光滑。例如，初始 δ 函数会变为标准差逐渐增大的正态分布。顺便指出，对物理意义上的系统，要求

$$\frac{a(1-\lambda a)\Delta x}{2} \geqslant 0 \tag{7.35}$$

这实质上与式(7.10)给出的 CFL 条件是一致的。

更一般地，对于 $a>0$ 和 $a<0$，式(7.34a)变为

$$\frac{\partial p}{\partial t}+a\frac{\partial p}{\partial x}=\frac{|a|(1-\lambda|a|)\Delta x}{2}\frac{\partial^2 p}{\partial x^2} \tag{7.34b}$$

若注意式(7.27d)，则可知，拉克斯-温德洛夫格式中数值通量的修正显然与式(7.34b)右边是一致的，这也正是其如何达到二阶精度的原因。

对拉克斯-温德洛夫格式进行类似的处理。在此情形下，将式(7.32a)替换为

$$\begin{aligned}p(x_j,t_k+\Delta t)=&p(x_j,t_k)-\frac{\lambda a}{2}[p(x_j+\Delta x,t_k)-p(x_j-\Delta x,t_k)]\\&+\frac{\lambda^2a^2}{2}[p(x_j+\Delta x,t_k)+p(x_j-\Delta x,t_k)-2p(x_j,t_k)]\end{aligned} \tag{7.36}$$

将 (x_j,t_k) 附近的泰勒展开代入，并将上式重整为

$$\frac{\partial p}{\partial t}+a\frac{\partial p}{\partial x}=\frac{a(\lambda^2a^2-1)\Delta x^2}{6}\frac{\partial^3 p}{\partial x^3} \tag{7.37}$$

这里可见，局部截断误差即色散项，而没有耗散项。这是因为考虑了式(7.25)中泰勒展开的第二项，因而这里不出现耗散。实际上，拉克斯-温德洛夫格式的耗散是很小的。这可以在下一节中看到。然而，在此情形下，误差由色散效应控制。这造成了图 7.6 中在不连续点附近的非物理伪现象。

7.1.2.2　差分格式放大系数：冯·诺依曼分析

获得所有可能初始函数 $p_0(x)$ 下差分格式的特征并不容易。然而已经成功采用了利用某些特殊函数理解 5.2.1 节中所讨论系统特性的方法。类似于动力系统中的处理，可以通过考察差分方程中谐波的传播，来理解差分格式的特性。事实上，对采用克罗内克 δ 初始条件的情形[参见式(7.8)]，就是在试图通过考察差分方程中脉冲的传播来理解差分格式的特性。

由 5.2.1 节可知，任意物理实际函数都可以表示为傅里叶变换对

$$p_0(x)=\frac{1}{2\pi}\int_{-\infty}^{\infty}\widetilde{p}_0(\kappa)e^{i\kappa x}\mathrm{d}\kappa,\ \widetilde{p}_0(\kappa)=\int_{-\infty}^{\infty}p_0(x)e^{-i\kappa x}\mathrm{d}x \tag{7.38}$$

因此，可以只考虑初始函数是单位谐和函数 $p_0(x)=e^{i\kappa x}$，其中 κ 是波数。

注意到，单边格式和拉克斯-温德洛夫格式都是单步线性格式，它们可以写为式(7.19)的统一格式。为便于参考，这里重新记为

$$p_j^{(k+1)}=\sum_{l=-\nu}^{\nu}c_l p_{j+l}^{(k)} \tag{7.39}$$

易知，对于单边格式和拉克斯-温德洛夫格式，$\nu=1$，通过对比上式与式(7.16)和式(7.27b)可以确定系数 c_l。

$p_0(x)=e^{\mathrm{i}\kappa x}$ 的离散化初始条件为

$$p_j^{(0)}=e^{\mathrm{i}\kappa x_j}=e^{\mathrm{i}\kappa\Delta x j} \tag{7.40}$$

这里利用了 $x_j=j\Delta x$。

现在考虑式(7.39)的第一步

$$p_j^{(1)}=\sum_{l=-\nu}^{\nu}c_l p_{j+l}^{(0)}=\sum_{l=-\nu}^{\nu}c_l e^{\mathrm{i}\kappa\Delta x(j+l)}=\sum_{l=-\nu}^{\nu}c_l e^{\mathrm{i}\kappa\Delta x l}e^{\mathrm{i}\kappa\Delta x j}=\sum_{l=-\nu}^{\nu}c_l e^{\mathrm{i}\kappa\Delta x l}p_j^{(0)}=g(\vartheta)p_j^{(0)} \tag{7.41}$$

式中：$\vartheta=\kappa\Delta x$；

$$g(\vartheta)=\sum_{l=-\nu}^{\nu}c_l e^{\mathrm{i}\vartheta l} \tag{7.42}$$

是放大因子。

由于式(7.39)是线性运算，显然有

$$\begin{cases}p_j^{(k+1)}=g(\vartheta)p_j^{(k)}\\ p_j^{(k)}=g^k(\vartheta)p_j^{(0)}=g^k(\vartheta)e^{\mathrm{i}\vartheta j}\end{cases} \tag{7.43}$$

直观上讲，对于稳定格式，必须要求

$$|g(\vartheta)|\leqslant 1 \tag{7.44}$$

否则，由式(6.81)，$p_j^{(k)}$ 会随着 $k\to\infty$ 迅速增长且没有界限。这是对于 $\lambda=\Delta t/\Delta x$ 是常数的均匀网格情形。

对于 Δt 和 Δx 不是常数的情形，式(7.44)可以放宽至

$$|g(\vartheta,\Delta t,\Delta x)|\leqslant 1+K\Delta t \tag{7.45}$$

对所有 ϑ、$0\leqslant\Delta t\leqslant\Delta t_{\mathrm{b}}$ 和 $0\leqslant\Delta x\leqslant\Delta x_{\mathrm{b}}$ 成立。其中，K 是常数(独立于 ϑ、Δt 和 Δx)；Δt_{b} 和 Δx_{b} 是正的网格间距(Stricwerda，1989)。

根据式(7.42)易得放大因子，从而由式(7.44)或式(7.45)给出稳定性条件。更直接的方法是将式(6.81)代入差分格式。例如，若考察常数 $a>0$ 的单边格式(7.7b)

$$p_j^{(k+1)}=(1+\lambda a)p_j^{(k)}+\lambda a p_{j-1}^{(k)} \tag{7.46a}$$

将 $p_j^{(k)}$ 替换为 $g^k e^{\mathrm{i}\vartheta j}$ 后，有

$$g^{k+1}e^{\mathrm{i}\vartheta j}=(1+\lambda a)g^k e^{\mathrm{i}\vartheta j}+\lambda a g^k e^{\mathrm{i}\vartheta(j-1)} \tag{7.46b}$$

两边消去 $g^k e^{\mathrm{i}\vartheta j}$，有

$$g(\vartheta)=1-\lambda a(1-e^{-\mathrm{i}\vartheta}),\ |g(\vartheta)|^2=1-4\lambda a(1-\lambda a)\sin^2\frac{\vartheta}{2} \tag{7.46c}$$

对于常数 λ，利用式(7.44)和式(7.46c)，有

$$\lambda a\leqslant 1 \tag{7.46d}$$

这又一次给出格式(7.46a)的 CFL 条件。

可以对拉克斯-温德洛夫格式进行类似的处理。将式(6.81)代入格式(7.27b)，有

$$g^{k+1}e^{\mathrm{i}\vartheta j}=(1-\lambda^2a^2)g^k e^{\mathrm{i}\vartheta j}+\frac{1}{2}(\lambda^2a^2-\lambda a)g^k e^{\mathrm{i}\vartheta(j+1)}+\frac{1}{2}(\lambda^2a^2+\lambda a)g^k e^{\mathrm{i}\vartheta(j-1)} \tag{7.47a}$$

因而

$$g(\vartheta)=1-\lambda^2a^2+\lambda^2a^2\cos\vartheta-\mathrm{i}\lambda a\sin\vartheta \tag{7.47b}$$

$$|g(\vartheta)|^2=1-4\lambda^2a^2(1-\lambda^2a^2)\sin^4\frac{\vartheta}{2} \tag{7.47c}$$

由式(7.44)有

$$|\lambda a|\leqslant 1 \tag{7.47d}$$

这正是由式(7.29)给出的拉克斯-温德洛夫格式的 CFL 条件。

另外，由式(6.81)，对于常数 λ，在 $|g(\vartheta)|=1$ 的情形下，由于振幅没有衰减，将不会出现耗散。然而，当 $|g(\vartheta)|<1$ 时，存在耗散。由式(7.46c)和式(7.47c)可见，单边格式和拉克斯-温德洛夫格式都有耗散，但是对于相同的 λ 和 a，拉克斯-温德洛夫格式的放大因子比单边格式更接近于1，这正是后者出现更强的耗散的原因。

7.1.2.3　色散

正如6.6.1节所指出的，式(7.1)的解是一条波。因此，为理解数值方法的特性，可以考察真实波在原系统中的传播和相应数值波在离散系统中的传播。正如上一节所述，考察初值为 $e^{\mathrm{i}\kappa x}$、波数为 κ 的波的传播。根据式(6.141)，解析解为

$$p(x,t)=e^{\mathrm{i}\kappa(x-at)} \tag{7.48}$$

数值求解中可能会有一些失真，使得速度不会精确等于 a。记其为 α，则数值解可以写为

$$p(x,t)=e^{\mathrm{i}\kappa(x-\alpha t)}=e^{\mathrm{i}(\kappa x-\omega t)},\ p_j^{(k)}=p(x_j,t_k)=e^{\mathrm{i}\kappa(x_j-\alpha t_k)}=e^{\mathrm{i}(\kappa x_j-\omega t_k)} \tag{7.49}$$

其中，频率 $\omega=\kappa\alpha$。

将式(7.49)代入拉克斯-温德洛夫格式(7.27b)，有

$$e^{\mathrm{i}(\kappa x_j-\omega t_k-\omega\Delta t)}=(1-\lambda^2a^2)e^{\mathrm{i}(\kappa x_j-\omega t_k)}+\frac{1}{2}(\lambda^2a^2-\lambda a)e^{\mathrm{i}(\kappa x_j+\kappa\Delta x-\omega t_k)}$$
$$+\frac{1}{2}(\lambda^2a^2+\lambda a)e^{\mathrm{i}(\kappa x_j-\kappa\Delta x-\omega t_k)} \tag{7.50a}$$

两边消去 $e^{\mathrm{i}(\kappa x_j-\omega t_k)}$，有

$$e^{-\mathrm{i}\omega\Delta t}=1-\lambda^2a^2+\frac{1}{2}(\lambda^2a^2-\lambda a)e^{\mathrm{i}\kappa\Delta x}+\frac{1}{2}(\lambda^2a^2+\lambda a)e^{-\mathrm{i}\kappa\Delta x} \tag{7.50b}$$

或另一种形式为

$$\tan(\omega\Delta t)=\frac{\lambda a\sin(\kappa\Delta x)}{1-\lambda^2a^2+\lambda^2a^2\cos(\kappa\Delta x)}=\frac{\lambda a\sin(\kappa\Delta x)}{1-2\lambda^2a^2\sin^2\dfrac{\kappa\Delta x}{2}} \tag{7.50c}$$

这表明，频率 ω 是波数 κ 的非线性函数。因此，波速 $\alpha=\omega/\kappa$ 是与波数 κ 相关的，也称其为给定 κ 下的**相速度**(phase velocity)①。若采用泰勒展开级数 $\sin x=x[1-x^2/6+O(x^4)]$ 和 $\arctan x=x[1-x^2/3+O(x^4)]$，将上式在 $\kappa=0$ 附近展开，则由式(7.50c)有

$$\omega\doteq a\kappa\left[1-\frac{1}{6}\kappa^2\Delta x^2(1-\lambda^2a^2)\right] \tag{7.51}$$

因此，相速度为

$$\alpha(\kappa\Delta x)=\frac{\omega}{\kappa}=a\left[1-\frac{1}{6}\kappa^2\Delta x^2(1-\lambda^2a^2)\right] \tag{7.52}$$

直接将式(7.49)代入色散方程(7.37)，进而两边消去相同的项，也可以获得式(7.52)。

实际情形的波是由许多或无穷多不同波数 κ_j 的波组成的。它们形成了一个波包或波群。对于第 j 个分量，相位 $\varphi_j=\kappa_jx-\omega_jt$ 在 $\mathrm{d}t$ 下的变化为

$$\mathrm{d}\varphi_j=\mathrm{d}(\kappa_jx-\omega_jt)=\kappa_j\,\mathrm{d}x-\omega_j\,\mathrm{d}t \tag{7.53}$$

同样情形发生在波数为 κ_l 且频率为 ω_l 的第 l 个分量。为了保持波群，不同分量的相位变化应是相同的，即 $\mathrm{d}\varphi_j=\mathrm{d}\varphi_l$。这样会有

$$(\kappa_j-\kappa_l)\mathrm{d}x-(\omega_j-\omega_l)\mathrm{d}t=0 \tag{7.54}$$

由于 κ_j、κ_l 和 ω_j、ω_l 仅是慢变的，有

$$\frac{\mathrm{d}x}{\mathrm{d}t}=\frac{\omega_j-\omega_l}{\kappa_j-\kappa_l}=\frac{\mathrm{d}\omega}{\mathrm{d}\kappa} \tag{7.55}$$

因此，**群速度**(group velocity)，即波群的速度定义为(Graff, 1975)

$$\alpha_{\mathrm{g}}=\frac{\mathrm{d}\omega}{\mathrm{d}\kappa} \tag{7.56}$$

---

① 这个词源自在波 $e^{\mathrm{i}\kappa(x-\alpha t)}$ 的相位角 $\kappa(x-\alpha t)$ 下出现的速度，与后文引入的群速度不同。

对于拉克斯-温德洛夫格式，由式(7.51)有

$$\alpha_{\mathrm{g}}=\frac{\mathrm{d}\omega}{\mathrm{d}\kappa}=a\left[1-\frac{1}{2}\kappa^{2}\Delta x^{2}(1-\lambda^{2}a^{2})\right] \tag{7.57}$$

由于 $|\lambda a|\leqslant 1$，由式(7.52)和式(7.57)可知

$$\alpha_{\mathrm{g}}(\kappa)\leqslant\alpha(\kappa)\leqslant a \tag{7.58}$$

即：由差分方程获得的波滞后于真实波。而且，对于不同波数的分量，滞后程度是不同的。因此，不同波数的分量会随着时间分离。这就导致了色散(Trefethen，1982)。当真实波存在不连续点时，这一现象尤为严重。因为在此情形下需要范围更广特别是更高的波数。对于拉克斯-温德洛夫格式，式(7.58)也正是导致高频振荡总是出现在不连续点左侧的原因(传播方向是从左至右的)。然而，对于不同的格式，α、α_{g} 和 a 之间的关系可能与式(7.58)不同，因而高频振荡特性也会不同。

一般情况下，耗散和色散之间存在竞争。这可以从修正方程(7.33)和方程(7.37)看出。通常，局部误差由它们中的一个支配。色散较小的格式通常存在很强的耗散，反之亦然。

7.1.2.4　总变差不增格式

单边差分格式是非负保守的，且数值结果通常很光滑，但耗散很大。双边格式(如拉克斯-温德洛夫格式)耗散很小，然而色散很大，尤其是在不连续点附近。能否通过某种混合格式在它们之间找到一个平衡呢？这可以通过构造**总变差不增(total variation diminishing，TVD)**格式来实现(Harten，1983；Shu，1988)。

7.1.1.1 节和图 7.6 (a)中提到的单边格式的非负保守性，更严格地应称其为**单调保守性(monotonicity preserving)**。它意味着，若初始数据 $p_j^{(0)}$ 作为 j 的函数是单调的，则对所有的 k，解 $p_j^{(k)}$ 应具有相同的性质。实际上，**线性、单调保守格式至多具有一阶精度**(van Leer，1974；LeVeque，1992)。

直观地，由图 7.6 (b)可见，相比于真实解，拉克斯-温德洛夫格式下的数值解由于高频振荡而更不规则。这可以通过函数的**总变差(total variation)**这个量来刻画，其定义为

$$\mathcal{TV}[p(\cdot,t)]=\int_{-\infty}^{\infty}\left|\frac{\partial p(x,t)}{\partial x}\right|\mathrm{d}x \tag{7.59}$$

其离散形式可以写为

$$\mathcal{TV}(p_{\cdot}^{(k)})=\sum_{j=-\infty}^{\infty}|p_{j+1}^{(k)}-p_{j}^{(k)}| \tag{7.60}$$

可以证明，式(7.1)的真实解满足(LeFloch，2002)

$$\mathcal{TV}[p(\cdot,t_2)]\leqslant\mathcal{TV}[p(\cdot,t_1)]\leqslant\mathcal{TV}[p(\cdot,t_0)],\ t_2>t_1>t_0 \tag{7.61}$$

解函数的这一性质即为总变差不增。任何总变差不增格式都是单调保守的。

显然，若差分格式是总变差不增的，则非物理的伪现象将会减少甚至消失。可以验证，单边格式是总变差不增的，但拉克斯-温德洛夫格式不是。实际上可看出，数值解的高

频振荡使得其总变差比精确解大。

要在单边格式和拉克斯-温德洛夫格式之间权衡并构造一种格式，首先要进一步考察它们之间的关系。对比修正方程(7.33)和方程(7.37)，可判断拉克斯-温德洛夫格式是单边格式的一类修正，它增加了额外的项来减少耗散。实际上这正是在式(7.27d)中看到的情形，这表明拉克斯-温德洛夫格式的数值通量 $F_j^{(k),\,\mathrm{LW}}$ 是单边格式的 $F_j^{(k),\,\text{one-sided}}$ 的修正，它增加了二阶修正项。可以将拉克斯-温德洛夫格式(7.27b)重写为通量差分形式

$$\begin{aligned} p_j^{(k+1)} &= p_j^{(k)} - \lambda(F_j^{(k),\,\mathrm{LW}} - F_{j-1}^{(k),\,\mathrm{LW}}) \\ &= p_j^{(k)} - \lambda(F_j^{(k),\,\text{one-sided}} - F_{j-1}^{(k),\,\text{one-sided}}) \\ &\quad - \frac{1}{2}(|\lambda a| - \lambda^2 a^2)(\Delta p_{j+\frac{1}{2}}^{(k)} - \Delta p_{j-\frac{1}{2}}^{(k)}) \end{aligned} \tag{7.62}$$

式中：$\Delta p_{j+1/2}^{(k)} = p_{j+1}^{(k)} - p_j^{(k)}$ 和 $\Delta p_{j-1/2}^{(k)} = p_j^{(k)} - p_{j-1}^{(k)}$ 可以视为数值通量(除以 a) 的差分。这里显然可见，对单边格式施加二阶修正项即构造出了拉克斯-温德洛夫格式。正是这一修正项极大减少了耗散，但使色散变得明显。需要修正这一项，使得在不连续点附近这一项几乎不起作用，而在光滑部分这一项作用很大。这意味着应基于解的数据进行修正。

在单边格式和拉克斯-温德洛夫格式之间平衡的最直观方法是构造一种混合格式，使其数值通量是拉克斯-温德洛夫格式的数值通量 $F_j^{(k),\,\mathrm{LW}}$ 和单边格式的 $F_j^{(k),\,\text{one-sided}}$ 的组合，即对 $0 \leqslant \beta \leqslant 1$，

$$\begin{aligned} F_j^{(k),\,\text{hybrid}} &= (1-\beta) F_j^{(k),\,\text{one-sided}} + \beta F_j^{(k),\,\mathrm{LW}} \\ &= F_j^{(k),\,\text{one-sided}} + \beta \frac{1}{2}(|\lambda a| - \lambda^2 a^2) \Delta p_{j+\frac{1}{2}}^{(k)} \end{aligned} \tag{7.63a}$$

其中，$F_j^{(k),\,\mathrm{LW}}$ 由式(7.27d)定义。

若 β 为常数，即不依赖于数值解的数据，则式(7.63a)是式(7.19)和式(7.39)形式下的单步线性格式。正如前文所指出的，线性、单调保守格式至多是一阶精度的，则上述构造的格式不可能是二阶精度的格式。

为保证二阶精度，β 必须是依赖于数据的非线性因子，记为 $\psi_{j+1/2}$，因而式(7.63a)可改写为

$$F_j^{(k),\,\text{hybrid}} = F_j^{(k),\,\text{one-sided}} + \frac{1}{2}(|\lambda a| - \lambda^2 a^2) \psi_{j+\frac{1}{2}} \Delta p_{j+\frac{1}{2}}^{(k)} \tag{7.63b}$$

因为 $\psi_{j+1/2}$ 是小于 1 的因子，它根据数值解的数据施加以修正数值通量，称其为**通量限制器(flux limiter)**。

现在，将式(7.62)修正为

$$\begin{aligned} p_j^{(k+1)} &= p_j^{(k)} - \lambda(F_j^{(k),\,\text{hybrid}} - F_{j-1}^{(k),\,\text{hybrid}}) \\ &= p_j^{(k)} - \lambda(F_j^{(k),\,\text{one-sided}} - F_{j-1}^{(k),\,\text{one-sided}}) \\ &\quad - \frac{1}{2}(|\lambda a| - \lambda^2 a^2)(\psi_{j+\frac{1}{2}} \Delta p_{j+\frac{1}{2}}^{(k)} - \psi_{j-\frac{1}{2}} \Delta p_{j-\frac{1}{2}}^{(k)}) \end{aligned} \tag{7.64}$$

或代入式(7.22)中的 $F_j^{(k),\text{ one-sided}}$ 后的完整形式为

$$p_j^{(k+1)}=p_j^{(k)}-\frac{1}{2}(\lambda a-|\lambda a|)\Delta p_{j+\frac{1}{2}}^{(k)}-\frac{1}{2}(\lambda a+|\lambda a|)\Delta p_{j-\frac{1}{2}}^{(k)} \\ -\frac{1}{2}(|\lambda a|-\lambda^2 a^2)(\psi_{j+\frac{1}{2}}\Delta p_{j+\frac{1}{2}}^{(k)}-\psi_{j-\frac{1}{2}}\Delta p_{j-\frac{1}{2}}^{(k)}) \tag{7.65}$$

注意到在通量限制器 $\psi_{j+1/2}\equiv\psi_{j-1/2}\equiv 0$ 的情形下，式(7.64)和式(7.65)简化为单边格式，而在 $\psi_{j+1/2}\equiv\psi_{j-1/2}\equiv 1$ 的情形下，它们变为拉克斯-温德洛夫格式。因此要求

$$0\leqslant\psi_{j+\frac{1}{2}}\leqslant 1,\ 0\leqslant\psi_{j-\frac{1}{2}}\leqslant 1 \tag{7.66}$$

经分析，修正应通过判断曲线是否发生突变以与数据相适应。这可以通过顺序差分比衡量，即

$$r_{j+\frac{1}{2}}^{+}=\frac{\Delta p_{j+\frac{3}{2}}^{(k)}}{\Delta p_{j+\frac{1}{2}}^{(k)}}=\frac{p_{j+2}^{(k)}-p_{j+1}^{(k)}}{p_{j+1}^{(k)}-p_j^{(k)}},\ r_{j+\frac{1}{2}}^{-}=\frac{\Delta p_{j-\frac{1}{2}}^{(k)}}{\Delta p_{j+\frac{1}{2}}^{(k)}}=\frac{p_j^{(k)}-p_{j-1}^{(k)}}{p_{j+1}^{(k)}-p_j^{(k)}} \tag{7.67}$$

例如，若 $r_{j+1/2}^{+}=1$，则第 $j+2$、$j+1$ 和 j 个点在一条直线上，曲线是光滑的，即曲线没有突变，对 $r_{j+1/2}^{-}$ 同理。但若 $|r_{j+1/2}^{+}|$ 非常大，则第 $j+2$ 个点距离由第 $j+1$ 和 j 个点确定的直线非常远，因此曲线会发生突变。

若假设 $a>0$，则对格式(7.64)和(7.65)施加总变差不增条件，就会给出通量限制器 ψ 应满足的条件(Sweby，1984；Roe，1986)。根据计算经验，可采用如下通量限制器

$$\psi_0(r)=\max\{0,\ \min\{2r,\ 1\},\ \min\{r,\ 2\}\} \tag{7.68}$$ [①]

进一步地，对 $a>0$ 和 $a<0$，采用统一的方式

$$\psi_{j+\frac{1}{2}}(r_{j+\frac{1}{2}}^{+},\ r_{j+\frac{1}{2}}^{-})=u(-a)\psi_0(r_{j+\frac{1}{2}}^{+})+u(a)\psi_0(r_{j+\frac{1}{2}}^{-}) \tag{7.69}$$

其中，$u(\cdot)$ 是赫维塞德单位阶跃函数(参见附录 A)。将下标替换为 $j-1/2$ 即给出 $\psi_{j-1/2}$。

研究表明，格式(7.64)和(7.65)在远离极值处是二阶精度的，而在极值附近是一阶精度的(LeVeque，1992)。

总变差不增格式在大多数问题的概率密度演化分析中都表现良好。

例 7.1：拉克斯-温德洛夫格式和总变差不增格式之间的对比

再来研究例 6.2 中随机自振频率下的单自由度系统。分别用拉克斯-温德洛夫格式和总变差不增格式求解位移的概率密度函数。分别用两种格式计算的 1.00 s 的概率密度

---

① 根据经验，通量限制器也可采用下式

$$\psi_0(r)=\max\left\{0,\ \min\left\{2r,\ 1,\ \frac{2}{r}\right\}\right\}$$

——译者注

函数如图 7.7 (a)和(b)所示,在 0.9～1.1 s 概率密度函数随时间的演化如图 7.7 (c)和(d)所示。这些图表明,拉克斯-温德洛夫格式可以在大部分位置获得精确结果,但是由于色散在不连续点附近表现不好,而总变差不增格式甚至在不连续点附近精度也很好,高频振荡消失了。

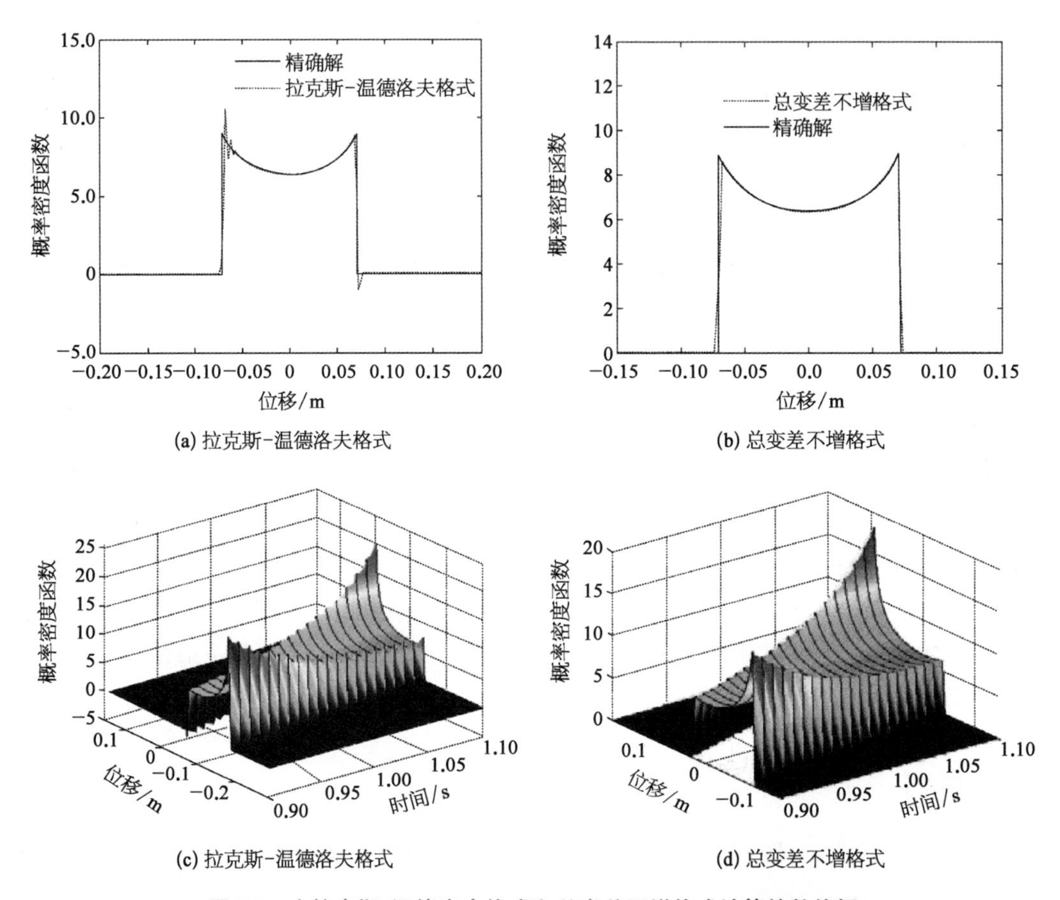

(a) 拉克斯-温德洛夫格式

(b) 总变差不增格式

(c) 拉克斯-温德洛夫格式

(d) 总变差不增格式

图 7.7 由拉克斯-温德洛夫格式和总变差不增格式计算的数值解

计算经验表明,相比于拉克斯-温德洛夫格式,式(7.65)中总变差不增格式的精度有时会严重退化,尤其是在初始时刻附近的时间段内。这需要减小时间步长以提高精度。时间步长的选取通常取决于速度时程 $a(t)$ 的频率,应认真对其校准,如通过与由拉克斯-温德洛夫格式获得的均值和标准差对比。当采用更小的时间步长时,通常需要在 $a(t)$ 的两个样本时刻之间插值(Chen & Li, 2005)①。

---

① 近年来,研究者们也相继提出了求解广义密度演化方程的其他数值格式,例如 Papadopoulos 和 Kalogeris 发展的有限元法流线型迎风彼得罗夫-伽辽金格式,孙伟玲与王丹等发展的无网格法,张慧和徐亚洲发展的切比雪夫配点法等,具体可参见：Papadopoulos V, Kalogeris I. Computational Mechanics, 2016, 57 (5): 701 - 716.孙伟玲. 随机动力系统的概率密度演化——数值方法与扩展. 导师：李杰. 同济大学, 2015.Wang D, Sun WL, Li J. Probabilistic Engineering Mechanics, 2021, 66: 103152.Zhang H, Xu YZ. Probabilistic Engineering Mechanics, 2021, 63: 103118.——译者注

7.2　代表性点集和赋得概率

正如在 6.6.2 节概率密度演化方法的求解流程中所讨论的，为数值求解广义概率密度演化方程，首先应给出参数 $\boldsymbol{\theta}=(\theta_1, \cdots, \theta_s)$ 的一组值。换言之，需要选取 s 维区域 $\Omega_{\boldsymbol{\Theta}} \subset \mathbb{R}^s$ 中散布的点集。这里 $\mathbb{R}^s$ 是 s 维实欧几里得空间。为以合理的方式选取这些点，需要了解 s 维空间的构造。为此，首先回顾球体填充和覆盖问题，然后给出确定代表性点的策略。

7.2.1　球体填充、覆盖和空间剖分

7.2.1.1　球体填充

著名的**开普勒猜想**(Kepler conjecture)认为：三维空间中最密实的球体填充为 $\pi/\sqrt{18}=0.740\ 480\cdots$，其与相同球体的最大吻合数(配位数或相接数)问题密切相关。实质上，这一问题是处理如何最有效地用相同球体填充一个给定空间。更有意义的是，在过去几百年中对这一问题的研究，使得对多维空间的理解更为深刻(Conway & Sloane, 1999; Zong, 1999; Martinet, 2003)。

考虑 s 维空间中的球体填充问题，即用一组不重叠的相同球体填充空间。$s=2$ 的情形如图 7.8 所示，其中用不同方式放置了不重叠的等圆。显然，总是存在一些区域不会被圆填充到。直观上看，用方式(b)填充比方式(a)更有效，即方式(b)中未填充到的区域比方式(a)更小。更严格地，填充的有效性可以通过填充密度来量化，其定义为球体填充到的空间的比例。注意，这关系到覆盖每个球体的特殊多面体，例如，在图 7.8(a)中它是圆的外切正方形，而在图 7.8(b)中它是圆的外切正六边形。称这一多面体的体积为球体的**基本域**(fundamental region)或**代表域**(representative region)。因此，无限空间中的填充密度等于

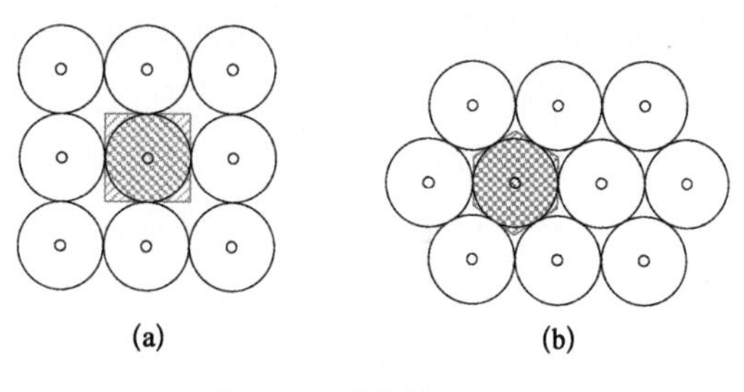

图 7.8　球体填充方式

$$\rho=\frac{\text{所有球体积}}{\text{空间体积}}=\frac{\mathcal{V}(\text{单个球})}{\mathcal{V}(\text{基本域})} \tag{7.70}$$

式中：$\mathcal{V}(\cdot)$ 是体积。

显然，总是有 $\rho<1$，且填充越密实，越有效。

易得图 7.8(a)和(b)中方式的填充密度分别为

$$\rho=\frac{\pi r^2}{(2r)^2}=\frac{\pi}{4}=0.785\ 398\cdots,\ \rho=\frac{\pi r^2}{2\sqrt{3}r^2}=\frac{\pi}{\sqrt{12}}=0.906\ 899\cdots$$

它们显然不同。实际上，图 7.8(b)中的方式是二维空间的最密实填充。

式(7.70)中的定义也可用于高维。s 维球体 $\mathcal{B}(r, s)=\{\boldsymbol{x}=(x_1, \cdots, x_s) \mid \|\boldsymbol{x}\|^2=x_1^2+\cdots+x_s^2 \leqslant r^2\}$ 的体积为

$$\mathcal{V}[\mathcal{B}(r, s)]=\int_{\boldsymbol{x} \in \mathcal{B}(r, s)} \mathrm{d}x_1 \cdots \mathrm{d}x_s=\frac{\pi^{\frac{s}{2}} r^s}{\Gamma\left(1+\dfrac{s}{2}\right)}=\begin{cases}\dfrac{\pi^m r^s}{m!}, & s=2m \\ \dfrac{2(2\pi)^m r^s}{\prod\limits_{j=0}^{m}(2j+1)}, & s=2m+1\end{cases} \tag{7.71}$$

式中：$\Gamma(\cdot)$ 是 Γ 函数，且

$$\mathrm{V}\{\text{基本域}\}=\int_{\boldsymbol{x} \in \text{基本域}} \mathrm{d}x_1 \cdots \mathrm{d}x_s \tag{7.72}$$

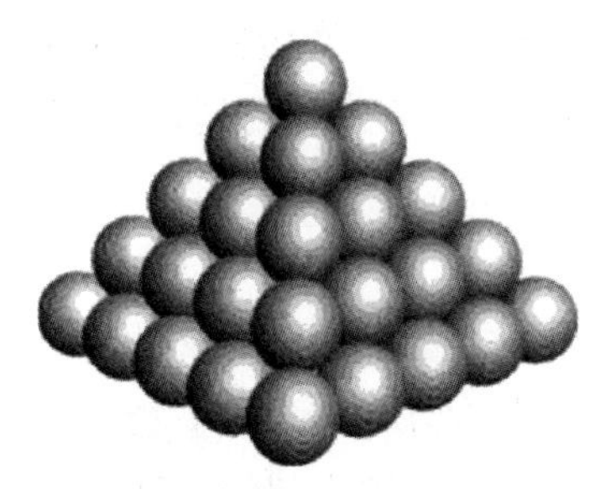

图 7.9 球体填充方式

当维数 $s=3$，即可证明开普勒猜想成立，即最大密度为 $\pi/\sqrt{18}=0.740\,480\cdots$（Hsiang，2002；Hales，2006；Hales & Furguson，2006）。对维数 $s>3$，除了**格栅(lattice)**填充[①]，尚未获得最密实填充。然而，对 $s \leqslant 8$，现在可以获得其可能的最密实格栅填充。例如，**面心立方(face-centered cubic，FCC)**填充是仅有的两种使三维局部密度最大化的结构之一(图 7.9)。

顺便指出，与球体填充密切相关的一个问题是**吻合数(kissing number)**问题。它关心可以排列多少个球，使得其与相同大小的另一个球都是刚好接触(或称“吻合”)。吻合数有时也称为**牛顿数(Newton number)**、**相接数(contact number)**、**配位数(coordination number)**或**连接数(ligancy number)**(Conway & Sloane，1999)。众所周知，二维和三维的最大吻合数分别是 $\lambda_2=6$ 和 $\lambda_3=12$。可见，图 7.8(b)和图 7.9 中的面心立方填充达到了最大吻合数，但图 7.8(a)中的情形并没有。高维的最大吻合数并不简单。目前仅知道，四维的最大吻合数可能是 24 或 25，而八维的是 240。其他维数的信息却难以进一步获得(Conway & Sloane，1999)。

这些不重叠球体的中心构成了一个点集。显然，其在某种意义下是均匀散布在空间中，其属性可由填充密度量化。

7.2.1.2 覆盖

现在来看球体填充的对偶问题。若球体可以重叠，则可考虑由可重叠的相同球体覆盖空间 Ω 的问题。例如，图 7.10 中所示的两种球体覆盖方式。直观上看，方式(b)的覆盖比方式(a)的更有效，因为重叠面积更小。换言之，方式(b)中覆盖给定空间的球体数量比

---

① 随后会在 7.3.2 节中定义格栅。

方式(a)中更少。可见，与球体填充相反，由于球体重叠，每个球体相应的基本域比球体自身要小。球体总体积和空间体积的比称为覆盖的**厚度**，它等于

$$\mho=\frac{\mathcal{V}(\text{单个球})}{\mathcal{V}(\text{基本域})} \tag{7.73}$$

显然，总是有 $\mho>1$，且覆盖方式的厚度越小，越有效。

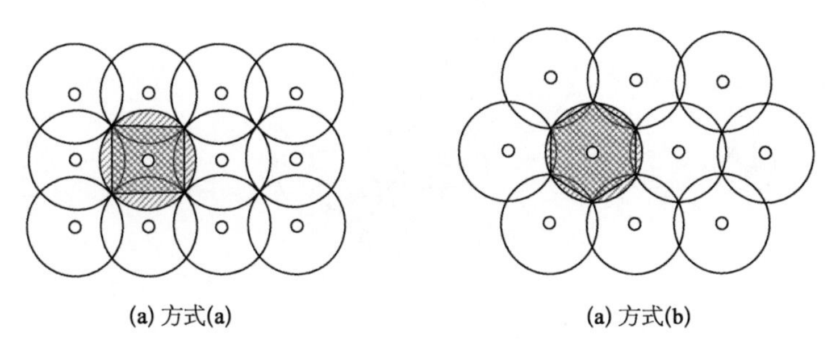

(a) 方式(a)　　(a) 方式(b)

图 7.10　相同球体覆盖空间

对图 7.10 中的方式(a)和(b)，厚度分别为

$$\mho=\frac{\pi r^2}{(\sqrt{2}r)^2}=\frac{\pi}{2}=1.570\,796\cdots,\ \mho=\frac{\pi r^2}{\dfrac{3\sqrt{3}}{2}r^2}=\frac{2\pi}{3\sqrt{3}}=1.209\,199\cdots \tag{7.74}$$

这意味着，方式(b)的厚度更小，其覆盖更有效。实际上，在二维空间(平面)中，方式(b)是最稀疏的方式(Conway & Sloane, 1999)。

与填充问题类似，仅一维和二维中的最稀疏覆盖是已知的。对于格栅覆盖，一至五维中的最稀疏方式是已知的。

类似于填充问题，覆盖球体的中心构成一个点集，可能与填充点不同，但它在某种意义下也是均匀散布在空间中的。

7.2.1.3　空间剖分

现在看类似于填充和覆盖的逆问题。设 s 维空间 Ω 中存在点集 $\mathcal{P}=\{\boldsymbol{\theta}_q=(\theta_{1,q},\cdots,\theta_{s,q}),\ q=1,\cdots,n_{\mathrm{pt}}\}$，其中 n_{pt} 是点数(集合的基数)，考虑如下问题：采用在这些点处半径为 r 的相同球体(实心球)，记为 $\mathcal{B}_q(r,s)$，来填充或覆盖这一空间。

$$\mathcal{B}_q(r,s)=\left\{\boldsymbol{x}=(x_1,\cdots,x_s)\in\mathbb{R}^s \mid \|\boldsymbol{x}-\boldsymbol{\theta}_q\|=\sqrt{\sum_{j=1}^{s}(x_j-\theta_{j,q})^2}\leqslant r\right\} \tag{7.75}$$

式中：$\|\cdot\|$ 是 2 范数；$\mathbb{R}^s$ 是 s 维实欧几里得空间。

存在最大值，使得用以此值为半径且中心在给定点处的不重叠相同球体来填充空间可达到最大密度。换言之，若半径大于该值，则球体必重叠。该值称为**填充半径(packing radius)**，记为 r_{pk}，显然，

$$r_{\mathrm{pk}} = \frac{1}{2} \inf_{\boldsymbol{\theta}_i,\, \boldsymbol{\theta}_j \in \mathcal{P}} \{ \| \boldsymbol{\theta}_i - \boldsymbol{\theta}_j \| \} \tag{7.76}$$

平面上给定点集的填充半径如图 7.11(a)所示。可见对于给定的点集,在给定点处填充半径下的相同球体通常不相切。实际上,只能保证至少两个球体是相切的。由式(7.76),这两个点之间的距离确定了填充半径。

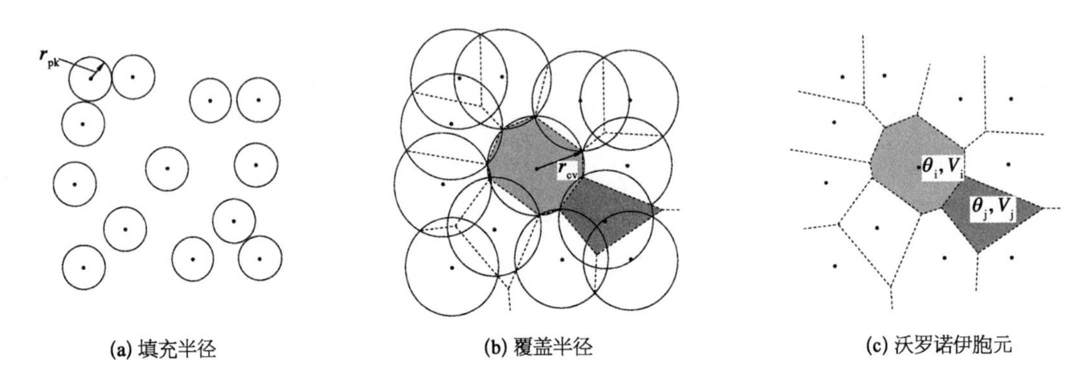

图 7.11 平面内的点集和相应的沃罗诺伊胞元

另外,存在一个值,使得用以此值为半径且中心在给定点处的球体来覆盖空间可达到最小厚度。也就是说,若半径小于该值,则空间不能被以给定点为中心的球体完全覆盖(充满)。该值称为**覆盖半径**(covering radius),记为 r_{cv},有

$$r_{\mathrm{cv}} = \sup_{\boldsymbol{x} \in \mathbb{R}^s} \inf_{\boldsymbol{\theta}_q \in \mathcal{P}} \{ \| \boldsymbol{x} - \boldsymbol{\theta}_q \| \} \tag{7.77}$$

图 7.11(a)中相同点集的覆盖半径如图 7.11(b)所示。

例如,若将图 7.8(a)、(b)和 7.10(a)、(b)中的圆心视为给定点,则对点集(a)和(b)分别有

$$r_{\mathrm{cv}} = \sqrt{2} r_{\mathrm{pk}} = 1.141\,2 r_{\mathrm{pk}},\ r_{\mathrm{cv}} = \frac{2}{\sqrt{3}} r_{\mathrm{pk}} = 1.154\,7 r_{\mathrm{pk}} \tag{7.78}$$

同样,维数 $s \geqslant 3$ 的问题会更为复杂。

直观上,对 $s=2$ 的情形如图 7.11(b)所示。关于点集 $\mathcal{P}$ 的覆盖确定了每个点的代表域,包括空间所有点中到该点距离最小的点。这样确定的代表域即点的**沃罗诺伊胞元**(Voronoi cell),记为 $\mathcal{V}(\boldsymbol{\theta}_q)$ 或简记为 $\mathcal{V}_q$,且有

$$\mathcal{V}(\boldsymbol{\theta}_q) = \mathcal{V}_q \triangleq \{ \boldsymbol{x} \in \mathbb{R}^s \mid \| \boldsymbol{x} - \boldsymbol{\theta}_q \| \leqslant \| \boldsymbol{x} - \boldsymbol{\theta}_j \|,\ j = 1, \cdots, n_{\mathrm{pt}} \} \tag{7.79}$$

也称为**最邻近区域**(nearest-neighbor region)、**狄利克雷区域**(Dirichlet region)、**布里渊区**(Brillouuin zone)或**魏格纳-塞兹胞元**(Wigner-Seitz cell)(Barndorff-Nielsen et al., 1999; Conway & Sloane, 1999; Zong, 1999)。

点的沃罗诺伊胞元如图 7.11(c)所示。对比图 7.11(b)和(c)即可发现球体覆盖和沃罗诺伊胞元之间的关系。不难理解,填充半径与覆盖半径实质上分别是沃罗诺伊胞元的

最小**内径**(inradius)和最大**外径**(circumradius)。

由于所有的沃罗诺伊胞元在除边界的零测度集以外都是互斥的，它们构成了空间 Ω 的一组完整而不重叠的**剖分**(partition)，即

$$\bigcup_{q=1}^{n_{\mathrm{pt}}} \mathcal{V}_q = \Omega, \ \mathcal{V}(\mathcal{V}_i \cap \mathcal{V}_j) = 0, \ \forall i \neq j \tag{7.80}$$

式中：$\mathcal{V}(\cdot)$ 是 s 维空间中的体积测度。若 $\mathcal{V}(\Omega)$ 是有限的，则由式(7.80)有

$$\mathcal{V}\Big(\bigcup_{q=1}^{n_{\mathrm{pt}}} \mathcal{V}_q\Big) = \bigcup_{q=1}^{n_{\mathrm{pt}}} \mathcal{V}(\mathcal{V}_q) = \mathcal{V}(\Omega), \ \mathcal{V}(\mathcal{V}_i \cap \mathcal{V}_j) = 0, \ \forall i \neq j \tag{7.81}$$

7.2.2　代表性点集和赋得概率

7.2.2.1　代表性点及其赋得概率

现在来回顾 6.6.2 中所讨论的概率密度演化方法的求解流程，首先应确定空间 $\Omega_{\boldsymbol{\Theta}}$ 中的点集

$$\mathcal{P}_{\mathrm{sel}} = \{\boldsymbol{\theta}_q = (\theta_{1,q}, \cdots, \theta_{s,q}), \ q = 1, \cdots, n_{\mathrm{sel}}\} \tag{7.82}$$

称选取的点集为**代表性点集**(representative point set)，其中的每个点称为**代表性点**(representative point)。这里，n_{sel} 是代表性点集的基数。

由于代表性点散布在具有概率测度的空间中，对每个代表性点，其沃罗诺伊胞元内的概率应赋为

$$P_q = \Pr(\boldsymbol{\Theta} \in \mathcal{V}_q) = \int_{\mathcal{V}_q} p_{\boldsymbol{\Theta}}(\boldsymbol{\theta}) \mathrm{d}\boldsymbol{\theta}, \ q = 1, \cdots, n_{\mathrm{sel}} \tag{7.83}$$

称其为 $\boldsymbol{\theta}_q$ 的**赋得概率**(assigned probability)。这里 $p_{\boldsymbol{\Theta}}(\boldsymbol{\theta})$ 是随机参数 $\boldsymbol{\Theta} = (\Theta_1, \cdots, \Theta_s)$ 的联合密度。由此，实际上已将联合密度 $p_{\boldsymbol{\Theta}}(\boldsymbol{\theta})$ 离散化，将其替换为(参见附录 A)

$$\tilde{p}_{\boldsymbol{\Theta}}(\boldsymbol{\theta}) = \sum_{q=1}^{n_{\mathrm{sel}}} [P_q \delta(\boldsymbol{\theta} - \boldsymbol{\theta}_q)] = \sum_{q=1}^{n_{\mathrm{sel}}} \Big[P_q \prod_{j=1}^{s} \delta(\theta_j - \theta_{j,q})\Big] \tag{7.84}$$

显然有

$$\lim_{r_{\mathrm{cv}} \to 0} \tilde{p}_{\boldsymbol{\Theta}}(\boldsymbol{\theta}) = p_{\boldsymbol{\Theta}}(\boldsymbol{\theta}) \tag{7.85}$$

式中：r_{cv} 是点集 $\mathcal{P}_{\mathrm{sel}}$ 的覆盖半径，也是沃罗诺伊胞元的最大外径。此外，考虑到式(7.81)，有

$$\int_{\Omega_{\boldsymbol{\Theta}}} p_{\boldsymbol{\Theta}}(\boldsymbol{\theta}) \mathrm{d}\boldsymbol{\theta} = \int_{\Omega_{\boldsymbol{\Theta}}} \tilde{p}_{\boldsymbol{\Theta}}(\boldsymbol{\theta}) \mathrm{d}\boldsymbol{\theta} = \sum_{q=1}^{n_{\mathrm{sel}}} P_q = \sum_{q=1}^{n_{\mathrm{sel}}} \int_{\mathcal{V}_q} p_{\boldsymbol{\Theta}}(\boldsymbol{\theta}) \mathrm{d}\boldsymbol{\theta} = \int_{\bigcup_{q=1}^{n_{\mathrm{sel}}} \mathcal{V}_q} p_{\boldsymbol{\Theta}}(\boldsymbol{\theta}) \mathrm{d}\boldsymbol{\theta} = 1 \tag{7.86}$$

为便于直观理解，考察仅涉及一个随机参数时的赋得概率，其概率密度函数 $p_{\Theta}(\theta)$ 如图 7.12(a)所示。记代表性点集为 $\mathcal{P}_{\mathrm{sel}} = \{\theta_1, \cdots, \theta_{n_{\mathrm{sel}}}\}$。若点 θ_q 的沃罗诺伊胞元是区

间 $\mathcal{V}_q=[\underline{\theta}_q, \bar{\theta}_q]$（不同 q 对应的区间是不同的），则点 θ_q 的赋得概率为

$$P_q=\int_{\underline{\theta}_q}^{\bar{\theta}_q} p_\Theta(\theta)\mathrm{d}\theta \tag{7.87a}$$

因而，原概率密度函数离散为

$$\tilde{p}_\Theta(\theta)=\sum_{q=1}^{n_{\mathrm{sel}}} P_q\delta(\theta-\theta_q) \tag{7.87b}$$

如图 7.12(b)所示。

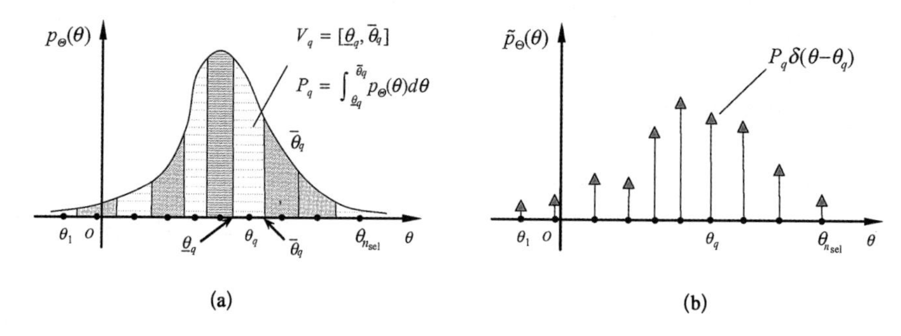

图 7.12 赋得概率

7.2.2.2 点集的偏差和 F 偏差

在概率密度演化方程的求解过程中，毋庸置疑，最重要的是代表性点集 $\mathcal{P}_{\mathrm{sel}}$ 的确定。回顾式(6.100)可见，其右边在数学形式上是关于 $\boldsymbol{\theta}$ 的多重积分，其中被积式是联合概率密度函数 $p_{\boldsymbol{Z\Theta}}(\boldsymbol{z}, \boldsymbol{\theta}, t)$。若被积式的信息是完全或部分已知的，则有许多方法可以用来降维(He, 2001)或优选点集，如数值多重积分(Engels, 1980; Genz, 1986; Sobolev & Vaskevich, 1997; Xu, 1998)。然而，在许多情形下对被积式的信息所知甚少，这是大多数实际感兴趣问题中的情形。因为被积式的闭合形式，甚至只是定性特征可能会依赖于复杂非线性系统的封闭解，而封闭解往往是难以获取的。在此情形下，直观上代表性点最好是在某种意义下均匀散布的。例如，选取固定基数 n_{sel} 的点集，使得：① 填充半径最大化；② 覆盖半径最小化；③ 一些其他指标最小化。

研究表明，这些准则通常是不等价的，而且会产生不同的点集。后面会采用这些准则生成一些点集。

为此，这里引入一组额外的指标，称为偏差，也通常采用它来量化点集的均匀性。

不失一般性，考虑 s 维空间中单位超立方体 $C^s=[0, 1]^s=\{\boldsymbol{x}=(x_1, \cdots, x_s) \mid x_j\in[0, 1], j=1, \cdots, s\}$ 上的点集。记点集 $\mathcal{P}=\{\boldsymbol{x}_k=(x_{1,k}, \cdots, x_{s,k}), k=1, \cdots, n\}$。若 $\mathcal{P}\subset C^s$，则 $\mathcal{P}$ 的**偏差**(discrepancy)定义为(Hua & Wang, 1981)

$$\mathcal{D}(n, \mathcal{P})=\sup_{\boldsymbol{\nu}\in C^s}\left\{\left|\frac{N(\boldsymbol{\nu}, \mathcal{P})}{n}-\mathcal{V}([\boldsymbol{0}, \boldsymbol{\nu}])\right|\right\} \tag{7.88}$$

式中：$\boldsymbol{\nu}=(\nu_1, \cdots, \nu_s)\in C^s$，$0\leqslant\nu_i\leqslant 1$，$i=1, \cdots, s$；$N(\boldsymbol{\nu}, \mathcal{P})$ 是满足 $\boldsymbol{x}_k\leqslant\boldsymbol{\nu}$ 的点数；

$\mathcal{V}([\mathbf{0}, \boldsymbol{v}])$ 是超立方体 $[\mathbf{0}, \boldsymbol{v}]=\prod_{j=1}^{s}[0, \nu_j]$，有 $\mathcal{V}([\mathbf{0}, \boldsymbol{v}])=\nu_1\cdots\nu_s$。

当维数 $s=2$，由图 7.13 可见，上述定义的偏差是当将面积比替换为面积内所含点数比时的最大误差。直观上，若点集是均匀散布的，则偏差会很小。关于这一偏差，有一个很有价值的重要定理(Hua & Wang，1981)：**若 $f(x)$ 是哈代-克劳塞(Hardy-Krause)意义下**①**变差有界的函数，则**

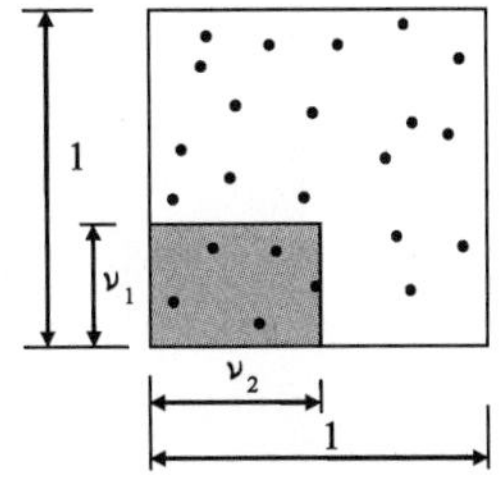

图 7.13　点集偏差

$$\left|\int_{C^s} f(\boldsymbol{x})\mathrm{d}\boldsymbol{x}-\frac{1}{n}\sum_{k=1}^{n} f(\boldsymbol{x}_k)\right| \leqslant \mathcal{TV}(f)\mathcal{D}(n, \mathcal{P}) \tag{7.89}$$

式中：$\mathcal{TV}(f)$ 是**函数 f 的总变差**。一维中 $\mathcal{TV}(f)$ 和式(7.59)中的定义相同。这意味着，偏差 $\mathcal{D}(n, \mathcal{P})$ 约束着多重积分的误差。

根据定义(7.88)，**均匀网格点(uniform grid point，UGP)**集[图 7.14(a)]

$$\mathcal{P}_{\mathrm{UGP}}=\left\{\left(\frac{2l_1-1}{m}, \cdots, \frac{2l_s-1}{m}\right), 1\leqslant l_j\leqslant m, j=1, \cdots, s\right\} \tag{7.90}$$

的偏差满足

$$c_1(s)n^{-\frac{1}{s}}\leqslant \mathcal{D}(n, \mathcal{P}_{\mathrm{UGP}})\leqslant c_2(s)n^{-\frac{1}{s}} \text{ or } \mathcal{D}(n, \mathcal{P}_{\mathrm{UGP}})=O(n^{-\frac{1}{s}}) \tag{7.91}$$

这里，c_1 和 c_2 是依赖于 s 但不依赖于 n 的两个常数。

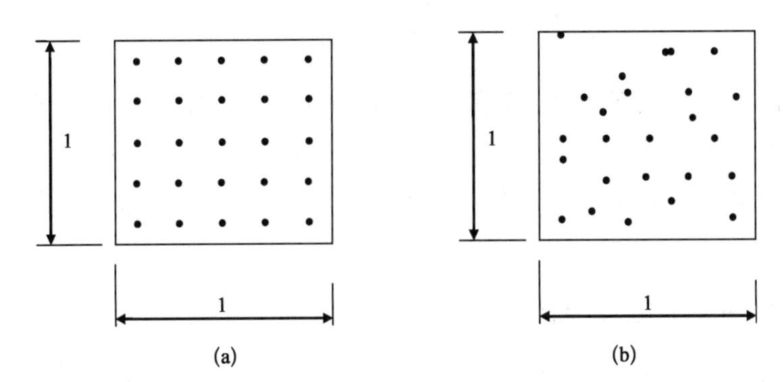

图 7.14　两类点集

而对**蒙特卡罗样本(Monte Carlo-sampled，MCS)**点 $\mathcal{P}_{\mathrm{MCS}}$ (图 7.14(b))，偏差以概率 1 取为

$$\mathcal{D}(n, \mathcal{P}_{\mathrm{MCS}})=O(n^{-\frac{1}{2}}\ln^{\frac{1}{2}}\ln n) \tag{7.92}$$

可见，当维数 $s\geqslant 3$，以概率 1 有 $\mathcal{D}(n, \mathcal{P}_{\mathrm{MCS}})<\mathcal{D}(n, \mathcal{P}_{\mathrm{UGP}})$。这正是在数值多重积分中，蒙特卡罗样本点集比均匀网格点集更有效的原因。

---

① 函数在哈代-克劳塞意义下的变差用来量化函数的不规则性和光滑性。若函数很不规则，则哈代-克劳塞意义下的变差很大。对于其精确的定义，参见华罗庚和王元(Hua & Wang，1981)与 Niederreiter(1992)。

然而，在 $\mathcal{D}(n, \mathcal{P})$ 中没有考虑点集 $\mathcal{P}$ 散布空间上赋有的概率密度。为考虑这一信息，可以定义 F **偏差(F-discrepancy)**为(Fang & Wang, 1994)

$$\mathcal{D}_{\mathrm{F}}(n, \mathcal{P}) = \sup_{\boldsymbol{x} \in \mathbb{R}^s} \{ | F_n(\boldsymbol{x}) - F(\boldsymbol{x}) | \} \tag{7.93}$$

式中：$F(\boldsymbol{x})$ 是概率分布函数；$F_n(\boldsymbol{x})$ 是经验分布函数，有

$$F_n(\boldsymbol{x}) = \frac{1}{n} \sum_{q=1}^{n} \mathrm{I}\{\boldsymbol{x}_q \leqslant \boldsymbol{x}\} \tag{7.94}$$

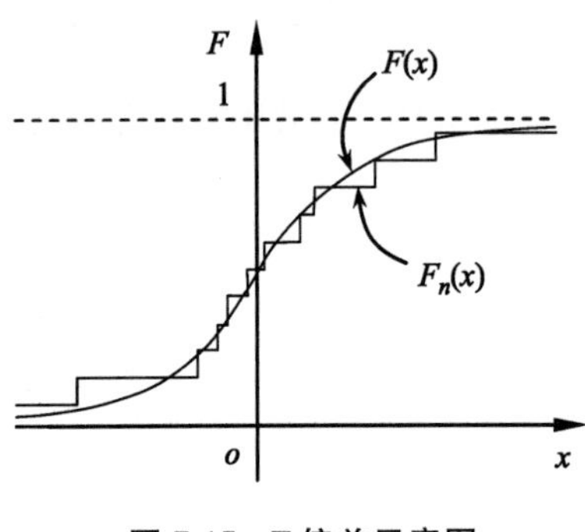

图 7.15　F 偏差示意图

式中：$\mathrm{I}\{\cdot\}$ 是示性函数，若事件为真，则其值为 1；否则为零。F 偏差实质上是拟合优度的柯尔莫哥洛夫-斯米尔诺夫(Kolmogorov-Smirnov)统计量(Rubinstein, 1981)，$s=1$ 时如图 7.15 所示。

易知，若概率分布是 C^s 上的均匀分布，则由式(7.93)定义的 $\mathcal{D}_{\mathrm{F}}(n, \mathcal{P})$ 就变成了由式(7.88)定义的 $\mathcal{D}(n, \mathcal{P})$。

式(7.94)实质上默认所有样本点具有相等的权重。但情况并非如此。因为每个点 $\boldsymbol{x}_q$ 都有相应的赋得概率 P_q。P_q 由式(7.84)给出，因此可将式(7.94)修正为

$$F_n(\boldsymbol{x}) = \sum_{q=1}^{n} P_q \mathrm{I}\{\boldsymbol{x}_q \leqslant \boldsymbol{x}\} \tag{7.95}$$

称这样获得的 F 偏差为**修正 F 偏差**(modified F-discrepancy)或**真实 F 偏差**(true F-discrepancy)①。

显然，偏差 $\mathcal{D}(n, \mathcal{P})$、F 偏差 $\mathcal{D}_{\mathrm{F}}(n, \mathcal{P})$ 和修正 F 偏差可以用作上述准则③中的最小化指标。

7.2.3　点集的一阶和二阶偏差

由 6.6.2 节，通过式(6.100)获得的概率密度函数 $p_Z(z, t)$ 可近似为式(6.159)(注意后者是一维情形)。若忽略有限差分法的误差，近似概率密度函数的误差为

$$e(z, t) = \left| \int_{\Omega_{\boldsymbol{\Theta}}} p_{Z\boldsymbol{\Theta}}(z, \boldsymbol{\theta}, t) p_{\boldsymbol{\Theta}}(\boldsymbol{\theta}) \mathrm{d}\boldsymbol{\theta} - \sum_{q=1}^{n_{\mathrm{sel}}} p_{Z\boldsymbol{\Theta}}(z, \boldsymbol{\theta}_q, t) P_q \right| \tag{7.96}$$

应注意，为使式(6.100)和式(6.159)一致，这里的 $p_{Z\boldsymbol{\Theta}}(z, \boldsymbol{\theta}, t)$ 和式(6.159)中的不

① 在后来的文献中，这一偏差一般被称为扩展 F 偏差。关于扩展 F 偏差以及之后发展的广义 F 偏差，参见：Chen JB, Zhang SH. SIAM Journal on Scientific Computing, 2013, 35(5): A2121 - A2149. Chen JB, Yang JY, Li J. Structural Safety, 2016, 59: 20 - 31. Chen JB, Chan JP. International Journal for Numerical Methods in Engineering, 2019, 118: 536 - 560.——译者注

同，而是等于 $p_{Z\Theta}(z, \boldsymbol{\theta}, t)/p_{\Theta}(\boldsymbol{\theta})$①。

由式(7.83)和式(7.86)，有

$$\begin{aligned} e(z, t) &= \left| \sum_{q=1}^{n_{\text{sel}}} \int_{\mathcal{V}_q} p_{Z\Theta}(z, \boldsymbol{\theta}, t) p_{\Theta}(\boldsymbol{\theta}) \mathrm{d}\boldsymbol{\theta} - \sum_{q=1}^{n_{\text{sel}}} p_{Z\Theta}(z, \boldsymbol{\theta}_q, t) \int_{\mathcal{V}_q} p_{\Theta}(\boldsymbol{\theta}) \mathrm{d}\boldsymbol{\theta} \right| \\ &= \left| \sum_{q=1}^{n_{\text{sel}}} \int_{\mathcal{V}_q} [p_{Z\Theta}(z, \boldsymbol{\theta}, t) - p_{Z\Theta}(z, \boldsymbol{\theta}_q, t)] p_{\Theta}(\boldsymbol{\theta}) \mathrm{d}\boldsymbol{\theta} \right| \end{aligned} \tag{7.97}$$

采用泰勒展开保留至二阶项，有

$$\begin{aligned} & p_{Z\Theta}(z, \boldsymbol{\theta}, t) - p_{Z\Theta}(z, \boldsymbol{\theta}_q, t) \\ \cong & \sum_{i=1}^{s} \psi_{i,q}(p_{Z\Theta})(\theta_i - \hat{\theta}_{i,q}) + \frac{1}{2} \sum_{j=1}^{s} \sum_{i=1}^{s} \Psi_{ij,q}(p_{Z\Theta})(\theta_i - \hat{\theta}_{i,q})(\theta_j - \hat{\theta}_{j,q}) \end{aligned} \tag{7.98}$$

其中

$$\psi_{i,q}(p_{Z\Theta}) = \left. \frac{\partial p_{Z\Theta}(z, \boldsymbol{\theta}, t)}{\partial \theta_i} \right|_{\boldsymbol{\theta}=\boldsymbol{\theta}_q}, \quad \Psi_{ij,q}(p_{Z\Theta}) = \left. \frac{\partial^2 p_{Z\Theta}(z, \boldsymbol{\theta}, t)}{\partial \theta_i \partial \theta_j} \right|_{\boldsymbol{\theta}=\boldsymbol{\theta}_q} \tag{7.99}$$

分别是函数 $p_{Z\Theta}(z, \boldsymbol{\theta}, t)$ 关于 $\boldsymbol{\theta}$ 的一阶和二阶灵敏度；$\hat{\theta}_{i,q}$ 是代表性点集的分量，其中添加尖号以避免标记混淆。

将式(7.98)代入式(7.97)得

$$\begin{aligned} & e(z, t) \\ \cong & \left| \sum_{q=1}^{n_{\text{sel}}} \int_{\mathcal{V}_q} \left[\sum_{i=1}^{s} \psi_{i,q}(p_{Z\Theta})(\theta_i - \hat{\theta}_{i,q}) + \frac{1}{2} \sum_{j=1}^{s} \sum_{i=1}^{s} \Psi_{ij,q}(p_{Z\Theta})(\theta_i - \hat{\theta}_{i,q})(\theta_j - \hat{\theta}_{j,q}) \right] p_{\Theta}(\boldsymbol{\theta}) \mathrm{d}\boldsymbol{\theta} \right| \end{aligned} \tag{7.100}$$

进而，

$$\begin{aligned} e(z, t) \leqslant & \left| \max_{i,q} \{ | \psi_{i,q}(p_{Z\Theta}) | \} \sum_{q=1}^{n_{\text{sel}}} \int_{\mathcal{V}_q} \sum_{i=1}^{s} | \theta_i - \hat{\theta}_{i,q} | p_{\Theta}(\boldsymbol{\theta}) \mathrm{d}\boldsymbol{\theta} \right| \\ & + \frac{1}{2} \max_{i,j,q} \{ | \Psi_{ij,q}(p_{Z\Theta}) | \} \sum_{q=1}^{n_{\text{sel}}} \int_{\mathcal{V}_q} \sum_{j=1}^{s} \sum_{i=1}^{s} | (\theta_i - \hat{\theta}_{i,q})(\theta_j - \hat{\theta}_{j,q}) | p_{\Theta}(\boldsymbol{\theta}) \mathrm{d}\boldsymbol{\theta} \\ = & \phi_1(p_{Z\Theta}) \mathcal{D}_1(\mathcal{P}_{\text{sel}}) + \phi_2(p_{Z\Theta}) \mathcal{D}_2(\mathcal{P}_{\text{sel}}) \end{aligned} \tag{7.101}$$

式中：$\phi_1(p_{Z\Theta})$ 和 $\phi_2(p_{Z\Theta})$ 是表示函数 $p_{Z\Theta}(\cdot)$ 一阶和二阶灵敏度的绝对值最大值的泛函

---

① 注意，若初始条件(6.121)变为 $p_{Z\Theta}(z, \boldsymbol{\theta}, t_0) = \delta(z - z_0)$，同时式(6.100)变为 $p_Z(z, t) = \int_{\Omega_\Theta} p_{Z\Theta}(z, \boldsymbol{\theta}, t) p_{\Theta}(\boldsymbol{\theta}) \mathrm{d}\boldsymbol{\theta}$，则广义密度演化方程(6.109)是不变的。式(7.96)中的表达即采用这一处理。

$$\phi_1(p_{Z\Theta})=\max_{i,q}\{|\psi_{i,q}(p_{Z\Theta})|\},\ \phi_2(p_{Z\Theta})=\frac{1}{2}\max_{i,j,q}\{|\Psi_{ij,q}(p_{Z\Theta})|\} \tag{7.102}$$

$\mathcal{D}_1(\mathcal{P}_{\text{sel}})$ 和 $\mathcal{D}_2(\mathcal{P}_{\text{sel}})$ 是点集 $\mathcal{P}_{\text{sel}}$ 的偏差测度,定义为

$$\mathcal{D}_1(\mathcal{P}_{\text{sel}})=\sum_{q=1}^{n_{\text{sel}}}\int_{\mathcal{V}_q}\sum_{i=1}^{s}|\theta_i-\hat{\theta}_{i,q}|\,p_{\boldsymbol{\Theta}}(\boldsymbol{\theta})\mathrm{d}\boldsymbol{\theta} \tag{7.103}$$

$$\mathcal{D}_2(\mathcal{P}_{\text{sel}})=\sum_{q=1}^{n_{\text{sel}}}\int_{\mathcal{V}_q}\sum_{j=1}^{s}\sum_{i=1}^{s}|(\theta_i-\hat{\theta}_{i,q})(\theta_j-\hat{\theta}_{j,q})|\,p_{\boldsymbol{\Theta}}(\boldsymbol{\theta})\mathrm{d}\boldsymbol{\theta} \tag{7.104}$$

也可分别称其为**一阶和二阶偏差**(the first- and the second-order discrepancy)。

式(7.101)表明,数值算法的误差取决于点集[由 $\mathcal{D}_1(\mathcal{P}_{\text{sel}})$ 和 $\mathcal{D}_2(\mathcal{P}_{\text{sel}})$ 衡量]和对参数的灵敏度[由 $\phi_1(p_{Z\Theta})$ 和 $\phi_2(p_{Z\Theta})$ 衡量]两部分。因此,一个好的算法原则上应考虑这两个因素。

7.2.4 构造代表性点的两个步骤

根据以上分析,为提高近似概率密度函数的精度,点集 $\mathcal{P}_{\text{sel}}$ 应使得修正 F 偏差 $\mathcal{D}_{\text{F}}(n,\mathcal{P}_{\text{sel}})$ 与一阶和二阶偏差 $\mathcal{D}_1$ 和 $\mathcal{D}_2$ 尽可能小。同时,也应考虑 $p_{Z\Theta}(z,\boldsymbol{\theta},t)$ 的灵敏度 $\phi_1(p_{Z\Theta})$ 和 $\phi_2(p_{Z\Theta})$。

一般情况下,在 $p_{Z\Theta}(z,\boldsymbol{\theta},t)$ 关于 $\boldsymbol{\theta}$ 的灵敏度更大的区域,点应更密。不幸的是,由于 $p_{Z\Theta}(z,\boldsymbol{\theta},t)$ 是要通过广义概率密度演化方程获得的未知函数,通常难以获得其关于 $\boldsymbol{\theta}$ 的灵敏度信息,尤其是对于非线性系统。这样一来,采用均匀散点更为合理,以使得对于给定的 n,偏差 $\mathcal{D}(n,\mathcal{P})$ 尽可能小。然而,这样获得的点集不能保证修正 F 偏差 $\mathcal{D}_{\text{F}}(n,\mathcal{P})$ 与一阶和二阶偏差 $\mathcal{D}_1(\mathcal{P})$ 和 $\mathcal{D}_2(\mathcal{P})$ 最小。实际上,如果参数的联合概率密度是非均匀的,$\mathcal{D}(n,\mathcal{P})$ 小的点集,其修正 F 偏差 $\mathcal{D}_{\text{F}}(n,\mathcal{P})$ 可能会很大,这会在 7.4 节中说明。为使得 $\mathcal{D}_{\text{F}}(n,\mathcal{P})$、$\mathcal{D}_1(\mathcal{P})$ 和 $\mathcal{D}_2(\mathcal{P})$ 尽可能小,可以对获得的均匀散布点集引入与密度相关的变换,以根据参数的密度部分地调整点的密度。

根据这些考虑,可以采用两个步骤构造代表性点集(Chen et al., 2009):

(1) 构造均匀散布的点集作为基本点集,记为 $\mathcal{P}_{\text{basic}}$。

(2) 对 $\mathcal{P}_{\text{basic}}$ 进行密度相关变换,获得代表性点集 $\mathcal{P}_{\text{sel}}$。

在接下来的两节,将分别阐述这两步的方法。

7.3 生成基本点集的策略

确定均匀散布于给定空间上的点集,长久以来一直受到数学、物理与化学领域学者们的关注。如前所述,球体填充和覆盖会导出空间上的均匀点集(Conway & Sloane, 1999)。

此外，数论法也可以生成均匀点集(华罗庚 & 王元，1978；Hua & Wang，1981)。这些都是确定性点集。另外，蒙特卡罗样本点及其改进的拉丁超立方抽样生成的随机点集，通常也是均匀的，但偏差更大(Rubinstein，1981；Fang & Wang，1994)。在本节中，将讨论由切球、格栅和数论法生成的确定性点集。

7.3.1　球体填充：切球法

7.3.1.1　由切球法构造点集

球体填充问题为构造基本点或代表性点的均匀散布点集提供了一种可行的方式。首先，考虑 $s=2$ 的情形。众所周知，平面上圆的吻合数为 6。在此情形下，吻合圆心构成了正六边形的顶点[图 7.16(a)]，而全部的七个圆构成了固定形状的子结构。因此，采用这一子结构作为基本结构生成的填充方式会是具有最大密度的密实填充。这实质上是图 7.8(b)中的方式。然而，采用如图 7.16(a)所示的生成过程，可以很容易地在计算机程序中对圆心定位并编号。实际上，这些圆向外构成了不同的循环(层)，可沿着每一层循环逆时针地对圆编号。通过这样做，可以获得第 i 个圆心的极坐标 (r_i, φ_i)

$$\begin{cases} i = 3l^2 - 3l + 1 + lj + k, & j = 0, 1, \cdots, 5, k = 0, 1, \cdots, l-1 \\ r_i = r\sqrt{(2l-k)^2 + (\sqrt{3}k)^2}, & k = 0, 1, \cdots, l-1 \\ \varphi_i = \dfrac{j\pi}{3} + \arctan\dfrac{\sqrt{3}k}{2l-k}, & j = 0, 1, \cdots, 5, k = 0, 1, \cdots, l-1 \end{cases} \tag{7.105}$$

式中：$l=0, 1, \cdots, L$，为循环数，初始编号为 0；r 是切圆的半径。

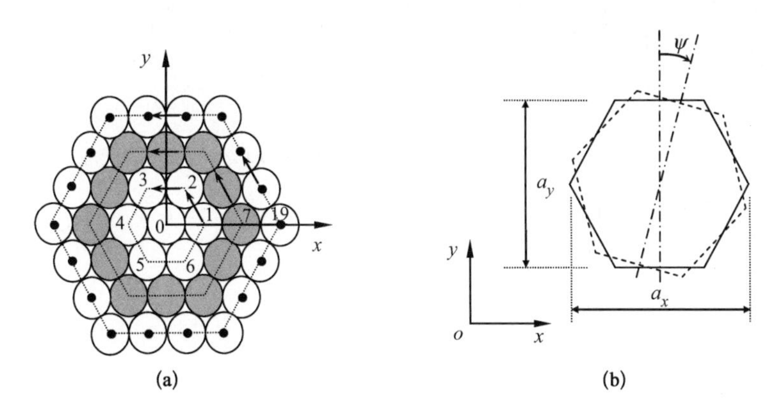

图 7.16　平面切圆

由式(7.105)可知，圆的总数为

$$n_{\text{total}} = 3(L+1)^2 - 3(L+1) + 1 = 3L^2 + 3L + 1 \tag{7.106}$$

注意到，圆心对 x 和 y 坐标轴的投影数是不同的，因此不同坐标轴上的点反映的信息是不等价的。这是因为，同一层循环的圆心所处的正六边形对 x 和 y 坐标轴的投影是不相等的，即 $a_x=2a$，$a_y=\sqrt{3}\,a$，其中 a 为边长。将六边形旋转合适的角度 ψ 可使得修正后

的投影 a'_x 和 a'_y 相等,其中 $\psi=\pi/12$[图 7.16(b)]。因此,式(7.105)的第三式应修正为

$$\varphi_i=\frac{\pi}{3}\left(j-\frac{1}{4}\right)+\arctan\frac{\sqrt{3}k}{2l-k},\ j=0,\ 1,\ \cdots,\ 5,\ k=0,\ 1,\ \cdots,\ l-1 \tag{7.107}$$

式(7.105)的第二式无须修正。

进而,这些点的笛卡尔(Cartesius)坐标为

$$\begin{cases}x_i=r_i\cos\varphi_i, \\ y_i=r_i\sin\varphi_i,\end{cases} i=0,\ 1,\ \cdots \tag{7.108}$$

如前所述,在三维空间 $(s=3)$ 中,球的最高吻合数是 12。吻合数 12 的填充方式可以采用上面讨论的二维空间中的方式作为一层来构造[图 7.17(a),另见图 7.9]。可见,某一层的球(见白色实圆,同一层球在平面上的投影)可以视为相邻层的球(见阴影虚圆)的平移,在式(7.107)的旋转之前的平移量为 $\Delta x=0$, $\Delta y=2\sqrt{3}r/3$。旋转之后有

$$\Delta x=\frac{2\sqrt{3}r}{3}\sin\psi,\ \Delta y=\frac{2\sqrt{3}r}{3}\cos\psi \tag{7.109}$$

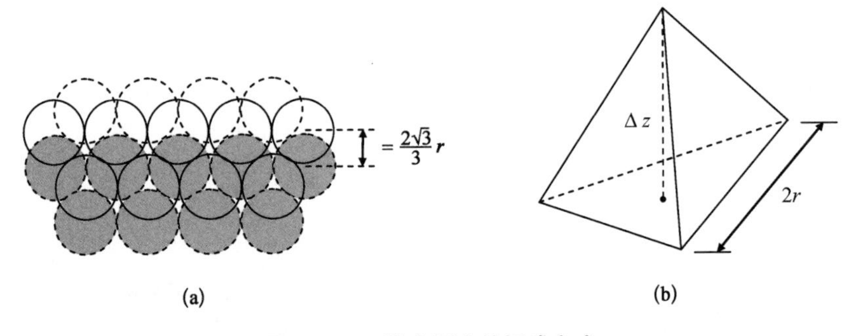

图 7.17 三维空间中的切球方式

同时,上层某个球与下层三个吻合球的球心会构成边长为 $2r$ 的正四面体的顶点[图 7.17(b)],因此,两层之间的距离是正四面体的高 Δz,有

$$\Delta z=\frac{2\sqrt{6}r}{3} \tag{7.110}$$

为方便起见,给出对称方式下不同层 z 方向的坐标

$$\tilde{z}_k=k\Delta z,\ k=0,\ \pm 1,\ \pm 2,\ \cdots \tag{7.111}$$

记位于第 k 层 $z=\tilde{z}_k$ 的球心坐标为 $(\tilde{x}_{i,k},\ \tilde{y}_{i,k},\ \tilde{z}_k)$,则可得

$$\begin{cases}\tilde{x}_{i,k}=x_{i,0}+\dfrac{1}{2}[1-(-1)^k]\Delta x, \\ \tilde{y}_{i,k}=y_{i,0}+\dfrac{1}{2}[1-(-1)^k]\Delta y,\end{cases} k=0,\ \pm 1,\ \cdots,\ \pm N_z \tag{7.112}$$

式中：$(x_{i,0}, y_{i,0})$ 是平面 $z=0$ 上球心的笛卡尔坐标，由式(7.108)给出；N_z 是总层数。

对点重新编号，将下标 (i, k) 变为单一下标 j，并记点的坐标为 $(\bar{x}_j, \bar{y}_j, \bar{z}_j)$。类似于 $s=2$ 的情形，这里需要以 x 轴为旋转轴进行旋转，最终给出点

$$\begin{cases} x_j = \bar{x}_j, \\ y_j = \bar{y}_j \cos\psi_x + \bar{z}_j \sin\psi_x, \quad j=1, 2, \cdots \\ z_j = \bar{z}_j \cos\psi_x - \bar{y}_j \sin\psi_x, \end{cases} \tag{7.113}$$

式中：ψ_x 是沿 x 轴的旋转角。考虑三维空间中 x、y 和 z 轴的对称性，理应有 $\psi_x = \psi = \pi/12$。

同理，对 $s=4$ 也可以进行构造。但是，现在可通过母矩阵更直接地生成四维空间中的点。详见文献(Chen & Li, 2007b)。

7.3.1.2　切球点的偏差和投影比

记由切球法获得的点集为 $\mathcal{P}_{\mathrm{TaS}}$。研究表明，对 $s=2$，由式(7.88)定义的 $\mathcal{P}_{\mathrm{TaS}}$ 的偏差为(Chen & Li, 2007b)

$$\mathcal{D}(n, \mathcal{P}_{\mathrm{TaS}}) = cO(n^{-1+\epsilon}) \tag{7.114a}$$

式中：$c=(16\sqrt{3}-3)/12=2.06$，是常数；$\epsilon=o(1)$。

对维数 $s=3$ 和 $s=4$，相应的计算结果分别为

$$\mathcal{D}(n, \mathcal{P}_{\mathrm{Tas}}) = cO(n^{-\frac{3}{4}+\epsilon}), \quad \mathcal{D}(n, \mathcal{P}_{\mathrm{Tas}}) = cO(n^{-\frac{2}{3}+\epsilon}) \tag{7.114b}$$

对不同的 s，常数 c 不同。

式(7.114)可以统一改写为

$$\mathcal{D}(n, \mathcal{P}_{\mathrm{TaS}}) = cO\left[n^{-\frac{1}{2}-\frac{1}{2(s-1)}+\epsilon}\right] \tag{7.115}$$

后面会将其与数论方法对比。

关于点集的另一个指标是投影比，它和不同坐标方向的对称性有关。对于点 $\mathcal{P}=\{\boldsymbol{x}_k=(x_{1,k}, \cdots, x_{s,k}), k=1, \cdots, n\}$，定义**投影比**(projection ratio)为

$$\eta_j = \frac{N(\mathrm{Proj}\{\mathcal{P}, j\})}{n}, \quad j=1, \cdots, s \tag{7.116}$$

这里 $N(\mathrm{Proj}\{\mathcal{P}, j\})$ 表示点集对坐标轴 x_j 的投影的数量(图7.18)。显然，对任意点集有

$$n^{-1} \leqslant \eta_j \leqslant 1 \tag{7.117a}$$

投影比反映了点集中蕴含的边缘信息。例如，对于式(7.90)中的均匀网格点集 $\mathcal{P}_{\mathrm{UGP}}$，有

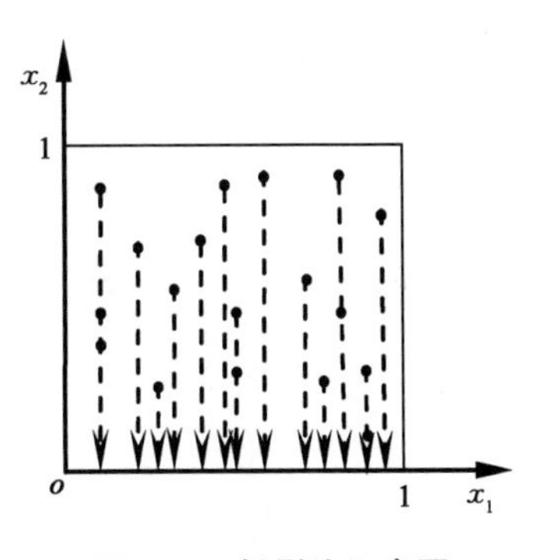

图7.18　投影比示意图

注：正方形 $[0, 1]^2$ 上共散布有18个点。由于某些点具有相同的 x_1 轴坐标值，则投影至 x_1 轴的点数为13。因此，此图中 $n=18$，$N(\mathrm{Proj}\{\mathcal{P}, j\})=13$，$\eta_1=13/18$。

$$\eta_j = n^{-\frac{1}{s}},\ j=1,\ \cdots,\ s \tag{7.117b}$$

而对于蒙特卡罗样本点集 $\mathcal{P}_{\mathrm{MCS}}$，以概率 1 有

$$\eta_j = 1,\ j=1,\ \cdots,\ s \tag{7.117c}$$

对于旋转前的二维切球点[见图 7.16(a)]，计算结果为(Chen & Li, 2007b)

$$\eta_x = \sqrt[4]{12}\,O(n^{-\frac{1}{2}+\epsilon}) = 1.86O(n^{-\frac{1}{2}+\epsilon}),\ \eta_y = \sqrt[4]{\frac{4}{3}}\,O(n^{-\frac{1}{2}+\epsilon}) = 1.07O(n^{-\frac{1}{2}+\epsilon}) \tag{7.118}$$

从而 $\eta_x = \sqrt{3}\,\eta_y$。 而旋转后点的投影比为

$$\eta_x = \eta_y \geqslant 4.65O(n^{-\frac{1}{2}+\epsilon}) \tag{7.119}$$

这表明旋转可以改变并显著增大投影比。实际上，对三维和四维，投影比可以由 $O(n^{-1/s})$ 量级增大至 $O(1/2)$ 量级。这正是 7.3.1.1 中旋转可以改善点的特性的原因。

7.3.2 最小覆盖：格栅法

格栅 $\mathcal{P}_{\mathrm{lattice}}$ 是 $\mathbb{R}^s$ 上的无限点集，具有如下三个性质(Sloan, 1985)：

(1) 若 $\boldsymbol{x}$, $\boldsymbol{x}' \in \mathcal{P}_{\mathrm{lattice}}$，则 $\boldsymbol{x} \pm \boldsymbol{x}' \in \mathcal{P}_{\mathrm{lattice}}$。

(2) $\mathcal{P}_{\mathrm{lattice}}$ 包含 s 个线性不相关的点。

(3) 存在球心位于原点 O 处的球，其不包含 $\mathcal{P}_{\mathrm{lattice}}$ 中除 O 外的其他点。

这些性质意味着：对于给定的平移群，$\mathcal{P}_{\mathrm{lattice}}$ 是不变的[性质(1)和(3)]，它可以通过 s 个线性不相关的点组成的母矩阵生成[性质(2)]。显然，前面构造的点集 $\mathcal{P}_{\mathrm{TaS}}$ 属于一类格栅。最简单的格栅是矩形格栅 $\{(j_1/n,\ \cdots,\ j_s/n),\ j_i \in \mathbb{Z},\ 1 \leqslant i \leqslant s\}$。例如，图 7.14(a) 中所示的均匀网格点集是矩形格栅的子集。

$\mathcal{P}_{\mathrm{lattice}}$ 的对偶定义为

$$\mathcal{P}^{\perp}_{\mathrm{lattice}} = \{\boldsymbol{y} \in \mathbb{R}^s \mid \boldsymbol{y} \cdot \boldsymbol{x} \in \mathbb{Z},\ \forall \boldsymbol{x} \in \mathcal{P}_{\mathrm{lattice}}\} \tag{7.120}$$

式中：$\mathbb{Z}$ 是整数集。

近年来，格栅在多重积分中的应用受到了许多关注(Haber, 1970; Sloan, 1985; Sloan & Kachoyan, 1987)。如前所述，尽管对维数 $s \geqslant 3$ 的最密实填充和最稀疏覆盖问题所知甚少，但关于最密实格栅填充和最稀疏格栅覆盖的信息是很多的。例如，上一节中阐述的切球方式就是一种三维的最密实格栅填充。另外，本节中将通过可能的最稀疏格栅覆盖来建立点集。

可以验证，采用 $s+1$ 个坐标定义的 s 维点集

$$\mathcal{A}_s = \{(x_0,\ x_1,\ \cdots,\ x_s) \in \mathbb{Z}^{s+1} \mid x_0 + x_1 + \cdots + x_s = 0\} \tag{7.121}$$

是位于 $\mathbb{R}^{s+1}$ 中超平面 $\sum_{i=1}^{s+1} x_i = 0$ 上的格栅。上一节中的切球方式实质上等价于二维和三维中的格栅。据研究(Conway & Sloane, 1999),对所有的 $s \leqslant 23$, $\mathcal{A}_s$ 的对偶格栅 $\mathcal{A}_s^*$ 是已知的最有效覆盖,即该格栅具有已知的最小厚度。由式(7.120)和式(7.121), s 维中对偶格栅 $\mathcal{A}_s^*$ 的母矩阵为

$$\boldsymbol{S} = \begin{pmatrix} \boldsymbol{S}_1 \\ \boldsymbol{S}_2 \\ \vdots \\ \boldsymbol{S}_{s-1} \\ \boldsymbol{S}_s \end{pmatrix} = \begin{pmatrix} 1 & -1 & 0 & \cdots & 0 & 0 \\ 1 & 0 & -1 & \ddots & \vdots & \vdots \\ \vdots & \vdots & \ddots & \ddots & 0 & 0 \\ 1 & 0 & \cdots & 0 & -1 & 0 \\ -\dfrac{s}{s+1} & \dfrac{1}{s+1} & \cdots & \dfrac{1}{s+1} & \dfrac{1}{s+1} & \dfrac{1}{s+1} \end{pmatrix} \tag{7.122}$$

它是 $s \times (s+1)$ 维矩阵, $\boldsymbol{S}_j$, $j = 1, \cdots, s$ 是第 j 个 $s+1$ 维行向量。若 $\boldsymbol{z} = (z_1, \cdots, z_s)^{\mathrm{T}} \in \mathbb{Z}^s$ 是任意 s 维整数向量,则由

$$\bar{\boldsymbol{x}} = \sum_{j=1}^{s} z_j \boldsymbol{S}_j = \boldsymbol{z}^{\mathrm{T}} \boldsymbol{S} \tag{7.123}$$

确定的点 $\bar{\boldsymbol{x}} = (\bar{x}_1, \cdots, \bar{x}_{s+1})$ 是格栅 $\mathcal{A}_s^*$ 中的点。

例如,考虑 $s=2$ 的情形。式(7.122)变为

$$\boldsymbol{S} = \begin{pmatrix} \boldsymbol{S}_1 \\ \boldsymbol{S}_2 \end{pmatrix} = \begin{pmatrix} 1 & -1 & 0 \\ -\dfrac{2}{3} & \dfrac{1}{3} & \dfrac{1}{3} \end{pmatrix} \tag{7.124}$$

因此,若令 $\boldsymbol{z}_1 = (1, 1)^{\mathrm{T}}$, 根据式(7.123)有 $\bar{\boldsymbol{x}}_1 = (1/3, -2/3, 1/3)$。同理,有

$$\begin{gathered} \boldsymbol{z}_2 = (1, 0)^{\mathrm{T}},\ \bar{\boldsymbol{x}}_2 = (1, -1, 0) \\ \boldsymbol{z}_3 = (0, 1)^{\mathrm{T}},\ \bar{\boldsymbol{x}}_3 = \left(-\frac{2}{3}, \frac{1}{3}, \frac{1}{3}\right) \\ \vdots \end{gathered}$$

若记 $\bar{\boldsymbol{x}}_0 = (0, 0, 0)$, 则任意两点之间的距离为

$$\begin{gathered} d(\bar{\boldsymbol{x}}_0, \bar{\boldsymbol{x}}_1) = \sqrt{\frac{2}{3}},\ d(\bar{\boldsymbol{x}}_0, \bar{\boldsymbol{x}}_2) = \sqrt{2},\ d(\bar{\boldsymbol{x}}_0, \bar{\boldsymbol{x}}_3) = \sqrt{\frac{2}{3}} \\ d(\bar{\boldsymbol{x}}_1, \bar{\boldsymbol{x}}_0) = \sqrt{\frac{2}{3}},\ d(\bar{\boldsymbol{x}}_1, \bar{\boldsymbol{x}}_2) = \sqrt{2},\ d(\bar{\boldsymbol{x}}_1, \bar{\boldsymbol{x}}_3) = \sqrt{\frac{14}{3}} \\ \vdots \end{gathered}$$

实际上可见最小距离为 $\sqrt{2/3}$, 因而填充半径为 $\sqrt{2/3}/2$。

此外,显然点 $\bar{\boldsymbol{x}}_0$, $\bar{\boldsymbol{x}}_1$, $\bar{\boldsymbol{x}}_2$, $\cdots$ 全部位于平面 $\bar{x}_1 + \bar{x}_2 + \bar{x}_3 = 0$ 上。因此,可以将坐标系变换为新的坐标系,使得点位于新坐标系 $Ox_1x_2x_3$ 的平面 $x_3 = 0$ 上。为此,对新坐标

系引入基向量$\boldsymbol{e}_1$、$\boldsymbol{e}_2$和$\boldsymbol{e}_3$，使得

$$\boldsymbol{e}_i \cdot \boldsymbol{e}_j = \delta_{ij},\ i,\ j = 1,\ 2,\ 3 \tag{7.125}$$

且

$$\boldsymbol{e}_3 = \frac{1}{\sqrt{3}}(1,\ 1,\ 1)^{\mathrm{T}} \tag{7.126}$$

即$\boldsymbol{e}_3$是平面$\bar{x}_1+\bar{x}_2+\bar{x}_3=0$的法向量，因而$\boldsymbol{e}_1$和$\boldsymbol{e}_2$在平面$\bar{x}_1+\bar{x}_2+\bar{x}_3=0$上。满足以上条件，可以选择

$$\boldsymbol{e}_1 = \frac{1}{\sqrt{2}}(1,\ -1,\ 0)^{\mathrm{T}},\ \boldsymbol{e}_2 = \frac{1}{\sqrt{6}}(1,\ 1,\ -2)^{\mathrm{T}} \tag{7.127}$$

因此，点的新坐标$(x_1,\ x_2,\ x_3)$为

$$x_j = \bar{\boldsymbol{x}}\boldsymbol{e}_j,\ j = 1,\ 2,\ 3 \tag{7.128}$$

经此变换，可以在新的坐标系下给出点$\bar{\boldsymbol{x}}_1$，$\bar{\boldsymbol{x}}_2$，$\bar{\boldsymbol{x}}_3$，… 分别为

$$\boldsymbol{x}_1 = \left(\frac{1}{\sqrt{2}},\ -\frac{1}{\sqrt{6}},\ 0\right),\ \boldsymbol{x}_2 = (\sqrt{2},\ 0,\ 0),\ \boldsymbol{x}_3 = \left(-\frac{1}{\sqrt{2}},\ -\frac{1}{\sqrt{6}},\ 0\right),\ \cdots$$

易知，这些点位于平面$x_3=0$上。因此，更方便的是只采用前两个坐标，使得点实质上在二维空间上

$$\boldsymbol{x}_1 = \left(\frac{1}{\sqrt{2}},\ -\frac{1}{\sqrt{6}}\right),\ \boldsymbol{x}_2 = (\sqrt{2},\ 0),\ \boldsymbol{x}_3 = \left(-\frac{1}{\sqrt{2}},\ -\frac{1}{\sqrt{6}}\right),\ \cdots$$

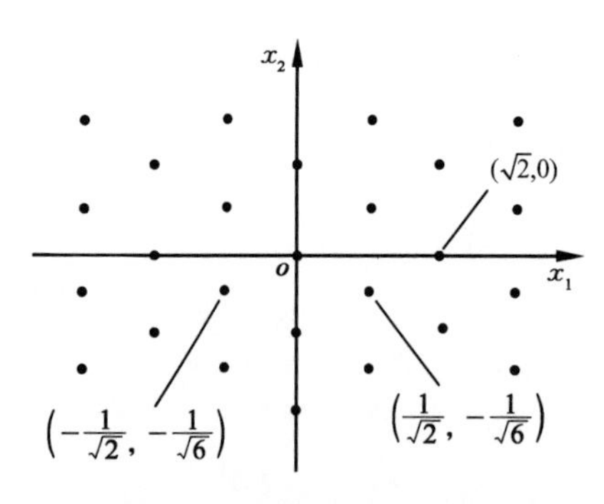

图 7.19　二维空间中的对偶点集

这样生成的点如图 7.19 所示。点的构造实质上与图 7.8(b)相同。可以通过尺度因子λ进一步变换，使得构造相同但点的尺度可以变化。由此，式(7.128)可以变为

$$x_j = \lambda\bar{\boldsymbol{x}}\boldsymbol{e}_j,\ j = 1,\ 2,\ 3 \tag{7.129}$$

或者可以通过将式(7.123)变为

$$\bar{\boldsymbol{x}} = \lambda\sum_{j=1}^{s} z_j \boldsymbol{S}_j = \lambda \boldsymbol{z}^{\mathrm{T}}\boldsymbol{S} \tag{7.130}$$

同样可以实现这一点。

以上操作可以扩展至高维。实际上，球的填充半径和覆盖半径分别为

$$r_{\mathrm{pk}} = \frac{1}{2}\sqrt{\frac{s}{s+1}},\ r_{\mathrm{cv}} = r_{\mathrm{pk}}\sqrt{\frac{s+2}{3}} = \frac{1}{2}\sqrt{\frac{s(s+2)}{3(s+1)}} \tag{7.131}$$

而吻合数为$\kappa=2s+2$。这里可见，$\mathcal{A}_s^*$的吻合数比已知的填充最大吻合数小很多。例如，八维的最大吻合数为 240，而$\mathcal{A}_s^*$的吻合数仅为 18。反之表明，可以通过已知的最稀疏覆

盖使点的数量最小化。这是采用格栅覆盖的优点之一。

令 $\tilde{\boldsymbol{x}}_k=(\tilde{x}_{1,k}, \cdots, \tilde{x}_{s+1,k})$，则格栅的坐标可以由式(7.130)给出。显然，由式(7.130)生成的点满足

$$\tilde{x}_{1,k}+\cdots+\tilde{x}_{s+1,k}=0 \tag{7.132}$$

即这些点位于 $s+1$ 维超平面

$$x_1+\cdots+x_{s+1}=0 \tag{7.133}$$

上。

因此，式(7.130)给出了 $s+1$ 维超平面上的格栅。

现在进一步提取出 s 个独立坐标并给出显式表达。为此，引入基向量为 $\boldsymbol{e}_1, \cdots, \boldsymbol{e}_{s+1}$ 的新坐标系，使得

$$\boldsymbol{e}_i \cdot \boldsymbol{e}_j=\delta_{ij} \tag{7.134}$$

这里 δ_{ij} 是克罗内克 δ 记号。为方便起见，令

$$\boldsymbol{e}_{s+1}=\frac{1}{\sqrt{s+1}}\underbrace{(1, \cdots, 1)}_{s+1} \tag{7.135}$$

显然，$\|\boldsymbol{e}_{s+1}\|=\boldsymbol{e}_{s+1}\cdot\boldsymbol{e}_{s+1}=1$。根据式(7.134)可以选择其他基向量。对 $s=4, 5, \cdots, 23$，典型的基向量如附录 D 所示。

采用新的基向量，则点的新的坐标可以通过

$$x_{j,k}=\tilde{\boldsymbol{x}}_k\cdot\boldsymbol{e}_j, \; j=1, \cdots, s \tag{7.136}$$

计算。

由式(7.133)和式(7.130)，有 $x_{s+1,k}=0$。因此，坐标 x_{s+1} 是平凡的，而前 s 个分量是非平凡坐标。

同理，可以进一步由式(7.136)对点进行旋转变换，使得投影比(见 7.3.1.2 节所述)的特性可以得到改善。

点集 $\mathcal{A}_s^*$ 的沃罗诺伊胞元的体积为

$$\mathcal{V}(\mathcal{V})=\frac{2^s r_{\text{pk}}^s (s+1)^{\frac{s-1}{2}}}{s^{\frac{s}{2}}} \tag{7.137}$$

格栅的厚度为

$$\mho=\frac{\mathcal{V}[\mathcal{B}(r_{\text{cv}}, s)]}{\mathcal{V}(\mathcal{V})}=\mathcal{V}[\mathcal{B}(1, s)]\sqrt{s+1}\left[\frac{s(s+2)}{12(s+1)}\right]^{\frac{s}{2}} \tag{7.138}$$

而沃罗诺伊胞元和接触覆盖的超立方体的覆盖比为

$$\gamma=\frac{\mathcal{V}(\mathcal{V})}{(2r_{\text{cv}})^s}=\frac{2^s(s+1)^{\frac{s-1}{2}}}{2^s s^{\frac{s}{2}} r_{\text{cv}}^s}r_{\text{pk}}^s=\frac{(s+1)^{\frac{s-1}{2}}}{s^{\frac{s}{2}}}\left(\frac{r_{\text{pk}}}{r_{\text{cv}}}\right)^s=\frac{(s+1)^{\frac{s-1}{2}}}{s^{\frac{s}{2}}}\left(\frac{3}{s+2}\right)^{\frac{s}{2}} \tag{7.139}$$

当采用格栅计算赋得概率时，可以采用式(7.138)和式(7.139)中的量来检验精度。

7.3.3 数论法

另一类均匀点集是**数论(number theoretical)**点集(Hua & Wang, 1981)。20 世纪 50 年代以来，低偏差的数论集得以广泛研究，并在科学和工程领域被广泛应用(Niederreiter, 1992; Fang & Wang, 1994; Sobol', 1998; Nie & Ellingwood, 2004; Li & Chen, 2007)。

该方法的基本思想是采用整数母向量 $(n, Q_1, \cdots, Q_s)$ 生成点集 $\mathcal{P}_{\mathrm{NTM}}=\{\boldsymbol{x}_k=(x_{1,k}, \cdots, x_{s,k}), k=1, \cdots, n\}$，其中

$$\begin{cases}\hat{x}_{j,k}=(2kQ_j-1)\bmod(2n), \quad j=1, \cdots, s, k=1, \cdots, n \\ x_{j,k}=\dfrac{\hat{x}_{j,k}}{2n}\end{cases} \tag{7.140a}$$

式中模的意义与式(4.70)相同。

式(7.140a)等价于

$$x_{j,k}=\frac{2kQ_j-1}{2n}-\mathrm{int}\left(\frac{2kQ_j-1}{2n}\right), \ j=1, \cdots, s, \ k=1, \cdots, n \tag{7.140b}$$

式中：int(•) 取其值的整数部分；n 是点集 $\mathcal{P}_{\mathrm{NTM}}$ 的基数。

式(7.140)意味着，点集的坐标取 $(2kQ_j-1)/2n$ 值的小数部分，因此

$$0<x_{j,k}<1, \ j=1, \cdots, s, \ k=1, \cdots, n \tag{7.141}$$

这显然与一致性及丢番图(Diophantus)方程密切相关，也是代数数论的核心问题之一(Manin & Panchishkin, 2005)。通过分圆域单元，可以获得整数向量 $(n, Q_1, \cdots, Q_s)$ 的不同集合，使得由式(7.140)生成的点集是均匀散布在单位超立方体 C^s 上的点集。这样构造的点集称为华-王点集，并记为 $\mathcal{P}_{\mathrm{HW}}$，华罗庚和王元(Hua & Wang, 1981)证明了其偏差为

$$\mathcal{D}(n, \mathcal{P}_{\mathrm{HW}})=O\left[n^{-\frac{1}{2}-\frac{1}{2(s-1)}+\epsilon}\right] \tag{7.142}$$

一般地，可以令 $Q_1=1$。对 $s=2$ 到 $s=18$ 时不同的 n，低偏差母向量可以由华罗庚和王元(Hua & Wang, 1981)、方开泰和王元(Fang & Wang, 1994)及参考附录 G 得到。当维数 $s=1$，由式(7.140)可知，$\mathcal{P}_{\mathrm{HW}}$ 即等于均匀网格点集 $\mathcal{P}_{\mathrm{UGP}}$[由式(7.90)给出]。当维数 $s=2$，可以采用斐波那契(Fibonacci)数列 $F_l(l=0, 1, 2, \cdots)$

$$F_l=F_{l-1}+F_{l-2}, \ l=2, 3, \cdots, \ F_0=1, \ F_1=1 \tag{7.143}$$

在此情形下，令 $n=F_l$，$Q_1=1$，$Q_2=F_{l-1}$，式(7.140)可生成正方形 $C^2=[0, 1]\times[0, 1]$ 上的均匀散布点集。

对比式(7.142)和式(7.115)可知，至少对 $s=2, 3, 4$，华-王点集 $\mathcal{P}_{\mathrm{HW}}$ 的偏差和切球点 $\mathcal{P}_{\mathrm{TaS}}$ 是同阶的。实际上，由图 7.20 中二维的散布方式也可以看出对相近的 n 时的这一

相似性。然而，应该注意到，对于不同的 n，它们并不总是相似的。实际上，对 $\mathcal{P}_{\mathrm{HW}}$ 和 $\mathcal{P}_{\mathrm{TaS}}$ 可能的 n 会有很大不同，不可能总能保证生成与给定 $\mathcal{P}_{\mathrm{TaS}}$ 的 n 相近的 $\mathcal{P}_{\mathrm{HW}}$，更不用说是相似的散布方式。

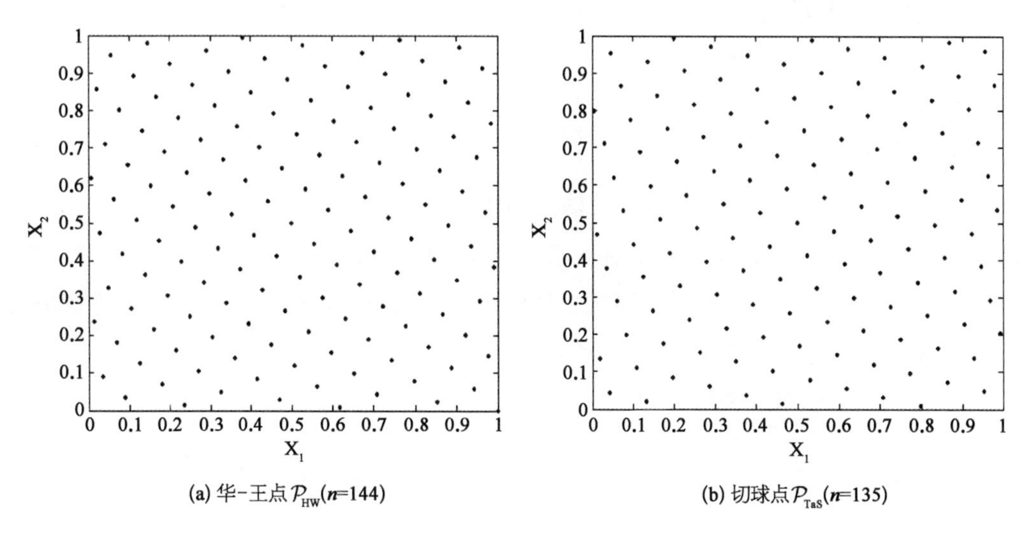

(a) 华-王点 $\mathcal{P}_{\mathrm{HW}}(n=144)$　　(b) 切球点 $\mathcal{P}_{\mathrm{TaS}}(n=135)$

图 7.20　点集的不同均匀散布方式

图 7.21 显示了不同方式点集的偏差，包括切球点集 $\mathcal{P}_{\mathrm{TaS}}$、华-王点集 $\mathcal{P}_{\mathrm{HW}}$、均匀网格点集 $\mathcal{P}_{\mathrm{UGP}}$ 和拉丁超立方抽样获得的点集 $\mathcal{P}_{\mathrm{LHS}}$。由于 $\mathcal{P}_{\mathrm{LHS}}$ 是随机点集，仅显示了点集的六个样本(McKay et al., 1979)。图 7.21 显然说明，$\mathcal{P}_{\mathrm{TaS}}$ 的偏差和 $\mathcal{P}_{\mathrm{HW}}$ 是相同数量级的，而 $\mathcal{P}_{\mathrm{LHS}}$ 的偏差几乎确定地大于 $\mathcal{P}_{\mathrm{TaS}}$ 和 $\mathcal{P}_{\mathrm{HW}}$。因此，通常采用 $\mathcal{P}_{\mathrm{HW}}$ 是更好的。

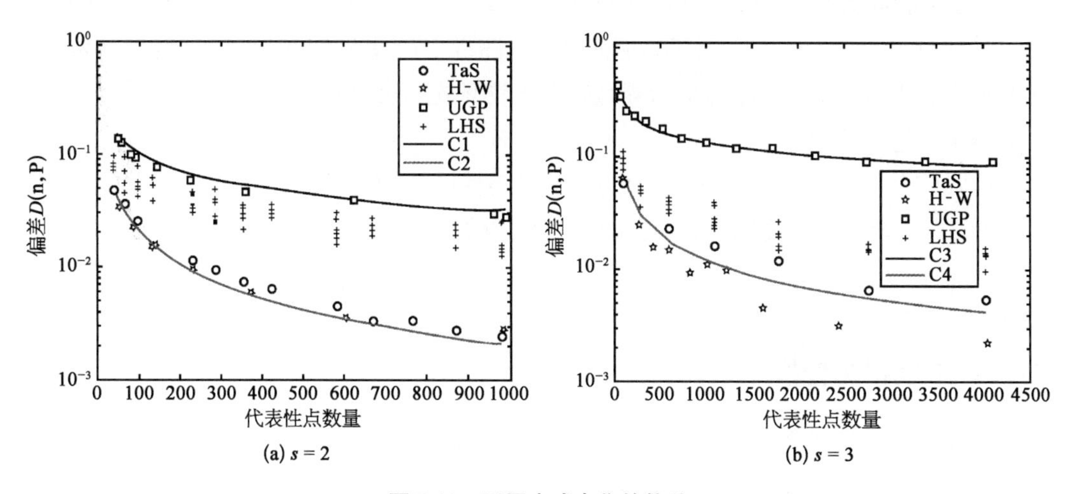

(a) $s=2$　　(b) $s=3$

图 7.21　不同方式点集的偏差

注：C1：$\widetilde{\mathcal{D}}(n)=n^{-1/2}$，C2：$\widetilde{\mathcal{D}}(n)=2.06n^{-1}$，C3：$\widetilde{\mathcal{D}}(n)=1.2n^{-1/3}$，C4：$\widetilde{\mathcal{D}}(n)=2.06n^{-3/4}$。

以上生成的切球点集 $\mathcal{P}_{\mathrm{TaS}}$、格栅 $\mathcal{P}_{\mathrm{lattice}}$ 和华-王点集 $\mathcal{P}_{\mathrm{HW}}$ 等，有时可以直接应用为代表性点。但更合理的是，采用它们作为 7.2.4 节中所述的基本点集。为方便起见，将所有这些点记为 $\mathcal{P}_{\mathrm{basic}}$。

7.4 密度相关变换

7.4.1 仿射变换

上节中生成的点集，包括切球点、格栅和华-王点，统一记为 $\mathcal{P}=\{\boldsymbol{x}_k=(x_{1,k}, \cdots, x_{s,k}), k=1, \cdots, n_{\text{pt}}\}$。它们在某种意义上都是均匀散布在单位超立方体 C^s 上的点集。这里 n_{pt} 是 $\mathcal{P}$ 的基数。然而，基本随机变量的分布域 $\Omega_{\boldsymbol{\Theta}}$ 通常并不是 C^s。需要进行仿射变换，将 C^s 上的点集 $\mathcal{P}$ 映射为 $\Omega_{\boldsymbol{\Theta}}$ 上的点集 $\widetilde{\mathcal{P}}$。

不失一般性，假设分布域

$$\Omega_{\boldsymbol{\Theta}}=\{\boldsymbol{\theta}=(\theta_1, \cdots, \theta_s) \mid b_{j,\text{L}} \leqslant \theta_j \leqslant b_{j,\text{R}}, J=1, \cdots, s\}=\prod_{j=1}^{s}[b_{j,\text{L}}, b_{j,\text{R}}] \tag{7.144}$$

式中：$b_{j,\text{L}}$ 和 $b_{j,\text{R}}$ 分别是左右边界。

进而，可以采用仿射变换

$$\widetilde{\theta}_{j,k}=b_{j,\text{L}}+x_{j,k}(b_{j,\text{R}}-b_{j,\text{L}}), j=1, \cdots, s, k=1, \cdots, n_{\text{pt}} \tag{7.145}$$

构造 $\Omega_{\boldsymbol{\Theta}}$ 上的点集 $\widetilde{\mathcal{P}}=\{\widetilde{\boldsymbol{\theta}}_k=(\widetilde{\theta}_{1,k}, \cdots, \widetilde{\theta}_{s,k}), k=1, \cdots, n_{\text{pt}}\}$。

对分布域 $\Omega_{\boldsymbol{\Theta}}$ 是无限域的情形，例如当基本随机变量是正态或对数正态变量，应将该域截断为有界域。如何选取截断边界是一个比较开放的问题(Fang & Wang, 1994)。后面会再来看这一问题。

由式(7.145)生成的点集 $\widetilde{\mathcal{P}}$ 可以用来作为代表性点集 $\mathcal{P}_{\text{sel}}$，例如当维数 $s \leqslant 4$(Chen & Li, 2007a)。否则，它可以用来作为 7.2.4 节所述的基本点集，并统一记为

$$\mathcal{P}_{\text{basic}}=\{\widetilde{\boldsymbol{\theta}}_k=(\widetilde{\theta}_{1,k}, \cdots, \widetilde{\theta}_{s,k}), k=1, \cdots, n_{\text{pt}}\} \tag{7.146}$$

7.4.2 密度相关变换

上节中生成的点集 $\mathcal{P}_{\text{basic}}$ 实质上是基于基本随机变量均匀分布。若概率密度 $p_{\boldsymbol{\Theta}}(\boldsymbol{\theta})$ 是非均匀的，则 $\mathcal{P}_{\text{basic}}$ 中点的赋得概率可能差异很大，以至于不同点的代表性变化很大。在此情形下，需要对基本点集引入进一步变换，即

$$\mathcal{P}_{\text{sel}}=\mathcal{T}(\mathcal{P}_{\text{basic}}) \tag{7.147}$$

显然，这一变换应改变点的密度，同时改变点的赋得概率，以使得它们比之前更均匀。换言之，式(7.147)应使由式(7.93)和式(7.95)定义的修正 F 偏差降低，即

$$\mathcal{D}_F(n,\ \mathcal{P}_{sel}) \ll \mathcal{D}_F(n,\ \mathcal{P}_{basic}) \tag{7.148}$$

因此，称之为**密度相关变换**(density-related transformation)。

除式(7.148)外，式(7.147)中的密度相关变换还应试图使7.2.3所述的一阶偏差 $\mathcal{D}_1$ 和二阶偏差 $\mathcal{D}_2$ 最小化。

7.4.3 径向衰减分布：球形筛分和伸缩变换

在许多实际关心的问题中，基本随机变量的密度呈现径向衰减的特性。例如，多维正态分布呈现出更有趣的球对称衰减特性。在此情形下，球形筛分算子可以大幅减少最终选点数量。此外，可以采用各向同性伸缩变换作为密度相关变换。

7.4.3.1 球形筛分

对于径向衰减密度，Ω_Θ 域角部附近点的赋得概率相比于内部点是非常小的，因而可以略去。可以通过对均匀散布在 C^s 上的点集 $\mathcal{P}$ 中的点进行筛分，获得内切球

$$\left(x_{1,k}-\frac{1}{2}\right)^2+\cdots+\left(x_{s,k}-\frac{1}{2}\right)^2 \leqslant \left(\frac{1}{2}r_0\right)^2 \tag{7.149}$$

其中 $r_0 \geqslant 1$。

式(7.149)如图7.22所示。显然，对 $r_0 \geqslant \sqrt{s}$，式(7.149)的条件不起作用。而对 $1 \leqslant r_0 < \sqrt{s}$ 的情形，满足式(7.149)的点的数量会小于 n_{pt}。特别地，对 $r_0=1$ 的情形，剩余点的数量 n_{sel} 和总数 n_{pt} 之比为

$$\gamma_{sv}=\frac{n_{sel}}{n_{pt}} \to \frac{\mathcal{V}[\mathcal{B}(r,\ s)]\,|_{r=\frac{1}{2}}}{\mathcal{V}(C^s)},\ n_{pt}\to\infty \tag{7.150}$$

式中：$\mathcal{V}[\mathcal{B}(r,\ s)]$ 是 s 维球的体积，由式(7.71)给出。因此，筛分比 γ_{sv} 满足

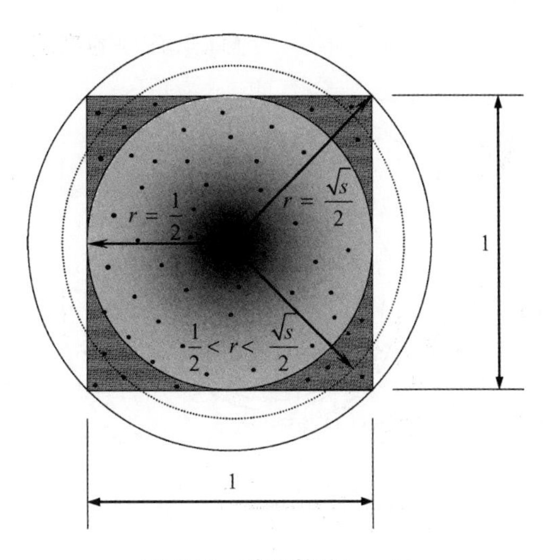

图7.22 球形筛分($s=2$)

$$\lim_{n_{pt}\to\infty}\gamma_{sv}=\lim_{n_{pt}\to\infty}\frac{n_{sel}}{n_{pt}}=\frac{\pi^{\frac{s}{2}}}{2^s\Gamma\left(1+\frac{s}{2}\right)}=\begin{cases}\dfrac{\pi^m}{2^{2m}m!}, & s=2m\\[2ex] \dfrac{(2\pi)^m}{2^{2m}\prod\limits_{j=0}^{m}(2j+1)}, & s=2m+1\end{cases} \tag{7.151}$$

图7.23表明，名义筛分比 $\lim_{n_{pt}\to\infty}\gamma_{sv}$ 随 s 的增加而迅速下降，甚至比指数还要快。例如，对二维、三维、十维和十八维，分别有 $\lim_{n_{pt}\to\infty}\gamma_{sv}=0.785$、0.524、约1/400与小于 10^{-6}。

C^s 上均匀散点的数量通常会随着维数 s 的增加而在一定程度上增加，球形筛分则会弥补这一增长，可以在可接受的精度内使最终选点数量几乎不随 s 变化。

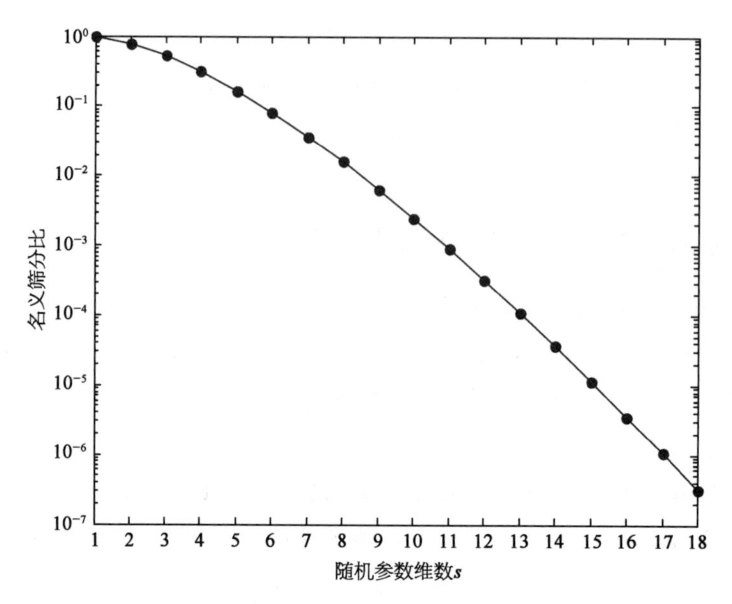

图 7.23　名义筛分比和维数 s

图 7.24 显示了二维球形筛分的算例。由切球生成的初始点如图 7.20(b)所示。这些点经球形筛分，进而通过式(7.145)由正方形 $[0, 1]^2$ 变换为正方形 $[-4, 4]^2$。该图中也画出了联合正态分布的等值线图，每个同心圆为概率密度函数等值线。这直观地验证了球形筛分。

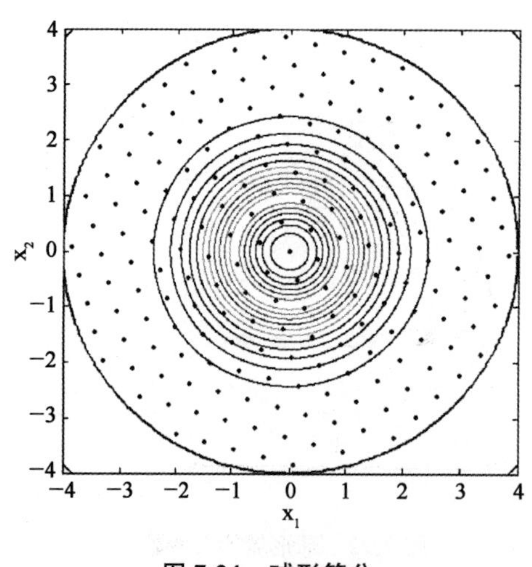

图 7.24　球形筛分

7.4.3.2　伸缩变换

对于径向衰减的参数密度，式(7.147)中的变换 $\mathcal{T}$ 可以取为各向同性**伸缩变换**(expansion-contraction transformation)(Chen et al., 2009)，即

$$\theta_{j,q} = g(\| \tilde{\boldsymbol{\theta}}_q \|)\tilde{\theta}_{j,q},\ q = 1, \cdots, n_{\text{sel}},\ j = 1, \cdots, s \tag{7.152}$$

式中 $\tilde{\boldsymbol{\theta}}_q = (\tilde{\theta}_{1,q}, \cdots, \tilde{\theta}_{s,q})$；$g(\cdot)$ 是关于点的范数的算子。经过变换式(7.152)，所有点会各向同性地呈放射状向着原点或向外移动。

实际上，$g(\cdot)$ 是伸缩比。使分布域边缘的点不变，而原点(密度峰值)附近的点伸缩一个适当的比例 β 是合理的，即

$$g(r)\mid_{r\to 0} = \beta,\ g(r)\mid_{r\to \rho} = 1 \tag{7.153}$$

一个简单的形式可取为

$$g(r) = ar^m + b,\ m \geqslant 0,\ m \in \mathbb{Z} \tag{7.154}$$

联合式(7.153)和式(7.154)，有

$$a=\frac{1-\beta}{\rho^m},\ b=\beta \tag{7.155}$$

二维正态密度场的各向同性伸缩变换如图7.25所示。可见，各向同性伸缩变换后，更多的点会散布在概率密度更大的区域内。

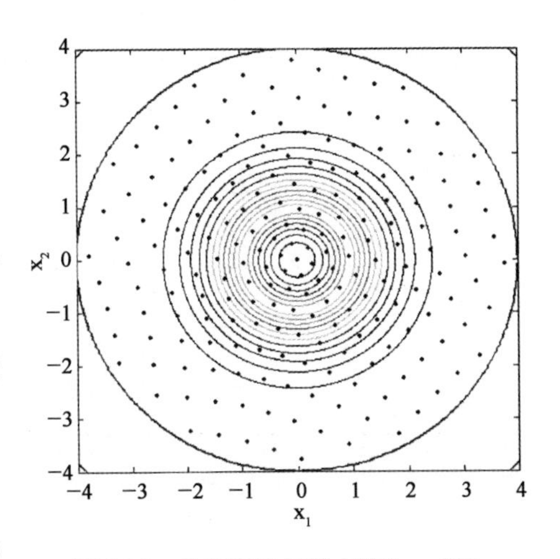

图 7.25 伸缩变换后的点集(n=199, m=1, β=0.5)

在此情形下，由式(7.93)定义的F偏差可变换为**径向F偏差**(radial F-discrepancy)

$$\mathcal{D}_{\mathrm{R}}(\mathcal{P})=\max_{0\leqslant r\leqslant r_{\mathrm{b}}}\{|F_{\mathcal{P}}(r)-F(r)|\} \tag{7.156}$$

式中：r_{b} 是覆盖 Ω 的超球体的半径；

$$F_{\mathcal{P}}(r)=\sum_{q=1}^{n_{\mathrm{sel}}}P_q\mathrm{I}\{\|\boldsymbol{\theta}_q\|\leqslant r\}=\sum_{\|\boldsymbol{\theta}_q\|\leqslant r}P_q=\sum_{\|\boldsymbol{\theta}_q\|\leqslant r}\int_{\mathcal{V}_q}p_{\boldsymbol{\Theta}}(\boldsymbol{\theta})\mathrm{d}\boldsymbol{\theta} \tag{7.157}$$

$$F(r)=\int_{\Omega}p_{\boldsymbol{\Theta}}(\boldsymbol{\theta})\mathrm{I}\{\|\boldsymbol{\theta}_q\|\leqslant r\}\mathrm{d}\boldsymbol{\theta}=\int_{\|\boldsymbol{\theta}_q\|\leqslant r}p_{\boldsymbol{\Theta}}(\boldsymbol{\theta})\mathrm{d}\boldsymbol{\theta} \tag{7.158}$$

分别是赋得概率之和与半径为 r 的 s 维超球体 $\mathcal{B}(r,s)$ 所含的概率。相比于式(7.93)，式(7.156)的分布函数中只含有一个变量，这样更易于处理。

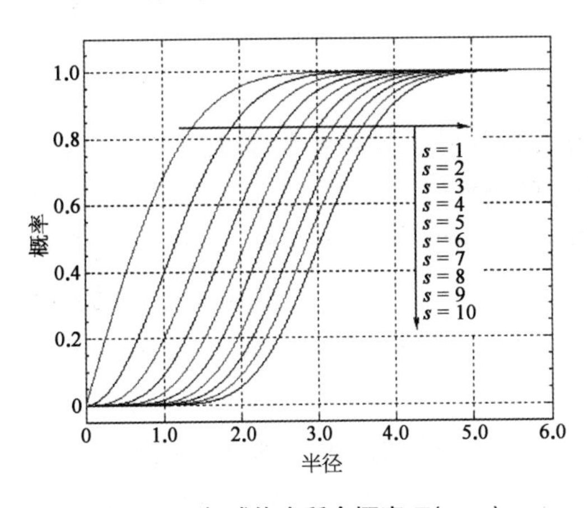

图 7.26 超球体中所含概率 $F(r,s)$

附录E给出了标准正态分布下式(7.158)的封闭式表达。图7.26显示了不同 r 和 s 下的概率。尤其重要的是，图中显示了随着维数 s 增大，原点附近区域的概率迅速减小，而区域外分布的概率相应增大。例如，对于 $r=2$，在一维时所含概率超过了0.7，而十维时概率小于0.05。此外，为使所含概率超过0.99，在一维时 $r=3.5$ 即足够，而十维时 r 应在5.0左右。这意味着，当对无限分布作截断时，应非常谨慎，并且要对空间上的分布有足够的理解。

经过适当的各向同性伸缩变换，通常可以大幅降低径向F偏差。例如，图7.27分别显示了维数 $s=2$ 和 $s=8$ 时由式(7.157)和式(7.158)给出的分布。这表明，各向同性伸缩变换可以使F偏差显著降低。维数 s 越大，这一效果越明显。依此选取点集下的计算结果通常是令人满意的(Chen et al.，2009)①。

---

① 近年来，也相继提出了概率空间剖分和代表性点选取的其他改进方法，具体可参见：Xu J, Chen JB, Li J. Computational Mechanics, 2012, 50：135－56. Chen JB, Zhang SH. SIAM Journal on Scientific Computing, 2013, 35(5)：A2121－A2149. Chen JB, Yang JY, Li J. Structural Safety, 2016, 59：20－31.——译者注

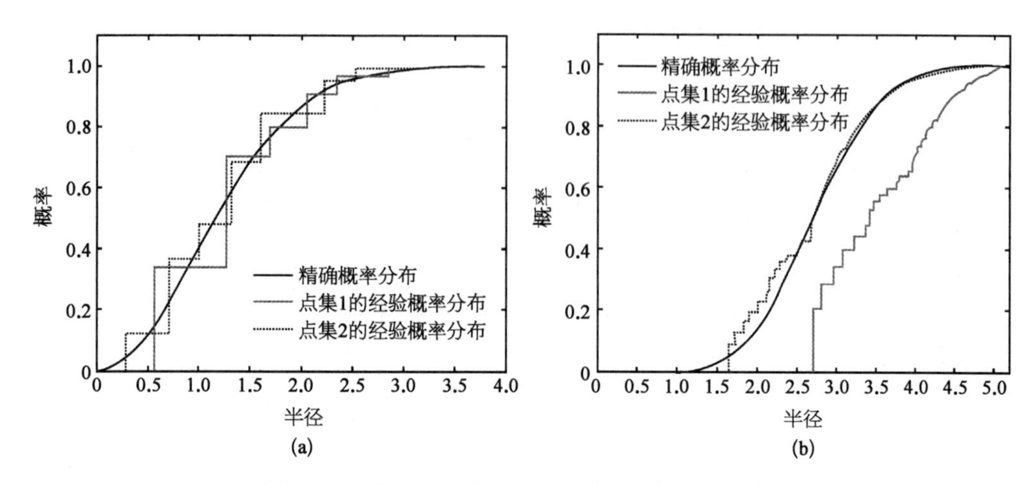

图 7.27 伸缩变换前后的概率分布函数(数论法)

注：(a) $s=2$，$N_{sel}=68$，点集 1：$m=1$，$\beta=1$；点集 2：$m=2$，$\beta=0.5$；(b) $s=8$，$N_{sel}=360$，点集 1：$m=1$，$\beta=1$；点集 2：$m=6$，$\beta=0.6$。

7.5 非线性多自由度结构的随机响应分析

7.5.1 非线性随机结构响应

考虑地震作用下的 10 层剪切型框架，如图 7.28 所示。质量参数、刚度参数、非线性恢复力模型参数和地震动加速度峰值参数均含有随机性。

集中质量均值 m_1，…，m_{10} 见表 7.1。由下至上的前 4 层分为一类，4 个质量完全相关，可以采用单一随机变量刻画其随机性。其他 6 层分为另一类。因此，有两个随机参数和质量相关。类似地，还有两个随机参数和初始弹性模量相关。柱截面几何尺寸为 500 mm×400 mm。层间恢复力和层间位移采用 5.4.2 所述的布克-文模型刻画。这里模型参数 β、γ、d_ν 和 d_η 取为随机参数，其概率信息由表 7.2 给出。其他模型参数取确定性值 $\alpha=0.01$，$A=1$，$n=1$，$q=0$，$p=600\ \mathrm{m}^{-2}$，$d_\psi=0$，$\lambda=0.5$，$\zeta_s=0.95$，$\psi=0.2\ \mathrm{m}$。为简单起见，假设为瑞利阻尼，即 $\mathbf{C}=a\mathbf{M}+b\mathbf{K}$。其中，$\mathbf{K}$ 是初始刚度矩阵，$a=0.01\ \mathrm{s}^{-1}$，$b=0.005\ \mathrm{s}$。假设地震动加速度是南北和东西方向埃尔森特罗(El Centro)加速度波的随机组合，随机组合系数为 $\Theta_{\mathrm{PGA},1}$ 和 $\Theta_{\mathrm{PGA},2}$。考虑全部随机性共包含 10 个随机变量。采用数论集作为

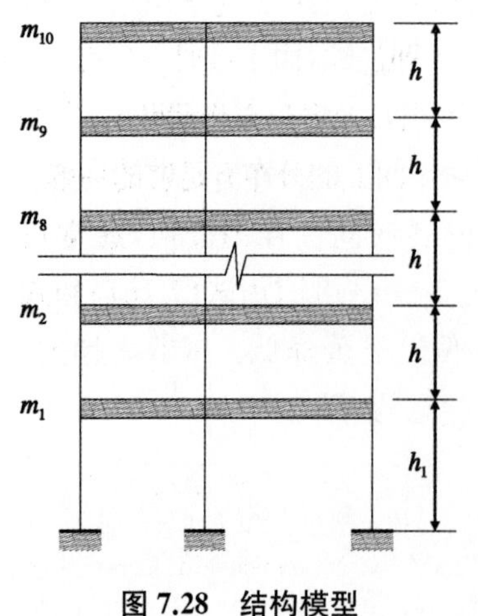

图 7.28 结构模型

基本点集对概率空间剖分，生成代表点，进而求解广义概率密度演化方程，以获得非线性结构随机响应的概率信息。

表 7.1　质量和刚度参数的概率信息

层数	均　值		变异系数	
	集中质量/ $\times 10^4$ kg	初始弹性模量/ $\times 10^5$ MPa	集中质量/ $\times 10^4$ kg	初始弹性模量/ $\times 10^5$ MPa
10	0.5	2.8	0.2	0.2
9	1.1	2.8		
8	1.1	3.0		
7	1.0	3.0		
6	1.1	3.0		
5	1.1	3.0		
4	1.3	3.25	0.2	0.2
3	1.2	3.25		
2	1.2	3.25		
1	1.2	3.25		

表 7.2　布克-文模型和激励中参数的概率信息

参　数	β	γ	d_ν	d_η	$\Theta_{\mathrm{PGA},1}$	$\Theta_{\mathrm{PGA},2}$
均　值	60 m^{-1}	10 m^{-1}	200 m^{-2}	200 m^{-2}	2.0 $\mathrm{m/s}^2$	2.0 $\mathrm{m/s}^2$
变异系数	0.2	0.2	0.2	0.2	0.2	0.2

图 7.29 至图 7.31 显示了部分结果。图 7.29 表明，响应的均值和标准差均与蒙特卡罗模拟吻合较好。计算中，概率密度演化方法仅选取了 570 个代表性点，但蒙特卡罗模拟进行了 16 000 次分析。概率密度演化方法最重要的优势之一，是可以获得响应的瞬时概率密度函数。图 7.30(a)显示了三个不同时刻的概率密度函数。图 7.30(b)显示了由概率密度演化方法得到的概率分布函数和由蒙特卡罗模拟得到的经验概率分布函数之间的对比。显然可见，不同时刻的概率密度函数都是不规则的，且明显不同。进而由图 7.31(a)可见，概率密度函数随时间的演化构成了概率密度函数曲面。同时，图 7.31(b)给出了其等值线图，其中概率随时间的转移直观上就像河水的流动，伴随着许多漩涡。

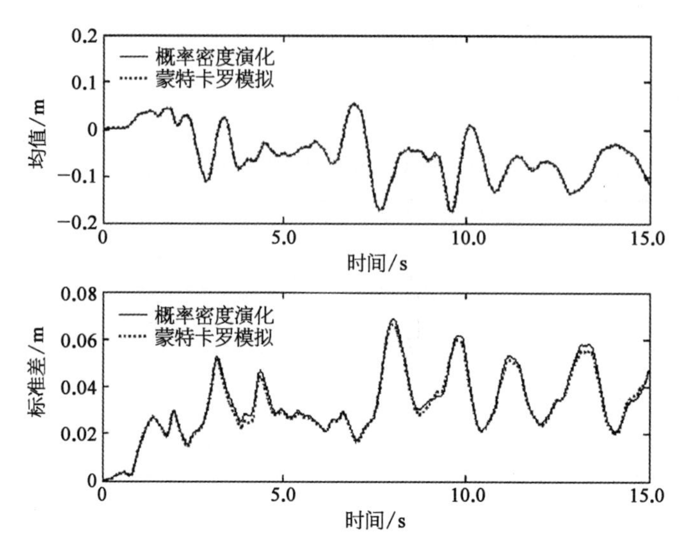

图 7.29 随机响应的均值和标准差

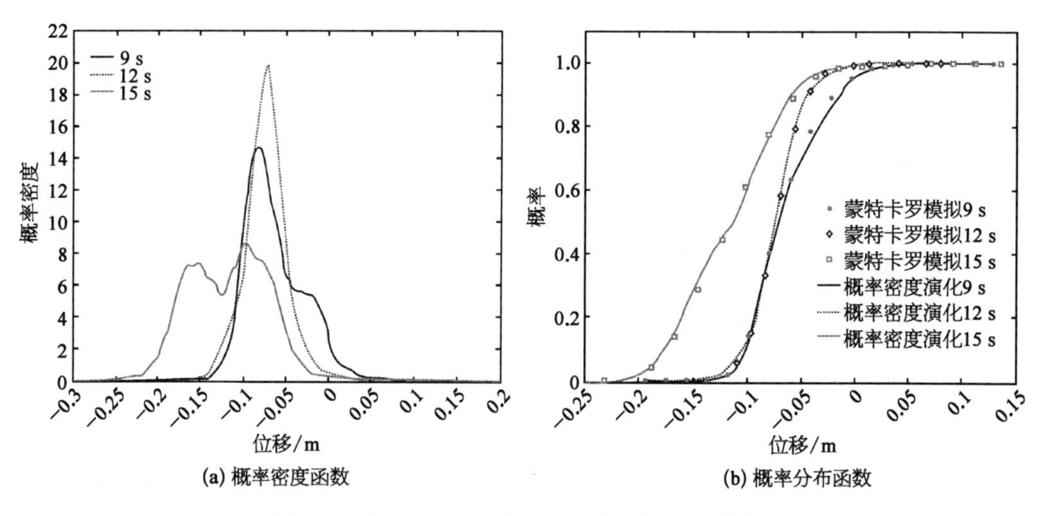

图 7.30 不同时刻随机响应的典型概率密度函数

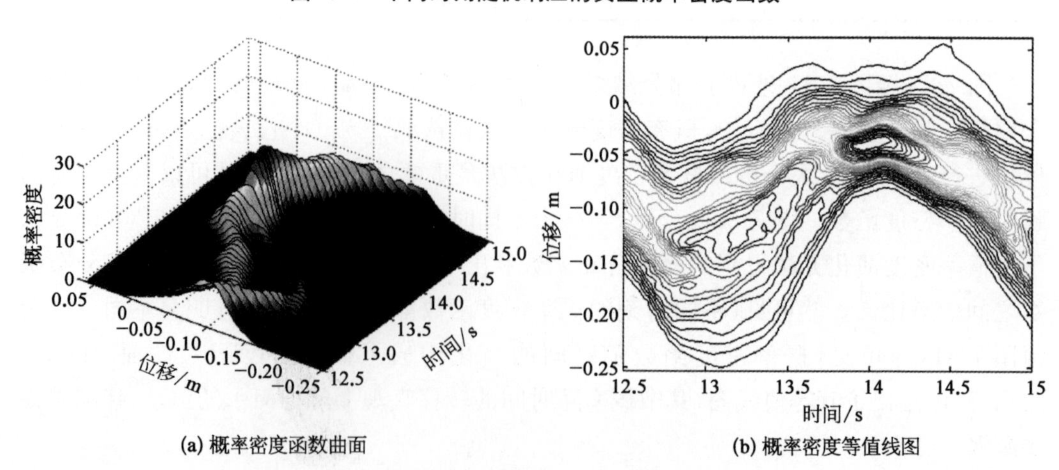

图 7.31 概率密度函数演化曲面与等值线图

7.5.2　非线性结构的随机地震响应

现在考虑随机地震动作用下的非线性结构。本节中结构特性视为确定性，除柱几何尺寸为 400 mm×400 mm、7.5.1 中视为随机变量的参数取值等于其均值外，取值与 7.5.1 中相同。这里采用 3.2.3 所述的地震动物理随机模型表示随机地震动加速度。采用由切球策略生成的总共 221 个代表点生成 221 个地震动加速度代表时程。然后采用概率密度演化方法获得随机响应的概率信息。

图 7.32 是一个代表时程中的典型恢复力和层间位移曲线。图 7.33 是随机响应的均值

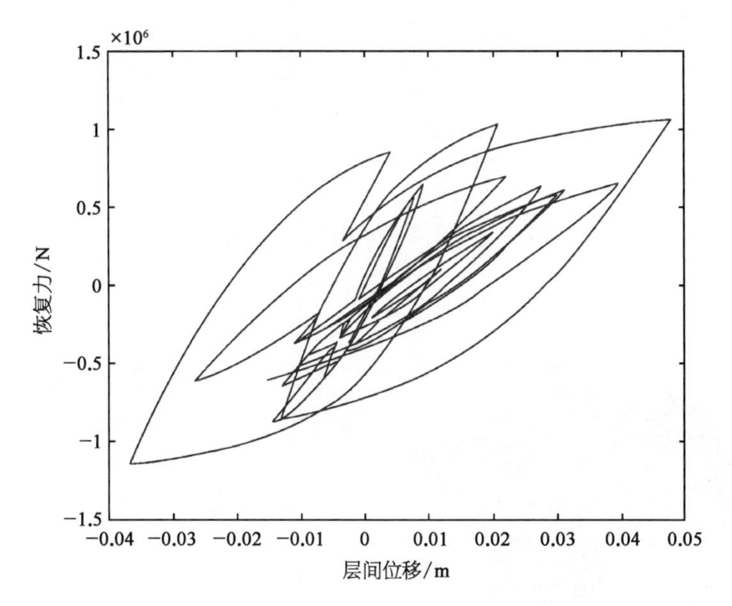

图 7.32　恢复力和层间位移

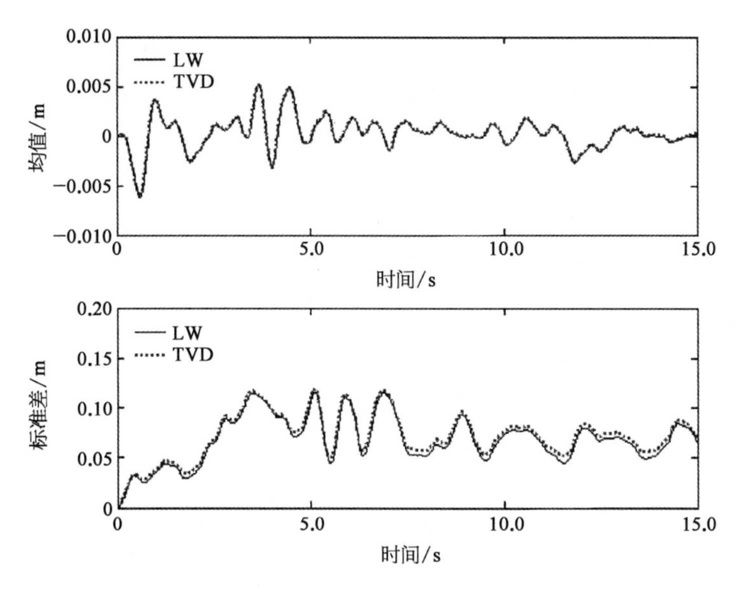

图 7.33　随机响应的均值和标准差

和标准差。注意,均值过程的幅值数量级较小。响应的概率密度函数如图 7.34～图 7.36 所示。可见,不同时刻的概率密度函数的形状有显著差异。

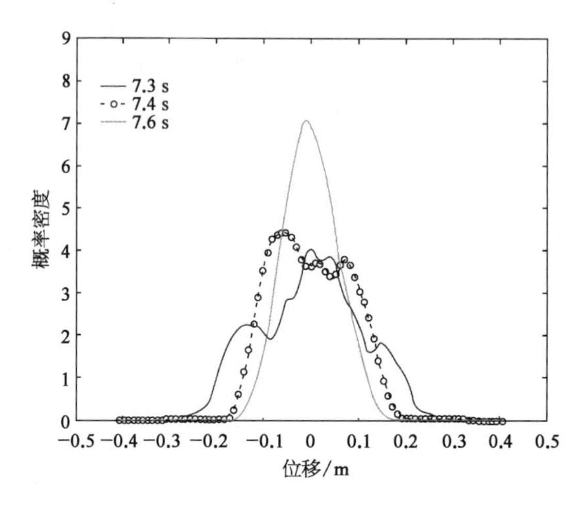

图 7.34 不同时刻的典型概率密度函数

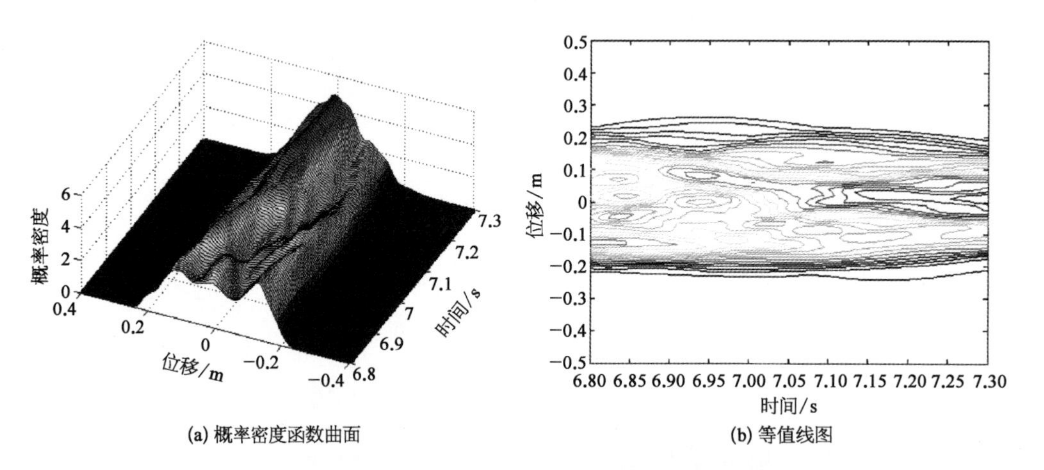

(a) 概率密度函数曲面　　(b) 等值线图

图 7.35 随机响应的概率密度函数曲面与等值线图

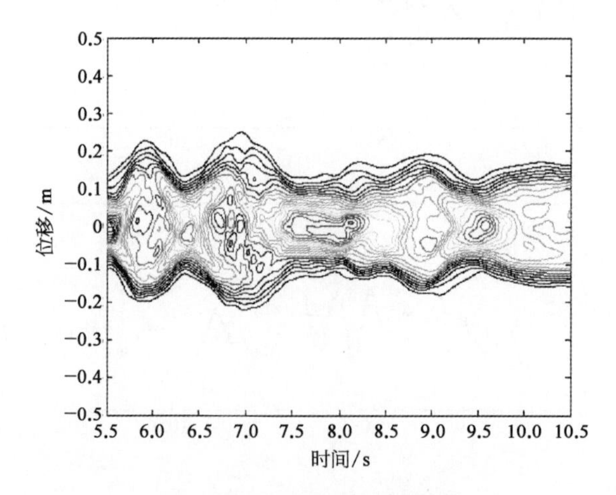

图 7.36 随机响应等值线图

参考文献

[1] Anderson J D Jr. Computational Fluid Dynamics: The Basics with Applications[M]. New York: McGraw-Hill, 1995.

[2] Barndorff-Nielsen O E, Kendall W S, Van Lieshout MNM (Eds). Stochastic Geometry: Likelihood and Computation[M]. Boca Raton: Chapman & Hall/CRC, 1999.

[3] Chen J B, Li J. Dynamic response and reliability analysis of nonlinear stochastic structures[J]. Probabilistic Engineering Mechanics, 2005, 20(1): 33-44.

[4] Chen J B, Li J. Joint probability density function of the stochastic responses of nonlinear structures[J]. Earthquake Engineering & Engineering Vibration, 2007a, 6(1): 35-48.

[5] Chen J B, Li J. Strategy of selecting representative points via tangent spheres in the probability density evolution method[J]. International Journal for Numerical Methods in Engineering, 2007b, 74(13): 1988-2014.

[6] Chen J B, Ghanem R, Li J. Partition of the probability-assigned space in probability density evolution analysis of nonlinear stochastic structures[J]. Probabilistic Engineering Mechanics, 2009, 24(1): 27-42.

[7] Conway J H, Sloane NJA. Sphere Packings, Lattices and Groups[M]. 3rd Edn. New York: Springer-Verlag, 1999.

[8] Courant R, Friedrichs K, Lewy H. On the partial difference equations of mathematical physics [J]. Mathematische Annalen, 1928, 100: 32-74.

[9] Engels H. Numerical Quadrature and Cubature[M]. London: Academic Press, 1980.

[10] Fang K T, Wang Y. Number-Theoretic Methods in Statistics[M]. London: Chapman & Hall, 1994.

[11] Genz A. Fully symmetric interpolatory rules for multiple integrals[J]. SIAM Journal on Numerical Analysis, 1986, 23(6): 1273-1283.

[12] Godlewski E, Raviart P A. Numerical Approximation of Hyperbolic Systems of Conservation Laws[M]. New York: Springer-Verlag, 1996.

[13] Graff K F. Wave Motion in Elastic Solids[M]. London: Oxford University Press, 1975.

[14] Haber S. Numerical evaluation of multiple integrals[J]. SIAM Review, 1970, 12(4): 481-526.

[15] Hales T C. Historic overview of the Kepler conjecture[J]. Discrete & Computational Geometry, 2006, 36: 5-20.

[16] Hales T C, Ferguson S P. A formulation of the Kepler conjecture[J]. Discrete & Computational Geometry, 2006, 36: 21-69.

[17] Harten A. High resolution schemes for hyperbolic conservation laws[J]. Journal of Computational Physics, 1983, 49(3): 357-393.

[18] He T X. Dimensionality Reducing Expansion of Multivariate Integration[M]. Boston: Birkhäuser, 2001.

[19] Hedstrom G W. Models of difference schemes for $u_t+u_x=0$ by partial differential equations[J]. Mathematics of Computation, 1975, 29(132): 969-977.

[20] Hsiang W Y. Least Action Principle of Crystal of Dense Packing Type and the Proof of Kepler's Conjecture[M]. River Edge: World Scientific, 2002.

[21] Hua L K, Wang Y. Applications of Number Theory to Numerical Analysis[M]. Berlin: Springer, 1981.

[22] LeFloch P G. Hyperbolic Systems of Conservation Laws[M]. Berlin: Birkhäuser Verlag, 2002.

[23] LeVeque R J. Numerical Methods for Conservation Laws [M]. 2nd Edn. Berlin: Birkhäuser Verlag, 1992.

[24] Li J, Chen J B. Probability density evolution method for dynamic response analysis of structures with uncertain parameters[J]. Computational Mechanics, 2004, 34: 400 - 409.

[25] Li J, Chen J B. The number theoretical method in response analysis of nonlinear stochastic structures[J]. Computational Mechanics, 2007, 39(6): 693 - 708.

[26] Manin Y I, Panchishkin A A. Introduction to Modern Number Theory[M]. 2nd Edn. Berlin: Springer-Verlag, 2005.

[27] Martinet J. Perfect Lattices in Euclidean Spaces[M]. Berlin: Springer-Verlag, 2003.

[28] McKay M D, Beckman R J, Conover W J. A comparison of three methods for selecting values of input variables in the analysis of output from a computer code[J]. Technometrics, 1979, 21(2): 239 - 245.

[29] Mitchell A R, Griffiths D F. The Finite Difference Method in Partial Differential Equations[M]. Chichester: John Wiley & Sons, Ltd, 1980.

[30] Nie J S, Ellingwood B R. A new directional simulation method for system reliability. Part I: Application of deterministic point sets[J]. Probabilistic Engineering Mechanics, 2004, 19: 425 - 436.

[31] Niederreiter H. Random Number Generation and Quasi-Monte Carlo Methods[M]. Montpelier: Capital City Press, 1992.

[32] Roe P L. Characteristic-based schemes for the Euler equations[J]. Annual Reviews on Fluid Mechanics, 1986, 18: 337 - 365.

[33] Rubinstein R Y. Simulation and the Monte Carlo Method[M]. New York: John Wiley & Sons, Inc., 1981.

[34] Shu C W. Total-variation-diminishing time discretization [J]. SIAM Journal on Scientific & Statistical Computating, 1988, 9(6): 1073 - 1084.

[35] Sloan I H. Lattice methods for multiple integration[J]. Journal of Computational & Applied Mathematics, 1985, 12 - 13: 131 - 143.

[36] Sloan I H, Kachoyan PJ. Lattice methods for multiple integration: Theory, error analysis and examples[J]. SIAM Journal of Numerical Analysis, 1987, 24(1): 116 - 128.

[37] Smith G D. Numerical Solution of Partial Differential Equations: Finite Difference Methods[M]. 3rd Edn. Oxford: Clarendon Press, 1985.

[38] Sobol' I M. On quasi-Monte Carlo integrations[J]. Mathematics & Computers in Simulation, 1998, 47: 103 - 112.

[39] Sobolev S L, Vaskevich V L. The Theory of Cubature Formulas [M]. Dordrecht: Kluwer Acadamic Publishers, 1997.

[40] Stricwerda J C. Finite Difference Schemes and Partial Differential Equations [M]. Belmont: Wadsworth & Brooks, 1989.

[41] Sweby P K. High resolution schemes using flux limiters for hyperbolic conservation laws[J]. SIAM

Journal of Numerical Analysis，1984，21(5)：995 - 1011.

[42] Trefethen LN. Group velocity in finite difference schemes[J]. SIAM Review，1982，24(2)：113 - 136.

[43] Van Leer B. Towards the ultimate conservative difference scheme Ⅱ. Monotonicity and conservation combined in second-order scheme[J]. Journal of Computational Physics，1974，14(4)：361 - 370.

[44] Warming RF，Hyett BJ. The modified equation approach to the stability and accuracy analysis of finite-difference methods[J]. Journal of Computational Physics，1974，14：159 - 179.

[45] Wesseling P. Principles of Computational Fluid Dynamics[M]. Berlin：Springer-Verlag，2001.

[46] Xu Y. Orthogonal polynomials and cubature formulae on spheres and on balls[J]. SIAM Journal of Numerical Analysis，1998，29(3)：779 - 793.

[47] Zong CM. Sphere Packings[M]. New York：Springer-Verlag，1999.

[48] 华罗庚，王元. 数论在近似分析中的应用[M]. 北京：科学出版社，1978.

第 8 章　结构动力可靠度

8.1　结构可靠度分析基础

8.1.1　结构可靠度

随机结构分析的重要目的之一，是为被设计结构满足预期服役寿命内的安全性和适用性提供量化依据。结构的安全性和适用性可以理解为结构可靠度。在这里，可靠度意味着功能有效的概率。本章仅考虑具有稳定结构响应的动力可靠度①。

若结构未达到某一预先规定要求，即：整体结构或其局部超出了某一指定状态，则称这一状态为**极限状态**(limit state)。因此，极限状态是区分结构服役状态可靠与否的界限。工程结构的极限状态通常可以分为两种基本类型：承载力极限状态和正常使用极限状态。承载力极限状态对应于结构或结构构件达到极限承载能力或变形状态不宜继续承担荷载的情况。正常使用极限状态是指结构或结构构件达到适用性或耐久性的规定限值的状态。

由此，结构可靠度分析的主要目标是估计结构响应不超过极限状态的概率。也可以通过计算结构响应超过极限状态（即失效）的概率等价地达到该目标。

一般地，结构的极限状态可以通过极限状态函数定义。假设 $\xi_1, \cdots, \xi_n$ 是 n 个影响结构响应的随机变量，则随机函数

$$Z = g(\xi_1, \cdots, \xi_n) \tag{8.1}$$

称为**极限状态函数**(limit state function)，且：

当 $Z > 0$ 时，结构保持指定的功能，即结构可靠；

当 $Z < 0$ 时，结构丧失指定的功能，即结构失效；

当 $Z = 0$ 时，结构处于临界状态，亦即结构处于极限状态。

设极限状态函数通过式(8.1)给出，可以通过对基本随机变量集的联合密度函数 $p_{\xi_1, \cdots, \xi_n}(x_1, \cdots, x_n)$ 积分给出可靠度 $P_r = \Pr\{Z > 0\}$，即

---

① 译者注：关于结构可靠度分析的最新论述，可参见：李杰. 工程结构可靠性分析原理[M]. 北京：科学出版社，2021.——译者注

$$P_{\mathrm{r}}=\int \cdots \int_{Z=g(x_1, \cdots, x_n)>0} p_{\xi_1, \cdots, \xi_n}(x_1, \cdots, x_n)\mathrm{d}x_1 \cdots \mathrm{d}x_n \tag{8.2}$$

类似地，极限状态函数小于零的概率称为相应于特定功能的**失效概率**(failure probability)。显然，失效概率 $P_{\mathrm{f}}=\Pr\{Z<0\}$ 可以表达为

$$P_{\mathrm{f}}=\int \cdots \int_{Z=g(x_1, \cdots, x_n)<0} p_{\xi_1, \cdots, \xi_n}(x_1, \cdots, x_n)\mathrm{d}x_1 \cdots \mathrm{d}x_n \tag{8.3}$$

那么存在

$$P_{\mathrm{f}}=1-P_{\mathrm{r}} \tag{8.4}$$

因此，结构失效概率的计算等价于结构可靠度的计算。

需要指出的是，在结构可靠度估计中，没有考虑结构服役寿命内出现灾害性荷载的概率。若考虑，则前述的结果需要适当修正。以地震为例，如果地震动的峰值 Y 超过规定值的概率为 $\Pr\{Y>y\}$，那么可以确定 Y 的概率密度函数 $p_Y(y)$。因此，结构服役寿命内的失效概率可以表达为

$$P_{\mathrm{f}}=\Pr\{Z<0\}=\int_0^{\infty} \Pr\{Z<0 \mid Y=y\} p_Y(y)\mathrm{d}y \tag{8.5}$$

其中，条件概率 $\Pr(Z<0 \mid Y=y)$ 可以根据规定的 y 采用式(8.3)计算。

8.1.2　结构动力可靠度分析

结构动力可靠度依然遵守对一般结构可靠度问题的定义。该问题中仅有的新的特殊性是动力作用和动力响应为时变过程。对于动力系统，超过极限状态的概率可以描述为首次超越概率或疲劳失效概率(Lin, 1967)。本章仅关注首次超越问题。

假定 $X(t)$ 为随机动力系统的响应。首次超越问题的一般定义可以表述为

$$F_{\mathrm{s}}=\Pr\{X(t)\in \Omega_{\mathrm{s}} \mid t \in [0, T]\} \tag{8.6}$$

式中：Ω_{s} 是安全域。这意味着在时间间隔 $[0, T]$ 内，响应将不会超过安全域的边界。换言之，一旦响应超过边界，结构将失效。

根据特定的背景，Ω_{s} 的边界可以是单壁、双壁或圆壁等。对于简单的双壁问题，时间 T 内的结构动力可靠度定义为

$$F_{\mathrm{s}}(-a_1, a_2, T)=\Pr\{\{X(t)>-a_1\} \cap \{X(t)<a_2\} \mid 0 \leqslant t \leqslant T\} \tag{8.7}$$

式中：$-a_1$ 和 $a_2(a_1>0, a_2>0)$ 分别是随机结构响应的容许下限和上限。

为了方便，定义动力可靠度函数 $R_a(T)$ 作为时间间隔 $[0, T]$ 内 $X(t)$ 未超过限值的概率，即

$$R_a(T)=\Pr\{X(t)<a \mid 0 \leqslant t \leqslant T\} \tag{8.8}$$

当然,这是单壁问题的可靠度。

8.1.3　结构整体可靠度

一般来说,上述定义的可靠度仅涉及一个极限状态函数。换言之,其仅定义了考虑结构一个单元(或构件)失效或一种特定的失效模式。对于结构的可靠度估计,通常需要考虑大于一种的指标或大于一种的失效模式。例如,当考虑多层框架结构的适用性时,可能不仅需要第一层和第二层之间的层间位移不超过阈值,而且需要所有的其他层间位移不超过相应的阈值。在此情况下,需要考虑一组极限状态函数

$$\begin{aligned} Z_1 &= g_1(\xi_1, \cdots, \xi_n) \\ Z_2 &= g_2(\xi_1, \cdots, \xi_n) \\ &\vdots \\ Z_m &= g_m(\xi_1, \cdots, \xi_n) \end{aligned} \tag{8.9}$$

失效事件可能是这些极限状态函数在不同的逻辑关系下的组合,即

$$P_{\mathrm{f}} = \Pr\{\aleph_{j=1}^{m}\{Z_j < 0\}\} \tag{8.10}$$

这里采用 $\aleph:\{\cdot\}$ 表示不同的逻辑关系运算。例如,当属于串联系统时,式(8.10)变成

$$P_{\mathrm{f}} = \Pr\left\{\bigcup_{j=1}^{m}\{Z_j < 0\}\right\} \tag{8.11}$$

若是并联系统,式(8.10)变成

$$P_{\mathrm{f}} = \Pr\left\{\bigcap_{j=1}^{m}\{Z_j < 0\}\right\} \tag{8.12}$$

此外,也可以是混合系统,即

$$P_{\mathrm{f}} = \Pr\left\{\left\{\bigcap_{j=1}^{m_1}\{Z_j < 0\}\right\} \cup \left\{\bigcap_{j=1}^{m_2}\{Z_j < 0\}\right\}\right\} \tag{8.13}$$

或任何其他类型的组合。

当然,可靠度由下式给出

$$P_{\mathrm{r}} = 1 - P_{\mathrm{f}} \tag{8.14}$$

可靠度问题(8.10)一般称为**结构系统可靠度**(structural system reliability)。由于相关性和组合爆炸问题,这是可靠度理论中最困难的问题之一。实际上,对于大多数在工程实际中遇到的所谓系统可靠度问题,称为结构的**整体可靠度**(global reliability)可能更为合理。

8.2　动力可靠度分析：基于跨越假定的首次超越概率

8.2.1　跨越率

正如式(8.6)所指出的，首次超越失效问题要求在感兴趣的时间间隔内系统的响应不超过安全域的边界。应对该问题的手段之一是首先设置有效边界，若可以估计该时间间隔内跨越的次数，就可以获得跨越次数为零的概率。这当然就是系统的可靠度。为此，首先考虑响应超过有效边界的跨越率。这也被称为**跨越水平**(level-crossing)问题。

图 8.1 显示了随机过程的样本函数并给出了样本时程 $X(t)$ 以正负不同斜率(分别为向上和向下跨越)超越水平 $x(t)=a(a>0)$ 的情形。显然，对于随机过程，在一个时间间隔内超越某水平的次数是随机变量。该随机变量在任意时刻的概率分布密度称为跨越率(在一些文献中也称为阈值跨越期望率)，可以记其为 $\lambda(t)$。

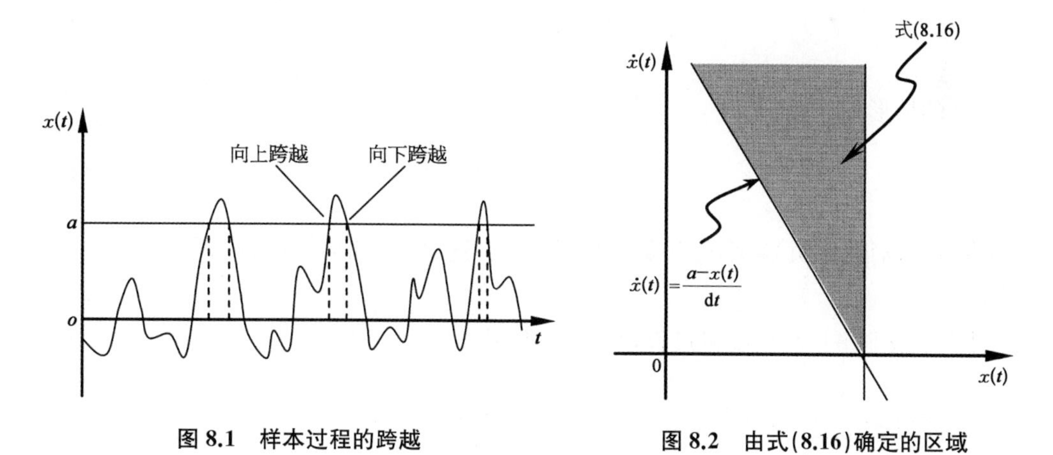

图 8.1　样本过程的跨越　　图 8.2　由式(8.16)确定的区域

在时间间隔 $(t,\ t+\mathrm{d}t)$ 内随机过程以正斜率跨越阈值的条件可以表达为

$$\begin{cases} x(t) < a \\ x(t+\mathrm{d}t) > a \end{cases} \tag{8.15}$$

考虑 $x(t+\mathrm{d}t)=x(t)+\dot{x}(t)\mathrm{d}t$，该条件可以写为

$$\begin{cases} x(t) < a \\ \dot{x}(t)\mathrm{d}t > a - x(t) \end{cases} \tag{8.16}$$

其表示图 8.2 所示的阴影区域。

假定 $X(t)$ 与 $\dot{X}(t)$ 的联合概率密度函数为 $p_{X\dot{X}}(x,\ \dot{x},\ t)$，那么在时间间隔 $(t,\ t+\mathrm{d}t)$ 内发生跨越的概率为 $p_{X\dot{X}}(x,\ \dot{x},\ t)$ 在阴影区域的积分，即

$$\lambda_a(t)\mathrm{d}t=\int_0^{\infty}\int_{a-\dot{x}\mathrm{d}t}^{a}p_{X\dot{X}}(x,\ \dot{x},\ t)\mathrm{d}x\mathrm{d}\dot{x} \tag{8.17}$$

根据中值定理,上述积分等价于

$$\lambda_a(t)\mathrm{d}t=\mathrm{d}t\int_0^{\infty}\dot{x}p_{X\dot{X}}(a,\ \dot{x},\ t)\mathrm{d}\dot{x} \tag{8.18}$$

即

$$\lambda_a(t)=\int_0^{\infty}\dot{x}p_{X\dot{X}}(a,\ \dot{x},\ t)\mathrm{d}\dot{x} \tag{8.19}$$①

该结果称为莱斯(Rice)准则(Rice, 1944),它是在 t 时刻正斜率的阈值跨越率。

类似地,在 t 时刻 $x(t)=-a$ 处的负斜率跨越率可以表达为

$$\lambda_{-a}(t)=\int_{-\infty}^{0}\dot{x}p_{X\dot{X}}(-a,\ \dot{x},\ t)\mathrm{d}\dot{x} \tag{8.20}$$

式(8.19)和式(8.20)表明,对于任意随机过程,只要该过程与其导数过程的联合概率密度已知,则可以估计其跨越率。特别是,对于零均值平稳高斯随机过程,有

$$\lambda_a=\lambda_{-a}=\frac{\sigma_{\dot{X}}}{2\pi\sigma_X}e^{-\frac{a^2}{2\sigma_X{}^2}} \tag{8.21}$$②

在 $a=0$ 的情形下,上式变为

$$\lambda_0=\frac{1}{2\pi}\ \frac{\sigma_{\dot{X}}}{\sigma_X} \tag{8.22}$$

λ_0 通常称为以正(或负)斜率跨越零点的期望率。这里 σ_X 和 $\sigma_{\dot{X}}$ 分别是 $X(t)$ 和 $\dot{X}(t)$ 的标准差。

对于一般非平稳高斯随机过程,存在(朱位秋,1992)

$$\lambda_a(t)=\frac{\sigma_{\dot{X}}}{2\pi\sigma_X}\left\{\sqrt{1-\rho^2}\,e^{-\frac{a^{*2}}{2(1-\rho^2)\sigma_X{}^2}}+\frac{\sqrt{2\pi}\rho a^*}{\sigma_X}e^{-\frac{a^{*2}}{2\sigma_X{}^2}}\Phi\left[\frac{\rho a^*}{2(1-\rho^2)\sigma_X}\right]\right\} \tag{8.23}$$

式中:$a^*=a-\mathrm{E}[X(t)]$;$\rho=\rho(t)$ 是 X 和 $\dot{X}$ 的相关系数;$\Phi(\cdot)$ 是标准正态分布函数。

8.2.2 跨越假定和首次超越概率

首先考虑最简单的单壁问题的情形。在某些情况下,它也可以是更复杂问题的基础。

---

① 式(8.19)可以理解为,t 时刻在阈值 a 处发生跨域时间的概率密度(测度)等于 t 时刻在 $x=a$ 的条件下随机变量 $\dot{X}$ 的期望值。——译者注

② 式(8.21)的推导:对于零均值平稳高斯过程,其 t 时刻下 $\boldsymbol{X}$ 和 $\dot{\boldsymbol{X}}$ 的联合概率密度函数为

$$p_{X\dot{X}}(x,\ \dot{x},\ t)=\frac{1}{2\pi\sigma_X\sigma_{\dot{X}}}e^{-\frac{1}{2}\left(\frac{x^2}{\sigma_X{}^2}+\frac{\dot{x}^2}{\sigma_{\dot{X}}{}^2}\right)}$$

将其代入式(8.19),经过简单的积分运算即可得到式(8.21)。——译者注

尽管它比其他情况似乎非常容易，但不幸的是，即使对于最简单的平稳响应过程，动力可靠度函数的精确解仍有待解决。因此，大部分研究局限于获得近似解。这些求解中，基于泊松跨越假定（Coleman，1959）和马尔可夫跨越假定（Crandall et al.，1966）是两类代表性方法。

泊松跨越假定为：

（1）在小的时间间隔内，正（负）跨越至多发生一次。

（2）在不同时间间隔内发生跨越的次数是独立的。

上述假定本质上是将跨越过程视为泊松过程。因此，在时间间隔 $(0, t+\mathrm{d}t)$ 内，响应过程 $X(t)$ 以正斜率超越阈值 k 次的概率为

$$\begin{aligned} P_a(k, t+\mathrm{d}t) &= P_a(k, t)P_a(0, \mathrm{d}t) + P_a(k-1, t)P_a(1, \mathrm{d}t) \\ &= P_a(k, t)[1-\lambda_a(t)\mathrm{d}t] + P_a(k-1, t)\lambda_a(t)\mathrm{d}t \end{aligned} \tag{8.24}$$

将方程改写为

$$\frac{P_a(k, t+\mathrm{d}t) - P_a(k, t)}{\mathrm{d}t} = -\lambda_a(t)P_a(k, t) + \lambda_a(t)P_a(k-1, t)$$

即

$$\frac{\mathrm{d}P_a(k, t)}{\mathrm{d}t} + \lambda_a(t)P_a(k, t) = \lambda_a(t)P_a(k-1, t) \tag{8.25}$$

该微分—差分方程的通解为

$$P_a(k, t)e^{\int_0^t \lambda_a(\tau)\mathrm{d}\tau} = C_k + \int_0^t P_a(k-1, \tau)\lambda_a(\tau)e^{\int_0^\tau \lambda_a(u)\mathrm{d}u}\mathrm{d}\tau \tag{8.26}$$①

在 $k=0$ 情形下，方程变为

---

① 式(8.26)的推导：对于常微分方程式(8.25)，首先求解其齐次方程

$$\frac{\mathrm{d}P_a(k, t)}{\mathrm{d}t} + \lambda_a(t)P_a(k, t) = 0$$

采用分离变量法不难获得其通解为

$$P_a(k, t) = C_k e^{-\int_0^t \lambda_a(\tau)\mathrm{d}\tau}$$

式中：C_k 为常数。下面再求解式(8.25)的一个特解，可采用常数变异法，假设其一个特解为

$$P_a(k, t) = h(t)e^{-\int_0^t \lambda_a(\tau)\mathrm{d}\tau}$$

将其代入式(8.25)，可以解得

$$h(t) = \int_0^t P_a(k-1, \tau)\lambda_a(\tau)e^{\int_a^\tau \lambda_a(u)\mathrm{d}u}\mathrm{d}\tau$$

所以式(8.25)的通解为

$$P_a(k, t) = [C_k + h(t)]e^{-\int_0^t \lambda_a(\tau)\mathrm{d}\tau} = e^{-\int_0^t \lambda_a(\tau)\mathrm{d}\tau}\left[C_k + \int_0^t P_a(k-1, \tau)\lambda_a(\tau)e^{\int_0^\tau \lambda_a(u)\mathrm{d}u}\mathrm{d}\tau\right]$$

即为式(8.26)。——译者注

$$P_a(0, t)e^{\int_0^t \lambda_a(\tau)d\tau}=C_0+\int_0^t P_a(-1, \tau)\lambda_a(\tau)e^{\int_0^\tau \lambda_a(u)du}d\tau \tag{8.27}$$

由于 k 仅取非负数，$P_a(-1, \tau)=0$，并且在 $t=0$ 时刻超越 $y=a$ 的事件是不可能的，即，$P_a(0, 0)=0$，从而 $C_0=1$，所以有

$$P_a(0, t)=e^{-\int_0^t \lambda_a(\tau)d\tau} \tag{8.28}$$

根据动力可靠度函数的定义，存在

$$R_a(T)=P_a(0, T)=e^{-\int_0^T \lambda_a(t)dt} \tag{8.29}$$①

注意在上述假定中，超越事件是独立的。因此，双壁问题的期望跨越率是两个单壁问题的期望跨越率之和。由此可以获得在时间间隔 $(0, T)$ 内双壁问题的结构动力可靠度，如下

$$F_s(-a_1, a_2, T)=\exp\left\{-\int_0^T[\lambda_{-a_1}(t)+\lambda_{a_2}(t)]dt\right\} \tag{8.30}$$

当阈值 $a_1=a_2=a$（对称阈值的情形）时，上式变为

$$F_s(-a, a, T)=\exp\left\{-\int_0^T[\lambda_{-a}(t)+\lambda_a(t)]dt\right\} \tag{8.31}$$

因此，若随机结构响应是非平稳正态过程，则给定阈值下的结构动力可靠度可以通过将式(8.23)代入上述两式获得。若随机结构响应为零均值平稳过程，则结构动力可靠度可以通过将式(8.21)代入上述两式估计。

相关研究表明：对于平稳正态结构响应，当阈值达到无穷大值时，上述方法可以给出动力可靠度的精确解(Cramer, 1966)。然而，当阈值没有那么大时，结果中有一些误差。对于窄带过程结果偏于保守(计算可靠度偏低)。实际上，对于窄带过程，如果阈值不是很大，则超越事件不是独立的，而是成簇发生(Cramer, 1966；Vanmarcke, 1972, 1975)。

在马尔可夫跨越假定中，假定下一个跨越事件和当前的跨越事件有关，且和过去的事件相互独立。因此，跨越过程为马尔可夫过程。可以获得一般非平稳正态过程下的结构动力可靠度(对于对称边界情况)为

$$F_s(-a, a, T)=\exp\left[-\int_0^T \alpha(t)dt\right] \tag{8.32}$$

其中

$$\alpha(t)=\frac{\gamma_2(t)\left\{1-\exp\left[-\sqrt{\frac{\pi}{2}}q^{1+b}(t)r(t)\right]\right\}}{\pi\left\{1-\exp\left[-\frac{r^2(t)}{2}\right]\right\}}e^{-\frac{r^2(t)}{2}} \tag{8.33}$$

---

① 对于平稳随机过程，其动力可靠度即为指数分布的概率分布形式

$$R_a(T)=e^{-\lambda_a T}$$

——译者注

式中 $\gamma_2(t)$ 和 $q(t)$ 分别是由附录 F 中式(F.7)和(F.8)定义的谱参数；b 是经验参数，通常 $b=0.2$，且

$$r(t)=\frac{a}{\sigma_X(t)} \tag{8.34}$$

对于平稳响应过程，给出结构动力可靠度

$$F_s(-a,\ a,\ T)=\exp\left\{\frac{\gamma_2 T}{\pi\left[1-\exp\left(-\frac{r^2}{2}\right)\right]}\left[1-\exp\left(-\sqrt{\frac{\pi}{2}}q^{1+b}r\right)\right]e^{-\frac{r^2}{2}}\right\} \tag{8.35}$$

式中：γ_2 和 q 分别是由附录 F 中式(F.3)和式(F.4)定义的谱参数；

$$r=\frac{a}{\sigma_X} \tag{8.36}$$

8.2.3　考虑随机阈值的首次超越概率

在上述分析中，阈值 a_1 和 a_2 视为确定性变量。然而，在大多数实际问题中，阈值可能为随机变量。因此，需要讨论随机阈值下的结构可靠度分析。

首先考虑非对称失效阈值(即 $a_1\neq a_2$)的情形。假定两侧阈值的联合概率密度函数为 $f_{a_1a_2}(u_1,\ u_2)$，则 a_1 值在 $(u_1,\ u_1+\mathrm{d}u_1)$ 范围内变化，且 a_2 在 $(u_2,\ u_2+\mathrm{d}u_2)$ 范围内的可靠度为

$$\mathrm{d}F_s'(-a_1,\ a_2,\ T)=F_s(-u_1,\ u_2,\ T)f_{a_1a_2}(u_1,\ u_2)\mathrm{d}u_1\mathrm{d}u_2 \tag{8.37}$$

式中：$F_s(-u_1,\ u_2,\ T)$ 和 $F_s'(-a_1,\ a_2,\ T)$ 分别是确定性阈值和阈值极限下的可靠度。

根据上式，有

$$F_s'(-a_1,\ a_2,\ T)=\int_0^{\infty}\int_0^{\infty}F_s(-u_1,\ u_2,\ T)f_{a_1a_2}(u_1,\ u_2)\mathrm{d}u_1\mathrm{d}u_2 \tag{8.38}$$

通常下限阈值 a_1 和上限阈值 a_2 可以视为概率密度分别为 $f_{a_1}(u_1)$ 和 $f_{a_2}(u_2)$ 的独立随机变量，结合式(8.30)和式(8.38)给出

$$F_s'(-a_1,\ a_2,\ T)=\int_0^{\infty}e^{-\int_0^T\lambda_{-u_1}(t)\mathrm{d}t}f_{a_1}(u_1)\mathrm{d}u_1\int_0^{\infty}e^{-\int_0^T\lambda_{u_2}(t)\mathrm{d}t}f_{a_2}(u_2)\mathrm{d}u_2 \tag{8.39}$$

对于对称失效阈值 $(a_1=a_2=a)$ 的情形，等价于 a_1 和 a_2 具有相同概率分布且为完全相关的情况。假定阈值 a 的概率密度函数是 $f_a(u)$，则可给出结构可靠度

$$F_s'(-a,\ a,\ T)=\int_0^{\infty}F_s(-u,\ u,\ T)f_a(u)\mathrm{d}u=\int_0^{\infty}e^{-\int_0^T[\lambda_{-u}(t)+\lambda_u(t)\mathrm{d}t]}f_a(u)\mathrm{d}u \tag{8.40}$$

基于跨越假定的动力可靠度估计的基本特征，是通过对于给定阈值的响应过程的跨越特征来估计可靠度。在此过程中，结构分析不干预结构可靠度估计。因此，这类方法在

本质上属于分离式算法。随机结构分析作为动力可靠度估计的基础,可以采用第 4 章和第 5 章中描述的方法。

注意,尽管在某些情况下基于泊松假定和马尔可夫假定的求解可以达到可接受的精度,但由于这些假定主要是基于直观经验而非严谨的数学近似,其精度通常不能保证。其根本原因在于,要获得首次超越可靠度问题的精确解,需要获得所有有限维相关信息而非仅两维下的信息。

8.2.4 拟静力分析法

拟静力分析法的本质是将结构的时程响应转化为过程的一些指标,并且通过这些指标的概率分布或统计矩计算结构动力可靠度。

在时间间隔 $[0, T]$ 内的结构失效通常可以简化为

$$D \geqslant D_c \tag{8.41}$$

式中:D 是在时间间隔 $[0, T]$ 内相应于强度和(或)变形失效准则的响应极值;D_c 是结构失效阈值,且与一定的标准有关。

若 D 和 D_c 的联合概率密度已知,记为 $f_{DD_c}(u_1, u_2)$,则可以计算结构动力可靠度

$$F_s(T) = \Pr\{D < D_c \mid 0 \leqslant t \leqslant T\} = \iint_{D<D_c} f_{DD_c}(u_1, u_2)\mathrm{d}u_1\mathrm{d}u_2 \tag{8.42}$$

若 D 和 D_c 相互独立,则

$$f_{DD_c}(u_1, u_2) = f_D(u_1) f_{D_c}(u_2) \tag{8.43}$$

式中:$f_D(u_1)$ 和 $f_{D_c}(u_2)$ 分别是 D 和 D_c 的概率密度函数。

从而可以计算结构动力可靠度

$$\begin{aligned} F_s(T) &= \iint_{D<D_c} f_{DD_c}(u_1, u_2)\mathrm{d}u_1\mathrm{d}u_2 = \int_0^{\infty}\left[\int_0^{u_2} f_D(u_1)\mathrm{d}u_1\right] f_{D_c}(u_2)\mathrm{d}u_2 \\ &= \int_0^{\infty} F_D(u_2) f_{D_c}(u_2)\mathrm{d}u_2 \end{aligned} \tag{8.44}$$

其中

$$F_D(u_2) = \int_0^{u_2} f_D(u_1)\mathrm{d}u_1 \tag{8.45}$$

是 D 的概率分布函数。

显然,对于强度和变形失效准则,式(8.44)和式(8.42)第一个等号的本质是相同的。特别是,在阈值 D_c 是确定性变量的情形下,结构动力可靠度变为

$$F_s(T) = \int_0^{D_c} f_D(u_1)\mathrm{d}u_1 \tag{8.46}$$

式(8.42)、式(8.44)和式(8.46)是对于结构动力可靠度估计的准确表达。若式中需要的概率密度函数是可获得的,则结构动力可靠度可以通过相应的公式由解析方法或数值积分方法直接估计。不幸的是,概率密度函数难以获得,尤其是对于非线性结构系统。这一困难不得不基于概率密度演化理论解决。

8.3　动力可靠度分析:基于广义概率密度演化方程的方法

由广义概率密度演化方程的观点,可以用两种不同途径进行动力可靠度评估。一种是由概率的转移和吸收来看首次超越问题,由之导出吸收边界条件方法(Chen & Li, 2005; Li & Chen, 2005)。另一种是通过将其转化为相应的极值事件相关的问题(Chen & Li, 2007)。显然,这两种途径可以分别视为与 8.2.2 和 8.2.3 中采用的相对应的思想。

8.3.1　吸收边界条件法

考察式(8.6)中定义的首次超越问题的可靠度。正如所指出的,这意味着一旦响应超过安全边界,就会发生结构失效。就概率保守系统 $[X(t), \boldsymbol{\Theta}]$ 而言,广义概率密度演化方程为[参见式(6.123)]

$$\frac{\partial p_{X\boldsymbol{\Theta}}(x, \boldsymbol{\theta}, t)}{\partial t}+h_X(\boldsymbol{\theta}, t)\frac{\partial p_{X\boldsymbol{\Theta}}(x, \boldsymbol{\theta}, t)}{\partial x}=0 \tag{8.47}$$

式中:$\boldsymbol{\Theta}$ 是涉及的基本随机向量;$p_{X\boldsymbol{\Theta}}(x, \boldsymbol{\theta}, t)$ 是联合概率密度函数;$h_X(\boldsymbol{\theta}, t)$ 是速度的形式解。

回顾 6.2 节中详细阐述的概率演化的随机事件描述。式(8.6)要求所有的样本必须满足其准则,以确保结构安全,否则结构将失效。当然,若样本(真实事件)违反了准则,则该样本将贡献给失效概率,而不是贡献给可靠度①。因此,可以等价地在式(8.47)上施加一个吸收边界条件

$$p_{X\boldsymbol{\Theta}}(x, \boldsymbol{\theta}, t)=0,\ x\in\Omega_{\mathrm{f}} \tag{8.48}$$

式中:Ω_{f} 是失效域,是式(8.6)中安全域 Ω_{s} 的补集。

结合式(8.48)和式(8.47),将给出基本方程来获得概率密度函数 $\breve{p}_{X\boldsymbol{\Theta}}(x, \boldsymbol{\theta}, t)$。可见,吸收边界条件的物理意义是说,一旦样本(真实事件)违反了安全准则,相关(伴随)概率将不会返回安全域。在这个意义上,称这样获得的概率密度为剩余概率密度,并由 $\breve{p}_X(x, t)$ [或对于联合概率密度函数为 $\breve{p}_{X\boldsymbol{\Theta}}(x, \boldsymbol{\theta}, t)$] 表示

$$\breve{p}_X(x, t)=\int_{\Omega_{\boldsymbol{\Theta}}}\breve{p}_{X\boldsymbol{\Theta}}(x, \boldsymbol{\theta}, t)\mathrm{d}\boldsymbol{\theta} \tag{8.49}$$

---

① 严格来讲,这里的分析不得不排除所谓的零测度集。这对当前问题不会导致根本的差异。

可靠度可由下式给出

$$F_s = \int_{\Omega_s} \breve{p}_X(x, t)\mathrm{d}x = \int_{\mathbb{R}} \breve{p}_X(x, t)\mathrm{d}x \tag{8.50}$$

第二个等号可由式(8.48)得到。

例如,对于对称双壁问题,其可靠度定义为

$$F_s = \Pr\{|X(t)| \leqslant x_b \mid t \in [0, T]\} \tag{8.51}$$

式中: x_b 是阈值。吸收边界条件(8.48)变为

$$p_{X\boldsymbol{\Theta}}(x, \boldsymbol{\theta}, t) = 0, \ |x| > x_b \tag{8.52}$$

因此给出可靠度

$$F_s = \int_{-x_b}^{x_b} \breve{p}_X(x, t)\mathrm{d}x = \int_{\mathbb{R}} \breve{p}_X(x, t)\mathrm{d}x \tag{8.53}$$

除了吸收边界条件,对于式(8.47)和式(8.48),所有的求解过程和6.6节及第7章中的阐述相同。

图8.3表现了吸收边界条件对剩余概率密度函数的影响,即非线性结构遭受地震动下的位移响应时变概率密度曲面(概率密度演化曲面)等值线图。由等值线图看出,由于部分概率(与失效事件相关)被吸收,剩余概率密度和原始概率密度相当不同。图8.4表现了通过本节阐述方法估计的非线性系统的动力可靠度①。

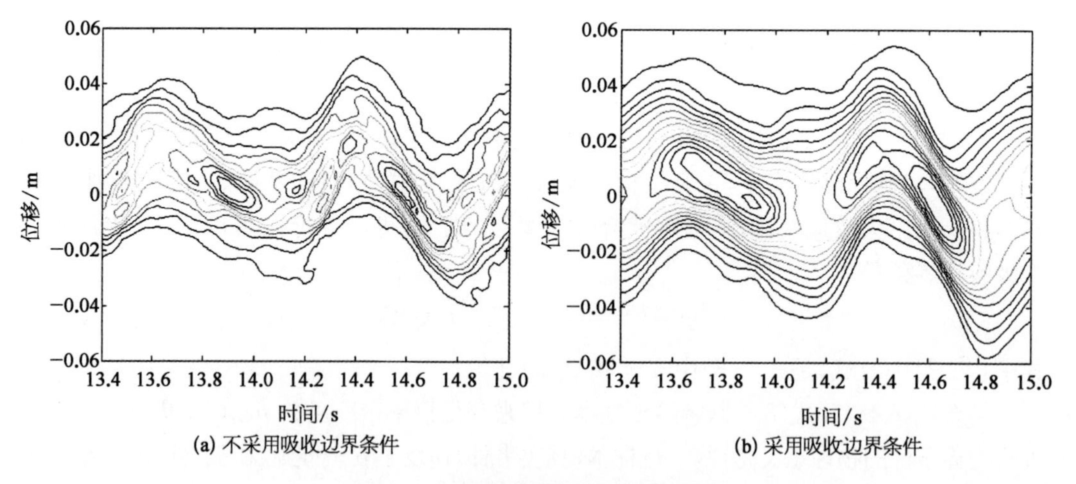

图8.3 概率密度函数曲面等值线图

① 近年来,李杰在此基础上又进一步提出了分析结构整体可靠度的物理综合法,解决了复杂结构多重失效模式相关性引起的组合爆炸问题。该方法在复杂结构的整体失稳(倒塌)和疲劳破坏问题中的实际应用,可分别参见:李杰. 土木工程学报,2018,51(8):1-10. Li J, Zhou H, Ding YQ. The Structural Design of Tall & Special Buildings, 2018, 27(2): e1417. Li J, Gao RF. Probabilistic Engineering Mechanics, 2019, 56: 14-26.——译者注

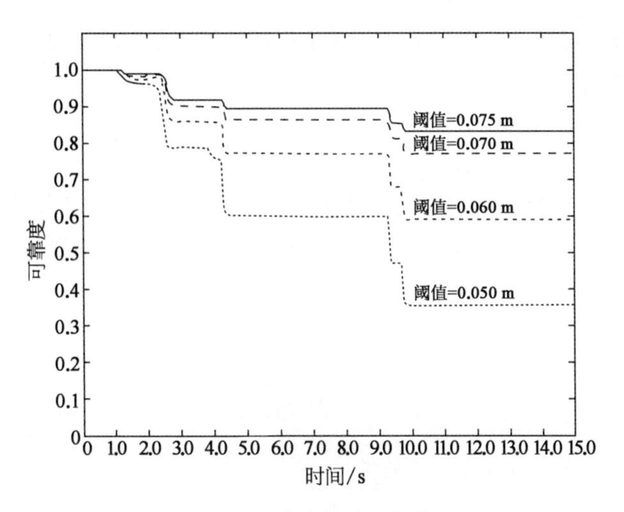

图 8.4　首次超越可靠度

8.3.2　随机动力响应的极值分布

一般地，随机过程的极值是一个随机变量。正如上一节所讨论的，如何获得一般随机过程的**极值分布**（extreme-value distribution, EVD）是一个难题。仅对于某些特殊随机过程获得了一些特殊结果（Newland, 1993; Finkenstädt & Rootzén, 2004）[①]。作为对比，基于第 6 章中描述的广义概率密度演化方程，极值分布可以通过构造虚拟随机过程来估计。

将随机系统响应 $X(t)$ 的极值记为

$$X_{\text{ext}} = \underset{t \in [0,\, T]}{\text{ext}} \{X(\boldsymbol{\Theta},\, t)\} \tag{8.54}$$

例如，若考虑其为 $X(t)$，$t \in [0,\, T]$ 的最大绝对值，则式(8.54)实质上表示

$$|X|_{\max} = \max_{\tau \in [0,\, T]} \{|X(\boldsymbol{\Theta},\, \tau)|\} \tag{8.55}$$

由式(8.54)可看出，$X(t)$，$t \in [0,\, T]$ 的极值依赖于 $\boldsymbol{\Theta}$。为方便起见，可以假定取下述形式

$$X_{\text{ext}} = W(\boldsymbol{\Theta},\, T) \tag{8.56}$$

---

① 近年来提出的增广马尔可夫向量方法可以给出一般低维马尔可夫系统极值分布的数值解，具体可参见：Chen JB, Lyu MZ. A new approach for time-variant probability density function of the maximal value of stochastic dynamical systems[J]. Journal of Computational Physics, 415: 109525, 2020. Lyu MZ, Chen JB, Pirrotta A. A novel method based on augmented Markov vector process for the time-variant extreme value distribution of stochastic dynamical systems enforced by poisson white noise[J]. Communications in Nonlinear Science & Numerical Simulation, 80: 104974, 2020.此外，近年来提出的时变极值分布的概率演化积分方程可以给出一维连续马尔可夫过程极值分布的解析或数值解，具体可参见：Lyu MZ, Wang JM, Chen JB. Closed-form solutions for the probability distribution of time-variant maximal value processes for some classes of Markov process[J]. Communications in Nonlinear Science & Numerical Simulation, 99: 105803, 2021.——译者注

这意味着 $X(t)$, $t \in [0, T]$ 的极值是存在的、唯一的,且是 $\boldsymbol{\Theta}$ 和 T 的函数。

引入虚拟随机过程

$$Y(\tau)=\widetilde{\varphi}[W(\boldsymbol{\Theta}, T), \tau]=\varphi(\boldsymbol{\Theta}, \tau) \tag{8.57}$$

式中:τ 类似于时间,且称其为“**虚拟时间(virtual time)**”;$Y(\tau)$ 是“**虚拟随机过程(virtual stochastic process)**”,其随机性来源于随机向量 $\boldsymbol{\Theta}$。通常,要求虚拟随机过程满足下述条件

$$Y(\tau)\mid_{\tau=0}=0, \ Y(\tau)\mid_{\tau=\tau_c}=W(\boldsymbol{\Theta}, T) \tag{8.58}$$

例如,若令

$$Y(\tau)=W(\boldsymbol{\Theta}, T)\tau \tag{8.59}$$

且 $\tau_c=1$,则该过程满足(8.58)中的条件。

将式(8.57)两边对 τ 求导,将导出

$$\dot{Y}(\tau)=\frac{\partial \varphi(\boldsymbol{\Theta}, \tau)}{\partial \tau}=\dot{\varphi}(\boldsymbol{\Theta}, \tau) \tag{8.60}$$

不难发现,式(8.60)在形式上类似于式(6.96b)。因此可以采用第 6 章中描述的广义概率密度演化方程获得 $Y(\tau)$ 的概率密度函数。在进行与第 6 章中类似的推导之后,可以获得下述方程(Chen & Li, 2007)

$$\frac{\partial p_{Y\boldsymbol{\Theta}}(y, \boldsymbol{\theta}, \tau)}{\partial \tau}+\dot{\varphi}(\boldsymbol{\theta}, \tau) \frac{\partial p_{Y\boldsymbol{\Theta}}(y, \boldsymbol{\theta}, \tau)}{\partial y}=0 \tag{8.61}$$

及初始条件[由式(8.58)]

$$p_{Y\boldsymbol{\Theta}}(y, \boldsymbol{\theta}, \tau)\mid_{\tau=0}=\delta(y) p_{\boldsymbol{\Theta}}(\boldsymbol{\theta}) \tag{8.62}$$

式中:$p_{Y\boldsymbol{\Theta}}(y, \boldsymbol{\theta}, \tau)$ 是 $[Y(\tau), \boldsymbol{\Theta}]$ 的联合概率密度函数。

一旦求解了上述初值问题[式(8.61)和式(8.62)],就可给出 $Y(\tau)$ 的概率密度函数

$$p_Y(y, \tau)=\int_{\Omega_{\boldsymbol{\Theta}}} p_{Y\boldsymbol{\Theta}}(y, \boldsymbol{\theta}, \tau) \mathrm{d} \boldsymbol{\theta} \tag{8.63}$$

由式(8.58)可以看出,极值 X_{ext} 等价于虚拟随机过程在时刻 $\tau=\tau_c$ 处的值,即

$$X_{\text{ext}}=Y(\tau)\mid_{\tau=\tau_c} \tag{8.64}$$

根据式(8.63)和式(8.64),可以立即获得 X_{ext} 的概率密度函数

$$p_{X_{\text{ext}}}(x)=p_Y(y=x, \tau)\mid_{\tau=\tau_c} \tag{8.65}$$

例 8.1:随机变量集的极值分布

考虑有相同概率密度函数 $p_X(x)$ 的相互独立随机变量集 $(X_1, \cdots, X_r)$。令

$$X_{\max}=\max\{X_1, \cdots, X_r\} \tag{8.66}$$

则可以获得 $X_{\max}$ 的概率密度函数的封闭形式解(Ang & Tang, 1984)

$$p_{X_{\max}}(x)=rP_X^{r-1}(x)p_X(x)$$

其中

$$P_X(x)=\int_{-\infty}^{x}p_X(\xi)\mathrm{d}\xi$$

是 $p_X(x)$ 的概率分布函数。

注意到式(8.66)可以视为式(8.56)的特殊情况,因此可以采用上述方法来获得 $X_{\max}$ 的概率密度函数。图 8.5 显示了当初始分布分别为 [1, 2] 上均匀分布和均值为 4 且为单位方差的正态分布时,解析解和由概率密度演化方法获得的极值分布之间的对比。可以看出,对于 $r=2$ 和 $r=3$,除了在不连续点附近之外,由概率密度演化方法获得的极值分布和解析解几乎相同。

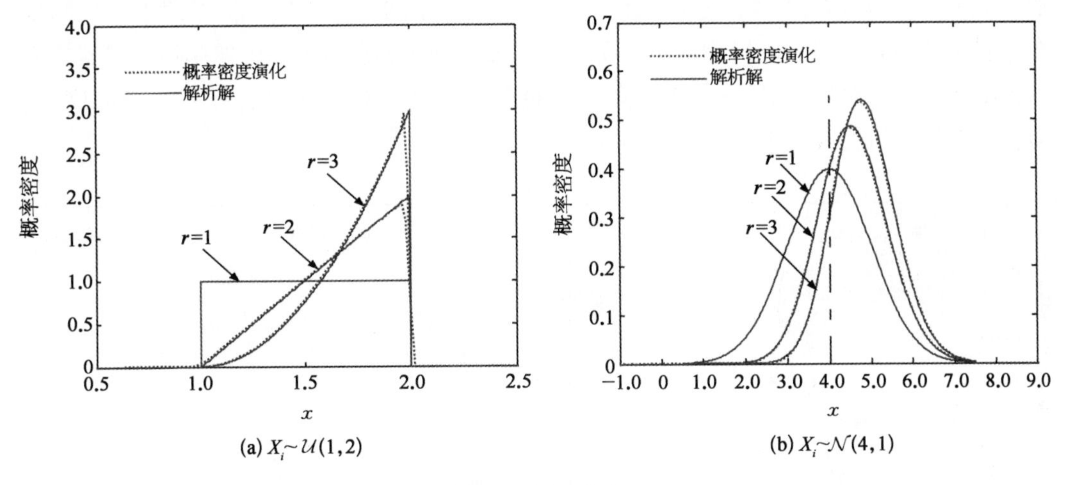

(a) $X_i\sim\mathcal{U}(1,2)$　　(b) $X_i\sim\mathcal{N}(4,1)$

图 8.5　极值分布

顺便指出,这里阐述的方法也可以扩展于获取某些基本随机变量任意函数的概率密度函数。

8.3.3　基于极值分布的结构系统动力可靠度估计

通过对上述极值分布积分的方式,可以直接估计随机系统的动力可靠度。例如,对于对称双壁问题,在时间 T 内结构的动力可靠度可以描述为

$$F_{\mathrm{s}}(-a,\ a,\ T)=\Pr\{\mid X(\tau)\mid\leqslant a \mid \tau\in[0,\ T]\} \tag{8.67}$$

式中: a 是对称边界的值。

由极值分布的观点来看,上式可以改写为

$$F_{\mathrm{s}}(-a,\ a,\ T)=\Pr\{\mid X(\tau)\mid_{\max}\leqslant a\} \tag{8.68}$$

由于在前一节中可以获得极值分布 $p_{X_{\mathrm{ext}}}(x)$,则通过一个简单的积分来估计式(8.68)中的可靠度是相当容易的

$$F_s(-a, a, T) = \int_{-a}^{a} p_{X_{\text{ext}}}(x)\mathrm{d}x \tag{8.69}$$

若边界 a 是一个概率密度函数为 $p_A(a)$ 的随机变量，则动力可靠度将变为

$$R = \int_{\Omega_A} \left[\int_{-a}^{a} p_{X_{\text{ext}}}(x)\mathrm{d}x\right] p_A(a)\mathrm{d}a \tag{8.70}$$

式中：Ω_A 是 a 的分布域。

分析可见，由极值分布的观点来看，动力可靠度估计问题转变为了一个简单的积分问题。相比于基于跨越水平过程的可靠度理论，基于广义概率密度演化方程的上述两种方法既不需要响应与其速度的联合概率密度函数，也不需要跨越事件性质的假定。

图 8.6 显示了一个 10 层框架结构顶部绝对最大位移的概率密度函数和概率分布函数。由图 8.6(a)可看出，所获得的极值分布和广泛采用的相同均值与标准差下的规则分布有明显的不同。图 8.6(b)中显示了所获得的极值分布和通过蒙特卡罗模拟获得的概率分布函数之间的对比。显然，若将图 8.6(b)的横坐标理解为阈值，则纵坐标为可靠度，因而它和 1 的差为失效概率。

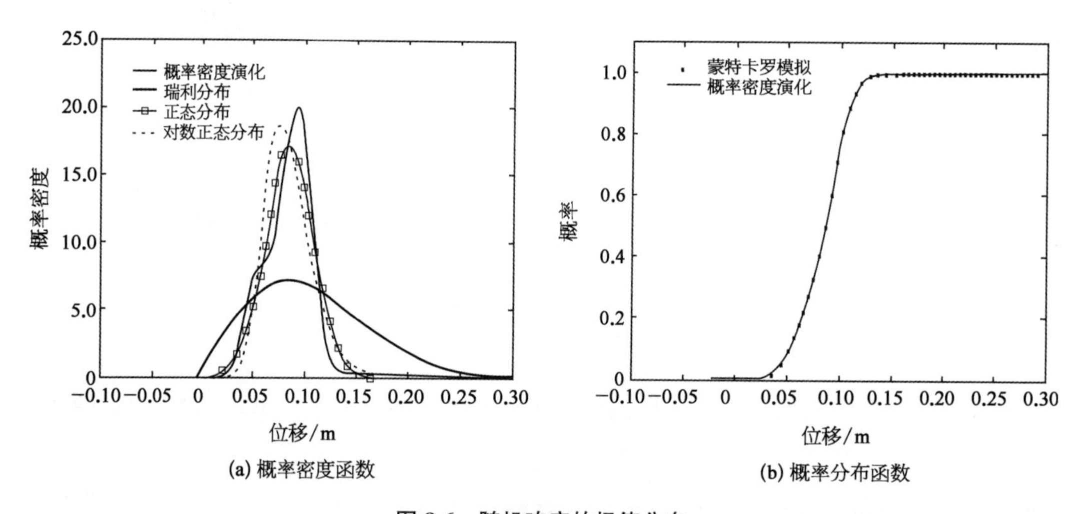

图 8.6 随机响应的极值分布

8.4 结构系统可靠度

8.4.1 等价极值事件

正如 8.1.3 中所讨论的，在许多情况中，结构失效事件是一些不同随机事件的组合，这导致了所谓的系统可靠度。例如，结构可靠度可以定义为

$$P_{\mathrm{r}} = \Pr\{\{G_1(\boldsymbol{\Theta}) > 0\} \cap \{G_2(\boldsymbol{\Theta}) > 0\}\} \tag{8.71}$$

式中：$G_1(\cdot)$ 和 $G_2(\cdot)$ 是对应于不同结构失效模式的两个不同的极限状态函数。

当随机事件是超过一个不等式的组合时，概率通常可以通过一个等价极值事件来估计(Li et al.，2007)。为了深入理解这一思想，将由涉及两个随机变量的最简单的情形开始。

引理 8.1：假定 X 和 Y 是相关随机变量，$W_{\min}$ 是 X 和 Y 的最小值(故 $W_{\min}$ 也是随机变量)，则有

$$\Pr\{\{X > a\} \cap \{Y > a\}\} = \Pr\{W_{\min} > a\} \tag{8.72}$$

尽管由逻辑关系的观点上式显然成立，但给出严格证明是有价值的，因为这将有助于理解后面要讨论的内在相关性的观点。

证明：记 (X, Y) 的联合概率密度函数(概率密度函数)为 $p_{XY}(x, y)$，则随机事件 $\{X > a\} \cap \{Y > a\}$ 的概率为

$$\Pr\{\{X > a\} \cap \{Y > a\}\} = \iint\limits_{\substack{x > a \\ y > a}} p_{XY}(x, y)\mathrm{d}x\mathrm{d}y = \int_a^{\infty}\int_a^{\infty} p_{XY}(x, y)\mathrm{d}x\mathrm{d}y \tag{8.73}$$

由于

$$W_{\min} = \min\{X, Y\} = \begin{cases} X, & X \leqslant Y \\ Y, & X > Y \end{cases} \tag{8.74}$$

则有

$$\begin{aligned} \Pr\{W_{\min} > a\} &= \int_a^{\infty} p_{W_{\min}}(z)\mathrm{d}z = \Pr\{\min(X, Y) > a\} \\ &= \iint\limits_{\substack{x < y \\ x > a}} p_{XY}(x, y)\mathrm{d}x\mathrm{d}y + \iint\limits_{\substack{y < x \\ y > a}} p_{XY}(x, y)\mathrm{d}x\mathrm{d}y \\ &= \int_a^{\infty}\int_x^{\infty} p_{XY}(x, y)\mathrm{d}y\mathrm{d}x + \int_a^{\infty}\int_y^{\infty} p_{XY}(x, y)\mathrm{d}x\mathrm{d}y \\ &= \int_a^{\infty}\int_a^{y} p_{XY}(x, y)\mathrm{d}x\mathrm{d}y + \int_a^{\infty}\int_y^{\infty} p_{XY}(x, y)\mathrm{d}x\mathrm{d}y \\ &= \int_a^{\infty}\int_a^{\infty} p_{XY}(x, y)\mathrm{d}x\mathrm{d}y \end{aligned} \tag{8.75}$$

对比式(8.73)和式(8.75)即可导出式(8.72)。

引理 8.2：假定 X 和 Y 是相关随机变量，$W_{\max}$ 是 X 和 Y 的最大值(故 $W_{\max}$ 也是随机变量)，则有

$$\Pr\{\{X > a\} \cup \{Y > a\}\} = \Pr\{W_{\max} > a\} \tag{8.76}$$

证明：随机事件 $\{X > a\} \cup \{Y > a\}$ 的概率为

$$\begin{aligned}\Pr\{\{X>a\}\cup\{Y>a\}\}&=\iint\limits_{x>a}p_{XY}(x,y)\mathrm{d}x\mathrm{d}y+\iint\limits_{\substack{y>a\\x<a}}p_{XY}(x,y)\mathrm{d}x\mathrm{d}y\\&=\int_{-\infty}^{\infty}\int_{a}^{\infty}p_{XY}(x,y)\mathrm{d}x\mathrm{d}y+\int_{a}^{\infty}\int_{-\infty}^{a}p_{XY}(x,y)\mathrm{d}x\mathrm{d}y\end{aligned}\tag{8.77}$$

注意到

$$W_{\max}=\max\{X,Y\}=\begin{cases}Y, & X\leqslant Y\\X, & X>Y\end{cases}\tag{8.78}$$

可以获得

$$\begin{aligned}\Pr\{W_{\max}>a\}&=\int_a^{\infty}p_{W_{\max}}(z)\mathrm{d}z=\Pr\{\max(X,Y)>a\}\\&=\iint\limits_{\substack{x<y\\y>a}}p_{XY}(x,y)\mathrm{d}x\mathrm{d}y+\iint\limits_{\substack{y<x\\x>a}}p_{XY}(x,y)\mathrm{d}x\mathrm{d}y\\&=\int_a^{\infty}\int_{-\infty}^{y}p_{XY}(x,y)\mathrm{d}x\mathrm{d}y+\int_a^{\infty}\int_{-\infty}^{x}p_{XY}(x,y)\mathrm{d}y\mathrm{d}x\\&=\int_a^{\infty}\int_{-\infty}^{a}p_{XY}(x,y)\mathrm{d}x\mathrm{d}y+\int_a^{\infty}\int_a^{y}p_{XY}(x,y)\mathrm{d}x\mathrm{d}y\\&\quad+\int_a^{\infty}\int_{-\infty}^{a}p_{XY}(x,y)\mathrm{d}y\mathrm{d}x+\int_a^{\infty}\int_a^{x}p_{XY}(x,y)\mathrm{d}y\mathrm{d}x\end{aligned}\tag{8.79}$$

在最后两项中交换关于 x 和 y 的积分顺序将导出

$$\begin{aligned}&\Pr\{W_{\max}>a\}\\&=\int_a^{\infty}\int_{-\infty}^{a}p_{XY}(x,y)\mathrm{d}x\mathrm{d}y+\int_a^{\infty}\int_a^{y}p_{XY}(x,y)\mathrm{d}x\mathrm{d}y+\int_{-\infty}^{a}\int_a^{\infty}p_{XY}(x,y)\mathrm{d}x\mathrm{d}y\\&\quad+\int_a^{\infty}\int_y^{\infty}p_{XY}(x,y)\mathrm{d}x\mathrm{d}y\\&=\int_a^{\infty}\int_{-\infty}^{a}p_{XY}(x,y)\mathrm{d}x\mathrm{d}y\\&\quad+\left[\int_a^{\infty}\int_a^{y}p_{XY}(x,y)\mathrm{d}x\mathrm{d}y+\int_{-\infty}^{a}\int_a^{\infty}p_{XY}(x,y)\mathrm{d}x\mathrm{d}y+\int_a^{\infty}\int_y^{\infty}p_{XY}(x,y)\mathrm{d}x\mathrm{d}y\right]\\&=\int_a^{\infty}\int_{-\infty}^{a}p_{XY}(x,y)\mathrm{d}x\mathrm{d}y+\int_{-\infty}^{\infty}\int_a^{\infty}p_{XY}(x,y)\mathrm{d}x\mathrm{d}y\end{aligned}\tag{8.80}$$

对比式(8.77)和式(8.80),可发现式(8.80)右边第一项等于式(8.77)右边第二项,而式(8.80)右边第二项等于式(8.77)右边第一项。这意味着式(8.76)成立。

引理 8.1 和引理 8.2 表明,若要估计一个复合随机事件(通过不等式表示的两个随机事件的组合)的概率,只需要估计一个与极值有关的事件的概率。这一极值事件可根据最初的两个不等式之间的逻辑关系定义。在这一意义下,就引理 1 中的情形来说,随机事件 $\{W_{\min} > a\}$ 可以被称为 $\{\{X > a\} \cap \{Y > a\}\}$ 的**等价极值事件**(equivalent extreme-value event),且 $W_{\min}$ 称为等价极值随机变量。同样地,随机事件 $\{W_{\max} > a\}$ 是 $\{(x > a) \cup (Y > a)\}$ 的等价极值事件,且 $W_{\max}$ 是相应的等价极值随机变量。

显然,当复合随机事件是两个以上子随机事件的组合时,该规则仍成立。这一思想可导出下述定理。

定理 8.1: 假定 $X_1, \cdots, X_m$ 是 m 个随机变量。令 $W_{\min} = \min_{1 \leqslant j \leqslant m}\{X_j\}$, 则有

$$\Pr\left\{\bigcap_{j=1}^{m}\{X_j > a\}\right\} = \Pr\{W_{\min} > a\} \tag{8.81}$$

证明: 记 $X_1, \cdots, X_j$, $2 \leqslant j \leqslant m$ 的最小值是 $W_{\min}^{(j)}$, 即

$$W_{\min}^{(j)} = \min\{X_1, \cdots, X_j\} \tag{8.82}$$

定义 $W_{\min}^{(1)} = X_1$, $W_{\min}^{(m)} = W_{\min}$。存在递推关系 $W_{\min}^{(j)} = \min\{W_{\min}^{(j-1)}, X_j\}$, $2 \leqslant j \leqslant m$。采用引理 8.1 递归,可得

$$\begin{aligned}\Pr\left\{\bigcap_{j=1}^{m}\{X_j > a\}\right\} &= \Pr\left\{\{X_1 > a\} \cap \{X_2 > a\} \cap \left\{\bigcap_{j=3}^{m}\{X_j > a\}\right\}\right\}\\ &= \Pr\left\{\{W_{\min}^{(2)} > a\} \cap \{X_3 > a\} \cap \left\{\bigcap_{j=4}^{m}\{X_j > a\}\right\}\right\} = \cdots\\ &= \Pr\{\{W_{\min}^{(m-1)} > a\} \cap \{X_m > a\}\} = \Pr\{W_{\min}^{(m)} > a\}\\ &= \Pr\{W_{\min} > a\}\end{aligned} \tag{8.83}$$

定理 8.2: 假定 $X_1, \cdots, X_m$ 是 m 个随机变量。令 $W_{\max} = \max\limits_{1 \leqslant j \leqslant m}\{X_j\}$, 则有

$$\Pr\left\{\bigcup_{j=1}^{m}\{X_j > a\}\right\} = \Pr\{W_{\max} > a\} \tag{8.84}$$

该证明与定理 8.1 类似,不再赘述。同样,对于任意的随机事件的组合类型,总是可以构造合适的等价极值事件。例如

定理 8.3: 假定 X_{ij}, $i = 1, \cdots, n$, $j = 1, \cdots, m$ 是 $m \times n$ 个随机变量。令 $W_{\text{ext}} = \max_{1 \leqslant i \leqslant n}\{\min_{1 \leqslant j \leqslant m}\{X_{ij}\}\}$, 则有

$$\Pr\left\{\bigcup_{i=1}^{n}\bigcap_{j=1}^{m}\{X_{ij} > a\}\right\} = \Pr\{W_{\text{ext}} > a\} \tag{8.85}$$

为了清楚起见,在引理和定理中,对于不同的随机变量,其阈值取相同的值 a。乍一

看,这将导致失去一般性,但实际并非如此。因为不等式可以由线性变换等价地变换。例如,考虑随机事件 $\{\{\tilde{X}<b\}\cap\{\tilde{Y}<c\}\}$,其中 $\tilde{X}$ 和 $\tilde{Y}$ 是联合概率密度函数为 $p_{\tilde{X}\tilde{Y}}(\tilde{x},\tilde{y})$ 的随机变量。若引入一组新的随机变量

$$\begin{cases}X=-\tilde{X}+b+a\\Y=\tilde{Y}-c+a\end{cases}\tag{8.86}$$

其联合概率密度函数为

$$p_{XY}(x,y)=p_{\tilde{X}\tilde{Y}}(-x+b+a,y+c-a)\tag{8.87}$$

因此,随机事件 $\{\{\tilde{X}<b\}\cap\{\tilde{Y}<c\}\}$ 是引理 8.1 中所讨论情况 $\{\{X>a\}\cap\{Y>a\}\}$ 的等价变换。

8.4.2 等价极值事件的内在相关性

在等价极值事件的构造中,随机变量可以是相关或相互独立的。换言之,这表明尽管在等价极值事件中只明确地采用了一个等价随机变量而非初始的多个随机变量,但初始随机变量中的相关性信息及其对计算概率的影响均被保留在了等价极值事件中。

在实际情况中,涉及随机事件概率计算的随机变量[正如式(8.72)或式(8.76)中表示的那样],通常不是基本随机变量。反之,它们可能是作为随机性来源的相同基本随机变量集的函数。例如,当考虑结构的不同响应指标时,其涉及的随机性通过 $\boldsymbol{\Theta}$ 来刻画。若这些响应指标记为 X 和 Y,则显然其为 $\boldsymbol{\Theta}$ 的函数,即

$$X=H_X(\boldsymbol{\Theta}),\ Y=H_Y(\boldsymbol{\Theta})\tag{8.88}$$

式中:$\boldsymbol{\Theta}=(\Theta_1,\cdots,\Theta_s)$ 是联合概率密度函数为 $p_{\boldsymbol{\Theta}}(\boldsymbol{\theta})$ 的基本随机变量。在此情况下,除了一些很特殊的案例外,随机变量 X 和 Y 一般不会是相互独立的[①]。联合概率密度函数 $p_{XY}(x,y)$ 可以通过下述原理计算

$$p_{XY}(x,y)=\frac{\partial^2}{\partial x\partial y}\int_{\substack{H_X(\boldsymbol{\theta})<x\\H_Y(\boldsymbol{\theta})<y}}p_{\boldsymbol{\Theta}}(\boldsymbol{\theta})\mathrm{d}\boldsymbol{\theta}\tag{8.89}$$ [②]

通常,式(8.89)的计算实际上远没有那么容易。

由式(8.73)和式(8.89),可得

---

① 确实有一些很特殊的案例,两个随机变量作为相同随机变量集的函数是独立或不相关的。例如参见王梓坤(1976)。然而,在实际工程中鲜有遇到这些案例的机会。

② 式(8.89)的推导:根据概率守恒原理,有

$$\int_{-\infty}^{x}\int_{-\infty}^{y}p_{XY}(u,v)\mathrm{d}v\mathrm{d}u=\int_{\substack{H_x(\boldsymbol{\theta})<x\\H_y(\boldsymbol{\theta})<y}}p_{\boldsymbol{\Theta}}(\boldsymbol{\theta})\mathrm{d}\boldsymbol{\theta}$$

对等式两边同时取对 x 与 y 的二阶偏导,即可得到式(8.89)。——译者注

$$\Pr\{(X>a)\cap(Y>a)\}=\iint\limits_{\substack{x>a\\y>a}} p_{XY}(x,y)\mathrm{d}x\mathrm{d}y=\iint\limits_{\substack{H_X(\boldsymbol{\theta})>a\\H_Y(\boldsymbol{\theta})>a}} p_{\boldsymbol{\Theta}}(\boldsymbol{\theta})\mathrm{d}\boldsymbol{\theta} \tag{8.90}$$

由式(8.90)可见，X 和 Y 之间的相关性信息反过来参与到了通过式(8.88)确定的区域对于 $\boldsymbol{\theta}$ 的积分之中。换言之，在式(8.90)中，涉及了相关性信息。

另外，根据式(8.74)、式(8.75)和式(8.64)，若定义

$$W_{\min}=\min\{X,Y\}=\min\{H_X(\boldsymbol{\Theta}),H_Y(\boldsymbol{\Theta})\}=H_W(\boldsymbol{\Theta}) \tag{8.91}$$

则式(8.75)变为

$$\Pr\{W_{\min}>a\}=\int_a^{\infty} p_{W_{\min}}(w)\mathrm{d}w=\Pr\{\min\{X,Y\}>a\}=\int\limits_{H_W(\boldsymbol{\theta})>a} p_{\boldsymbol{\Theta}}(\boldsymbol{\theta})\mathrm{d}\boldsymbol{\theta} \tag{8.92}$$

注意到式(8.73)和式(8.91)可知，在式(8.92)中第一个等式的概率计算中，尽管采用等价极值事件 $\{W_{\min}>a\}$ 代替 $\{\{X>a\}\cap\{Y>a\}\}$ 似乎没有明确地涉及 X 和 Y 之间的相关性信息，但相关性信息确实保留了下来。

上述对等价极值事件中内在相关性的讨论，在涉及多于两个随机变量的情况下显然也是正确的。采用等价极值事件代替作为多于一个随机事件的组合的初始随机事件(若等价极值随机变量的概率密度函数可以获得)，将使多维概率积分简化为一维概率积分变为可能。相关性信息蕴含于等价极值事件之中，因此，在这一过程中并没有相关性信息的丢失。

8.4.3　等价极值事件和最不利假定之间的区别

在结构可靠度估计中，通常采用最不利假定。考虑一个结构系统，其失效概率为

$$P_{\mathrm{f}}=\Pr\{\{X>a\}\cap\{Y>a\}\} \tag{8.93}$$

记 $P_{\mathrm{f},1}=\Pr\{X>a\}$，$P_{\mathrm{f},2}=\Pr\{Y>a\}$。当采用最不利假定时，可以采用下式代替式(8.93)(Madsen et al., 1986; Melchers, 1999)

$$P_{\mathrm{f}}=\max\{P_{\mathrm{f},1},P_{\mathrm{f},2}\} \tag{8.94}$$

根据引理2，式(8.93)中的概率等价于

$$P_{\mathrm{f}}=\Pr\{W_{\max}>a\} \tag{8.95}$$

易知，在最不利假定中，系统失效概率取基本失效事件的失效概率最大值，即假设下式成立

$$P_{\mathrm{f}}=\max\{\Pr\{X>a\},\Pr\{Y>a\}\}=\Pr\{\max\{X,Y\}>a\} \tag{8.96}$$

然而，由于运算 $\Pr\{\cdot\}$ 和 $\max\{\cdot\}$ 的顺序不可以被交换，式(8.96)一般是不成立的。

实际上，式(8.93)可以由下式计算

$$P_{\mathrm{f}}=\iint_{\{x>a\}\cup\{y>a\}} p_{XY}(x,\ y)\mathrm{d}x\mathrm{d}y=\int_{a}^{\infty}\int_{-\infty}^{\infty} p_{XY}(x,\ y)\mathrm{d}y\mathrm{d}x+\int_{-\infty}^{a}\int_{a}^{\infty} p_{XY}(x,\ y)\mathrm{d}y\mathrm{d}x$$
$$=P_{\mathrm{f},1}+\Delta P_{1} \tag{8.97}$$

其中

$$\Delta P_{1}=\int_{-\infty}^{a}\int_{a}^{\infty} p_{XY}(x,\ y)\mathrm{d}y\mathrm{d}x=\iint_{\mathcal{A}_1} p_{XY}(x,\ y)\mathrm{d}x\mathrm{d}y \tag{8.98}$$

其中 $\mathcal{A}_1$ 的区域如图 8.7 所示。

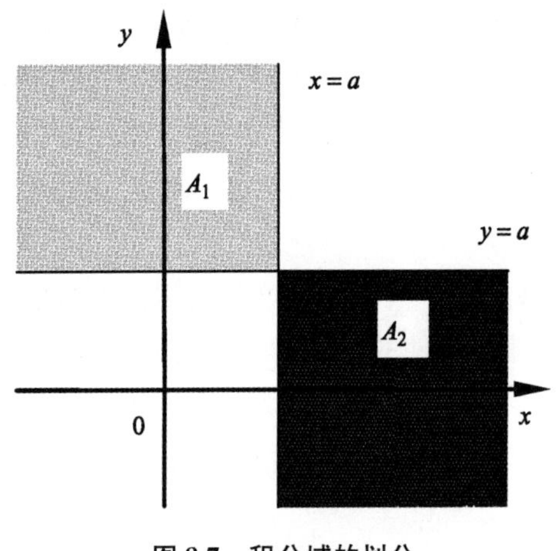

图 8.7　积分域的划分

同理可得

$$P_{\mathrm{f}}=P_{\mathrm{f},2}+\Delta P_{2} \tag{8.99}$$

其中 $\Delta P_{2}=\iint_{\mathcal{A}_2} p_{XY}(x,\ y)\mathrm{d}x\mathrm{d}y$，$\mathcal{A}_2$ 的区域如图 8.7 所示。

由于 $p_{XY}(x,\ y)\geqslant 0$，有 $\Delta P_{1}\geqslant 0$，$\Delta P_{2}\geqslant 0$，从而

$$P_{\mathrm{f}}\geqslant \max\{P_{\mathrm{f},1},\ P_{\mathrm{f},2}\} \tag{8.100}$$

这表明，一般情形下，式(8.94)并不成立。

若 X 和 Y 是完全正相关的随机变量，即 $Y=kX+b$，$k>0$，则联合概率密度函数为

$$p_{XY}(x,\ y)=p_{X}(x)\delta(y-kx-b) \tag{8.101}$$

式中：$\delta(\cdot)$ 是狄拉克 δ 函数。

根据式(8.98)有

$$\begin{aligned}\Delta P_{1}&=\int_{-\infty}^{a}\int_{a}^{\infty} p_{XY}(x,\ y)\mathrm{d}y\mathrm{d}x=\int_{-\infty}^{a}\int_{a}^{\infty} p_{X}(x)\delta(y-kx-b)\mathrm{d}y\mathrm{d}x\\&=\int_{-\infty}^{a} p_{X}(x)u\left(x-\frac{a-b}{k}\right)\mathrm{d}x\end{aligned} \tag{8.102}$$

式中：$u(\cdot)$ 是赫维塞德阶跃函数(参见附录 A)。

同理可得

$$\Delta P_{2}=\int_{-\infty}^{a} p_{Y}(y)u(y-ka-b)\mathrm{d}y \tag{8.103}$$

易证，在 $k>0$ 时

$$\frac{a-b}{k}<a<ka+b \tag{8.104}$$

或

$$ka+b \leqslant a \leqslant \frac{a-b}{k} \tag{8.105}$$[①]

有且仅有一式成立。

因此,由式(8.102)和式(8.103)可知,$\Delta P_1=0$ 或 $\Delta P_2=0$ 成立。所以,根据式(8.97)和式(8.99),$P_f=P_{f,1}$ 或 $P_f=P_{f,2}$ 成立。这意味着仅在该情况下,最不利假定是成立的。

总之,等价极值事件和最不利假定在本质上是不同的。仅在基本失效事件是完全正相关的情况下,最不利假定和等价极值事件是等价的。

8.4.4 结构系统可靠度估计

对于首次超越问题,针对响应指标 $X(t)$ 的可靠度一般可以表述为

$$R=\Pr\{X(\boldsymbol{\Theta}, t) \in \Omega_s, t \in [0, T]\} \tag{8.106}$$

式中:Ω_s 是安全域。

对于大多数实际问题,式(8.106)可以改写为

$$R=\Pr\{G(\boldsymbol{\Theta}, t)>0, t \in [0, T]\} \tag{8.107}$$

式中:$G(\cdot)$ 是时变极限状态函数。例如,若式(8.106)采用下述形式(双壁问题)

$$R=\Pr\{|X(\boldsymbol{\Theta}, t)|<x_b, t \in [0, T]\} \tag{8.108}$$

式中:x_b 是阈值。则可得

$$G(\boldsymbol{\Theta}, t)=x_b-|X(\boldsymbol{\Theta}, t)| \tag{8.109}$$

式(8.107)也可以等价地改写为不同的形式

$$R=\Pr\left\{\bigcap_{t \in [0, T]}\{G(\boldsymbol{\Theta}, t)>0\}\right\} \tag{8.110}$$

根据与定理 8.1 类似的情况,若定义极值

$$W_{\min}=\min_{t \in [0, T]}\{G(\boldsymbol{\Theta}, t)\} \tag{8.111}$$

其概率密度函数可以根据 8.3 节获得,则式(8.110)中的可靠度等于

$$R=\Pr\{W_{\min}>0\} \tag{8.112}$$

值得指出的是,若类似于式(8.73)那样,用概率积分直接估计式(8.110)中的可靠度,

① 式(8.104)和式(8.105)有且仅有一式成立,通过图像更易于理解,即当 $k>0$ 时,直线 $y=kx+b$ 至多只穿过图 8.7 中区域 $\mathcal{A}_1$ 和 $\mathcal{A}_2$ 中的一个,这也就是后文说的 $\Delta P_1=0$ 和 $\Delta P_2=0$ 必有一式成立的原因。——译者注

需要随机过程 $G(\boldsymbol{\Theta}, t)$ 的有限维联合概率密度函数，即需要任意不同时刻之间的相关性信息。首次超越可靠度问题中被广泛采用的跨越过程理论，无论是泊松假定还是马尔可夫假定(参见 8.2.2)，通常仅考虑两个不同时刻之间的相关性信息。因此，一般情况下，首次超越可靠度问题中的跨越过程理论难以得到精确解。然而，采用上节所述的等价极值事件，可以蕴含全部相关性信息，因此可以很容易地导出精确解。

对于系统可靠度(即有超过一个的极限状态函数要组合在一起考虑)，有

$$R=\Pr\left\{\bigcap_{j=1}^{m}\{G_j(\boldsymbol{\Theta}, t)>0, t\in[0, T_j]\}\right\} \tag{8.113}$$

式中：T_j 是相应于 $G_j(\cdot)$ 的持续时间。结合式(8.110)和定理 8.1，可以将等价极值定义为

$$W_{\text{ext}}=\min_{1\leqslant j\leqslant m}\{\min_{t\in[0, T_j]}\{G_j(\boldsymbol{\Theta}, t)\}\} \tag{8.114}$$

因此，式(8.113)中的可靠度可以通过下式直接计算

$$R=\Pr\{W_{\text{ext}}>0\} \tag{8.115}$$

例 8.2：地震下非线性结构的系统可靠度

考察随机地震动作用下的 10 层非线性结构的可靠度(Li et al., 2007)。将层间位移自下而上记为 $X_1(t)$, …, $X_{10}(t)$，层高记为 h_1, …, h_{10}。结构系统可靠度可以定义为

$$R=\Pr\left\{\bigcap_{j=1}^{10}\left\{\left|\frac{X_j(t)}{h_j}\right|<\varphi_{\text{b}}, t\in[0, T]\right\}\right\} \tag{8.116}$$

式中：$\varphi_{\text{b}}=1/50$，是层间位移角阈值。为清楚起见，将无量纲化层间位移定义为

$$\bar{X}_j(t)=\left|\frac{X_j(t)}{h_j\varphi_{\text{b}}}\right|, j=1, \cdots, 10 \tag{8.117}$$

因此，式(8.116)变为

$$R=\Pr\left\{\bigcap_{j=1}^{10}\{\bar{X}_j(t)<1, t\in[0, T]\}\right\}=\Pr\left\{\bigcap_{j=1}^{10}\{\bar{X}_{j,\max}<1\}\right\} \tag{8.118}$$

式中：$\bar{X}_{j,\max}=\max_{t\in[0, T]}\{\bar{X}_j(t)\}$。$\bar{X}_{j,\max}$ 的概率密度函数可由 8.3.2 中的方法获得，如图 8.8 所示。进而，由下式定义等价极值

$$\bar{X}_{\max}=\max_{1\leqslant j\leqslant 10}\{\bar{X}_{j,\max}\} \tag{8.119}$$

等价极值 $\bar{X}_{\max}$ 的概率密度函数如图 8.8 所示。

关于该等价极值随机变量的概率密度函数积分，将给出系统的可靠度和失效概率(图 8.9)，即

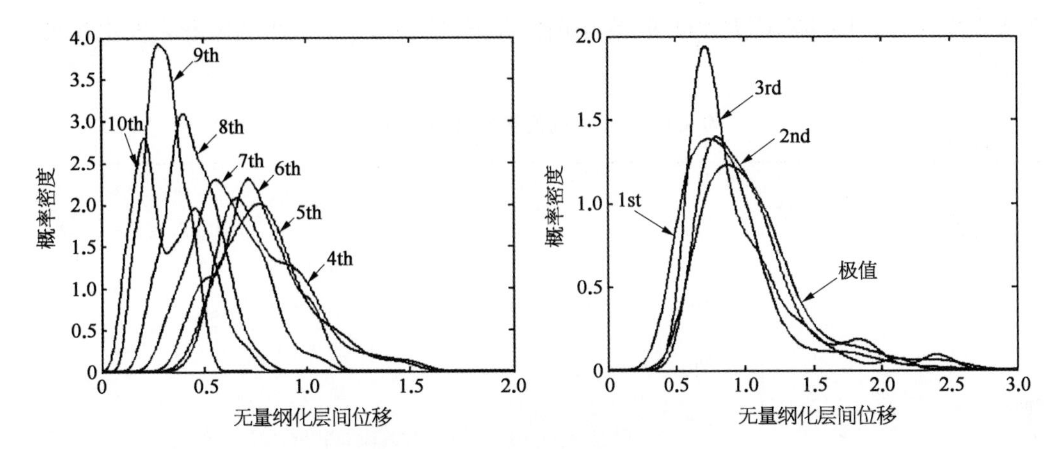

图 8.8　极值分布和等价极值的分布

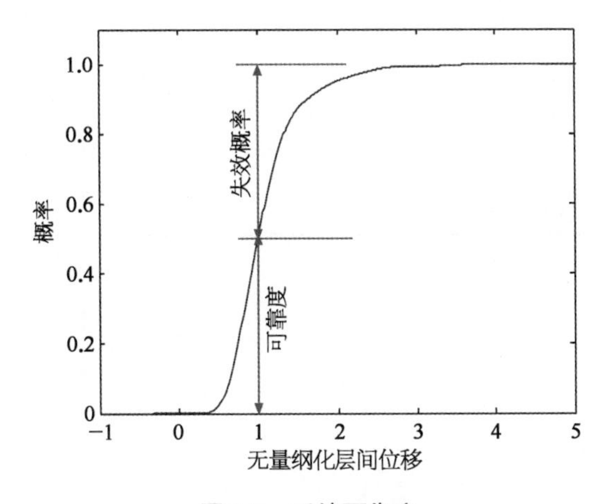

图 8.9　系统可靠度

$$R=\Pr\{\bar{X}_{\max}<1\}=\int_0^1 p_{\bar{X}_{\max}}(x)\mathrm{d}x,\ P_{\mathrm{f}}=1-R \tag{8.120}$$

各层的可靠度和失效概率可以定义为

$$R_j=\Pr\{\bar{X}_{j,\max}<1\}=\int_0^1 p_{\bar{X}_{j,\max}}(x)\mathrm{d}x,\ p_{\mathrm{f},j}=1-R_j,\ j=1,\ \cdots,\ 10 \tag{8.121}$$

表 8.1 列出了各层失效概率[式(8.121)]与结构失效概率[式(8.120)]①。可见，结构

① 近年来发展的将等价极值事件方法和各类代理模型或机器学习相结合的数值方法，可参见：Jiang ZM, Li J. A new reliability method combining Kriging and probability density evolution method[J]. International Journal of Structural Stability & Dynamics, 17(10): 1750113, 2017. Jiang ZM, Li J. High dimensional structural reliability with dimension reduction[J]. Structural Safety, 69: 35 - 46, 2017. Zhou T, Peng YB, Li J. An efficient reliability method combining adaptive global metamodel and probability density evolution method[J]. Mechanical Systems & Signal Processing, 131: 592 - 616, 2019. Peng YB, Zhou T, Li J. Surrogate modeling immersed probability density evolution method for structural reliability analysis in high dimensions[J]. Mechanical Systems & Signal Processing, 152: 107366, 2021.

失效概率比每一层的都要大。此外，在当前情况下，楼层的最大失效概率并未发生在第一层而是在第二层。

表 8.1 关于层间位移的结构失效概率

层 数	失 效 概 率
10	$3.360\,183\times10^{-8}$
9	0.000 000
8	0.000 000
7	0.022 199
6	0.086 191
5	0.179 421
4	0.194 678
3	0.303 173
2	0.449 662
1	0.279 903
结构失效概率	0.491 547

参考文献

[1] Ang A H S, Tang W H. Probability Concepts in Engineering Planning and Design. Vol. Ⅱ: Decision, Risk, and Reliability[M]. New York: John Wiley & Sons, Inc, 1984.

[2] Chen J B, Li J. Dynamic response and reliability analysis of nonlinear stochastic structures[J]. Probabilistic Engineering Mechanics, 2005, 20(1): 33 - 44.

[3] Chen J B, Li J. The extreme value distribution and dynamic reliability analysis of nonlinear structures with uncertain parameters[J]. Structural Safety, 2007, 29: 77 - 93.

[4] Coleman J J. Reliability of aircraft structures in resisting chance failure[J]. Operations Research, 1959, 7(5): 639 - 645.

[5] Cramer H. On the intersections between the trajectories of a normal stationary stochastic process and a high level[J]. Arkiv für Mathematik, 1966, 6: 337 - 349.

[6] Crandall S H, Chandiramani K L, Cook R G. Some first passage problems in random vibrations [J]. Journal of Applied Mechanics, 1966, 33(3): 532 - 538.

[7] Finkenstädt B, Rootzén H. Extreme Values in Finance, Telecommunications, and the Environment[M]. Boca Raton: Chapman & Hall/CRC, 2004.

[8] Li J, Chen J B. Dynamic response and reliability analysis of structures with uncertain parameters [J]. International Journal for Numerical Methods in Engineering, 2005, 62(2): 289 - 315.

[9] Li J, Chen J B, Fan W L. The equivalent extreme-value event and evaluation of the structural

system reliability[J]. Structural Safety, 2007, 29: 112 - 131.
[10] Lin Y K. Probabilistic Theory of Structural Dynamics [M]. New York: McGraw-Hill Book Company, 1967.
[11] Newland D E. An Introduction to Random Vibration[M]. 3rd Edn. London: Spectral Analysis & Wavelet Analysis, Longman, 1993.
[12] Rice S O. Mathematical analysis of random noise[J]. Bell System Technical Journal, 1944, 23: 282 - 332.
[13] Vanmarcke E H. Properties of spectral moments with applications to random vibration[J]. Journal of the Engineering Mechanics, 1972, 98: 425 - 446.
[14] Vanmarcke E H. On the distribution of the first-passage time for normal stationary random process[J]. Journal of Applied Mechanics, 1975, 42: 215 - 220.
[15] 王梓坤. 概率论基础与应用[M]. 北京：科学出版社，1976.
[16] 朱位秋. 随机振动[M]. 北京：科学出版社，1992.

第 9 章　随机系统的最优控制

9.1　引言

一般意义下，结构控制可以理解为，设计一个结构使其具有所期望的行为。这实际上正是从古至今结构工程师在做的事，尽管迄今只实现了部分目标。在更窄或更特殊的意义下，结构控制是在结构上附加一些额外的子结构或装置以调节结构性能，如减少结构的振动(Housner et al., 1997)。

自姚治平(Yao, 1972)的开创性工作以来，结构控制得到了广泛的发展(如地震和风致结构振动的调节)。根据是否需要控制装置、需要由控制装置提供多少能量输入，结构控制可大致分为被动控制、主动控制、混合控制和半主动控制(Soong, 1990)。而基于控制目标和相应的算法，又包括一般控制、最优控制、智能控制等。

考虑到本书目的，本章将只涉及含有不确定性的结构主动控制理论，且强调随机最优控制和基于可靠性的随机控制。

不失一般性，非线性确定性多自由度结构系统的运动方程可以改写为状态空间方程[参见式(5.178)]

$$\dot{\boldsymbol{x}} = \boldsymbol{f}[\boldsymbol{x}(t),\ t] \tag{9.1}$$

式中：$\boldsymbol{x}(t) = [x_1(t),\ \cdots,\ x_n(t)]^{\mathrm{T}}$，是 n 维状态向量，通常由结构系统的位移和速度向量组成；$\boldsymbol{f}(\cdot) = [f_1(\cdot),\ \cdots,\ f_n(\cdot)]^{\mathrm{T}}$ 是 n 维算子向量。注意到，$\boldsymbol{f}(\cdot)$ 可以包含确定性激励。

若结构系统中含有控制装置，则控制向量 $\boldsymbol{u}(t) = [u_1(t),\ \cdots,\ u_m(t)]^{\mathrm{T}}$ 会影响系统响应，因而式(9.1)变为状态控制方程

$$\dot{\boldsymbol{x}} = \boldsymbol{f}[\boldsymbol{x}(t),\ \boldsymbol{u}(t),\ t] \tag{9.2}$$

其中 m 是控制向量的维数。

最优控制的任务是寻找控制过程向量 $\boldsymbol{u}(t)$，$t_0 \leqslant t \leqslant t_{\mathrm{f}}$，以使得给定**性能指标**(performance index)最小化。该指标通常为给定时间段 $[t_0,\ t_{\mathrm{f}}]$ 内状态向量和控制向量的泛函，例如取为如下形式(Stengel, 1994)

$$J=\phi[\boldsymbol{x}(t_f),\ t_f]+\int_{t_0}^{t_f}\mathcal{L}[\boldsymbol{x}(t),\ \boldsymbol{u}(t),\ t]\mathrm{d}t \tag{9.3}$$

其中 t_0 是初始时刻；t_f 是终止时刻；$\phi(\cdot)$ 是与终值约束相关的部分；$\mathcal{L}(\cdot)$ 称为**拉格朗日量**(Lagrangian)。一般要求，对变量所有可能的取值，$\phi(\cdot)\geqslant 0$ 和 $\mathcal{L}(\cdot)\geqslant 0$ 均成立。

性能指标也称为**成本函数**(cost function)或**成本泛函**(cost functional)等。此外，不考虑 $\phi(\cdot)$ 的影响，成本函数形式上类似于拉格朗日分析动力学中的作用量积分，这正是最优控制理论和分析动力学之间存在相似之处而将 $\mathcal{L}(\cdot)$ 称为拉格朗日量的原因。

性能指标的一阶与二阶变分分别为

$$\delta J=\left.\frac{\partial\phi}{\partial\boldsymbol{x}}\right|_{t=t_f}\delta\boldsymbol{x}(t_f)+\int_{t_0}^{t_f}\left(\frac{\partial\mathcal{L}}{\partial\boldsymbol{x}}\delta\boldsymbol{x}+\frac{\partial\mathcal{L}}{\partial\boldsymbol{u}}\delta\boldsymbol{u}\right)\mathrm{d}t \tag{9.4}$$

$$\delta^2 J=\delta\boldsymbol{x}^{\mathrm{T}}(t_f)\left.\frac{\partial^2\phi}{\partial\boldsymbol{x}^2}\right|_{t=t_f}\delta\boldsymbol{x}(t_f)+\int_{t_0}^{t_f}\left(\delta\boldsymbol{x}^{\mathrm{T}}\frac{\partial^2\mathcal{L}}{\partial\boldsymbol{x}^2}\delta\boldsymbol{x}+\delta\boldsymbol{u}^{\mathrm{T}}\frac{\partial^2\mathcal{L}}{\partial\boldsymbol{u}^2}\delta\boldsymbol{u}+2\delta\boldsymbol{x}^{\mathrm{T}}\frac{\partial^2\mathcal{L}}{\partial\boldsymbol{x}\partial\boldsymbol{u}}\delta\boldsymbol{u}\right)\mathrm{d}t \tag{9.5}$$

为表示方便，记黑塞(Hesse)矩阵为

$$\mathbf{S}_f=\frac{\partial^2\phi[\boldsymbol{x}(t_f),\ t_f]}{\partial\boldsymbol{x}^2},\ \mathbf{Q}=\frac{\partial^2\mathcal{L}}{\partial\boldsymbol{x}^2},\ \mathbf{R}=\frac{\partial^2\mathcal{L}}{\partial\boldsymbol{u}^2},\ \mathbf{M}'=\frac{\partial^2\mathcal{L}}{\partial\boldsymbol{u}\partial\boldsymbol{x}} \tag{9.6}$$

显然，在此情形下，$\mathbf{S}_f$ 和 $\mathbf{Q}$ 是对称半正定的，$\mathbf{R}$ 是对称正定的，且 $\mathbf{M}'=\mathbf{0}$。由式(9.5)可知，性能指标的二阶变分

$$\delta^2 J>0 \tag{9.7}$$

实际应用中最简单的情形之一，是 $\mathbf{S}_f$、$\mathbf{Q}$、$\mathbf{R}$ 独立于 $\boldsymbol{x}(t_f)$、$\boldsymbol{x}(\cdot)$、$\boldsymbol{u}(\cdot)$，但 $\mathbf{Q}$ 和 $\mathbf{R}$ 可以是时变的。如此，性能指标(9.3)表现为二次型形式

$$J=\frac{1}{2}\boldsymbol{x}^{\mathrm{T}}(t_f)\mathbf{S}_f\boldsymbol{x}(t_f)+\frac{1}{2}\int_{t_0}^{t_f}[\boldsymbol{x}^{\mathrm{T}}(t)\mathbf{Q}(t)\boldsymbol{x}(t)+\boldsymbol{u}^{\mathrm{T}}(t)\mathbf{R}(t)\boldsymbol{u}(t)]\mathrm{d}t \tag{9.8}$$

若系统参数和激励中含有随机性，则系统的随机性通常可以用随机函数 $\boldsymbol{\zeta}(\varpi)$ 建模，而随机激励可以用随机过程向量 $\boldsymbol{\xi}(\varpi,\ t)$ 建模。系统(9.2)进而可以扩展为

$$\dot{\boldsymbol{X}}=\boldsymbol{f}[\boldsymbol{X}(t),\ \boldsymbol{U}(t),\ \boldsymbol{\zeta}(\varpi),\ \boldsymbol{\xi}(\varpi,\ t),\ t] \tag{9.9}$$

正如第 2 章和第 3 章所述，通过随机场和随机过程的离散或分解，可以采用一系列基本随机变量 $\boldsymbol{\Theta}=(\Theta_1,\ \cdots,\ \Theta_s)$ 表示式(9.9)所含的随机性，其中 s 是随机变量的数量。由此，系统(9.9)变为随机状态控制方程

$$\dot{\boldsymbol{X}}=\boldsymbol{f}[\boldsymbol{X}(t),\ \boldsymbol{U}(t),\ t,\ \boldsymbol{\Theta}(\varpi)] \tag{9.10}$$

这里注意到，由于含有随机性，控制向量 $\boldsymbol{U}(\cdot)$ 和状态向量 $\boldsymbol{X}(\cdot)$ 均是随机过程。同时，将 $\boldsymbol{x}$ 和 $\boldsymbol{u}$ 分别替换为 $\boldsymbol{X}$ 和 $\boldsymbol{U}$ 之后，式(9.3)中的性能指标通常是随机变量，而非确定性值。

9.2 确定性系统的最优控制

9.2.1 结构系统的最优控制

在考察随机系统控制之前，首先考察确定性结构系统的最优控制。为简单起见，考察完备观测且完全控制的系统。不失一般性，考虑系统(9.2)，这里将其重新编号以便参考

$$\dot{\boldsymbol{x}}=\boldsymbol{f}[\boldsymbol{x}(t),\ \boldsymbol{u}(t),\ t],\ \boldsymbol{x}(t_0)=\boldsymbol{x}_0 \tag{9.11}$$

最优控制的目标是寻找控制过程 $\boldsymbol{u}(\cdot)$，以使得性能指标(9.3)

$$J[\boldsymbol{u}(\cdot)]=\phi[\boldsymbol{x}(t_f),\ t_f]+\int_{t_0}^{t_f}\mathcal{L}[\boldsymbol{x}(t),\ \boldsymbol{u}(t),\ t]\mathrm{d}t \tag{9.12}$$

最小化。这里注意到，尽管拉格朗日量 $\mathcal{L}(\cdot)$ 中包含状态过程 $\boldsymbol{x}(t)$，但性能指标 J 实质上仅是控制过程 $\boldsymbol{u}(\cdot)$ 的泛函，因为一旦过程 $\boldsymbol{u}(\cdot)$ 确定，则可以通过求解式(9.11)确定 $\boldsymbol{x}(t)$。换言之，$\boldsymbol{x}(t)$ 是 $\boldsymbol{u}(\cdot)$ 的泛函，而并非独立于 $\boldsymbol{u}(\cdot)$。

因此，这里要处理的问题是使式(9.12)中性能指标 J 最小化的优化问题，其动力约束是状态控制方程(9.11)。这可以用变分法解决(Lanczos，1970；Yong & Zhou，1999；Naidu，2003)。

当引入拉格朗日乘子向量 $\boldsymbol{\lambda}(t)=[\lambda_1(t),\ \cdots,\ \lambda_n(t)]^{\mathrm{T}}$ 后，在动力约束(9.11)下使 J 最小化的必要条件即为，控制量 $\boldsymbol{u}(\cdot)$ 使得增广性能指标

$$J_{\mathrm{A}}\triangleq\phi[\boldsymbol{x}(t_f),\ t_f]+\int_{t_0}^{t_f}(\mathcal{L}[\boldsymbol{x}(t),\ \boldsymbol{u}(t),\ t]+\boldsymbol{\lambda}^{\mathrm{T}}(t)\{\boldsymbol{f}[\boldsymbol{x}(t),\ \boldsymbol{u}(t),\ t]-\dot{\boldsymbol{x}}(t)\})\mathrm{d}t \tag{9.13}$$

取驻值，即

$$\delta J_{\mathrm{A}}=0 \tag{9.14}$$

实际上，若作为约束的状态控制方程(9.11)是严格满足的，则式(9.13)中的增广性能指标 J_{A} 就等于式(9.12)中的原性能指标 J。

在计算变分 δJ_{A} 之前，对式(9.13)中的 $\dot{\boldsymbol{x}}(t)$ 取分部积分，有

$$\begin{aligned}J_{\mathrm{A}}=&\phi[\boldsymbol{x}(t_f),\ t_f]+\boldsymbol{\lambda}^{\mathrm{T}}(t_0)\boldsymbol{x}(t_0)-\boldsymbol{\lambda}^{\mathrm{T}}(t_f)\boldsymbol{x}(t_f)\\&+\int_{t_0}^{t_f}\{\mathcal{L}[\boldsymbol{x}(t),\ \boldsymbol{u}(t),\ t]+\boldsymbol{\lambda}^{\mathrm{T}}(t)\boldsymbol{f}[\boldsymbol{x}(t),\ \boldsymbol{u}(t),\ t]+\dot{\boldsymbol{\lambda}}^{\mathrm{T}}(t)\boldsymbol{x}(t)\}\mathrm{d}t\end{aligned} \tag{9.15}$$

为便于表示，记

$$\mathcal{H}[\boldsymbol{x}(t), \boldsymbol{u}(t), \boldsymbol{\lambda}(t), t]=\mathcal{L}[\boldsymbol{x}(t), \boldsymbol{u}(t), t]+\boldsymbol{\lambda}^{\mathrm{T}}(t)\boldsymbol{f}[\boldsymbol{x}(t), \boldsymbol{u}(t), t] \tag{9.16}$$

则式(9.15)变为

$$\begin{aligned} J_{\mathrm{A}}=&\phi[\boldsymbol{x}(t_{\mathrm{f}}), t_{\mathrm{f}}]+\boldsymbol{\lambda}^{\mathrm{T}}(t_0)\boldsymbol{x}(t_0)-\boldsymbol{\lambda}^{\mathrm{T}}(t_{\mathrm{f}})\boldsymbol{x}(t_{\mathrm{f}}) \\ &+\int_{t_0}^{t_{\mathrm{f}}}\{\mathcal{H}[\boldsymbol{x}(t), \boldsymbol{u}(t), \boldsymbol{\lambda}(t), t]+\dot{\boldsymbol{\lambda}}^{\mathrm{T}}(t)\boldsymbol{x}(t)\}\mathrm{d}t \end{aligned} \tag{9.17}$$

后面会发现,式(9.16)中的 $\mathcal{H}(\cdot)$ 类似于分析动力学中的哈密顿函数,因而称其为**哈密顿量(Hamiltonian)**。

现在考虑 J_{A} 的一阶变分。注意到 $\delta\boldsymbol{x}$ 和 $\delta\boldsymbol{u}$ 是 $\boldsymbol{x}$ 和 $\boldsymbol{u}$ 自身的变分,因为 $\boldsymbol{x}(t_0)$ 已在式(9.11)中给定,$\delta\boldsymbol{x}(t_0)=0$。式(9.17)中前三项的变分为

$$\delta\{\phi[\boldsymbol{x}(t_{\mathrm{f}}), t_{\mathrm{f}}]+\boldsymbol{\lambda}^{\mathrm{T}}(t_0)\boldsymbol{x}(t_0)-\boldsymbol{\lambda}^{\mathrm{T}}(t_{\mathrm{f}})\boldsymbol{x}(t_{\mathrm{f}})\}=\left.\frac{\partial\phi}{\partial\boldsymbol{x}}\right|_{t=t_{\mathrm{f}}}\delta\boldsymbol{x}(t_{\mathrm{f}})-\boldsymbol{\lambda}^{\mathrm{T}}(t_{\mathrm{f}})\delta\boldsymbol{x}(t_{\mathrm{f}}) \tag{9.18a}$$

而式(9.17)右边最后一项的变分为

$$\begin{aligned} &\delta\int_{t_0}^{t_{\mathrm{f}}}\{\mathcal{H}[\boldsymbol{x}(t), \boldsymbol{u}(t), \boldsymbol{\lambda}(t), t]+\dot{\boldsymbol{\lambda}}^{\mathrm{T}}(t)\boldsymbol{x}(t)\}\mathrm{d}t \\ =&\int_{t_0}^{t_{\mathrm{f}}}\left[\frac{\partial\mathcal{H}}{\partial\boldsymbol{x}}\delta\boldsymbol{x}(t)+\frac{\partial\mathcal{H}}{\partial\boldsymbol{u}}\delta\boldsymbol{u}(t)+\dot{\boldsymbol{\lambda}}^{\mathrm{T}}(t)\delta\boldsymbol{x}(t)\right]\mathrm{d}t \end{aligned} \tag{9.18b}$$

因此,结合式(9.18),有

$$\delta J_{\mathrm{A}}=\left[\left.\frac{\partial\phi}{\partial\boldsymbol{x}}\right|_{t=t_{\mathrm{f}}}-\boldsymbol{\lambda}^{\mathrm{T}}(t_{\mathrm{f}})\right]\delta\boldsymbol{x}(t_{\mathrm{f}})+\int_{t_0}^{t_{\mathrm{f}}}\left\{\left[\frac{\partial\mathcal{H}}{\partial\boldsymbol{x}}+\dot{\boldsymbol{\lambda}}^{\mathrm{T}}(t)\right]\delta\boldsymbol{x}(t)+\frac{\partial\mathcal{H}}{\partial\boldsymbol{u}}\delta\boldsymbol{u}(t)\right\}\mathrm{d}t \tag{9.19}$$

为满足式(9.14),即 $\delta J_{\mathrm{A}}=0$,由于各个变分的任意性,要求 $\delta\boldsymbol{x}(t_{\mathrm{f}})$、$\delta\boldsymbol{x}(t)$ 和 $\delta\boldsymbol{u}(t)$ 的系数均为零,即

$$\left.\frac{\partial\phi}{\partial\boldsymbol{x}}\right|_{t=t_{\mathrm{f}}}-\boldsymbol{\lambda}^{\mathrm{T}}(t_{\mathrm{f}})=\boldsymbol{0} \tag{9.20a}$$

$$\frac{\partial\mathcal{H}}{\partial\boldsymbol{x}}+\dot{\boldsymbol{\lambda}}^{\mathrm{T}}(t)=\boldsymbol{0} \tag{9.21a}$$

$$\frac{\partial\mathcal{H}[\boldsymbol{x}(t), \boldsymbol{u}(t), \boldsymbol{\lambda}(t), t]}{\partial\boldsymbol{u}}=\boldsymbol{0} \tag{9.22}$$

式(9.20a)和式(9.21a)可以分别改写为另一形式

$$\boldsymbol{\lambda}(t_{\mathrm{f}})=\left\{\frac{\partial\phi[\boldsymbol{x}(t_{\mathrm{f}}), t_{\mathrm{f}}]}{\partial\boldsymbol{x}}\right\}^{\mathrm{T}} \tag{9.20b}$$

$$\dot{\boldsymbol{\lambda}}(t) = -\left\{\frac{\partial \mathcal{H}[\boldsymbol{x}(t), \boldsymbol{u}(t), \boldsymbol{\lambda}(t), t]}{\partial \boldsymbol{x}}\right\}^{\mathrm{T}} \tag{9.21b}$$

式(9.20)至式(9.22)组成了最优控制的**欧拉-拉格朗日方程组**(Euler-Lagrange equations),其中式(9.20b)是式(9.21b)的末端条件[①]。可见,为求解最优控制问题,必须同时求解状态控制方程(9.11)和关于拉格朗日乘子向量 $\boldsymbol{\lambda}(t)$ 的微分方程(9.21)。因此,可以称 $\boldsymbol{\lambda}(t)$ 为**伴随向量**(adjoint vector),而式(9.21)为**伴随方程**(adjoint equations)。

联合式(9.16)和式(9.11),可见

$$\frac{\partial \mathcal{H}}{\partial \boldsymbol{\lambda}^{\mathrm{T}}} = \boldsymbol{f}[\boldsymbol{x}(t), \boldsymbol{u}(t), t] = \dot{\boldsymbol{x}} \tag{9.23a}$$

即

$$\dot{\boldsymbol{x}} = \frac{\partial \mathcal{H}}{\partial \boldsymbol{\lambda}^{\mathrm{T}}} \tag{9.23b}$$

另外,式(9.21)给出了

$$\dot{\boldsymbol{\lambda}}^{\mathrm{T}}(t) = -\frac{\partial \mathcal{H}}{\partial \boldsymbol{x}} \tag{9.24}$$

显然,式(9.23b)和式(9.24)构成了一个对偶方程组,它类似于分析动力学中的哈密顿方程,因而也称其为**哈密顿正则方程**(Hamilton canonical equation)。因此,这里采用的方法也称为**哈密顿系统公式**(Hamiltonian system formula)(Yong & Zhou, 1999)。

同时求解哈密顿方程(9.23b)和(9.24)及驻值方程(9.22),可以获得具有最优性能指标的控制法则和状态向量。为清晰起见,可以将求解流程阐述如下:

(1) 求解驻值方程(9.22),以建立 $\boldsymbol{u}(t)$ 关于 $\boldsymbol{x}(t)$ 和 $\boldsymbol{\lambda}(t)$ 的表达,即 $\boldsymbol{u}(t) = \mathcal{K}[\boldsymbol{x}(t), \boldsymbol{\lambda}(t), t]$。

(2) 将此关系代入式(9.23b)和式(9.24),以消去其右端的 $\boldsymbol{u}(\cdot)$。

(3) 同时求解式(9.23b)和式(9.24)[未知量为 $\boldsymbol{x}(t)$ 和 $\boldsymbol{\lambda}(t)$、初始和末端条件分别由式(9.11)和式(9.20b)给出]以获得状态向量 $\boldsymbol{x}(t)$ 和伴随向量 $\boldsymbol{\lambda}(t)$;

(4) 将 $\boldsymbol{\lambda}(t)$ 代入 $\boldsymbol{u}(t) = \mathcal{K}[\boldsymbol{x}(t), \boldsymbol{\lambda}(t), t]$,以获得控制过程 $\boldsymbol{u}(t) = \mathcal{G}[\boldsymbol{x}(t), t]$。

注意到步骤(3)中要处理两点边值问题。特别是,应在给定末端条件(9.20b)下、在时间上向后求解伴随方程(9.24)。众所周知,由给定初始条件下状态方程控制的动力系统,求解物理状态方程时通常不需要未来的信息。然而,在动力系统的最优控制中,给定的未来信息需要用来引导状态控制过程沿最优路径演化。因为在最优控制中,终止时刻的预期结果是预先给定的。

9.2.2 线性二次控制

线性系统的最优控制最容易获得。考虑式(9.11)为线性系统的情形,其形式为

---

① 末端条件也称横截条件(斜截条件)或截断条件。——译者注

$$\dot{\boldsymbol{x}} = \mathbf{A}\boldsymbol{x}(t) + \mathbf{B}\boldsymbol{u}(t) + \mathbf{L}\boldsymbol{\xi}(t) \tag{9.25}$$

式中：$\mathbf{A}=[A_{ij}]_{n\times n}$，是系统矩阵；$\mathbf{B}=[B_{ij}]_{n\times m}$，是控制作用矩阵；$\mathbf{L}=[L_{ij}]_{n\times r}$，是作用力矩阵；$\boldsymbol{\xi}(t)=[\xi_1(t),\ \cdots,\ \xi_r(t)]^{\mathrm{T}}$，是 r 维确定性激励向量。

在此情形下，式(9.11)中的算子 $\boldsymbol{f}(\cdot)$ 是

$$\boldsymbol{f}[\boldsymbol{x}(t),\ \boldsymbol{u}(t),\ t] = \mathbf{A}\boldsymbol{x}(t) + \mathbf{B}\boldsymbol{u}(t) + \mathbf{L}\boldsymbol{\xi}(t) \tag{9.26}$$

式中：$\mathbf{A}$、$\mathbf{B}$ 和 $\mathbf{L}$ 可以是时间的函数。为便于表示而未写出 t，但 $\mathbf{A}$、$\mathbf{B}$ 和 $\mathbf{L}$ 可分别理解为 $\mathbf{A}(t)$、$\mathbf{B}(t)$ 与 $\mathbf{L}(t)$。假设控制 $\boldsymbol{u}(t)$ 是无界的。

考虑性能指标(9.12)，其二次型是式(9.8)

$$J = \frac{1}{2}\boldsymbol{x}^{\mathrm{T}}(t_{\mathrm{f}})\mathbf{S}_{\mathrm{f}}\boldsymbol{x}(t_{\mathrm{f}}) + \frac{1}{2}\int_{t_0}^{t_{\mathrm{f}}}[\boldsymbol{x}^{\mathrm{T}}(t)\mathbf{Q}\boldsymbol{x}(t) + \boldsymbol{u}^{\mathrm{T}}(t)\mathbf{R}\boldsymbol{u}(t)]\mathrm{d}t \tag{9.27}$$

式中：$\mathbf{S}_{\mathrm{f}}=[S_{\mathrm{f},\,ij}]_{n\times n}$ 和 $\mathbf{Q}=[Q_{ij}]_{n\times n}$，是对称半正定矩阵；$\mathbf{R}=[R_{ij}]_{m\times m}$，是对称正定矩阵。在需要时，$\mathbf{Q}$ 和 $\mathbf{R}$ 也可分别理解为 $\mathbf{Q}(t)$ 和 $\mathbf{R}(t)$。

因此，式(9.12)中的末端函数和拉格朗日量分别为

$$\phi[\boldsymbol{x}(t_{\mathrm{f}}),\ t_{\mathrm{f}}] = \frac{1}{2}\boldsymbol{x}^{\mathrm{T}}(t_{\mathrm{f}})\mathbf{S}_{\mathrm{f}}\boldsymbol{x}(t_{\mathrm{f}}) \tag{9.28}$$

$$\mathcal{L}[\boldsymbol{x}(t),\ \boldsymbol{u}(t),\ t] = \frac{1}{2}[\boldsymbol{x}^{\mathrm{T}}(t)\mathbf{Q}\boldsymbol{x}(t) + \boldsymbol{u}^{\mathrm{T}}(t)\mathbf{R}\boldsymbol{u}(t)] \tag{9.29}$$

由于在本问题中，状态控制方程是线性的，而性能指标是二次的，相应的最优控制称为**线性二次(linear quadratic，LQ)**控制问题(Stengel，1994；Williams Ⅱ & Lawrence，2007)。

采用欧拉-拉格朗日方程组，将式(9.29)和式(9.26)代入式(9.16)和式(9.22)，有

$$\mathbf{R}\boldsymbol{u}(t) + \boldsymbol{\lambda}^{\mathrm{T}}(t)\mathbf{B} = \mathbf{0} \tag{9.30}$$

或

$$\boldsymbol{u}(t) = -\mathbf{R}^{-1}\mathbf{B}^{\mathrm{T}}\boldsymbol{\lambda}(t) \tag{9.31}$$

此外，将末端函数(9.28)代入式(9.20)，可得伴随向量的末端条件

$$\boldsymbol{\lambda}(t_{\mathrm{f}}) = \mathbf{S}_{\mathrm{f}}\boldsymbol{x}(t_{\mathrm{f}}) \tag{9.32}$$

而伴随方程(9.21)变为

$$\dot{\boldsymbol{\lambda}}(t) = -\mathbf{A}^{\mathrm{T}}\boldsymbol{\lambda}(t) - \mathbf{Q}\boldsymbol{x}(t) \tag{9.33}$$

隐含在上述式中的物理意义是清晰的。实际上，由于给定了末端条件，式(9.31)中的伴随向量 $\boldsymbol{\lambda}(t)$ 包含了未来段 $[t,\ t_{\mathrm{f}}]$ 的信息。因此，式(9.31)引导控制过程的演化，而式(9.33)表现了伴随向量对自身的反馈，同时状态向量也有反馈。

注意，伴随方程(9.33)和状态控制方程(9.25)构成线性方程组。末端条件(9.32)的线

性关系表明，对所有的 t，线性关系也应成立。因此可以假设

$$\boldsymbol{\lambda}(t)=\mathbf{S}(t)\boldsymbol{x}(t) \tag{9.34}$$

式中：$\mathbf{S}(t)=[S_{ij}(t)]_{n\times n}$ 待定。

联合式(9.34)和式(9.31)，有

$$\boldsymbol{u}(t)=-\mathbf{R}^{-1}\mathbf{B}^{\mathrm{T}}\mathbf{S}(t)\boldsymbol{x}(t)=-\mathbf{G}_{\mathrm{con}}(t)\boldsymbol{x}(t) \tag{9.35}$$

这就是线性二次控制的控制法则。其中，$\mathbf{G}_{\mathrm{con}}(t)=[G_{\mathrm{con},\,ij}(t)]_{m\times n}$，是控制增益矩阵。可由下式给出

$$\mathbf{G}_{\mathrm{con}}(t)=\mathbf{R}^{-1}\mathbf{B}^{\mathrm{T}}\mathbf{S}(t) \tag{9.36}$$

式(9.35)表明，线性二次控制采用的是线性状态反馈控制法则。

为确定 $\mathbf{S}(t)$，将式(9.34)代入式(9.33)，有

$$\dot{\mathbf{S}}(t)\boldsymbol{x}(t)+\mathbf{S}(t)\dot{\boldsymbol{x}}(t)=-\mathbf{A}^{\mathrm{T}}\mathbf{S}(t)\boldsymbol{x}(t)-\mathbf{Q}\boldsymbol{x}(t) \tag{9.37}$$

将状态控制方程(9.25)代入，上式变为

$$\dot{\mathbf{S}}(t)\boldsymbol{x}(t)+\mathbf{S}(t)[\mathbf{A}\boldsymbol{x}(t)+\mathbf{B}\boldsymbol{u}(t)+\mathbf{L}\boldsymbol{\xi}(t)]=-\mathbf{A}^{\mathrm{T}}\mathbf{S}(t)\boldsymbol{x}(t)-\mathbf{Q}\boldsymbol{x}(t) \tag{9.38}$$

将控制法则(9.35)代入其中，并令输入 $\boldsymbol{\xi}(t)\equiv\mathbf{0}$ ①，消去两边的 $\boldsymbol{x}(t)$，则有

$$\dot{\mathbf{S}}(t)=-\mathbf{A}^{\mathrm{T}}\boldsymbol{S}(t)-\mathbf{S}(t)\mathbf{A}+\mathbf{S}(t)\mathbf{B}\mathbf{R}^{-1}\mathbf{B}^{\mathrm{T}}\mathbf{S}(t)-\mathbf{Q} \tag{9.39}$$

联合式(9.34)和式(9.32)，可给出末端条件

$$\mathbf{S}(t_{\mathrm{f}})=\mathbf{S}_{\mathrm{f}} \tag{9.40}$$

式(9.39)为**矩阵黎卡提方程(matrix Riccati equation)**。注意到 $\mathbf{S}_{\mathrm{f}}$ 是对称矩阵，且式(9.39)右边也是对称的，则 $\mathbf{S}(t)$ 也一定是对称矩阵。矩阵黎卡提方程通常难以求解。已经发展了许多方法(Petkov et al.，1991；Stengel，1994；Adeli & Saleh，1999)，值得推荐的是，钟万勰(Zhong，2004)提出的精细积分法具有较高的精度和可接受的效率。

9.2.3 最小值原理和哈密顿-雅可比-贝尔曼方程

9.2.3.1 最小值原理

记最优控制和相应的状态向量分别为 $\boldsymbol{u}^*(t)$ 和 $\boldsymbol{x}^*(t)$。由于 $\boldsymbol{u}^*(\cdot)$ 应使性能指标在容许域 Ω_u 内最小化

$$J[\boldsymbol{u}^*(\cdot)]=\min_{u\in\Omega_u}\{J[\boldsymbol{u}(\cdot)]\} \tag{9.41}$$

必有

---

① 对 $\boldsymbol{\xi}(t)\neq\mathbf{0}$ 的情形，情况会复杂得多。需要修正控制法则[式(9.35)]增加输入前馈项。感兴趣的读者可以参见文献(Yang et al.，1987；Soong，1990)。随后也会在9.3.3.2中考虑这一情形。

$$J[\boldsymbol{u}^*(\cdot)+\delta\boldsymbol{u}]-J[\boldsymbol{u}^*(\cdot)]\geqslant 0 \tag{9.42}$$

这里注意，$J[\boldsymbol{u}(\cdot)]$ 的记法等价于 $J(\boldsymbol{u})$，其中 $\boldsymbol{u}(\cdot)$ 表示时间段 $[t_0,\ t_f]$ 上的时程，即 $\boldsymbol{u}(\cdot)\triangleq\{\boldsymbol{u}(t)\in\mathbb{R}^m,\ t\in[t_0,\ t_f]\}$。

由式(9.16)，有

$$\begin{aligned}
&J(\boldsymbol{u}^*+\delta\boldsymbol{u})-J(\boldsymbol{u}^*)\\
&=J_A[\boldsymbol{u}^*(\cdot)+\delta\boldsymbol{u}]-J_A[\boldsymbol{u}^*(\cdot)]\\
&=\int_{t_0}^{t_f}\{\mathcal{H}[\boldsymbol{x}^*(t),\ \boldsymbol{u}^*(t)+\delta\boldsymbol{u},\ \boldsymbol{\lambda}^*(t),\ t]-\mathcal{H}[\boldsymbol{x}^*(t),\ \boldsymbol{u}^*(t),\ \boldsymbol{\lambda}^*(t),\ t]\}\mathrm{d}t\\
&=\int_{t_0}^{t_f}\left(\frac{\partial\mathcal{H}^*}{\partial\boldsymbol{u}}\delta\boldsymbol{u}+\delta\boldsymbol{u}^{\mathrm{T}}\ \frac{\partial^2\mathcal{H}^*}{\partial\boldsymbol{u}^2}\delta\boldsymbol{u}+\text{terms of higher order}\right)\mathrm{d}t
\end{aligned} \tag{9.43}$$

其中根据式(9.22)中 $\partial\mathcal{H}/\partial\boldsymbol{u}=\boldsymbol{0}$ 的要求，可消去被积式中的第一项。因此，在略去高阶项之后，为满足式(9.42)，要求

$$\frac{\partial^2\mathcal{H}}{\partial\boldsymbol{u}^2}\geqslant\boldsymbol{0} \tag{9.44}$$ ①

这给出了最优控制的充分条件，而式(9.22)仅是必要条件。

结合式(9.42)和式(9.43)，有

$$\mathcal{H}^*=\mathcal{H}[\boldsymbol{x}^*(t),\ \boldsymbol{u}^*(t),\ \boldsymbol{\lambda}^*(t),\ t]\leqslant\mathcal{H}[\boldsymbol{x}^*(t),\ \boldsymbol{u}(t),\ \boldsymbol{\lambda}^*(t),\ t] \tag{9.45}$$

式中：$\boldsymbol{u}(t)\in\Omega_u$ 为任意容许的邻近(非最优)控制时程。上式称为**庞特里亚金(Pontryagin)最小值原理**。它表明，沿着最优状态路径使哈密顿量最小化，等价于使性能指标最小化。最小值原理由庞特里亚金等首次提出，在原始文献中称为最大值原理(Pontryagin et al., 1964；Gamkrelidze，1999；Yong & Zhou，1999；Naidu，2003)。

上节的方法实质上是基于变分法的最小值原理建立的。然而，最小值原理同时包含了必要条件和充分条件，其适用性比欧拉-拉格朗日方程组更广，因为它对可微性和边界条件要求更低。

9.2.3.2　哈密顿-雅可比-贝尔曼方程

另一种寻找最优控制时程的方法，是通过求解哈密顿-雅可比-贝尔曼(Hamilton-Jacobi-Bellman，HJB)方程的动力学途径。在此方法中，需要引入值函数。它和性能指标密切相关。

为清晰起见，将初始条件下的性能指标重写为显式变量的形式

$$J[\boldsymbol{x}(t_0),\ t_0;\ \boldsymbol{u}(\cdot)]=\phi[\boldsymbol{x}(t_f),\ t_f]+\int_{t_0}^{t_f}\mathcal{L}[\boldsymbol{x}(t),\ \boldsymbol{u}(t),\ t]\mathrm{d}t \tag{9.46a}$$

---

① 即指矩阵 $\partial^2\mathcal{H}/\partial\boldsymbol{u}^2$ 半正定。——译者注

或将 t_0 替换为任意 $t \in [t_0,\ t_f]$ 后写为另一种形式

$$
\begin{aligned}
J[\boldsymbol{x}(t),\ t;\ \boldsymbol{u}(\cdot)] &= \phi[\boldsymbol{x}(t_f),\ t_f] + \int_t^{t_f} \mathcal{L}[\boldsymbol{x}(\tau),\ \boldsymbol{u}(\tau),\ \tau]\mathrm{d}\tau \\
&= \phi[\boldsymbol{x}(t_f),\ t_f] - \int_{t_f}^{t} \mathcal{L}[\boldsymbol{x}(\tau),\ \boldsymbol{u}(\tau),\ \tau]\mathrm{d}\tau
\end{aligned}
\tag{9.46b}
$$

这里注意到,为避免混淆,已将积分中的虚拟变量 t 替换为 τ。

值函数定义为:当状态时程 $\boldsymbol{x}(t)$ 是最优路径 $\boldsymbol{x}^*(\cdot)$ 时 $J[\boldsymbol{x}^*(t),\ t;\ \boldsymbol{u}(\cdot)]$ 的最小值,即

$$
\begin{aligned}
\mathcal{V}[\boldsymbol{x}^*(t),\ t] &= \min_{\boldsymbol{u}}\{J[\boldsymbol{x}^*(t),\ t;\ \boldsymbol{u}(\cdot)]\} = \phi[\boldsymbol{x}^*(t_f),\ t_f] - \int_{t_f}^{t} \mathcal{L}[\boldsymbol{x}^*(\tau),\ \boldsymbol{u}^*(\tau),\ \tau]\mathrm{d}\tau \\
&= \min_{\boldsymbol{u}}\left\{\phi[\boldsymbol{x}^*(t_f),\ t_f] - \int_{t_f}^{t} \mathcal{L}[\boldsymbol{x}^*(\tau),\ \boldsymbol{u}(\tau),\ \tau]\mathrm{d}\tau\right\}
\end{aligned}
\tag{9.47}
$$

相比于性能指标(9.3),值函数就是当下限 t_0 替换为中间值 t,$t_0 \leqslant t \leqslant t_f$ 时的性能指标,且根据式(9.47),可分别给出初值和终值为

$$
\begin{cases}
\mathcal{V}[\boldsymbol{x}^*(t_0),\ t_0] = \min\limits_{\boldsymbol{u}}\{J[\boldsymbol{x}^*(t_0),\ t_0;\ \boldsymbol{u}(\cdot)]\} = J[\boldsymbol{x}^*(t_0),\ t_0;\ \boldsymbol{u}^*(\cdot)] \\
\mathcal{V}[\boldsymbol{x}^*(t_f),\ t_f] = \phi[\boldsymbol{x}^*(t_f),\ t_f]
\end{cases}
\tag{9.48}
$$

最优性原理(principle of optimality)表明:全局最优路径一定也是局部最优的。即对任意 t_1,$t \leqslant t_1 \leqslant t_f$,有

$$
\begin{aligned}
\mathcal{V}[\boldsymbol{x}^*(t),\ t] &= -\int_{t_1}^{t} \mathcal{L}[\boldsymbol{x}^*(\tau),\ \boldsymbol{u}^*(\tau),\ \tau]\mathrm{d}\tau + \mathcal{V}\{\boldsymbol{x}^*[t_1;\ \boldsymbol{x}^*(t),\ \boldsymbol{u}^*(\cdot)],\ t_1\} \\
&= \min_{\boldsymbol{u}}\left\{\mathcal{V}\{\boldsymbol{x}[t_1;\ \boldsymbol{x}^*(t),\ \boldsymbol{u}(\cdot)],\ t_1\} - \int_{t_1}^{t} \mathcal{L}\{\boldsymbol{x}[\tau;\ \boldsymbol{x}^*(t),\ \boldsymbol{u}(\cdot)],\ \boldsymbol{u}(\tau),\ \tau\}\mathrm{d}\tau\right\}
\end{aligned}
\tag{9.49}
$$

这里用 $\boldsymbol{x}[t_1;\ \boldsymbol{x}(t),\ \boldsymbol{u}(\cdot)]$ 表示 $\boldsymbol{x}(t_1)$(用以作为时间段 $[t_1,\ t_f]$ 上 $\mathcal{L}$ 的初始条件)是控制对 $[\boldsymbol{x}(\cdot),\ \boldsymbol{u}(\cdot)]$ 路径上的值。后者从初值 $\boldsymbol{x}(t)$ 出发。

直观上的理解可如图 9.1 所示。

假设实线是最优路径,记为 $(\boldsymbol{x}^*\{[t,\ t_f]\},\ \boldsymbol{u}^*\{[t,\ t_f]\})$,其中的三个点表示起点 $[\boldsymbol{x}^*(t),\ \boldsymbol{u}^*(t)]$、中间点 $[\boldsymbol{x}^*(t_1),\ \boldsymbol{u}^*(t_1)]$ 和终点 $[\boldsymbol{x}^*(t_f),\ \boldsymbol{u}^*(t_f)]$。那么最优性原理表明,若考虑寻找初始条件 $\boldsymbol{x}^*(t_1)$ 下最优路径的问题,则解是路径 $(\boldsymbol{x}^*\{[t_1,\ t_f]\},\ \boldsymbol{u}^*\{[t_1,\ t_f]\})$。

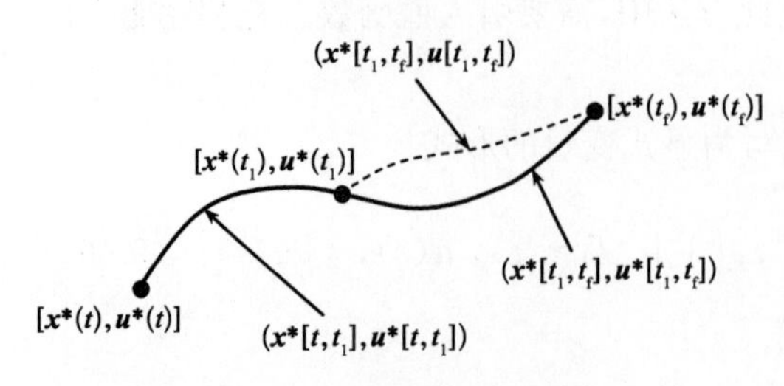

图 9.1 最优性原理示意图

反之,若假设一条与 $(\boldsymbol{x}^*\{[t_1, t_f]\}, \boldsymbol{u}^*\{[t_1, t_f]\})$ 不同的路径为初始条件 $\boldsymbol{x}^*(t_1)$ 下的最优路径,如 $(\boldsymbol{x}^*\{[t_1, t_f]\}, \boldsymbol{u}\{[t_1, t_f]\})$, 则路径 $(\boldsymbol{x}^*\{[t_1, t_f]\}, \boldsymbol{u}\{[t_1, t_f]\})$ 的性能指标一定小于 $(\boldsymbol{x}^*\{[t_1, t_f]\}, \boldsymbol{u}^*\{[t_1, t_f]\})$。因此,联合路径 $(\boldsymbol{x}^*\{[t, t_1]\}, \boldsymbol{u}^*\{[t, t_1]\})+(\boldsymbol{x}^*\{[t_1, t_f]\}, \boldsymbol{u}\{[t_1, t_f]\})$ 的性能指标会小于 $(\boldsymbol{x}^*\{[t, t_1]\}, \boldsymbol{u}^*\{[t, t_1]\})+(\boldsymbol{x}^*\{[t_1, t_f]\}, \boldsymbol{u}^*\{[t_1, t_f]\})$, 后者的联合路径正是 $(\boldsymbol{x}^*\{[t, t_f]\}, \boldsymbol{u}^*\{[t, t_f]\})$, 这表明 $(\boldsymbol{x}^*\{[t, t_f]\}, \boldsymbol{u}^*\{[t, t_f]\})$ 不是最优路径,从而矛盾。最优性原理的严格证明可参见雍炯敏和周迅宇(Yong & Zhou, 1999)。实际上易知,由定义(9.47)有

$$\begin{aligned}\mathcal{V}[\boldsymbol{x}^*(t), t] &\leqslant J[\boldsymbol{x}^*(t), t; \boldsymbol{u}(\cdot)]\\ &= J\{\boldsymbol{x}[t_1; \boldsymbol{x}^*(t), \boldsymbol{u}(\cdot)], t_1; \boldsymbol{u}(\cdot)\} - \int_{t_1}^{t} \mathcal{L}[\boldsymbol{x}(\tau), \boldsymbol{u}(\tau), \tau]\mathrm{d}\tau\\ &\leqslant \min_{\boldsymbol{u}}\left\{\mathcal{V}\{\boldsymbol{x}[t_1; \boldsymbol{x}^*(t), \boldsymbol{u}(\cdot)], t_1\} - \int_{t_1}^{t} \mathcal{L}\{\boldsymbol{x}[\tau; \boldsymbol{x}^*(t), \boldsymbol{u}(\cdot)], \boldsymbol{u}(\tau), \tau\}\mathrm{d}\tau\right\}\end{aligned} \tag{9.50a}$$

另外,对任意 $\epsilon > 0$, 存在控制时程 $\boldsymbol{u}_\epsilon(\cdot)$, 使得

$$\begin{aligned}\mathcal{V}[\boldsymbol{x}^*(t), t] + \epsilon &\geqslant J[\boldsymbol{x}^*(t), t; \boldsymbol{u}_\epsilon(\cdot)]\\ &= J\{\boldsymbol{x}[t_1; \boldsymbol{x}^*(t), \boldsymbol{u}_\epsilon(\cdot)], t_1; \boldsymbol{u}(\cdot)\} - \int_{t_1}^{t} \mathcal{L}[\boldsymbol{x}(\tau), \boldsymbol{u}_\epsilon(\tau), \tau]\mathrm{d}\tau\\ &\geqslant \mathcal{V}\{\boldsymbol{x}[t_1; \boldsymbol{x}^*(t), \boldsymbol{u}_\epsilon(\cdot)], t_1\} - \int_{t_1}^{t} \mathcal{L}\{\boldsymbol{x}[\tau; \boldsymbol{x}^*(t), \boldsymbol{u}_\epsilon(\cdot)], \boldsymbol{u}_\epsilon(\tau), \tau\}\mathrm{d}\tau\\ &\geqslant \min_{\boldsymbol{u}}\left\{\mathcal{V}\{\boldsymbol{x}[t_1; \boldsymbol{x}^*(t), \boldsymbol{u}(\cdot)], t_1\} - \int_{t_1}^{t} \mathcal{L}\{\boldsymbol{x}[\tau; \boldsymbol{x}^*(t), \boldsymbol{u}(\cdot)], \boldsymbol{u}(\tau), \tau\}\mathrm{d}\tau\right\}\end{aligned} \tag{9.50b}$$

联合式(9.50)即可导出式(9.49)。

由式(9.49)[或(9.50a)]有

$$\frac{\mathcal{V}[\boldsymbol{x}^*(t), t] - \mathcal{V}[\boldsymbol{x}^*(t_1), t_1]}{t - t_1} \leqslant -\frac{1}{t - t_1}\int_{t_1}^{t} \mathcal{L}[\boldsymbol{x}^*(\tau), \boldsymbol{u}(\tau), \tau]\mathrm{d}\tau \tag{9.51a}$$

令 $t_1 \to t$, 即 t_1 从右边趋近于 t, 即得到值函数沿最优控制时程的全导数

$$\frac{\mathrm{d}\mathcal{V}[\boldsymbol{x}^*(t), t]}{\mathrm{d}t} \leqslant -\mathcal{L}[\boldsymbol{x}^*(t), \boldsymbol{u}^*(t), t] \tag{9.51b}$$

作为 $\boldsymbol{x}$ 和 t 的函数, $\mathcal{V}$ 的全导数写为

$$\frac{\mathrm{d}\mathcal{V}[\boldsymbol{x}^*(t), t]}{\mathrm{d}t} = \frac{\partial \mathcal{V}[\boldsymbol{x}^*(t), t]}{\partial t} + \frac{\partial \mathcal{V}[\boldsymbol{x}^*(t), t]}{\partial \boldsymbol{x}}\dot{\boldsymbol{x}}^*(t) \tag{9.52a}$$

将状态控制方程(9.11)代入后,上式变为

$$\frac{\mathrm{d}\mathcal{V}[\boldsymbol{x}^*(t),\ t]}{\mathrm{d}t}=\frac{\partial\mathcal{V}[\boldsymbol{x}^*(t),\ t]}{\partial t}+\frac{\partial\mathcal{V}[\boldsymbol{x}^*(t),\ t]}{\partial\boldsymbol{x}}\boldsymbol{f}[\boldsymbol{x}^*(t),\ \boldsymbol{u}^*(t),\ t] \tag{9.52b}$$

联合式(9.51b)和式(9.52b),有

$$\frac{\partial\mathcal{V}[\boldsymbol{x}^*(t),\ t]}{\partial t}\leqslant-\mathcal{L}[\boldsymbol{x}^*(t),\ \boldsymbol{u}^*(t),\ t]-\frac{\partial\mathcal{V}[\boldsymbol{x}^*(t),\ t]}{\partial\boldsymbol{x}}\boldsymbol{f}[\boldsymbol{x}^*(t),\ \boldsymbol{u}^*(t),\ t] \tag{9.53}$$

若定义哈密顿量为

$$\mathcal{H}\left\{\boldsymbol{x}(t),\ \boldsymbol{u}(t),\ \frac{\partial\mathcal{V}[\boldsymbol{x}(t),\ t]}{\partial\boldsymbol{x}},\ t\right\}=\mathcal{L}[\boldsymbol{x}(t),\ \boldsymbol{u}(t),\ t]+\frac{\partial\mathcal{V}[\boldsymbol{x}(t),\ t]}{\partial\boldsymbol{x}}\boldsymbol{f}[\boldsymbol{x}(t),\ \boldsymbol{u}(t),\ t] \tag{9.54}$$

则式(9.53)变为

$$\begin{aligned}\frac{\partial\mathcal{V}[\boldsymbol{x}^*(t),\ t]}{\partial t}&\leqslant-\mathcal{H}\left\{\boldsymbol{x}^*(t),\ \boldsymbol{u}^*(t),\ \frac{\partial\mathcal{V}[\boldsymbol{x}^*(t),\ t]}{\partial\boldsymbol{x}},\ t\right\}\\&\leqslant-\min_{\boldsymbol{u}}\left\{\mathcal{H}\left\{\boldsymbol{x}^*(t),\ \boldsymbol{u}(t),\ \frac{\partial\mathcal{V}[\boldsymbol{x}^*(t),\ t]}{\partial\boldsymbol{x}},\ t\right\}\right\}\end{aligned} \tag{9.55}$$

另外,当采用式(9.50b),并进行类似的求导后,有

$$\frac{\mathrm{d}\mathcal{V}[\boldsymbol{x}^*(t),\ t]}{\mathrm{d}t}+\epsilon\geqslant-\mathcal{L}[\boldsymbol{x}^*(t),\ \boldsymbol{u}_\epsilon(t),\ t] \tag{9.56}$$

因此,将式(9.52b)和式(9.54)代入后,有

$$\frac{\partial\mathcal{V}[\boldsymbol{x}^*(t),\ t]}{\partial t}+\epsilon\geqslant-\mathcal{H}[\boldsymbol{x}^*(t),\ \boldsymbol{u}_\epsilon(t),\ t]\geqslant-\min_{\boldsymbol{u}}\{\mathcal{H}[\boldsymbol{x}^*(t),\ \boldsymbol{u}(t),\ t]\} \tag{9.57}$$

联合式(9.55)和式(9.57),最终有

$$\frac{\partial\mathcal{V}[\boldsymbol{x}^*(t),\ t]}{\partial t}=-\min_{\boldsymbol{u}}\{\mathcal{H}[\boldsymbol{x}^*(t),\ \boldsymbol{u}(t),\ t]\} \tag{9.58}$$

这就是著名的**哈密顿-雅可比-贝尔曼(HJB)方程**,其源自贝尔曼(Bellman,1957)关于动态规划的工作(Naidu, 2003)。注意到 HJB 方程是一个偏微分方程。值函数的初值和终值分别由式(9.48)给出。然而,在求解之前,式(9.48)给出的初值是未知的,而式(9.48)给出的终值条件可以预先获得,因为 $\phi(\cdot)$ 是已知函数,这里将其重新编号为

$$\mathcal{V}[\boldsymbol{x}^*(t_\mathrm{f}),\ t_\mathrm{f}]=\phi[\boldsymbol{x}^*(t_\mathrm{f}),\ t_\mathrm{f}] \tag{9.59}$$

因此,HJB 方程(9.58)应在上述末端条件下沿时间后向求解。

实际上,若注意到偏导数向量 $\partial V/\partial\boldsymbol{x}$ 等于伴随向量 $\boldsymbol{\lambda}^\mathrm{T}(t)$ [由方程(9.21)确立],则方

程(9.54)中采用的哈密顿量本质上与式(9.16)中采用的是一致的。

除了变分原理,寻找最优控制的另一种方法是动态规划。例如,对于线性二次控制,末端函数与拉格朗日量分别由式(9.28)和式(9.29)给出,则末端条件(9.59)变为

$$\mathcal{V}[\boldsymbol{x}(t_f),\ t_f]=\frac{1}{2}\boldsymbol{x}^{\mathrm{T}}(t_f)\mathbf{S}_f\boldsymbol{x}(t_f) \tag{9.60}$$

注意到现在 HJB 方程(9.58)是线性的,则有理由假设值函数取为类似于式(9.60)的形式(Naidu, 2003)

$$\mathcal{V}[\boldsymbol{x}(t),\ t]=\frac{1}{2}\boldsymbol{x}^{\mathrm{T}}(t)\mathbf{S}(t)\boldsymbol{x}(t) \tag{9.61}$$

式中: $\mathbf{S}(t)=[S_{ij}(t)]_{n\times n}$,是待定的对称正定矩阵。

因此,使式(9.54)中的哈密顿量最小化,要求

$$\frac{\partial \mathcal{H}}{\partial \boldsymbol{u}}=\mathbf{0},\ \mathcal{H}=\frac{1}{2}(\boldsymbol{x}^{\mathrm{T}}\mathbf{Q}\boldsymbol{x}+\boldsymbol{u}^{\mathrm{T}}\mathbf{R}\boldsymbol{u})+\boldsymbol{x}^{\mathrm{T}}\mathbf{S}(\mathbf{A}\boldsymbol{x}+\mathbf{B}\boldsymbol{u}) \tag{9.62}$$

这给出控制法则

$$\boldsymbol{u}(t)=\mathbf{R}^{-1}\mathbf{B}^{\mathrm{T}}\mathbf{S}(t)\boldsymbol{x}(t) \tag{9.63}$$

它与式(9.35)精确相等。

将控制法则(9.63)代入 HJB 方程(9.58),并消去两边的因子 $\boldsymbol{x}^{\mathrm{T}}(t)$ 和 $\boldsymbol{x}(t)$,即导出与式(9.39)相同的矩阵黎卡提方程。

显然,HJB 方程和最小值原理在某种意义下是等价的。实际上如前所述,基于最小值原理并通过变分原理给出的欧拉-拉格朗日方程组(9.23)和(9.24)对应于力学中的哈密顿方程。同理,通过最优性原理给出的 HJB 方程对应于力学中的哈密顿-雅可比方程(Lanczos, 1970)。因此,作为常微分方程的欧拉-拉格朗日方程组(9.23)和(9.24)是偏微分方程(HJB 方程)的特征方程(关于特征方程,参见 6.6.1)。然而,在传统微分的意义下,HJB 方程要求值函数的光滑性,而在超微分和亚微分与黏性解的意义下,可以放松这一要求,并建立 HJB 方程和最小值原理之间的联系(Zhou, 1990; Vinter, 2000)。

9.3　随机最优控制

若系统参数和激励中含有随机性,则要处理随机最优控制问题。几乎与现代控制理论和随机过程理论同时,学者们开始关注随机控制(Åström, 1970)。在不同的科学与工程领域,学者们基于不同的准则提出了许多随机控制方法,如相邻最优控制(Stengel, 1994)、线性二次高斯控制(Yong & Zhou, 1999)、协方差控制(Yang, 1975; Hotz & Skelton, 1987)、概率密度函数追踪控制(Sun, 2006)、基于哈密顿框架的最优控制(Zhu,

2006)、基于可靠性的控制思想(Scruggs et al., 2006)等。本节将首先考察白噪声激励下随机系统的最优控制(Stengel, 1994; Yong & Zhou, 1999),然后给出基于广义概率密度演化方程的控制理论框架。

9.3.1 非线性系统的随机最优控制:经典理论

考虑白噪声过程激励下的非线性结构系统

$$\dot{\boldsymbol{X}} = \boldsymbol{f}[\boldsymbol{X}(t), \boldsymbol{U}(t), t] + \mathbf{L}\boldsymbol{\xi}(t) \tag{9.64}$$

式中:$\boldsymbol{\xi}(t) = [\xi_1(t), \cdots, \xi_r(t)]^{\mathrm{T}}$,是 r 维随机过程向量,其均值向量和协方差矩阵分别为

$$\mathrm{E}[\boldsymbol{\xi}(t)] = \mathbf{0},\ \mathrm{E}[\boldsymbol{\xi}(t)\boldsymbol{\xi}^{\mathrm{T}}(\tau)] = \mathbf{D}(t)\delta(t-\tau) \tag{9.65}$$

式中:$\mathbf{D}(t) = [D_{ij}(t)]_{r\times r}$,是对称半正定矩阵。

式(9.64)可以改写为伊藤随机微分方程[①]

$$\mathrm{d}\boldsymbol{X} = \boldsymbol{f}[\boldsymbol{X}(t), \boldsymbol{U}(t), t]\mathrm{d}t + \mathbf{L}\mathrm{d}\boldsymbol{W}(t) \tag{9.66}$$

式中:$\boldsymbol{W}(t)$ 是维纳过程向量,其增量的统计量为

$$\mathrm{E}[\mathrm{d}\boldsymbol{W}(t)] = \mathbf{0},\ \mathrm{E}[\mathrm{d}\boldsymbol{W}(t)\mathrm{d}\boldsymbol{W}^{\mathrm{T}}(t)] = \mathbf{D}(t)\mathrm{d}t \tag{9.67}$$

性能指标(9.3)现在是随机变量。因此可以采用期望值代替

$$J = \mathrm{E}\left\{\phi[\boldsymbol{X}(t_{\mathrm{f}}), t_{\mathrm{f}}] + \int_{t_0}^{t_{\mathrm{f}}} \mathcal{L}[\boldsymbol{X}(t), \boldsymbol{U}(t), t]\mathrm{d}t\right\} \tag{9.68}$$

对于随机控制的情形,尽管仍可以应用变分原理建立形如欧拉-拉格朗日方程组的随机微分方程组(Yong & Zhou, 1999),但这里将建立更简单的 HJB 方程。

与性能指标类似,式(9.47)中定义的值函数现在也是随机变量。因此,将值函数定义为期望值是合理的。

$$\begin{aligned}\mathcal{V}[\boldsymbol{X}^*(t), t] &= \min\{J[\boldsymbol{X}(t), t]\} = J[\boldsymbol{X}^*(t), t]\\ &= \mathrm{E}\left\{\phi[\boldsymbol{X}^*(t_{\mathrm{f}}), t_{\mathrm{f}}] - \int_{t_{\mathrm{f}}}^{t} \mathcal{L}[\boldsymbol{X}^*(\tau), \boldsymbol{U}^*(\tau), \tau]\mathrm{d}\tau\right\}\\ &= \min_{\boldsymbol{U}}\left\{\mathrm{E}\left\{\phi[\boldsymbol{X}^*(t_{\mathrm{f}}), t_{\mathrm{f}}] - \int_{t_{\mathrm{f}}}^{t} \mathcal{L}[\boldsymbol{X}^*(\tau), \boldsymbol{U}(\tau), \tau]\mathrm{d}\tau\right\}\right\}\end{aligned} \tag{9.69}$$

由于均方积分、微分和期望可交换,因此,值函数的微分为

$$\mathrm{d}\mathcal{V}[\boldsymbol{X}^*(t), t] = -\mathrm{E}\{\mathcal{L}[\boldsymbol{X}^*(t), \boldsymbol{U}^*(t), t]\}\mathrm{d}t \tag{9.70}$$

由于 t 时刻 $\boldsymbol{X}^*(t)$ 和 $\boldsymbol{U}^*(t)$ 的值是可测的,且略去测度噪声后是精确已知的,由式

① 伊藤随机微分方程详见 5.6.1。

(9.70),有

$$\mathrm{d}\mathcal{V}[\boldsymbol{X}^*(t),\ t]=-\mathcal{L}[\boldsymbol{X}^*(t),\ \boldsymbol{U}^*(t),\ t]\mathrm{d}t \tag{9.71}$$

另外,由于是 $\boldsymbol{X}$ 和 t 的函数,注意到 $\boldsymbol{X}(t)$ 满足伊藤微分方程(9.66),因而应采用伊藤引理[参见式(5.196)],故与式(9.52)相对应 $\mathcal{V}$ 的微分为

$$\mathrm{d}\mathcal{V}[\boldsymbol{X}^*(t),\ t]=\mathrm{E}\left(\frac{\partial\mathcal{V}}{\partial t}\mathrm{d}t+\frac{\partial\mathcal{V}}{\partial\boldsymbol{X}}\mathrm{d}\boldsymbol{X}+\frac{1}{2}\mathrm{d}\boldsymbol{X}^{\mathrm{T}}\frac{\partial^2\mathcal{V}}{\partial\boldsymbol{X}^2}\mathrm{d}\boldsymbol{X}\right) \tag{9.72}$$

将 $\mathrm{d}\boldsymbol{X}$ 替换为伊藤微分方程(9.66),式(9.72)变为

$$\begin{aligned}
&\mathrm{d}\mathcal{V}[\boldsymbol{X}^*(t),\ t]\\
&=\mathrm{E}\left\{\frac{\partial\mathcal{V}}{\partial t}\mathrm{d}t+\frac{\partial\mathcal{V}}{\partial\boldsymbol{X}}[\boldsymbol{f}\mathrm{d}t+\mathbf{L}\mathrm{d}\boldsymbol{W}(t)]+\frac{1}{2}[\boldsymbol{f}\mathrm{d}t+\mathbf{L}\mathrm{d}\boldsymbol{W}(t)]^{\mathrm{T}}\frac{\partial^2\mathcal{V}}{\partial\boldsymbol{X}^2}[\boldsymbol{f}\mathrm{d}t+\mathbf{L}\mathrm{d}\boldsymbol{W}(t)]\right\}\\
&=\frac{\partial\mathcal{V}}{\partial t}\mathrm{d}t+\frac{\partial\mathcal{V}}{\partial\boldsymbol{X}}\boldsymbol{f}\mathrm{d}t+\frac{1}{2}\mathrm{E}\left\{[\boldsymbol{f}\mathrm{d}t+\mathbf{L}\mathrm{d}\boldsymbol{W}(t)]^{\mathrm{T}}\frac{\partial^2\mathcal{V}}{\partial\boldsymbol{X}^2}[\boldsymbol{f}\mathrm{d}t+\mathbf{L}\mathrm{d}\boldsymbol{W}(t)]\right\}\\
&=\frac{\partial\mathcal{V}}{\partial t}\mathrm{d}t+\frac{\partial\mathcal{V}}{\partial\boldsymbol{X}}\boldsymbol{f}\mathrm{d}t+\frac{1}{2}\mathrm{tr}\left(\frac{\partial^2\mathcal{V}}{\partial\boldsymbol{X}^2}\mathrm{E}\{[\boldsymbol{f}\mathrm{d}t+\mathbf{L}\mathrm{d}\boldsymbol{W}(t)][\boldsymbol{f}\mathrm{d}t+\mathbf{L}\mathrm{d}\boldsymbol{W}(t)]^{\mathrm{T}}\}\right)\\
&=\frac{\partial\mathcal{V}}{\partial t}\mathrm{d}t+\frac{\partial\mathcal{V}}{\partial\boldsymbol{X}}\boldsymbol{f}\mathrm{d}t+\frac{1}{2}\mathrm{tr}\left[\frac{\partial^2\mathcal{V}}{\partial\boldsymbol{X}^2}\mathbf{L}\mathbf{D}(t)\mathbf{L}^{\mathrm{T}}\right]\mathrm{d}t
\end{aligned} \tag{9.73}$$

这里利用了矩阵恒等式

$$\boldsymbol{x}^{\mathrm{T}}\mathbf{A}\boldsymbol{x}=\mathrm{tr}(\mathbf{A}\boldsymbol{x}\boldsymbol{x}^{\mathrm{T}}) \tag{9.74}$$

式中：$\mathrm{tr}(\cdot)$ 是矩阵的迹。

联合式(9.73)和式(9.71),有

$$-\mathcal{L}[\boldsymbol{X}^*(t),\boldsymbol{U}^*(t),\ t]\mathrm{d}t=\frac{\partial\mathcal{V}}{\partial t}\mathrm{d}t+\frac{\partial\mathcal{V}}{\partial\boldsymbol{X}}\boldsymbol{f}\mathrm{d}t+\frac{1}{2}\mathrm{tr}\left[\frac{\partial^2\mathcal{V}}{\partial\boldsymbol{X}^2}\mathbf{L}\mathbf{D}(t)\mathbf{L}^{\mathrm{T}}\right]\mathrm{d}t \tag{9.75}$$

因而

$$\frac{\partial\mathcal{V}}{\partial t}=-\left\{\mathcal{L}[\boldsymbol{X}^*(t),\boldsymbol{U}^*(t),\ t]+\frac{\partial\mathcal{V}}{\partial\boldsymbol{X}}\boldsymbol{f}+\frac{1}{2}\mathrm{tr}\left[\frac{\partial^2\mathcal{V}}{\partial\boldsymbol{X}^2}\mathbf{L}\mathbf{D}(t)\mathbf{L}^{\mathrm{T}}\right]\right\} \tag{9.76}$$

或

$$\frac{\partial\mathcal{V}}{\partial t}=-\min_{\boldsymbol{U}}\left\{\mathcal{L}[\boldsymbol{X}^*(t),\boldsymbol{U}(t),\ t]+\frac{\partial\mathcal{V}}{\partial\boldsymbol{X}}\boldsymbol{f}+\frac{1}{2}\mathrm{tr}\left[\frac{\partial^2\mathcal{V}}{\partial\boldsymbol{X}^2}\mathbf{L}\mathbf{D}(t)\mathbf{L}^{\mathrm{T}}\right]\right\} \tag{9.77}$$

注意到随机情形下,式(9.77)右边要最小化的部分总是不小于其相应的确定性部分(9.54),因为白噪声效应引起了非负相关项(即括号中的第三项)。

定义**广义哈密顿量**(generalized Hamiltonian)

$$\mathcal{H}_{\mathrm{G}}\left[\boldsymbol{X}(t), \boldsymbol{U}(t), \frac{\partial \mathcal{V}}{\partial \boldsymbol{X}}, \frac{\partial^2 \mathcal{V}}{\partial \boldsymbol{X}^2}, t\right]=\mathcal{L}[\boldsymbol{X}(t), \boldsymbol{U}(t), t]+\frac{\partial \mathcal{V}}{\partial \boldsymbol{X}} \boldsymbol{f}+\frac{1}{2} \operatorname{tr}\left[\frac{\partial^2 \mathcal{V}}{\partial \boldsymbol{X}^2} \mathbf{L D}(t) \mathbf{L}^{\mathrm{T}}\right] \tag{9.78}$$

之后,式(9.77)变为

$$\frac{\partial \mathcal{V}}{\partial t}=-\min_{\boldsymbol{U}}\left\{\mathcal{H}_{\mathrm{G}}\left[\boldsymbol{X}^*(t), \boldsymbol{U}(t), \frac{\partial \mathcal{V}}{\partial \boldsymbol{X}}, \frac{\partial^2 \mathcal{V}}{\partial \boldsymbol{X}^2}, t\right]\right\} \tag{9.79}$$

这就是随机情形下的 HJB 方程,显然对应于式(9.58)。其中,将哈密顿量 $\mathcal{H}(\cdot)$ 替换为广义哈密顿量 $\mathcal{H}_{\mathrm{G}}(\cdot)$。

为在上述方法下求解随机最优控制问题,首先要将式(9.77)和式(9.79)右边最小化,以确定线性或非线性反馈控制的控制法则,然后将控制法则代入式(9.77)、式(9.79)和状态控制方程(9.64),以同时获得控制增益和状态响应。

9.3.2 线性二次高斯控制

在系统(9.64)是线性系统的情形下,状态控制方程为

$$\dot{\boldsymbol{X}}=\mathbf{A}\boldsymbol{X}(t)+\mathbf{B}\boldsymbol{U}(t)+\mathbf{L}\boldsymbol{\xi}(t) \tag{9.80}$$

式中:$\mathbf{A}=[A_{ij}]_{n\times n}$, $\mathbf{B}=[B_{ij}]_{n\times m}$, $\mathbf{L}=[L_{ij}]_{n\times r}$,与式(9.25)相同。

将式(9.64)中的算子 $\boldsymbol{f}(\cdot)$ 写为

$$\boldsymbol{f}[\boldsymbol{X}(t), \boldsymbol{U}(t), t]=\mathbf{A}\boldsymbol{X}(t)+\mathbf{B}\boldsymbol{U}(t) \tag{9.81}$$

若末端函数 $\phi(\cdot)$ 和拉格朗日量 $\mathcal{L}(\cdot)$ 取二次型

$$\phi[\boldsymbol{X}(t_{\mathrm{f}}), t_{\mathrm{f}}]=\frac{1}{2}\boldsymbol{X}^{\mathrm{T}}(t_{\mathrm{f}})\mathbf{S}_{\mathrm{f}}\boldsymbol{X}(t_{\mathrm{f}}) \tag{9.82}$$

$$\mathcal{L}[\boldsymbol{X}(t), \boldsymbol{U}(t), t]=\frac{1}{2}[\boldsymbol{X}^{\mathrm{T}}(t)\mathbf{Q}\boldsymbol{X}(t)+\boldsymbol{U}^{\mathrm{T}}(t)\mathbf{R}\boldsymbol{U}(t)] \tag{9.83}$$

则式(9.79)变为

$$\frac{\partial \mathcal{V}}{\partial t}=-\min_{\boldsymbol{U}}\left\{\frac{1}{2}(\boldsymbol{X}^{*\mathrm{T}}\mathbf{Q}\boldsymbol{X}^*+\boldsymbol{U}^{\mathrm{T}}\mathbf{R}\boldsymbol{U})+\frac{\partial \mathcal{V}}{\partial \boldsymbol{X}}(\mathbf{A}\boldsymbol{X}^*+\mathbf{B}\boldsymbol{U})+\frac{1}{2}\operatorname{tr}\left[\frac{\partial^2 \mathcal{V}}{\partial \boldsymbol{X}^2}\mathbf{L D}(t)\mathbf{L}^{\mathrm{T}}\right]\right\} \tag{9.84}$$

其末端条件为

$$\mathcal{V}[\boldsymbol{X}^*(t_{\mathrm{f}}), t_{\mathrm{f}}]=\frac{1}{2}\boldsymbol{X}^{*\mathrm{T}}(t_{\mathrm{f}})\mathbf{S}_{\mathrm{f}}\boldsymbol{X}^*(t_{\mathrm{f}}) \tag{9.85}$$

作为线性系统(9.80)和线性偏微分方程(9.84),对比确定性情形下的式(9.58),有理由假设值函数的形式取为

$$\mathcal{V}[\boldsymbol{X}(t), t]=\frac{1}{2}\boldsymbol{X}^{\mathrm{T}}(t)\mathbf{S}(t)\boldsymbol{X}(t)+v(t) \tag{9.86}$$

式中：$\boldsymbol{S}(t)=[S_{ij}(t)]_{n\times n}$，是对称半正定矩阵；$v(t)$ 是修正项，由相比于确定性情形下 HJB 方程(9.84)中的修正项引起。

现在的任务是确定 $\mathbf{S}(t)$ 和 $v(t)$，从而获得控制法则和优化问题的解。

将式(9.86)代入式(9.84)，注意到

$$\frac{\partial \mathcal{V}}{\partial \boldsymbol{X}}=\boldsymbol{X}^{\mathrm{T}}(t)\mathbf{S}(t),\ \frac{\partial^2 \mathcal{V}}{\partial \boldsymbol{X}^2}=\mathbf{S}(t) \tag{9.87}$$

有

$$\frac{\partial \mathcal{V}}{\partial t}=-\min_{\boldsymbol{U}}\left\{\frac{1}{2}\{\boldsymbol{X}^{*\mathrm{T}}\mathbf{Q}\boldsymbol{X}^{*}+\boldsymbol{U}^{\mathrm{T}}\mathbf{R}\boldsymbol{U}+2\boldsymbol{X}^{*\mathrm{T}}\mathbf{S}(\mathbf{A}\boldsymbol{X}^{*}+\mathbf{B}\boldsymbol{U})+\mathrm{tr}[\mathbf{S}(t)\mathbf{L}\mathbf{D}(t)\mathbf{L}^{\mathrm{T}}]\}\right\} \tag{9.88}$$

最小化要求 $\partial\mathcal{H}_{\mathrm{G}}/\partial\boldsymbol{U}=\mathbf{0}$，由此可得控制法则

$$\boldsymbol{U}(t)=-\mathbf{R}^{-1}\mathbf{B}^{\mathrm{T}}\mathbf{S}(t)\boldsymbol{X}(t) \tag{9.89}$$

因此，将式(9.89)和式(9.86)代入式(9.88)，有

$$\begin{aligned}\frac{\partial \mathcal{V}}{\partial t}&=\frac{1}{2}\boldsymbol{X}^{\mathrm{T}}(t)\,\dot{\mathbf{S}}(t)\boldsymbol{X}(t)+\dot{v}(t)\\&=-\frac{1}{2}[\boldsymbol{X}^{\mathrm{T}}\mathbf{Q}\boldsymbol{X}+\boldsymbol{X}^{\mathrm{T}}\mathbf{S}\mathbf{B}\mathbf{R}^{-1}\mathbf{B}^{\mathrm{T}}\mathbf{S}\boldsymbol{X}+2\boldsymbol{X}^{\mathrm{T}}\mathbf{S}(\mathbf{A}-\mathbf{B}\mathbf{R}^{-1}\mathbf{B}^{\mathrm{T}}\mathbf{S})\boldsymbol{X}]-\frac{1}{2}\mathrm{tr}[\mathbf{S}(t)\mathbf{L}\mathbf{D}(t)\mathbf{L}^{\mathrm{T}}]\\&=-\frac{1}{2}\boldsymbol{X}^{\mathrm{T}}(\mathbf{Q}+2\mathbf{S}\mathbf{A}-\mathbf{S}\mathbf{B}\mathbf{R}^{-1}\mathbf{B}^{\mathrm{T}}\mathbf{S})\boldsymbol{X}-\frac{1}{2}\mathrm{tr}[\mathbf{S}(t)\mathbf{L}\mathbf{D}(t)\mathbf{L}^{\mathrm{T}}]\end{aligned} \tag{9.90}$$

进一步比较第一个等式和第三个等式中 $\boldsymbol{X}$ 的系数，并令其相等，有

$$\dot{\mathbf{S}}(t)=-2\mathbf{S}\mathbf{A}+\mathbf{S}\mathbf{B}\mathbf{R}^{-1}\mathbf{B}^{\mathrm{T}}\mathbf{S}-\mathbf{Q} \tag{9.91}$$

$$\dot{v}(t)=-\frac{1}{2}\mathrm{tr}[\mathbf{S}(t)\mathbf{L}\mathbf{D}(t)\mathbf{L}^{\mathrm{T}}] \tag{9.92}$$

注意到

$$2\mathbf{S}\mathbf{A}=(\mathbf{S}\mathbf{A}+\mathbf{A}^{\mathrm{T}}\mathbf{S})+(\mathbf{S}\mathbf{A}-\mathbf{A}^{\mathrm{T}}\mathbf{S}) \tag{9.93}$$

其中右边第一项是对称的，而第二项是不对称的。由于式(9.91)右边除第一项外所有项都是对称的，则第一项也一定是对称的，因此，应消去式(9.93)右边的第二项。从而，式(9.91)变为①

$$\dot{\mathbf{S}}(t)=-\mathbf{A}^{\mathrm{T}}\mathbf{S}-\mathbf{S}\mathbf{A}+\mathbf{S}\mathbf{B}\mathbf{R}^{-1}\mathbf{B}^{\mathrm{T}}\mathbf{S}-\mathbf{Q} \tag{9.94}$$

---

① 在 9.2.3.2 最后，当采用 HJB 方程处理线性二次控制时，这里采用的分析对确定性情形也成立，其中最后一步获得矩阵黎卡提方程留给读者完成。

这与确定性情形下的矩阵黎卡提方程(9.39)相同,其末端条件为

$$\mathbf{S}(t_{\mathrm{f}})=\mathbf{S}_{\mathrm{f}} \tag{9.95}$$

另外,由式(9.92),有

$$v(t)=-\int_{t_{\mathrm{f}}}^{t}\frac{1}{2}\mathrm{tr}[\mathbf{S}(\tau)\mathbf{LD}(\tau)\mathbf{L}^{\mathrm{T}}]\mathrm{d}\tau=\frac{1}{2}\int_{t}^{t_{\mathrm{f}}}\mathrm{tr}[\mathbf{S}(\tau)\mathbf{LD}(\tau)\mathbf{L}^{\mathrm{T}}]\mathrm{d}\tau \tag{9.96}$$

这是由 HJB 方程(9.84)中的修正项引起的,因此,式(9.86)中的值函数实际上为

$$\mathcal{V}[\boldsymbol{X}(t),\ t]=\frac{1}{2}\boldsymbol{X}^{\mathrm{T}}(t)\mathbf{S}(t)\boldsymbol{X}(t)+\frac{1}{2}\int_{t}^{t_{\mathrm{f}}}\mathrm{tr}[\mathbf{S}(\tau)\mathbf{LD}(\tau)\mathbf{L}^{\mathrm{T}}]\mathrm{d}\tau \tag{9.97}$$

显然,它总是不小于对应的确定性情形下的(9.61)。

由于在上一节中考虑伊藤随机微分方程,并采用了关于激励的高斯假定。因此,这样建立的随机控制称为**线性二次高斯**(linear quadratic Gauss, LQG)控制。

这里可见,线性二次高斯控制的增益矩阵与确定性线性二次控制是相等的。这表明,对于零均值高斯激励下的线性系统,可以离线计算控制增益矩阵,进而将其应用于实际问题或模拟中。

此外,将名义上确定性非线性系统的确定性最优控制和沿名义最优控制时程摄动展开的拟线性化系统的线性二次高斯控制相结合,可以采用摄动技术实现加性零均值高斯激励下非线性系统的最优控制(Stengel, 1994)。然而应指出,这仅适用于激励变异性较小的情形。

随机最优控制的经典理论将状态控制方程建模为伊藤随机微分方程,进而将性能指标取为某一类指标的期望。这一处理很容易直接将确定性最优控制理论扩展至随机最优控制理论。同时也表明,这样建立的随机最优控制理论仅适用于白噪声激励下的弱扰动情形,不包括非平稳强激励(如土木工程中经常遇到的地震、强风和巨浪)。此外,仅取期望作为性能指标意味着,这样获得的控制实质上是在方差意义下而非可靠性意义下是最优的。这并不适用于工程结构性能的精确控制。

9.3.3 随机最优控制系统的概率密度演化分析

9.3.3.1 一般原理

正如 9.1 节所指出的,当非线性系统中含有一般随机场或随机过程时,控制系统写为

$$\dot{\boldsymbol{X}}=\boldsymbol{f}[\boldsymbol{X}(t),\boldsymbol{U}(t),\boldsymbol{\zeta}(\varpi),\boldsymbol{\xi}(\varpi,t),t] \tag{9.98}$$

式中:$\boldsymbol{\zeta}(\varpi)$ 和 $\boldsymbol{\xi}(\varpi,t)$ 分别是所涉及随机场和随机过程,ϖ 表示蕴含的随机事件。通过引入随机场和随机过程的正交分解(参见第 3 章),式(9.98)变为

$$\dot{\boldsymbol{X}}=\boldsymbol{f}[\boldsymbol{X}(t),\boldsymbol{U}(t),t,\boldsymbol{\Theta}(\varpi)] \tag{9.99}$$

式中:$\boldsymbol{\Theta}(\varpi)=[\Theta_1(\varpi),\cdots,\Theta_s(\varpi)]$,是随机向量,已知其概率密度为 $p_{\boldsymbol{\Theta}}(\boldsymbol{\theta})=p_{\boldsymbol{\Theta}}(\theta_1,\cdots,\theta_s)$。

注意，与经典随机控制理论不同，当考察随机状态控制方程(9.99)时，它不再是伊藤型的随机微分方程。

由于系统中含有随机性，控制时程 $\boldsymbol{U}(\cdot)$ 和相应的状态量 $\boldsymbol{X}(\cdot)$ 都是依赖于 $\boldsymbol{\Theta}(\varpi)$ 的随机过程。因此，性能指标

$$J[\boldsymbol{X}(t_0), \boldsymbol{U}(\boldsymbol{\Theta}, \cdot)]=\phi[\boldsymbol{X}(t_f), t_f]+\int_{t_0}^{t_f} \mathcal{L}[\boldsymbol{X}(\boldsymbol{\Theta}, t), \boldsymbol{U}(\boldsymbol{\Theta}, t), t] \mathrm{d} t \tag{9.100}$$

是依赖于 $\boldsymbol{\Theta}(\varpi)$ 的随机变量。

如前面章节所述[参见式(9.68)]，在非线性系统的经典随机控制理论中，将性能指标定义为式(9.100)的期望值。然而这并非唯一选择。相比之下，若直接基于样本的分析可行，则更为合理。第 6 章和第 7 章中详述的广义概率密度演化方程，就属于这一情形。

这里将采用随机控制系统(9.99)的变分原理。问题将通过使式(9.100)中的随机性能指标 $J[\boldsymbol{X}(t_0), \boldsymbol{U}(\boldsymbol{\Theta}, \cdot)]$[由式(9.99)施加动力约束]在样本意义下最小化加以解决。在此情形下，可引入拉格朗日乘子向量 $\boldsymbol{\lambda}(\boldsymbol{\Theta}, t)=(\lambda_1(\boldsymbol{\Theta}, t), \cdots, \lambda_n(\boldsymbol{\Theta}, t))^{\mathrm{T}}$。注意，这里伴随向量 $\boldsymbol{\lambda}(\boldsymbol{\Theta}, t)$ 依赖于 $\boldsymbol{\Theta}$。

记随机哈密顿量为

$$\begin{aligned} & \mathcal{H}[\boldsymbol{X}(t), \boldsymbol{U}(t), \boldsymbol{\lambda}(t), t, \boldsymbol{\Theta}] \\ & =\mathcal{L}[\boldsymbol{X}(\boldsymbol{\Theta}, t), \boldsymbol{U}(\boldsymbol{\Theta}, t), t]+\boldsymbol{\lambda}^{\mathrm{T}}(\boldsymbol{\Theta}, t) \boldsymbol{f}[\boldsymbol{X}(t), \boldsymbol{U}(t), t, \boldsymbol{\Theta}] \end{aligned} \tag{9.101}$$

采用类似于 9.2.1 中的变分原理，有

$$\dot{\boldsymbol{\lambda}}(t)=-\left\{\frac{\partial \mathcal{H}[\boldsymbol{X}(t), \boldsymbol{U}(t), \boldsymbol{\lambda}(t), t, \boldsymbol{\Theta}]}{\partial \boldsymbol{X}}\right\}^{\mathrm{T}} \tag{9.102}$$

$$\boldsymbol{\lambda}(t_f)=\left(\left.\frac{\partial \phi}{\partial \boldsymbol{X}}\right|_{t=t_f}\right)^{\mathrm{T}} \tag{9.103}$$

$$\frac{\partial \mathcal{H}[\boldsymbol{X}(t), \boldsymbol{U}(t), \boldsymbol{\lambda}(t), t, \boldsymbol{\Theta}]}{\partial \boldsymbol{U}}=\mathbf{0} \tag{9.104}$$

式(9.102)至式(9.104)是控制系统的随机欧拉-拉格朗日方程组。联合状态控制方程(9.99)，即可求解随机最优控制问题。

不失一般性，获得的状态向量和控制过程及其导数过程的解可以表达为如下形式

$$\left\{\begin{array}{l} \boldsymbol{X}=\boldsymbol{H}_{\boldsymbol{X}}(\boldsymbol{\Theta}, t) \\ \dot{\boldsymbol{X}}=\boldsymbol{h}_{\boldsymbol{X}}(\boldsymbol{\Theta}, t) \end{array}\right. \tag{9.105}$$

$$\left\{\begin{array}{l} \boldsymbol{U}=\boldsymbol{H}_{\boldsymbol{U}}(\boldsymbol{\Theta}, t) \\ \dot{\boldsymbol{U}}=\boldsymbol{h}_{\boldsymbol{U}}(\boldsymbol{\Theta}, t) \end{array}\right. \tag{9.106}$$

将式(9.105)和式(9.106)理解为控制系统的拉格朗日描述，根据 6.5.2 中所述的概率密度演化理论，可以获得关于状态向量 $\boldsymbol{X}(t)$ 和控制时程 $\boldsymbol{U}(t)$ 的任意分量的广义概率密

度演化方程。例如,若记 $(X_l(t), \boldsymbol{\Theta})$ 的联合概率密度为 $p_{X_l\boldsymbol{\Theta}}(x_l, \boldsymbol{\theta}, t)$,其中 $X_l(t)$ 是 $\boldsymbol{X}(t)$ 的第 l 个分量,$1 \leqslant l \leqslant n$,则有广义概率密度演化方程

$$\frac{\partial p_{X_l\boldsymbol{\Theta}}(x_l, \boldsymbol{\theta}, t)}{\partial t} + h_{\boldsymbol{X}, l}(\boldsymbol{\theta}, t) \frac{\partial p_{X_l\boldsymbol{\Theta}}(x_l, \boldsymbol{\theta}, t)}{\partial x_l} = 0 \tag{9.107}$$

式中:$h_{\boldsymbol{X}, l}(\cdot)$ 是 $\boldsymbol{h}_{\boldsymbol{X}}(\cdot)$ 的第 l 个分量。

同理,控制时程分量 $U_l(t)$ [即 $\boldsymbol{U}(t)$ 的第 l 个分量]和 $\boldsymbol{\Theta}$ 的联合概率密度满足

$$\frac{\partial p_{U_l\boldsymbol{\Theta}}(u_l, \boldsymbol{\theta}, t)}{\partial t} + h_{\boldsymbol{U}, l}(\boldsymbol{\theta}, t) \frac{\partial p_{U_l\boldsymbol{\Theta}}(u_l, \boldsymbol{\theta}, t)}{\partial u_l} = 0 \tag{9.108a}$$

求解以上方程,可以分别获得 $X_l(t)$ 和 $U_l(t)$ 的密度函数

$$\begin{cases} p_{X_l}(x_l, t) = \int_{\Omega_{\boldsymbol{\Theta}}} p_{X_l\boldsymbol{\Theta}}(x_l, \boldsymbol{\theta}, t)\mathrm{d}\boldsymbol{\theta} \\ p_{U_l}(u_l, t) = \int_{\Omega_{\boldsymbol{\Theta}}} p_{U_l\boldsymbol{\Theta}}(u_l, \boldsymbol{\theta}, t)\mathrm{d}\boldsymbol{\theta} \end{cases} \tag{9.108b}$$

与 6.6.2 类似,随机最优控制系统的概率密度演化分析包含以下步骤

步骤 1: 给出空间 $\Omega_{\boldsymbol{\Theta}}$ 中的代表性点集 $\mathcal{P}_{\text{sel}} = \{\boldsymbol{\theta}_q = (\theta_{1,q}, \cdots, \theta_{s,q}) \mid q = 1, \cdots, n_{\text{sel}}\}$ 和相应的赋得概率 P_q, $q = 1, \cdots, n_{\text{sel}}$,如 7.2 至 7.4 节所述。

步骤 2: 同时在代表性点处求解式(9.99)和式(9.102)至式(9.104)以获得感兴趣量,如状态量 $\boldsymbol{X}(\boldsymbol{\theta}_q, t)$ 及其导数过程 $\dot{\boldsymbol{X}}(\boldsymbol{\theta}_q, t)$、控制时程 $\boldsymbol{U}(\boldsymbol{\theta}_q, t)$ 及其导数过程 $\dot{\boldsymbol{U}}(\boldsymbol{\theta}_q, t)$。

步骤 3: 代入上一步获得的量,通过 7.1 节所述的数值方法分别求解广义概率密度演化方程(9.107)和(9.108),并获得联合概率密度 $p_{X_l\boldsymbol{\Theta}}(x_l, \boldsymbol{\theta}_q, t)$ 和 $p_{U_l\boldsymbol{\Theta}}(u_l, \boldsymbol{\theta}_q, t)$。

步骤 4: 对所有的 q 重复步骤 2 至步骤 3,并对结果求和以获得待求的概率密度

$$p_{X_l}(x_l, t) = \sum_{q=1}^{n_{\text{sel}}} p_{X_l\boldsymbol{\Theta}}(x_l, \boldsymbol{\theta}_q, t),\ p_{U_l}(u_l, t) = \sum_{q=1}^{n_{\text{sel}}} p_{U_l\boldsymbol{\Theta}}(u_l, \boldsymbol{\theta}_q, t) \tag{9.109}$$

9.3.3.2 随机系统线性二次控制的概率密度演化分析

对于二次性能指标下的线性系统,其控制问题更易于处理。考虑线性系统的随机状态控制方程

$$\dot{\boldsymbol{X}} = \mathbf{A}\boldsymbol{X}(t) + \mathbf{B}\boldsymbol{U}(t) + \mathbf{L}\boldsymbol{\xi}(\boldsymbol{\Theta}, t) \tag{9.110}$$

这是式(9.25)相应的随机形式。式中:$\mathbf{A} = [A_{ij}]_{n\times n}$,是系统矩阵;$\mathbf{B} = [B_{ij}]_{n\times m}$,是控制影响矩阵;$\mathbf{L} = [L_{ij}]_{n\times r}$,是力影响矩阵;$\boldsymbol{\xi}(\boldsymbol{\Theta}, t) = (\xi_1(\boldsymbol{\Theta}, t), \cdots, \xi_r(\boldsymbol{\Theta}, t))^{\mathrm{T}}$,是 r 维激励向量,可以通过第 3 章的方法表示为 $\boldsymbol{\Theta}$ 的随机函数。为简单起见,先不考虑结构参数中包含的随机性。

考虑二次性能指标

$$
\begin{aligned}
& J[\boldsymbol{X}(t_0),\ \boldsymbol{U}(\boldsymbol{\Theta},\ \cdot)] \\
&= \frac{1}{2}\boldsymbol{X}^{\mathrm{T}}(t_{\mathrm{f}})\mathbf{S}_{\mathrm{f}}\boldsymbol{X}(t_{\mathrm{f}}) + \frac{1}{2}\int_{t_0}^{t_{\mathrm{f}}}[\boldsymbol{X}^{\mathrm{T}}(\boldsymbol{\Theta},\ t)\mathbf{Q}\boldsymbol{X}(\boldsymbol{\Theta},\ t) + \boldsymbol{U}^{\mathrm{T}}(\boldsymbol{\Theta},\ t)\mathbf{R}\boldsymbol{U}(\boldsymbol{\Theta},\ t)]\mathrm{d}t
\end{aligned} \tag{9.111}
$$

式中：$\mathbf{S}_{\mathrm{f}}=[S_{\mathrm{f},\,ij}]_{n\times n}$，$\mathbf{Q}=[Q_{ij}]_{n\times n}$，是对称半正定矩阵；$\mathbf{R}=[R_{ij}]_{m\times m}$，是对称正定矩阵；$\boldsymbol{U}(\boldsymbol{\Theta},\ \cdot)$ 表示依赖于 $\boldsymbol{\Theta}$ 的时程。

在此情形下，式(9.101)定义的哈密顿量变为

$$
\begin{aligned}
\mathcal{H}[\boldsymbol{X}(t),\ \boldsymbol{U}(t),\ \boldsymbol{\lambda}(t),\ t,\ \boldsymbol{\Theta}] &= \frac{1}{2}[\boldsymbol{X}^{\mathrm{T}}(\boldsymbol{\Theta},\ t)\mathbf{Q}\boldsymbol{X}(\boldsymbol{\Theta},\ t) + \boldsymbol{U}^{\mathrm{T}}(\boldsymbol{\Theta},\ t)\mathbf{R}\boldsymbol{U}(\boldsymbol{\Theta},\ t)] \\
&\quad + \boldsymbol{\lambda}^{\mathrm{T}}(\boldsymbol{\Theta},\ t)[\mathbf{A}\boldsymbol{X}(\boldsymbol{\Theta},\ t) + \mathbf{B}\boldsymbol{U}(\boldsymbol{\Theta},\ t) + \mathbf{L}\boldsymbol{\xi}(\boldsymbol{\Theta},\ t)]
\end{aligned} \tag{9.112}
$$

因此，欧拉-拉格朗日方程(9.102)至(9.104)分别变为

$$
\dot{\boldsymbol{\lambda}}(t) = -\mathbf{A}^{\mathrm{T}}\boldsymbol{\lambda}(t) - \mathbf{Q}\boldsymbol{X}(t) \tag{9.113}
$$

$$
\boldsymbol{\lambda}(t_{\mathrm{f}}) = \mathbf{S}_{\mathrm{f}}\boldsymbol{X}(t_{\mathrm{f}}) \tag{9.114}
$$

$$
\boldsymbol{U}^{\mathrm{T}}\mathbf{R} + \boldsymbol{\lambda}^{\mathrm{T}}\mathbf{B} = \mathbf{0} \tag{9.115}
$$

由式(9.115)，可以获得控制法则

$$
\boldsymbol{U}(t) = -\mathbf{R}^{-1}\mathbf{B}^{\mathrm{T}}\boldsymbol{\lambda}(t) \tag{9.116}
$$

将其代入控制方程(9.110)，有

$$
\dot{\boldsymbol{X}} = \mathbf{A}\boldsymbol{X}(t) - \mathbf{B}\mathbf{R}^{-1}\mathbf{B}^{\mathrm{T}}\boldsymbol{\lambda}(t) + \mathbf{L}\boldsymbol{\xi}(\boldsymbol{\Theta},\ t) \tag{9.117}
$$

其初始条件为 $\boldsymbol{X}(t_0)=\boldsymbol{X}_0$。

注意到，式(9.113)、式(9.114)和式(9.117)的线性方程组构成了两点边值问题，且末端条件(9.114)也是线性关系，因此有理由假设，$\boldsymbol{\lambda}(t)$ 和 $\boldsymbol{X}(t)$ 的解之间的关系取为线性形式

$$
\boldsymbol{\lambda}(t) = \mathbf{S}(t)\boldsymbol{X}(t) + \boldsymbol{\psi}(t) \tag{9.118}
$$

式中：$\mathbf{S}(t)=[S_{ij}(t)]_{n\times n}$ 和 $\boldsymbol{\psi}(t)=(\psi_1(t),\ \cdots,\ \psi_n(t))^{\mathrm{T}}$ 待定。

将式(9.118)关于时间 t 求导，有

$$
\dot{\boldsymbol{\lambda}} = \dot{\mathbf{S}}\boldsymbol{X} + \mathbf{S}\dot{\boldsymbol{X}} + \dot{\boldsymbol{\psi}}(t) \tag{9.119}
$$

将状态控制方程(9.117)代入，有

$$
\dot{\boldsymbol{\lambda}} = \dot{\mathbf{S}}\boldsymbol{X} + \mathbf{S}[\mathbf{A}\boldsymbol{X} - \mathbf{B}\mathbf{R}^{-1}\mathbf{B}^{\mathrm{T}}\boldsymbol{\lambda} + \mathbf{L}\boldsymbol{\xi}(\boldsymbol{\Theta},\ t)] + \dot{\boldsymbol{\psi}}(t) \tag{9.120}
$$

将上式左边替换为式(9.113)的右边，并将式(9.118)代入以消去 $\boldsymbol{\lambda}$，得到

$$-\mathbf{A}^{\mathrm{T}}[\mathbf{S}\boldsymbol{X}+\boldsymbol{\psi}(t)]-\mathbf{Q}\boldsymbol{X}=\dot{\mathbf{S}}\boldsymbol{X}+\mathbf{S}\{\mathbf{A}\boldsymbol{X}-\mathbf{B}\mathbf{R}^{-1}\mathbf{B}^{\mathrm{T}}[\mathbf{S}\boldsymbol{X}+\boldsymbol{\psi}(t)]+\mathbf{L}\boldsymbol{\xi}(\boldsymbol{\Theta},t)\}+\dot{\boldsymbol{\psi}}(t) \tag{9.121}$$

令 $\boldsymbol{X}$ 的系数矩阵为零,有

$$\dot{\mathbf{S}}=-\mathbf{A}^{\mathrm{T}}\mathbf{S}-\mathbf{S}\mathbf{A}+\mathbf{S}\mathbf{B}\mathbf{R}^{-1}\mathbf{B}^{\mathrm{T}}\mathbf{S}-\mathbf{Q} \tag{9.122}$$

$$\dot{\boldsymbol{\psi}}(t)=(-\mathbf{A}^{\mathrm{T}}+\mathbf{S}\mathbf{B}\mathbf{R}^{-1}\mathbf{B}^{\mathrm{T}})\boldsymbol{\psi}(t)-\mathbf{S}\mathbf{L}\boldsymbol{\xi}(\boldsymbol{\Theta},t) \tag{9.123}$$

式(9.122)是一个矩阵黎卡提方程,其末端条件可根据式(9.114)给出

$$\mathbf{S}(t_{\mathrm{f}})=\mathbf{S}_{\mathrm{f}} \tag{9.124}$$

一旦通过求解式(9.122)确定了 $\mathbf{S}(t)$,可以将其代入式(9.123),然后沿时间后向求解,根据式(9.114),其末端条件为

$$\boldsymbol{\psi}(t_{\mathrm{f}})=\mathbf{0} \tag{9.125}$$

结合式(9.116)和式(9.118)可给出控制法则

$$\boldsymbol{U}(t)=-\mathbf{R}^{-1}\mathbf{B}^{\mathrm{T}}\mathbf{S}(t)\boldsymbol{X}(t)-\mathbf{R}^{-1}\mathbf{B}^{\mathrm{T}}\boldsymbol{\psi}(\boldsymbol{\Theta},t)=-\mathbf{C}(t)\boldsymbol{X}(t)-\mathbf{C}_{\mathrm{input}}\boldsymbol{\psi}(\boldsymbol{\Theta},t) \tag{9.126}$$

这里,增益量

$$\begin{cases}\mathbf{C}(t)=\mathbf{R}^{-1}\mathbf{B}^{\mathrm{T}}\mathbf{S}(t)\\ \mathbf{C}_{\mathrm{input}}=\mathbf{R}^{-1}\mathbf{B}^{\mathrm{T}}\end{cases} \tag{9.127}$$

分别是状态反馈增益矩阵和输入前馈增益矩阵。后一项实际上是由于 $\boldsymbol{\psi}(t)$ 源自输入荷载 $\boldsymbol{\xi}(\boldsymbol{\Theta},t)$ 的存在。顺便指出,若没有激励,即 $\boldsymbol{\xi}(\boldsymbol{\Theta},t)\equiv\mathbf{0}$,则由式(9.123)和式(9.125)可知解过程 $\boldsymbol{\psi}(t)\equiv\mathbf{0}$。因此,若无输入,则也无输入前馈项。此时解变为传统的"纯"状态反馈控制。

式(9.126)中,控制力的第一部分来自线性状态反馈,其控制增益可提前离线获得,控制信息来自在线观测数据或最优估计。然而,控制力的第二部分不能通过在线观测信息获得,因为需要求解样本之间各不相同的后向微分方程。可以采用一些技术手段合理地处理这一部分。一种可行的选择是采用平均效果,即将控制法则写为

$$\boldsymbol{U}(t)=-\mathbf{C}(t)\boldsymbol{X}(t)-\mathbf{C}_{\mathrm{input}}\bar{\boldsymbol{\Psi}}(t) \tag{9.128}$$

式中:$\bar{\boldsymbol{\Psi}}(t)=\mathrm{E}[\boldsymbol{\psi}(\boldsymbol{\Theta},t)]$。

注意对于地震动,通常有 $\mathrm{E}[\boldsymbol{\xi}(\boldsymbol{\Theta},t)]=\mathbf{0}$,因而由式(9.123)和式(9.125),有 $\mathrm{E}[\boldsymbol{\psi}(\boldsymbol{\Theta},t)]=\mathbf{0}$。在此情形下,控制法则变为

$$\boldsymbol{U}(t)=-\mathbf{C}(t)\boldsymbol{X}(t) \tag{9.129}$$

将控制法则(9.129)代入状态控制方程(9.110),可以获得状态向量和最优控制力过

程。由此求解广义概率密度演化方程(9.107)和方程(9.108),可以获得状态向量和控制时程的概率密度函数。

值得指出的是,所有上述计算均可在控制器的设计阶段离线进行。实际操作中,只有式(9.129)需要在线计算,其计算成本很小。

权重矩阵的选取

黎卡提方程的系数中包含权重矩阵 $\mathbf{Q}$ 和 $\mathbf{R}$。显然,不同的权重矩阵会导出不同的控制法则。尽管选择合适的权重矩阵非常重要(其间相对关系需考虑控制响应和输入控制需求之间的平衡),但尚无可用的理性准则。大多数情形下,权重函数是基于工程经验,并通过不断试错确定的(Stengel, 1994; Zhang & Xu, 2001; Agranovich et al., 2004)。由于系统参数的变异性和激励的波动性,这一问题在随机系统的最优控制中会更为重要。

在土木工程领域,权重矩阵 $\mathbf{Q}$ 通常取为分块形式

$$\mathbf{Q}=\begin{bmatrix}\mathbf{Q}_{\mathrm{d}} & \mathbf{0} & \mathbf{0}\\ \mathbf{0} & \mathbf{Q}_{\mathrm{V}} & \mathbf{0}\\ \mathbf{0} & \mathbf{0} & \mathbf{Q}_{\mathrm{a}}\end{bmatrix} \tag{9.130}$$

式中:$\mathbf{Q}_{\mathrm{d}}$、$\mathbf{Q}_{\mathrm{V}}$ 和 $\mathbf{Q}_{\mathrm{a}}$ 是相应于位移、速度和加速度的适当维度对角矩阵。为简单起见,可以采用适当维度单位矩阵的倍数,因此

$$\mathbf{Q}=\begin{bmatrix}\gamma_{\mathrm{d}}\mathbf{I} & \mathbf{0} & \mathbf{0}\\ \mathbf{0} & \gamma_{\mathrm{v}}\mathbf{I} & \mathbf{0}\\ \mathbf{0} & \mathbf{0} & \gamma_{\mathrm{a}}\mathbf{I}\end{bmatrix} \tag{9.131}$$

式中:γ_{d}、γ_{v} 和 γ_{a} 是相应的权重系数。若假设权重矩阵 $\mathbf{R}$ 也取适当维度单位矩阵倍数的形式,即

$$\mathbf{R}=\gamma_{\mathbf{R}}\mathbf{I} \tag{9.132}$$

则权重矩阵 $\mathbf{Q}$ 和 $\mathbf{R}$ 由四个参数 γ_{d}、γ_{v}、γ_{a} 和 $\gamma_{\mathbf{R}}$ 确定。因此,若要建立权重矩阵选取的准则,则要考虑参数优化问题。

要考虑加权加速度的最优控制问题,则应考察更复杂的滤波过程。与前述章节一致,为简单起见,令 $\gamma_{\mathrm{a}}=0$。进而,令 $\gamma_{\mathbf{Q}}\triangleq\gamma_{\mathrm{d}}=\gamma_{\mathrm{v}}$。权重矩阵 $\mathbf{Q}$ 现在变为

$$\mathbf{Q}=\gamma_{\mathbf{Q}}\mathbf{I} \tag{9.133}$$

式中:$\mathbf{I}$ 是适当维度的单位矩阵。

由于只有 $\mathbf{Q}$ 和 $\mathbf{R}$ 之间的相对关系是重要的,现在仅包含权重比

$$g_{\mathrm{w}}=\frac{\gamma_{\mathbf{Q}}}{\gamma_{\mathbf{R}}} \tag{9.134}$$

这一个参数。

例：线性单自由度系统的概率密度演化分析

考虑随机地震动激励作用下的单自由度线性系统。采用地震动的随机傅里叶函数模型[参见式(3.41)]，可以生成 221 个代表性地震动加速度时程(李杰 & 艾晓秋，2006)。图 9.2 分别显示了 221 个代表性激励的最大加速度和最大控制力同权重比的关系。图 9.3 中显示了平均最大量(最大加速度、相对位移和控制力)和权重比 g_w。可见，平均最大相对位移对权重比的趋势[图 9.3(b)]，同平均最大加速度(与控制力)对权重比的趋势有些差异。由图可知，相对位移、加速度和控制力之间的权衡表明，选取权重比 $g_w = 1.0 \times 10^{11}$ 较为合理。

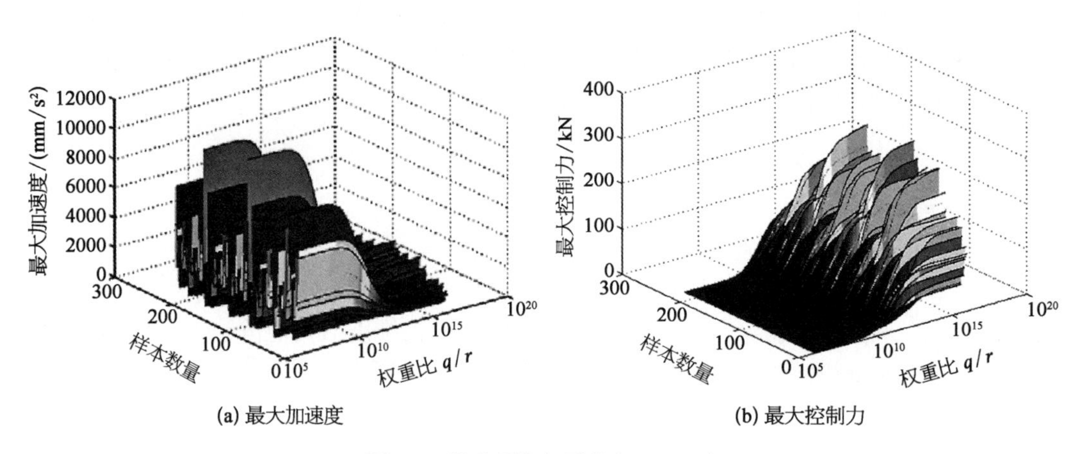

图 9.2　最大量和权重比($\gamma_Q = 100$)

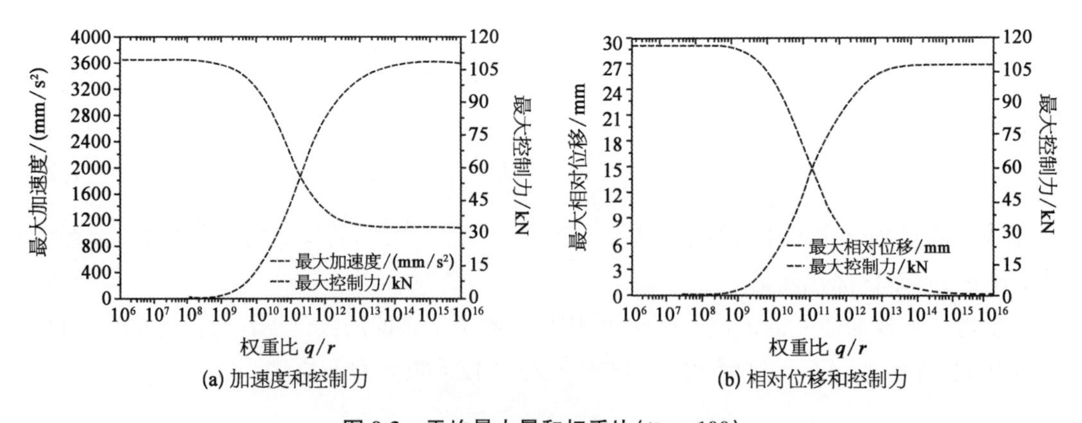

图 9.3　平均最大量和权重比($\gamma_Q = 100$)

图 9.4 显示了非受控和受控系统的相对位移和加速度响应的标准差。很明显，控制使位移的标准差显著降低了大约 12 倍。同样地，控制也使加速度的标准差降低了大约 4 倍。

图 9.5(a)和(b)分别显示了某些时刻非受控和受控系统加速度的概率密度。显然，加速度的分布范围显著变窄。

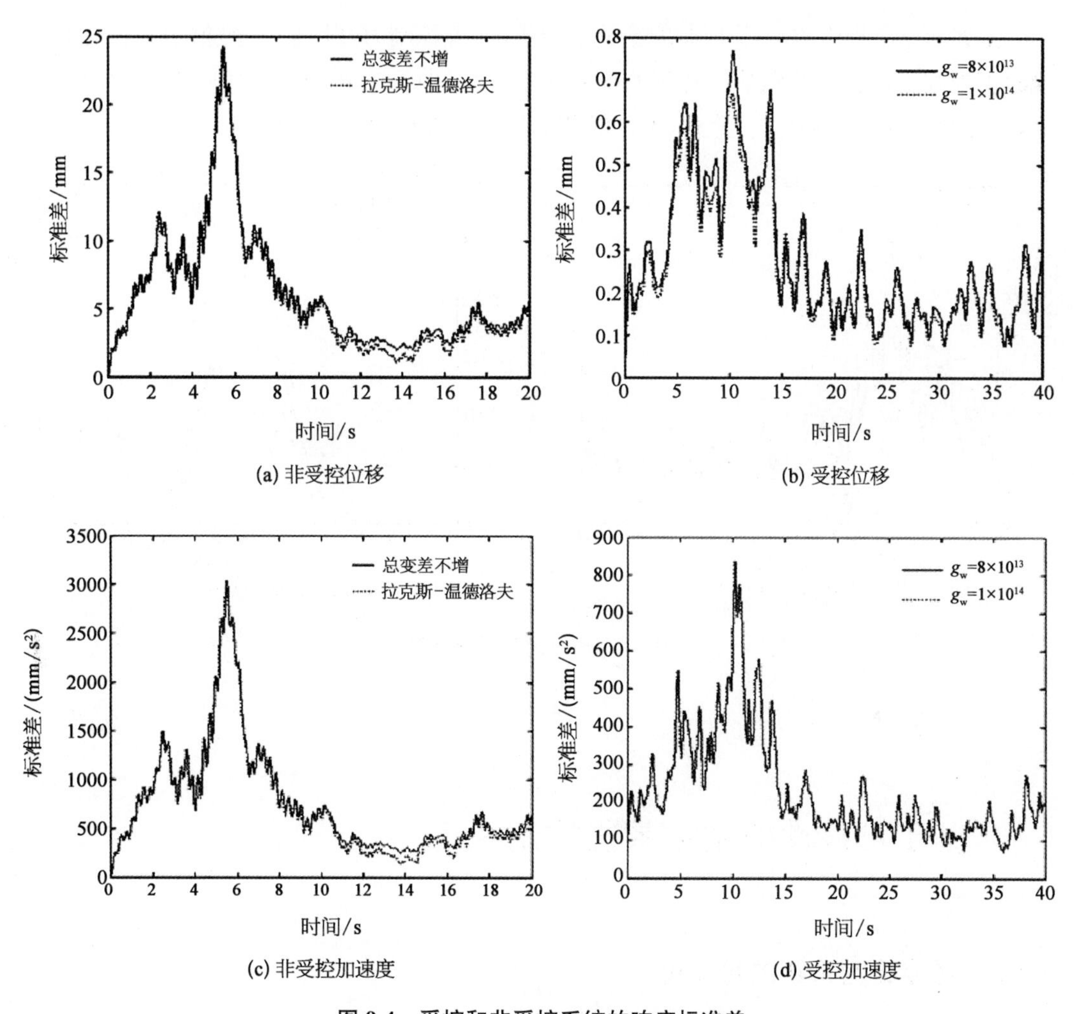

(a) 非受控位移　(b) 受控位移

(c) 非受控加速度　(d) 受控加速度

图 9.4　受控和非受控系统的响应标准差

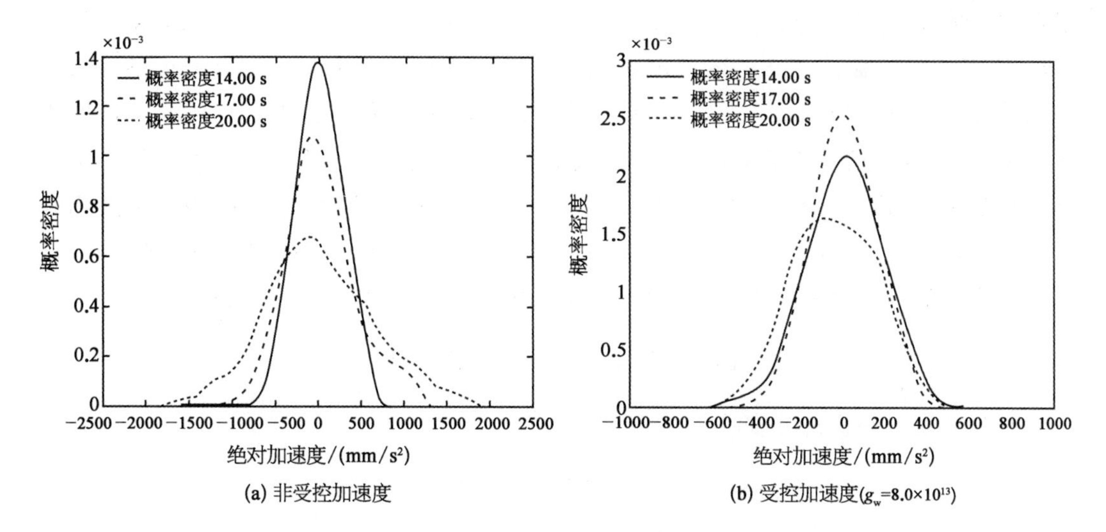

(a) 非受控加速度　(b) 受控加速度(g_w=8.0×10^13)

图 9.5　不同时刻的概率密度

正如前面所指出的，尽管控制增益是确定性的，但控制力过程是一个随机过程。图 9.6 显示了控制力的标准差和某些时刻的概率密度。由图可知，在强震阶段需要更大的控制力以抑制受控结构的响应。此外，不同时刻的概率密度函数明显不同。

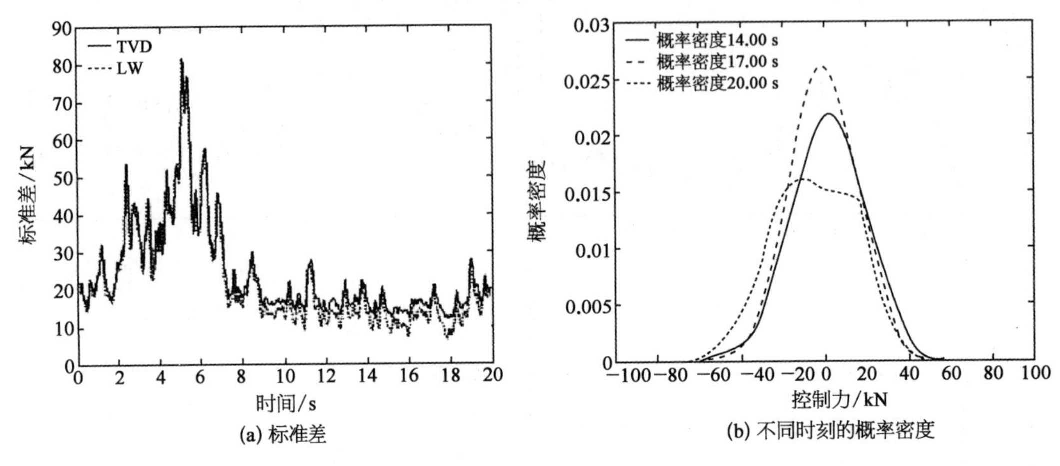

图 9.6　控制力的概率信息

9.4　基于可靠性的结构系统控制

9.4.1　受控结构系统的可靠度

控制的可靠性是随机控制的重要问题之一。在过去 20 年中，学者们提出了一些将随机控制和可靠度理论结合的框架(Spencer Jr et al., 1994; Scott-May & Beck, 1998; Field Jr & Bergman, 1998; Battaini et al., 2000; Yuen & Beck, 2003; Scruggs et al., 2006; Zhu, 2006; Li et al., 2008)。根据这一目标，该问题包含两个方面：第一，使性能指标最小化，并要求受控系统的可靠度不低于既定水平(简称“P1”)；第二，使受控系统的可靠度最大化，并要求系统的某些指标限制在既定范围内(简称“P2”)。朱位秋(Zhu, 2006)完成了 P2 的一些工作，而其他大多数研究以 P1 为目标。在本节中，仅处理 P1。

不失一般性，考虑随机控制系统(9.99)，为便于索引，这里将其重新编号

$$\dot{\boldsymbol{X}} = \boldsymbol{f}[\boldsymbol{X}(t), \boldsymbol{U}(t), t, \boldsymbol{\Theta}(\varpi)] \tag{9.135}$$

一旦确定了控制法则，如形式为

$$\boldsymbol{U}(t) = \mathcal{G}[\boldsymbol{X}(t), t, \boldsymbol{\Theta}, \boldsymbol{\kappa}] \tag{9.136}$$

式中：$\boldsymbol{\kappa}$ 是与反馈增益有关的待定参数向量。则将式(9.136)代入动力方程(9.135)，有

$$\dot{\boldsymbol{X}}=\boldsymbol{f}\{\boldsymbol{X}(t),\ \mathcal{G}[\boldsymbol{X}(t),\ t,\ \boldsymbol{\Theta},\ \boldsymbol{\kappa}],\ t,\ \boldsymbol{\Theta}(\varpi)\}=\tilde{\boldsymbol{f}}[\boldsymbol{X}(t),\ t,\ \mathcal{G},\ \boldsymbol{\kappa},\ \boldsymbol{\Theta}(\varpi)] \tag{9.137}$$

求解上式,获得状态向量的拉格朗日描述(形式解)

$$\boldsymbol{X}=\boldsymbol{H}_{\boldsymbol{X}}(\boldsymbol{\Theta},\ t,\ \mathcal{G},\ \boldsymbol{\kappa}) \tag{9.138}$$

式中: $\boldsymbol{H}_{\boldsymbol{X}}(\cdot)=(H_{\boldsymbol{X},1}(\cdot),\ \cdots,\ H_{\boldsymbol{X},n}(\cdot))^{\mathrm{T}}$。

因此,可以进一步采用第 8 章所述的基于吸收边界条件或极值分布的方法,获得系统的可靠度(或失效概率)。这里以基于极值分布的方法为例。考虑 $\boldsymbol{X}$ 的第 l 个分量,极值为

$$W(\boldsymbol{\Theta},\ \boldsymbol{\kappa})=\underset{0\leqslant t\leqslant T}{\mathrm{ext}}\{X_l(t)\}=\underset{0\leqslant t\leqslant T}{\mathrm{ext}}\{H_{\boldsymbol{X},l}(\boldsymbol{\Theta},\ t,\ \boldsymbol{\kappa})\} \tag{9.139}$$

因而可以构造虚拟随机过程

$$Z(\tau)=\tilde{\varphi}[W(\boldsymbol{\Theta},\ \boldsymbol{\kappa}),\ \tau]=\varphi(\boldsymbol{\Theta},\ \tau,\ \boldsymbol{\kappa}) \tag{9.140}$$

其满足条件

$$Z(\tau)\mid_{\tau=0}=0,\ Z(\tau)\mid_{\tau=\tau_{\mathrm{c}}}=W(\boldsymbol{\Theta},\ \boldsymbol{\kappa}) \tag{9.141}$$

因此,$[Z(\tau),\ \boldsymbol{\Theta}]$ 的联合密度 $p_{Z\boldsymbol{\Theta}}(z,\ \boldsymbol{\theta},\ \tau)$ 满足广义概率密度演化方程[参见式(6.123)]

$$\frac{\partial p_{Z\boldsymbol{\Theta}}(z,\ \boldsymbol{\theta},\ \tau)}{\partial \tau}+\dot{\varphi}(\boldsymbol{\theta},\ \tau,\ \boldsymbol{\kappa})\frac{\partial p_{Z\boldsymbol{\Theta}}(z,\ \boldsymbol{\theta},\ \tau)}{\partial z}=0 \tag{9.142}$$

在初始条件

$$p_{Z\boldsymbol{\Theta}}(z,\ \boldsymbol{\theta},\ \tau)\mid_{\tau=0}=\delta(z)p_{\boldsymbol{\Theta}}(\boldsymbol{\theta}) \tag{9.143}$$

下求解上式,进而积分,有

$$p_Z(z,\ \tau)=\int_{\Omega_{\boldsymbol{\Theta}}}p_{Z\boldsymbol{\Theta}}(z,\ \boldsymbol{\theta},\ \tau)\mathrm{d}\boldsymbol{\theta} \tag{9.144}$$

式(9.142)至式(9.144)可以通过第 7 章所述的数值算法求解。

经由上述工作,可获得可靠度

$$R(\mathcal{G},\ \boldsymbol{\kappa})=\int_{\Omega_{\mathrm{s}}}p_W(w,\ \mathcal{G},\ \boldsymbol{\kappa})\mathrm{d}w=\int_{\Omega_{\mathrm{s}}}p_Z(z,\ \tau_{\mathrm{c}},\ \mathcal{G},\ \boldsymbol{\kappa})\mathrm{d}z \tag{9.145}$$

式中: Ω_{s} 是安全域。同时有失效概率

$$P_{\mathrm{f}}(\mathcal{G},\ \boldsymbol{\kappa})=1-R(\mathcal{G},\ \boldsymbol{\kappa}) \tag{9.146}$$

记预期可靠度为 R_{D}。若

$$P_{\mathrm{f}}(\mathcal{G},\ \boldsymbol{\kappa})=1-R(\mathcal{G},\ \boldsymbol{\kappa})\leqslant 1-R_{\mathrm{D}}=P_{\mathrm{f,D}} \tag{9.147}$$

式中: $P_{\mathrm{f,D}}=1-R_{\mathrm{D}}$ 是最大可接受失效概率。则形式 $\mathcal{G}$ 和参数向量 $\boldsymbol{\kappa}$ 下的设计控制满足预期目标。若是由某种方法首次确定 $\mathcal{G}$,则应搜寻最优参数 $\boldsymbol{\kappa}$。例如,记 $\boldsymbol{\kappa}^{(j)}(j=0,\ 1,\ 2,\ \cdots)$ 为第 j 次迭代采用的参数向量,可选取 $\boldsymbol{\kappa}^{(j+1)}$ 使得

$$\frac{\| \boldsymbol{\kappa}^{(j+1)} - \boldsymbol{\kappa}^{(j)} \|}{\| \boldsymbol{\kappa}^{(j)} - \boldsymbol{\kappa}^{(j-1)} \|} = \frac{P_{\mathrm{f}}(\boldsymbol{\kappa}^{(j)}) - P_{\mathrm{f,D}}}{P_{\mathrm{f}}(\boldsymbol{\kappa}^{(j)}) - P_{\mathrm{f}}(\boldsymbol{\kappa}^{(j-1)})} \tag{9.148}$$

式中：$\| \cdot \|$ 是向量范数。

对于单参数问题，式(9.148)很容易实现。然而，一般的多参数问题非常复杂。工程经验在新的参数选取中非常重要。

9.4.2 控制准则的确定

实际上，在随机最优控制中，真正重要的是如何确定控制法则。换言之，如何设计包含机制 $\mathcal{G}$ 和控制参数 $\boldsymbol{\kappa}$ 在内的控制器是十分重要的。在前述章节中，实际上是基于某些关于样本的修正来确定控制法则。然而，这样难以保证最优性。更合理的途径是基于可靠性和超越概率的概念。

例如，若 $Z(t)$ 是控制系统中要考虑的物理量，记极值

$$Z_{\mathrm{ext}} = \underset{t \in [t_0, t_{\mathrm{f}}]}{\mathrm{ext}} \{Z(\boldsymbol{\Theta}, t)\} \tag{9.149}$$

控制法则可通过最小化性能指标确定

$$J_1(\mathcal{G}, \boldsymbol{\kappa}) = \mathrm{E}(Z_{\mathrm{ext}}) \tag{9.150}$$

或

$$J_2(\mathcal{G}, \boldsymbol{\kappa}) = \mathrm{E}(Z_{\mathrm{ext}}) + \alpha\sigma(Z_{\mathrm{ext}}) \tag{9.151}$$

其中，系数 $\alpha \geqslant 0$。

此外，也可以通过使性能指标

$$J_3(\mathcal{G}, \boldsymbol{\kappa}) = \Pr\{Z_{\mathrm{ext}} > Z_{\mathrm{b}}\} \tag{9.152}$$

最小化来确定控制法则。式中：Z_{b} 是既定的阈值。

显然，上述性能指标会导出不同的控制法则，这还需要进一步研究[①]。

---

① 关于结构随机最优控制的最新进展，可参见：Peng YB, Li J, 2019. Stochastic Optimal Control of Structures. Springer. ——译者注

参考文献

[1] Adeli H, Saleh A. Control, Optimization, and Smart Structures[M]. New York: John Wiley & Sons, 1999.

[2] Agranovich G, Ribakov Y, Blostotsky B. A numerical method for choice of weighting matrices in active controlled structures[J]. The Structural Design of Tall & Special Buildings, 2004, 13: 55 - 72.

[3] Åström KJ. Introduction to Stochastic Control Theory[M]. New York: Academic Press, 1970.

[4] Battaini M, Casciati F, Faravelli L. Some reliability aspects in structural control[J]. Probabilistic Engineering Mechanics, 2000, 15: 101 - 107.

[5] Bellman R. Dynamic Programming[M]. Princeton: Princeton University Press, 1957.

[6] Field Jr RV, Bergman LA. Reliability-based approach to linear covariance control design[J]. Journal of Engineering Mechanics, 1998, 124(2): 193 - 199.

[7] Gamkrelidze RV. Discovery of the maximum principle[J]. Journal of Dynamical & Control Systems, 1999, 5(4): 437 - 451.

[8] Hotz A, Skelton RE. Covariance control theory[J]. International Journal of Control, 1987, 46(1): 13 - 32.

[9] Housner GW, Bergman LA, Caughey TK, et al. Structural control: Past, present, and future [J]. Journal of Engineering Mechanics, 1997, 123(9): 897 - 971.

[10] Lanczos C. The Variational Principles of Mechanics[M]. 4th Edn. Toronto: University of Toronto Press, 1970.

[11] Li J, Chen JB, Peng YB. PDEM-based semi-active control of stochastic systems[C]. Long Beach: Proceedings of Earth & Space 2008 (CD-ROM), 2008.

[12] Naidu DS. Optimal Control Systems[M]. Boca Raton: CRC Press, 2003.

[13] Petkov PH, Christov ND, Konstantinov MM. Computational Methods for Linear Control Systems [M]. New York: Prentice Hall, 1991.

[14] Pontryagin LS, Boltyanskii VG, Gamkrelidze RV, et al. The Mathematical Theory of Optimal Processes[M]. New York: Brown DE (Trans). Macmillan, 1964.

[15] Scott-May B, Beck JL. Probabilistic control for the active mass driver benchmark structural model [J]. Earthquake Engineering & Structural Dynamics, 1998, 27: 1331 - 1346.

[16] Scruggs JT, Taflanidis AA, Beck JL. Reliability-based control optimization for active isolation systems[J]. Structural Control & Health Monitoring, 2006, 13: 705 - 723.

[17] Soong TT. Active Structural Control: Theory and Practice[M]. New York: John Wiley & Sons, 1990.

[18] Spencer Jr BF, Kaspari Jr DC, Sain MK. Structural control design: A reliability-based approach [C]. Baltimore: Proceedings of the American Control Conference, 1994.

[19] Stengel RF. Optimal Control and Estimation[M]. New York: Dover Publications, 1994.

[20] Sun JQ. Stochastic Dynamics and Control[M]. Amsterdam: Elsevier, 2006.

[21] Vinter RB. Optimal Control[M]. Boston: Birkhäuser, 2000.

[22] Williams II RL, Lawrence DA. Linear State-Space Control Systems[M]. New Jersey: John Wiley & Sons, 2007.

[23] Yang JN. Application of optimal control theory to civil engineering structures[J]. Journal of the Engineering Mechanics Division, 1975, 101 (EM6): 819 - 838.

[24] Yang JN, Akbarpour A, Ghaemmaghami P. New optimal control algorithms for structural control [J]. Journal of Engineering Mechanics, 1987, 113(9): 1369 - 1386.

[25] Yao JTP. Concept of structural control[J]. Journal of the Structural Division, ASCE, 1972, 98 (ST7): 1567 - 1574.

[26] Yong JM, Zhou XY. Stochastic Controls: Hamiltonian Systems and HJB Equations[M]. New York: Springer, 1999.

[27] Yuen KV, Beck JL. Reliability-based robust control for uncertain dynamical systems using feedback of incomplete noisy response measurements[J]. Earthquake Engineering & Structural Dynamics, 2003, 32: 751 - 770.

[28] Zhang WS, Xu YL. Closed form solution for along wind response of actively controlled tall buildings with LQG controllers[J]. Journal of Wind Engineering & Industrial Aerodynamics, 2001, 89: 785 - 807.

[29] Zhong WX. Duality System in Applied Mechanics and Optimal Control[M]. Boston: Kluwer Academic Publishers, 2004.

[30] Zhou XY. Maximum principle, dynamic programming, and their connection in deterministic control[J]. Journal of Optimization & Applications, 1990, 65(2): 363 - 373.

[31] Zhu WQ. Nonlinear stochastic dynamics and control in Hamiltonian formulation[J]. Applied Mechanics Reviews, 2006, 59: 230 - 248.

[32] 李杰，艾晓秋. 基于物理的随机地震动模型研究[J]. 地震工程与工程振动，2006，26(5)：21 - 26.

附录 A 狄拉克 δ 函数

A.1 定义

狄拉克 δ 函数在许多不同学科中都有着广泛的物理背景。若函数 $f(x)$ 满足如下两个条件

$$f(x)=\begin{cases}\infty, & x=x_0\\ 0, & x\neq x_0\end{cases} \tag{A.1}$$

$$\int_{-\infty}^{\infty} f(x)\mathrm{d}x=1 \tag{A.2}$$

则称 $f(x)$ 为**狄拉克 δ 函数**(Dirac delta function),且通常记为

$$f(x)=\delta(x-x_0) \tag{A.3}$$

也通常简称为**狄拉克函数**(Dirac function),如图 A.1 所示。

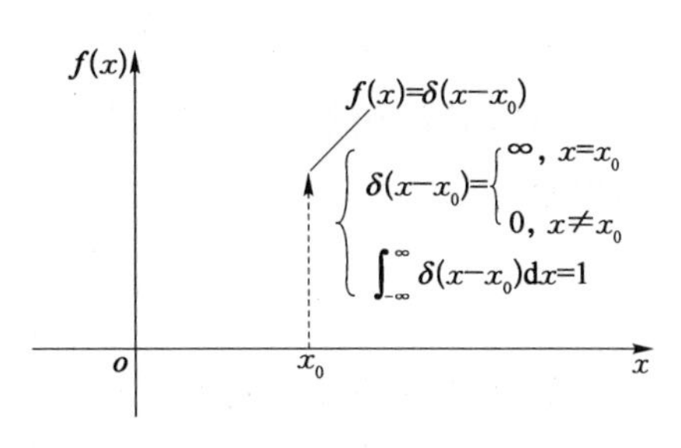

图 A.1 狄拉克 δ 函数

条件(A.1)表明,狄拉克函数在除点 x_0 处值为无穷外,其余均为零。条件(A.2)意味着,函数曲线下方的总面积为 1。显然,该函数具有某些有趣的特性。严格地讲,数学上狄拉克函数属于一类分布函数族(也称为广义函数)(Zemanian, 1965; Zayed, 1996)。

更直观地,考虑均匀分布随机变量的概率密度函数

$$p_{\text{uniform}}(x;a)=\begin{cases}\dfrac{1}{2a}, & \mu-a\leqslant x\leqslant\mu+a\\ 0, & x<\mu-a \text{ or } x>\mu+a\end{cases} \tag{A.4}$$

容易验证

$$\lim_{a\to 0} p_{\text{uniform}}(x;a)=\delta(x-\mu) \tag{A.5}$$

这表明,随着均匀分布随机变量的带宽变窄并趋近于零,均匀分布趋近于狄拉克 δ 函数。显然,均匀分布随机变量会同时变为确定性变量[图 A.2(a)]。

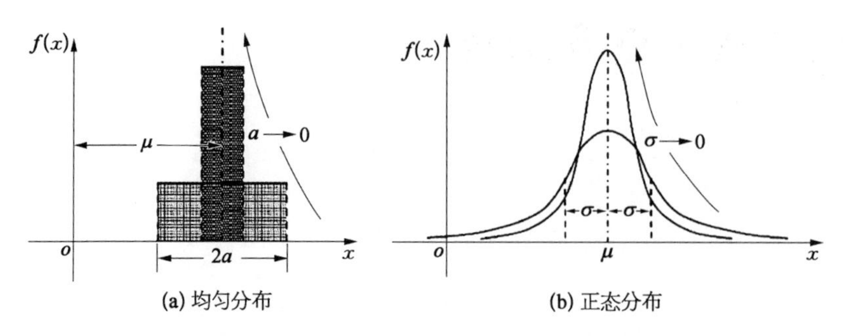

(a) 均匀分布　　(b) 正态分布

图 A.2　作为其他函数极限的狄拉克 δ 函数

同样,若考虑正态分布随机变量的概率密度

$$p_{\text{normal}}(x;\sigma)=\frac{1}{\sqrt{2\pi}\sigma}e^{-\frac{(x-\mu)^2}{2\sigma^2}} \tag{A.6}$$

则可以验证

$$\lim_{\sigma\to 0}p_{\text{normal}}(x;\sigma)=\delta(x-\mu) \tag{A.7}$$

因此,随着正态分布随机变量的标准差变小并趋近于零,正态分布也趋近于狄拉克 δ 函数。同时,正态分布随机变量变为确定性变量[图 A.2(b)]。

A.2　积分和微分

根据定义中的条件(A.1)和(A.2),容易验证对于一般函数 $g(x)$, 涉及狄拉克 δ 函数的积分为

$$\int_{-\infty}^{\infty}g(x)\delta(x-x_0)\mathrm{d}x=g(x_0) \tag{A.8}$$

这表明,狄拉克 δ 函数可确定被积式中伴随函数的值。

基于此,若考虑 $\delta(t-t_0)$ 的傅里叶变换,则有

$$\mathcal{F}[\delta(t-t_0)]=\int_{-\infty}^{\infty}\delta(t-t_0)e^{-\mathrm{i}\omega t}\mathrm{d}t=e^{-\mathrm{i}\omega t_0} \tag{A.9}$$

反之,式(A.9)的傅里叶逆变换为

$$\mathcal{F}^{-1}(e^{-\mathrm{i}\omega t_0})=\frac{1}{2\pi}\int_{-\infty}^{\infty}e^{-\mathrm{i}\omega t_0}e^{\mathrm{i}\omega t}\mathrm{d}\omega=\frac{1}{2\pi}\int_{-\infty}^{\infty}e^{\mathrm{i}\omega(t-t_0)}\mathrm{d}w=\delta(t-t_0) \tag{A.10}$$

若令 $t_0=0$, 式(A.9)和式(A.10)分别变为

$$\begin{cases}\mathcal{F}[\delta(t)]=1\\ \mathcal{F}^{-1}(1)=\delta(t)\end{cases} \tag{A.11}$$

根据式(A.8)可知，对于时程 $x(t)$，有

$$x(t)=\int_{-\infty}^{\infty} x(\tau)\delta(\tau-t)\mathrm{d}\tau \tag{A.12}$$

即：狄拉克 δ 函数可以看作一般时程的基本单位。

狄拉克 δ 函数也可以视为非连续函数——单位阶跃函数(赫维塞德函数)

$$u(t-t_0)=\begin{cases}1, & t\geqslant t_0\\ 0, & 其他\end{cases} \tag{A.13}$$

的导数。

若记 $\dot{u}(t-t_0)=\mathrm{d}u(t-t_0)/\mathrm{d}t$，则容易验证

$$\begin{aligned}&\int_{-\infty}^{\infty}\dot{u}(t-t_0)\mathrm{d}t=u(\infty)-u(-\infty)=1\\ &\dot{u}(t-t_0)=\begin{cases}\infty, & t=t_0\\ 0, & 其他\end{cases}\end{aligned} \tag{A.14}$$

将其与式(A.1)和式(A.2)对比，显然有

$$\dot{u}(t-t_0)=\delta(t-t_0) \tag{A.15}$$

因此，狄拉克函数可以看作单位阶跃函数的导数。

现在考察涉及复合函数的狄拉克函数的积分，例如

$$I[g(x)]=\int_{-\infty}^{\infty} g(x)\delta[\varphi(x)-x_0]\mathrm{d}x \tag{A.16a}$$

若将积分变量 x 变为 $\varphi^{-1}(y)$，则式(A.16a)变为

$$I[g(x)]=\int_{-\infty}^{\infty}|J|g[\varphi^{-1}(y)]\delta(y-x_0)\mathrm{d}y=|J|g[\varphi^{-1}(x_0)] \tag{A.16b}$$

式中：$|J|=|\mathrm{d}\varphi^{-1}/\mathrm{d}y|$，是雅可比量。这里应注意，雅可比量是不可忽略的。

现在考察当 x_0 仅取整数值时，狄拉克函数在整数附近小邻域上的积分

$$I_{ij}=\lim_{\epsilon\to 0}\int_{j-\epsilon}^{j+\epsilon}\delta(x-i)\mathrm{d}x=\lim_{\epsilon\to 0}\int_{i-\epsilon}^{i+\epsilon}\delta(x-j)\mathrm{d}x=\begin{cases}1, & i=j\\ 0, & i\neq j\end{cases} \tag{A.17}$$

当 i 与 j 为整数时，上述积分 I_{ij} 称为克罗内克 δ 记号，并记为

$$\delta_{ij}=\begin{cases}1, & i=j\\ 0, & i\neq j\end{cases} \tag{A.18}$$

因此可知，狄拉克 δ 函数可以看作克罗内克 δ 记号的连续形式；反之，后者可以看作前者的离散形式。

A.3 常见物理背景

A.3.1 离散随机变量的概率分布

若 X 为离散随机向量，其分布为

$$\Pr\{X=x_j\}=P_j,\ i=1,\ \cdots,\ n \tag{A.19}$$

且 $\sum_{j=1}^{n} P_j=1$。则 X 的概率密度函数可以写为

$$p_X(x)=\sum_{j=1}^{n} P_j \delta(x-x_j) \tag{A.20}$$

实际上，根据 2.1.1 中的定义，具有式(A.19)分布的随机变量的概率分布函数为

$$F_X(x)=\sum_{j=1}^{n} P_j u(x-x_j) \tag{A.21}$$

式中：$u(\cdot)$ 是式(A.13)中定义的单位阶跃函数。注意到 $p_X(x)=\mathrm{d}F_X(x)/\mathrm{d}x$ [参见式(2.1)]，则据式(A.15)即可导出式(A.20)。

因此，引入狄拉克 δ 函数，可以在统一的理论框架下处理离散和连续随机变量。在此情形下，离散随机变量可以视为连续随机变量序列的极限，注意到式(A.4)至式(A.7)，这一点尤为清晰。

A.3.2 集中与分布荷载

考察图 A.3 中的简支梁 AB。作用有竖向分布荷载 $w(x)$ 和 n 个集中力 F_1，$\cdots$，F_n。梁上作用的荷载可以写为统一的形式

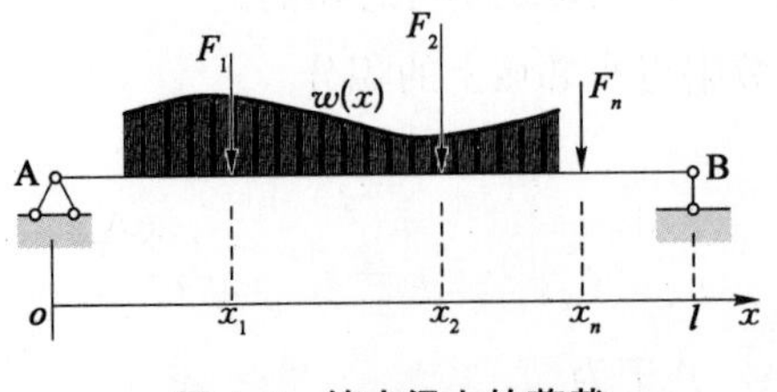

图 A.3 简支梁上的荷载

$$q(x)=-w(x)-\sum_{j=1}^{n} F_j \delta(x-x_j) \tag{A.22}$$

实际上易知，若支座 A 的反力为 R_A，则 x 处梁的剪力为

$$Q(x)=R_\mathrm{A}-\int_0^x w(\xi)\mathrm{d}\xi-\sum_{j=1}^{n} F_j u(x-x_j) \tag{A.23}$$

注意到 $q(x)=\mathrm{d}Q(x)/\mathrm{d}x$，则依据式(A.15)即可导出式(A.22)。

这实际上是,集中力是分布力作用区域很小时的理想化情形,这一物理意义的数学化表达。

A.3.3　单位脉冲函数

若 $f(t)$ 是作用于初始静止的质点 m 上力的时程,则力的冲量为

$$\kappa = \int_0^t f(\tau)\,\mathrm{d}\tau = mv \tag{A.24}$$

式中: v 是质点速度。若缩短力的作用时间,则需增大力值以使达到相同的速度 v。极限情形下,当 $t \to 0$, 对给定的 v, 有

$$mv = \lim_{t\to 0}\int_0^t f(\tau)\,\mathrm{d}\tau = \mathrm{const} \tag{A.25}$$

因而有

$$f(t) = mv\delta(t) \tag{A.26}$$

这表明 $\delta(t)$ 正是单位脉冲函数。作用 $\delta(t)$ 会使质点的动量产生突变。在 5.2.1 中也阐述了这一事实。

A.3.4　单位谐波函数

若考虑函数 $g(\omega) = 2\pi\delta(\omega - \omega_0)$ 的傅里叶逆变换,则有

$$\mathcal{F}^{-1}[2\pi\delta(\omega-\omega_0)] = \frac{1}{2\pi}\int_{-\infty}^{\infty} 2\pi\delta(\omega-\omega_0)e^{\mathrm{i}\omega t}\,\mathrm{d}\omega = e^{\mathrm{i}\omega_0 t} \tag{A.27}$$

因此,单位谐波函数的傅里叶变换为

$$\mathcal{F}(e^{\mathrm{i}\omega_0 t}) = \int_{-\infty}^{\infty} e^{\mathrm{i}\omega_0 t}e^{-\mathrm{i}\omega t}\,\mathrm{d}t = \int_{-\infty}^{\infty} e^{-\mathrm{i}(\omega-\omega_0)t}\,\mathrm{d}t = 2\pi\delta(\omega-\omega_0) \tag{A.28}$$

式(A.28)体现了清晰地物理意义:单位谐波函数的频率成分很简单,仅包含单一频率。

进而,在 $g(\omega) = \pi[\delta(\omega-\omega_0) + \delta(\omega+\omega_0)]$ 的情形下,式(A.27)和(A.28)分别变为

$$\mathcal{F}^{-1}\{\pi[\delta(\omega-\omega_0)+\delta(\omega+\omega_0)]\} = \frac{1}{2\pi}\int_{-\infty}^{\infty}\pi[\delta(\omega-\omega_0)+\delta(\omega+\omega_0)]e^{\mathrm{i}\omega t}\,\mathrm{d}\omega = \cos(\omega_0 t) \tag{A.29}$$

与

$$\mathcal{F}[\cos(\omega_0 t)] = \int_{-\infty}^{\infty}\cos(\omega_0 t)e^{-\mathrm{i}\omega t}\,\mathrm{d}t = \pi[\delta(\omega-\omega_0)+\delta(\omega+\omega_0)] \tag{A.30}$$

参考文献

[1] Zayed AI. Handbook of Function and Generalized Function Transformations[M]. Boca Raton: CRC Press, 1996.

[2] Zemanian AH. Distribution Theory and Transform Analysis[M]. New York: McGraw-Hill Book Company, 1965.

附录 B　正交多项式

B.1　基本概念

记 $[a, b]$ 是一个有限或无穷区间，在区间内定义函数 $w(x)$。若 $w(x)$ 满足下列性质：

(1) $w(x) \geqslant 0$, $x \in [a, b]$。

(2) $\int_a^b w(x)\mathrm{d}x > 0$。

(3) $\int_a^b x^n w(x)\mathrm{d}x$, $n=1, 2, \cdots$ 均存在。

则 $w(x)$ 称为 $[a, b]$ 上的权函数。

对于首项系数 $a_n \neq 0$ 的 n 次多项式

$$f_n(x) = a_n x^n + \cdots + a_1 x + a_0, \quad n=0, 1, \cdots \tag{B.1}$$

若其满足

$$\int_a^b w(x) f_n(x) f_m(x)\mathrm{d}x = 0, \quad n \neq m, \quad n, m = 0, 1, \cdots \tag{B.2}$$

则多项式序列 $f_0(x)$, $f_1(x)$, $\cdots$ 在 $[a, b]$ 上关于 $w(x)$ 是正交的，且 $f_n(x)$ 是 $[a, b]$ 上关于权函数 $w(x)$ 的正交多项式。

对 $n=m$ 的情形，有

$$\int_a^b w(x) f_n^2(x)\mathrm{d}x = h_n \tag{B.3}$$

其中 h_n 是正数。

令

$$\varphi_n(x) = \frac{f_n(x)}{\sqrt{h_n}} \tag{B.4}$$

则由式(B.2)和式(B.3)，有

$$\int_a^b w(x)\varphi_n(x)\varphi_m(x)\mathrm{d}x = \begin{cases} 1, & n=m, \\ 0, & n \neq m, \end{cases} \quad n, m = 0, 1, \cdots \tag{B.5}$$

式中：$\varphi_n(x)$ 称为关于权重 $w(x)$ 的标准正交函数

利用公式

$$\widetilde{\varphi}_n(x)=\frac{\varphi_n(x)}{\sqrt{w(x)}},\ n=0,\ 1,\ \cdots \tag{B.6}$$

则 $\varphi_n(x)$ 可转化为一般情况下的标准正交函数。

对于权重 $w(x)$ 下的函数空间，内积定义为

$$\langle f,\ g\rangle=\int_a^b w(x)f(x)g(x)\mathrm{d}x \tag{B.7}$$

其中 $f(x)$ 和 $g(x)$ 均是空间中的点。

可以证明，上述内积定义下的空间为希尔伯特空间。因此，其中任意函数 $f(x)$ 可以展开为广义傅里叶级数，即

$$f(x)=\sum_{i=0}^{\infty}a_i\varphi_i(x) \tag{B.8}$$

其中系数

$$a_i=\langle f,\ \varphi_i\rangle=\int_a^b w(x)f(x)\varphi_i(x)\mathrm{d}x \tag{B.9}$$

可视为 $f(x)$ 在基函数 $\varphi_i(x)$ 上的投影。

显然，上述加权正交分解是希尔伯特空间中正交分解的扩展。当权函数 $w(x)=1$ 时，即退化为希尔伯特空间中的正交分解。另外，若先作变换

$$\widetilde{f}(x)=\frac{f(x)}{\sqrt{w(x)}} \tag{B.10}$$

则 $\widetilde{f}(x)$ 的正交分解也属于希尔伯特空间中的正交分解。注意，$\widetilde{f}(x)$ 构成希尔伯特空间。由此可见，加权希尔伯特空间等价于变换后的希尔伯特空间。

正交多项式有很多种，每一种都由特定母函数给出(Andrews et al., 2000)。记母函数为 $G(x,t)$，一般有

$$G(x,\ t)=\sum_{n=0}^{\infty}f_n(x)t^n \tag{B.11}$$

这表明，本质上，正交多项式是母函数关于参数 t 的级数展开的系数。

在正交多项式的性质当中，递推性质是最有用的。式(B.1)中定义的三个正交多项式 $f_{n-1}(x)$、$f_n(x)$ 和 $f_{n+1}(x)$ 满足递推关系

$$f_{n+1}(x)=\frac{a_{n+1}(x-A_n)}{a_n}f_n(x)-\frac{a_{n+1}a_{n-1}B_n}{a_n^2}f_{n-1}(x) \tag{B.12}$$

其中

$$A_n = \frac{1}{h_n}\int_a^v xw(x)f_n^2(x)\mathrm{d}x \tag{B.13}$$

$$B_n = \frac{h_n}{h_{n-1}} \tag{B.14}$$

整理式(B.12),并采用加权标准正交函数表达,可得

$$x\varphi_n(x) = \alpha_n\varphi_{n-1}(x) + \beta_n\varphi_n(x) + \gamma_n\varphi_{n+1}(x) \tag{B.15}$$

其中

$$\alpha_n = \frac{a_{n-1}}{a_n}\sqrt{\frac{h_n}{h_{n-1}}} \tag{B.16}$$

$$\beta_n = \int_a^b xw(x)\varphi_n^2(x)\mathrm{d}x \tag{B.17}$$

$$\gamma_n = \frac{a_n}{a_{n+1}}\sqrt{\frac{h_{n+1}}{h_n}} \tag{B.18}$$

B.2　常用正交多项式

这里所谓的"常用"是指与本书密切相关的正交多项式,分别有埃尔米特、勒让德和盖根堡多项式(Andrews et al., 2000; Dunkl & Xu, 2001)。

B.2.1　埃尔米特多项式 $H_{en}(x)$

埃尔米特多项式在 $(-\infty, \infty)$ 上关于权函数 $e^{-x^2/2}$ 是正交的。由于权函数 $e^{-x^2/2}$ 是标准正态分布的密度函数,因此 $H_{en}(x)$ 在正态分布概率空间的函数展开中十分重要。

埃尔米特多项式为

$$H_{en}(x) = (-1)^n e^{\frac{x^2}{2}} \frac{\mathrm{d}^n}{\mathrm{d}x^n} e^{-\frac{x^2}{2}},\ n = 0, 1, \cdots \tag{B.19}$$

可以证明

$$h_n = \int_{-\infty}^{\infty} e^{-\frac{x^2}{2}} H_{en}^2(x)\mathrm{d}x = \sqrt{2\pi}\, n! \tag{B.20}$$

与式(B.15)中相应的递推系数为

$$\alpha_n = \sqrt{n},\ \beta_n = 0,\ \gamma_n = \sqrt{n+1} \tag{B.21}$$

由式(B.19),前几次多项式如下

$$\begin{cases} H_{e0}=1 \\ H_{e1}=x \\ H_{e2}=x^2-1 \\ H_{e3}=x^3-3x \\ H_{e4}=x^4-6x^2+3 \\ \quad\vdots \end{cases} \tag{B.22}$$

实际上,关于 $H_{en}(x)$ 的递推公式可以重写为

$$\begin{cases} H_{e,\,n+1}(x)=xH_{en}(x)-nH_{e,\,n-1}(x) \\ H_{e0}=1,\ H_{e1}=x \end{cases} \tag{B.23}$$

前六次埃尔米特多项式如图 B.1 所示。

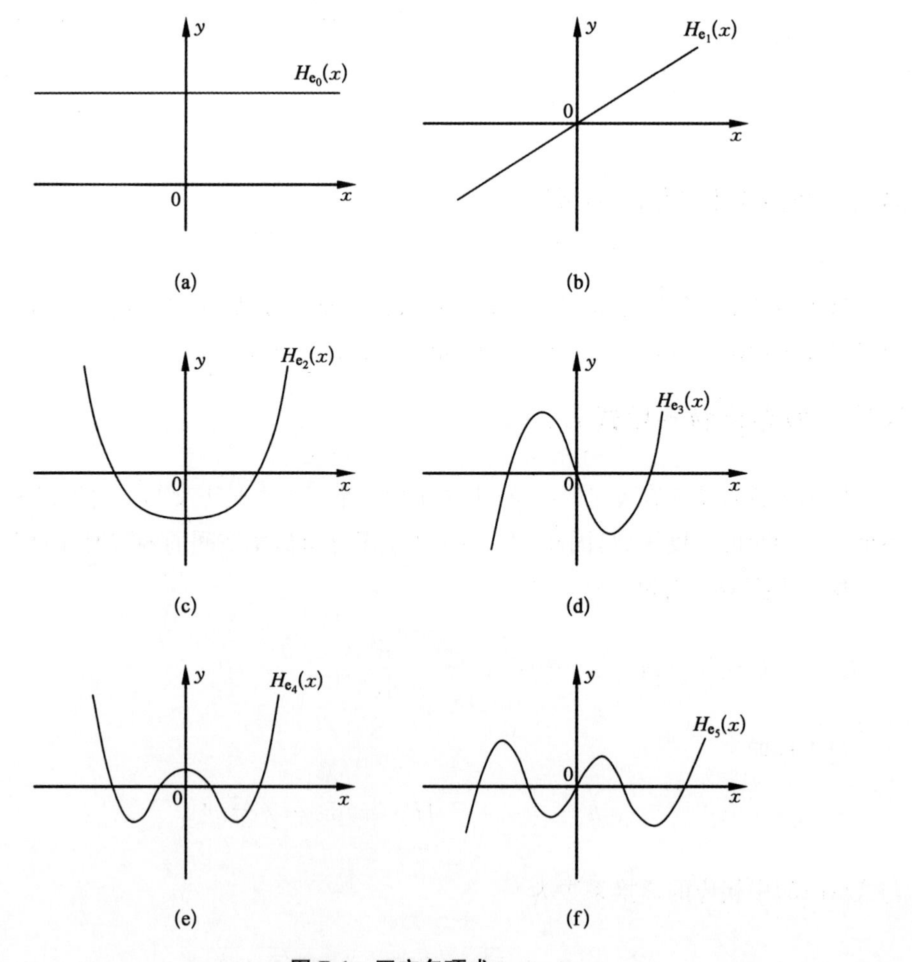

图 B.1　正交多项式

B.2.2 勒让德多项式 $P_n(x)$

勒让德多项式在区间 $[-1, 1]$ 上关于权函数 $w(x)=1$ 是正交的。如前所述,其权函数和定义域分别类似于均匀分布的密度函数及其分布区间。因此,勒让德对均匀分布的概率空间具有重要意义。

勒让德多项式为

$$P_n(x)=\frac{1}{2^n n!}\frac{\mathrm{d}^n}{\mathrm{d}x^n}(x^2-1)^n,\ n=0,\ 1,\ \cdots \tag{B.24}$$

可以证明

$$h_n=\int_{-1}^{1}P_n^2(x)\mathrm{d}x=\frac{2}{2n+1} \tag{B.25}$$

并给出式(B.15)中的递推系数

$$\alpha_n=\frac{n}{\sqrt{4n^2-1}},\ \beta_n=0,\ \gamma_n=\frac{n+1}{\sqrt{4n^2+8n+3}} \tag{B.26}$$

由式(B.24),前几次多项式如下

$$\begin{cases}P_0=1\\P_1=x\\P_2=\dfrac{1}{2}(3x^2-1)\\P_3=\dfrac{1}{2}(5x^3-3x)\\P_4=\dfrac{1}{8}(35x^4-30x^2+3)\\\quad\vdots\end{cases} \tag{B.27}$$

任意次勒让德多项式均可由下述递推公式获得

$$P_{n+1}(x)=\frac{(2n+1)x}{n+1}P_n(x)-\frac{n}{n+1}P_{n-1}(x) \tag{B.28}$$

前六次勒让德多项式与图 B.1 所示的类似。

B.2.3 盖根堡多项式 $C_n^{(\alpha)}(x)$

盖根堡多项式在区间 $[-1, 1]$ 上关于权函数 $(1-x^2)^{\alpha-1/2}$ 是正交的,且一般表达为

$$C_n^{(\alpha)}(x)=\left(-\frac{2\alpha}{2\alpha+1}\right)^n\frac{1}{(1-x^2)^{\alpha-\frac{1}{2}}n!}\frac{\mathrm{d}^n}{\mathrm{d}x^n}(1-x^2)^{n+\alpha-\frac{1}{2}},\ \alpha>\frac{1}{2},\ n=0,\ 1,\ \cdots \tag{B.29}$$

式中：α 是给定参数。

可以证明，在此情形下，有

$$h_n = \int_{-1}^{1} (1-x^2)^{\alpha-\frac{1}{2}} C_n^{(\alpha)}(x)\mathrm{d}x = \frac{2^{1-2\alpha}\pi\Gamma(n+2\alpha)}{n!\ (n+\alpha)\Gamma^2(\alpha)} \tag{B.30}$$

式中：$\Gamma(\cdot)$ 表示 Γ 函数。

以同样的方式，对于式(B.15)，有

$$\begin{cases} \alpha_n = \dfrac{n+2\alpha-1}{2(n+\alpha)}\sqrt{\dfrac{n(n+\alpha)\Gamma(n+2\alpha-1)}{(n+\alpha+1)\Gamma(n+2\alpha)}} \\ \beta_n = 0 \\ \gamma_n = \dfrac{n+1}{2(n+\alpha)}\sqrt{\dfrac{(n+\alpha)\Gamma(n+2\alpha+1)}{(n+1)(n+\alpha+1)\Gamma(n+2\alpha)}} \end{cases} \tag{B.31}$$

前几次多项式分别如下

$$\begin{cases} C_0^{(\alpha)}(x) = 1 \\ C_1^{(\alpha)}(x) = 2\alpha x \\ C_2^{(\alpha)}(x) = 2\alpha(1+\alpha)x^2 - \alpha \\ C_3^{(\alpha)}(x) = \dfrac{4}{3}\alpha(1+\alpha)(2+\alpha)x^3 - 2\alpha(1-\alpha)x \\ \qquad\vdots \end{cases} \tag{B.32}$$

而其他多项式可以由递推公式获得

$$C_{n+1}^{(\alpha)}(x) = \frac{2(n+\alpha)x}{n+1}C_n^{(\alpha)}(x) + \frac{n-1+2\alpha}{n+1}C_{(n-1)}^{(\alpha)}(x) \tag{B.33}$$

在一些其他论著中，盖根堡多项式也称为超球体多项式。前六次盖根堡多项式也与图 B.1 所示的类似。

参考文献

[1] Andrews GE, Askey R, Roy R. Special Functions[M]. Cambridge: Cambridge University Press, 2000.

[2] Dunkl CF, Xu Y. Orthogonal Polynomials of Several Variables[M]. Cambridge: Cambridge University Press, 2001.

附录C　功率谱密度和随机傅里叶谱之间的关系

C.1　样本傅里叶变换下的谱

考虑两个实值平稳随机过程 $X(\varpi, t)$ 和 $Y(\varpi, t)$，其中 ϖ 表示内嵌的随机事件。将 $X(t)$ 和 $Y(t)$ 在时间段 $[-T, T]$ 内一个样本的有限傅里叶变换分别定义为

$$X_{\pm T}(\varpi, \omega)=\int_{-T}^{T} X(\varpi, t) e^{-\mathrm{i}\omega t} \mathrm{d}t \tag{C.1}$$

$$Y_{\pm T}(\varpi, \omega)=\int_{-T}^{T} Y(\varpi, t) e^{-\mathrm{i}\omega t} \mathrm{d}t \tag{C.2}$$

则可以获得互功率谱密度

$$S_{XY}(\omega)=\lim_{T\to\infty} \frac{1}{2T} \mathrm{E}[X_{\pm T}(\varpi, \omega) Y_{\pm T}^{*}(\varpi, \omega)] \tag{C.3}$$

式中：$\mathrm{E}(\cdot)$ 是关于 ϖ 的集合平均；星号上标表示复共轭。

式(C.3)可以证明如下。

证明： 利用式(C.1)和式(C.2)，有

$$\begin{aligned}
&\lim_{T\to\infty} \frac{1}{2T} \mathrm{E}[X_{\pm T}(\varpi, \omega) Y_{\pm T}^{*}(\varpi, \omega)] \\
&=\lim_{T\to\infty} \frac{1}{2T} \mathrm{E}\left\{\int_{-T}^{T} X(\varpi, t) e^{-\mathrm{i}\omega t} \mathrm{d}t\left[\int_{-T}^{T} Y(\varpi, t) e^{-\mathrm{i}\omega t} \mathrm{d}t\right]^{*}\right\} \\
&=\lim_{T\to\infty} \frac{1}{2T} \mathrm{E}\left[\int_{-T}^{T} X(\varpi, t_1) e^{-\mathrm{i}\omega t_1} \mathrm{d}t_1 \int_{-T}^{T} Y(\varpi, t_2) e^{\mathrm{i}\omega t_2} \mathrm{d}t_2\right] \\
&=\lim_{T\to\infty} \frac{1}{2T} \mathrm{E}\left[\int_{-T}^{T}\int_{-T}^{T} X(\varpi, t_1) Y(\varpi, t_2) e^{\mathrm{i}\omega(t_2-t_1)} \mathrm{d}t_1 \mathrm{d}t_2\right] \\
&=\lim_{T\to\infty} \frac{1}{2T} \int_{-T}^{T}\int_{-T}^{T} \mathrm{E}[X(\varpi, t_1) Y(\varpi, t_2)] e^{\mathrm{i}\omega(t_2-t_1)} \mathrm{d}t_1 \mathrm{d}t_2 \\
&=\lim_{T\to\infty} \frac{1}{2T} \int_{-T}^{T}\int_{-T}^{T} R_{XY}(t_1, t_2) e^{\mathrm{i}\omega(t_2-t_1)} \mathrm{d}t_1 \mathrm{d}t_2
\end{aligned} \tag{C.4}$$

现将积分域由 (t_1, t_2) 变为 (t_1, τ)，其中 $\tau = t_2 - t_1$，$\mathrm{d}\tau = \mathrm{d}t_2$。变换前后的积分限如图 C.1 所示。因此，式(C.4)变为

$$
\begin{aligned}
&\lim_{T\to\infty}\frac{1}{2T}\int_{-T}^{T}\int_{-T}^{T}R_{XY}(t_1, t_2)e^{\mathrm{i}\omega(t_2-t_1)}\mathrm{d}t_1\mathrm{d}t_2\\
&=\lim_{T\to\infty}\frac{1}{2T}\left[\int_{-2T}^{0}\int_{-\tau-T}^{T}R_{XY}(t_1, t_2)e^{\mathrm{i}\omega\tau}\mathrm{d}t_1\mathrm{d}\tau+\int_{0}^{2T}\int_{-T}^{T-\tau}R_{XY}(t_1, t_2)e^{\mathrm{i}\omega\tau}\mathrm{d}t_1\mathrm{d}\tau\right]\\
&=\lim_{T\to\infty}\frac{1}{2T}\left[\int_{0}^{2T}(2T-\tau)R_{XY}(\tau)e^{-\mathrm{i}\omega\tau}\mathrm{d}\tau+\int_{-2T}^{0}(2T+\tau)R_{XY}(\tau)e^{-\mathrm{i}\omega\tau}\mathrm{d}\tau\right] \quad (\mathrm{C}.5)\\
&=\lim_{T\to\infty}\left[\int_{-2T}^{0}\left(1+\frac{\tau}{2T}\right)R_{XY}(\tau)e^{-\mathrm{i}\omega\tau}\mathrm{d}\tau+\int_{0}^{2T}\left(1-\frac{\tau}{2T}\right)R_{XY}(\tau)e^{-\mathrm{i}\omega\tau}\mathrm{d}\tau\right]\\
&=\int_{-\infty}^{\infty}R_{XY}(\tau)e^{-\mathrm{i}\omega\tau}\mathrm{d}\tau=S_{XY}(\omega)
\end{aligned}
$$

式(C.3)得证。

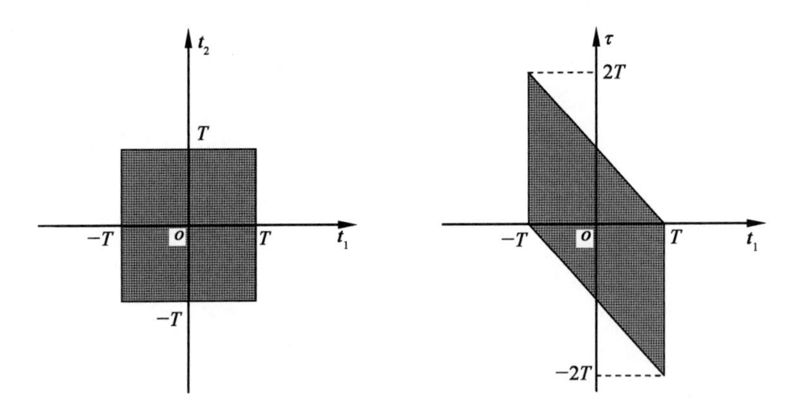

图 C.1　积分域的变化

由式(C.3)即可得自功率谱密度为

$$
S_X(\omega)=\lim_{T\to\infty}\frac{1}{2T}\mathrm{E}[X_{\pm T}(\varpi, \omega)X_{\pm T}^{*}(\varpi, \omega)]=\lim_{T\to\infty}\frac{1}{2T}\mathrm{E}[|X_{\pm T}(\varpi, \omega)|^2] \quad (\mathrm{C}.6)
$$

由于式(C.1)和式(C.2)可以理解为随机傅里叶谱，因此式(C.3)和式(C.6)建立了功率谱密度和随机傅里叶谱之间的关系。换言之，这一关系消除了功率谱密度和样本特性之间的鸿沟。由这一角度出发，便于推导随机振动系统的频率特性(参见第 5 章)。

C.2　单边有限傅里叶变换下的谱

实际上，被测数据通常在时间段 $[0, T]$ 内。将实值过程 $X(t)$ 和 $Y(t)$ 在时间段

$[0, T]$ 内的样本单边有限傅里叶谱分别定义为

$$X_T(\varpi, \omega) = \int_0^T X(\varpi, t) e^{-\mathrm{i}\omega t} \mathrm{d}t \tag{C.7}$$

$$Y_T(\varpi, \omega) = \int_0^T Y(\varpi, t) e^{-\mathrm{i}\omega t} \mathrm{d}t \tag{C.8}$$

则可以获得互功率谱密度

$$S_{XY}(\omega) = \lim_{T \to \infty} \frac{1}{T} \mathrm{E}[X_T(\varpi, \omega) Y_T^*(\varpi, \omega)] \tag{C.9}$$

上式可以证明如下。

证明: 利用式(C.7)和式(C.8),有

$$\begin{aligned}
&\lim_{T \to \infty} \mathrm{E}\left[\frac{1}{T} X_T(\varpi, \omega) Y_T^*(\varpi, \omega)\right] \\
&= \lim_{T \to \infty} \frac{1}{T} \mathrm{E}\left[\int_0^T X(\varpi, t_1) e^{-\mathrm{i}\omega t_1} \mathrm{d}t_1 \int_0^T Y(\varpi, t_2) e^{\mathrm{i}\omega t_2} \mathrm{d}t_2\right] \\
&= \lim_{T \to \infty} \frac{1}{T} \mathrm{E}\left[\int_0^T \int_0^T X(\varpi, t_1) Y(\varpi, t_2) e^{\mathrm{i}\omega(t_2 - t_1)} \mathrm{d}t_1 \mathrm{d}t_2\right] \qquad \text{(C.10)} \\
&= \lim_{T \to \infty} \frac{1}{T} \int_0^T \int_0^T \mathrm{E}[X(\varpi, t_1) Y(\varpi, t_2)] e^{\mathrm{i}\omega(t_2 - t_1)} \mathrm{d}t_1 \mathrm{d}t_2 \\
&= \lim_{T \to \infty} \frac{1}{T} \int_0^T \int_0^T R_{XY}(t_1, t_2) e^{\mathrm{i}\omega(t_2 - t_1)} \mathrm{d}t_1 \mathrm{d}t_2
\end{aligned}$$

现将积分域由 (t_1, t_2) 变为 (t_1, τ),其中 $\tau = t_2 - t_1$, $\mathrm{d}\tau = \mathrm{d}t_2$。变换前后的积分限如图 C.2 所示。因此,式(C.10)变为

$$\begin{aligned}
&\lim_{T \to \infty} \frac{1}{T} \int_0^T \int_0^T R_{XY}(t_1, t_2) e^{\mathrm{i}\omega(t_2 - t_1)} \mathrm{d}t_1 \mathrm{d}t_2 \\
&= \lim_{T \to \infty} \frac{1}{T} \left[\int_0^T \int_0^{T-\tau} R_{XY}(t_1, t_2) e^{\mathrm{i}\omega\tau} \mathrm{d}t_1 \mathrm{d}\tau + \int_{-T}^0 \int_{-\tau}^T R_{XY}(t_1, t_2) e^{\mathrm{i}\omega\tau} \mathrm{d}t_1 \mathrm{d}\tau\right] \\
&= \lim_{T \to \infty} \frac{1}{T} \left[\int_0^T (T - \tau) R_{XY}(\tau) e^{-\mathrm{i}\omega\tau} \mathrm{d}\tau + \int_{-T}^0 (T + \tau) R_{XY}(\tau) e^{-\mathrm{i}\omega\tau} \mathrm{d}\tau\right] \qquad \text{(C.11)} \\
&= \lim_{T \to \infty} \left[\int_{-T}^0 \left(1 + \frac{\tau}{T}\right) R_{XY}(\tau) e^{-\mathrm{i}\omega\tau} \mathrm{d}\tau + \int_0^T \left(1 - \frac{\tau}{T}\right) R_{XY}(\tau) e^{-\mathrm{i}\omega\tau} \mathrm{d}\tau\right] \\
&= \int_{-\infty}^{\infty} R_{XY}(\tau) e^{-\mathrm{i}\omega\tau} \mathrm{d}\tau = S_{XY}(\omega)
\end{aligned}$$

式(C.9)得证。

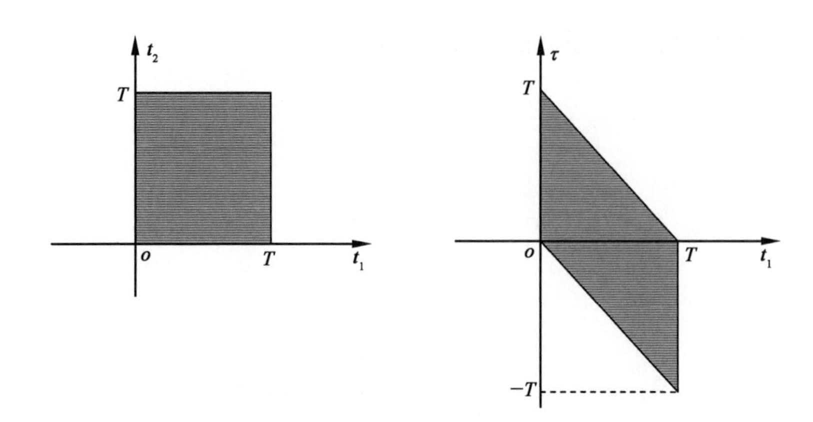

图 C.2　积分域的变化

显然，式(C.7)至式(C.9)的物理意义与式(C.1)至式(C.3)是类似的。进而，若定义标准化谱分别为

$$\overset{\frown}{X}_T(\varpi,\ \omega)=\frac{X_T(\varpi,\ \omega)}{\sqrt{T}}=\frac{1}{\sqrt{T}}\int_0^T X(\varpi,\ t)e^{-\mathrm{i}\omega t}\mathrm{d}t \tag{C.12}$$

$$\overset{\frown}{Y}_T(\varpi,\ \omega)=\frac{Y_T(\varpi,\ \omega)}{\sqrt{T}}=\frac{1}{\sqrt{T}}\int_0^T Y(\varpi,\ t)e^{-\mathrm{i}\omega t}\mathrm{d}t \tag{C.13}$$

根据式(C.9)有

$$S_{XY}(\omega)=\lim_{T\to\infty}\mathrm{E}[\overset{\frown}{X}_T(\varpi,\ \omega)\overset{\frown}{Y}{}_T^*(\varpi,\ \omega)] \tag{C.14}$$

特别指出，上述关系为第 3 章[例如式(3.12)]中的随机傅里叶谱方法建立了理论基础。此外，在实际应用中，若已知一系列样本时程，则上述关系对获得随机过程的功率谱密度尤其有用(Bendat & Piersol, 2000)。

参考文献

[1] Bendat JS, Piersol AG. Random Data: Analysis and Measurement Procedures[M]. 3rd Edn. New York: John Wiley & Sons, Inc, 2000.

附录 D　正交基向量

为满足式(7.134)和式(7.135)，维数 $s=4$，5，…，23 下坐标变换的正交基向量可以选取如下(Conway & Sloane, 1999)。

$$\begin{cases} \boldsymbol{e}_1 = \frac{1}{\sqrt{2}}(1,\ -1,\ 0,\ 0,\ 0) \\ \boldsymbol{e}_2 = \frac{1}{\sqrt{2}}(0,\ 0,\ 1,\ -1,\ 0) \\ \boldsymbol{e}_3 = \frac{1}{2}(1,\ 1,\ -1,\ -1,\ 0) \\ \boldsymbol{e}_4 = \frac{1}{\sqrt{20}}(1,\ 1,\ 1,\ 1,\ -4) \end{cases},\ s=4 \tag{D.1}$$

$$\begin{cases} \boldsymbol{e}_1 = \frac{1}{\sqrt{2}}(1,\ -1,\ 0,\ 0,\ 0,\ 0) \\ \boldsymbol{e}_2 = \frac{1}{\sqrt{2}}(0,\ 0,\ 1,\ -1,\ 0,\ 0) \\ \boldsymbol{e}_3 = \frac{1}{\sqrt{2}}(0,\ 0,\ 0,\ 0,\ 1,\ -1) \\ \boldsymbol{e}_4 = \frac{1}{2}(1,\ 1,\ -1,\ -1,\ 0,\ 0) \\ \boldsymbol{e}_5 = \frac{1}{\sqrt{12}}(1,\ 1,\ 1,\ 1,\ -2,\ -2) \end{cases},\ s=5 \tag{D.2}$$

$$\begin{cases} \boldsymbol{e}_1 = \frac{1}{\sqrt{2}}(1,\ -1,\ 0,\ 0,\ 0,\ 0,\ 0) \\ \boldsymbol{e}_2 = \frac{1}{\sqrt{2}}(0,\ 0,\ 1,\ -1,\ 0,\ 0,\ 0) \\ \boldsymbol{e}_3 = \frac{1}{\sqrt{2}}(0,\ 0,\ 0,\ 0,\ 1,\ -1,\ 0) \\ \boldsymbol{e}_4 = \frac{1}{2}(1,\ 1,\ -1,\ -1,\ 0,\ 0,\ 0) \end{cases},\ s=6 \tag{D.3}$$

$$\begin{cases} \boldsymbol{e}_5 = \dfrac{1}{\sqrt{12}}(1,\ 1,\ 1,\ 1,\ -2,\ -2,\ 0) \\ \boldsymbol{e}_6 = \dfrac{1}{\sqrt{42}}(1,\ 1,\ 1,\ 1,\ 1,\ 1,\ -6) \end{cases}$$

$$\begin{cases} \boldsymbol{e}_1 = \dfrac{1}{\sqrt{2}}(1,\ -1,\ 0,\ 0,\ 0,\ 0,\ 0,\ 0) \\ \boldsymbol{e}_2 = \dfrac{1}{\sqrt{2}}(0,\ 0,\ 1,\ -1,\ 0,\ 0,\ 0,\ 0) \\ \boldsymbol{e}_3 = \dfrac{1}{\sqrt{2}}(0,\ 0,\ 0,\ 0,\ 1,\ -1,\ 0,\ 0) \\ \boldsymbol{e}_4 = \dfrac{1}{\sqrt{2}}(0,\ 0,\ 0,\ 0,\ 0,\ 0,\ 1,\ -1) \\ \boldsymbol{e}_5 = \dfrac{1}{2}(1,\ 1,\ -1,\ -1,\ 0,\ 0,\ 0,\ 0) \\ \boldsymbol{e}_6 = \dfrac{1}{2}(0,\ 0,\ 0,\ 0,\ 1,\ 1,\ -1,\ -1) \\ \boldsymbol{e}_7 = \dfrac{1}{\sqrt{8}}(1,\ 1,\ 1,\ 1,\ -1,\ -1,\ -1,\ -1) \end{cases},\ s=7 \tag{D.4}$$

$$\begin{cases} \boldsymbol{e}_1 = \dfrac{1}{\sqrt{2}}(1,\ -1,\ 0,\ 0,\ 0,\ 0,\ 0,\ 0,\ 0) \\ \boldsymbol{e}_2 = \dfrac{1}{\sqrt{2}}(0,\ 0,\ 1,\ -1,\ 0,\ 0,\ 0,\ 0,\ 0) \\ \boldsymbol{e}_3 = \dfrac{1}{\sqrt{2}}(0,\ 0,\ 0,\ 0,\ 1,\ -1,\ 0,\ 0,\ 0) \\ \boldsymbol{e}_4 = \dfrac{1}{\sqrt{2}}(0,\ 0,\ 0,\ 0,\ 0,\ 0,\ 1,\ -1,\ 0) \\ \boldsymbol{e}_5 = \dfrac{1}{2}(1,\ 1,\ -1,\ -1,\ 0,\ 0,\ 0,\ 0,\ 0) \\ \boldsymbol{e}_6 = \dfrac{1}{2}(0,\ 0,\ 0,\ 0,\ 1,\ 1,\ -1,\ -1,\ 0) \\ \boldsymbol{e}_7 = \dfrac{1}{\sqrt{8}}(1,\ 1,\ 1,\ 1,\ -1,\ -1,\ -1,\ -1,\ 0) \\ \boldsymbol{e}_8 = \dfrac{1}{\sqrt{72}}(1,\ 1,\ 1,\ 1,\ 1,\ 1,\ 1,\ 1,\ -8) \end{cases},\ s=8 \tag{D.5}$$

$$\begin{cases} \boldsymbol{e}_1=\frac{1}{\sqrt{2}}(1,\ -1,\ 0,\ 0,\ 0,\ 0,\ 0,\ 0,\ 0,\ 0) \\ \boldsymbol{e}_2=\frac{1}{\sqrt{2}}(0,\ 0,\ 1,\ -1,\ 0,\ 0,\ 0,\ 0,\ 0,\ 0) \\ \boldsymbol{e}_3=\frac{1}{\sqrt{2}}(0,\ 0,\ 0,\ 0,\ 1,\ -1,\ 0,\ 0,\ 0,\ 0) \\ \boldsymbol{e}_4=\frac{1}{\sqrt{2}}(0,\ 0,\ 0,\ 0,\ 0,\ 0,\ 1,\ -1,\ 0,\ 0) \\ \boldsymbol{e}_5=\frac{1}{\sqrt{2}}(0,\ 0,\ 0,\ 0,\ 0,\ 0,\ 0,\ 0,\ 1,\ -1) \\ \boldsymbol{e}_6=\frac{1}{2}(1,\ 1,\ -1,\ -1,\ 0,\ 0,\ 0,\ 0,\ 0,\ 0) \\ \boldsymbol{e}_7=\frac{1}{2}(0,\ 0,\ 0,\ 0,\ 1,\ 1,\ -1,\ -1,\ 0,\ 0) \\ \boldsymbol{e}_8=\frac{1}{\sqrt{8}}(1,\ 1,\ 1,\ 1,\ -1,\ -1,\ -1,\ -1,\ 0,\ 0) \\ \boldsymbol{e}_9=\frac{1}{\sqrt{40}}(1,\ 1,\ 1,\ 1,\ 1,\ 1,\ 1,\ 1,\ -4,\ -4) \end{cases},\ s=9 \tag{D.6}$$

$$\begin{cases} \boldsymbol{e}_1=\frac{1}{\sqrt{2}}(1,\ -1,\ 0,\ 0,\ 0,\ 0,\ 0,\ 0,\ 0,\ 0,\ 0) \\ \boldsymbol{e}_2=\frac{1}{\sqrt{2}}(0,\ 0,\ 1,\ -1,\ 0,\ 0,\ 0,\ 0,\ 0,\ 0,\ 0) \\ \boldsymbol{e}_3=\frac{1}{\sqrt{2}}(0,\ 0,\ 0,\ 0,\ 1,\ -1,\ 0,\ 0,\ 0,\ 0,\ 0) \\ \boldsymbol{e}_4=\frac{1}{\sqrt{2}}(0,\ 0,\ 0,\ 0,\ 0,\ 0,\ 1,\ -1,\ 0,\ 0,\ 0) \\ \boldsymbol{e}_5=\frac{1}{\sqrt{2}}(0,\ 0,\ 0,\ 0,\ 0,\ 0,\ 0,\ 0,\ 1,\ -1,\ 0) \\ \boldsymbol{e}_6=\frac{1}{2}(1,\ 1,\ -1,\ -1,\ 0,\ 0,\ 0,\ 0,\ 0,\ 0,\ 0) \\ \boldsymbol{e}_7=\frac{1}{2}(0,\ 0,\ 0,\ 0,\ 1,\ 1,\ -1,\ -1,\ 0,\ 0,\ 0) \\ \boldsymbol{e}_8=\frac{1}{\sqrt{8}}(1,\ 1,\ 1,\ 1,\ -1,\ -1,\ -1,\ -1,\ 0,\ 0,\ 0) \\ \boldsymbol{e}_9=\frac{1}{\sqrt{40}}(1,\ 1,\ 1,\ 1,\ 1,\ 1,\ 1,\ 1,\ -4,\ -4,\ 0) \\ \boldsymbol{e}_{10}=\frac{1}{\sqrt{110}}(1,\ 1,\ 1,\ 1,\ 1,\ 1,\ 1,\ 1,\ 1,\ 1,\ -10) \end{cases},\ s=10 \tag{D.7}$$

$$\begin{cases} \boldsymbol{e}_1 = \frac{1}{\sqrt{2}}(1, -1, 0, 0, 0, 0, 0, 0, 0, 0, 0, 0) \\ \boldsymbol{e}_2 = \frac{1}{\sqrt{2}}(0, 0, 1, -1, 0, 0, 0, 0, 0, 0, 0, 0) \\ \boldsymbol{e}_3 = \frac{1}{\sqrt{2}}(0, 0, 0, 0, 1, -1, 0, 0, 0, 0, 0, 0) \\ \boldsymbol{e}_4 = \frac{1}{\sqrt{2}}(0, 0, 0, 0, 0, 0, 1, -1, 0, 0, 0, 0) \\ \boldsymbol{e}_5 = \frac{1}{\sqrt{2}}(0, 0, 0, 0, 0, 0, 0, 0, 1, -1, 0, 0) \\ \boldsymbol{e}_6 = \frac{1}{\sqrt{2}}(0, 0, 0, 0, 0, 0, 0, 0, 0, 0, 1, -1) \\ \boldsymbol{e}_7 = \frac{1}{2}(1, 1, -1, -1, 0, 0, 0, 0, 0, 0, 0, 0) \\ \boldsymbol{e}_8 = \frac{1}{2}(0, 0, 0, 0, 1, 1, -1, -1, 0, 0, 0, 0) \\ \boldsymbol{e}_9 = \frac{1}{2}(0, 0, 0, 0, 0, 0, 0, 0, 1, 1, -1, -1) \\ \boldsymbol{e}_{10} = \frac{1}{\sqrt{8}}(1, 1, 1, 1, -1, -1, -1, -1, 0, 0, 0, 0) \\ \boldsymbol{e}_{11} = \frac{1}{\sqrt{24}}(1, 1, 1, 1, 1, 1, 1, 1, -2, -2, -2, -2) \end{cases}, \quad s = 11 \tag{D.8}$$

$$\begin{cases} \boldsymbol{e}_1 = \frac{1}{\sqrt{2}}(1, -1, 0, 0, 0, 0, 0, 0, 0, 0, 0, 0, 0) \\ \boldsymbol{e}_2 = \frac{1}{\sqrt{2}}(0, 0, 1, -1, 0, 0, 0, 0, 0, 0, 0, 0, 0) \\ \boldsymbol{e}_3 = \frac{1}{\sqrt{2}}(0, 0, 0, 0, 1, -1, 0, 0, 0, 0, 0, 0, 0) \\ \boldsymbol{e}_4 = \frac{1}{\sqrt{2}}(0, 0, 0, 0, 0, 0, 1, -1, 0, 0, 0, 0, 0) \\ \boldsymbol{e}_5 = \frac{1}{\sqrt{2}}(0, 0, 0, 0, 0, 0, 0, 0, 1, -1, 0, 0, 0) \\ \boldsymbol{e}_6 = \frac{1}{\sqrt{2}}(0, 0, 0, 0, 0, 0, 0, 0, 0, 0, 1, -1, 0) \\ \boldsymbol{e}_7 = \frac{1}{2}(1, 1, -1, -1, 0, 0, 0, 0, 0, 0, 0, 0, 0) \end{cases}, \quad s = 12 \tag{D.9}$$

$$\begin{cases} \boldsymbol{e}_8 = \dfrac{1}{2}(0,0,0,0,1,1,-1,-1,0,0,0,0,0) \\ \boldsymbol{e}_9 = \dfrac{1}{2}(0,0,0,0,0,0,0,0,1,1,-1,-1,0) \\ \boldsymbol{e}_{10} = \dfrac{1}{\sqrt{8}}(1,1,1,1,-1,-1,-1,-1,0,0,0,0,0) \\ \boldsymbol{e}_{11} = \dfrac{1}{\sqrt{24}}(1,1,1,1,1,1,1,1,-2,-2,-2,-2,0) \\ \boldsymbol{e}_{12} = \dfrac{1}{\sqrt{156}}(1,1,1,1,1,1,1,1,1,1,1,1,-12) \end{cases}$$

$$\begin{cases} \boldsymbol{e}_1 = \dfrac{1}{\sqrt{2}}(1,-1,0,0,0,0,0,0,0,0,0,0,0,0) \\ \boldsymbol{e}_2 = \dfrac{1}{\sqrt{2}}(0,0,1,-1,0,0,0,0,0,0,0,0,0,0) \\ \boldsymbol{e}_3 = \dfrac{1}{\sqrt{2}}(0,0,0,0,1,-1,0,0,0,0,0,0,0,0) \\ \boldsymbol{e}_4 = \dfrac{1}{\sqrt{2}}(0,0,0,0,0,0,1,-1,0,0,0,0,0,0) \\ \boldsymbol{e}_5 = \dfrac{1}{\sqrt{2}}(0,0,0,0,0,0,0,0,1,-1,0,0,0,0) \\ \boldsymbol{e}_6 = \dfrac{1}{\sqrt{2}}(0,0,0,0,0,0,0,0,0,0,1,-1,0,0) \\ \boldsymbol{e}_7 = \dfrac{1}{\sqrt{2}}(0,0,0,0,0,0,0,0,0,0,0,0,1,-1) \\ \boldsymbol{e}_8 = \dfrac{1}{2}(1,1,-1,-1,0,0,0,0,0,0,0,0,0,0) \\ \boldsymbol{e}_9 = \dfrac{1}{2}(0,0,0,0,1,1,-1,-1,0,0,0,0,0,0) \\ \boldsymbol{e}_{10} = \dfrac{1}{2}(0,0,0,0,0,0,0,0,1,1,-1,-1,0,0) \\ \boldsymbol{e}_{11} = \dfrac{1}{\sqrt{8}}(1,1,1,1,-1,-1,-1,-1,0,0,0,0,0,0) \\ \boldsymbol{e}_{12} = \dfrac{1}{\sqrt{24}}(1,1,1,1,1,1,1,1,-2,-2,-2,-2,0,0) \\ \boldsymbol{e}_{13} = \dfrac{1}{\sqrt{84}}(1,1,1,1,1,1,1,1,1,1,1,1,-6,-6) \end{cases}, \quad s=13 \tag{D.10}$$

$$\begin{cases} \boldsymbol{e}_1 = \dfrac{1}{\sqrt{2}}(1,\ -1,\ 0,\ 0,\ 0,\ 0,\ 0,\ 0,\ 0,\ 0,\ 0,\ 0,\ 0,\ 0,\ 0) \\ \boldsymbol{e}_2 = \dfrac{1}{\sqrt{2}}(0,\ 0,\ 1,\ -1,\ 0,\ 0,\ 0,\ 0,\ 0,\ 0,\ 0,\ 0,\ 0,\ 0,\ 0) \\ \boldsymbol{e}_3 = \dfrac{1}{\sqrt{2}}(0,\ 0,\ 0,\ 0,\ 1,\ -1,\ 0,\ 0,\ 0,\ 0,\ 0,\ 0,\ 0,\ 0,\ 0) \\ \boldsymbol{e}_4 = \dfrac{1}{\sqrt{2}}(0,\ 0,\ 0,\ 0,\ 0,\ 0,\ 1,\ -1,\ 0,\ 0,\ 0,\ 0,\ 0,\ 0,\ 0) \\ \boldsymbol{e}_5 = \dfrac{1}{\sqrt{2}}(0,\ 0,\ 0,\ 0,\ 0,\ 0,\ 0,\ 0,\ 1,\ -1,\ 0,\ 0,\ 0,\ 0,\ 0) \\ \boldsymbol{e}_6 = \dfrac{1}{\sqrt{2}}(0,\ 0,\ 0,\ 0,\ 0,\ 0,\ 0,\ 0,\ 0,\ 0,\ 1,\ -1,\ 0,\ 0,\ 0) \\ \boldsymbol{e}_7 = \dfrac{1}{\sqrt{2}}(0,\ 0,\ 0,\ 0,\ 0,\ 0,\ 0,\ 0,\ 0,\ 0,\ 0,\ 0,\ 1,\ -1,\ 0) \\ \boldsymbol{e}_8 = \dfrac{1}{2}(1,\ 1,\ -1,\ -1,\ 0,\ 0,\ 0,\ 0,\ 0,\ 0,\ 0,\ 0,\ 0,\ 0,\ 0) \\ \boldsymbol{e}_9 = \dfrac{1}{2}(0,\ 0,\ 0,\ 0,\ 1,\ 1,\ -1,\ -1,\ 0,\ 0,\ 0,\ 0,\ 0,\ 0,\ 0) \\ \boldsymbol{e}_{10} = \dfrac{1}{2}(0,\ 0,\ 0,\ 0,\ 0,\ 0,\ 0,\ 0,\ 1,\ 1,\ -1,\ -1,\ 0,\ 0,\ 0) \\ \boldsymbol{e}_{11} = \dfrac{1}{\sqrt{8}}(1,\ 1,\ 1,\ 1,\ -1,\ -1,\ -1,\ -1,\ 0,\ 0,\ 0,\ 0,\ 0,\ 0,\ 0) \\ \boldsymbol{e}_{12} = \dfrac{1}{\sqrt{24}}(1,\ 1,\ 1,\ 1,\ 1,\ 1,\ 1,\ 1,\ -2,\ -2,\ -2,\ -2,\ 0,\ 0,\ 0) \\ \boldsymbol{e}_{13} = \dfrac{1}{\sqrt{84}}(1,\ 1,\ 1,\ 1,\ 1,\ 1,\ 1,\ 1,\ 1,\ 1,\ 1,\ 1,\ -6,\ -6,\ 0) \\ \boldsymbol{e}_{14} = \dfrac{1}{\sqrt{210}}(1,\ 1,\ 1,\ 1,\ 1,\ 1,\ 1,\ 1,\ 1,\ 1,\ 1,\ 1,\ 1,\ 1,\ -14) \end{cases},\ s = 14 \tag{D.11}$$

$$\begin{cases} \boldsymbol{e}_1 = \dfrac{1}{\sqrt{2}}(1,\ -1,\ 0,\ 0,\ 0,\ 0,\ 0,\ 0,\ 0,\ 0,\ 0,\ 0,\ 0,\ 0,\ 0,\ 0) \\ \boldsymbol{e}_2 = \dfrac{1}{\sqrt{2}}(0,\ 0,\ 1,\ -1,\ 0,\ 0,\ 0,\ 0,\ 0,\ 0,\ 0,\ 0,\ 0,\ 0,\ 0,\ 0) \\ \boldsymbol{e}_3 = \dfrac{1}{\sqrt{2}}(0,\ 0,\ 0,\ 0,\ 1,\ -1,\ 0,\ 0,\ 0,\ 0,\ 0,\ 0,\ 0,\ 0,\ 0,\ 0) \\ \boldsymbol{e}_4 = \dfrac{1}{\sqrt{2}}(0,\ 0,\ 0,\ 0,\ 0,\ 0,\ 1,\ -1,\ 0,\ 0,\ 0,\ 0,\ 0,\ 0,\ 0,\ 0) \end{cases}$$

$$
\begin{cases}
\boldsymbol{e}_5 = \dfrac{1}{\sqrt{2}}(0,\ 0,\ 0,\ 0,\ 0,\ 0,\ 0,\ 0,\ 1,\ -1,\ 0,\ 0,\ 0,\ 0,\ 0,\ 0) \\
\boldsymbol{e}_6 = \dfrac{1}{\sqrt{2}}(0,\ 0,\ 0,\ 0,\ 0,\ 0,\ 0,\ 0,\ 0,\ 0,\ 1,\ -1,\ 0,\ 0,\ 0,\ 0) \\
\boldsymbol{e}_7 = \dfrac{1}{\sqrt{2}}(0,\ 0,\ 0,\ 0,\ 0,\ 0,\ 0,\ 0,\ 0,\ 0,\ 0,\ 0,\ 1,\ -1,\ 0,\ 0) \\
\boldsymbol{e}_8 = \dfrac{1}{\sqrt{2}}(0,\ 0,\ 0,\ 0,\ 0,\ 0,\ 0,\ 0,\ 0,\ 0,\ 0,\ 0,\ 0,\ 0,\ 1,\ -1) \\
\boldsymbol{e}_9 = \dfrac{1}{2}(1,\ 1,\ -1,\ -1,\ 0,\ 0,\ 0,\ 0,\ 0,\ 0,\ 0,\ 0,\ 0,\ 0,\ 0,\ 0) \\
\boldsymbol{e}_{10} = \dfrac{1}{2}(0,\ 0,\ 0,\ 0,\ 1,\ 1,\ -1,\ -1,\ 0,\ 0,\ 0,\ 0,\ 0,\ 0,\ 0,\ 0) \\
\boldsymbol{e}_{11} = \dfrac{1}{2}(0,\ 0,\ 0,\ 0,\ 0,\ 0,\ 0,\ 0,\ 1,\ 1,\ -1,\ -1,\ 0,\ 0,\ 0,\ 0) \\
\boldsymbol{e}_{12} = \dfrac{1}{2}(0,\ 0,\ 0,\ 0,\ 0,\ 0,\ 0,\ 0,\ 0,\ 0,\ 0,\ 0,\ 1,\ 1,\ -1,\ -1) \\
\boldsymbol{e}_{13} = \dfrac{1}{\sqrt{8}}(1,\ 1,\ 1,\ 1,\ -1,\ -1,\ -1,\ -1,\ 0,\ 0,\ 0,\ 0,\ 0,\ 0,\ 0,\ 0) \\
\boldsymbol{e}_{14} = \dfrac{1}{\sqrt{8}}(0,\ 0,\ 0,\ 0,\ 0,\ 0,\ 0,\ 0,\ 1,\ 1,\ 1,\ 1,\ -1,\ -1,\ -1,\ -1) \\
\boldsymbol{e}_{15} = \dfrac{1}{4}(1,\ 1,\ 1,\ 1,\ 1,\ 1,\ 1,\ 1,\ 1,\ 1,\ 1,\ 1,\ 1,\ 1,\ 1,\ 1)
\end{cases}
,\ s = 15 \tag{D.12}
$$

$$
\begin{cases}
\boldsymbol{e}_1 = \dfrac{1}{\sqrt{2}}(1,\ -1,\ 0,\ 0,\ 0,\ 0,\ 0,\ 0,\ 0,\ 0,\ 0,\ 0,\ 0,\ 0,\ 0,\ 0,\ 0) \\
\boldsymbol{e}_2 = \dfrac{1}{\sqrt{2}}(0,\ 0,\ 1,\ -1,\ 0,\ 0,\ 0,\ 0,\ 0,\ 0,\ 0,\ 0,\ 0,\ 0,\ 0,\ 0,\ 0) \\
\boldsymbol{e}_3 = \dfrac{1}{\sqrt{2}}(0,\ 0,\ 0,\ 0,\ 1,\ -1,\ 0,\ 0,\ 0,\ 0,\ 0,\ 0,\ 0,\ 0,\ 0,\ 0,\ 0) \\
\boldsymbol{e}_4 = \dfrac{1}{\sqrt{2}}(0,\ 0,\ 0,\ 0,\ 0,\ 0,\ 1,\ -1,\ 0,\ 0,\ 0,\ 0,\ 0,\ 0,\ 0,\ 0,\ 0) \\
\boldsymbol{e}_5 = \dfrac{1}{\sqrt{2}}(0,\ 0,\ 0,\ 0,\ 0,\ 0,\ 0,\ 0,\ 1,\ -1,\ 0,\ 0,\ 0,\ 0,\ 0,\ 0,\ 0) \\
\boldsymbol{e}_6 = \dfrac{1}{\sqrt{2}}(0,\ 0,\ 0,\ 0,\ 0,\ 0,\ 0,\ 0,\ 0,\ 0,\ 1,\ -1,\ 0,\ 0,\ 0,\ 0,\ 0) \\
\boldsymbol{e}_7 = \dfrac{1}{\sqrt{2}}(0,\ 0,\ 0,\ 0,\ 0,\ 0,\ 0,\ 0,\ 0,\ 0,\ 0,\ 0,\ 1,\ -1,\ 0,\ 0,\ 0) \\
\boldsymbol{e}_8 = \dfrac{1}{\sqrt{2}}(0,\ 0,\ 0,\ 0,\ 0,\ 0,\ 0,\ 0,\ 0,\ 0,\ 0,\ 0,\ 0,\ 0,\ 1,\ -1,\ 0),\ s = 16
\end{cases}
\tag{D.13}
$$

$$
\begin{cases}
\boldsymbol{e}_9 = \dfrac{1}{2}(1,\ 1,\ -1,\ -1,\ 0,\ 0,\ 0,\ 0,\ 0,\ 0,\ 0,\ 0,\ 0,\ 0,\ 0,\ 0,\ 0) \\
\boldsymbol{e}_{10} = \dfrac{1}{2}(0,\ 0,\ 0,\ 0,\ 1,\ 1,\ -1,\ -1,\ 0,\ 0,\ 0,\ 0,\ 0,\ 0,\ 0,\ 0,\ 0) \\
\boldsymbol{e}_{11} = \dfrac{1}{2}(0,\ 0,\ 0,\ 0,\ 0,\ 0,\ 0,\ 0,\ 1,\ 1,\ -1,\ -1,\ 0,\ 0,\ 0,\ 0,\ 0) \\
\boldsymbol{e}_{12} = \dfrac{1}{2}(0,\ 0,\ 0,\ 0,\ 0,\ 0,\ 0,\ 0,\ 0,\ 0,\ 0,\ 0,\ 1,\ 1,\ -1,\ -1,\ 0) \\
\boldsymbol{e}_{13} = \dfrac{1}{\sqrt{8}}(1,\ 1,\ 1,\ 1,\ -1,\ -1,\ -1,\ -1,\ 0,\ 0,\ 0,\ 0,\ 0,\ 0,\ 0,\ 0,\ 0) \\
\boldsymbol{e}_{14} = \dfrac{1}{\sqrt{8}}(0,\ 0,\ 0,\ 0,\ 0,\ 0,\ 0,\ 0,\ 1,\ 1,\ 1,\ 1,\ -1,\ -1,\ -1,\ -1,\ 0) \\
\boldsymbol{e}_{15} = \dfrac{1}{\sqrt{4}}(1,\ 1,\ 1,\ 1,\ 1,\ 1,\ 1,\ 1,\ 1,\ 1,\ 1,\ 1,\ 1,\ 1,\ 1,\ 1,\ 0) \\
\boldsymbol{e}_{16} = \dfrac{1}{\sqrt{272}}(1,\ 1,\ 1,\ 1,\ 1,\ 1,\ 1,\ 1,\ 1,\ 1,\ 1,\ 1,\ 1,\ 1,\ 1,\ 1,\ -16)
\end{cases}
$$

$$
\begin{cases}
\boldsymbol{e}_1 = \dfrac{1}{\sqrt{2}}(1,\ -1,\ 0,\ 0,\ 0,\ 0,\ 0,\ 0,\ 0,\ 0,\ 0,\ 0,\ 0,\ 0,\ 0,\ 0,\ 0) \\
\boldsymbol{e}_2 = \dfrac{1}{\sqrt{2}}(0,\ 0,\ 1,\ -1,\ 0,\ 0,\ 0,\ 0,\ 0,\ 0,\ 0,\ 0,\ 0,\ 0,\ 0,\ 0,\ 0) \\
\boldsymbol{e}_3 = \dfrac{1}{\sqrt{2}}(0,\ 0,\ 0,\ 0,\ 1,\ -1,\ 0,\ 0,\ 0,\ 0,\ 0,\ 0,\ 0,\ 0,\ 0,\ 0,\ 0) \\
\boldsymbol{e}_4 = \dfrac{1}{\sqrt{2}}(0,\ 0,\ 0,\ 0,\ 0,\ 0,\ 1,\ -1,\ 0,\ 0,\ 0,\ 0,\ 0,\ 0,\ 0,\ 0,\ 0) \\
\boldsymbol{e}_5 = \dfrac{1}{\sqrt{2}}(0,\ 0,\ 0,\ 0,\ 0,\ 0,\ 0,\ 0,\ 1,\ -1,\ 0,\ 0,\ 0,\ 0,\ 0,\ 0,\ 0) \\
\boldsymbol{e}_6 = \dfrac{1}{\sqrt{2}}(0,\ 0,\ 0,\ 0,\ 0,\ 0,\ 0,\ 0,\ 0,\ 0,\ 1,\ -1,\ 0,\ 0,\ 0,\ 0,\ 0) \\
\boldsymbol{e}_7 = \dfrac{1}{\sqrt{2}}(0,\ 0,\ 0,\ 0,\ 0,\ 0,\ 0,\ 0,\ 0,\ 0,\ 0,\ 0,\ 1,\ -1,\ 0,\ 0,\ 0) \\
\boldsymbol{e}_8 = \dfrac{1}{\sqrt{2}}(0,\ 0,\ 0,\ 0,\ 0,\ 0,\ 0,\ 0,\ 0,\ 0,\ 0,\ 0,\ 0,\ 0,\ 1,\ -1,\ 0,\ 0) \\
\boldsymbol{e}_9 = \dfrac{1}{\sqrt{2}}(0,\ 0,\ 0,\ 0,\ 0,\ 0,\ 0,\ 0,\ 0,\ 0,\ 0,\ 0,\ 0,\ 0,\ 0,\ 1,\ -1) \\
\boldsymbol{e}_{10} = \dfrac{1}{2}(1,\ 1,\ -1,\ -1,\ 0,\ 0,\ 0,\ 0,\ 0,\ 0,\ 0,\ 0,\ 0,\ 0,\ 0,\ 0,\ 0)
\end{cases}
\quad ,\ s = 17 \qquad \text{(D.14)}
$$

$$
\begin{cases}
\boldsymbol{e}_{11}=\dfrac{1}{2}(0,\ 0,\ 0,\ 0,\ 1,\ 1,\ -1,\ -1,\ 0,\ 0,\ 0,\ 0,\ 0,\ 0,\ 0,\ 0,\ 0,\ 0) \\
\boldsymbol{e}_{12}=\dfrac{1}{2}(0,\ 0,\ 0,\ 0,\ 0,\ 0,\ 0,\ 0,\ 1,\ 1,\ -1,\ -1,\ 0,\ 0,\ 0,\ 0,\ 0,\ 0) \\
\boldsymbol{e}_{13}=\dfrac{1}{2}(0,\ 0,\ 0,\ 0,\ 0,\ 0,\ 0,\ 0,\ 0,\ 0,\ 0,\ 0,\ 1,\ 1,\ -1,\ -1,\ 0,\ 0) \\
\boldsymbol{e}_{14}=\dfrac{1}{\sqrt{8}}(1,\ 1,\ 1,\ 1,\ -1,\ -1,\ -1,\ -1,\ 0,\ 0,\ 0,\ 0,\ 0,\ 0,\ 0,\ 0,\ 0,\ 0) \\
\boldsymbol{e}_{15}=\dfrac{1}{\sqrt{8}}(0,\ 0,\ 0,\ 0,\ 0,\ 0,\ 0,\ 0,\ 1,\ 1,\ 1,\ 1,\ -1,\ -1,\ -1,\ -1,\ 0,\ 0) \\
\boldsymbol{e}_{16}=\dfrac{1}{4}(1,\ 1,\ 1,\ 1,\ 1,\ 1,\ 1,\ 1,\ 1,\ 1,\ 1,\ 1,\ 1,\ 1,\ 1,\ 1,\ 0,\ 0) \\
\boldsymbol{e}_{17}=\dfrac{1}{12}(1,\ 1,\ 1,\ 1,\ 1,\ 1,\ 1,\ 1,\ 1,\ 1,\ 1,\ 1,\ 1,\ 1,\ 1,\ 1,\ -8,\ -8)
\end{cases}
$$

$$
\begin{cases}
\boldsymbol{e}_{1}=\dfrac{1}{\sqrt{2}}(1,\ -1,\ 0,\ 0,\ 0,\ 0,\ 0,\ 0,\ 0,\ 0,\ 0,\ 0,\ 0,\ 0,\ 0,\ 0,\ 0,\ 0,\ 0) \\
\boldsymbol{e}_{2}=\dfrac{1}{\sqrt{2}}(0,\ 0,\ 1,\ -1,\ 0,\ 0,\ 0,\ 0,\ 0,\ 0,\ 0,\ 0,\ 0,\ 0,\ 0,\ 0,\ 0,\ 0,\ 0) \\
\boldsymbol{e}_{3}=\dfrac{1}{\sqrt{2}}(0,\ 0,\ 0,\ 0,\ 1,\ -1,\ 0,\ 0,\ 0,\ 0,\ 0,\ 0,\ 0,\ 0,\ 0,\ 0,\ 0,\ 0,\ 0) \\
\boldsymbol{e}_{4}=\dfrac{1}{\sqrt{2}}(0,\ 0,\ 0,\ 0,\ 0,\ 0,\ 1,\ -1,\ 0,\ 0,\ 0,\ 0,\ 0,\ 0,\ 0,\ 0,\ 0,\ 0,\ 0) \\
\boldsymbol{e}_{5}=\dfrac{1}{\sqrt{2}}(0,\ 0,\ 0,\ 0,\ 0,\ 0,\ 0,\ 0,\ 1,\ -1,\ 0,\ 0,\ 0,\ 0,\ 0,\ 0,\ 0,\ 0,\ 0) \\
\boldsymbol{e}_{6}=\dfrac{1}{\sqrt{2}}(0,\ 0,\ 0,\ 0,\ 0,\ 0,\ 0,\ 0,\ 0,\ 0,\ 1,\ -1,\ 0,\ 0,\ 0,\ 0,\ 0,\ 0,\ 0) \\
\boldsymbol{e}_{7}=\dfrac{1}{\sqrt{2}}(0,\ 0,\ 0,\ 0,\ 0,\ 0,\ 0,\ 0,\ 0,\ 0,\ 0,\ 0,\ 1,\ -1,\ 0,\ 0,\ 0,\ 0,\ 0) \\
\boldsymbol{e}_{8}=\dfrac{1}{\sqrt{2}}(0,\ 0,\ 0,\ 0,\ 0,\ 0,\ 0,\ 0,\ 0,\ 0,\ 0,\ 0,\ 0,\ 0,\ 1,\ -1,\ 0,\ 0,\ 0) \\
\boldsymbol{e}_{9}=\dfrac{1}{\sqrt{2}}(0,\ 0,\ 0,\ 0,\ 0,\ 0,\ 0,\ 0,\ 0,\ 0,\ 0,\ 0,\ 0,\ 0,\ 0,\ 0,\ 1,\ -1,\ 0) \\
\boldsymbol{e}_{10}=\dfrac{1}{2}(1,\ 1,\ -1,\ -1,\ 0,\ 0,\ 0,\ 0,\ 0,\ 0,\ 0,\ 0,\ 0,\ 0,\ 0,\ 0,\ 0,\ 0,\ 0) \\
\boldsymbol{e}_{11}=\dfrac{1}{2}(0,\ 0,\ 0,\ 0,\ 1,\ 1,\ -1,\ -1,\ 0,\ 0,\ 0,\ 0,\ 0,\ 0,\ 0,\ 0,\ 0,\ 0,\ 0)
\end{cases}
,\ s=18
$$

$$
\begin{cases}
\boldsymbol{e}_{12}=\dfrac{1}{2}(0,\ 0,\ 0,\ 0,\ 0,\ 0,\ 0,\ 0,\ 1,\ 1,\ -1,\ -1,\ 0,\ 0,\ 0,\ 0,\ 0,\ 0,\ 0) \\
\boldsymbol{e}_{13}=\dfrac{1}{2}(0,\ 0,\ 0,\ 0,\ 0,\ 0,\ 0,\ 0,\ 0,\ 0,\ 0,\ 0,\ 1,\ 1,\ -1,\ -1,\ 0,\ 0,\ 0) \\
\boldsymbol{e}_{14}=\dfrac{1}{\sqrt{8}}(1,\ 1,\ 1,\ 1,\ -1,\ -1,\ -1,\ -1,\ 0,\ 0,\ 0,\ 0,\ 0,\ 0,\ 0,\ 0,\ 0,\ 0,\ 0) \\
\boldsymbol{e}_{15}=\dfrac{1}{\sqrt{8}}(0,\ 0,\ 0,\ 0,\ 0,\ 0,\ 0,\ 0,\ 1,\ 1,\ 1,\ 1,\ -1,\ -1,\ -1,\ -1,\ 0,\ 0,\ 0) \\
\boldsymbol{e}_{16}=\dfrac{1}{4}(1,\ 1,\ 1,\ 1,\ 1,\ 1,\ 1,\ 1,\ 1,\ 1,\ 1,\ 1,\ 1,\ 1,\ 1,\ 1,\ 0,\ 0,\ 0) \\
\boldsymbol{e}_{17}=\dfrac{1}{12}(1,\ 1,\ 1,\ 1,\ 1,\ 1,\ 1,\ 1,\ 1,\ 1,\ 1,\ 1,\ 1,\ 1,\ 1,\ 1,\ -8,\ -8,\ 0) \\
\boldsymbol{e}_{18}=\dfrac{1}{\sqrt{342}}(1,\ 1,\ 1,\ 1,\ 1,\ 1,\ 1,\ 1,\ 1,\ 1,\ 1,\ 1,\ 1,\ 1,\ 1,\ 1,\ 1,\ 1,\ -18)
\end{cases}
\tag{D.15}
$$

$$
\begin{cases}
\boldsymbol{e}_{1}=\dfrac{1}{\sqrt{2}}(1,\ -1,\ 0,\ 0,\ 0,\ 0,\ 0,\ 0,\ 0,\ 0,\ 0,\ 0,\ 0,\ 0,\ 0,\ 0,\ 0,\ 0,\ 0,\ 0) \\
\boldsymbol{e}_{2}=\dfrac{1}{\sqrt{2}}(0,\ 0,\ 1,\ -1,\ 0,\ 0,\ 0,\ 0,\ 0,\ 0,\ 0,\ 0,\ 0,\ 0,\ 0,\ 0,\ 0,\ 0,\ 0,\ 0) \\
\boldsymbol{e}_{3}=\dfrac{1}{\sqrt{2}}(0,\ 0,\ 0,\ 0,\ 1,\ -1,\ 0,\ 0,\ 0,\ 0,\ 0,\ 0,\ 0,\ 0,\ 0,\ 0,\ 0,\ 0,\ 0,\ 0) \\
\boldsymbol{e}_{4}=\dfrac{1}{\sqrt{2}}(0,\ 0,\ 0,\ 0,\ 0,\ 0,\ 1,\ -1,\ 0,\ 0,\ 0,\ 0,\ 0,\ 0,\ 0,\ 0,\ 0,\ 0,\ 0,\ 0) \\
\boldsymbol{e}_{5}=\dfrac{1}{\sqrt{2}}(0,\ 0,\ 0,\ 0,\ 0,\ 0,\ 0,\ 0,\ 1,\ -1,\ 0,\ 0,\ 0,\ 0,\ 0,\ 0,\ 0,\ 0,\ 0,\ 0) \\
\boldsymbol{e}_{6}=\dfrac{1}{\sqrt{2}}(0,\ 0,\ 0,\ 0,\ 0,\ 0,\ 0,\ 0,\ 0,\ 0,\ 1,\ -1,\ 0,\ 0,\ 0,\ 0,\ 0,\ 0,\ 0,\ 0) \\
\boldsymbol{e}_{7}=\dfrac{1}{\sqrt{2}}(0,\ 0,\ 0,\ 0,\ 0,\ 0,\ 0,\ 0,\ 0,\ 0,\ 0,\ 0,\ 1,\ -1,\ 0,\ 0,\ 0,\ 0,\ 0,\ 0) \\
\boldsymbol{e}_{8}=\dfrac{1}{\sqrt{2}}(0,\ 0,\ 0,\ 0,\ 0,\ 0,\ 0,\ 0,\ 0,\ 0,\ 0,\ 0,\ 0,\ 0,\ 1,\ -1,\ 0,\ 0,\ 0,\ 0) \\
\boldsymbol{e}_{9}=\dfrac{1}{\sqrt{2}}(0,\ 0,\ 0,\ 0,\ 0,\ 0,\ 0,\ 0,\ 0,\ 0,\ 0,\ 0,\ 0,\ 0,\ 0,\ 0,\ 1,\ -1,\ 0,\ 0) \\
\boldsymbol{e}_{10}=\dfrac{1}{\sqrt{2}}(0,\ 0,\ 0,\ 0,\ 0,\ 0,\ 0,\ 0,\ 0,\ 0,\ 0,\ 0,\ 0,\ 0,\ 0,\ 0,\ 0,\ 0,\ 1,\ -1) \text{ ，} s=19 \\
\boldsymbol{e}_{11}=\dfrac{1}{2}(1,\ 1,\ -1,\ -1,\ 0,\ 0,\ 0,\ 0,\ 0,\ 0,\ 0,\ 0,\ 0,\ 0,\ 0,\ 0,\ 0,\ 0,\ 0,\ 0)
\end{cases}
$$

$$
\begin{cases}
\boldsymbol{e}_{12}=\dfrac{1}{2}(0,\ 0,\ 0,\ 0,\ 1,\ 1,\ -1,\ -1,\ 0,\ 0,\ 0,\ 0,\ 0,\ 0,\ 0,\ 0,\ 0,\ 0,\ 0,\ 0) \\
\boldsymbol{e}_{13}=\dfrac{1}{2}(0,\ 0,\ 0,\ 0,\ 0,\ 0,\ 0,\ 0,\ 1,\ 1,\ -1,\ -1,\ 0,\ 0,\ 0,\ 0,\ 0,\ 0,\ 0,\ 0) \\
\boldsymbol{e}_{14}=\dfrac{1}{2}(0,\ 0,\ 0,\ 0,\ 0,\ 0,\ 0,\ 0,\ 0,\ 0,\ 0,\ 0,\ 1,\ 1,\ -1,\ -1,\ 0,\ 0,\ 0,\ 0) \\
\boldsymbol{e}_{15}=\dfrac{1}{2}(0,\ 0,\ 0,\ 0,\ 0,\ 0,\ 0,\ 0,\ 0,\ 0,\ 0,\ 0,\ 0,\ 0,\ 0,\ 0,\ 1,\ 1,\ -1,\ -1) \\
\boldsymbol{e}_{16}=\dfrac{1}{\sqrt{8}}(1,\ 1,\ 1,\ 1,\ -1,\ -1,\ -1,\ -1,\ 0,\ 0,\ 0,\ 0,\ 0,\ 0,\ 0,\ 0,\ 0,\ 0,\ 0,\ 0) \\
\boldsymbol{e}_{17}=\dfrac{1}{\sqrt{8}}(0,\ 0,\ 0,\ 0,\ 0,\ 0,\ 0,\ 0,\ 1,\ 1,\ 1,\ 1,\ -1,\ -1,\ -1,\ -1,\ 0,\ 0,\ 0,\ 0) \\
\boldsymbol{e}_{18}=\dfrac{1}{4}(1,\ 1,\ 1,\ 1,\ 1,\ 1,\ 1,\ 1,\ 1,\ 1,\ 1,\ 1,\ 1,\ 1,\ 1,\ 1,\ 0,\ 0,\ 0,\ 0) \\
\boldsymbol{e}_{19}=\dfrac{1}{\sqrt{80}}(1,\ 1,\ 1,\ 1,\ 1,\ 1,\ 1,\ 1,\ 1,\ 1,\ 1,\ 1,\ 1,\ 1,\ 1,\ 1,\ -4,\ -4,\ -4,\ -4)
\end{cases}
\tag{D.16}
$$

$$
\begin{cases}
\boldsymbol{e}_{1}=\dfrac{1}{\sqrt{2}}(1,\ -1,\ 0,\ 0,\ 0,\ 0,\ 0,\ 0,\ 0,\ 0,\ 0,\ 0,\ 0,\ 0,\ 0,\ 0,\ 0,\ 0,\ 0,\ 0,\ 0) \\
\boldsymbol{e}_{2}=\dfrac{1}{\sqrt{2}}(0,\ 0,\ 1,\ -1,\ 0,\ 0,\ 0,\ 0,\ 0,\ 0,\ 0,\ 0,\ 0,\ 0,\ 0,\ 0,\ 0,\ 0,\ 0,\ 0,\ 0) \\
\boldsymbol{e}_{3}=\dfrac{1}{\sqrt{2}}(0,\ 0,\ 0,\ 0,\ 1,\ -1,\ 0,\ 0,\ 0,\ 0,\ 0,\ 0,\ 0,\ 0,\ 0,\ 0,\ 0,\ 0,\ 0,\ 0,\ 0) \\
\boldsymbol{e}_{4}=\dfrac{1}{\sqrt{2}}(0,\ 0,\ 0,\ 0,\ 0,\ 0,\ 1,\ -1,\ 0,\ 0,\ 0,\ 0,\ 0,\ 0,\ 0,\ 0,\ 0,\ 0,\ 0,\ 0,\ 0) \\
\boldsymbol{e}_{5}=\dfrac{1}{\sqrt{2}}(0,\ 0,\ 0,\ 0,\ 0,\ 0,\ 0,\ 0,\ 1,\ -1,\ 0,\ 0,\ 0,\ 0,\ 0,\ 0,\ 0,\ 0,\ 0,\ 0,\ 0) \\
\boldsymbol{e}_{6}=\dfrac{1}{\sqrt{2}}(0,\ 0,\ 0,\ 0,\ 0,\ 0,\ 0,\ 0,\ 0,\ 0,\ 1,\ -1,\ 0,\ 0,\ 0,\ 0,\ 0,\ 0,\ 0,\ 0,\ 0) \\
\boldsymbol{e}_{7}=\dfrac{1}{\sqrt{2}}(0,\ 0,\ 0,\ 0,\ 0,\ 0,\ 0,\ 0,\ 0,\ 0,\ 0,\ 0,\ 1,\ -1,\ 0,\ 0,\ 0,\ 0,\ 0,\ 0,\ 0) \\
\boldsymbol{e}_{8}=\dfrac{1}{\sqrt{2}}(0,\ 0,\ 0,\ 0,\ 0,\ 0,\ 0,\ 0,\ 0,\ 0,\ 0,\ 0,\ 0,\ 0,\ 1,\ -1,\ 0,\ 0,\ 0,\ 0,\ 0) \\
\boldsymbol{e}_{9}=\dfrac{1}{\sqrt{2}}(0,\ 0,\ 0,\ 0,\ 0,\ 0,\ 0,\ 0,\ 0,\ 0,\ 0,\ 0,\ 0,\ 0,\ 0,\ 0,\ 1,\ -1,\ 0,\ 0,\ 0) \\
\boldsymbol{e}_{10}=\dfrac{1}{\sqrt{2}}(0,\ 0,\ 0,\ 0,\ 0,\ 0,\ 0,\ 0,\ 0,\ 0,\ 0,\ 0,\ 0,\ 0,\ 0,\ 0,\ 0,\ 0,\ 1,\ -1,\ 0)
\end{cases}
$$

$$
\begin{cases}
\boldsymbol{e}_{11}=\dfrac{1}{2}(1,\ 1,\ -1,\ -1,\ 0,\ 0,\ 0,\ 0,\ 0,\ 0,\ 0,\ 0,\ 0,\ 0,\ 0,\ 0,\ 0,\ 0,\ 0,\ 0,\ 0)\ ,\ s=20 \\
\boldsymbol{e}_{12}=\dfrac{1}{2}(0,\ 0,\ 0,\ 0,\ 1,\ 1,\ -1,\ -1,\ 0,\ 0,\ 0,\ 0,\ 0,\ 0,\ 0,\ 0,\ 0,\ 0,\ 0,\ 0,\ 0) \\
\boldsymbol{e}_{13}=\dfrac{1}{2}(0,\ 0,\ 0,\ 0,\ 0,\ 0,\ 0,\ 0,\ 1,\ 1,\ -1,\ -1,\ 0,\ 0,\ 0,\ 0,\ 0,\ 0,\ 0,\ 0,\ 0) \\
\boldsymbol{e}_{14}=\dfrac{1}{2}(0,\ 0,\ 0,\ 0,\ 0,\ 0,\ 0,\ 0,\ 0,\ 0,\ 0,\ 0,\ 1,\ 1,\ -1,\ -1,\ 0,\ 0,\ 0,\ 0,\ 0) \\
\boldsymbol{e}_{15}=\dfrac{1}{2}(0,\ 0,\ 0,\ 0,\ 0,\ 0,\ 0,\ 0,\ 0,\ 0,\ 0,\ 0,\ 0,\ 0,\ 0,\ 0,\ 1,\ 1,\ -1,\ -1,\ 0) \\
\boldsymbol{e}_{16}=\dfrac{1}{\sqrt{8}}(1,\ 1,\ 1,\ 1,\ -1,\ -1,\ -1,\ -1,\ 0,\ 0,\ 0,\ 0,\ 0,\ 0,\ 0,\ 0,\ 0,\ 0,\ 0,\ 0,\ 0) \\
\boldsymbol{e}_{17}=\dfrac{1}{\sqrt{8}}(0,\ 0,\ 0,\ 0,\ 0,\ 0,\ 0,\ 0,\ 1,\ 1,\ 1,\ 1,\ -1,\ -1,\ -1,\ -1,\ 0,\ 0,\ 0,\ 0,\ 0) \\
\boldsymbol{e}_{18}=\dfrac{1}{4}(1,\ 1,\ 1,\ 1,\ 1,\ 1,\ 1,\ 1,\ 1,\ 1,\ 1,\ 1,\ 1,\ 1,\ 1,\ 1,\ 0,\ 0,\ 0,\ 0,\ 0) \\
\boldsymbol{e}_{19}=\dfrac{1}{\sqrt{80}}(1,\ 1,\ 1,\ 1,\ 1,\ 1,\ 1,\ 1,\ 1,\ 1,\ 1,\ 1,\ 1,\ 1,\ 1,\ 1,\ -4,\ -4,\ -4,\ -4,\ 0) \\
\boldsymbol{e}_{20}=\dfrac{1}{\sqrt{420}}(1,\ 1,\ 1,\ 1,\ 1,\ 1,\ 1,\ 1,\ 1,\ 1,\ 1,\ 1,\ 1,\ 1,\ 1,\ 1,\ 1,\ 1,\ 1,\ 1,\ 20)
\end{cases}
\tag{D.17}
$$

$$
\begin{cases}
\boldsymbol{e}_{1}=\dfrac{1}{\sqrt{2}}(1,\ -1,\ 0,\ 0,\ 0,\ 0,\ 0,\ 0,\ 0,\ 0,\ 0,\ 0,\ 0,\ 0,\ 0,\ 0,\ 0,\ 0,\ 0,\ 0,\ 0) \\
\boldsymbol{e}_{2}=\dfrac{1}{\sqrt{2}}(0,\ 0,\ 1,\ -1,\ 0,\ 0,\ 0,\ 0,\ 0,\ 0,\ 0,\ 0,\ 0,\ 0,\ 0,\ 0,\ 0,\ 0,\ 0,\ 0,\ 0) \\
\boldsymbol{e}_{3}=\dfrac{1}{\sqrt{2}}(0,\ 0,\ 0,\ 0,\ 1,\ -1,\ 0,\ 0,\ 0,\ 0,\ 0,\ 0,\ 0,\ 0,\ 0,\ 0,\ 0,\ 0,\ 0,\ 0,\ 0) \\
\boldsymbol{e}_{4}=\dfrac{1}{\sqrt{2}}(0,\ 0,\ 0,\ 0,\ 0,\ 0,\ 1,\ -1,\ 0,\ 0,\ 0,\ 0,\ 0,\ 0,\ 0,\ 0,\ 0,\ 0,\ 0,\ 0,\ 0) \\
\boldsymbol{e}_{5}=\dfrac{1}{\sqrt{2}}(0,\ 0,\ 0,\ 0,\ 0,\ 0,\ 0,\ 0,\ 1,\ -1,\ 0,\ 0,\ 0,\ 0,\ 0,\ 0,\ 0,\ 0,\ 0,\ 0,\ 0) \\
\boldsymbol{e}_{6}=\dfrac{1}{\sqrt{2}}(0,\ 0,\ 0,\ 0,\ 0,\ 0,\ 0,\ 0,\ 0,\ 0,\ 1,\ -1,\ 0,\ 0,\ 0,\ 0,\ 0,\ 0,\ 0,\ 0,\ 0) \\
\boldsymbol{e}_{7}=\dfrac{1}{\sqrt{2}}(0,\ 0,\ 0,\ 0,\ 0,\ 0,\ 0,\ 0,\ 0,\ 0,\ 0,\ 0,\ 1,\ -1,\ 0,\ 0,\ 0,\ 0,\ 0,\ 0,\ 0) \\
\boldsymbol{e}_{8}=\dfrac{1}{\sqrt{2}}(0,\ 0,\ 0,\ 0,\ 0,\ 0,\ 0,\ 0,\ 0,\ 0,\ 0,\ 0,\ 0,\ 0,\ 1,\ -1,\ 0,\ 0,\ 0,\ 0,\ 0)
\end{cases}
$$

$$\begin{cases}
\boldsymbol{e}_9=\frac{1}{\sqrt{2}}(0,0,0,0,0,0,0,0,0,0,0,0,0,0,0,0,1,-1,0,0,0,0)\\
\boldsymbol{e}_{10}=\frac{1}{\sqrt{2}}(0,0,0,0,0,0,0,0,0,0,0,0,0,0,0,0,0,0,1,-1,0,0)\\
\boldsymbol{e}_{11}=\frac{1}{\sqrt{2}}(0,0,0,0,0,0,0,0,0,0,0,0,0,0,0,0,0,0,0,0,1,-1)\\
\boldsymbol{e}_{12}=\frac{1}{2}(1,1,-1,-1,0,0,0,0,0,0,0,0,0,0,0,0,0,0,0,0,0,0)\\
\boldsymbol{e}_{13}=\frac{1}{2}(0,0,0,0,1,1,-1,-1,0,0,0,0,0,0,0,0,0,0,0,0,0,0)\\
\boldsymbol{e}_{14}=\frac{1}{2}(0,0,0,0,0,0,0,0,1,1,-1,-1,0,0,0,0,0,0,0,0,0,0)\\
\boldsymbol{e}_{15}=\frac{1}{2}(0,0,0,0,0,0,0,0,0,0,0,0,1,1,-1,-1,0,0,0,0,0,0)\\
\boldsymbol{e}_{16}=\frac{1}{2}(0,0,0,0,0,0,0,0,0,0,0,0,0,0,0,0,1,1,-1,-1,0,0)\\
\boldsymbol{e}_{17}=\frac{1}{\sqrt{8}}(1,1,1,1,-1,-1,-1,-1,0,0,0,0,0,0,0,0,0,0,0,0,0,0)\\
\boldsymbol{e}_{18}=\frac{1}{\sqrt{8}}(0,0,0,0,0,0,0,0,1,1,1,1,-1,-1,-1,-1,0,0,0,0,0,0)\\
\boldsymbol{e}_{19}=\frac{1}{4}(1,1,1,1,1,1,1,1,1,1,1,1,1,1,1,1,0,0,0,0,0,0)\\
\boldsymbol{e}_{20}=\frac{1}{\sqrt{80}}(1,1,1,1,1,1,1,1,1,1,1,1,1,1,1,1,-4,-4,-4,-4,0,0)\\
\boldsymbol{e}_{21}=\frac{1}{\sqrt{220}}(1,1,1,1,1,1,1,1,1,1,1,1,1,1,1,1,1,1,1,1,-10,-10)
\end{cases},$$

$$s=21 \tag{D.18}$$

$$\begin{cases}
\boldsymbol{e}_1=\frac{1}{\sqrt{2}}(1,-1,0,0,0,0,0,0,0,0,0,0,0,0,0,0,0,0,0,0,0,0)\\
\boldsymbol{e}_2=\frac{1}{\sqrt{2}}(0,0,1,-1,0,0,0,0,0,0,0,0,0,0,0,0,0,0,0,0,0,0)\\
\boldsymbol{e}_3=\frac{1}{\sqrt{2}}(0,0,0,0,1,-1,0,0,0,0,0,0,0,0,0,0,0,0,0,0,0,0)\\
\boldsymbol{e}_4=\frac{1}{\sqrt{2}}(0,0,0,0,0,0,1,-1,0,0,0,0,0,0,0,0,0,0,0,0,0,0)
\end{cases}$$

$$
\left\{
\begin{aligned}
\boldsymbol{e}_5 &= \frac{1}{\sqrt{2}}(0,\ 0,\ 0,\ 0,\ 0,\ 0,\ 0,\ 0,\ 1,\ -1,\ 0,\ 0,\ 0,\ 0,\ 0,\ 0,\ 0,\ 0,\ 0,\ 0,\ 0,\ 0,\ 0) \\
\boldsymbol{e}_6 &= \frac{1}{\sqrt{2}}(0,\ 0,\ 0,\ 0,\ 0,\ 0,\ 0,\ 0,\ 0,\ 0,\ 1,\ -1,\ 0,\ 0,\ 0,\ 0,\ 0,\ 0,\ 0,\ 0,\ 0,\ 0,\ 0) \\
\boldsymbol{e}_7 &= \frac{1}{\sqrt{2}}(0,\ 0,\ 0,\ 0,\ 0,\ 0,\ 0,\ 0,\ 0,\ 0,\ 0,\ 0,\ 1,\ -1,\ 0,\ 0,\ 0,\ 0,\ 0,\ 0,\ 0,\ 0,\ 0) \\
\boldsymbol{e}_8 &= \frac{1}{\sqrt{2}}(0,\ 0,\ 0,\ 0,\ 0,\ 0,\ 0,\ 0,\ 0,\ 0,\ 0,\ 0,\ 0,\ 0,\ 1,\ -1,\ 0,\ 0,\ 0,\ 0,\ 0,\ 0,\ 0) \\
\boldsymbol{e}_9 &= \frac{1}{\sqrt{2}}(0,\ 0,\ 0,\ 0,\ 0,\ 0,\ 0,\ 0,\ 0,\ 0,\ 0,\ 0,\ 0,\ 0,\ 0,\ 0,\ 1,\ -1,\ 0,\ 0,\ 0,\ 0,\ 0) \\
\boldsymbol{e}_{10} &= \frac{1}{\sqrt{2}}(0,\ 0,\ 0,\ 0,\ 0,\ 0,\ 0,\ 0,\ 0,\ 0,\ 0,\ 0,\ 0,\ 0,\ 0,\ 0,\ 0,\ 0,\ 1,\ -1,\ 0,\ 0,\ 0) \\
\boldsymbol{e}_{11} &= \frac{1}{\sqrt{2}}(0,\ 0,\ 0,\ 0,\ 0,\ 0,\ 0,\ 0,\ 0,\ 0,\ 0,\ 0,\ 0,\ 0,\ 0,\ 0,\ 0,\ 0,\ 0,\ 0,\ 1,\ -1,\ 0) \\
\boldsymbol{e}_{12} &= \frac{1}{2}(1,\ 1,\ -1,\ -1,\ 0,\ 0,\ 0,\ 0,\ 0,\ 0,\ 0,\ 0,\ 0,\ 0,\ 0,\ 0,\ 0,\ 0,\ 0,\ 0,\ 0,\ 0,\ 0) \\
\boldsymbol{e}_{13} &= \frac{1}{2}(0,\ 0,\ 0,\ 0,\ 1,\ 1,\ -1,\ -1,\ 0,\ 0,\ 0,\ 0,\ 0,\ 0,\ 0,\ 0,\ 0,\ 0,\ 0,\ 0,\ 0,\ 0,\ 0) \\
\boldsymbol{e}_{14} &= \frac{1}{2}(0,\ 0,\ 0,\ 0,\ 0,\ 0,\ 0,\ 0,\ 1,\ 1,\ -1,\ -1,\ 0,\ 0,\ 0,\ 0,\ 0,\ 0,\ 0,\ 0,\ 0,\ 0,\ 0) \\
\boldsymbol{e}_{15} &= \frac{1}{2}(0,\ 0,\ 0,\ 0,\ 0,\ 0,\ 0,\ 0,\ 0,\ 0,\ 0,\ 0,\ 1,\ 1,\ -1,\ -1,\ 0,\ 0,\ 0,\ 0,\ 0,\ 0,\ 0) \\
\boldsymbol{e}_{16} &= \frac{1}{2}(0,\ 0,\ 0,\ 0,\ 0,\ 0,\ 0,\ 0,\ 0,\ 0,\ 0,\ 0,\ 0,\ 0,\ 0,\ 0,\ 1,\ 1,\ -1,\ -1,\ 0,\ 0,\ 0) \\
\boldsymbol{e}_{17} &= \frac{1}{\sqrt{8}}(1,\ 1,\ 1,\ 1,\ -1,\ -1,\ -1,\ -1,\ 0,\ 0,\ 0,\ 0,\ 0,\ 0,\ 0,\ 0,\ 0,\ 0,\ 0,\ 0,\ 0,\ 0,\ 0) \\
\boldsymbol{e}_{18} &= \frac{1}{\sqrt{8}}(0,\ 0,\ 0,\ 0,\ 0,\ 0,\ 0,\ 0,\ 1,\ 1,\ 1,\ 1,\ -1,\ -1,\ -1,\ -1,\ 0,\ 0,\ 0,\ 0,\ 0,\ 0,\ 0) \\
\boldsymbol{e}_{19} &= \frac{1}{\sqrt{4}}(1,\ 1,\ 1,\ 1,\ 1,\ 1,\ 1,\ 1,\ 1,\ 1,\ 1,\ 1,\ 1,\ 1,\ 1,\ 1,\ 0,\ 0,\ 0,\ 0,\ 0,\ 0,\ 0) \\
\boldsymbol{e}_{20} &= \frac{1}{\sqrt{80}}(1,\ 1,\ 1,\ 1,\ 1,\ 1,\ 1,\ 1,\ 1,\ 1,\ 1,\ 1,\ 1,\ 1,\ 1,\ 1,\ -4,\ -4,\ -4,\ -4,\ 0,\ 0,\ 0) \\
\boldsymbol{e}_{21} &= \frac{1}{\sqrt{220}}(1,\ 1,\ 1,\ 1,\ 1,\ 1,\ 1,\ 1,\ 1,\ 1,\ 1,\ 1,\ 1,\ 1,\ 1,\ 1,\ 1,\ 1,\ 1,\ 1,\ -10,\ -10,\ 0) \\
\boldsymbol{e}_{22} &= \frac{1}{\sqrt{506}}(1,\ 1,\ 1,\ 1,\ 1,\ 1,\ 1,\ 1,\ 1,\ 1,\ 1,\ 1,\ 1,\ 1,\ 1,\ 1,\ 1,\ 1,\ 1,\ 1,\ 1,\ 1,\ 22)
\end{aligned}
\right. ,
$$

$$
s = 22 \qquad \text{(D.19)}
$$

$$
\begin{cases}
\boldsymbol{e}_1=\dfrac{1}{\sqrt{2}}(1, -1, 0, 0, 0, 0, 0, 0, 0, 0, 0, 0, 0, 0, 0, 0, 0, 0, 0, 0, 0, 0, 0, 0) \\
\boldsymbol{e}_2=\dfrac{1}{\sqrt{2}}(0, 0, 1, -1, 0, 0, 0, 0, 0, 0, 0, 0, 0, 0, 0, 0, 0, 0, 0, 0, 0, 0, 0, 0) \\
\boldsymbol{e}_3=\dfrac{1}{\sqrt{2}}(0, 0, 0, 0, 1, -1, 0, 0, 0, 0, 0, 0, 0, 0, 0, 0, 0, 0, 0, 0, 0, 0, 0, 0) \\
\boldsymbol{e}_4=\dfrac{1}{\sqrt{2}}(0, 0, 0, 0, 0, 0, 1, -1, 0, 0, 0, 0, 0, 0, 0, 0, 0, 0, 0, 0, 0, 0, 0, 0) \\
\boldsymbol{e}_5=\dfrac{1}{\sqrt{2}}(0, 0, 0, 0, 0, 0, 0, 0, 1, -1, 0, 0, 0, 0, 0, 0, 0, 0, 0, 0, 0, 0, 0, 0) \\
\boldsymbol{e}_6=\dfrac{1}{\sqrt{2}}(0, 0, 0, 0, 0, 0, 0, 0, 0, 0, 1, -1, 0, 0, 0, 0, 0, 0, 0, 0, 0, 0, 0, 0) \\
\boldsymbol{e}_7=\dfrac{1}{\sqrt{2}}(0, 0, 0, 0, 0, 0, 0, 0, 0, 0, 0, 0, 1, -1, 0, 0, 0, 0, 0, 0, 0, 0, 0, 0) \\
\boldsymbol{e}_8=\dfrac{1}{\sqrt{2}}(0, 0, 0, 0, 0, 0, 0, 0, 0, 0, 0, 0, 0, 0, 1, -1, 0, 0, 0, 0, 0, 0, 0, 0) \\
\boldsymbol{e}_9=\dfrac{1}{\sqrt{2}}(0, 0, 0, 0, 0, 0, 0, 0, 0, 0, 0, 0, 0, 0, 0, 0, 1, -1, 0, 0, 0, 0, 0, 0) \\
\boldsymbol{e}_{10}=\dfrac{1}{\sqrt{2}}(0, 0, 0, 0, 0, 0, 0, 0, 0, 0, 0, 0, 0, 0, 0, 0, 0, 0, 1, -1, 0, 0, 0, 0) \\
\boldsymbol{e}_{11}=\dfrac{1}{\sqrt{2}}(0, 0, 0, 0, 0, 0, 0, 0, 0, 0, 0, 0, 0, 0, 0, 0, 0, 0, 0, 0, 1, -1, 0, 0) \\
\boldsymbol{e}_{12}=\dfrac{1}{\sqrt{2}}(0, 0, 0, 0, 0, 0, 0, 0, 0, 0, 0, 0, 0, 0, 0, 0, 0, 0, 0, 0, 0, 0, 1, -1), \\
\boldsymbol{e}_{13}=\dfrac{1}{2}(1, 1, -1, -1, 0, 0, 0, 0, 0, 0, 0, 0, 0, 0, 0, 0, 0, 0, 0, 0, 0, 0, 0, 0) \\
\boldsymbol{e}_{14}=\dfrac{1}{2}(0, 0, 0, 0, 1, 1, -1, -1, 0, 0, 0, 0, 0, 0, 0, 0, 0, 0, 0, 0, 0, 0, 0, 0) \\
\boldsymbol{e}_{15}=\dfrac{1}{2}(0, 0, 0, 0, 0, 0, 0, 0, 1, 1, -1, -1, 0, 0, 0, 0, 0, 0, 0, 0, 0, 0, 0, 0) \\
\boldsymbol{e}_{16}=\dfrac{1}{2}(0, 0, 0, 0, 0, 0, 0, 0, 0, 0, 0, 0, 1, 1, -1, -1, 0, 0, 0, 0, 0, 0, 0, 0) \\
\boldsymbol{e}_{17}=\dfrac{1}{2}(0, 0, 0, 0, 0, 0, 0, 0, 0, 0, 0, 0, 0, 0, 0, 0, 1, 1, -1, -1, 0, 0, 0, 0) \\
\boldsymbol{e}_{18}=\dfrac{1}{\sqrt{8}}(1, 1, 1, 1, -1, -1, -1, -1, 0, 0, 0, 0, 0, 0, 0, 0, 0, 0, 0, 0, 0, 0, 0, 0) \\
\boldsymbol{e}_{19}=\dfrac{1}{\sqrt{8}}(0, 0, 0, 0, 0, 0, 0, 0, 1, 1, 1, 1, -1, -1, -1, -1, 0, 0, 0, 0, 0, 0, 0, 0)
\end{cases}
$$

$$
\begin{cases}
\boldsymbol{e}_{20}=\dfrac{1}{4}(1, 1, 1, 1, 1, 1, 1, 1, 1, 1, 1, 1, 1, 1, 1, 1, 0, 0, 0, 0, 0, 0, 0, 0) \\
\boldsymbol{e}_{21}=\dfrac{1}{\sqrt{80}}(1, 1, 1, 1, 1, 1, 1, 1, 1, 1, 1, 1, 1, 1, 1, 1, -4, -4, -4, -4, 0, 0, 0, 0) \\
\boldsymbol{e}_{22}=\dfrac{1}{\sqrt{220}}(1, 1, 1, 1, 1, 1, 1, 1, 1, 1, 1, 1, 1, 1, 1, 1, 1, 1, 1, 1, -10, -10, 0, 0) \\
\boldsymbol{e}_{23}=\dfrac{1}{\sqrt{264}}(1, 1, 1, 1, 1, 1, 1, 1, 1, 1, 1, 1, 1, 1, 1, 1, 1, 1, 1, 1, 1, 1, -11, -11)
\end{cases}
$$

$$s=23 \tag{D.20}$$

参考文献

[1] Conway JH, Sloane NJA. Sphere Packings, Lattices and Groups[M]. 3rd Edn, New York: Springer-Verlag, 1999.

附录 E　超球体中的概率

半径为 r 的 s 维超球体中的概率为

$$F(r,s)=\int_{\|\boldsymbol{x}\|\leqslant r}p(\boldsymbol{x})\mathrm{d}\boldsymbol{x}=\int_{x_1^2+\cdots+x_s^2\leqslant r}p(x_1,\cdots,x_s)\mathrm{d}x_1\cdots\mathrm{d}x_s \tag{E.1}$$

式中：$p(\boldsymbol{x})=p(x_1,\cdots,x_s)$，是一系列标准随机变量的联合概率密度函数。这里考虑独立正态分布，即

$$p(\boldsymbol{x})=\frac{1}{(2\pi)^{\frac{s}{2}}}e^{-\frac{x_1^2+\cdots+x_s^2}{2}} \tag{E.2}$$

采用多重积分等式

$$\int_{x_1^2+\cdots+x_s^2\leqslant r}f(\sqrt{x_1^2+\cdots+x_s^2})\mathrm{d}x_1\cdots\mathrm{d}x_s=r^s\frac{\pi^{\frac{s}{2}}}{\Gamma\left(\frac{s}{2}\right)}\int_0^1u^{\frac{s}{2}-1}f(r\sqrt{u})\mathrm{d}u \tag{E.3}$$

式中：$f(\cdot)$ 是任意可积函数。可以得到

$$\begin{aligned}F(r,s)&=\int_{\|\boldsymbol{x}\|\leqslant r}p(\boldsymbol{x})\mathrm{d}\boldsymbol{x}=\int_{x_1^2+\cdots+x_s^2\leqslant r}f(\sqrt{x_1^2+\cdots+x_s^2})\mathrm{d}x_1\cdots\mathrm{d}x_s\\&=r^s\frac{\pi^{\frac{s}{2}}}{\Gamma\left(\frac{s}{2}\right)}\int_0^1u^{\frac{s}{2}-1}\frac{1}{(2\pi)^{\frac{s}{2}}}e^{-\frac{(r\sqrt{u})^2}{2}}\mathrm{d}u=\frac{r^s}{2^{\frac{s}{2}}\Gamma\left(\frac{s}{2}\right)}\int_0^1u^{\frac{s}{2}-1}e^{-\frac{r^2u}{2}}\mathrm{d}u\\&=\frac{1}{\Gamma\left(\frac{s}{2}\right)}\int_0^{\frac{r^2}{2}}x^{\frac{s}{2}-1}e^{-x}\mathrm{d}u\end{aligned} \tag{E.4}$$

其中 Γ 函数是(Zayed，1996；Andrews et al.，2000)

$$\Gamma(t)=\int_0^{\infty}x^{t-1}e^{-x}\mathrm{d}x \tag{E.5}$$

若定义

$$\widetilde{\Gamma}(t,\gamma)=\int_0^{\gamma}x^{t-1}e^{-x}\mathrm{d}x \tag{E.6}$$

则式(E.4)变为

$$F(r, s)=\frac{\tilde{\Gamma}\left(\frac{s}{2}, \frac{r^2}{2}\right)}{\Gamma\left(\frac{s}{2}\right)}=\frac{\tilde{\Gamma}\left(\frac{s}{2}, \frac{r^2}{2}\right)}{\tilde{\Gamma}\left(\frac{s}{2}, \infty\right)} \tag{E.7}$$

其中根据式(E.5)和式(E.6)采用了 $\Gamma(t)=\tilde{\Gamma}(t, \infty)$。

为方便起见,下文分别对 s 是偶数和奇数的情形来考察式(E.4)的积分。

E.1 s 是偶数的情形

对 $s=2m$, $m\geqslant 1$ 的情形,式(E.7)变为

$$F(r, 2m)=\frac{\tilde{\Gamma}\left(m, \frac{r^2}{2}\right)}{\Gamma(m)}=\frac{\tilde{\Gamma}\left(m, \frac{r^2}{2}\right)}{\tilde{\Gamma}(m, \infty)} \tag{E.8}$$

式(E.6)中的积分为

$$\tilde{\Gamma}(m, \gamma)=G_1(m, 0)-G_1(m, \gamma) \tag{E.9}$$

其中

$$G_1(m, \gamma)=-\int_0^{\gamma} x^{m-1}e^{-x}\mathrm{d}x=e^{-x}\sum_{j=1}^{m}x^{m-j}\prod_{k=1}^{j-1}(m-k) \tag{E.10}$$

其中约定 $\prod_{k=1}^{0}(m-k)=1$。

因此

$$F(r, 2m)=\frac{\tilde{\Gamma}\left(m, \frac{r^2}{2}\right)}{\tilde{\Gamma}(m, \infty)}=\frac{1}{\Gamma(m)}\left[G_1(m, 0)-G_1\left(m, \frac{r^2}{2}\right)\right]=1-\frac{G_1\left(m, \frac{r^2}{2}\right)}{\Gamma(m)} \tag{E.11}$$

E.2 s 是奇数的情形

对 $s=2m+1$, $m\geqslant 0$ 的情形,式(E.7)变为

$$F(r,\ 2m+1)=\frac{\widetilde{\Gamma}\left(m+\frac{1}{2},\ \frac{r^2}{2}\right)}{\Gamma\left(m+\frac{1}{2}\right)}=\frac{\widetilde{\Gamma}\left(m+\frac{1}{2},\ \frac{r^2}{2}\right)}{\widetilde{\Gamma}\left(m+\frac{1}{2},\ \infty\right)} \tag{E.12}$$

根据式(E.6),可得

$$\widetilde{\Gamma}\left(\frac{1}{2},\ \frac{r^2}{2}\right)=\int_0^{\frac{r^2}{2}} x^{-\frac{1}{2}} e^{-x}\,\mathrm{d}x=2\int_0^{\frac{r}{\sqrt{2}}} e^{-z^2}\,\mathrm{d}z=2\sqrt{\pi}\left[\Phi(r)-\frac{1}{2}\right] \tag{E.13}$$

式中：$\Phi(r)=\int_{-\infty}^{r} e^{-z^2/2}/\sqrt{2\pi}\,\mathrm{d}z$，是标准正态分布的概率分布函数。

同理，有

$$\begin{aligned}\widetilde{\Gamma}\left(1+\frac{1}{2},\ \frac{r^2}{2}\right)&=\int_0^{\frac{r^2}{2}} x^{\frac{1}{2}} e^{-x}\,\mathrm{d}x=-x^{\frac{1}{2}}e^{-x}\Big|_{x=0}^{x=\frac{r^2}{2}}+\int_0^{\frac{r^2}{2}} e^{-x}\,\mathrm{d}x^{\frac{1}{2}}\\&=-\frac{r}{\sqrt{2}}e^{-\frac{r^2}{2}}+\int_0^{\frac{r}{\sqrt{2}}} e^{-z^2}\,\mathrm{d}z=\sqrt{\pi}\left[\Phi(r)-\frac{1}{2}\right]-\frac{r}{\sqrt{2}}e^{-\frac{r^2}{2}}\end{aligned} \tag{E.14}$$

进而对 $m \geqslant 2$

$$\widetilde{\Gamma}\left(m+\frac{1}{2},\ \frac{r^2}{2}\right)=\frac{\widetilde{\Gamma}\left(1+\frac{1}{2},\ \frac{r^2}{2}\right)}{2^{m-1}}\prod_{j=2}^{m}(2j-1)-G_2\left(m,\ \frac{r^2}{2}\right) \tag{E.15}$$

其中

$$G_2(m,\ x)=e^{-x}\sum_{j=2}^{m} x^{m-\frac{1}{2}-(j-2)}\prod_{k=2}^{j-1}\left[m-\frac{1}{2}-(k-2)\right] \tag{E.16}$$

若约定对 $m=0$ 和 $m=1$ 有 $\sum_{j=2}^{m} f_j(\cdot)=0$、且 $\prod_{k=2}^{1} f_k(\cdot)=1$，则可知对 $m=0$ 和 $m=1$，有 $G_2(m,\ x)=0$。

进而，将式(E.15)代入式(E.12)会导出

$$\begin{aligned}F(r,\ 2m+1)&=\frac{\widetilde{\Gamma}\left(m+\frac{1}{2},\ \frac{r^2}{2}\right)}{\Gamma\left(m+\frac{1}{2}\right)}=\frac{\widetilde{\Gamma}\left(m+\frac{1}{2},\ \frac{r^2}{2}\right)}{\widetilde{\Gamma}\left(m+\frac{1}{2},\ \infty\right)}\\&=1-\frac{G_2\left(m,\ \frac{r^2}{2}\right)}{\Gamma\left(m+\frac{1}{2}\right)}+2\left[\Phi(r)-1-\frac{r}{\sqrt{2\pi}}e^{-\frac{r^2}{2}}\right]\end{aligned} \tag{E.17}$$

式中：$\Gamma(m+1/2)=\sqrt{\pi}/2^m\prod_{j=1}^{m}(2j-1)$。

联立式(E.11)和式(E.17)，最终有

$$
F(r, s)=\frac{\widetilde{\Gamma}\left(\frac{s}{2}, \frac{r^2}{2}\right)}{\widetilde{\Gamma}\left(\frac{s}{2}, \infty\right)}
$$

$$
=\begin{cases} 1-\dfrac{G_1\left(m, \dfrac{r^2}{2}\right)}{\Gamma(m)}, & s=2m, m\geqslant 1 \\ 1-\dfrac{G_2\left(m, \dfrac{r^2}{2}\right)}{\Gamma\left(m+\dfrac{1}{2}\right)}+2\left[\Phi(r)-1-(1-\delta_{0m})\dfrac{r}{\sqrt{2\pi}}e^{-\frac{r^2}{2}}\right], & s=2m+1, m\geqslant 0 \end{cases} \tag{E.18}
$$

式中：$G_1(\cdot)$ 和 $G_2(\cdot)$ 分别由式(E.10)和式(E.16)给出。

由式(E.7)显然有

$$
F(r, s)\big|_{r=0}=0, F(r, s)\big|_{r\to\infty}=1 \tag{E.19}
$$

由式(E.18)给出的不同 s 下的概率 $F(r, s)$ 如图 7.24 所示。

E.3 $F(r, s)$的单调性

E.3.1 $F(r, s)$关于半径 r 的单调性

根据式(E.18)可得

$$
\frac{\partial F(r, 2m)}{\partial r}=\frac{1}{2^{m-1}\Gamma(m)}r^{2m-1}e^{-\frac{r^2}{2}} \tag{E.20}
$$

进而

$$
\frac{\partial^2 F(r, 2m)}{\partial r^2}=\frac{r^{2m-2}e^{-\frac{r^2}{2}}}{2^{m-1}\Gamma(m)}(2m-1-r^2) \tag{E.21}
$$

显然易知

$$
\frac{\partial F(r, 2m)}{\partial r}=0, r=0;\ \frac{\partial F(r, 2m)}{\partial r}>0, r>0 \tag{E.22}
$$

$$
\frac{\partial^2 F(r, 2m)}{\partial r^2}=0, r=0 \text{ or } \sqrt{2m-1} \tag{E.23}
$$

上述二式表明，对 s 是偶数的情形，$F(r, s)$ 随半径单调递增，且在 $r=\sqrt{2m-1}$ 处存

在拐点。

同理,由式(E.18)可得

$$\frac{\partial F(r,\ 2m+1)}{\partial r}=\sqrt{\frac{2}{\pi}}\,r^{2m}e^{-\frac{r^2}{2}} \tag{E.24}$$

$$\frac{\partial^2 F(r,\ 2m+1)}{\partial r^2}=\sqrt{\frac{2}{\pi}}\,(2m-r^2)r^{2m-1}e^{-\frac{r^2}{2}} \tag{E.25}$$

因此,有

$$\frac{\partial F(r,\ 2m+1)}{\partial r}=0,\ r=0;\ \frac{\partial F(r,\ 2m+1)}{\partial r}>0,\ r>0 \tag{E.26}$$

$$\frac{\partial^2 F(r,\ 2m+1)}{\partial r^2}=0,\ r=0\ \text{or}\ \sqrt{2m} \tag{E.27}$$

上述二式表明,对 s 是奇数的情形,$F(r,\ s)$ 随半径单调递增,且在 $r=\sqrt{2m}$ 处存在拐点。

式(E.22)、式(E.23)和式(E.26)、式(E.27)可以分别统一为

$$\frac{\partial F(r,\ s)}{\partial r}=0,\ r=0;\ \frac{\partial F(r,\ s)}{\partial r}>0,\ r>0 \tag{E.28}$$

$$\frac{\partial^2 F(r,\ s)}{\partial r^2}=0,\ r=0\ \text{or}\ \sqrt{s-1} \tag{E.29}$$

因此,在任何情形下 $F(r,\ s)$ 都是随半径单调递增的,且在 $r=\sqrt{s-1}$ 处存在拐点。

E.3.2 $F(r,\ s)$关于维数 s 的单调性

由式(E.18),有递推关系如下

$$F[r,\ 2(m+1)]=F(r,\ 2m)-\frac{1}{\Gamma(m+1)}\left(\frac{r^2}{2}\right)^m e^{-\frac{r^2}{2}},\ m\geqslant 1 \tag{E.30}$$

$$F[r,\ 2m+3]=F(r,\ 2m+1)-\frac{1}{\Gamma\left(\frac{2m+3}{2}\right)}\left(\frac{r^2}{2}\right)^{m+\frac{1}{2}} e^{-\frac{r^2}{2}},\ m\geqslant 0 \tag{E.31}$$

上述二式可以写为统一形式

$$F(r,\ s+2)=F(r,\ s)-\frac{1}{\Gamma\left(\frac{s}{2}+1\right)}\left(\frac{r^2}{2}\right)^{\frac{s}{2}} e^{-\frac{r^2}{2}},\ s\geqslant 1 \tag{E.32}$$

显然有

$$F(r,\ s+2)<F(r,\ s),\ r>0 \tag{E.33}$$

这表明,随着维数增加,相同半径的超球体内所含概率至少以阶跃的形式减小。

若记

$$F_{s_1 s_2}(r) = F(r,\ s_1) - F(r,\ s_2) \tag{E.34}$$

则可以证明

$$F_{43}(r) < 0,\ F_{32}(r) < 0,\ F_{21}(r) < 0,\ r > 0 \tag{E.35}$$

且 $F_{43}(r)$、$F_{32}(r)$ 和 $F_{21}(r)$ 的最小值分别出现在 $r = \sqrt{2/\pi}$、$\sqrt{\pi/2}$ 和 $2\sqrt{2/\pi}$ 处。

根据上述观测,可猜想

$$F_{s+1,\ s}(r) < 0,\ r > 0,\ s \geqslant 1 \tag{E.36}$$

成立,且 $F_{s+1,\ s}(r)$ 最小值在 r 上的出现位置随 s 增大。

图 7.24 中可以清楚地观察到超球体 $F(r,\ s)$ 中所含概率的单调性。

参考文献

[1] Andrews GE, Askey R, Roy R. Special Functions[M]. Cambridge: Cambridge University Press, 2000.

[2] Zayed AI. Handbook of Function and Generalized Function Transformations[M]. Boca Raton: CRC Press, 1996.

附录 F　谱矩

在基于跨越假定的首次超越概率分析中，谱参数和跨越率的计算很实用。这里将分别介绍。

根据式(2.81)，平稳随机过程的自功率谱密度 $S_X(\omega)$ 是偶函数，因而平稳随机过程的 n 阶谱矩可以定义为

$$\alpha_n = \int_0^\infty \omega^n G_X(\omega)\mathrm{d}\omega,\ n = 0,\ 1,\ 2,\ \cdots \tag{F.1}$$

式中：$G_X(\omega)$ 是单边功率谱密度。

由上式可以进一步定义下述谱参数

$$\gamma_1 = \frac{\alpha_1}{\alpha_0} \tag{F.2}$$

$$\gamma_2 = \sqrt{\frac{\alpha_2}{\alpha_0}} \tag{F.3}$$

$$q = \sqrt{1 - \frac{\alpha_1^2}{\alpha_0 \alpha_2}} = \sqrt{\frac{\gamma_2^2 - \gamma_1^2}{\gamma_2^2}} \tag{F.4}$$

式中：γ_1 是 $G_X(\omega)$ 形心处的频率，一般表示谱密度的中心；γ_2 是 $G_X(\omega)$ 关于坐标原点的回转半径；q 是 $G_X(\omega)$ 关于频率 γ_1 的回转半径和 γ_2 之比[①]。q 的值在零至 1 上变化。q 的值越小，$G_X(\omega)$ 的图形越窄；相反，q 的值越大，$G_X(\omega)$ 的图形越宽。通常 $0 \leqslant q \leqslant 0.35$ 的随机过程称为窄带随机过程，而若 $q = 1$，则为白噪声。

谱参数如图 F.1 所示。

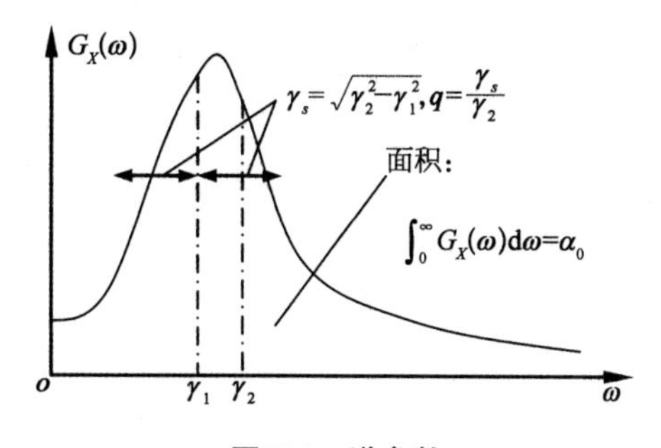

图 F.1　谱参数

对于非平稳随机过程，当引入演变功率谱密度的概念后(参见 5.3.2 节)，n 阶谱矩可以定义为

---

① q 的物理意义应为 $G_X(\omega)$ 关于形心坐标(即 γ_1) 的回转半径和 $G_X(\omega)$ 关于原点的回转半径(即 γ_2) 之比，即 $G_X(\omega)$ 关于形心坐标的惯性矩和 $G_X(\omega)$ 关于原点的惯性矩(即 α_2) 之比的开方。它是一个无量纲量。q 越小，说明在原点惯性矩不变的条件下，形心惯性矩越小，即 $G_X(\omega)$ 的值越向形心坐标(即 γ_1) 附近集中，即 $G_X(\omega)$ 的图像越窄。——译者注

$$\alpha_n(t)=\int_0^{\infty}\omega^n G_X(\omega,\ t)\mathrm{d}\omega,\ n=0,\ 1,\ 2,\ \cdots \tag{F.5}$$

显然,非平稳随机过程的谱矩是时间的函数。因此,通过谱矩定义的谱参数也与时间有关

$$\gamma_1(t)=\frac{\alpha_1(t)}{\alpha_0(t)} \tag{F.6}$$

$$\gamma_2(t)=\sqrt{\frac{\alpha_2(t)}{\alpha_0(t)}} \tag{F.7}$$

$$q(t)=\sqrt{1-\frac{\alpha_1^2(t)}{\alpha_0(t)\alpha_2(t)}}=\sqrt{\frac{\gamma_2^2(t)-\gamma_1^2(t)}{\gamma_2^2(t)}} \tag{F.8}$$

若将 $G_X(\omega,\ t)$ 理解为瞬时功率谱密度,则在特定的时间点,上述谱参数的几何意义如图 F.1 所示。

附录 G　数论法中的母向量

如 7.3.3 节所述，数论法中，可以通过式(7.140)

$$\begin{cases} \hat{x}_{j,k} = (2kQ_j - 1)\bmod(2n), \quad j=1, \cdots, s, k=1, \cdots, n \\ x_{j,k} = \dfrac{\hat{x}_{j,k}}{2n} \end{cases} \tag{G.1}$$

生成超立方体 $C^s=[0, 1]^s$ 上的均匀点集 $\mathcal{P}_{\mathrm{NTM}}=\{\boldsymbol{x}_k=(x_{1,k}, \cdots, x_{s,k}) \mid k=1, \cdots, n\}$。

或等价地有

$$x_{j,k}=\frac{2kQ_j-1}{2n}-\operatorname{int}\left(\frac{2kQ_j-1}{2n}\right), j=1, \cdots, s, k=1, \cdots, n \tag{G.2}$$

这里整数向量 $(n, Q_1, \cdots, Q_s)$ 称为母向量。

表 G.1 至表 G.12 是母参数，可以生成较好的均匀点集(华罗庚 & 王元，1978)。

表 G.1　$s=2(n=F_m, Q_1=1, Q_2=F_{m-1})$

n	8	13	21	34	55	89	144	233	377	610
Q_2	5	8	13	21	34	55	89	144	233	377
n	987	1 597	2 584	4 181	6 765	10 946	17 711	28 657	46 368	75 025
Q_2	610	987	1 597	2 584	4 181	6 765	10 946	17 711	28 657	46 368

表 G.2　$s=3, Q_1=1$

n	35	101	135	185	266	418	597	828	1 010
Q_2	11	40	29	26	27	90	63	285	140
Q_3	16	85	42	64	69	130	169	358	237
n	1 220	1 459	1 626	1 958	2 440	3 237	4 044	5 037	6 066
Q_2	319	256	572	202	638	456	400	580	600
Q_3	510	373	712	696	1 002	1 107	1 054	1 997	1 581

续 表

n	8 191	10 007	20 039	28 117	39 029	57 091	82 001	140 052	314 694
Q_2	739	544	5 704	19 449	10 607	48 188	21 252	34 590	77 723
Q_3	5 515	5 733	12 319	5 600	26 871	21 101	67 997	112 313	252 365

表 G.3 $s=4$, $Q_1=1$

n	307	562	701	1 019	2 129	3 001	4 001	5 003	6 007
Q_2	42	53	82	71	766	174	113	792	1 351
Q_3	229	89	415	765	1 281	266	766	1 889	5 080
Q_4	101	221	382	865	1 906	1 269	2 537	191	3 086
n	8 191	10 007	20 039	28 117	39 029	57 091	82 001	100 063	147 312
Q_2	2 448	1 206	19 668	17 549	30 699	52 590	57 270	92 313	136 641
Q_3	5 939	3 421	17 407	1 900	34 367	48 787	58 903	24 700	116 072
Q_4	7 859	2 842	14 600	24 455	605	38 790	17 672	95 582	76 424

表 G.4 $s=5$, $Q_1=1$

n	1 069	1 543	2 129	3 001	4 001	5 003	6 007	8 191
Q_2	63	58	618	408	1 534	840	509	1 386
Q_3	762	278	833	1 409	568	117	780	4 302
Q_4	970	694	1 705	1 681	3 095	3 593	558	7 715
Q_5	177	134	1 964	1 620	2 544	1 311	1693	3 735
n	10 007	15 019	20 039	33 139	51 097	71 053	100 063	374 181
Q_2	198	10 641	11 327	32 133	44 672	33 755	90 036	343 867
Q_3	9 183	2 640	11 251	17 866	45 346	65 170	77 477	255 381
Q_4	6 967	6 710	12 076	21 281	7 044	12 740	27 253	310 881
Q_5	5 807	784	18 677	32 247	14 242	6 878	6 222	115 892

表 G.5 $s=6$, $Q_1=1$

n	2 129	3 001	4 001	5 003	6 007	8 191	10 007	15 019
Q_2	41	233	1 751	2 037	312	1 632	2 240	8 743
Q_3	1 681	271	1 235	1 882	1 232	1 349	4 093	8 358

续 表

n	2 129	3 001	4 001	5 003	6 007	8 191	10 007	15 019
Q_4	793	122	1 945	1 336	5 943	6 380	1 908	6 559
Q_5	578	1 417	844	4 803	4 060	1 399	931	2 795
Q_6	279	51	1 475	2 846	5 250	6 070	3 984	772
n	20 039	33 139	51 097	71 053	100 063	114 174	302 686	
Q_2	5 557	18 236	9 931	18 010	43 307	107 538	285 095	
Q_3	150	1 831	7 551	3 155	15 440	88 018	233 344	
Q_4	11 951	19 143	29 683	50 203	39 114	15 543	41 204	
Q_5	2 461	5 522	44 446	6 065	43 534	80 974	214 668	
Q_6	9 179	22 910	17 340	13 328	29 955	56 747	150 441	

表 G.6 $s=7,\ Q_1=1$

n	3 997	11 215	15 019	24 041	33 139	46 213	57 091	71 053
Q_2	3 888	10 909	12 439	1 833	7 642	37 900	35 571	31 874
Q_3	3 564	10 000	2 983	18 190	9 246	17 534	45 299	36 082
Q_4	3 034	8 512	8 607	21 444	5 584	41 873	51 436	13 810
Q_5	2 311	6 485	7 041	23 858	23 035	32 280	34 679	6 605
Q_6	1 417	3 976	7 210	1 135	32 241	15 251	1 472	68 784
Q_7	375	1 053	6 741	12 929	30 396	26 909	8 065	9 848
n	84 523	100 063	172 155	234 646	462 891	769 518	957 838	
Q_2	82 217	39 040	167 459	228 245	450 265	748 528	931 711	
Q_3	75 364	62 047	153 499	209 218	412 730	686 129	854 041	
Q_4	64 149	89 839	130 657	178 084	351 310	584 024	726 949	
Q_5	48 878	6 347	99 554	135 691	267 681	444 998	553 900	
Q_6	29 969	30 892	61 040	83 197	164 124	272 843	339 614	
Q_7	7 936	64 404	18 165	22 032	43 464	72 255	89 937	

表 G.7 $s=8,\ Q_1=1$

n	3 997	11 215	24 041	28 832	33 139	46 213	57 091	71 053
Q_2	3 888	10 909	17 441	27 850	3 520	5 347	17 411	60 759
Q_3	3 564	10 000	21 749	24 938	29 553	30 775	46 802	26 413
Q_4	3 034	8 512	5 411	20 195	3 239	35 645	9 779	24 409

续 表

n	3 997	11 215	24 041	28 832	33 139	46 213	57 091	71 053
Q_5	2 311	6 485	12 326	13 782	1 464	11 403	16 807	48 215
Q_6	1 417	3 976	3 144	5 918	16 735	16 894	35 302	51 048
Q_7	375	1 053	21 024	25 703	19 197	32 016	1 416	19 876
Q_8	3 211	9 010	6 252	15 781	3 019	16 600	47 755	29 096

n	84 523	100 063	172 155	234 646	462 891	769 518	957 838
Q_2	82 217	4 344	167 459	228 245	450 265	748 528	931 711
Q_3	75 364	58 492	153 499	209 218	412 730	686 129	854 041
Q_4	64 149	29 291	130 657	178 084	351 310	584 024	726 949
Q_5	48 878	60 031	99 554	135 691	267 681	444 998	553 900
Q_6	29 969	10 486	61 040	83 197	164 124	272 843	339 614
Q_7	7 936	22 519	18 165	22 032	43 464	72 255	89 937
Q_8	67 905	60 985	138 308	188 512	371 882	618 224	769 518

表 G.8　$s=9$, $Q_1=1$

n	3 997	11 215	33 139	42 570	46 213	57 091	71 053
Q_2	3 888	10 909	68	41 409	8 871	20 176	26 454
Q_3	3 564	10 000	4 624	37 957	40 115	12 146	13 119
Q_4	3 034	8 512	16 181	32 308	20 065	23 124	27 174
Q_5	2 311	6 485	6 721	24 617	30 352	2 172	17 795
Q_6	1 417	3 976	26 221	15 094	15 654	33 475	22 805
Q_7	375	1 053	26 661	3 997	42 782	5 070	43 500
Q_8	3 211	9 010	23 442	34 200	17 966	42 339	45 665
Q_9	1 962	5 506	3 384	20 901	33 962	36 122	49 857

n	100 063	159 053	172 155	234 646	462 891	769 528	957 838
Q_2	70 893	60 128	167 459	228 245	450 265	748 528	931 711
Q_3	53 211	101 694	153 499	209 218	412 730	686 129	854 041
Q_4	12 386	23 300	130 657	178 084	351 310	584 024	726 949
Q_5	27 873	43 576	99 554	135 691	267 681	444 998	553 900
Q_6	56 528	57 659	61 040	83 197	164 124	272 843	339 614
Q_7	16 417	42 111	18 165	22 032	43 464	72 255	89 937
Q_8	17 628	85 501	138 308	188 512	371 882	618 224	769 518
Q_9	14 997	93 062	84 523	115 204	227 266	377 811	470 271

表 G.9　$s=10$, $Q_1=1$

n	4 661	13 587	24 076	58 358	85 633	103 661	115 069	130 703	155 093	805 098
Q_2	4 574	13 334	23 628	57 271	37 677	45 681	65 470	64 709	90 485	790 101
Q_3	4 315	12 579	22 290	54 030	35 345	57 831	650	53 373	20 662	745 388
Q_4	3 889	11 337	20 090	48 695	3 864	80 987	95 039	17 385	110 048	671 792
Q_5	3 304	9 631	17 066	41 366	54 821	9 718	77 293	5 244	102 308	570 685
Q_6	2 570	7 492	13 276	32 180	74 078	51 556	98 366	29 008	148 396	443 949
Q_7	1 702	4 961	8 790	21 307	30 354	55 377	70 366	52 889	125 399	293 946
Q_8	715	2 084	3 692	8 950	57 935	37 354	74 605	66 949	124 635	123 470
Q_9	4 289	12 502	22 153	53 697	51 906	4 353	55 507	51 906	10 480	740 795
Q_{10}	3 122	9 100	16 125	39 086	56 279	27 595	49 201	110 363	44 198	539 222

表 G.10　$s=11$, $Q_1=1$

n	4 661	13 587	24 076	58 358	297 974	689 047	1 243 423	2 226 963	7 494 007
Q_2	4 574	13 334	23 628	57 271	294 481	685 041	1 228 845	2 200 854	7 354 408
Q_3	4 315	12 579	22 290	54 030	284 041	646 274	1 185 282	2 122 833	6 838 211
Q_4	3 889	11 337	20 090	48 695	266 778	582 461	1 113 244	1 993 814	6 253 169
Q_5	3 304	9 631	17 066	41 366	242 894	494 796	1 013 577	1 815 311	5 312 043
Q_6	2 570	7 492	13 276	32 180	212 668	384 914	887 449	1 589 415	4 132 365
Q_7	1 702	4 961	8 790	21 307	176 456	254 860	736 338	1 318 777	2 736 109
Q_8	715	2 084	3 692	8 950	134 682	107 051	562 016	1 006 567	1 149 286
Q_9	4 289	12 502	22 153	53 697	87 835	642 292	366 527	656 448	6 895 461
Q_{10}	3 122	9 100	16 125	39 086	36 464	467 527	152 163	272 523	5 019 180
Q_{11}	1 897	5 529	9 797	23 747	279 147	284 044	1 164 860	2 086 257	3 049 402

表 G.11　$s=12, 13, 14$, $Q_1=1$

n	18 984	53 328	77 431	297 974	1 243 423	2 428 705	14 753 436	19 984 698	34 248 063
Q_2	18 761	52 703	76 523	294 481	1 228 845	2 400 231	14 580 465	19 984 698	34 248 063
Q_3	18 096	50 834	73 810	284 041	1 185 282	2 315 141	14 063 582	19 050 236	32 646 662
Q_4	16 996	47 745	69 324	266 778	1 113 244	2 174 435	13 208 845	17 892 427	30 662 508
Q_5	15 475	43 470	63 118	242 894	1 013 577	1 979 761	12 026 276	16 290 543	27 917 337
Q_6	13 549	38 061	55 264	212 668	887 449	1 733 402	10 529 739	14 263 366	24 443 334
Q_7	11 242	31 580	45 854	176 456	736 338	1 438 245	8 736 780	11 834 661	20 281 228
Q_8	8 581	24 104	34 998	134 682	562 016	1 097 753	6 668 420	9 032 903	15 479 816
Q_9	5 596	15 720	22 825	87 835	366 527	715 916	4 348 908	5 890 941	10 095 390

续 表

n	18 984	53 328	77 431	297 974	1 243 423	2 428 705	14 753 436	19 984 698	34 248 063
Q_{10}	2 323	6 526	9 476	36 464	152 163	297 211	1 805 439	2 445 610	4 191 077
Q_{11}	17 785	49 959	72 539	279 147	1 164 860	2 275 252	13 821 268	18 722 002	32 084 164
Q_{12}	14 053	39 477	57 320	220 583	920 477	1 797 913	10 921 619	14 794 199	25 353 030
Q_{13}	10 158	28 534	41 430	159 433	665 302	1 299 495	7 893 924	10 692 946	18 324 655
Q_{14}	6 143	17 255	25 054	96 414	402 327	785 841	4 773 681	6 466 329	11 081 440

表 G.12 $s=15, 16, 17, 18, Q_1=1$

n	70 864	139 489	1 139 691	2 422 957	4 395 774	14 271 038	55 879 244
Q_2	70 353	138 484	1 131 480	2 398 094	4 364 102	14 168 215	55 476 633
Q_3	68 825	135 476	1 106 904	2 323 761	4 269 316	13 860 486	54 271 700
Q_4	66 291	130 487	1 066 142	2 200 720	4 112 097	13 350 069	52 273 127
Q_5	62 768	123 553	1 009 487	2 030 234	3 893 578	12 640 642	49 495 314
Q_6	58 283	114 724	937 347	1 814 052	3 615 335	11 737 315	45 958 274
Q_7	52 867	104 063	850 242	1 554 392	3 279 371	10 646 597	41 687 493
Q_8	46 559	91 647	748 799	1 253 920	2 888 108	9 376 347	36 713 742
Q_9	39 405	77 566	633 750	915 717	2 444 365	7 935 718	31 072 856
Q_{10}	31 457	61 921	505 923	543 256	1 951 338	6 335 088	24 805 477
Q_{11}	22 772	44 825	366 239	140 357	1 412 580	4 585 990	17 956 764
Q_{12}	13 412	26 401	215 705	2 134 112	831 972	2 701 027	10 576 061
Q_{13}	3 445	6 781	55 406	1 683 011	213 699	693 780	50 314 090
Q_{14}	63 806	125 597	1 026 186	1 214 641	3 957 988	12 849 750	41 669 876
Q_{15}	52 844	104 019	849 882	733 806	3 277 986	10 642 098	32 725 430
Q_{16}	41 501	81 691	667 455	—	2 574 365	8 357 770	23 545 197
Q_{17}	29 859	58 775	480 219	—	1 852 197	6 013 224	14 195 319
Q_{18}	18 002	35 435	289 522	—	1 116 683	3 625 352	2 716 545

参考文献

[1] 华罗庚，王元. 数论在近似分析中的应用[M]. 北京：科学出版社，1978.

全书参考文献

（各章节未列入部分）

[1] Abramowitz M, Stegun I A. Handbook of Mathematical Functions with Formulas, Graphs, and Mathematical Tables[M]. Washington DC: Dover Publications, 1964.

[2] Aleksandrov A D, Kolmogorov A N, Lavrent'ev M A. Mathematics: Its Content, Methods and Meaning[M]. Washington DC: Dover Publications, 1999.

[3] Augusti G, Baratta A, Casciati F. Probabilistic Methods in Structural Engineering[M]. London: Chapman & Hall, 1984.

[4] Baecher G B, Ingra T S. Stochastic FEM in settlement predictions[J]. Journal of Geotechnical Engineering Division, 1981, 107 (GT4): 449 - 463.

[5] Benaroya H, Rehak M. Finite element methods in probabilistic structural analysis: A selective review[J]. Applied Mechanic Reviews, 1988, 41(5): 201 - 213.

[6] Bontempi F, Faravelli L. Lagrangian/Eulerian description of dynamic system[J]. Journal of Engineering Mechanics, 1998, 124(8): 901 - 911.

[7] Boyce E W, Goodwin B E. Random transverse vibration of elastic beams[J]. SIAM Journal, 1964, 12(3): 613 - 629.

[8] Casciati F, Magonette G, Marazzi F. Technology of Semiactive Devices and Applications in Vibration Mitigation[M]. Chichester: John Wiley & Sons, 2006.

[9] Chen J B, Li J. Extreme value distribution and dynamic reliability of stochastic structures[C]. Proceedings of the 21st International Congress of Theoretical & Applied Mechanics, Warsaw, Poland, 2004.

[10] Chen J B, Li J. The extreme value distribution and reliability of nonlinear stochastic structures[J]. Earthquake Engineering & Engineering Vibration, 2005, 4(2): 275 - 286.

[11] Chen J B, Li J. Development-process-of-nonlinearity-based reliability evaluation of structures[J]. Probabilistic Engineering Mechanics, 2007, 22(3): 267 - 275.

[12] Cheng F Y. Matrix Analysis of Structural Dynamics: Applications and Earthquake Engineering [M]. New York: Marcel Dekker, 2001.

[13] Chu S Y, Soong T T, Reinhorn A M. Active, Hybrid and Semi-active Structural Control — A Design and Implementation Handbook[M]. New York: John Wiley & Sons, 2005.

[14] Cornell C A. First order uncertainty analysis in soils deformation and stability[C]. Hong Kong: Proceedings of the 1st International Conference on Applications of Statistics & Probability to Soil & Structural Engineering, 1971.

[15] Dendrou B, Houstis E. An inference finite element model for field problems[J]. Applied Mathematical Modelling, 1978, 1: 109 - 114.

[16] Deodatis G. Bounds on response variability of stochastic finite element systems[J]. Journal of

Engineering Mechanics, 1990, 116(3): 565 - 586.

[17] Der Kiureghian A, Li C C, Zhang Y. Recent developments in stochastic finite elements[C]. Munich: Proceedings of the 4th IFIP Working Group 7.5 Conference, 1991.

[18] Der Kiureghian A, Ke J B. The stochastic finite element method in structural reliability[J]. Probabilistic Engineering Mechanics, 1988, 3(2): 83 - 91.

[19] Dyke S J, Spencer B F Jr, Sain M K, et al. Modeling and control of magnetorheological dampers for seismic response reduction[J]. Smart Materials & Structures, 1996, 5: 565 - 575.

[20] Foliente G C. Hysteresis modeling of wood joints and structural systems[J]. Journal of Structural Engineering, 1995, 121(6): 1013 - 1022.

[21] Friedman J H, Wright M H. A nested partitioning procedure for numerical multiple integration [J]. ACM Transactions on Mathematical Software, 1981, 7(1): 76 - 92.

[22] Ghanem R, Spanos P D. Polynomial chaos in stochastic finite elements[J]. Journal of Applied Mechanics, 1990, 57: 197 - 202.

[23] Ghanem R, Spanos P D. Spectral stochastic finite-element formulation for reliability analysis[J]. Journal of Engineering Mechanics, 1991, 117(10): 2351 - 2372.

[24] Haken H. Synergetics: Introduction and Advanced Topics[M]. Berlin: Springer, 2004.

[25] Hart G C, Collins J D. The treatment of randomness in finite element modeling[C]. Los Angeles: Proceedings of SAE Shock & Vibrations Symposium, 1970.

[26] Hasselman T K, Hart G E. Model analysis of random structural systems[J]. Journal of the Engineering Mechanics Division, 1972, 98(2): 561 - 586.

[27] Hisada T, Nakagiri S, Nagasaki T. Stochastic finite element analysis of uncertain intrinsic stresses caused by structural misfits[C]. Chicago: Proceedings of the 7th International Conference on Structural Mechanics in Reactor Technology, 1983.

[28] Hisada T, Nakagiri S. Role of the stochastic finite element method in structural safety and reliability[C]. Kobe: Proceedings of the 4th International Conference on Structural Safety & Reliability, 1985.

[29] Hsiang W Y. Least Action Principle of Crystal of Dense Packing Type and the Proof of Kepler's Conjecture[M]. River Edge: World Scientific, 2002.

[30] Jansen L M, Dyke S J. Semiactive control strategies for MR dampers: Comparative study[J]. Journal of Engineering Mechanics, 2000, 126(8): 795 - 803.

[31] Jensen H A, Iwan W D. Response variability in structural dynamics[J]. Earthquake Engineering & Structural Dynamics, 1991, 20: 949 - 959.

[32] Jensen H A, Iwan W D. Response of systems with uncertain parameters to stochastic excitation [J]. Journal of Engineering Mechanics, 1992, 118(5): 1012 - 1025.

[33] Klein M. Mathematical Thought from Ancient to Modern Times[M]. Oxford: Oxford University Press, 1990.

[34] Kolmogorov A N, Fomin S V. Elements of the Theory of Functions and Functional Analysis[M]. New York: Dover Publications, 1999.

[35] Kubo T, Penzien J. Simulation of three-dimensional strong ground motions along principal axes, San Fernando earthquake[J]. Earthquake Engineering & Structural Dynamics, 1979, 7(3): 279 - 294.

[36] Kulikovskii A G, Pogorelov N V, Semenov A Y. Mathematical Aspects of Numerical Solution of Hyperbolic Systems[M]. Boca Raton: Chapman & Hall/CRC, 2001.

[37] Li J, Wei X. Dynamic reliability study of stochastic structures based on the expanded order system method[C]. Beijing: Proceedings of the 2nd China-Japan Symposium on Structural Optimization & Mechanical Systems, 1995.

[38] Li J, Liao S T. Response analysis of stochastic parameter structures under non-stationary random excitation[J]. Computational Mechanics, 2001, 27(1): 61 - 68.

[39] Li J, Chen J B. Stochastic seismic response analysis and reliability evaluation of hysteretic structures[C]. Nanjing: Proceedings of the International Symposium on Innovation & Sustainability of Structures in Civil Engineering, 2005.

[40] Li J, Chen J B. The dimension-reduction strategy via mapping for the probability density evolution analysis of nonlinear stochastic systems[J]. Probabilistic Engineering Mechanics, 2006, 21(4): 442 - 453.

[41] Li J, Chen H M, Chen J B. Studies on seismic performances of the prestressed egg-shaped digester with shaking table test[J]. Engineering Structures, 2007, 29(4): 552 - 566.

[42] Li J, Chen J B. Probability density evolution equations: A historical investigation[C]. Nanjing: Proceedings of the International Symposium on Advances in Urban Safety, 2007.

[43] Li J, Chen J B, Zhang L L. PDEM-based modeling of random variable and stochastic process[C]. Changsha: Proceedings of the 2nd International Conference on Structural Condition Assessment, Monitoring & Improvement, 2007.

[44] Li Z, Katubura H. Markovian hysteretic characteristic of structures[J]. Journal of Engineering Mechanics, 1990, 116(8): 1798 - 1811.

[45] Liu J S. Monte Carlo Strategies in Scientific Computing[M]. New York: Springer-Verlag, 2001.

[46] Liu P L, Liu K G. Selection of random field mesh in finite element reliability analysis[J]. Journal of Engineering Mechanics, 1993, 119(4): 667 - 680.

[47] Liu W K, Ong J S, Uras R A. Finite element stabilization matrices: a unification approach[J]. Computer Methods in Applied Mechanics & Engineering, 1985, 53: 13 - 46.

[48] Liu W K, Belytschko T, Mani A. Random fields finite elements[J]. International Journal for Numerical Methods in Engineering, 1986, 23: 1831 - 1845.

[49] Liu W K, Belytschko T, Mani A. Applications of probabilistic finite element methods in elastic/plastic dynamics[J]. Journal of Engineering for Industry, 1987, 109(1): 2 - 8.

[50] Liu W K, Belytschko T, Chen J S. Nonlinear versions of flexurally superconvergent elements[J]. Computer Methods in Applied Mechanics & Engineering, 1988, 68(3): 259 - 310.

[51] Liu W K, Bestefield G, Belytschko T. Variational approach to probabilistic finite elements[J]. Journal of Engineering Mechanics, 1988, 114(12): 2115 - 2133.

[52] Loève M. Fonctions Aleatoires du Second Ordre. Supplement au livre P. Levy. Processus Stochastic et Mouvement Brownien[M]. Paris: Gauthier Villars, 1948.

[53] Madsen H O, Krenk S, Lind N C. Methods of Structural Safety[M]. Englewood Cliffs: Prentice-Hall, 1986.

[54] Madsen H O, Tvedt L. Methods for time-dependent reliability and sensitivity analysis[J]. Journal of Engineering Mechanics, 1990, 116(10): 2118 - 2135.

[55] McShane E J. The calculus of variations from the beginning through optimal control theory[J]. SIAM Journal of Control & Optimization, 1989, 27(5): 916 - 939.

[56] Melchers R E. Structural Reliability Analysis and Prediction[M]. 2nd Edn. Chichester: John Wiley & Sons, 1999.

[57] Nakagiri S, Hisada T. Finite element stress analysis extended to stochastic treatment in problems of structural safety and reliability[C]. Paris: Proceedings of the 6th International Conference on Structural Mechanics in Reactor Technology, 1981.

[58] Nakagiri S, Hisada T. Stochastic finite element method applied to structural analysis with uncertain parameters[C]. Melbourne: Proceedings of the 4th International Conference on Finite Element Methods, 1982.

[59] Nakagiri S, Hisada T, Toshimitsu K. Stochastic time history analysis of structural vibration with uncertain damping[J]. Probabilistic Structural Analysis, 1984, PVP93: 109.

[60] Nakagiri S, Hisada T, Nagasaki T. Stochastic stress analysis of assembled structure[C]. San Francisco: Proceedings of the 5th International Conference on Pressure Vessel Technology, 1984.

[61] Nise N S. Control Systems Engineering[M]. 3rd Edn. New York: John Wiley & Sons, 2000.

[62] Peng Y B, Li J. Probability density evolution method and pseudo excitation method for random seismic response analysis [C]. Shanghai: Proceedings of the International Symposium on Innovation & Sustainability of Structures in Civil Engineering, 2007.

[63] Pesch H J, Bulirsch R. The maximum principle, Bellman's equation, and Carathéodory's work [J]. Journal of Optimization Theory & Applications, 1994, 80(2): 199 - 225.

[64] Proppe C, Pradlwater H J, Schuëller G I. Equivalent linearization and Monte Carlo simulation in stochastic dynamics[J]. Probabilistic Engineering Mechanics, 2003, 18: 1 - 15.

[65] Shinozuka M, Wen Y K. Monte Carlo solution of nonlinear vibrations[J]. AIAA Journal, 1972, 10(1): 37 - 40.

[66] Shinozuka M. Digital simulation of random processes in engineering mechanics with the aid of the FFT technique [C]. Waterloo: Proceedings of the Symposium on Stochastic Problems in Mechanics, 1974.

[67] Shinozuka M, Lenoe E. A probabilistic model for spatial distribution of material properties[J]. Engineering Fracture Mechanics, 1976, 8(1): 217 - 227.

[68] Shinozuka M, Deodatis G. Response variability of stochastic finite element systems[J]. Journal of Engineering Mechanics, 1988, 116(3): 499 - 519.

[69] Shinozuka M, Deodatis G. Simulation of stochastic processes by spectral representation [J]. Applied Mechanics Reviews, 1991, 44(4): 191 - 203.

[70] Shinozuka M, Deodatis G. Simulation of multi-dimensional Gaussian stochastic fields by spectral representation[J]. Applied Mechanics Reviews, 1996, 49(1): 29 - 53.

[71] Sims N D, Stanway R, Johnson A R. Vibration control using smart fluids: A state-of-the-art review[J]. Shock & Vibration Digest, 1999, 31(3): 195 - 205.

[72] Sobolev S L. Partial Differential Equations of Mathematical Physics[M]. 3rd Edn (in Russian). London: Dawson ER (Trans). Pergamon Press, 1964.

[73] Soong T T, Bogdanoff J. On the natural frequencies of a disordered linear chain of n degree of freedom[J]. International Journal of Mechanical Sciences, 1963, 5: 237 - 265.

[74] Spencer B F Jr, Dyke S J, Sain M K, et al. Phenomenological model for magnetorheological dampers [J]. Journal of Engineering Mechanics, 1997, 123(3): 230 - 238.

[75] Sun T C. A finite element method for random differential equations with random coefficients[J]. SIAM Journal on Numerical Analysis, 1979, 16(6): 1019 - 1035.

[76] Takada T. Weighted integral method in multi-dimensional stochastic finite element analysis[J]. Probabilistic Engineering Mechanics, 1989, 5(4): 158 - 166.

[77] Vanmarcke E H, Shinozuka M, Nakagiri S, et al. Random fields and stochastic finite elements [J]. Structural Safety, 1986, 3: 143 - 166.
[78] Yamazaki F, Shinozuka M, Dasgupta G. Neumann expansion for stochastic finite element analysis — Technical report[R]. New York: Columbia University, 1985.
[79] Yamazaki F, Shinozuka M, Dasgupta G. Neumann expansion for stochastic finite element analysis [J]. Journal of Engineering Mechanics, 1988, 114(8): 1335 - 1345.
[80] Zhang L L, Li J, Peng Y B. Dynamic response and reliability analysis of tall buildings subject to wind-loading[J]. Journal of Wind Engineering & Industrial Aerodynamics, 2008, 96: 25 - 40.
[81] Zhao Y G, Ang A H S. System reliability assessment by method of moments[J]. Journal of Structural Engineering, 2003, 129(10): 1341 - 1349.
[82] Zhu W Q, Wu W Q. On the local overage of random field in stochastic finite elements analysis[J]. Acta Mechanica Solida China, 1990, 3(1): 27 - 42.
[83] Zhu W Q, Ren Y J, Wu W Q. Stochastic FEM based on local averages of random fields[J]. Journal of Engineering Mechanics, 1992, 118(3): 496 - 511.
[84] 陈建兵，李杰. 随机结构静力反应概率密度演化方程的差分方法[J]. 力学季刊，2004，25(1)：21 - 28.
[85] 程其襄，张奠宙，胡善文，等. 实变函数与泛函分析基础[M]. 北京：高等教育出版社，1983.
[86] 复旦大学. 概率论. 第一册 概率论基础[M]. 北京：人民教育出版社，1979.
[87] 复旦大学. 概率论. 第三册 随机过程[M]. 北京：人民教育出版社，1981.
[88] 李杰，李国强. 地震工程学导论[M]. 北京：地震出版社，1992.
[89] 李杰. 复合随机振动分析的扩阶系统方法[J]. 力学学报，1996，28(1)：66 - 75.
[90] 苏煜城，吴启光. 奇异摄动问题数值方法引论[M]. 重庆：重庆出版社，1992.
[91] 王光远. 应用分析动力学[M]. 北京：人民教育出版社，1981.

译者后记

由同济大学李杰院士和陈建兵教授合著的 *Stochastic Dynamics of Structures*（《结构随机动力学》）一书出版于 2009 年，出版后即受到了包括美国工程院院士洪华生(Alfredo H. S. Ang)教授，美国工程院院士、艺术与科学院院士和中国科学院外籍院士 Pol D. Spanos 教授等在内的众多国际权威专家和业内专业人士的一致认可和关注。相比于随机动力学领域的其他著作，本书最大的特色是将随机结构和随机振动问题纳入了统一的物理随机系统的框架之下，并在此基础上提出了刻画随机性在物理机制驱动下传播规律的概率密度演化理论。采用这一理论，可以解决复杂高维非线性随机动力系统的响应分析、可靠度评估，乃至随机最优控制等科学与工程实际问题。近年来，概率密度演化理论在高速铁路、大坝、桥梁、风力发电机等众多大型工程问题，以及基于可靠性的结构参数灵敏度分析和结构优化设计等新的研究方向中都得到了广泛的应用，其实际科学和工程意义是不言而喻的。

时至今日，科学和工程问题中存在的不确定性及系统可靠性问题受到了国内学者越来越多的关注。而译者在研究与交流的过程中时常发现，很多初学者乃至中等程度的学者在学习时往往选择系统性地阅读汉语专著，而仅将英文专著作为补充材料或工具书偶尔查阅，甚至选择性地省略英文专著的阅读学习。这也许使得本书在诸多公式推导和证明之后生发出的关于物理随机系统等关键问题的讨论与思考不能被更多读者读到，不免可惜。于是，译者以蚍蜉之力尝试翻译本书，主要目的有两个：除巩固提升自身对随机动力学的学习与认识外，还希望能够使本书被更多的国内同侪所阅读。

在本译稿中，译者尽最大努力地保持了英文版的原意，并在一些公式或文字后添加了少量译者注释，作为公式的补充推导或文字的补充说明，以便初学者更容易理解掌握。同时，译者将本书各章的参考文献整理于对应章末，以便于读者查阅。本译稿作为译者攻读博士学位期间的习作，能在李杰院士与陈建兵教授的支持下进行出版，实令译者心怀忐忑。惶恐之余，译者真诚地希望本书的出版能够为更多国内研究者学习随机动力学提供些许便利。若能有一位读者因本译稿而有些许收获，也足可令译者与有荣焉。

译者在此诚挚地感谢李杰院士对译者的大力关怀和悉心指导，以及对本译稿的悉心修改和校核；感谢译者的老师陈建兵教授引领译者走进随机动力学的知识殿堂；感谢彭勇波教授在出版过程中对译者的帮助；感谢徐军教授、洪旭博士、万志强博士，以及杨家树、孙婷婷、周锦、翁丽丽、吕佳航、段嘉庆、黄欣等师弟师妹的宝贵意见；感谢上海科学技术出版社陈晨先生对本书出版工作所付出的努力；感谢我的女朋友罗漪师妹的陪伴和支持，正是译者在寝室等待她出门的过程中，余出了零散的宝贵时间以完成本译稿的大半内容。囿于译者有限的学术功底和英语水平，本译稿难免存在诸多瑕疵和错误，译者在此真诚地希望读者能够不吝惜地提出宝贵的批评和意见，欢迎联系译者邮箱：lyumz@tongji.edu.cn。闻过则喜，译者在此预先对要给出批评意见的朋友表示衷心的感谢。

律梦泽

2022 年 6 月于上海